原子量*

元素名		元素記号	原子番号	原子量†	元素名		元素記号	原子番号	原子量†
アインスタイニウム	einsteinium	Es	99	(252)	テルビウム	terbium	Tb	65	158.9
亜 鉛	zinc	Zn	30	65.38	テルル	tellurium	Te	52	127.6
アクチニウム	actinium	Ac	89	(227)	銅	copper	Cu	29	63.55
アスタチン	astatine	At	85	(210)	ドブニウム	dubnium	Db	105	(268)
アメリシウム	americium	Am	95	(243)	トリウム	thorium	Th	90	232.0
アルゴン	argon	Ar	18	39.95	ナトリウム	sodium	Na	11	22.99
アルミニウム	aluminium	Al	13	26.98	鉛	lead	Pb	82	207.2
アンチモン	antimony	Sb	51	121.8	ニオブ	niobium	Nb	41	92.91
硫 黄	sulfur	S	16	32.07	ニッケル	nickel	Ni	28	58.69
イッテルビウム	ytterbium	Yb	70	173.0	ニホニウム	nihonium	Nh	113	(278)
イットリウム	yttrium	Y	39	88.91	ネオジム	neodymium	Nd	60	144.2
イリジウム	iridium	Ir	77	192.2	ネオン	neon	Ne	10	20.18
インジウム	indium	In	49	114.8	ネプツニウム	neptunium	Np	93	(237)
ウラン	uranium	U	92	238.0	ノーベリウム	nobelium	No	102	(259)
エルビウム	erbium	Er	68	167.3	バークリウム	berkelium	Bk	97	(247)
塩 素	chlorine	Cl	17	35.45	白 金	platinum	Pt	78	195.1
オガネソン	oganesson	Og	118	(294)	ハッシウム	hassium	Hs	108	(277)
オスミウム	osmium	Os	76	190.2	バナジウム	vanadium	V	23	50.94
カドミウム	cadmium	Cd	48	112.4	ハフニウム	hafnium	Hf	72	178.5
ガドリニウム	gadolinium	Gd	64	157.3	パラジウム	palladium	Pd	46	106.4
カリウム	potassium	K	19	39.10	バリウム	barium	Ba	56	137.3
ガリウム	gallium	Ga	31	69.72	ビスマス	bismuth	Bi	83	209.0
カリホルニウム	californium	Cf	98	(252)	ヒ 素	arsenic	As	33	74.92
カルシウム	calcium	Ca	20	40.08	フェルミウム	fermium	Fm	100	(257)
キセノン	xenon	Xe	54	131.3	フッ素	fluorine	F	9	19.00
キュリウム	curium	Cm	96	(247)	プラセオジム	praseodymium	Pr	59	140.9
金	gold	Au	79	197.0	フランシウム	francium	Fr	87	(223)
銀	silver	Ag	47	107.9	プルトニウム	plutonium	Pu	94	(239)
クリプトン	krypton	Kr	36	83.80	フレロビウム	flerovium	Fl	114	(289)
クロム	chromium	Cr	24	52.00	プロトアクチニウム	protactinium	Pa	91	231.0
ケイ素	silicon	Si	14	28.09	プロメチウム	promethium	Pm	61	(145)
ゲルマニウム	germanium	Ge	32	72.63	ヘリウム	helium	He	2	4.003
コバルト	cobalt	Co	27	58.93	ベリリウム	beryllium	Be	4	9.012
コペルニシウム	copernicium	Cn	112	(285)	ホウ素	boron	B	5	10.81
サマリウム	samarium	Sm	62	150.4	ボーリウム	bohrium	Bh	107	(272)
酸 素	oxygen	O	8	16.00	ホルミウム	holmium	Ho	67	164.9
シーボーギウム	seaborgium	Sg	106	(271)	ポロニウム	polonium	Po	84	(210)
ジスプロシウム	dysprosium	Dy	66	162.5	マイトネリウム	meitnerium	Mt	109	(276)
臭 素	bromine	Br	35	79.90	マグネシウム	magnesium	Mg	12	24.31
ジルコニウム	zirconium	Zr	40	91.22	マンガン	manganese	Mn	25	54.94
水 銀	mercury	Hg	80	200.6	メンデレビウム	mendelevium	Md	101	(258)
水 素	hydrogen	H	1	1.008	モリブデン	molybdenum	Mo	42	95.95
スカンジウム	scandium	Sc	21	44.96	モスコビウム	moscovium	Mc	115	(289)
スズ	tin	Sn	50	118.7	ユウロピウム	europium	Eu	63	152.0
ストロンチウム	strontium	Sr	38	87.62	ヨウ素	iodine	I	53	126.9
セシウム	cesium	Cs	55	132.9	ラザホージウム	rutherfordium	Rf	104	(267)
セリウム	cerium	Ce	58	140.1	ラジウム	radium	Ra	88	(226)
セレン	selenium	Se	34	78.97	ラドン	radon	Rn	86	(222)
ダームスタチウム	darmstadtium	Ds	110	(281)	ランタン	lanthanum	La	57	138.9
タリウム	thallium	Tl	81	204.4	リチウム	lithium	Li	3	6.941
タングステン	tungsten	W	74	183.8	リバモリウム	livermorium	Lv	116	(293)
炭 素	carbon	C	6	12.01	リン	phosphorus	P	15	30.97
タンタル	tantalum	Ta	73	180.9	ルテチウム	lutetium	Lu	71	175.0
チタン	titanium	Ti	22	47.87	ルテニウム	ruthenium	Ru	44	101.1
窒 素	nitrogen	N	7	14.01	ルビジウム	rubidium	Rb	37	85.47
ツリウム	thulium	Tm	69	168.9	レニウム	rhenium	Re	75	186.2
テクネチウム	technetium	Tc	43	(99)	レントゲニウム	roentgenium	Rg	111	(280)
鉄	iron	Fe	26	55.85	ロジウム				
テネシン	tennessine	Ts	117	(293)	ローレンシウム				

* 原子量はすべて4桁の有効数字で表した．これらは，国際純正・応用化学連合（IUPAC）
化学会 原子量専門委員会が作成した4桁の原子量表（2020）による．
† 放射性元素については，その元素の放射性同位体の質量数の一例を（ ）内に示した．

化学 基本の考え方を学ぶ（下）

Raymond Chang・Jason Overby 著

村田　滋 訳

東京化学同人

GENERAL CHEMISTRY
The Essential Concepts
Sixth Edition

RAYMOND CHANG
Williams College

JASON OVERBY
The College of Charleston

Original English edition copyright © 2011 by The McGraw-Hill Companies, Inc. All rights reserved. Japanese edition copyright © 2011 by Tokyo Kagaku Dozin Co., Ltd. All rights reserved. Japanese translation rights arranged with The McGraw-Hill Companies, Inc. through Japan UNI Agency, Inc., Tokyo.

執筆者について

レイモンド・チャン教授（Raymond Chang）は香港で生まれ，上海と香港で育った．彼は英国ロンドン大学で理学士（化学）の称号を得，イェール大学で化学の博士号を取得した．ワシントン大学で博士研究員を，またニューヨーク市立大学ハンター校で1年間教職に就いたのち，1968年にウィリアムズ大学化学科の教師となった．

チャン教授は，米国化学会試験委員会，国際化学オリンピック試験委員会，および卒業資格試験（GRE）委員会の委員を務め，また *Chemical Educator* 誌の編集に携わっている．彼は，物理化学や工業化学，また物理科学に関する書物を著し，中国語の本や子供の絵本，あるいは若者のための小説の共著者にもなっている．

休日には，樹々の生い茂った庭園の手入れをし，テニスや卓球，あるいはハーモニカに興じ，またバイオリンの練習をして過ごしている．

ジェイソン・オーバービー教授（Jason Overby）はケンタッキー州ボーリンググリーンで生まれ，テネシー州クラークスビルで育った．彼はテネシー大学マーティン校で化学と政治学の学士を取得し，バンダービルト大学から無機化学の博士号を授与された．ダートマス大学で博士研究員を務めたのち，1999年にチャールストン大学の教員となった．

オーバービー教授は，無機，および有機金属化学の分野で，合成，および計算化学に興味をもって研究を行っている．また彼は，無機化学研究室における教育や，ウェブサイトを使った宿題など授業における情報技術の活用といった教育学的な仕事にも携わっている．

余暇には，料理やコンピューターを楽しみ，また家族とともに過ごしている．

要約目次

上 巻

第 1 章　序　論
第 2 章　原子・分子・イオン
第 3 章　化学量論
第 4 章　水溶液中の反応
第 5 章　気　体
第 6 章　化学反応とエネルギー
第 7 章　原子の電子構造
第 8 章　周期表
第 9 章　化学結合 I：共有結合
第 10 章　化学結合 II：分子の構造と原子軌道の混成
第 11 章　有機化学序論

付録 1　気体定数の単位
付録 2　代表的物質の熱力学的データ（1 atm，25 ℃）
付録 3　数学的な操作
付録 4　元素の名称と元素記号の由来

下 巻

第 12 章　分子間力・液体と固体
第 13 章　溶液の物理的性質
第 14 章　化学反応速度論
第 15 章　化学平衡
第 16 章　酸と塩基
第 17 章　酸塩基平衡と溶解平衡
第 18 章　熱　力　学
第 19 章　酸化還元反応と電気化学
第 20 章　配位化合物の化学
第 21 章　核　化　学
第 22 章　有機高分子化合物——合成高分子と天然高分子

付録 1　気体定数の単位
付録 2　代表的物質の熱力学的データ（1 atm，25 ℃）
付録 3　数学的な操作
付録 4　元素の名称と元素記号の由来

目次

12 分子間力・液体と固体 331

- **12.1** 液体と固体の分子運動論 332
- **12.2** 分子間力 333
- **12.3** 液体の性質 339
- **12.4** 結晶構造 342
- **12.5** 固体における結合 349
- **12.6** 相変化 352
- **12.7** 状態図 359
- 重要な式 361
- 事項と考え方のまとめ 361
- キーワード 362
- 練習問題の解答 362
- 考え方の復習の解答 362

13 溶液の物理的性質 363

- **13.1** 溶液の種類 364
- **13.2** 分子の視点から見た溶解の過程 364
- **13.3** 濃度の単位 367
- **13.4** 溶解度に対する温度の効果 371
- **13.5** 気体の溶解度に対する圧力の効果 372
- **13.6** 束一的性質 374
- 重要な式 385
- 事項と考え方のまとめ 386
- キーワード 386
- 練習問題の解答 386
- 考え方の復習の解答 386

14 化学反応速度論 387

- **14.1** 反応速度 388
- **14.2** 反応速度式 392
- **14.3** 反応物の濃度と時間の関係 396
- **14.4** 活性化エネルギーと速度定数の温度依存性 403
- **14.5** 反応機構 408
- **14.6** 触媒 412
- 重要な式 418
- 事項と考え方のまとめ 418
- キーワード 419
- 練習問題の解答 419
- 考え方の復習の解答 419

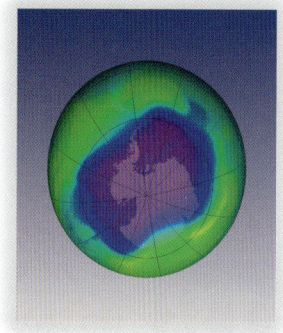

15 化学平衡 420

- **15.1** 平衡の考え方 421
- **15.2** 平衡定数の表記法 424
- **15.3** 平衡定数によって何がわかるか 430
- **15.4** 化学平衡に影響する因子 436
- 重要な式 443
- 事項と考え方のまとめ 443
- キーワード 444
- 練習問題の解答 444
- 考え方の復習の解答 444

16 酸と塩基　445

- 16.1　ブレンステッドの酸と塩基　446
- 16.2　水の酸性・塩基性　447
- 16.3　pH——酸性の尺度　449
- 16.4　酸と塩基の強さ　452
- 16.5　弱酸と酸解離定数　455
- 16.6　弱塩基と塩基解離定数　465
- 16.7　共役酸塩基の解離定数の関係　468
- 16.8　分子構造と酸の強さ　469
- 16.9　塩の酸性・塩基性　472
- 16.10　酸性, 塩基性, および両性酸化物　477
- 16.11　ルイス酸とルイス塩基　479
- 重要な式　481
- 事項と考え方のまとめ　481
- キーワード　482
- 練習問題の解答　482
- 考え方の復習の解答　482

17 酸塩基平衡と溶解平衡　483

- 17.1　溶液における均一平衡と不均一平衡　484
- 17.2　緩衝液　484
- 17.3　酸塩基滴定の詳細な検討　489
- 17.4　酸塩基指示薬　495
- 17.5　溶解平衡　498
- 17.6　共通イオン効果と溶解度　504
- 17.7　錯イオン平衡と溶解度　506
- 17.8　溶解度積の定性分析への応用　508
- 重要な式　511
- 事項と考え方のまとめ　511
- キーワード　512
- 練習問題の解答　512
- 考え方の復習の解答　512

18 熱力学　513

- 18.1　熱力学の三つの法則　514
- 18.2　自発的過程　514
- 18.3　エントロピー　515
- 18.4　熱力学第二法則　520
- 18.5　ギブズ自由エネルギー　526
- 18.6　自由エネルギーと化学平衡　532
- 18.7　生体系における熱力学　536
- 重要な式　538
- 事項と考え方のまとめ　538
- キーワード　539
- 練習問題の解答　539
- 考え方の復習の解答　539

19 酸化還元反応と電気化学　540

- **19.1** 酸化還元反応　541
- **19.2** ガルバニ電池　544
- **19.3** 標準電極電位　546
- **19.4** 酸化還元反応の熱力学　552
- **19.5** 電池起電力の濃度依存性　555
- **19.6** 実用電池　559
- **19.7** 腐　食　564
- **19.8** 電気分解　566
- **19.9** 電解精錬　572
- 重要な式　573
- 事項と考え方のまとめ　573
- キーワード　574
- 練習問題の解答　574
- 考え方の復習の解答　574

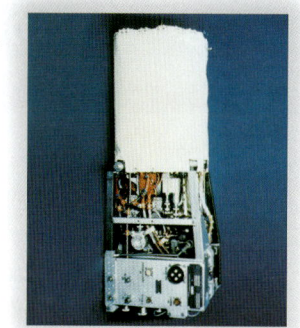

20 配位化合物の化学　575

- **20.1** 遷移元素の性質　576
- **20.2** 配位化合物　579
- **20.3** 配位化合物の構造　585
- **20.4** 配位化合物の結合：結晶場理論　587
- **20.5** 配位化合物の反応　593
- **20.6** 生体系における配位化合物　593
- 重要な式　595
- 事項と考え方のまとめ　595
- キーワード　596
- 練習問題の解答　596
- 考え方の復習の解答　596

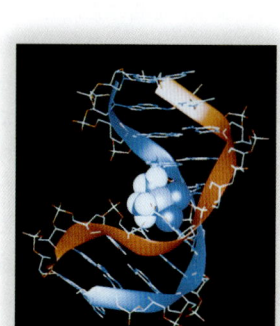

21 核化学　597

- **21.1** 核化学反応の特徴　598
- **21.2** 原子核の安定性　600
- **21.3** 天然放射能　605
- **21.4** 原子核反応　609
- **21.5** 核分裂　612
- **21.6** 核融合　617
- **21.7** 同位体の利用　620
- **21.8** 生物に対する放射線の影響　622
- 重要な式　624
- 事項と考え方のまとめ　624
- キーワード　625
- 練習問題の解答　625
- 考え方の復習の解答　625

22 有機高分子化合物――合成高分子と天然高分子　626

- **22.1** 高分子化合物の性質　627
- **22.2** 合成有機高分子　627
- **22.3** タンパク質　632
- **22.4** 核　酸　639
- 事項と考え方のまとめ　642
- キーワード　642
- 考え方の復習の解答　642

- 付録 1　気体定数の単位　643
- 付録 2　代表的物質の熱力学的データ（1 atm，25 ℃）　644
- 付録 3　数学的な操作　646
- 付録 4　元素の名称と元素記号の由来　647
- 用語解説　652
- 掲載図出典　666
- 索　引　667

まえがき

"化学——基本の考え方を学ぶ（原著第6版）"では，これまでの版と同様に，1年間の一般化学の課程で学ぶべき重要なテーマだけを取上げた．一般化学のしっかりした基礎を築くために必要となる考え方はすべて含めたが，その内容の深さ，明快さ，厳密さが失われないように心掛けた．

本書は，もっと分厚い教科書と同じ深さ，同じレベルで，これらのテーマを扱っている．したがって，この本は厚い教科書の縮小版ではない．私たちは，この簡潔であるが，周到に書かれた入門書が，能率を重視する教師の興味をひき，また有用性を意識する学生たちを満足させることを願っている．この数年の間に読書から寄せられた好意的な意見は，このような教科書が本当に必要とされていることを示唆している．このような背景から，私たちは，一般化学のしっかりした基礎を築くために必要となるすべての重要な考え方を取入れた教科書を執筆したのである．

この版では何が変わったか？

- 最も明らかな変化は，Jason Overby 博士が共著者となったことである．彼によって，いくつかの新しい教育学的な視点がこの書物に加えられた．
- 新たに，考え方の復習を各章に設けた．これは，その箇所で扱った考え方に関する簡単な練習問題であり，学生にとってその考え方が理解できたかどうかの指標となるものである．考え方の復習の解答は，各章末に記した．

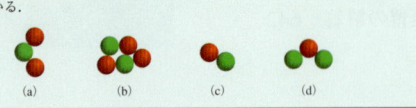

考え方の復習
以下に示したそれぞれの図は，つぎのイオン化合物のどれに対応するか．Al_2O_3，LiH，Na_2S，$Mg(NO_3)_2$．ただし，緑色の球は陽イオンを，また赤色の球は陰イオンを表している．
(a) (b) (c) (d)

- 査読者や読者からの意見に基づいて，多くの節を改訂し，最新の内容にした．たとえば
  - 第3章の反応物と生成物の量に関する取扱いを改訂した．
  - 第6章の熱化学方程式の説明を改訂した．
- 有効核電荷の増加について第8章で述べた．
- コンピューターで描いた新たな分子軌道図を第10章に加えた．
- その章で扱った考え方に対する学生の理解度を試し，批判的に考える力を養うために，分子図を伴った多数の問題を新たに章末問題に加え，特別問題には，より学生の興味を引きつける問題を加えた．
- 第14章のアレニウスの式の頻度因子に関する議論を改訂した．

問題の解答

問題を解く技術を高めることは，この教科書の重要な目的の一つである．問題は，例題と章末問題の二つに大きく分けられる．これらの問題によって，学生たちはさらなる知識を得ることができ，また化学者と同じような問題を解くことができるようになるだろう．例題と章末問題を解くことによって，学生は，本当の化学の世界を知り，また毎日の生活に化学がいかに応用されているかを理解できるに違いない．

例題には解法に続いて解答が示されており，段階的に考えるようになっている．

- **問題**の記述には，その問題を解くために必要となる事項が記されている．
- **解法**は，学習に役立つよう注意深く考えられた問題を解くための計画あるいは方法である．いくつかの問題では概略図を示し，問題における物理的な設定が一目でわかるようにした．
- **解答**では問題を解く過程を段階的に示した．
- **確認**では，与えられた情報との比較や，それが正しいかどうかを確かめることによって，得られた解答が理にかなっていることを確認する．
- **練習問題**では，例題で扱った種類の問題に習熟するために，類似の問題を解く機会が与えられる．また，章末問題で取組むことになる類似の問題の番号が欄外などに示されている．
- **章末問題**はさまざまな形式の問題から構成されている．内容の見出しに続いて復習問題があり，ついで基礎問題が置かれている．さらに，発展問題として，節ごとには分類されていないさらに多くの問題が与えられている．最後に，特別問題がつけられており，

学生たちの興味をかき立てるような問題が並んでいる．(日本語版では章末問題を別冊"問題と解答"（全問解答付）に収録した．)

例題 3.6

メタン CH_4 は天然ガスの主成分である．$4.83\,g$ の CH_4 の物質量は何 mol か．

解法 与えられた CH_4 の質量から，その物質量を求める問題である．g と mol の間を変換するには，どのような変換因子が必要か．g が消去され，答えが mol 単位となるような適切な変換因子を考えよ．

解答 g と mol の間を変換するために必要な変換因子は，モル質量である．まず，例題 3.5 に示した方法に従って，CH_4 のモル質量を計算する必要がある．

$$CH_4 \text{ のモル質量} = 12.01\,g\,mol^{-1} + 4(1.008\,g\,mol^{-1}) = 16.04\,g\,mol^{-1}$$
$$= 16.04\,g\,CH_4$$

この問題では分母に g 単位をもつ変換因子が必要なので，変換因子は次式のようになる．

$$\frac{1\,mol\,CH_4}{16.04\,g\,CH_4}$$

この変換因子を用いると，g が消去され，mol 単位をもつ答えが得られることになる．したがって，

$$4.83\,\cancel{g\,CH_4} \times \frac{1\,mol\,CH_4}{16.04\,\cancel{g\,CH_4}} = \boxed{0.301\,mol\,CH_4}$$

こうして，$4.83\,g$ の CH_4 の物質量は $0.301\,mol$ となる．

確認 $4.83\,g$ の CH_4 の物質量は $1\,mol$ より少なくてよいだろうか．$1\,mol$ の CH_4 の質量は何 g か．

練習問題 $198\,g$ のクロロホルム $CHCl_3$ の物質量は何 mol か．

視覚化

グラフやフローチャートは，科学において重要な意味をもっている．本書では，ある考え方に関する思考の過程を示すためにフローチャートを使用し，また，ある考え方の理解に役立つデータを提示するためにグラフが用いられる．

分子図は，その目的によりさまざまな形式で描かれる．本書では，いろいろな場面において，しばしば分子図を目にすることになるだろう．分子模型は，分子における原子の三次元的な配列を視覚的にとらえることに役立つ．また，分子の電子密度分布を表示するため，静電ポテンシャル図を用いた．巨視的な現象を微視的に眺めて対比させた図は，その現象が起こる過程を分子の視点から理解するために有用である．

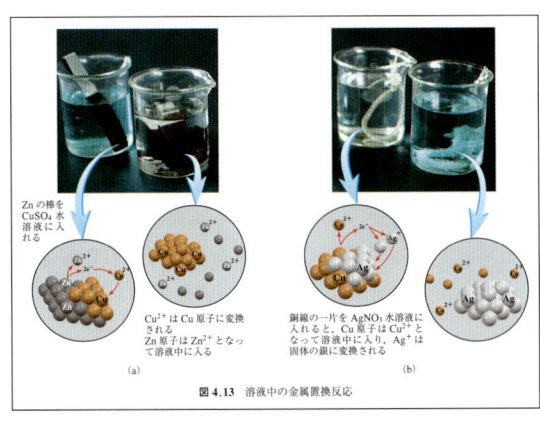

図 4.13　溶液中の金属置換反応

写真は，学生たちに化学物質に親しみをもたせ，また化学反応が実際にはどのように起こるのかを理解させるために用いられる．

装置図によって，学生たちは，化学の実験室において実際に用いられる装置を目にすることができる．

学習のための補助

学習の準備

それぞれの章の最初のページには，"章の概要"，および"基本の考え方"が記されている．

- **章の概要**により，その章の概略を一目で見，またその章の重要な考え方に注目することができる．
- **基本の考え方**には，その章において提示されるおもな内容が要約されている．

学習に用いる手段

本書には学習の補助となる手段や教材がたくさん用意されている．化学の考え方に対する理解をより深めるために，常時それらを利用することを勧めたい．

- **欄外の注**には，基礎的な知識を増やすためのヒントや復習事項が与えられている．
- **例題**とそれに付した練習問題は，化学を学び，理解するために非常に重要な手段である．学生は，段階的に問題を解くことによって，化学においてよい仕事をするために必要な，批判的に考える力を養うことができる．また，概略図を用いることは，問題の奥にある内容を理解することに役立つ．また，章末問題にある類似問題の番号を示したので，そこで学んだ新しい解法を，同じ種類の別の問題で試してみることができる．練習問題の解答は，章末に掲載した．
- **考え方の復習**にある問題を解くことによって，その節で学んだ考え方が理解できたかどうかをすぐに評価することができる．解答は，章末に掲載した．
- **重要な式**は，その章において理解し，記憶することが必要なものであり，本文中では学生たちの目を引きつけるために特に強調されている．また，これらの式は章末にまとめられており，復習や勉強の際には，その章の要点がすぐにわかるようになっている．
- **事項と考え方のまとめ**によって，その章で提示され，詳細に議論された考え方を簡単に復習することができる．
- **キーワード**には，化学で用いる言葉を理解するために役立つ重要な用語が，すべて掲げられている．

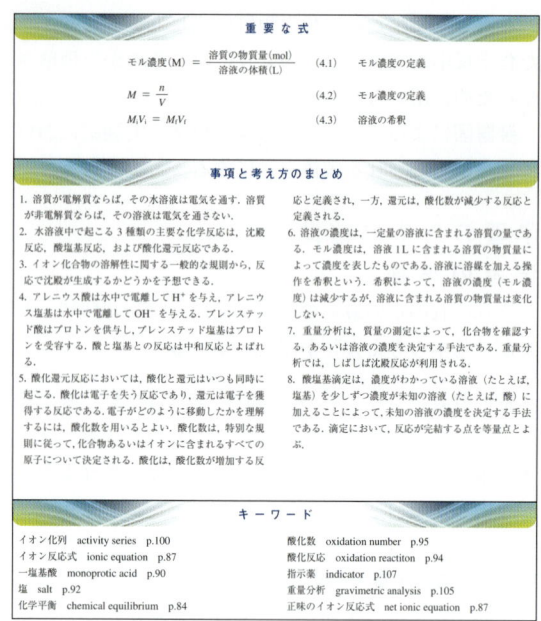

DeeDee A. Allen *Wake Technical Community College*
Vladimir Benin *University of Dayton*
Elizabeth D. Blue *Wake Technical Community College*
R. D. Braun *University of Louisiana at Lafayette*
William Broderick *Montana State University*
Christopher M. Burba *Northeastern State University*
Charles Carraher *Florida Atlantic University*
John P. DiVincenzo *Middle Tennessee State University*
Ajit S. Dixit *Wake Technical Community College*
Michael A. Hauser *St. Louis Community College-Meramec*
Andy Holland *Idaho State University*
Daniel King *Drexel University*
Kathleen Knierim *University of Louisiana at Lafayette*
Andrew Langrehr *St. Louis Community College-Meramec*
Terrence A. Lee *Middle Tennessee State University*
Jessica D. Martin *Northeastern State University*
Gordon J. Miller *Iowa State University*
Spence Pilcher *Northeastern State University*
Susanne Raynor *Rutgers University*
John T. Reilly *Coastal Carolina University*
Shirish Shah *Towson University*
Thomas E. Sorensen *University of Wisconsin-Milwaukee*
Zhiqiang（George）Yang *Macomb Community College*

理解度の確認

　考え方の復習では，学生は少し学習を中断して，その節で提示し，議論した考え方が理解できたかどうかを確認する．考え方の復習の解答は章末に掲載した．

　章末問題（別冊"問題と解答"に収録）によって学生は，批判的に考えることや，問題を解くための技術を高めることができる．問題はさまざまな形式に分かれている．

- 各章の節ごとに，まず，基本となる考え方が理解できているかどうかを問う復習問題がある．ついで，基礎問題があり，これはその章の特定の節に関する問題を解く技術を試すためのものである．
- 発展問題は，問題を解く際に，特定の節に限らず，その章のさまざまな節，あるいはそれ以前の章で学んだ知識を必要とする問題である．
- 特別問題の節には，より学生の興味を引きつけるような問題が並んでいる．これらの問題は，グループで取組む課題としても適当である．

謝　辞

　本書を査読していただいた，あるいは一般化学に関するマグロウヒル社のさまざまなシンポジウムにかかわったつぎの方々に感謝したい．学生や教師が何を必要としているかに対する意見は，この版を書く際にきわめて貴重であった．

　また，第10章と第11章で用いたコンピューターによる分子軌道図を作成していただいたウィリアムズ大学の Dr. Enrique Peacock-Lopez と Desire Gijima にも感謝したい．

　これまでの版と同様，ウィリアムズ大学やチャールストン大学の同僚たちとの議論や，国内外の多数の教師とのやりとりは，大変有益であった．

　私たちを支えてくれたマグロウヒル社大学部門の方々，Doug Dinardo, Tammy Ben, Thomas Timp, Marty Lange, Kent Peterson, Chad Grall, Kurt Strand に感謝したい．特に，本書の出版を取り仕切った Gloria Schiesl，本のデザインを担当した Laurie Janssen，ウェブサイトなどのメディアを作成した Daryl Bruflodt と Judi David，そして助言と激励をしてくれた販売主任の Todd Turner に感謝する．必要なときにはいつでも助言と援助をしてくれた本書担当の編集長 Ryan Blankenship と編集者 Tami Hodge に感謝したい．最後に，この版を書くあらゆる段階で注意深く熱意をもって計画し，指示を与えてくれた編集責任者 Shirley Oberbroeckling に心より感謝したい．

Raymond Chang
Jason Overby

訳者まえがき

本書は，米国ウィリアムズ大学のRaymond Changとチャールストン大学のJason Overbyによる"General Chemistry：The Essential Concepts"第6版の邦訳である．原著は，初めて化学を学ぶ米国の学生を対象とした1年間の課程の教科書として書かれている．

本書には，身のまわりの物質がもつさまざまな性質を化学的に，すなわち原子や分子の視点から理解するために必要となる基本的な考え方がすべて含まれている．数値の扱い方が丁寧に説明され，また日本の高等学校の化学で履修する内容も解説されているので，必ずしも数学に習熟していない学生や，高等学校で学ぶ化学の知識が十分でない人でも本書を読みこなすことができる．したがって，本書は，大学教養課程における一般化学の教科書として，また，社会に出た人が化学を学び直す際の手引として最適の書物であり，本書で学ぶことは，大学受験から解放された人々にとって，改めて化学の面白さを認識する機会になることと思う．

大学の化学で学ぶ軌道概念やエントロピー，あるいは化学平衡といった概念は，身のまわりにある物質の構造や変化の本質を理解するために必須の考え方である．しかし，現在ある書物は，必ずしも化学を専門としない人々にとって，それらを学ぶためには難しすぎるのではないかと思う．本書は，あくまでも初学者の立場に立って書かれており，内容の正確さを失うことなく，初学者が興味をもってそれらの概念を習得できるように，さまざまな工夫がなされている．

本書について，いくつかの特徴をあげることができる．まず，多数のフルカラーの図が効果的に使われていることであり，これは学生の学習意欲を高めることに大きな効果があるものと推察される．原著の美しい図版をほとんどそのまま日本語版にも使うことができたことは，東京化学同人の多大なご尽力によるものである．

第二に，本書は，最初に原子・分子について簡単に触れたあと，化学量論や気体の法則に基づく計算を徹底的に行わせる構成をとっていることである．題材としては身近な物質が用いられており，学生は各論的な知識を身につけながら，まず，化学において量的関係がいかに重要であるかを習得する．これは，日本の高等学校の教科書を含むほとんどの化学の入門書が，物質の構成や化学結合論から学ぶ構成になっていることときわめて対照的である．

第三の特徴として，各章では，問題を解くことによって，そこで提示された考え方の理解を深めていく形式になっていることがあげられる．原著では，本文中の例題・練習問題に加えて，各章末に100題程度，併せて2000題を超える問題がつけられている．ここには，基礎的な理解を確認するための平易なものから，専門的な内容や最先端の技術に関するものまで，実に多彩な問題が並んでいる．これらは本書を用いて学ぶ学生のみならず，大学や高等学校の教師にとっても役に立つであろう．原著に掲載された章末問題は，すべて別冊"化学——基本の考え方を学ぶ 問題と解答"に，全問に解答を付けて収録してある．

原著を翻訳するにあたり，できるだけ平易な言葉を使い，わかりやすい文章になるように努めた．不備があれば是非，ご指摘をいただきたい．少しでも多くの人々が，本書に触れることによって，化学が身近な，そしてとても魅力的な学問であることを知る機会となることを願っている．東京化学同人の高林ふじ子さんには，本書の企画から完成に至るまで大変お世話になった．図版の配置など原著の美しさを損なわず，本書が魅力的な本に仕上がったのはすべて彼女の手によるものである．ここに深く感謝の意を表したい．

2010年11月

村 田 　 滋

学生への注意

　一般化学は普通，他のほとんどの教科よりも難しいと思われている．これにはいくつかの理由がある．その一つは，化学が多くの専門用語をもつことである．最初に化学を学ぶことは，新しい言語を学ぶことに似ている．そのうえ，いくつかの概念は抽象的で難しい．それにもかかわらず，あなたはきっと化学の勉強に励み，この課程を最後までやり通すだろうし，化学を学ぶことに喜びを感じさえするだろう．あなたがふだんから勉強する習慣をつけ，この教科書の内容を身につけるには，つぎのことに注意するとよい．

- 常に授業に出席して，注意深くノートをとること．
- 可能ならば，授業で議論された内容を，学んだその日のうちに復習すること．ノートに足りないところがあれば，この本を利用して補うこと．
- 批判的に考えること．用語の意味や公式の使い方を本当に理解できたかどうかを自問してみよ．ある概念が理解できたかどうかを調べるための良い方法は，それを級友やほかの人に説明してみることである．
- わからないところがあれば，遠慮なく教師やティーチングアシスタントに質問すること．

　本書では，あなたが一般化学で学ぶ内容を十分に理解できるように，さまざまな手段が用意されている．以下の説明を参考にして，さまざまな手段を十分に使いこなしてほしい．

- 各章を詳しく学ぶ前に，章の初めにある"章の概要"と"基本の考え方"を読み，その章で学ぶ重要事項の意味を理解しておくこと．授業でとるノートを整理するために，"章の概要"を使うとよい．
- 各章の終わりには，"重要な式"，"事項と考え方のまとめ"，および"キーワード"の項目が置かれている．それらは，試験に際して，その章を手早く復習するときに役立つだろう．
- 重要な用語の定義を学ぶには，章末の"キーワード"に記されたページに従って本文を参照するか，あるいは下巻巻末の"用語解説"を用いるとよい．
- 各章の本文中には例題があり，解法が詳しく説明されている．それらを注意深く勉強することにより，問題を分析する力，およびそれを解くために必要な計算を正確に行う力を養うことができる．さらに，それぞれの例題に続いて練習問題があり，十分に時間をかけてそれを解くことによって，例題に示された形式の問題の解き方を確実に理解することができる．練習問題の解答は，章末にある．さらに問題練習をしたい人のために，類似の問題を扱った章末問題（別冊"問題と解答"に収録）の番号を示してある．
- 章末の復習問題と基礎問題は，節ごとにまとめられている．
- 後見返しには，重要な図と表のリストがあり，それらの図表番号も記されている．このリストを用いると，すぐに必要な情報を得ることができ，問題を解くときに，あるいは別の章の関連ある内容を学ぶときに便利である．

　これらのことに従って，与えられた課題をこなしていけば，化学という学問は，簡単ではないが思っていたほど難しくなく，むしろとても面白いものであることがわかるに違いない．

Raymond Chang
Jason Overby

大気圧条件下では，固体の二酸化炭素（ドライアイス）は融解せずに，ただ昇華するだけである．

12

分子間力・液体と固体

章の概要

12.1 液体と固体の分子運動論 332

12.2 分子間力 333
  双極子-双極子相互作用・
  イオン-双極子相互作用・
  分散力・水素結合

12.3 液体の性質 339
  表面張力・粘性・水の構造と性質

12.4 結晶構造 342
  球の充塡・最密充塡

12.5 固体における結合 349
  イオン結晶・分子結晶・共有結合結晶・
  金属結晶

12.6 相変化 352
  液体-蒸気平衡・液体-固体平衡・
  固体-蒸気平衡

12.7 状態図 359
  水・二酸化炭素

基本の考え方

分子間力 分子間力は，気体の非理想的なふるまいの原因となる．また，物質が凝集状態をとる，すなわち液体や固体になることも，分子間力によって説明することができる．分子間力は，極性分子間，イオンと極性分子間，さらに非極性分子間にもはたらく．極性結合に含まれる水素原子と，O，N，あるいは F のような電気陰性度の大きな原子との間には強い相互作用がはたらく．この特殊な分子間力は水素結合とよばれる．

液体状態 液体は，それを入れた容器の形状をもつと見なされる．液体の表面張力は，液体の表面積を増大させるために必要なエネルギーである．表面張力は，毛管現象，すなわち細い管内の液体が上昇，あるいは下降する現象の要因となる．粘性は，液体が流動に対して抵抗する大きさを表す．粘性は常に，温度の上昇とともに低下する．水は，その固体，すなわち氷が液体よりも密度が低いという点で，特殊な構造をもつ物質である．

結晶状態 結晶性固体は，厳密な，また長距離に及ぶ秩序をもっている．同一の球の三次元的な配列を考えることによって，さまざまな結晶構造をつくりだすことができる．

固体における結合 固体における原子や分子，あるいはイオンは，いくつかの異なった種類の結合によって集合化している．静電気力はイオン結晶が形成される要因となり，分子結晶では分子間力が，また共有結合結晶では共有結合が，それぞれの要因となっている．さらに，金属結晶の形成は，結晶全体に非局在化した電子による特別な種類の相互作用によって説明される．

相変化 物質の状態は，加熱，あるいは冷却によって相互に変換できる．物質の二つの相は，沸点，あるいは凝固点のような転移温度において平衡状態にある．固体はまた，昇華によって蒸気に直接変換される．ある温度以上では，物質の気体は液体に変換できなくなる．この温度を臨界温度という．状態図を用いると，固体，液体，および気体の圧力と温度の関係を最もよく表すことができる．

12.1 液体と固体の分子運動論

第5章では分子運動論に基づいて，気体分子が一定で，無秩序な運動をすると考えることにより，気体のふるまいを説明した．気体では，分子間の距離は，分子の直径に比べてはるかに大きいので，たとえば25℃，1 atmといった普通の温度と圧力では，分子間に検出できるほどの相互作用はない．気体には非常に大きい何もない空間，すなわち分子によって占有されていない空間があるので，気体を圧縮することは容易である．また，気体の分子間には強い力がはたらかないので，気体はそれを入れた容器の体積を満たすまで膨張することができる．さらに，何もない空間が大きいために，気体は普通の条件下において，きわめて低い密度をもつことになる．

液体と固体では，気体とは状況が全く異なっている．凝縮状態（液体と固体）と気体状態の最も重要な違いは，分子間の距離である．液体では，分子は密に詰まっているので，空いた空間はほとんどない．このため，液体を圧縮することは気体よりも非常に難しく，また普通の条件下では，液体はより高い密度をもつことになる．また，§12.2で議論するように，液体では，一つ，あるいはいくつかの種類の力で分子が互いに結びつけられている．液体の分子は分子間にはたらく引力から逃れることができないので，液体はある決まった体積をもつ．しかし，分子は互いの位置を交換して自由に移動することができるため，液体は流動性をもち，注ぐことができ，またそれを入れた容器の形状をもっていると見なされる．

一方，固体では，分子の位置はしっかりと固定されており，分子は実質的に運動の自由度をもたない．多くの固体は，その固体に特徴的な長距離に及ぶ秩序をもっている．すなわち，固体中において分子は，三次元的に規則正しく配列している．固体における空いた空間は，液体よりもさらに小さい．このため，固体はほとんど圧縮することができず，また一定の形状と体積をもつことになる．物質の密度は，ほとんど例外なく，液体状態よりも固体状態の方が大きい．（ただし，最も重要な例外が水である．）物質の二つの状態が共存することは珍しいことではない．グラスに入った水（液体）に浮かぶ角氷（固体）は，その身近な例である．化学では，ある系に存在する物質の異なる状態を，相とよぶ．すなわち，グラスの中の氷水は，水の固相と液相の両方を含むことになる．この章では，"相"という言葉を，物質の二つ以上の状態が共存する系だけではなく，ある物質の状態の変化を述べる際にも用いる．表12.1に物質の三つの相について，いくつかの特徴的な性質を要約した．

表 12.1 気体，液体，固体の特徴的な性質

物質の状態	体積と形状	密度	圧縮性	分子の運動
気体	容器の体積と形状をもつと見なされる	低い	非常に圧縮されやすい	非常に自由な運動
液体	決まった体積をもつが，容器の形状をもつと見なされる	高い	わずかに圧縮される	自由に互いの位置を交換
固体	決まった体積と形状をもつ	高い	実質的に圧縮できない	固定した位置で振動

12.2 分子間力

分子間力とは，分子の間にはたらく引力的な相互作用をいう．第5章で述べた気体の非理想的なふるまいの原因となるのは，この分子間力である．分子間力は，物質の凝縮状態，すなわち液体，および固体においてさらに大きな影響を与える．気体の温度が低下すると，その分子の平均運動エネルギーは減少する．そして，十分に低い温度では，分子はもはや，隣接する分子との間にはたらく引力から逃れるだけのエネルギーをもたなくなる．この温度において，分子は凝集して液体の小滴を形成する．気相から液相へのこの転移は，<u>凝縮</u>とよばれる．

分子間力とは対照的に，**分子内力**は，<u>一つの分子内で原子を結びつけている力</u>である．（分子内力は第9章と第10章で議論した化学結合に含まれる力である．）分子内力はそれぞれの分子の安定化に寄与するが，分子間力はおもに，融点や沸点などの物質の巨視的な性質を決める要因となる．

一般に，分子間力は分子内力よりも非常に弱い．普通，液体を蒸発させるために必要なエネルギーは，その液体の分子に含まれる結合を切断するためのエネルギーよりもきわめて小さい．たとえば，1 mol の水を，その沸点において蒸発させるために必要なエネルギーは約 41 kJ である．しかし，水分子に含まれる 2 個の O—H 結合を切断するには，1 mol あたり約 930 kJ のエネルギーが必要となる．物質の沸点はしばしば，その物質を構成する分子の間にはたらく分子間力の強さを反映する．沸点において分子が気相に入り込むためには，液相の分子の間にはたらく引力的な力に打ち勝つだけの十分なエネルギーが供給されねばならない．物質 A の分子が互いに強い分子間力で結びつけられており，物質 A の分子を引き離すためには物質 B よりも大きなエネルギーが必要であるとすると，A の沸点は B よりも高くなる．同じ原理が物質の融点にも適用できる．一般に，物質の融点も，分子間力の強さとともに上昇する．

凝縮状態にある物質の性質を議論するためには，さまざまな種類の分子間力について理解しなければならない．分子間にはたらく**双極子-双極子相互作用**，**双極子-誘起双極子相互作用**，および**分散力**は，オランダの物理学者ファンデルワールスの名をとって，一般に，**ファンデルワールス力**とよばれている（§5.8を見よ）．また，イオンと双極子は**イオン-双極子相互作用**とよばれる静電気力によって互いに引きあうが，これはファンデルワールス力には含めない．さらに，<u>水素結合</u>とよばれる強い双極子-双極子相互作用がはたらく場合もある．水素結合の形成に関与できる元素は数種類だけなので，水素結合は特殊な相互作用として別に扱う．以下に述べるように，物質の相，化学結合の性質，存在する元素の種類に依存して，2 種類以上の相互作用が分子間にはたらく引力に寄与する場合もある．

双極子-双極子相互作用

双極子-双極子相互作用は，<u>極性分子間</u>，すなわち双極子モーメント（§10.2を見よ）をもつ分子間にはたらく引力である．双極子-双極子相互作用は静電気力に由来するものであり，クーロンの法則によって理解することができる．双極子モーメントが大きいほど，相互作用も大きくなる．図 12.1 に固体における極性分子の配向を

分子間力 intermolecular force

簡単のために，ここでは原子と分子の両方に対して"分子間力"という語句を用いる．

分子内力 intramolecular force

ファンデルワールス J. D. van der Waals

ファンデルワールス力 van der Waals force

双極子-双極子相互作用 dipole-dipole forces

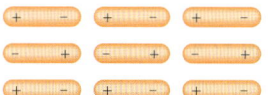

図 12.1 永久双極子モーメントをもつ分子は，固相中で引力的な相互作用を最大にするために，極性の方向を逆にして配列する傾向がある．

示す．液体中では，分子は固体中ほどしっかりと固定されてはいないが，平均すると極性分子は，それらの間にはたらく引力的な相互作用が最大になるように配列する傾向がある．

イオン-双極子相互作用

イオン-双極子相互作用は，イオン，すなわち陽イオン，あるいは陰イオンのいずれかと極性分子の間にはたらく引力であり，双極子-双極子相互作用と同様にクーロンの法則によって理解される（図 12.2）．イオン-双極子相互作用の大きさは，イオンの電荷と大きさ，および分子の双極子モーメントの大きさに依存する．陽イオンは普通，陰イオンよりも小さいので，陽イオンの方が陰イオンよりも電荷が集中している．したがって，一般に陽イオンは，同じ大きさの電荷をもつ陰イオンよりも強く双極子と相互作用する．

§4.1 で議論した水和は，イオン-双極子相互作用の一つの例である．図 12.3 に Na^+ および Mg^{2+} と，大きな双極子モーメント（1.87 D）をもつ水分子との間にはたらくイオン-双極子相互作用を示した．Mg^{2+} と Na^+ のイオン半径はそれぞれ，78 pm，98 pm である．したがって，Mg^{2+} は Na^+ よりも大きな電荷と小さいイオン半径をもつため，Mg^{2+} の方が水分子との相互作用はより強くなる．（実際には，それぞれの陽イオンは，溶液中では多数の水分子によって取り囲まれている．）同様の違いは，電荷と大きさが異なる陰イオンにも見られる．

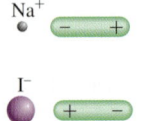

イオン-双極子相互作用 ion-dipole force

図 12.2 2 種類のイオン-双極子相互作用

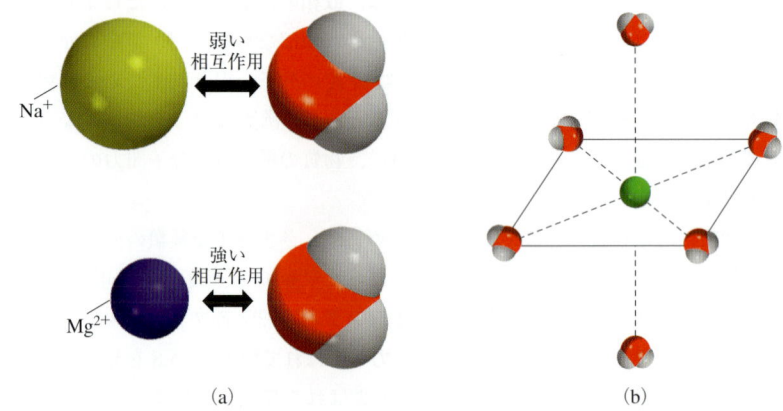

図 12.3 (a) 水分子と Na^+ および Mg^{2+} との相互作用，(b) 水溶液中では，金属イオンは普通，正八面体形に配列した 6 個の水分子によって取り囲まれている．

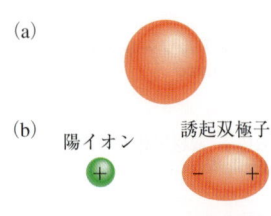

図 12.4 (a) ヘリウム原子における球状の電荷分布，(b) 陽イオンの接近によって生じた電荷分布のゆがみ，(c) 双極子の接近によって生じた電荷分布のゆがみ．

誘起双極子 induced dipole

分 散 力

無極性物質にはどのような引力がはたらくのだろうか．この疑問に答えるために，図 12.4 に示した配列を考えよう．イオンや極性分子を原子（あるいは無極性分子）の近くにおくと，原子（あるいは分子）の電子分布は，イオンや極性分子が及ぼす力によってゆがめられ，一種の双極子が生じる．この原子（あるいは分子）における正電荷と負電荷の分離は，イオンや極性分子の接近によってひき起こされたものであり，このようにして生じる双極子を**誘起双極子**とよぶ．イオンと誘起双極子の間の引力的な相互作用は，**イオン-誘起双極子相互作用**とよばれる．また，極性分子と誘起双極子の間の引力的な相互作用は，**双極子-誘起双極子相互作用**とよばれる．

原子（あるいは分子）に誘起される双極子モーメントの大きさは，接近するイオンの電荷や双極子の強さだけでなく，原子（あるいは分子）の**分極率**，すなわち電子分布の変形しやすさに依存する．一般に，原子（あるいは分子）の電子数が多くなるほど，また電子雲がより拡散しているほど，分極率は大きくなる．拡散した電子雲とは，原子核による電子の束縛がそれほど強くないために，かなり広い空間に広がった電子雲を意味する．

分極率 polarizability

分極は，He や N_2 のような原子，あるいは無極性分子の気体が凝縮する要因となる．ヘリウム原子では，電子は原子核からある距離をもって運動している．ある瞬間において，原子には，電子が特定の位置にあることによって双極子モーメントが生じている．この双極子モーメントは，ほんのわずかな時間持続するだけなので，瞬間的双極子とよばれる．つぎの瞬間には，電子は異なる位置に移動するので，原子は新たな瞬間的双極子をもつことになり，これが繰返される．しかし，長い時間，すなわち双極子モーメントを測定するのにかかる時間で平均すると，瞬間的双極子はすべて互いに打ち消しあうため，原子は全く双極子モーメントをもたないことになる．さて，He 原子の集団を考えると，1 個の He 原子の瞬間的双極子は，その最も近くに位置する He 原子に双極子を誘起する（図 12.5）．つぎの瞬間には，また異なる瞬間的双極子が周囲の He 原子に一時的な双極子を誘起する．重要な点は，このような He 原子間の相互作用により，引力が生じることである．このような原子，あるいは分子に誘起された一時的な双極子間の相互作用に由来する引力を，**分散力**という．原子の運動が抑制された極低温では，分散力は，He 原子を互いに結び付ける程度に十分強くなり，これによって気体は凝縮することになる．無極性分子の間にはたらく引力も，同様に説明される．

分散力 dispersion force

瞬間的双極子に対する量子力学的な説明は，1930 年にドイツの物理学者ロンドンによって与えられた．ロンドンは，瞬間的双極子間の相互作用による引力の大きさは，原子，あるいは分子の分極率に比例することを示した．分散力はきわめて弱いことが想像できる．実際に，ヘリウムに対してはその通りであり，ヘリウムはわずかに 4.2 K，すなわち $-269\,°C$ ときわめて低い沸点をもつ．（ヘリウムは 2 個の電子をもっているだけであり，それらは 1s 軌道にあって原子核に強く束縛されていることに注意してほしい．このため，ヘリウム原子の分極率は非常に小さい．）

ロンドン Fritz London

分散力はロンドン力ともよばれる．一般に，モル質量が増大すると，分散力も増大する．これは，モル質量が大きい分子はより多くの電子をもつ傾向があり，電子数の増大に伴って分散力の強さも増大するからである．さらに，モル質量が大きい

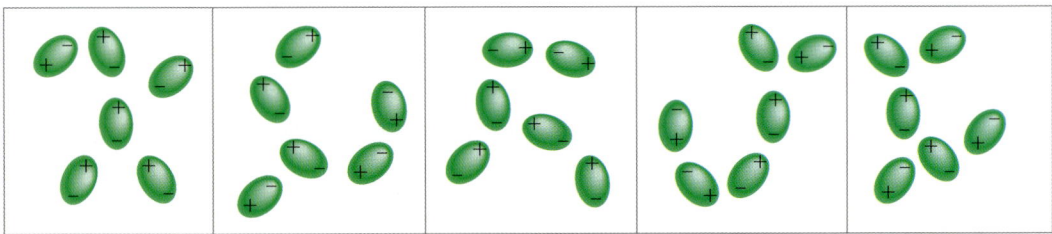

図 12.5 互いに相互作用する誘起双極子．このような形は瞬間的に存在するだけである．つぎの瞬間には，新たな配列が形成される．この種の相互作用は，無極性の気体分子が凝集する要因となる．

表 12.2 類似の構造をもつ無極性化合物の融点

化合物	融点(℃)
CH₄	−182.5
CF₄	−150.0
CCl₄	−23.0
CBr₄	90.0
CI₄	171.0

分子は，大きい原子を含むことが多く，このような原子では原子核による外殻電子の束縛が緩いので，電子分布はより容易にゆがめられる．表12.2に類似の構造をもつ無極性分子からなる物質の融点を比較して示した．予想通り，分子の電子数が増大するとともに，融点は上昇している．これらはすべて無極性分子なので，分子間にはたらく引力的な相互作用は分散力だけである．

多くの場合において，分散力は，極性分子間にはたらく双極子-双極子相互作用と比較して，同程度か，あるいはそれよりも大きい．劇的な例として，CH_3F と CCl_4 の沸点を比較してみよう．CH_3F は1.8Dの双極子モーメントをもつ極性分子であるが，CH_3F の沸点（−78.4℃）は，無極性分子である CCl_4 の沸点（76.5℃）よりもきわめて低い．CCl_4 の融点が高いのは，ただ CH_3F よりも多くの電子をもつことによる．電子の数が多い結果として，CCl_4 分子間にはたらく分散力は，CH_3F 分子間にはたらく分散力と双極子-双極子相互作用の和よりも強くなるのである．なお，分散力は，化学種が電気的に中性であるか，正味の電荷をもっているか，あるいはそれらが極性か，無極性かにかかわらず，すべての化学種の間にはたらくことを覚えておいてほしい．

例題 12.1

つぎの各組の化学種の間には，どのような種類の分子間力がはたらくか．(a) HBr と H_2S，(b) Cl_2 と CBr_4，(c) I_2 と NO_3^-，(d) NH_3 と C_6H_6

解法 このような問題では，化学種を三つに分類して考えるとよい．すなわち，イオン，極性分子（双極子モーメントをもつ），および無極性分子である．分散力はすべての化学種の間にはたらくことを思い出そう．

解答 (a) HBr と H_2S は，いずれも極性分子である．

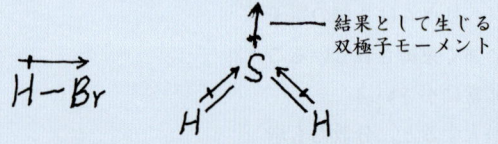

したがって，これらの分子の間にはたらく分子間力は，双極子-双極子相互作用と，分散力である．

(b) Cl_2 と CBr_4 はいずれも無極性分子である．したがって，これらの分子の間には分散力だけがはたらく．

(c) I_2 は等核二原子分子であり，したがって無極性分子である．無極性分子とイオン NO_3^- との間には，イオン-誘起双極子相互作用と分散力がはたらく．

(d) NH_3 は極性分子であり，C_6H_6 は無極性分子である．これらの間にはたらく分子間力は，双極子-誘起双極子相互作用と分散力である．(類似問題：12.10)

練習問題 つぎの化学種のそれぞれにおいて，分子，あるいはそれを構成する基本単位の間にはたらく分子間力の名称を記せ．(a) LiF, (b) CH_4, (c) SO_2

水素結合

周期表の同じ族に属する元素を含む一連の類似化合物の沸点は，通常は，モル質量が大きくなるとともに上昇する．この沸点の上昇は，モル質量が大きくなるとともに電子数が増加し，分散力が増大することに由来している．図12.6に示すように，14族元素の水素化物もこの傾向に従う．最も軽い化合物 CH_4 は最も低い沸点をもち，最も重い化合物 SnH_4 は最も高い沸点をもっている．ところが，15, 16, 17

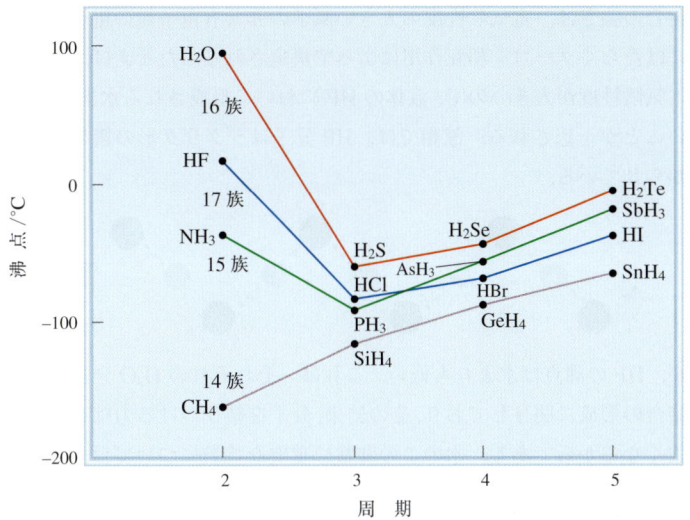

図 12.6 14, 15, 16, 17 族元素の水素化合物の沸点. 普通, 同じ族で比較すると, 周期表の下方に移動するにつれて沸点は上昇することが期待されるが, 図が示すように, 三つの化合物, NH_3, H_2O, HF は異なったふるまいを示す. これらの化合物の例外的なふるまいは, 分子間にはたらく水素結合によって説明される.

族の元素の水素化合物はこの傾向に従わない. これらの系列ではいずれも, モル質量に基づいた予測に反して, 最も軽い化合物, すなわち NH_3, H_2O, および HF が最も高い沸点をもっている. この事実は, NH_3, H_2O, HF には, それぞれと同じ族に属する他の分子と比べて, より強い分子間相互作用があることを意味している. 事実, N—H, O—H, F—H のような極性結合に含まれる水素原子と, O, N, F のような電気陰性度の大きい原子との間には特殊な双極子-双極子相互作用がはたらくことが知られている. このような水素原子を仲介とする特に強い分子間の引力的相互作用を**水素結合**とよぶ. 水素結合はつぎのように表示される.

A—H・・・B　　あるいは　　A—H・・・A

ここで A と B は, O, N, あるいは F を表す. A—H は一つの分子, あるいは分子の一部分であり, B は別の分子の一部分である. 点線は水素結合を表している. 3 個の原子は普通, 直線上に位置することが多いが, AHB, あるいは AHA のなす角度は直線から 30°くらいずれることもある. O, N, F 原子はいずれも, 水素結合を形成するために, 水素原子と相互作用できる非共有電子対を少なくとも一つもっていることに注意してほしい.

水素結合の平均的なエネルギーは, 双極子-双極子相互作用としてはかなり大きく, 40 kJ mol^{-1} 程度になることもある. このため, 水素結合は, 多くの化合物の構造や性質に大きな効果を与える. 図 12.7 に水素結合のいくつかの例を示す.

水素結合 hydrogen bond

水素結合の形成に関与する最も電気陰性度の大きな 3 種類の原子.

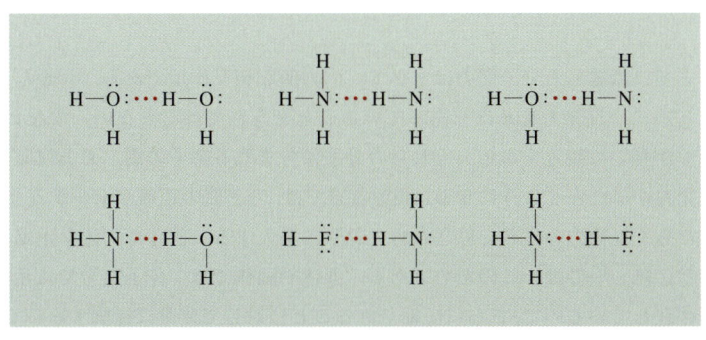

図 12.7 水, アンモニア, およびフッ化水素が形成する水素結合. 実線は共有結合を示し, 点線は水素結合を表す.

水素結合の強さは，電気陰性度の大きい原子の非共有電子対の電子と，水素原子核の間にはたらくクーロン相互作用によって決定される．たとえば，フッ素は酸素よりも電気陰性度が大きいので，液体の HF において形成される水素結合は H_2O よりも強いことが予想される．液相では，HF 分子はジグザグ形の鎖を形成していることが知られている．

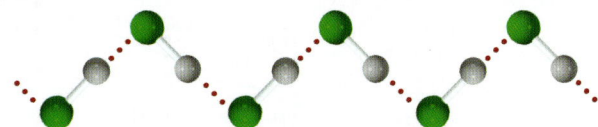

ところが，HF の沸点は水よりも低い．これは，それぞれの H_2O 分子は <u>4</u> 個の分子間水素結合の形成に関与しており，その結果，分子を結びつける力は HF よりも H_2O の方が強くなるからである．水のこの非常に重要な性質については，§12.3 で再び取上げる．

HCOOH は 2 分子の H_2O と水素結合を形成する．

類似問題：12.12

例題 12.2

つぎの化学種のうち，水と水素結合を形成できるものはどれか．CH_3OCH_3, CH_4, F^-, HCOOH, Na^+

解法 ある化学種が，電気陰性度の大きな 3 種類の元素，F, O, N のうちの一つを含むか，あるいはこれら 3 種類の元素の一つと結合した H 原子をもつならば，その化学種は水と水素結合を形成することができる．

解答 CH_4 と Na^+ はいずれも，F, O, N のような電気陰性度の大きな元素をもたない．したがって，CH_3OCH_3, F^-, HCOOH だけが，以下のように水と水素結合を形成することができる．

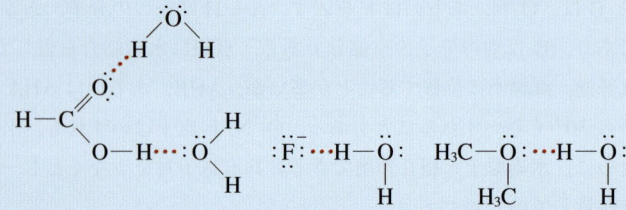

確認 HCOOH（ギ酸）は，水と二つの異なった様式で水素結合を形成できることに注意せよ．

練習問題 つぎの化学種のうち，その化学種の間で水素結合を形成できるものはどれか．(a) H_2S，(b) C_6H_6，(c) CH_3OH

これまでに議論した分子間力はすべて，引力的な相互作用である．しかし，分子はまた互いに，反発力を及ぼしあっていることを忘れてはならない．すなわち，2 個の分子が互いに接近すると，それらの分子に含まれる電子の間，および原子核の間に反発力がはたらくようになる．凝縮状態では，分子間の距離が減少すると，その間にはたらく反発力の大きさはきわめて急激に増大する．液体や固体を圧縮することが非常に難しいのは，このためである．液体や固体では，分子はすでに互いに接近して存在しているので，さらに圧縮されることに対して非常に抵抗するのである．

考え方の復習

つぎの化合物のうち,室温で液体として存在する可能性が最も高いものはどれか.
エタン C_2H_6, ヒドラジン N_2H_4, フルオロメタン CH_3F.

12.3 液体の性質

液体に見られる構造的な特徴や特有の性質の多くは,液体分子間にはたらく分子間力に起因している.この節では,一般に液体に関連する二つの現象,表面張力と粘性について述べることにしよう.さらに,水について,その構造と性質を議論する.

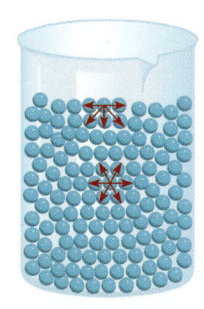

図 12.8 液体の表面にある分子,および内部にある分子にはたらく分子間力

表面張力

液体中の分子は,分子間力によってすべての方向に引張られている.分子がある特定の方向に引張られることはない.しかし,液体の表面に存在する分子は,他の分子によって下方と横方向には引張られるが,表面から上方へは引張られてはいない(図 12.8).これらの分子間力により,表面の分子を液体の中へ引き込む力がはたらき,これによって液体の表面は,弾力性のあるフィルムのようにぴんと張った状態となる.たとえば,ワックスをかけたばかりの車の上では,一滴の水は小さい丸い玉状となる.これは,極性の水分子と,ワックスを構成している無極性分子との間には,ほとんど,あるいはまったく引力的な相互作用がはたらかないので,水は表面積が最小となるように球形をとるためである.このような現象は,りんごのぬれたつやつやした表面にも見ることができる(図 12.9).

図 12.9 りんごのつやつやした表面上の水滴

表面張力 surface tension

液体表面の弾力性は,表面張力によって評価される.**表面張力**は,<u>単位面積(たとえば,$1\,\mathrm{cm}^2$)あたりの液体の表面を引き伸ばす,あるいは増大させるために必要なエネルギー</u>と定義される.分子間力が強い液体は,大きな表面張力をもつ.たとえば,水は,水素結合による強い分子間力をもつので,他のほとんどの液体よりも表面張力が非常に大きい.

表面張力に由来する現象のもう一つの例は,<u>毛管現象</u>である.図 12.10(a) に細い管内を自発的に水が上昇している様子を示す.水の薄膜がガラス管の壁に付着すると,水の表面張力によりこの薄膜は収縮する.それに伴って,水は管の上へと引

表面張力によりアメンボは水の上を"歩く"ことができる.

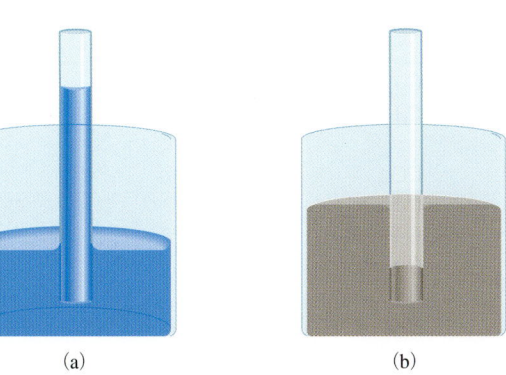

(a)　　　　(b)

図 12.10 (a) 接着力が凝集力より大きいときには,水で見られるように,液体は細管の中を上昇する.(b) 水銀の場合のように,凝集力が接着力に勝るときには,細管の中の液体表面は下降する.水では,管内の液体の表面はへこんで凹面となっているが,水銀では盛り上がって凸面となっていることに注意せよ.このような細管内の液面の形状をメニスカスとよぶ.

凝集力 cohesive force
接着力 adhesive force

張りあげられる．毛管現象には 2 種類の力がはたらいている．一つは**凝集力**であり，これは水分子間のような同種の分子間にはたらく引力である．もう一つの力は**接着力**とよばれ，水分子とガラス管内壁の分子間のような異種の分子間にはたらく引力である．接着力が凝集力よりも強い場合には，図 12.10(a) のように，管内の物質は上方に引き上げられる．管内の物質の上昇は，その重量が接着力と釣り合うまで続く．しかし，このような現象は，すべての液体で一般的に起こるわけではない．図 12.10(b) に示すように，水銀では，凝集力が水銀とガラスとの間にはたらく接着力よりも大きいので，細い管を水銀に入れると，水銀面の高さは降下する．すなわち，細い管内の水銀面は外側の水銀の表面より下にくる．

粘 性

英語の "slow as molasses in January" (1 月の糖蜜のようにゆっくりと) という比喩がもっともらしいのは，粘性とよばれる液体のもう一つの性質によるものである．**粘性**は，流れに対する液体の抵抗の大きさを表す．粘性が大きくなれば，液体の流れはゆっくりとなる．一般に，温度の上昇に伴って，液体の粘性は低下する．すなわち，熱い糖蜜は冷たい糖蜜よりも，ずっと速く流れるのである．

粘性 viscosity

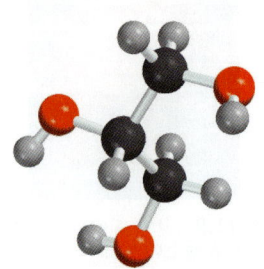

グリセリンは透明で，臭いのないシロップ状の液体であり，爆薬やインク，あるいは潤滑剤の製造に用いられる．

分子間力の強い液体は，分子間力の弱い液体よりも粘性が大きい (表 12.3)．水は水素結合を形成できるため，他の多くの液体よりも大きな粘性をもつ．興味深いことに，グリセリンの粘性は，表 12.3 に示した他のすべての液体よりも著しく大きい．グリセリンの構造式を示す．

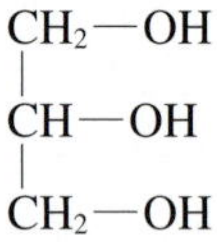

$$\begin{array}{c} CH_2-OH \\ | \\ CH-OH \\ | \\ CH_2-OH \end{array}$$

水と同様に，グリセリンは水素結合を形成できる．しかも，それぞれのグリセリン分子は，他のグリセリン分子との水素結合に関与できる 3 個の $-OH$ 基をもっている．さらに，粘性が小さい液体の分子は，容易に互いの位置を交換して移動できるのに対して，グリセリン分子はその形状から，むしろ互いにからみあう傾向をもつ．これらの相互作用によって，グリセリンの粘度は非常に大きくなる．

表 12.3	いくつかの一般的な液体の粘性	
液体		粘性 (N s m^{-2})*
アセトン	C_3H_6O	3.16×10^{-4}
ベンゼン	C_6H_6	6.25×10^{-4}
血液		4×10^{-4}
四塩化炭素	CCl_4	9.69×10^{-4}
ジエチルエーテル	$C_2H_5OC_2H_5$	2.33×10^{-4}
エタノール	C_2H_5OH	1.20×10^{-3}
グリセリン	$C_3H_8O_3$	1.49
水銀	Hg	1.55×10^{-3}
水	H_2O	1.01×10^{-3}

* 粘性の SI 単位は，ニュートン秒毎平方メートルである．

水 の 構 造 と 性 質

水は地球上によく見られる物質なので，その特異な性質を見逃してしまうことが多い．すべての生命現象には水がかかわっている．水は，水と水素結合を形成できる他の物質だけではなく，多くのイオン化合物に対しても優れた溶媒である．

表 6.2 に示したように，水の比熱容量は大きい．その理由は，水の温度を上昇させるには，すなわち水分子の平均的な運動エネルギーを増大させるためには，まず水分子間に形成されている多くの水素結合を切断しなければならないことにある．このため，水がかなりの量の熱を吸収しても，その温度はほんの少し上昇するだけである．逆に，水の温度がわずかに減少しただけでも，多くの熱が放出される．海や湖にある大量の水は，それ自身の温度が少し変化するだけで，夏には熱を吸収し，冬には熱を放出することができる．海や湖に隣接する陸地の気候が穏やかなのは，水のこの作用による．

もし水が水素結合を形成することができなかったら，水は室温では気体になるであろう．

氷は水の表面に浮く．すなわち，水は，液体状態よりも固体状態の方が密度が低い．このことは，水の最もきわだった特徴である．他のほとんどすべての物質では，密度は，液体状態よりも固体状態の方が大きい（図 12.11）．

図 12.11 左：氷は水に浮く．右：ベンゼンの固体は，液体ベンゼンの底に沈む．

なぜ水の性質が他の物質とは著しく異なっているのかを理解するためには，H_2O 分子の電子的な構造を検討しなければならない．第 9 章で述べたように，酸素原子には 2 対の結合に関与していない電子対，すなわち非共有電子対がある．

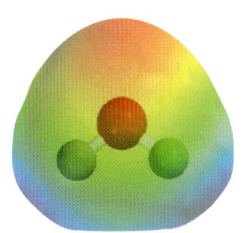

水の静電ポテンシャル図

分子間で水素結合を形成できる化合物は多いが，H_2O が，NH_3 や HF のような他の極性分子と異なっているのは，それぞれの酸素原子が，酸素原子上の非共有電子対の数と同じ <u>2 個</u> の水素結合を形成できることである．これによって，水分子は互いに結合して，三次元的に広がった網目構造を形成する．そこでは，それぞれの酸素原子はほぼ正四面体構造をとり，4 個の水素原子と，そのうち 2 個とは共有結合で，もう 2 個とは水素結合によって結合している．この水素原子と非共有電子対の数が等しいことは H_2O だけの特徴であり，NH_3 や HF にも，さらには，水素結合を形成できる他のいかなる分子にも見られない．このため，これらの他の分子は，水素結合によって三次元的な構造を形成することができず，環状構造，あるいは鎖状構造をとることになる．

図 12.12 氷の三次元構造. それぞれの酸素原子 O は 4 個の水素原子 H と結合している. O と H を結ぶ結合のうち, 共有結合は短い実線で, またより弱い水素結合は長い点線で表されている. この構造に見られる大きな空間の存在により, 氷の密度が小さいことが説明される.

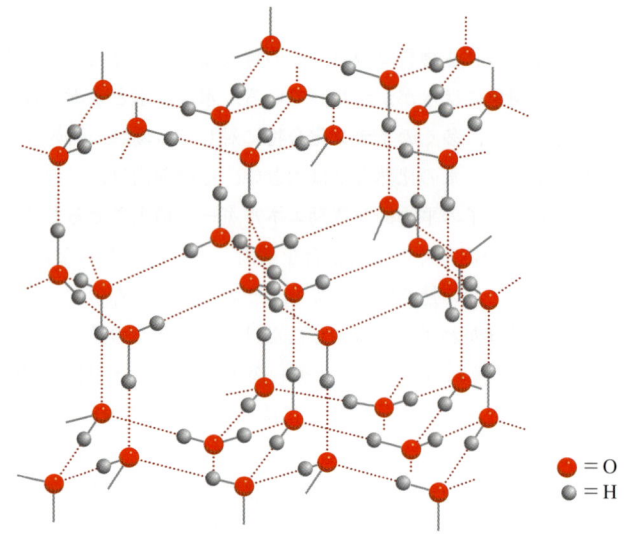

● = O
● = H

氷は高度に秩序化した三次元構造をとっているので (図 12.12), 分子は互いに接近することができない. さて, 氷が融けるときには, どのようなことが起こるかを考えてみよう. 融点では, 多くの水分子が, 分子間水素結合から解放されるだけの十分な運動エネルギーをもっている. これらの分子は, 三次元構造が形成する空洞の中に捉えられ, 三次元構造はより小さいかたまりに分解される. この結果, 単位体積あたりの分子数は, 液体の水の方が氷よりも多くなる. こうして, 密度＝質量/体積であるから, 水の密度は氷よりも大きくなるのである. さらに加熱すると, より多くの水分子が分子間水素結合から解放され, その結果, 融点を越えたところでは, 水の密度は温度とともに増大する傾向を示す. もちろん, 同時に, 水は加熱されるに伴って膨張するので, その密度は低下する. これら二つの過程, すなわち水素結合から解放された水分子の空洞への捕捉と熱的な膨張は, 密度に対して逆の方向に作用する. 0℃から4℃までは捕捉が優勢であり, 水の密度はしだいに大きくなる. しかし, 4℃を越えると熱的な膨張が支配的となり, 水の密度は, 温度の上昇とともに低下する (図 12.13).

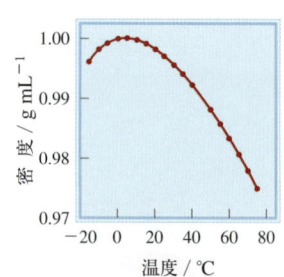

図 12.13 液体の水における密度と温度の関係. 水の密度は 4℃ で最大値に到達する. 0℃ の氷の密度は, 約 0.92 g cm^{-3} である.

> **考え方の復習**
>
> 自動車のエンジンオイルは, 夏季には粘性の高いものを使用し, 冬季には粘性の低いものを使用することが推奨されている. その理由を説明せよ.

12.4 結晶構造

結晶性固体 crystalline solid

固体は 2 種類に分類することができる. 結晶と非晶質である. **結晶性固体**は, 一定の, また長距離にわたる秩序をもっており, それを構成する原子, 分子, あるいはイオンは特定の位置を占めている. 氷は結晶性固体の例である. 結晶性固体における原子, 分子, イオンは, それらの間にはたらく正味の引力的な相互作用が最大

になるように配列されている．すべての結晶において安定化の要因となっている相互作用は，イオン結合，共有結合，ファンデルワールス力，水素結合，あるいはこれらの相互作用の組合わせである．一方，非晶質固体は，明確に定義された配列や長距離にわたる秩序をもたない．非晶質固体の代表的な例はガラスである．この節では，結晶性固体の構造に焦点をあてることにしよう．

結晶構造について現在知られていることは，実質的に，すべてX線回折によって得られたものである．**X線回折**とは，結晶性固体を構成する粒子によって，X線が散乱される現象をいう．実験によって得られたX線の散乱の様子，すなわち回折パターンから，結晶性固体における粒子の配列に関する情報を得ることができる．

X線回折 X-ray diffraction

結晶性固体における基本的な繰返し構造単位を，**単位格子**，あるいは単位胞という．図 12.14 に単位格子の例と，それを三次元に拡張させた図を示す．それぞれの球は原子，イオン，あるいは分子を表しており，**格子点**とよばれる．実際の結晶では，格子点には原子，イオン，あるいは分子は存在しないことが多く，むしろそれらは，それぞれの格子点のまわりに等価に配置している．しかし，ここでは議論を簡単にするために，それぞれの格子点が原子によって占められるとしよう．すべての結晶性固体の単位格子は，図 12.15 に示した 7 種類のうちのいずれかによって表される．立方単位格子は特に単純な単位格子であり，すべての辺の長さと角度が等

単位格子 unit cell

格子点 lattice point

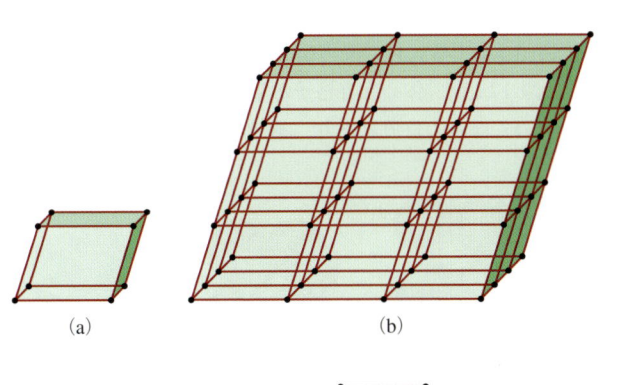

図 12.14 (a) 単位格子．(b) 単位格子を三次元的に拡張した構造．黒い点は原子，あるいは分子を表す．

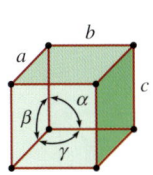
立　方
$a = b = c$
$\alpha = \beta = \gamma = 90°$

正　方
$a = b \neq c$
$\alpha = \beta = \gamma = 90°$

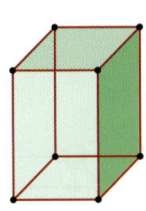
斜　方
$a \neq b \neq c$
$\alpha = \beta = \gamma = 90°$

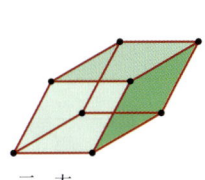
三　方
$a = b = c$
$\alpha = \beta = \gamma \neq 90°$

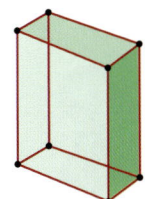
単　斜
$a \neq b \neq c$
$\gamma \neq \alpha = \beta = 90°$

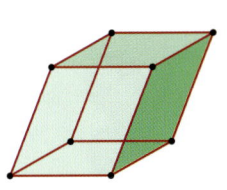
三　斜
$a \neq b \neq c$
$\alpha \neq \beta \neq \gamma \neq 90°$

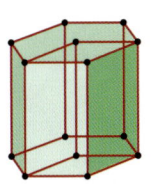
六　方
$a = b \neq c$
$\alpha = \beta = 90°,\ \gamma = 120°$

図 12.15 7 種類の単位格子．角度 α は辺 b と c のなす角，角度 β は辺 a と c のなす角，および角度 γ は辺 a と b のなす角と定義される．

しい構造をもつ．いずれの単位格子も，三次元的に繰返されることによって，結晶性固体に特徴的な格子構造を形成する．

球 の 充 塡

ピンポン球のような同一の球を多数集めて，秩序的な三次元構造をつくるにはどうしたらよいかを考えてみよう．これによって，一般に，結晶が形成されるためには構造的に何が必要かを理解することができる．層内に球がどのように配列しているかによって，単位格子の種類が決定される．

最も簡単な場合は，層内に球が図 12.16(a) のように配列した場合である．さて，一つの層内の球がその下の層にある球のすぐ上に位置するように，層の上と下に層を配置すると，三次元的な構造をつくることができる．この操作を拡張することによって，結晶に見られるようなきわめて多数の層を発生させることができる．図 12.16(a) において x 印をつけた球に注目すると，この球はそれ自身が含まれる層内の 4 個の球と，上の層の 1 個の球と，下の層の 1 個の球と接していることがわかる．このように，それぞれの球は 6 個の球に隣接していることから，この配列の球は配位数 6 をもつという．**配位数**は，結晶格子において，ある原子やイオンを取り囲んでいる原子やイオンの数と定義される．この図のような球の配列における基本的な繰返し単位を，単純立方格子（scc と略記する）とよぶ（図 12.16(b)）．

他の種類の立方格子として，体心立方格子と面心立方格子がある（それぞれ bcc，fcc と略記する．図 12.17）．体心立方格子が単純立方格子と異なっている点は，第二層の球が第一層のくぼみの位置にあり，第三層の球は第二層のくぼみに位置して

配位数 coordination number

scc: simple cubic cell
bcc: body-centered cubic cell
fcc: face-centered cubic cell

図 12.16 単純立方格子における同一の球の配列．(a) 球の一つの層を上方から見た図．(b) 単位格子を明確に示した図．(c) それぞれの球は 8 個の単位格子に共有されているが，単位格子には 8 個の頂点があるので，単純立方単位格子の中には 1 個の完全な球が存在することになる．

図 12.17 3 種類の立方単位格子．実際には，原子，分子，あるいはイオンを表す球は，これらの立方単位格子内で互いに接触している．

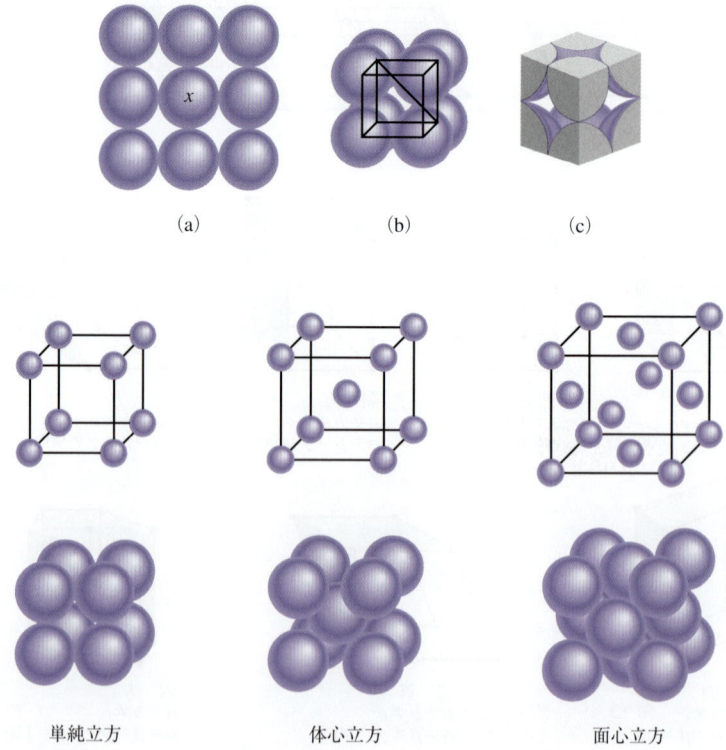

(a)　　　(b)　　　(c)

単純立方　　　体心立方　　　面心立方

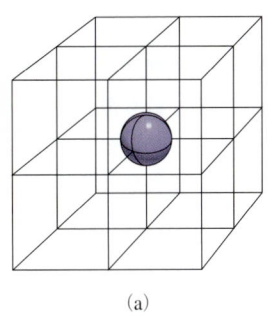 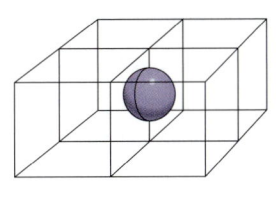 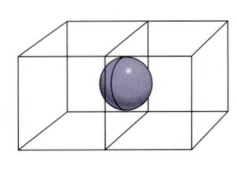

図 12.18 (a) それぞれの単位格子の頂点にある原子は8個の単位格子に共有されている．(b) 辺の上に位置する原子は4個の単位格子に共有されている．(c) 立方単位格子の面の中心にある原子は2個の単位格子に共有されている．

いる点である．この構造では，それぞれの球は，上の層の4個の球と下の層の4個の球に接しており，それぞれの球の配位数は8である．一方，面心立方格子では，立方格子の8個の頂点に加えて，6個の面のそれぞれの中心にも球が位置している．この構造では，それぞれの球の配位数は12となる．

結晶性固体では，すべての単位格子は他の単位格子と隣接しているので，単位格子にある原子の多くは隣接している単位格子に共有されている．たとえば，すべての種類の立方格子において，それぞれの頂点にある原子は8個の単位格子に所属している（図 12.18(a)）．また，辺に位置する原子は4個の単位格子に共有されており（図 12.18(b)），さらに面の中心にある原子は2個の単位格子に共有されている（図 12.18(c)）．それぞれの頂点にある球は8個の単位格子に共有され，1個の立方格子には8個の頂点があるので，結局，単純立方格子の中にはただ1個の完全な球があることと同じになる（図 12.19）．一方，体心立方格子では，中心に1個と，それぞれの頂点に8個の単位格子に共有された8個の球があるので，あわせて2個の完全な球をもつことと等価になる．さらに，面心立方格子は，面の中心にある6個の球による3個と，頂点にある8個の球による1個の，あわせて4個の完全な球を含むことになる．

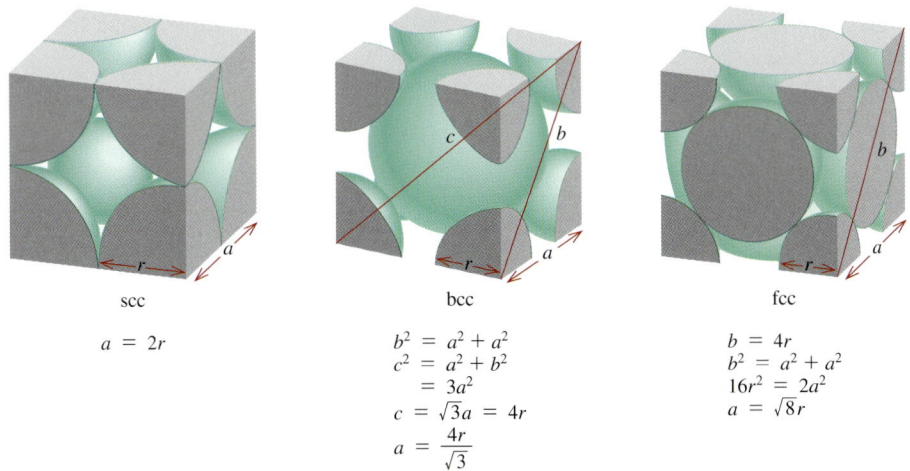

図 12.19 単純立方単位格子（scc），体心立方単位格子（bcc），および面心立方単位格子（fcc）における一辺の長さ a と原子半径 r の間の関係．

最 密 充 塡

　3種類の立方格子における球の間の隙間を比べると，明らかに単純立方格子や体心立方格子の方が，面心立方格子よりも大きいことがわかる．球を最も密に並べた配列を**最密充塡**という．図12.20(a) に示した構造から出発して，最密充塡の方法を考えてみよう．図12.20(a) の配列をA層とよぶことにする．他の球によって周囲を取り囲まれている球に注目すると，その球はこの層の中で6個の球とじかに接していることがわかる．この層の上に第二の層を積む際に，すべての球をできるだけ互いに接近させるためには，第一層の球が形成するくぼみに球を置けばよい（図12.20(b)）．この第二の層をB層としよう．

　さて，第二層に第三の層を積み上げて最密充塡を完成させるには，二通りの方法がある．まず，第三層の球のそれぞれが第一層の球の真上にくるように，第二層のくぼみに球を置くことができる（図12.20(c)）．この場合は，第一層と第三層の球の配列は同一なので，第三層もA層と表記される．もう一つは，第三層の球を，第一層のくぼみの真上に位置する第二層のくぼみに置く方法である（図12.20(d)）．この場合には，第三層はC層となる．図12.21に2種類の配列の"分解図"と，得られた構造を示す．ABAとなる配列を**六方最密充塡構造**といい，hcp構造と略記する．一方，ABCとなる配列は**立方最密充塡構造**とよばれ，ccp構造と略記する．ccp構造は，すでに述べた面心立方格子と一致した構造である．hcp構造における層の重なりはABABAB…と表記され，球は，一層おきに垂直方向に同じ位置を占めるが，ccp構造ではABCABC…となり，球が垂直方向に同一の位置にくるのは4層目ごとになることに注意してほしい．両方の構造とも，それぞれの球はそれ自身の層

最密充塡 closest packing

hcp: hexagonal close-packed
ccp: cubic close-packed

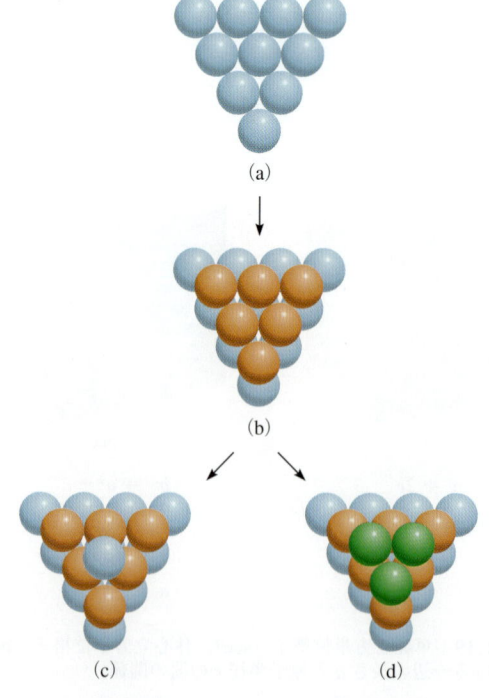

図12.20 (a) 最密充塡された層では，それぞれの球は6個の他の球と接している．(b) 第二層の球は，ちょうど，第一層の球がつくるくぼみに置くことができる．(c) 六方最密充塡構造では，第三層の球はそれぞれ，第一層の球の真上に位置している．(d) 立方最密充塡構造では，第三層の球は，第一層のくぼみの真上に位置する第二層のくぼみに置かれる．

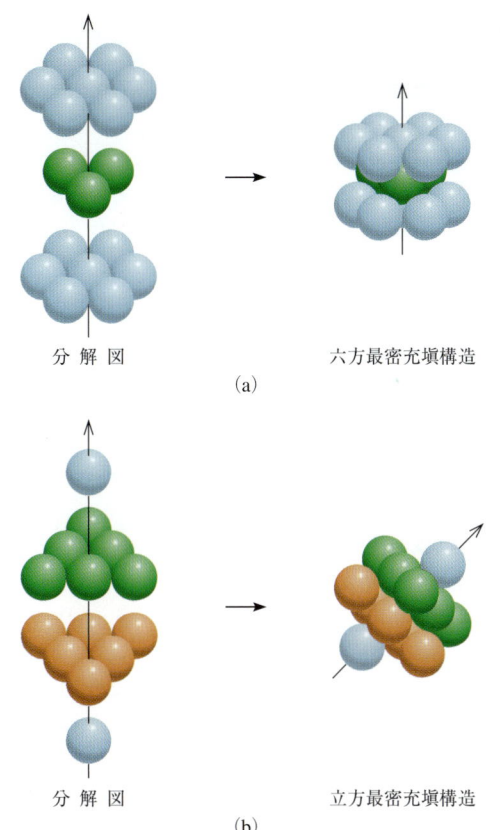

図 12.21 (a) 六方最密充填構造と (b) 立方最密充填構造の分解図. (b) では,面心立方格子をよりはっきりと示すために矢印を傾けてある.この配列は,面心立方格子と同じものであることに注意せよ.

において6個の球と接し,さらに上の層にある3個の球,および下の層にある3個の球と接している.すなわち,それぞれの球の配位数は12である.hcp構造とccp構造はいずれも,単位格子の中に同一の球を最も密に詰め込む方法を示している.したがって,球の配位数は12を超えることはできない.

多くの金属,および単原子分子である貴ガスは,hcp構造,あるいはccp構造をもつ結晶を形成する.たとえば,マグネシウム,チタン,亜鉛などが結晶化すると,原子はhcp型に配列し,アルミニウム,ニッケル,銀などでは,原子がccp型に配列した結晶を形成する.また,hcp構造をとるヘリウムを除いて,他のすべての貴ガスの結晶はccp構造をもつ.金属,あるいは貴ガスといった一連の関連した物質が,物質によって異なる結晶構造をとるのはなぜだろうか.それは,粒子の間にはたらく相互作用によって支配される,結晶構造の相対的な安定性によるものである.たとえば,マグネシウムがhcp構造をとるのは,Mg原子がこのように配列することによって,結晶において最も大きな安定性が得られるからである.

図12.19に,単純立方格子,体心立方格子,および面心立方格子について,原子半径rと単位格子の一辺の長さaとの関係をまとめた.例題12.3に示すように,この関係は,結晶の密度や原子の半径を決定するために用いることができる.

例題 12.3

金 Au は，立方最密充塡構造，すなわち面心立方格子をもつ結晶を形成し，その密度は 19.3 g cm^{-3} である．金の原子半径は何 pm か．

解 法　金の結晶構造と密度から，原子半径を計算する問題である．図 12.19 によると，面心立方格子では，原子半径 r と辺の長さ a との関係は，$a = \sqrt{8}r$ で与えられる．したがって，Au の原子半径 r を決定するためには，a を求めなければならない．a と立方体の体積 V との関係は $V = a^3$，すなわち $a = \sqrt[3]{V}$ であるから，単位格子の体積を決定することができれば a を計算することができる．問題には密度が与えられている．

$$\text{密度} = \frac{\text{質量}}{\text{体積}}$$

（質量：求めるべき値／密度：与えられている／体積：計算したい値）

解答に至る段階はつぎのように要約される．

単位格子の密度 ⟶ 単位格子の体積 ⟶ 単位格子の辺の長さ ⟶ Au の原子半径

解 答

段階 1　密度がわかっているので，体積を決定するためには，単位格子の質量を求めなければならない．それぞれの単位格子は 8 個の頂点と 6 個の面をもっている．

図 12.18 に従って，この単位格子に含まれる原子の総数はつぎのように求められる．

$$\left(8 \times \frac{1}{8}\right) + \left(6 \times \frac{1}{2}\right) = 4$$

単位格子のグラム単位の質量 m は次式によって計算される．

$$m = \frac{4 \text{ 原子}}{1 \text{ 単位格子}} \times \frac{1 \text{ mol}}{6.022 \times 10^{23} \text{ 原子}} \times \frac{197.0 \text{ g Au}}{1 \text{ mol Au}}$$

$$= 1.31 \times 10^{-21} \text{ g （単位格子あたり）}$$

密度の定義 ($d = m/V$) から，単位格子の体積 V はつぎのように計算できる．

$$V = \frac{m}{d} = \frac{1.31 \times 10^{-21} \text{ g}}{19.3 \text{ g cm}^{-3}} = 6.79 \times 10^{-23} \text{ cm}^3$$

> 密度は示強的性質であることを思い出そう．したがって，密度は 1 個の単位格子でも，1 cm^3 の物質でも同じである．

段階 2　体積は長さの三乗であるから，単位格子の一辺の長さ a は，単位格子の体積の三乗根となる．

$$a = \sqrt[3]{V}$$
$$= \sqrt[3]{6.79 \times 10^{-23} \text{ cm}^3} = 4.08 \times 10^{-8} \text{ cm}$$

段階 3　図 12.19 に示したように，球と見なした Au 原子の半径 r は，単位格子の一辺の長さ a とつぎの式によって関係づけられる．

$$a = \sqrt{8}r$$

したがって，

$$r = \frac{a}{\sqrt{8}} = \frac{4.08 \times 10^{-8} \text{ cm}}{\sqrt{8}} = 1.44 \times 10^{-8} \text{ cm}$$

$$= 1.44 \times 10^{-8} \text{ cm} \times \frac{1 \times 10^{-2} \text{ m}}{1 \text{ cm}} \times \frac{1 \text{ pm}}{1 \times 10^{-12} \text{ m}} = \boxed{144 \text{ pm}}$$

類似問題：12.48

練習問題　銀は結晶化すると，面心立方格子をもつ結晶を形成する．その単位格子の一辺の長さは 408.7 pm である．銀の密度を計算せよ．

考え方の復習

タングステン W の結晶は体心立方格子をもち，W 原子は格子点のみを占めている．単位格子には何個の W 原子が存在するか．

12.5 固体における結合

結晶性固体の構造，および融点，密度，硬さのような物理的性質は，粒子を結びつける引力によって決定される．結晶は，それを構成する粒子の間にはたらく力の種類によって，イオン結晶，分子結晶，共有結合結晶，および金属結晶に分類することができる（表 12.4）．

表 12.4	結晶の種類と一般的な性質		
結晶の種類	構成単位を結びつける力	一般的な性質	例
イオン結晶	静電気的引力	硬い，もろい，融点が高い，熱および電気伝導性が悪い	NaCl, LiF, MgO, $CaCO_3$
分子結晶*	分散力，双極子-双極子相互作用，水素結合	軟らかい，融点が低い，熱および電気伝導性が悪い	Ar, CO_2, I_2, H_2O, $C_{12}H_{22}O_{11}$（スクロース）
共有結合結晶	共有結合	硬い，融点が高い，熱および電気伝導性が悪い	C（ダイヤモンド）[†], SiO_2（石英）
金属結晶	金属結合	軟らかいものも硬いものもある，融点が高いものも低いものもある，熱および電気伝導性が良い	すべての金属元素；たとえば，Na, Mg, Fe, Cu

* この分類には単独の原子から構成される結晶を含む．
[†] ダイヤモンドは良好な熱伝導体である．

イオン結晶

イオン結晶は，イオン結合によって互いに結びつけられたイオンから構成される．イオン結晶の構造は，陽イオンと陰イオンの電荷，およびそれらの半径に依存する．塩化ナトリウムの構造については，すでに第 2 章で議論した．塩化ナトリウムの結晶は面心立方格子をもつ（図 2.12 を見よ）．図 12.22 に他の 3 種類のイオン結晶，CsCl, ZnS, CaF_2 の構造を示す．Cs^+ は Na^+ よりもかなり大きいので，CsCl の構造は単純立方格子となる．ZnS の構造は閃亜鉛鉱型構造とよばれ，面心立方格子を基

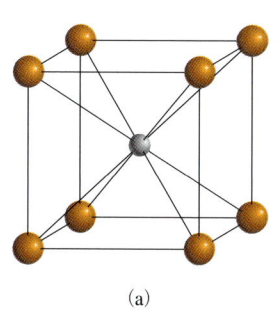
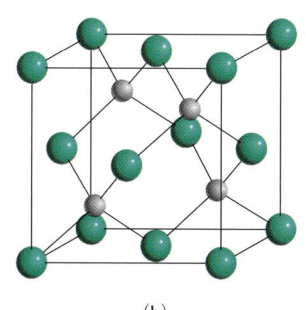
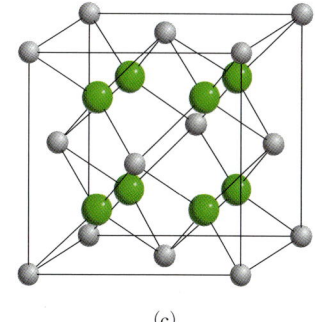

(a) (b) (c)

図 12.22 (a) CsCl，(b) ZnS，(c) CaF_2 の結晶構造．いずれの場合も，小さい方の球が陽イオンを表している．

実験室で成長させたリン酸二水素カリウムの巨大なイオン結晶。最も大きなものでは、重さが 701 lb（ポンド；1 lb = 0.4536 kg）もある！

本とした構造である。S^{2-} を格子点に置くと、Zn^{2+} はそれぞれの対角線に沿って 4 分の 1 の距離だけ S^{2-} から離れた位置にある。閃亜鉛鉱型構造をもつ他のイオン化合物には、CuCl, BeS, CdS, HgS がある。CaF_2 がもつ構造を<u>蛍石型構造</u>という。この構造では Ca^{2+} が格子点にあり、それぞれの F^- は 4 個の Ca^{2+} が形成する正四面体構造の中心に位置している。蛍石型構造は、SrF_2, BaF_2, $BaCl_2$, および PbF_2 などに見られる。

イオン結晶は、イオンを互いに結びつけている引力が強いことを反映して、高い融点をもつ。イオン結晶では、それぞれのイオンはその位置に固定されているので、電気は流れない。しかし、イオン結晶の溶融状態、すなわちイオン結晶が融解すると、あるいは水溶液の状態では、イオンは自由に動くことができるので、その液体は電気伝導性をもつことになる。

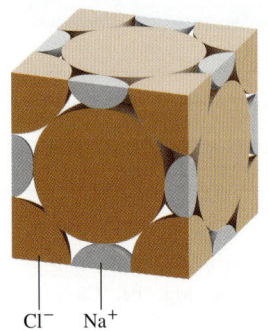

図 12.23 面心立方単位格子における Na^+ と Cl^- の位置

> **例題 12.4**
>
> NaCl の単位格子には、それぞれ何個の Na^+ と Cl^- が存在するか。
>
> **解 答** NaCl は面心立方格子に基づいた構造をもつ。図 2.12 に示すように、単位格子の中心に 1 個の完全な Na^+ があり、辺上には 12 個の Na^+ が位置している。それぞれの辺上にある Na^+ は 4 個の単位格子に共有されているので、Na^+ の総数は $1 + (12 \times \frac{1}{4}) = 4$ となる。同様に、単位格子の面の中心に 6 個の Cl^- があり、頂点には 8 個の Cl^- が位置している。面の中心のイオンはそれぞれ 2 個の単位格子に共有されており、頂点にあるイオンはそれぞれ 8 個の単位格子に共有されている（図 12.18 を見よ）。したがって、Cl^- の総数は $(6 \times \frac{1}{2}) + (8 \times \frac{1}{8}) = 4$ となる。こうして、NaCl の単位格子には、4 個の Na^+ と 4 個の Cl^- があることがわかる。図 12.23 に単位格子に含まれる Na^+ と Cl^- の位置を示す。（類似問題：12.47）
>
> **練習問題** すべての原子は格子点を占めると仮定すると、体心立方格子の単位格子には何個の原子が含まれるか。

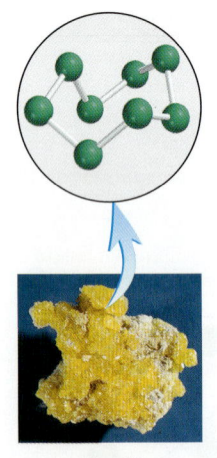

硫 黄

分子結晶

分子結晶は、ファンデルワールス力や水素結合によって互いに結びつけられた原子、あるいは分子から構成される。二酸化硫黄 SO_2 の固体は、分子結晶の一つの例である。SO_2 の固体において分子間にはたらくおもな引力は、双極子-双極子相互作用である。また、氷において三次元的な格子が形成されるおもな要因は、分子間にはたらく水素結合である（図 12.12 を見よ）。他の分子結晶の例は、I_2, P_4, S_8 などである。

一般に、分子結晶では、氷を例外として、分子はその大きさと形状が許す限り、できるだけ密に詰まっている。ファンデルワールス力や水素結合は普通、イオン結合や共有結合と比べて非常に弱いので、分子結晶は、イオン結晶や共有結合結晶よりも壊れやすい。実際に、ほとんどの分子結晶は、200 ℃ 以下で融解する。

共有結合結晶

共有結合結晶では、結晶内の原子がすべて共有結合によって互いに結びつけられて、三次元的に広がった網目構造を形成している。分子結晶とは異なって、孤立し

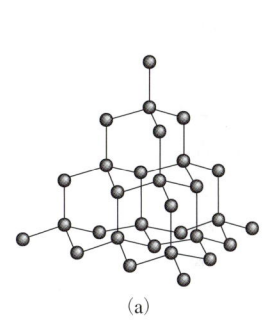 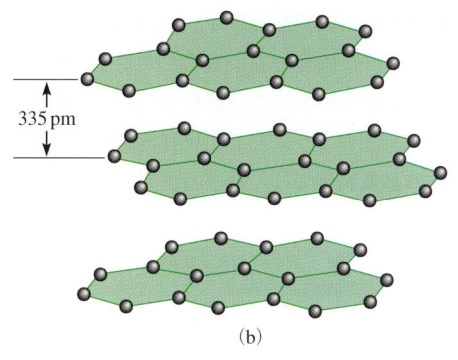

図 12.24 (a) ダイヤモンドの構造. それぞれの炭素原子は, 他の 4 個の炭素原子に結合して正四面体構造をとっている. (b) 黒鉛の構造. 連続した層間の距離は 335 pm である.

た分子は存在しない. 共有結合結晶のよく知られた例は, 炭素の 2 種類の同素体, ダイヤモンドと黒鉛である (図 8.14 を見よ). ダイヤモンドでは, それぞれの炭素原子は他の 4 個の原子と結合しており, 正四面体構造をとっている (図 12.24). ダイヤモンドは知られている物質のうちで最も硬い物質であり, その異常な硬さと高い融点 (3550 °C) は, 三次元的に広がった強い共有結合によるものである. 一方, 黒鉛では, 炭素原子は 6 員環構造に配列している. それぞれの原子は sp^2 混成をとり, 他の 3 個の原子と共有結合を形成している. さらに, 混成に関与しない 2p 軌道によって π 結合が形成される. 実際に, これらの 2p 軌道に含まれる電子は, 自由に動きまわることができ, これによって黒鉛は, 結合している炭素原子が形成する層内の方向に良好な電気伝導性を示す. 層間は, 弱いファンデルワールス力によって互いに結びつけられている. 黒鉛の硬さは, その共有結合によって説明される. しかし, 層間は互いにすべりやすいので, 黒鉛は触るとつるつるしており, このため黒鉛は減摩剤として利用される. また黒鉛は, 鉛筆, およびコンピューターのプリンターやタイプライター用のインクリボンに用いられている.

共有結合結晶のもう一つの例は石英 SiO_2 である. 石英におけるケイ素 Si の配列は, ダイヤモンドにおける炭素の配列と類似しているが, 石英では, Si 原子対の間に酸素原子が存在している. Si と O の電気陰性度は異なるので (図 9.5 を見よ), Si—O 結合は極性である. それでも, SiO_2 は, 硬さや高い融点 (1610 °C) など, 多くの点でダイヤモンドと類似した性質をもつ.

乾電池の中心にある電極は黒鉛でできている.

石英

金属結晶

金属結晶ではすべての格子点は同じ金属の原子によって占められているので, 金属結晶の構造は, ある意味で取扱いが最も簡単である. 金属結晶における結合は, 他の種類の結晶とは全く異なっている. 金属では, 結合に関与する電子は, 結晶全体に広がっている, すなわち非局在化している. 実際, 結晶中の金属原子は, 非局在化した価電子の海の中に固定された陽イオンの配列と見ることができる (図 12.25). 電子の非局在化によって陽イオンの間に大きな結合力が生じ, それが金属の強さの要因となっている. このような金属原子間の結合を金属結合という. 金属結合の強さは, 結合に用いることのできる電子数の増加とともに増大する. たとえば, 価電子が 1 個しかないナトリウムの融点は 97.6 °C であるが, 3 個の価電子をもつアルミニウムの融点は 660 °C と非常に高い. 金属が良好な熱伝導性, および電気伝導性を示すのも, 非局在化した電子が動きやすいことによるものである.

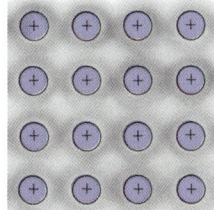

図 12.25 金属結晶の断面. それぞれの円で囲んだ正電荷は, 金属原子の原子核と内殻電子を表す. 正電荷をもつ金属イオンを取り囲む灰色の領域は, 非局在化した価電子を表し, 絶えず変化する電子の海にたとえられる.

価電子の数と結合力の強さの比較は, 主要族元素だけに適用される.

固体の最も安定な形態は，結晶状態である．しかし，たとえば液体を急冷するなどによって，固体を急に生成させると，原子や分子は，安定な結晶状態における配列をとるための十分な時間がなく，それとは異なった位置に固定されてしまう場合がある．このようにして生成した固体は**非晶質固体**とよばれ，ガラスがその例である．**非晶質固体**では，原子の規則的な三次元的配列は見られない．

非晶質固体 amorphous solid

考え方の復習

下記の図は，酸化亜鉛の単位格子を示したものである．この化合物の組成式を求めよ．

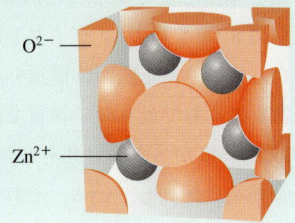

12.6　相　変　化

第5章と本章において，物質の三つの状態，すなわち気体，液体，および固体の性質について，その概要を述べた．これらのそれぞれの状態は，しばしば**相**とよばれる．相とは，系の他の部分と接しているが，はっきりとした境界によって他の部分から分離している系の均一な部分をいう．たとえば，角氷が水に浮んでいる状態は，固相（氷）と液相（水）という水の二つの相からなる．普通，熱のかたちでエネルギーが系に加えられるか，あるいは系から奪い取られると，ある相から別の相への変化が起こる．これを**相変化**とよぶ．相変化は物理変化であり，分子の秩序の変化を伴っている．固相の分子は最も秩序的に配列しており，一方，気相の分子は最も無秩序にふるまう．相変化の本質を理解するためには，系のエネルギー変化と，分子の秩序の増大，あるいは減少の関係に注意する必要がある．

相 phase

相変化 phase change

液体-蒸気平衡
蒸　気　圧

液体の分子は，堅固な格子に固定されてはいない．それらは，気体の分子のように全く自由にふるまうことができるわけではないが，たえず運動している．液体の密度は気体よりも大きいので，分子の間で起こる衝突の割合は，気体よりも液体中の方がずっと大きい．このため，一定の温度において，ある決まった数の液体分子は，その表面から脱出するのに十分な運動エネルギーをもっている．液体の表面から分子が脱出し，気体になる過程を**蒸発**とよぶ．

気体と蒸気の違いは p.113 で説明した．

蒸発 evaporation, vaporization

液体が蒸発すると，生じた気体の分子は蒸気圧を及ぼす．図 12.26 に示した装置を見てほしい．蒸発過程が始まる前は，U 型圧力計の水銀の位置は等しくなってい

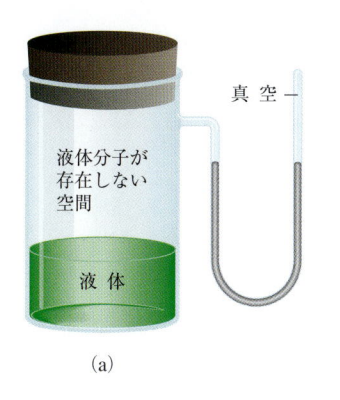

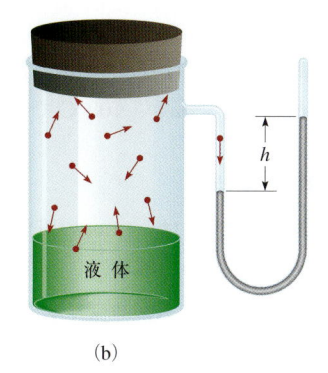

図 12.26 液体の蒸気圧を測定するための装置．(a) 蒸発が始まる前の状態．(b) 平衡状態．さらなる変化は観測されない．(b) の状態では，液体から離れる分子の数と液体に戻る分子の数は等しい．水銀の位置の差 h から，測定した温度におけるこの液体の平衡蒸気圧が得られる．

る．液相の分子が表面から離れるとすぐに，気相が形成される．蒸気の量が増えてくると，蒸気圧を測定することができる．しかし，蒸発過程はずっと継続するわけではない．最終的には，水銀の位置は安定し，もはやそれ以上の変化は起こらなくなる．

　分子の視点から見ると，蒸発の過程ではどのようなことが起こっているのだろうか．最初は，一方向の変化だけが起こる．すなわち，分子は液体から何もない空間へと移動する．その空間に移動した分子によって，すぐに気相が形成される．気相に存在する分子の濃度が増加するにつれて，ある分子は液相へと戻るようになる．この過程を**凝縮**という．凝縮は，液体の表面に衝突した分子が，分子間力によって液体に捕捉されるために起こる．

　ある決まった温度では蒸発の速度は一定であり，一方，凝縮の速度は気相中にある分子の濃度の増加に伴って増大する．凝縮と蒸発の速度が等しくなると，動的平衡の状態に到達する（図 12.27）．**動的平衡**とは，正方向の過程の速度が，逆方向の過程の速度と正確に釣り合っている状態をいう．凝縮と蒸発が動的平衡にある状態で測定した蒸気の圧力を，**平衡蒸気圧**という．一般に，液体の平衡蒸気圧のことを，簡単に"蒸気圧"ということが多い．略語の意味をちゃんと理解していれば，この慣習に従ってよい．

　重要なことは，平衡蒸気圧はある温度において液体が及ぼす最大の蒸気圧であること，および一定の温度では平衡蒸気圧も一定となることである．しかし，温度が変われば，蒸気圧も変化する．図 12.28 に 3 種類の異なる液体について，蒸気圧と温度の関係を示した．すでに学んだように，温度が高いほど大きな運動エネルギー

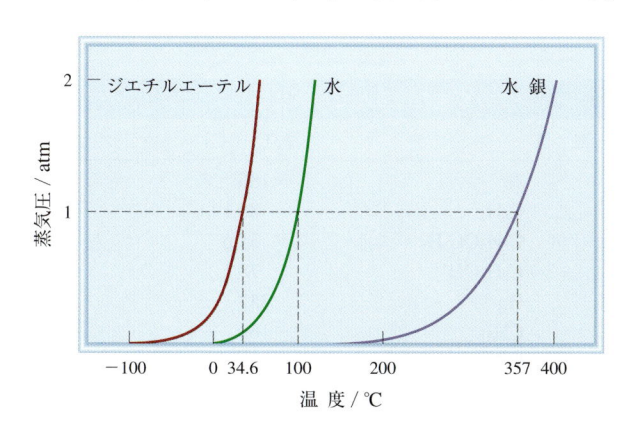

凝縮 condensation

動的平衡 dynamic equilibrium

平衡蒸気圧 equilibrium vapor pressure

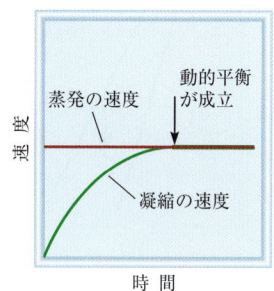

図 12.27 一定の温度における蒸発と凝縮の速度の比較

図 12.28 3 種類の液体に対する温度の上昇に伴う蒸気圧の増大．それぞれの液体の標準沸点は，1 atm の位置で水平に引いた線との交点によって示される．

平衡蒸気圧は，いくらかの液体が存在する限り，液体の量には依存しない．

をもつ分子の数は増加するので，温度の上昇に伴って蒸発の速度も増大する．このため，液体の蒸気圧は常に，温度とともに増大する．たとえば，水の蒸気圧は 20°C で 17.5 mmHg であるが，100°C では 760 mmHg に上昇する．

蒸発熱と沸点

モル蒸発熱 molar heat of vaporization, ΔH_{vap}

　モル蒸発熱 ΔH_{vap} は，1 mol の液体を蒸発させるのに必要なエネルギー（一般に，kJ 単位）と定義され，液体において，分子がどの程度強く互いに結びついているかの尺度となる．モル蒸発熱は，液体における分子間力の強さと直接関係している．すなわち，液体において分子間に強い引力がはたらくと，液相から分子が自由になるためには大きなエネルギーが必要となる．その結果，その液体は比較的低い蒸気圧をもち，大きなモル蒸発熱をもつことになる．

　液体の蒸気圧 P と絶対温度 T との間の定量的な関係は，クラウジウス-クラペイロンの式によって与えられる．

$$\ln P = -\frac{\Delta H_{vap}}{RT} + C \tag{12.1}$$

ここで ln は自然対数を表し，R は気体定数（8.314 J K^{-1} mol^{-1}），および C は定数である．クラウジウス-クラペイロンの式は，線形の式 $y = mx + b$ である．

$$\ln P = \left(-\frac{\Delta H_{vap}}{R}\right)\left(\frac{1}{T}\right) + C$$
$$\updownarrow \qquad \updownarrow \qquad \updownarrow \quad \updownarrow$$
$$y = \qquad m \qquad x \ + \ b$$

異なる温度で液体の蒸気圧を測定し，ln P を $1/T$ に対してプロットすると，上式に従って直線が得られ，その傾きを決定することができる．ΔH_{vap} は温度に依存しないとすると，その傾きは $-\Delta H_{vap}/R$ に等しい．この方法によって，蒸発熱を決定することができる．図 12.29 に水とジエチルエーテル $C_2H_5OC_2H_5$ について，ln P の $1/T$ に対するプロットを示した．水に対する直線の方が，より急な傾きをもつことに注意してほしい．これは，ジエチルエーテルよりも水の方が，ΔH_{vap} が大きいことを反映している（表 12.5）．

　ある液体について，ΔH_{vap} とある温度の蒸気圧 P の値がわかれば，クラウジウス-クラペイロンの式から，その液体の異なる温度の P を計算することができる．温度 T_1 と T_2 における蒸気圧が，それぞれ P_1 と P_2 であるとしよう．式(12.1) からつぎ

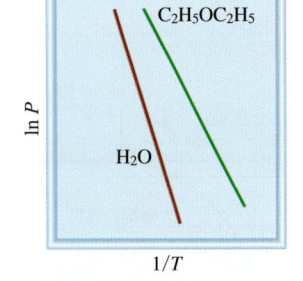

図 12.29 水とジエチルエーテル対する ln P と $1/T$ との関係．それぞれの直線の傾きは，$-\Delta H_{vap}/R$ に等しい．

表 12.5　いくつかの液体の沸点とモル蒸発熱

物　質		沸点* (°C)	ΔH_{vap} (kJ mol^{-1})
アルゴン	Ar	-186	6.3
ベンゼン	C_6H_6	80.1	31.0
ジエチルエーテル	$C_2H_5OC_2H_5$	34.6	26.0
エタノール	C_2H_5OH	78.1	39.3
水　銀	Hg	357	59.0
メタン	CH_4	-164	9.2
水	H_2O	100	40.79

* 1 atm の値

のように書くことができる．

$$\ln P_1 = -\frac{\Delta H_{vap}}{RT_1} + C \quad (12.2)$$

$$\ln P_2 = -\frac{\Delta H_{vap}}{RT_2} + C \quad (12.3)$$

式(12.2)から式(12.3)を引くと，つぎの式が得られる．

$$\ln P_1 - \ln P_2 = -\frac{\Delta H_{vap}}{RT_1} - \left(-\frac{\Delta H_{vap}}{RT_2}\right)$$

$$= \frac{\Delta H_{vap}}{R}\left(\frac{1}{T_2} - \frac{1}{T_1}\right)$$

したがって，

$$\ln\frac{P_1}{P_2} = \frac{\Delta H_{vap}}{R}\left(\frac{1}{T_2} - \frac{1}{T_1}\right)$$

あるいは，

$$\ln\frac{P_1}{P_2} = \frac{\Delta H_{vap}}{R}\left(\frac{T_1 - T_2}{T_1 T_2}\right) \quad (12.4)$$

例題 12.5

ジエチルエーテルは揮発性で，非常に引火性の高い液体の有機化合物であり，おもに溶媒として用いられる．18℃におけるジエチルエーテルの蒸気圧は401 mmHgである．29℃における蒸気圧を計算せよ．

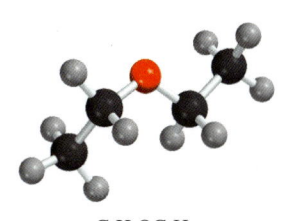

解法 ジエチルエーテルについて，ある温度における蒸気圧が与えられ，他の温度の蒸気圧を求める問題である．したがって，式(12.4)が必要となる．

解答 表12.5から $\Delta H_{vap} = 26.0$ kJ mol^{-1} であることがわかる．与えられたデータを整理すると，

$$P_1 = 401 \text{ mmHg} \qquad P_2 = ?$$
$$T_1 = 18\,°C = 291\,K \qquad T_2 = 29\,°C = 302\,K$$

式(12.4)から，つぎのように書くことができる．

$$\ln\frac{401}{P_2} = \frac{26000 \text{ J mol}^{-1}}{8.314 \text{ J K}^{-1} \text{ mol}^{-1}}\left(\frac{291\,K - 302\,K}{(291\,K)(302\,K)}\right) = -0.391$$

両辺の真数を求めると（付録3を見よ），

$$\frac{401}{P_2} = e^{-0.391} = 0.676$$

したがって，

$$P_2 = 593 \text{ mmHg}$$

確認 温度が高いほど，蒸気圧も高いことが期待される．したがって，答えは理にかなっている．

練習問題 34.9℃におけるエタノールの蒸気圧は100 mmHgである．63.5℃における蒸気圧を求めよ．なお，エタノールの ΔH_{vap} は39.3 kJ mol^{-1} である．

C$_2$H$_5$OC$_2$H$_5$

類似問題：12.80

蒸発熱の存在を実際に理解するには，手のひらでアルコールをこすり合わせてみるとよい．手から伝えられた熱は，アルコール分子の運動エネルギーを増加させる．

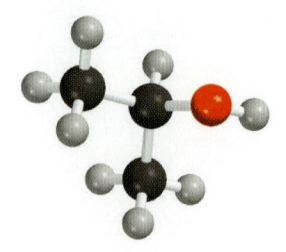

イソプロピルアルコール
（消毒用アルコール）

沸点 boiling point

アルコールはすみやかに蒸発するが，その際に，手から熱を奪い取り，手を冷却する．この過程は，私たちが汗をかくことと似ている．汗をかくことは，人体の温度を一定に保つためのしくみの一つである．水の分子間には強い水素結合がはたらいているので，汗に含まれる水を体表から蒸発させるためには，かなりの量のエネルギーが必要となる．このエネルギーは，さまざまな代謝過程において発生する熱によって供給される．

すでに述べたように，温度の上昇に伴って，液体の蒸気圧は増大する．あらゆる液体において，液体が沸騰し始める温度が存在する．液体の蒸気圧が外部の圧力と等しくなる温度が，**沸点**である．外部の圧力が1 atmのときの沸点を標準沸点といい，普通に液体の沸点というときには，標準沸点をさす．

沸点においては，液体の内部から泡が発生する．泡が生成すると，その場所を最初に占めていた液体は押しのけられ，容器に入った液体の高さを上昇させる．泡に及ぼされる圧力はおもに大気圧であり，それにいくらかの水圧，すなわち液体の存在によってひき起こされる圧力が加わっている．泡の内部の圧力は，液体の蒸気圧だけである．蒸気圧が外部の圧力と等しいときには，泡は液体の表面まで上って，そこで破裂する．もし泡内の蒸気圧が外部の圧力よりも低ければ，泡は表面に上る前に押しつぶされてしまうだろう．こうして，液体の沸点は，外部の圧力に依存することが結論される．（一般に，水圧の寄与は小さいので無視する）．実際に，たとえば水は 1 atm において 100 °C で沸騰するが，圧力が 0.5 atm に減少すると，わずか 82 °C で沸騰するようになる．

沸点は液体の蒸気圧によって決まるので，沸点はモル蒸発熱と関係があり，ΔH_{vap} が大きいほど沸点も高くなると予想される．表 12.5 のデータを見ると，この予想がだいたい正しいことがわかる．結局，沸点も ΔH_{vap} も，液体分子にはたらく分子間力の強さによって決まるのである．たとえば，アルゴン Ar やメタン CH_4 では分子間に弱い分散力しかはたらかないので，これらの沸点は低く，モル蒸発熱も小さい．ジエチルエーテル $C_2H_5OC_2H_5$ は双極子モーメントをもち，分子間に双極子–双極子相互作用がはたらくために，やや高い沸点と大きな ΔH_{vap} を示す．また，エタノール C_2H_5OH や水は強い水素結合を形成し，これによってそれらが高い沸点と大きな ΔH_{vap} をもつことが説明される．さらに，金属結合は非常に強いので，水銀はこれらの液体のうちで，最も高い沸点と最大の ΔH_{vap} をもつことになる．興味深いことに，ベンゼンは無極性であるにもかかわらず，その沸点はエタノールに匹敵する程度に高い．これはベンゼンは大きな分極率をもつので，ベンゼン分子間にはたらく分散力は，双極子–双極子相互作用や水素結合と比べて，同程度か，あるいはそれよりも強くなるからである．

臨界温度と臨界圧

蒸発の逆の過程は，凝縮である．原理的には，気体は二つの方法のいずれかによって，液体にすることができる．一つは気体を冷却することである．冷却すると気体分子の運動エネルギーは減少し，ついには分子は集合化して，液体の小滴を形成する．もう一つの方法は，気体に圧力を加えることである．加圧下では，分子間の平均距離は減少するので，気体分子間に引力がはたらき，分子は互いに結びついて液

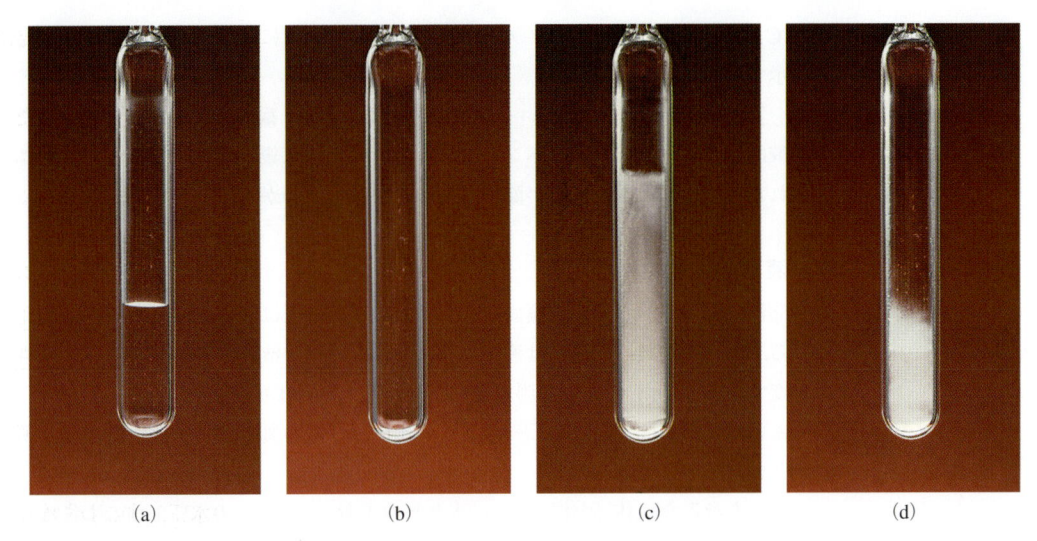

図 12.30 六フッ化硫黄の臨界現象．(a) 臨界温度以下では，液相がはっきりと見える．(b) 臨界温度を超えると，液相は消失する．(c) ちょうど臨界温度まで冷却すると，蒸気の凝縮が起こり霧状になる．(d) 最終的に，再び液相が現れる．

体となる．工業的な液化過程では，これら二つの方法を組合わせて用いる．

あらゆる物質は，**臨界温度** T_c をもつ．臨界温度とは，どんなに高い圧力を加えても，その温度以上では，その物質の気体は決して液体にならない温度である．臨界温度はまた，その物質が液体として存在できる最も高い温度である．臨界温度において，その物質を液体にするために加えねばならない最小の圧力を，**臨界圧** P_c という．臨界温度が存在することは，定性的にはつぎのように説明される．ある物質において分子間にはたらく引力は，有限の量である．T_c 以下では，この引力は十分に強いので，ある適当な圧力下において，分子は互いに結びついて液体となる．一方，T_c 以上では，分子はいつでもこの引力から逃れることができる十分な運動エネルギーをもっており，このため液体になることはない．図 12.30 に，臨界温度（45.5

臨界温度 critical temperature, T_c

臨界圧 critical pressure, P_c

分子間力は温度には依存しない．一方，分子の運動エネルギーは，温度の上昇とともに増大する．

表 12.6	いくつかの物質の臨界温度と臨界圧		
物　質		T_c (°C)	P_c (atm)
アンモニア	NH_3	132.4	111.5
アルゴン	Ar	−122	48.0
ベンゼン	C_6H_6	288.9	47.9
二酸化炭素	CO_2	31.0	73.0
ジエチルエーテル	$C_2H_5OC_2H_5$	192.6	35.6
エタノール	C_2H_5OH	243	63.0
水　銀	Hg	1462	1036
メタン	CH_4	−83.0	45.6
水　素	H_2	−239.9	12.8
窒　素	N_2	−147.1	33.5
酸　素	O_2	−118.8	49.7
六フッ化硫黄	SF_6	45.5	37.6
水	H_2O	374.4	219.5

°C）以上に加熱された六フッ化硫黄を，45.5°C以下に冷却したときに起こる変化を示す．

表 12.6 には，一般的ないくつかの物質について，臨界温度と臨界圧を示した．比較的強い分子間力をもつベンゼン，エタノール，水銀，および水はまた，表に示された他の物質よりも，高い臨界温度をもつことがわかる．

液体-固体平衡

液体の固体への変換を凝固といい，その逆の過程は融解，あるいは溶融とよばれる．固体の融点，あるいは液体の凝固点は，固相と液相が平衡の状態で共存する温度である．1 atm の圧力で測定された融点，あるいは凝固点を，物質の標準融点，あるいは標準凝固点という．一般に 1 atm における物質の融点をいう際には，"標準"という語句を省略する．

> 融解（fusion）は融ける過程を意味している．これから，過剰の電流で発生した熱により金属片が融けることを利用して電気回路を切断する装置を，ヒューズ（fuse）という．
>
> 融点 melting point

最も身近な液体-固体平衡は，水と氷の平衡であろう．0°C，1 atm において，動的平衡はつぎの式によって表される．

$$氷 \rightleftharpoons 水$$

この動的平衡は，グラスに入った氷水によって実際に示される．角氷は融けて水になり，一方で角氷の間にある水の一部は凝固し，それによって角氷は互いに結びつく．しかし，これは真の動的平衡ではない．なぜなら，グラスは 0°C に保たれていないので，やがてすべての角氷は融けてなくなってしまうからである．

1 mol の固体を融解させるために必要なエネルギー（一般に，kJ 単位）を，**モル融解熱** ΔH_{fus} という．表 12.7 には，表 12.5 にあげた物質のモル融解熱を示した．二つの表のデータを比較すると，それぞれの物質について ΔH_{fus} は ΔH_{vap} よりも小さいことがわかる．このことは，液体の分子はかなり接近して密に詰まっているという事実と対応しており，このため固体から液体に変化するためには，それほど多くのエネルギーを必要としない．一方，液体が蒸発するときには，分子は他の分子から完全に分離されるため，分子間にはたらく引力に打ち勝つために，かなり大きいエネルギーが必要となる．

> モル融解熱 molar heat of fusion, ΔH_{fus}

表 12.7　いくつかの物質の融点とモル融解熱

物質		融点* (°C)	ΔH_{fus} (kJ mol^{-1})
アルゴン	Ar	-190	1.3
ベンゼン	C_6H_6	5.5	10.9
ジエチルエーテル	$C_2H_5OC_2H_5$	-116.2	6.90
エタノール	C_2H_5OH	-117.3	7.61
水銀	Hg	-39	23.4
メタン	CH_4	-183	0.84
水	H_2O	0	6.01

* 1 atm の値

固体と蒸気の間で平衡状態にあるヨウ素

固体-蒸気平衡

固体もまた気体になるので，蒸気圧をもっている．つぎの動的平衡を考えよう．

$$固体 \rightleftharpoons 蒸気$$

分子が直接，固体から気体になる過程を**昇華**という．逆の過程，すなわち蒸気から直接，固体になる過程は**凝華**とよばれる．ナフタレンは防虫剤の製造に用いられる物質であるが，その固体はかなり高い蒸気圧をもつ（53 ℃ で 1 mmHg）．このため，刺激性をもつナフタレンの蒸気は，閉じた空間にすみやかに広がることになる．一般に，分子は，固体においてより堅固に互いに結びついているため，固体の蒸気圧は液体の蒸気圧よりも非常に低い．1 mol の固体を昇華させるために必要なエネルギー（一般に，kJ 単位）を，**モル昇華熱** ΔH_{sub} という．モル昇華熱は，モル融解熱とモル蒸発熱の和に等しい．

$$\Delta H_{sub} = \Delta H_{fus} + \Delta H_{vap} \tag{12.5}$$

式(12.5)はヘスの法則を表しているが，厳密にいえば，この式は，すべての相変化が同じ温度で起こる場合に成り立つ．全体の過程に対するエンタルピー変化，すなわち熱量変化は，物質が固体から直接，蒸気へ変化するか，あるいは固体から液体へ変化し，そして蒸気へと変化するかにかかわらず同じである．図 12.31 にこの節で議論した相変化についてまとめた．

昇華 sublimation

凝華 deposition

モル昇華熱 molar heat of sublimation, ΔH_{sub}

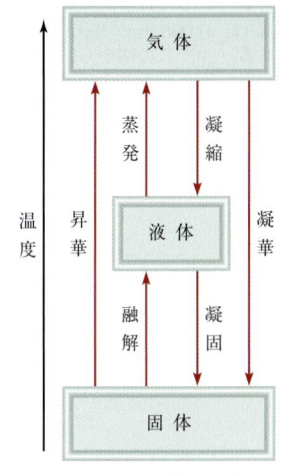

図 12.31 物質が行うさまざまな相変化

考え方の復習

ある学生が 2 種類の液体の有機化合物，メタノール CH_3OH とジメチルエーテル CH_3OCH_3 について，図 12.29 に示したような $1/T$ に対する $\ln P$ のプロットを作成した．直線の傾きは，-2.32×10^3 K と -4.50×10^3 K であった．これら 2 種類の化合物について，それぞれの ΔH_{vap} の値を求めるにはどうしたらよいか．

12.7 状態図

固相，液相，および気相の間の全体的な関係は，状態図とよばれるただ一つのグラフによって表すことができる．**状態図**は相図ともよばれ，物質が固体，液体，あるいは気体として存在する条件をまとめたものである．この節では，水と二酸化炭素の状態図について，簡単に議論することにしよう．

状態図 phase diagram

水

図 12.32(a) に水の状態図を示す．そのグラフは三つの領域に分かれており，それぞれは純粋な相を表している．二つの領域の境界を示す線は，いずれもそれらの二つの相が平衡で存在できる温度と圧力を示している．たとえば，液相と気相の境界を示す曲線は，蒸気圧の温度変化を示している．他の二つの曲線も同様に，氷と液体の水との間の平衡，および氷と水蒸気の間の平衡に対する条件を示している．（固相-液相間の境界線は，負の傾きをもつことに注意してほしい．）三つの曲線が交わる点は，**三重点**とよばれる．水においては，この点は 0.01 ℃，0.006 atm である．三重点は，三つの相がすべて互いの間で平衡に存在できる唯一の温度と圧力である．

三重点 triple point

状態図を用いると，外部の圧力の変化に対して，物質の融点と沸点がどのように変化するかを予想することができる．また，温度と圧力の変化によってひき起こされる相変化の方向を推測することができる．1 atm で測定された水の標準融点，標

図12.32 (a) 水の状態図.二つの相の境界を示す実線はそれぞれ,二つの相が平衡で存在できる圧力と温度の条件を示している.三つの相がすべて平衡で存在できる点は,三重点とよばれる.水の三重点は,0.006 atm, 0.01 ℃ である.(b) この図から,氷の圧力が高くなるとその融点は低下し,また液体の水の圧力が高くなるとその沸点は上昇することがわかる.

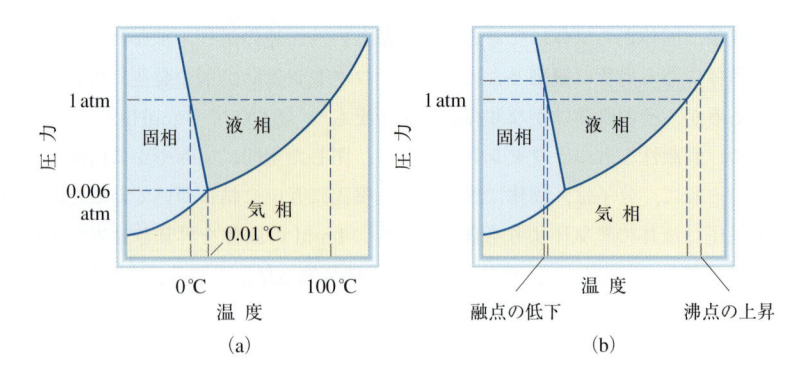

準沸点は,それぞれ 0 ℃, 100 ℃ である.もし異なる圧力下で,融解,および沸騰が起こったらどうなるだろうか.図12.32(b) は,1 atm 以上に圧力を増加させると,水の沸点は上昇し,融点は低下することを明確に示している.一方,圧力を減少させると,水の沸点は低下し,融点は上昇する.

二酸化炭素

二酸化炭素の状態図（図12.33）は水と類似しているが,ただ一つの重大な違いは,固相と液相間の境界線の傾きが正になっていることである.実際,このことは,ほとんどすべての他の物質に対してもあてはまる.水は,氷が液体の水よりも密度が小さいために,異なるふるまいを示すのである.二酸化炭素の三重点は 5.2 atm, −57 ℃ である.

図12.33 に示した二酸化炭素の状態図から,興味深い事実を知ることができる.図から明らかなように,液相の領域全体が,大気圧よりもかなり高い圧力範囲に存在している.したがって,1 atm において,固体の二酸化炭素を融解することはできないことがわかる.そのかわり,固体の CO_2 は 1 atm において,−78 ℃ まで加熱されると昇華する.事実,固体の二酸化炭素は,氷のように見えるが融解しないことから,ドライアイスとよばれている（図12.34）.この性質により,ドライアイスは冷却剤として利用されている.

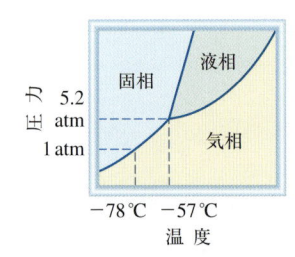

図12.33 二酸化炭素の状態図.水と異なって,固相と液相間の境界線は正の傾きをもっていることに注意.液相は 5.2 atm 以下では安定ではないため,大気圧条件下では固相と気相のみが存在する.

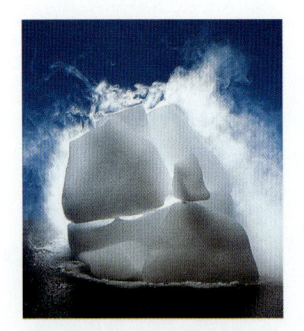

図12.34 大気圧条件下では,固体の二酸化炭素は融解せずに,ただ昇華するだけである.冷たい二酸化炭素の気体によってまわりの水蒸気が凝縮し,霧が生じる.

考え方の復習

つぎの (a)〜(c) の状態図のうち,1 atm で加熱したとき,融解せずに昇華する物質に対応するものはどれか.

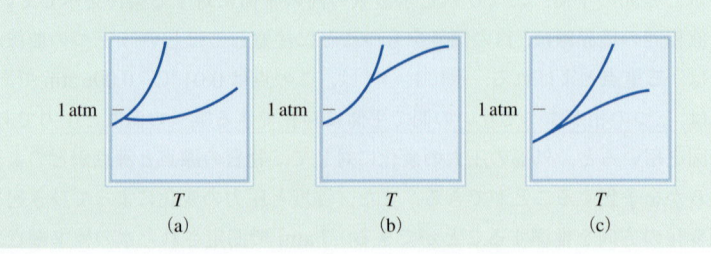

重要な式

$$\ln P = -\frac{\Delta H_{\text{vap}}}{RT} + C \qquad (12.1)$$

液体の ΔH_{vap} を決定するためのクラウジウス-クラペイロンの式

$$\ln \frac{P_1}{P_2} = \frac{\Delta H_{\text{vap}}}{R}\left(\frac{T_1 - T_2}{T_1 T_2}\right) \qquad (12.4)$$

液体の ΔH_{vap},蒸気圧,あるいは沸点を計算するための式

$$\Delta H_{\text{sub}} = \Delta H_{\text{fus}} + \Delta H_{\text{vap}} \qquad (12.5)$$

ヘスの法則の応用

事項と考え方のまとめ

1. すべての物質は,気体,液体,固体の三つの状態のいずれかで存在する.気体状態と凝縮状態において最も異なっている点は,分子間の距離である.

2. 分子間力は,二つの分子の間,あるいは分子とイオンの間にはたらく.一般に,これらの力は,共有結合が形成される力よりも非常に弱い.双極子-双極子相互作用,およびイオン-双極子相互作用は,双極子モーメントをもつ分子と他の極性分子,あるいはイオンとの間にはたらく引力的な相互作用である.分散力は,一般に無極性分子においても誘起される瞬間的な双極子モーメントによって生じる力である.分子に誘起される双極子モーメントの大きさは,その分子の分極率によって決まる."ファンデルワールス力"という言葉が,双極子-双極子相互作用,双極子-誘起双極子相互作用,および分散力の総称として用いられる.

3. 水素結合は比較的強い双極子-双極子相互作用であり,水素原子を含む極性結合と,結合を形成しているN,O,あるいはFのような電気陰性度の大きい原子との間に作用する.水分子の間には,特に強い水素結合が形成される.

4. 液体はその表面積が最小となる構造をとる傾向がある.表面張力は,液体の表面積を広げるために必要となるエネルギーである.液体分子間にはたらく分子間力が強いほど,表面張力も大きくなる.粘性は,液体が流動に対して抵抗する大きさを表す.温度が高くなると,粘性は減少する.

5. 水分子は固体状態において,それぞれの酸素原子が2個の水素原子と共有結合を形成し,さらに2個の水素原子と水素結合をつくることによって,三次元的な網目構造を形成している.この特異な構造によって,氷が液体の水よりも密度が低いという事実が説明される.また,水素結合に起因するもう一つの性質として,水は大きな比熱容量をもつ.この性質によって水は,生態系にとって重要な役割を果たす理想的な物質となっている.すなわち,海や湖水にある大量の水が,ほんのわずかな温度変化によってかなりの量の熱を放出,あるいは吸収できるために,その周辺の気候が穏やかに保たれるのである.

6. すべての固体は,原子,イオン,あるいは分子が規則的に配列した結晶か,あるいは規則的な構造をもたない非晶質のいずれかである.結晶性固体の基本的な構造単位を単位格子といい,それが繰返されることによって,三次元的な結晶格子が形成される.

7. 結晶を構成する粒子を互いに結びつけている力によって,結晶は4種類に分類される.すなわち,イオン結合によるイオン結晶,ファンデルワールス力や水素結合による分子結晶,共有結合による共有結合性結晶,および金属結合による金属結晶である.

8. 密閉した容器の中に液体を入れると,最終的には,蒸発と凝縮の間で動的平衡が成立する.この条件において液体に接している蒸気の圧力を平衡蒸気圧といい,それはしばしば単純に蒸気圧とよばれる.沸点では,液体の蒸気圧は外部の圧力に等しい.1 molの液体を蒸発させるために必要なエネルギーを,その液体のモル蒸発熱という.モル蒸発熱は,液体の蒸気圧の温度依存性を測定し,式(12.1)を用いることによって求めることができる.固体のモル融解熱は,その固体1 molを融解させるために必要なエネルギーである.

9. すべての物質は,ある温度を越えると,その物質の気体は液体になることができない温度をもつ.それを臨界温度という.

10. ある物質における三つの相の間の関係は,状態図によって表される.状態図のそれぞれの領域は純粋な相を表し,領域間の境界線はその二つの相が平衡で存在する温度と圧力を示す.三重点では,三つの相がすべて平衡にある.

キーワード

イオン-双極子相互作用　ion-dipole force　p.334	粘性　viscosity　p.340
X 線回折　X-ray diffraction　p.343	配位数　coordination number　p.344
凝結　solidification from gas　p.359	非晶質固体　amorphous solid　p.352
凝集力　cohesive force　p.340	表面張力　surface tension　p.339
凝縮　condensation　p.353	ファンデルワールス力　van der Waals force　p.333
結晶性固体　crystalline solid　p.342	沸点　boiling point　p.356
格子点　lattice point　p343	分極率　polarizability　p.335
最密充塡　closest packing　p.346	分散力　dispersion force　p.335
三重点　triple point　p.359	分子間力　intermolecular force　p.333
昇華　sublimation　p.359	分子内力　intramolecular force　p.333
状態図　phase diagram　p.359	平衡蒸気圧　equilibrium vapor pressure　p.353
蒸発　evaporation, vaporization　p.352	モル昇華熱　molar heat of sublimation, ΔH_{sub}　P.359
水素結合　hydrogen bond　p.337	モル蒸発熱　molar heat of vaporization, ΔH_{vap}　p.354
接着力　adhesive force　p.340	モル融解熱　molar heat of fusion, ΔH_{fus}　p.358
相　phase　p.352	誘起双極子　induced dipole　p.334
双極子-双極子相互作用　dipole-dipole force　p.333	融点　melting point　p.358
相変化　phase change　p.352	臨界圧　critical pressure, P_c　p.357
単位格子　unit cell　p.343	臨界温度　critical temperature, T_c　p.357
動的平衡　dynamic equilibrium　p.353	

練習問題の解答

12.1　(a) イオン-イオン相互作用と分散力, (b) 分散力, (c) 双極子-双極子相互作用と分散力

12.2　CH_3OH　　**12.3**　$10.50 \, g \, cm^{-3}$

12.4　2 個　　**12.5**　369 mmHg

考え方の復習の解答

■ p.339　ヒドラジン N_2H_4. 3 種類の化合物のうちで, この化合物だけが水素結合を形成することができるので, 分子間にはたらく力が大きいと考えられる.

■ p.342　温度の上昇に伴って, 液体の粘性は減少する. 夏季にはエンジンの作動温度がより高くなるので, エンジンオイルが薄くなり過ぎないように, 粘性の高いオイルを用いる. 温度が低くなる冬季には, 適切な潤滑作用を得るために粘性の低いオイルを用いるのがよい.

■ p.349　2 個

■ p.352　ZnO

■ p.359　本文の式(12.1)によると, 直線の傾きは $-\Delta H_{vap}/R$ によって与えられる. CH_3OH は水素結合を形成するので, より大きな ΔH_{vap} をもつと考えられる. したがって, より傾きの大きい直線が CH_3OH に帰属される. この結果から, CH_3OH と CH_3OCH_3 の ΔH_{vap} はそれぞれ, $37.4 \, kJ \, mol^{-1}$, $19.3 \, kJ \, mol^{-1}$ となる.

■ p.360　(b)

13

溶液の物理的性質

炭酸飲料水の瓶のふたをとると発泡するのは，ヘンリーの法則の身近な例である．

章の概要

13.1 溶液の種類 364

13.2 分子の視点から見た溶解の過程 364

13.3 濃度の単位 367
　　濃度の単位の種類・濃度の単位の比較

13.4 溶解度に対する温度の効果 371
　　固体の溶解度と温度・気体の溶解度と温度

13.5 気体の溶解度に対する圧力の効果 372

13.6 束一的性質 374
　　蒸気圧降下・沸点上昇・凝固点降下・浸透圧・
　　束一的性質を用いるモル質量の決定・
　　電解質溶液の束一的性質

基本の考え方

溶　液　2種類以上の物質の均一な混合物である溶液には多くの種類がある．最もよく見られる溶液は液体の溶液であり，液体の溶媒と，固体，あるいは液体の溶質から構成される．同じ種類の分子間力がはたらく分子どうしは，互いに混合しやすい．溶解度によって，特定の温度において溶媒に溶ける溶質の量を定量的に表すことができる．

濃度の単位　溶液の濃度の表記には，4種類の単位がよく用いられる．質量パーセント濃度，モル分率，モル濃度，および質量モル濃度である．それぞれの単位には，利点と制限がある．

溶解度に対する温度と圧力の効果　一般に，温度は物質の溶解度に対して顕著な効果を示す．圧力は液体に対する気体の溶解度に影響を与えるが，溶質が固体，あるいは液体の場合にはほとんど影響を与えない．

束一的性質　溶質が存在すると，溶媒の蒸気圧，沸点，および融点が影響を受ける．さらに，溶液と溶媒を半透膜によって仕切ると，膜を通って溶媒から溶液へと溶媒分子の移動が起こる．この現象を浸透という．これらの性質の変化の大きさと，溶液の濃度を関係づける式が，導出されている．

13.1 溶液†の種類

ほとんどの化学反応は，純粋な固体や液体，あるいは気体の間で起こるのではなく，水や他の溶媒に溶解したイオンや分子の間で起こる．§4.1 において，溶液とは，2 種類以上の物質の均一な混合物であることを述べた．この定義では溶液に含まれる物質の性質に制限がないので，溶液を構成する成分のもとの状態が固体，液体，あるいは気体のいずれであるかによって，溶液は 6 種類に分類することができる．表 13.1 にこれらの溶液の種類と，それぞれの例を示す．

表 13.1 溶液の種類

溶質	溶媒	生成する溶液の状態	例
気体	気体	気体	空気
気体	液体	液体	炭酸水（水中の CO_2）
気体	固体	固体	パラジウム中の水素
液体	液体	液体	水中のエタノール
固体	液体	液体	水中の NaCl
固体	固体	固体	黄銅（Cu/Zn），はんだ（Sn/Pb）

本章では，溶液を構成する成分のうち，少なくとも一つが液体の溶液に焦点を当てることにしよう．すなわち，気体-液体溶液，液体-液体溶液，および固体-液体溶液である．さらに，それほど驚くことではないかもしれないが，ここで扱うほとんどの溶液の溶媒は水である．

また，化学では，溶解している溶質の量によって溶液を分類する．一定の温度において，ある溶媒に溶かすことができる最大量の溶質を含む溶液を，**飽和溶液**とよぶ．飽和点に到達する前の溶液は，**不飽和溶液**という．すなわち，不飽和溶液に含まれる溶質の量は，その溶媒に溶かすことが可能な最大量よりも少ない．溶液の第三の種類は**過飽和溶液**であり，それは飽和溶液に存在する量を超えた溶質を含む溶液である．過飽和溶液はあまり安定ではない．過飽和溶液からは，そのうちに溶質の一部が結晶として現れることになる．溶解していた溶質が溶液から現れ，結晶を生成する過程を**結晶化**という．沈殿と結晶化はともに，過飽和溶液から過剰の固体物質が分離する現象を表すことに注意してほしい．しかし，その二つの過程によって形成される固体は，外形が異なっていることが多い．普通，沈殿は小さい粒子から形成されているが，一方，結晶は十分な大きさに成長する場合がある（図 13.1）．

図 13.1 酢酸ナトリウムの過飽和水溶液（上）に，種となる小さな結晶を入れると，直ちに酢酸ナトリウムの結晶化が起こる．

飽和溶液 saturated solution
不飽和溶液 unsaturated solution
過飽和溶液 supersaturated solution
結晶化 crystallization

13.2 分子の視点から見た溶解の過程

液体と固体では，分子は分子間力によって互いに結びつけられている．これらの力はまた，溶液の生成においても主要な役割を果たす．一つの物質（溶質）が別の物質（溶媒）の中に溶解すると，溶質の粒子は溶媒全体に分散する．溶質粒子は，

---

† 訳注：日本語の"溶液"は一般に，均一な液体混合物をさすが，英語の"solution"は均一な気体，あるいは固体混合物をも意味する．本節における"溶液"は後者の意味で用いている．

通常は溶媒分子が存在している場所を占めることになる．溶質粒子が溶媒分子と置き換わる容易さは，つぎに示す3種類の相互作用の相対的な強さに依存する．

- 溶媒-溶媒相互作用
- 溶質-溶質相互作用
- 溶媒-溶質相互作用

簡単のために，物質の溶解過程を三つの別々の段階に分けて考えよう（図13.2）．段階1は溶媒分子の解離であり，段階2では溶質分子の解離が起こる．これらの段階は分子間にはたらく引力的な相互作用を切断するためにエネルギーを投入する必要がある．したがって，これらは吸熱過程となる．さらに，段階3において溶媒分子と溶質分子が混合する．この段階は，発熱的な場合も，吸熱的な場合もある．すると，溶解熱 ΔH_{soln} はつぎの式で与えられる．

$$\Delta H_{soln} = \Delta H_1 + \Delta H_2 + \Delta H_3 \tag{13.1}$$

この式にはヘスの法則が適用されている．

溶質-溶媒間の引力的な相互作用が，溶媒-溶媒，および溶質-溶質間の引力よりも強ければ，溶解過程は有利となる．すなわち，発熱的となる（$\Delta H_{soln} < 0$）．一方，溶質-溶媒相互作用が，溶媒-溶媒，および溶質-溶質相互作用よりも弱ければ，溶解過程は吸熱的となる（$\Delta H_{soln} > 0$）．

溶質分子の間にはたらく引力が，溶質分子と溶媒分子の間にはたらく引力よりも強い場合には，溶解過程は決して起こらないのだろうか．実は，溶解過程が進行するかどうかは，すべての物理的，および化学的過程がそうであるように，二つの因子によって支配される．一つはエネルギーであり，それは溶解過程が発熱的であるか，あるいは吸熱的であるかを決定する．第二の因子は，すべての自然現象に本来備わっている無秩序になろうとする傾向である．一組の新しいトランプを数回切ると，トランプは無秩序に混じり合ってしまうだろう．それと同じように，溶質分子と溶媒分子が混合して溶液になると，乱雑さ，すなわち無秩序さが増大する．この場合の秩序とは，原子，分子，あるいはイオンの三次元的な配列が規則的であるか，それとも不規則であるかを意味する．溶媒と溶質は，それぞれ純粋な状態では，ある程度の秩序をもって存在している．ところが，溶質が溶媒に溶解すると，この秩序はほとんど崩壊してしまう（図13.2）．したがって，物質の溶解は，乱雑さ，すなわち無秩序さの増大が伴う過程である．たとえ溶解過程が吸熱的であっても，系の無秩序さが増大する点では，あらゆる物質の溶解は有利な過程となる．

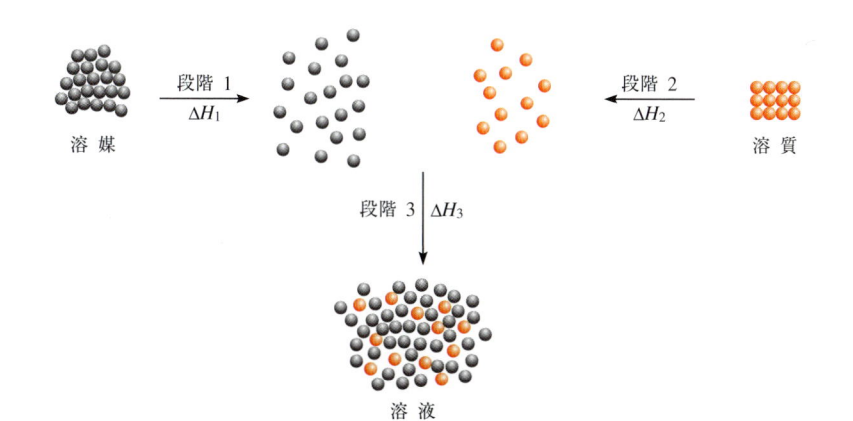

図13.2 分子の視点から見た溶解の過程．3段階で起こると仮定して描いてある．まず，溶媒分子の解離（段階1）と溶質分子の解離（段階2）が起こる．ついで，溶媒分子と溶質分子が混合する（段階3）．

混和性 miscibility

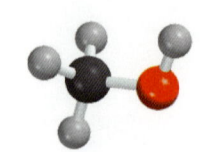

CH₃OH

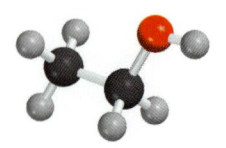

C₂H₅OH

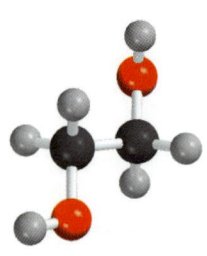

CH₂(OH)CH₂(OH)

溶媒和 solvation

　溶解度は，ある特定の温度において，溶媒に溶ける溶質の量を表す．"類はその類を溶かす"という言は，ある溶媒に対する物質の溶解度を予測する際に役立つ．この言が意味することは，分子間力の種類と大きさが類似している2種類の物質は，互いに溶解しやすいということである．たとえば，四塩化炭素 CCl_4 とベンゼン C_6H_6 はともに無極性の液体であり，それぞれの物質に存在する唯一の分子間力は分散力である（§12.2を見よ）．これらの2種類の液体を混合すると，容易に互いに溶解する．これは，CCl_4 分子と C_6H_6 分子との相互作用の大きさが，CCl_4 分子間，および C_6H_6 分子間の相互作用の大きさと同じ程度のためである．この場合のように，<u>2種類の液体が，あらゆる比率で互いに完全に溶解</u>するとき，それらは互いに**混和性**をもつという．たとえば，メタノールやエタノール，あるいはエチレングリコールのようなアルコールは，水分子と水素結合を形成できるために，水と混和性をもつ．

$$H-\underset{H}{\overset{H}{C}}-O-H \qquad H-\underset{H}{\overset{H}{C}}-\underset{H}{\overset{H}{C}}-O-H \qquad H-O-\underset{H}{\overset{H}{C}}-\underset{H}{\overset{H}{C}}-O-H$$

　　　　メタノール　　　　　　エタノール　　　　　　1,2-エチレングリコール

　塩化ナトリウムを水に溶かすと，イオン-双極子相互作用に由来する水和によってイオンは溶液中で安定化される．一般に，イオン化合物は，ベンゼンや四塩化炭素のような無極性溶媒よりも，水，液体アンモニア，液体フッ化水素などの極性溶媒により高い溶解性を示すと予想することができる．無極性溶媒の分子は双極子モーメントをもたないので，Na^+ や Cl^- を効果的に溶媒和することができない．（**溶媒和**とは，<u>特定の配列様式をとる溶媒分子によって，イオンや分子が取囲まれる過程</u>である．溶媒が水のときには，特に<u>水和</u>とよばれる．）イオンと無極性分子の間にはたらく主要な分子間相互作用は，イオン-誘起双極子相互作用であり，それはイオン-双極子相互作用よりも非常に弱い．その結果，イオン化合物の無極性溶媒に対する溶解度は，通常，きわめて低くなる．

例題 13.1

つぎのそれぞれの場合について，どちらの溶媒に対する溶解度が高いかを予想せよ．(a) ベンゼン C_6H_6（$\mu = 0\,D$）と水（$\mu = 1.87\,D$）中の臭素 Br_2，(b) 四塩化炭素 CCl_4（$\mu = 0\,D$）と液体アンモニア NH_3（$\mu = 1.46\,D$）中の KCl，(c) 二硫化炭素 CS_2（$\mu = 0\,D$）と水中のホルムアルデヒド CH_2O

解法　物質の溶解性を予想する際には，"類はその類を溶かす"という言を思い出すとよい．すなわち，無極性な溶質は無極性溶媒に溶けやすい．一般に，イオン化合物は，イオン-双極子相互作用が有利にはたらくことによって極性溶媒に溶けやすい．また，溶媒と水素結合を形成できる溶質は，その溶媒に高い溶解性をもつと推定される．

解答　(a) Br_2 は無極性分子なので，水よりも，無極性である C_6H_6 に溶けやすいと推定される．Br_2 と C_6H_6 の間にはたらく唯一の分子間力は，分散力である．

（つづく）

(b) KCl はイオン化合物である．KCl が溶解する際には，K$^+$ と Cl$^-$ はそれぞれ，イオン-双極子相互作用によって安定化されねばならない．CCl$_4$ は双極子モーメントをもたないので，KCl は，大きな双極子モーメントをもつ極性分子の液体アンモニアにより溶解しやすいと推定される．

(c) CH$_2$O は極性分子である．直線構造をもつ CS$_2$ は無極性分子なので，

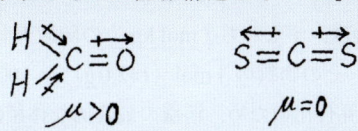

$$\underset{\mu > 0}{H_2C=O} \qquad \underset{\mu = 0}{S=C=S}$$

CH$_2$O と CS$_2$ との間にはたらく分子間力は双極子-誘起双極子相互作用，および分散力である．一方，CH$_2$O は水と水素結合を形成できるので，CH$_2$O はその溶媒にさらに高い溶解性を示すものと推定される．

練習問題 ヨウ素 I$_2$ は，水と二硫化炭素 CS$_2$ のどちらにより溶けやすいと推定されるか．

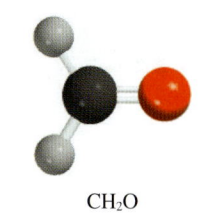

CH$_2$O

類似問題：13.9

考え方の復習

つぎの物質のうち，水よりもベンゼンに溶けやすいと考えられるものはどれか．
C$_4$H$_{10}$, HBr, CS$_2$, I$_2$.

13.3 濃度の単位

溶液を定量的に研究するためには，その濃度，すなわち与えられた量の溶液中に存在する溶質の量を知らねばならない．化学では，いくつかの異なる濃度の単位が用いられており，それぞれには有利な点があるとともに，制限もある．本節では最も普通に用いられる三つの濃度の単位，質量パーセント濃度，モル濃度，および質量モル濃度について述べることにしよう．

濃度の単位の種類

質量パーセント濃度

質量パーセント濃度は重量パーセント濃度ともよばれ，つぎの式で定義される．

$$質量パーセント濃度 = \frac{溶質の質量}{溶質の質量 + 溶媒の質量} \times 100\%$$

$$= \frac{溶質の質量}{溶液の質量} \times 100\% \tag{13.2}$$

質量パーセント濃度は同じ単位をもつ二つの量の比であるから，単位をもたない．

質量パーセント濃度 mass percent concentration

モル濃度

すでに §4.5 で述べたように，モル濃度は 1 L の溶液に含まれる溶質の物質量として定義される．すなわち，

$$モル濃度 = \frac{溶質の物質量（mol）}{溶液の体積（L）} \tag{13.3}$$

したがって，モル濃度の単位は mol L^{-1} となる．

モル濃度を含む計算については，p.102 の例題 4.5 を参照せよ．

質量モル濃度

質量モル濃度は，1 kg（1000 g）の溶媒に溶解した溶質の物質量である．すなわち，

$$\text{質量モル濃度} = \frac{\text{溶質の物質量（mol）}}{\text{溶媒の質量（kg）}} \quad (13.4)$$

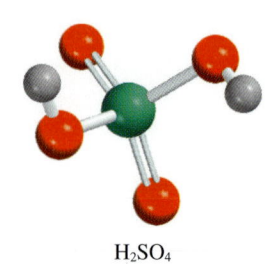

たとえば，1 質量モル濃度，すなわち 1 mol kg^{-1} の硫酸ナトリウム Na$_2$SO$_4$ の水溶液を調製するためには，その物質の 1 mol（142.0 g）を 1000 g（1 kg）の水に溶かせばよい．溶質-溶媒相互作用のため，溶液の最終的な体積は 1000 mL となることはほとんどない．相互作用の性質によって，最終的な体積は 1000 mL より多い場合も，少ない場合もある．

例題 13.2

水 237 g に硫酸 35.2 g を含む硫酸溶液の質量モル濃度を計算せよ．硫酸のモル質量は 98.09 g mol^{-1} である．

解法 溶液の質量モル濃度を計算するためには，溶質の物質量と溶媒の kg 単位の質量を知らねばならない．

解答 質量モル濃度の定義はつぎのとおりである．

$$\text{質量モル濃度} = \frac{\text{溶質の物質量（mol）}}{\text{溶媒の質量（kg）}}$$

まず，変換因子としてモル質量を用いることにより，硫酸 35.2 g の物質量を求める．

$$\text{H}_2\text{SO}_4 \text{ の物質量} = 35.2 \text{ g H}_2\text{SO}_4 \times \frac{1 \text{ mol H}_2\text{SO}_4}{98.09 \text{ g H}_2\text{SO}_4}$$

$$= 0.359 \text{ mol H}_2\text{SO}_4$$

水の質量は 237 g，すなわち 0.237 kg である．したがって，

$$\text{質量モル濃度} = \frac{0.359 \text{ mol H}_2\text{SO}_4}{0.237 \text{ kg H}_2\text{O}}$$

$$= 1.51 \text{ mol kg}^{-1}$$

練習問題 水 203 g に尿素 (NH$_2$)$_2$CO 7.78 g を含む溶液の質量モル濃度を求めよ．

濃度の単位の比較

濃度の単位は，実験の目的に基づいて選択される．モル濃度の利点は，一般に，溶液の体積を測る方が，溶媒の重量を量るよりも容易なことである．§4.5 で述べたように，一定量の体積の溶液を調製するためには，正確な目盛りのついたメスフラスコを用いればよい．このため，モル濃度はしばしば，質量モル濃度よりも好んで用いられる．一方で，質量モル濃度は，溶質の物質量と溶媒の質量によって表されるので，温度に依存しないという利点をもつ．温度が上昇すると，一般に溶液の体積も増加する．その結果，たとえば 25 °C において 1.0 mol L^{-1} であった溶液のモル濃度が，45 °C では体積が増加したために，0.97 mol L^{-1} になることがある．このように濃度が温度によって変化することが，実験の正確さに，重大な影響を与えることがある．このような理由により，モル濃度のかわりに質量モル濃度を好んで用いる場合もある．

質量パーセント濃度は，温度に依存しないという点においては，質量モル濃度と同じである．さらに，質量パーセント濃度は，溶液の質量に対する溶質の質量によって定義されるので，溶質のモル質量がわからなくても濃度が計算できるという利点がある．

時々，ある単位で表記された溶液の濃度を，別の単位に変換することが必要になる．たとえば，計算の際に異なった濃度の単位を使う必要のある 2 種類の実験を，同じ溶液を用いて行う場合である．ここに質量モル濃度 0.396 mol kg^{-1} のグルコース $C_6H_{12}O_6$ 溶液があり，これをモル濃度に変換したいとしよう．質量モル濃度から 1000 g の溶媒中に 0.396 mol のグルコースがあることがわかるので，モル濃度を計算するためには，この溶液の体積を決定する必要がある．まず，グルコースのモル質量から溶液の質量を計算する．

$$\left(0.396 \text{ mol } C_6H_{12}O_6 \times \frac{180.2 \text{ g}}{1 \text{ mol } C_6H_{12}O_6}\right) + 1000 \text{ g } H_2O \text{ 溶液} = 1071 \text{ g}$$

$C_6H_{12}O_6$

† 訳注：図はグルコースではなく，立体異性体のガラクトースの構造である．

つぎの段階は溶液の密度を求めることであり，それは実験によって 1.16 g mL^{-1} と決定される．これらのデータから，つぎのように溶液の体積を L 単位で計算することができる．

$$\text{体積} = \frac{\text{質量}}{\text{密度}}$$

$$= \frac{1071 \text{ g}}{1.16 \text{ g mL}^{-1}} \times \frac{1 \text{ L}}{1000 \text{ mL}} = 0.923 \text{ L}$$

最後に，溶液のモル濃度は次式で与えられる．

$$\text{モル濃度} = \frac{\text{溶質の物質量}}{\text{溶液の体積 (L)}}$$

$$= \frac{0.396 \text{ mol}}{0.923 \text{ L}} = 0.429 \text{ mol L}^{-1} = 0.429 \text{ M}$$

この例からわかるように，溶液の密度が，モル質量と質量モル濃度の間の変換因子となる．

例題 13.3

4.86 mol L^{-1} のメタノール CH_3OH 水溶液の密度は 0.973 g mL^{-1} である．この溶液の質量モル濃度を求めよ．なお，メタノールのモル質量は 32.04 g mol^{-1} である．

解法 質量モル濃度を計算するためには，メタノールの物質量と溶媒の質量を kg 単位で知る必要がある．ここで 1 L の溶液を仮定しよう．すると，その溶液に含まれるメタノールの物質量は 4.86 mol となる．

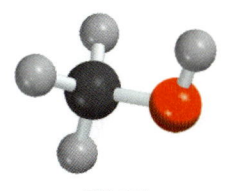

$$\underset{\text{計算したい値}}{\text{質量モル濃度}} = \frac{\overset{\text{与えられている}}{\text{溶質の物質量}}}{\underset{\text{求めるべき値}}{\text{溶媒の質量 (kg)}}}$$

CH_3OH

解答 まず，溶液の密度を変換因子に用いて，溶液 1 L に含まれる水の質量を計算する．4.86 mol L^{-1} の溶液 1 L の全質量は，つぎのように求められる．

$$1 \text{ L 溶液} \times \frac{1000 \text{ mL 溶液}}{1 \text{ L 溶液}} \times \frac{0.973 \text{ g}}{1 \text{ mL 溶液}} = 973 \text{ g} \quad (\text{つづく})$$

この溶液は 4.86 mol のメタノールを含むので，溶液に含まれる水の質量は，

$$\begin{aligned} \text{H}_2\text{O の質量} &= \text{溶液の質量} - \text{溶質の質量} \\ &= 973\,\text{g} - \left(4.86\,\text{mol CH}_3\text{OH} \times \frac{32.04\,\text{g CH}_3\text{OH}}{1\,\text{mol CH}_3\text{OH}}\right) \\ &= 817\,\text{g} \end{aligned}$$

溶液の質量モル濃度は，817 g を 0.817 kg に変換することにより計算することができる．

$$\begin{aligned} \text{質量モル濃度} &= \frac{4.86\,\text{mol CH}_3\text{OH}}{0.817\,\text{kg H}_2\text{O}} \\ &= \boxed{5.95\,\text{mol kg}^{-1}} \end{aligned}$$

確認　非常に希薄な水溶液では，モル濃度と質量モル濃度の値はほとんど同じになる．しかし，より濃厚な水溶液では溶質の質量が大きくなるので，その分，溶媒の質量が減少する．このため，質量モル濃度の値が，モル濃度の値よりもかなり大きくなることは珍しいことではない．

練習問題　5.86 mol L^{-1} のエタノール C$_2$H$_5$OH 水溶液の密度は 0.927 g mL^{-1} である．この溶液の質量モル濃度を計算せよ．

類似問題：13.16(a)

例題 13.4

質量パーセント濃度 29.7% のリン酸 H$_3$PO$_4$ 水溶液の質量モル濃度を計算せよ．リン酸のモル質量は 97.99 g mol^{-1} である．

解法　この種類の問題を解く際には，100.0 g の溶液があると仮定すると都合がよい．すると，リン酸の質量はその 29.7%，すなわち 29.7 g であるから，溶媒の水の質量パーセント濃度と質量は，それぞれ 100.0% − 29.7% = 70.3% と 70.3 g になる．

解答　リン酸のモル質量はわかっているので，例題 13.2 のように，2 段階で質量モル濃度を計算することができる．まず，29.7 g のリン酸の物質量を計算する．

$$\begin{aligned} \text{H}_3\text{PO}_4 \text{の物質量} &= 29.7\,\text{g H}_3\text{PO}_4 \times \frac{1\,\text{mol H}_3\text{PO}_4}{97.99\,\text{g H}_3\text{PO}_4} \\ &= 0.303\,\text{mol H}_3\text{PO}_4 \end{aligned}$$

水の質量は 70.3 g，すなわち 0.0703 kg である．したがって，質量モル濃度は次式で与えられる．

$$\begin{aligned} \text{質量モル濃度} &= \frac{0.303\,\text{mol H}_3\text{SO}_4}{0.0703\,\text{kg H}_2\text{O}} \\ &= \boxed{4.31\,\text{mol kg}^{-1}} \end{aligned}$$

練習問題　質量パーセント濃度 44.6% の塩化ナトリウム水溶液の質量モル濃度を計算せよ．

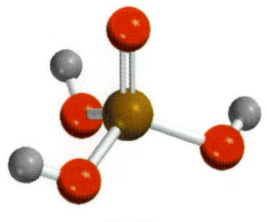

H$_3$PO$_4$

類似問題：13.16(b)

考え方の復習

ある溶液を 20 °C で調製し，その濃度を 3 種類の異なる単位，質量パーセント濃度，質量モル濃度，およびモル濃度で表記した．つぎに，その溶液を 75 °C まで加熱した．3 種類の単位で表記した濃度のうち，値が変化するものはどれか．また，その値は増大するか，それとも減少するか．

13.4 溶解度に対する温度の効果

溶解度の定義は，ある特定の温度において，一定量の溶媒に溶ける溶質の最大量であることを思い出してほしい．ほとんどの物質において，溶解度は温度によって変化する．本節では，固体と気体の溶解度に対する温度の効果を考えてみよう．

固体の溶解度と温度

図 13.3 にいくつかのイオン化合物について，水に対する溶解度の温度依存性を示す．図からわかるように，確かにすべてではないが，ほとんどの物質では，固体の溶解度は温度の上昇とともに増大する．しかし，ΔH_{soln} の符号と，温度に対する溶解度の変化の間には明確な相関は見られない．たとえば，$CaCl_2$ の溶解過程は発熱的であり，NH_4NO_3 の溶解過程は吸熱的である．しかし，これらの化合物の溶解度はいずれも，温度の上昇とともに増大する．一般に，固体の溶解度に対する温度の効果は，実験によって決定されるべきものである．

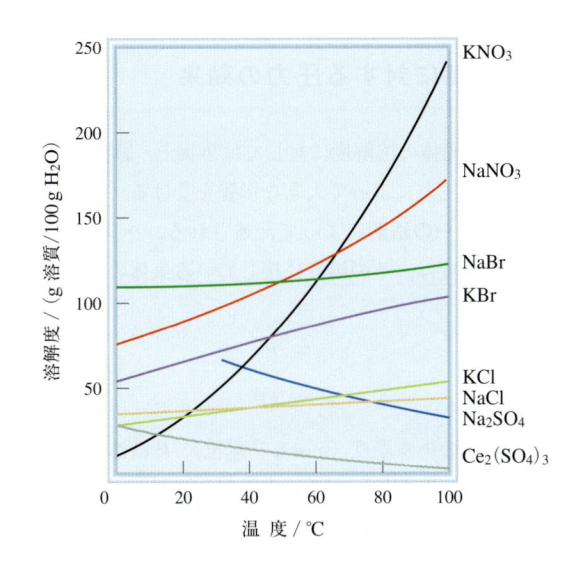

図 13.3 いくつかのイオン化合物の水に対する溶解度の温度依存性

気体の溶解度と温度

水に対する気体の溶解度は常に，温度の上昇とともに減少する（図 13.4）．ビーカーに入れた水を加熱すると，水が沸騰する前にガラスの側面に空気の泡が生成するのを見ることができる．温度の上昇とともに，溶解していた空気分子は，水自身が沸騰するよりもずっと早く溶液から分離して現れる．

高温の水において酸素の溶解度が減少することは，**熱汚染**と直接的な関係がある．熱汚染とは，水路などの環境が，そこに生息する生物にとって害になる温度まで加熱されることをいう．推定によると，米国では毎年，発電所や原子炉などで数百兆ガロン（1 ガロンは約 3.78 L）の水が工業用冷却水として使用されている．冷却の過程によって水は加熱され，高温の水が水源となる川や湖に戻される．近年，水生生物に対する熱汚染の影響について，生態学者の関心が高まっている．他のすべて

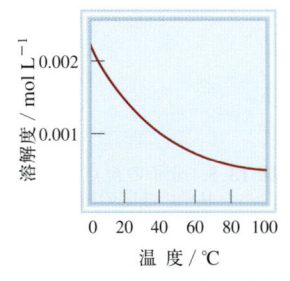

図 13.4 気体 O_2 の水に対する溶解度の温度依存性．温度の上昇とともに，溶解度が減少することに注意せよ．溶液に接している気体の圧力は 1 atm である．

熱汚染 thermal pollution

の変温動物と同様に，魚にとって，周囲の温度の急速な変動に対応することは，人間よりもずっと難しい．水温の上昇とともに，魚の代謝速度は増大する．一般に，10℃ 上昇するごとに代謝速度は 2 倍になるとされている．したがって，水温が上昇すると，酸素の溶解度が低下することによって酸素供給量が減少する一方で，代謝の加速のために魚の酸素必要量は増加することになる．生物的環境への損害を最小限に抑える効果的な発電所の冷却方法が探索されている．

　余談ではあるが，温度によって気体の溶解度が変化することを知っていると，魚釣りの成果を高めることができるかもしれない．夏の暑い日には，ベテランの釣り師は，川や湖の深いところを選んで釣り糸を垂らす．より深く，より冷たい領域の方が酸素濃度が高いので，ほとんどの魚はそこに集まるからである．

> **考え方の復習**
>
> 　図 13.3 を用いて，図中のカリウム塩を 40℃ における溶解度が小さいものから大きいものへと順に並べよ．

13.5　気体の溶解度に対する圧力の効果

　外部の圧力は，液体と固体の溶解度に対しては事実上，影響を与えない．しかし，気体の溶解度は，外部の圧力によって大きな影響を受ける．気体の溶解度と圧力の定量的な関係は，**ヘンリーの法則**によって記述される．ヘンリーの法則によると，液体に対する気体の溶解度は，その溶液に接している気体の圧力に比例する．すなわち，

$$c \propto P$$
$$c = kP \tag{13.5}$$

ここで c は溶解する気体のモル濃度（mol L^{-1} 単位），P は溶液に接している気体の圧力（atm 単位）である．さらに，ある特定の気体に対して，k は温度だけに依存する定数である．定数 k の単位は mol L^{-1} atm^{-1} となる．また，気体の圧力が 1 atm のときには，溶解する気体のモル濃度 c は k と等しい数値となる．

　ヘンリーの法則は，分子運動論によって定性的に理解することができる．溶媒に溶解する気体の量は，気相にある分子が液体の表面に衝突し，液相によって捕獲される頻度に依存する．ここに溶液と動的平衡にある気体があるとしよう（図 13.5

ヘンリーの法則 Henry's law
一定の温度において，それぞれの気体は異なる k の値をもつ．

図 13.5　分子の視点から見たヘンリーの法則の解釈．溶液に接している気体の分圧が状態 (a) から状態 (b) へと増大すると，溶解している気体の濃度も，式(13.5) に従って増大する．

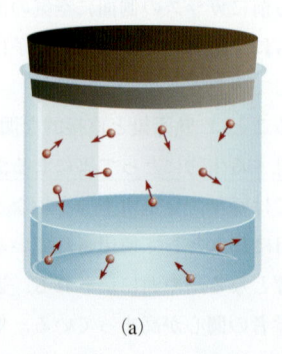

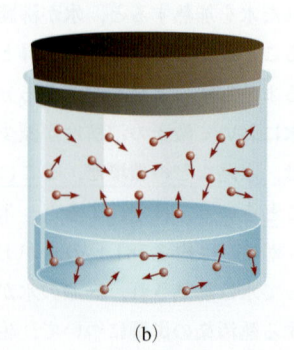

(a)).あらゆる瞬間において，溶液に入り込む気体分子の数は，気相に移動する溶解した気体分子の数に等しい．気体の分圧が上昇すると，より多くの分子が液体の表面に衝突するので，より多くの分子が液体に溶けるようになる．この過程は，再び溶液の濃度が，単位時間あたり溶液から離れる分子の数が溶液に入る分子の数と等しい濃度になるまで続く（図13.5(b)）．気相と溶液の両方において分子の濃度が増加するため，その数は，分圧の低い(a)よりも(b)の方が大きくなる．

炭酸飲料水の瓶のふたをとると飲料水が発泡するのは，ヘンリーの法則の身近な例である．飲料水の瓶は密閉される前に，水蒸気で飽和した空気とCO_2の混合気体によって加圧されている．加圧に用いる混合気体のCO_2分圧が高いので，炭酸飲料水に溶けているCO_2の量は，通常の大気圧条件下で溶解できる量よりも何倍も多い．瓶のふたをとると，加圧されていた気体は開放され，ついには瓶の圧力は大気圧まで低下する．この状態において飲料水に残っているCO_2の量は，通常の大気におけるCO_2の分圧 0.0003 atm のみによって決まる．したがって，溶解していた過剰のCO_2は溶液から放出され，発泡が起こるのである．

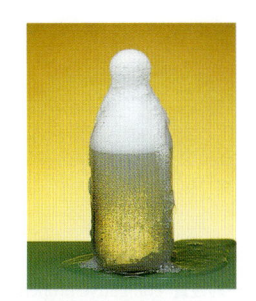

炭酸飲料水の発泡．CO_2の放出を劇的に見せるために，開栓する前に瓶を振った．

例題 13.5

25°C, 1 atm における水に対する窒素の溶解度は 6.8×10^{-4} mol L^{-1} である．大気条件下において溶解する窒素の濃度を求めよ．ただし，大気中の窒素の分圧を 0.78 atm とする．

解法 与えられた溶解度から，ヘンリーの法則の定数 k を計算することができる．定数 k を用いると，分圧から溶液の濃度を決定することができる．

解答 最初の段階は，式(13.5)の定数 k を計算することである．

$$c = kP$$
$$6.8 \times 10^{-4} \text{ mol L}^{-1} = k(1\text{atm})$$
$$k = 6.8 \times 10^{-4} \text{ mol L}^{-1} \text{atm}^{-1}$$

したがって，水に対する窒素の溶解度は，
$$c = (6.8 \times 10^{-4} \text{ mol L}^{-1} \text{atm}^{-1})(0.78 \text{ atm})$$
$$= 5.3 \times 10^{-4} \text{ mol L}^{-1}$$
$$= \boxed{5.3 \times 10^{-4} \text{ M}}$$

溶解度が減少したのは，圧力が 1 atm から 0.78 atm へ低下したためである．

確認 濃度の比 $(5.3 \times 10^{-4} \text{ mol L}^{-1}/6.8 \times 10^{-4} \text{ mol L}^{-1}) = 0.78$ は，圧力の比 0.78 atm/1.0 atm = 0.78 に等しいはずである．（類似問題: 13.35）

練習問題 25°C において，分圧 0.22 atm の酸素の水中のモル濃度を計算せよ．なお，酸素のヘンリーの法則の定数は 1.3×10^{-3} mol L^{-1} atm^{-1} である．

ほとんどの気体はヘンリーの法則に従うが，いくつかの重要な例外がある．たとえば，溶解した気体が水と反応する場合には，より大きい溶解度を与える．アンモニアの溶解度は，つぎの反応のために非常に大きくなる．

$$NH_3 + H_2O \rightleftharpoons NH_4^+ + OH^-$$

二酸化炭素もまた，水とつぎのように反応する．

$$CO_2 + H_2O \rightleftharpoons H_2CO_3$$

他の興味深い例は，血液中の酸素分子の溶解である．普通，水に対して酸素は，ほんのわずかしか溶けない（例題 13.5 の練習問題を参照せよ）．しかし，血液に対する酸素の溶解度は非常に大きい．これは，血液中にはヘモグロビン分子（Hb と略記する）が高濃度で存在するためである．それぞれのヘモグロビン分子は酸素分子を 4 個まで結合することができる．ヘモグロビン分子によって酸素分子は最終的に細胞組織へと運ばれ，代謝に用いられる．

$$\text{Hb} + 4\text{O}_2 \rightleftharpoons \text{Hb}(\text{O}_2)_4$$

この式が示す過程によって，血液に対する酸素の高い溶解度が説明される．

> **考え方の復習**
>
> つぎの気体のうち，25℃において，水に対するヘンリーの法則の定数が最も大きいものはどれか．CH_4, Ne, HCl, H_2.

13.6　束一的性質

束一的性質 colligative property

溶液のいくつかの重要な性質は，溶液中の溶質粒子の数に依存し，溶質粒子の種類には依存しない．これらの性質は，共通の起源によって一つに束ねられることから，**束一的性質**とよばれる．束一的性質はすべて，溶質粒子が原子，イオン，あるいは分子にかかわらず，存在する溶質粒子の数だけに依存する性質である．このような溶液の性質として，蒸気圧降下，沸点上昇，凝固点降下，および浸透圧がある．まず，非電解質溶液の束一的性質を議論しよう．重要なこととして，ここでは，比較的希薄な溶液，すなわちその濃度が 0.2 M 以下の溶液を議論の対象としていることを覚えておいてほしい．

蒸気圧降下

不揮発性 nonvolatility

純粋な液体に対する平衡蒸気圧の概念については，§12.6 を参照せよ．

ラウール Francois Raoult

ラウールの法則 Raoult's law

溶質が**不揮発性**，すなわち観測できる程度の蒸気圧をもたないならば，その溶液の蒸気圧はいつも，純粋な溶媒の蒸気圧よりも低くなる．すなわち，溶液の蒸気圧と溶媒の蒸気圧の関係は，その溶液に含まれる溶質の濃度に依存する．この関係は，フランスの化学者ラウールの名前に由来する**ラウールの法則**によって与えられる．ラウールの法則によると，溶液と接している気相の溶媒の分圧 P_1 は，純粋な溶媒の蒸気圧 P_1° と溶液中の溶媒のモル分率 X_1 の積で与えられる．

$$P_1 = X_1 P_1^\circ \tag{13.6}$$

1 種類の溶質だけを含む溶液では，その溶質のモル分率を X_2 とすると，$X_1 = 1 - X_2$ である（§5.5 を見よ）．したがって，式(13.6)はつぎのように書き直すことができる．

$$P_1 = (1 - X_2) P_1^\circ$$

$$P_1^\circ - P_1 = \Delta P = X_2 P_1^\circ \tag{13.7}$$

この式から，溶液の蒸気圧降下の大きさ ΔP は，溶液に含まれる溶質のモル分率で表された濃度 X_2 に比例することがわかる．

> **例題 13.6**
>
> 35℃の水 435 mL にグルコース 198 g を溶かした水溶液の蒸気圧を計算せよ．また，蒸気圧降下の大きさはいくらか．ただし，水の密度は 1.00 g mL^{-1} としてよい．なお，グルコースのモル質量は 180.2 g mol^{-1} である．35℃の純粋な水の蒸気圧は表 5.2 (p.131) を参照せよ．
>
> **解法**　溶液の蒸気圧を決定するためには，ラウールの法則（式(13.6)）が必要となる．グルコースは不揮発性の溶質であることに注意せよ．　　　　　　　（つづく）

$C_6H_{12}O_6$

† 訳注：図はグルコースではなく，立体異性体のガラクトースの構造である．

解答 溶液の蒸気圧 P_1 は以下のように表される．

$$P_1 = X_1 P_1^\circ$$

（求めるべき値／計算したい値／与えられている）

まず，溶液に含まれるグルコースと水の物質量を計算する．

$$n_1(\text{水}) = 435\,\text{mL} \times \frac{1.00\,\text{g}}{1\,\text{mL}} \times \frac{1\,\text{mol}}{18.02\,\text{g}} = 24.1\,\text{mol}$$

$$n_2(\text{グルコース}) = 198\,\text{g} \times \frac{1\,\text{mol}}{180.2\,\text{g}} = 1.10\,\text{mol}$$

水のモル分率 X_1 は次式で与えられる．

$$X_1 = \frac{n_1}{n_1 + n_2}$$

$$= \frac{24.1\,\text{mol}}{24.1\,\text{mol} + 1.10\,\text{mol}} = 0.956$$

表 5.2 から，35°C における水の蒸気圧は 42.18 mmHg であることがわかる．したがって，グルコース水溶液の蒸気圧は以下のように求められる．

$$P_1 = 0.956 \times 42.18\,\text{mmHg} = 40.3\,\text{mmHg}$$

最後に，蒸気圧降下は，$(42.18 - 40.3)$ mmHg，すなわち 1.9 mmHg となる．

確認 蒸気圧降下の大きさは，式(13.7) を用いても計算することができる．グルコースのモル分率は $(1 - 0.956)$，すなわち 0.044 である．したがって，式(13.7) を用いると，蒸気圧降下の大きさは $(0.044)(40.18\,\text{mmHg})$，すなわち 1.8 mmHg と求めることができる．

類似問題：13.47，13.48

練習問題 35°C の水 212 mL に尿素 82.4 g を溶かした水溶液の蒸気圧を計算せよ．また，蒸気圧降下の大きさはいくらか．なお，尿素のモル質量は 60.06 g mol^{-1} である．

溶液の蒸気圧が，純粋な溶媒の蒸気圧よりも低いのはなぜだろうか．§13.2 で述べたように，物理的，および化学的過程の駆動力の一つは，乱雑さの増大である．すなわち，乱雑さが増大するほど，その過程はより有利に進行する．蒸気の分子は液体の分子よりも無秩序に運動しているから，蒸発は系の乱雑さを増大させる過程である．一方で，純粋な溶媒よりも溶液の方が乱雑なので，純粋な溶媒と蒸気との乱雑さの差よりも，溶液と蒸気との乱雑さの差の方が小さくなる．したがって，溶媒分子が，純粋な溶媒を離れて蒸気になる過程よりも，溶液を離れて蒸気になる過程の方が駆動力が小さい．このため，溶液の蒸気圧は，純粋な溶媒の蒸気圧よりも小さくなる．

溶液に含まれる両方の成分が**揮発性**，すなわち観測できる程度の蒸気圧をもつ場合には，溶液の蒸気圧はそれぞれの分圧の和となる．この場合も，ラウールの法則が成り立つ．すなわち，

揮発性 volatility

$$P_A = X_A P_A^\circ$$

$$P_B = X_B P_B^\circ$$

ここで，P_A と P_B は溶液に接している気相の成分 A と成分 B の分圧，P_A° と P_B° はそれぞれの純粋な物質の蒸気圧，および X_A と X_B はそれらのモル分率である．全圧は

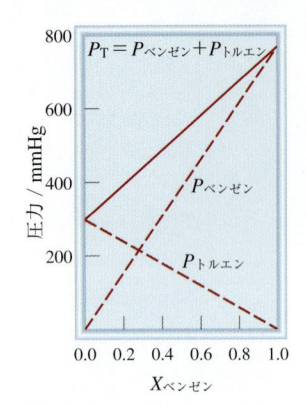

図 13.6 80℃のベンゼン-トルエン溶液におけるベンゼンとトルエンの分圧のモル分率に対する依存性 ($X_{トルエン}=1-X_{ベンゼン}$)．それぞれの蒸気圧は，すべての濃度領域にわたってラウールの法則に従うので，この溶液は理想溶液である．

理想溶液 ideal solution

ドルトンの分圧の法則によって与えられる（§5.5を見よ）．

$$P_T = P_A + P_B$$

ベンゼンとトルエンは構造が似ているため，それぞれの分子間にはたらく分子間力の種類や大きさも類似している．

ベンゼンとトルエンの溶液では，それぞれの成分の蒸気圧はラウールの法則に従う．図13.6にベンゼンとトルエンの混合溶液における溶液の組成に対する全圧 P_T の依存性を示す．ここでは，一つの成分のモル分率だけで溶液の組成を表せることに注意してほしい．すなわち，ベンゼンのモル分率 $X_{ベンゼン}$ のあらゆる値に対して，トルエンのモル分率は $1-X_{ベンゼン}$ で与えられる．ベンゼン-トルエン溶液は，**理想溶液**の数少ない例の一つである．理想溶液とは，すべての組成においてラウールの法則が成立する溶液をいう．理想溶液の特徴の一つは，溶質分子と溶媒分子との間にはたらく分子間力が，溶質分子の間，および溶媒分子の間にはたらく分子間力に等しいことである．その結果，理想溶液を形成する成分の間では，溶解熱 ΔH_{soln} は常にゼロとなる．

沸点上昇

不揮発性物質が存在すると溶液の蒸気圧が低下するので，溶液の沸点も影響を受けるはずである．§12.6に述べたとおり，溶液の沸点は，蒸気圧が外部の大気圧と等しくなるときの温度である．図13.7に水の状態図と，水溶液となった場合の変化を示す．どの温度においても溶液の蒸気圧は純粋な溶媒の蒸気圧よりも低くなるので，溶液に対する蒸発曲線，すなわち液相と気相の間の境界線は，純粋な溶媒の蒸発曲線よりも下方にくる．その結果，点線で示した溶液の蒸発曲線と $P=1\,\mathrm{atm}$ を示す水平の線は，純粋な溶媒の通常の沸点よりも高い温度で交わることになる．このグラフによる解析から，溶液の沸点は，純粋な溶媒の沸点よりも高くなることがわかる．このような現象を沸点上昇という．沸点上昇度 ΔT_b は，つぎのように定義される．

図 13.7 水溶液の沸点上昇と凝固点降下を示す図．破線は溶液に対応し，実線は純粋な溶媒に対応する．溶液の沸点は水よりも高くなり，溶液の凝固点は水よりも低くなることがわかる．

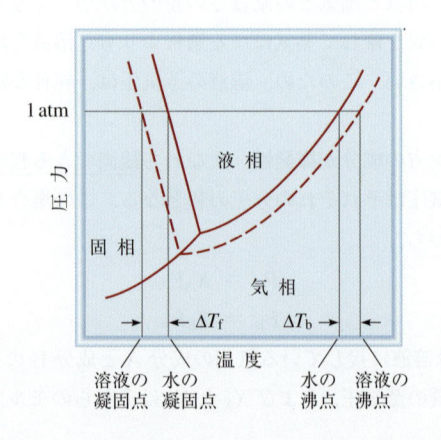

表 13.2	いくつかの一般的な液体のモル沸点上昇とモル凝固点降下			
溶 媒	標準融点 (°C)*	K_f (K kg mol^{-1})	標準沸点 (°C)*	K_b (K kg mol^{-1})
水	0	1.86	100	0.52
ベンゼン	5.5	5.12	80.1	2.53
エタノール	−117.3	1.99	78.4	1.22
酢 酸	16.6	3.90	117.9	2.93
シクロヘキサン	6.6	20.0	80.7	2.79

* 1 atm の値

$$\Delta T_b = T_b - T_b^\circ$$

ここで T_b は溶液の沸点,T_b° は純粋な溶媒の沸点である.ΔT_b は蒸気圧降下の大きさに比例するので,溶液の濃度(質量モル濃度)にも比例することになる.すなわち,

$$\Delta T_b \propto m$$

$$\Delta T_b = K_b m \qquad (13.8)$$

ここで m は溶液の質量モル濃度であり,比例定数 K_b はモル沸点上昇とよばれる.K_b の単位は K kg mol^{-1} である.

重要なことは,ここで濃度の単位として質量モル濃度を用いることである.ここで扱っている系,すなわち溶液は温度が一定に保たれてはいない.したがって,温度によって値が変化するモル濃度を,濃度の単位として用いることはできない.

表 13.2 にいくつかの一般的な溶媒について K_b の値を示した.水のモル沸点上昇と式(13.8)から,水溶液の質量モル濃度が 1.00 mol kg^{-1} の場合には,その水溶液の沸点は 100.52 °C となることがわかる.

溶液の沸点を計算するには,通常の溶媒の沸点に ΔT_b を加える.

凝固点降下

科学者でなければ沸点上昇という現象を知る機会はないかもしれないが,寒冷地に住む注意深い人にとっては,凝固点降下という現象はなじみ深いことだろう.凍結した道路や歩道の上の氷を融かすために,NaCl や CaCl$_2$ などの塩をまくことが行われる.この方法が有効なのは,塩を加えることによって水の凝固点が低下するためである.

図 13.7 を見ると,蒸気圧降下によって,溶液の融解曲線,すなわち固相と液相の間の境界線は左方へ移動することがわかる.その結果,溶液の融解曲線は,一定の圧力を示す水平に引いた線と,水の凝固点よりも低い温度で交わることになる.凝固点降下度 ΔT_f は,つぎのように定義される.

$$\Delta T_f = T_f^\circ - T_f$$

ここで T_f° は純粋な溶媒の凝固点であり,T_f は溶液の凝固点である.ΔT_b と同様に,ΔT_f もまた溶液の濃度に比例する.

$$\Delta T_f \propto m$$

$$\Delta T_f = K_f m \qquad (13.9)$$

ここで m は溶液の質量モル濃度であり,K_f をモル凝固点降下という(表 13.2 を見よ).K_b と同様に,K_f の単位も K kg mol^{-1} である.

飛行機の防氷は,凝固点降下を利用している.

溶液の凝固点を計算するには,通常の溶媒の凝固点から ΔT_f を引く.

凝固点降下という現象は，定性的にはつぎのように説明される．凝固は無秩序な状態から，秩序のある状態への変化である．凝固が起こるためには，系からエネルギーを奪い取らねばならない．溶液は溶媒よりも乱雑さの程度が高いので，秩序のある状態をつくるためには，純粋な溶媒よりも多くのエネルギーを奪い取る必要がある．したがって，溶液は純粋な溶媒よりも，低い凝固点をもつことになる．溶液が凝固するときに分離する固体は，溶媒成分であることに注意してほしい．

沸点上昇の場合には溶質は不揮発性でなければならないが，凝固点降下にはこのような制約はない．たとえば，メタノール CH_3OH は 65 °C で沸騰するかなり揮発性の液体であるが，しばしば自動車のラジエーター（放熱器）に不凍液として用いられる．

寒冷地では，冬季には自動車のラジエーターに不凍液を用いなければならない．

例題 13.7

エチレングリコール（EG と略記する）$CH_2(OH)CH_2(OH)$ は，自動車の不凍液としてよく用いられる．EG は水に溶解し，かなり揮発性の低い物質である（沸点 197 °C）．水 2603 g に 724 g の EG を含む水溶液の凝固点を計算せよ．また，夏の間，この物質を自動車のラジエーターの中に入れておくことは適切だろうか．なお，EG のモル質量は 62.07 g である．

解法 水溶液の凝固点降下度 ΔT_f を求める問題である．

$$\Delta T_f = K_f m$$

（計算したい値 ← ΔT_f；定数 ← K_f；求めるべき値 ← m）

与えられた情報から，溶液の質量モル濃度 m を計算することができる．また，水のモル凝固点降下 K_f の値は表 13.2 を参照する．

解答 溶液の質量モル濃度を求めるためには，EG の物質量と溶媒の質量（kg 単位）が必要となる．EG のモル質量がわかっているので，溶媒の質量が 2603 g であることから，つぎのように質量モル濃度を計算することができる．

$$724 \text{ g EG} \times \frac{1 \text{ mol EG}}{62.07 \text{ g EG}} = 11.7 \text{ mol EG}$$

$$\text{質量モル濃度} = \frac{\text{溶質の物質量}}{\text{溶媒の質量 (kg)}}$$

$$= \frac{11.7 \text{ mol EG}}{2.603 \text{ kg H}_2\text{O}} = 4.49 \text{ mol EG/kg H}_2\text{O}$$

$$= 4.49 \text{ mol kg}^{-1}$$

したがって，式 (13.9) と表 13.2 から，

$$\Delta T_f = K_f m$$
$$= (1.86 \text{ K kg mol}^{-1})(4.49 \text{ mol kg}^{-1}) = 8.35 \text{ K}$$

純粋な水は 0 °C で凝固するので，溶液の凝固点は -8.35 °C となる．さて，同様に沸点上昇度 ΔT_b を計算することができる．

$$\Delta T_b = K_b m$$
$$= (0.52 \text{ K kg mol}^{-1})(4.49 \text{ mol kg}^{-1}) = 2.3 \text{ K}$$

溶液の沸点は $(100+2.3)$ °C，すなわち 102.3 °C に上昇するので，夏は溶液が沸騰するのを防ぐために，自動車のラジエーターの不凍液はそのままにしておいた方が良いだろう．

（つづく）

> **練習問題** 水 3202 g に 478 g のエチレングリコールを含む水溶液の沸点と凝固点を計算せよ.

考え方の復習

下記の図は,純粋なベンゼンと,ベンゼンに不揮発性の溶質を溶かした溶液に対する蒸気圧曲線を示している.このベンゼン溶液の質量モル濃度を推定せよ.

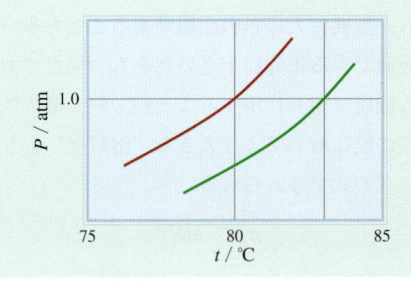

浸 透 圧

多くの化学的,および生物的過程には,溶媒分子が多孔性の膜を通して,希薄な溶液から濃厚な溶液へと選択的に移動する現象が関与している.図 13.8 にこの現象を模式的に示した.装置の左の小室には純粋な溶媒が,一方,右の小室には溶液が入っている.二つの小室は**半透膜**で仕切られている.半透膜は,溶媒分子は透過させるが,溶質分子は透過させない性質をもつ膜である.最初は,2 本の管内にある溶媒の高さは等しい(図 13.8(a)).しばらく時間がたつと,右側の管内にある溶媒の位置が上昇し始め,これは平衡に到達するまで続く.このように純粋な溶媒,あるいは希薄な溶液からより濃厚な溶液へと,半透膜を通して溶媒分子の正味の移動が起こる現象を**浸透**という.また,浸透を止めるために必要となる圧力をその溶液の**浸透圧**といい,π で表す.図 13.8(b) に示すように,浸透圧は,平衡に到達したあとの液体の高さの差から直接測定することができる.

半透膜 semipermeable membrane

浸透 osmosis

浸透圧 osmotic pressure, π

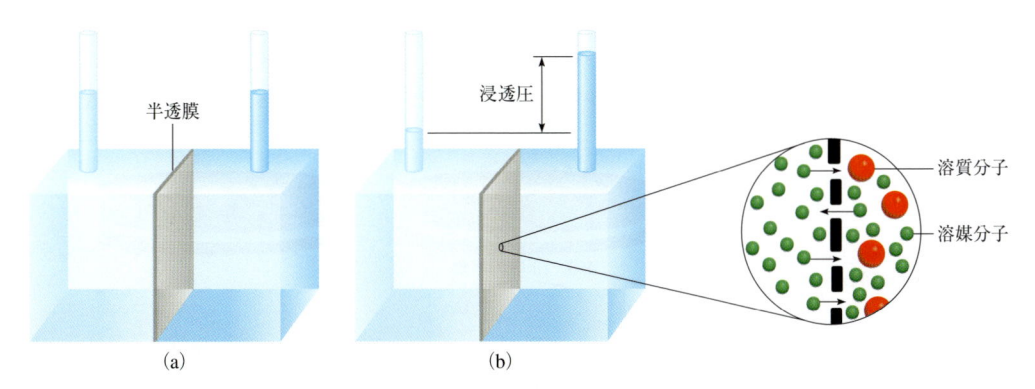

図 13.8 浸透圧.(a) 最初は,純粋な溶媒(左)と溶液(右)の液面の高さは等しい.(b) 浸透によって,左側から右側への溶媒の正味の移動が起こり,溶液側の液面が上昇する.浸透圧は,平衡状態において,右側の管内の液柱が及ぼす水圧に等しい.純粋な溶媒のかわりに,右側の溶液よりも希薄な溶液を用いても,基本的には同じ効果が現れる.

この場合，何によって左側から右側への水の自発的な移動がひき起こされるのだろうか．純粋な水の蒸気圧と溶液に含まれる水の蒸気圧を比較してみよう（図13.9）．純粋な水の方が蒸気圧は高いので，左のビーカーから右のビーカーへと水の正味の移動が起こる．十分な時間が与えられれば，水の移動は水が完全に移るまで続くだろう．この現象と同じ力が，浸透による溶液中への水の移動をひき起こすのである．

浸透はありふれた，またよく研究された現象ではあるが，半透膜がどのようにしてある分子の通過を妨げ，一方で別の分子を通過させるかについては，あまり知られていない．もっとも，単純に大きさの問題であることも多い．すなわち，半透膜が，溶媒分子だけが通過できる十分に小さい孔をもつ場合である．また，溶媒と溶質が膜に対して異なる機構で相互作用することが，膜の選択性の原因となることもある．たとえば，溶媒が膜に対してより大きな"溶解度"をもつ場合である．

溶液の浸透圧 π はつぎの式で与えられる．

$$\pi = MRT \qquad (13.10)$$

ここで M は溶液のモル濃度，R は気体定数（$0.0821\,\mathrm{L\,atm\,K^{-1}\,mol^{-1}}$），$T$ は絶対温度である．浸透圧 π は atm 単位で表される．なお，浸透圧の測定は温度一定の条件で行われるので，ここでは濃度の単位は，質量モル濃度よりも使いやすいモル濃度を用いる．

沸点上昇や凝固点降下と同様に，浸透圧もまた溶液の濃度に比例する．すべての束一的性質は溶液中の溶質粒子の数だけに依存することを知っていれば，これは予想通りの結果であろう．二つの溶液の濃度が等しく，したがって，浸透圧が等しい場合，これらの溶液は等張的であるという．浸透圧の等しい溶液は，等張液とよばれる．二つの溶液の浸透圧が等しくない場合は，より濃厚な溶液を高張液といい，より希薄な溶液を低張液という（図13.10）．

浸透圧は，私たちの身近に見られる多くの興味深い現象にかかわっている．赤血球は半透膜によって外界から保護されている．生物化学者が赤血球の内容物を研究する際には，溶血とよばれる技術を用いる．すなわち，赤血球を低張液の中に置く．低張液の濃度は細胞の内部より希薄なので，図13.10(b) に示すように，水が細胞の中へ移動する．その結果，細胞は膨張し，ついには破裂して，細胞内のヘモグロビンや他の分子が放出される．

自家製のジャムやゼリーの保存は，浸透圧を利用する別の例である．これらを保存するためには，多量の砂糖が必要となる．なぜなら，砂糖は食中毒をひき起こす

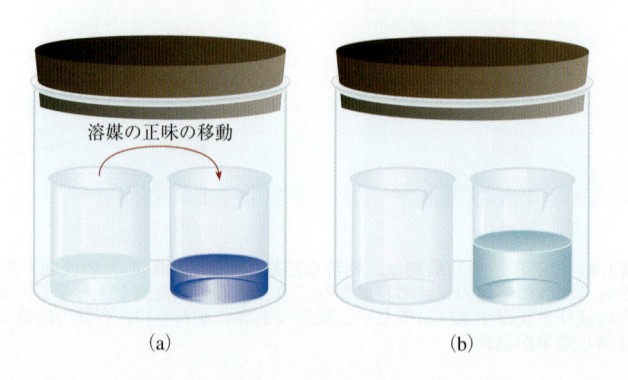

図 13.9 （a）容器内における蒸気圧が異なるために，純粋な水を含む左側のビーカーから，溶液を含む右側のビーカーへと水の正味の移動が起こる．（b）平衡状態では，左側のビーカーにあったすべての水は右側のビーカーへと移動する．溶媒を移動させる駆動力は，図13.8に示した浸透現象と類似している．

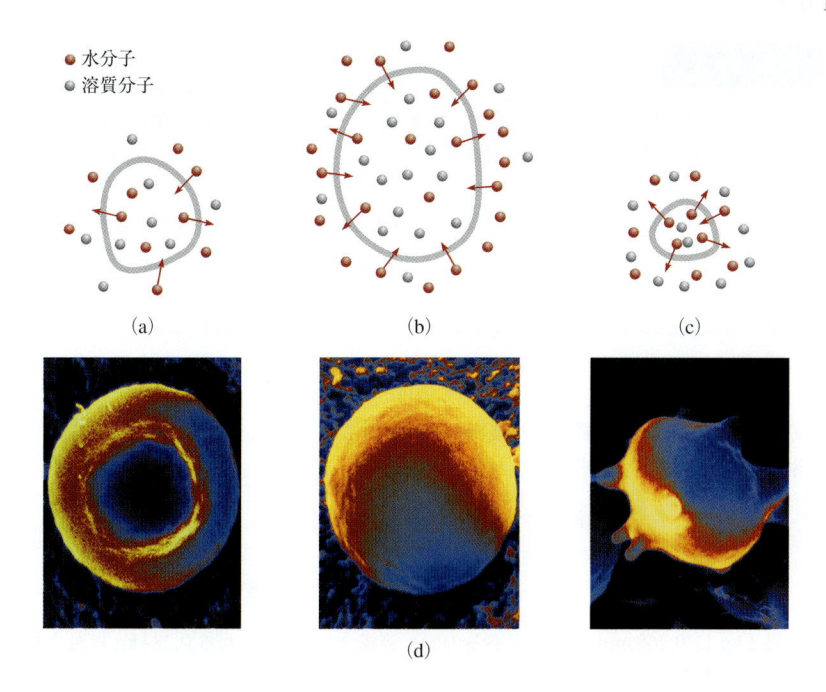

図 13.10 細胞を，(a) 等張液，(b) 低張液，(c) 高張液に入れたときの変化．細胞は，(a) では変化せず，(b) では膨張し，(c) では収縮する．(d) 左から右へ，等張液，低張液，高張液に入れた赤血球．

可能性のある微生物を殺すために役立つからである．図 13.10(c) に示すように，微生物の細胞が高張的な，すなわち高濃度の砂糖溶液中に置かれると，微生物の細胞に含まれる水は，浸透によって細胞からより濃厚な溶液へと移動する．この過程は，クリネーションとよばれ，細胞の収縮をひき起こし，ついには，細胞の正常な機能を停止させる．原料となる果物に含まれる天然の酸もまた，微生物の増殖を抑制する．

植物において水が上方に輸送される機構にも，浸透圧がかかわっている．葉では，蒸散とよばれる過程によって，たえず水が空気中へと失われているので，葉の体液の溶質濃度は高くなる．このため，浸透圧によって水が，木の幹，枝，そして茎を通して押し上げられる．米国カリフォルニア州周辺に生育するセコイア（アメリカスギ）は約 120 m の高さになるが，その先端にある葉まで水を輸送するためには，10 から 15 atm の圧力が必要であるとされる．（なお，§12.3 で議論した毛管現象は，数センチメートルまでの水の上昇の要因となるだけである．）

セコイア

考え方の復習

つぎの文の意味を説明せよ．"ある温度における海水の浸透圧を測定したところ，25 atm であった．"

束一的性質を用いるモル質量の決定

非電解質溶液の束一的性質を用いることにより，溶質のモル質量を決定することができる．理論的には，ここで述べた4種類の束一的性質は，いずれもこの目的に適している．しかし，実際には，最も明確な変化を示すことから，凝固点降下と浸透圧だけが用いられている．

例題 13.8

組成式 C_5H_4 をもつ化合物の試料 9.66 g を，ベンゼン 284 g に溶かした．その溶液の凝固点は，純粋なベンゼンの凝固点よりも 1.37 K 低かった．この化合物のモル質量と分子式を求めよ．

解法 この問題を解くためには，三つの段階を必要とする．まず，凝固点降下度から溶液の質量モル濃度を計算する．つぎに，質量モル濃度から化合物 9.66 g の物質量を求め，それからモル質量を決定する．最後に，実験によって得られたモル質量と組成式が示すモル質量を比較することによって，分子式を得る．

解答 化合物のモル質量を計算するための変換系列は，つぎの通りである．

凝固点降下度 ⟶ 質量モル濃度 ⟶ 物質量 ⟶ モル質量

最初の段階は，溶液の質量モル濃度を計算することである．式(13.9) と表 13.2 を用いて，つぎのように求めることができる．

$$質量モル濃度 = \frac{\Delta T_f}{K_f}$$

$$= \frac{1.37 \text{ K}}{5.12 \text{ K kg mol}^{-1}} = 0.268 \text{ mol kg}^{-1}$$

溶媒 1 kg に 0.268 mol の溶質があるので，溶媒 284 g，すなわち 0.284 kg に含まれる溶質の物質量は，

$$0.284 \text{ kg} \times \frac{0.268 \text{ mol}}{1 \text{ kg}} = 0.0761 \text{ mol}$$

したがって，溶質のモル質量は次式で与えられる．

$$モル質量 = \frac{化合物の質量}{化合物の物質量}$$

$$= \frac{9.66 \text{ g}}{0.0761 \text{ mol}}$$

$$= \boxed{127 \text{ g mol}^{-1}}$$

これにより，次式のような比を求めることができる．

$$\frac{モル質量}{組成式が示すモル質量} = \frac{127 \text{ g mol}^{-1}}{64 \text{ g mol}^{-1}} \approx 2$$

したがって，分子式は $(C_5H_4)_2$，すなわち $\boxed{C_{10}H_8}$ となる．この化合物はナフタレンである．

練習問題 ベンゼン 100.0 g に，有機化合物 0.85 g を溶かした溶液の凝固点は 5.16 °C であった．この溶液の質量モル濃度，および溶質のモル質量を求めよ．

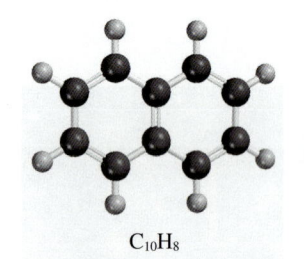

$C_{10}H_8$

類似問題：13.55

例題 13.9

ヘモグロビン（Hb）44.1 g を十分な水に溶かして溶液を調製し，体積を 1 L にした．この溶液の 25 °C における浸透圧は，12.6 mmHg であった．Hb のモル質量を計算せよ．

解法 Hb 水溶液の浸透圧から Hb のモル質量を求める問題である．答えを得る段階は，例題 13.8 に概略を示したものと類似している．まず，溶液の浸透圧 π から，溶液のモル濃度を計算する．つぎに，モル濃度から 44.1 g の Hb の物質量を求め，それからそのモル質量を決定する．π と温度に対して，どのような単位を用いたらよいだろうか．

（つづく）

解答 Hb のモル質量を計算するための変換系列は，つぎの通りである．

浸透圧 ⟶ モル濃度 ⟶ 物質量 ⟶ モル質量

まず，式(13.10) を用いて水溶液のモル濃度を計算する．

$$\pi = MRT$$

$$M = \frac{\pi}{RT}$$

$$= \frac{12.6 \text{ mmHg} \times \frac{1 \text{ atm}}{760 \text{ mmHg}}}{(0.0821 \text{ L atm K}^{-1} \text{ mol}^{-1})(298 \text{ K})}$$

$$= 6.78 \times 10^{-4} \text{ mol L}^{-1}$$

調製した溶液の体積は 1 L なので，6.78×10^{-4} mol の Hb が含まれているはずである．モル質量を計算するためには，この量を用いればよい．すなわち，

$$\text{Hb の物質量} = \frac{\text{Hb の質量}}{\text{Hb のモル質量}}$$

$$\text{Hb のモル質量} = \frac{\text{Hb の質量}}{\text{Hb の物質量}}$$

$$= \frac{44.1 \text{ g}}{6.78 \times 10^{-4} \text{ mol}}$$

$$= 6.50 \times 10^{4} \text{ g mol}^{-1}$$

練習問題 有機高分子化合物 2.47 g を含むベンゼン溶液 202 mL の浸透圧は，21 °C において 8.63 mmHg であった．この高分子化合物のモル質量を計算せよ．

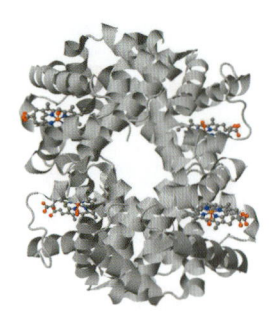

ヘモグロビンの構造のリボンモデル．それぞれの分子には，酸素分子と結合する 4 個のヘム基が存在する．

類似問題：13.62, 13.64

例題 13.9 に示したように，12.6 mmHg の圧力は，容易に，また正確に測定することができる．この理由により，浸透圧の測定は，タンパク質などの大きな分子のモル質量を決定するための非常に有用な方法となっている．モル質量を決定するための方法として，浸透圧を用いる方が，凝固点降下を用いるよりもいかに実際的であるかを示すために，同じヘモグロビン溶液について凝固点の変化を見積もってみよう．非常に希薄な水溶液の場合には，モル濃度はおおよそ質量モル濃度に等しいとすることができる．（水溶液の密度が 1 g mL^{-1} ならば，モル濃度は質量モル濃度に等しくなる．）すると，式(13.9) から，例題 13.9 の場合の凝固点降下度はつぎのように計算される．

$$\Delta T_\text{f} = (1.86 \text{ K kg mol}^{-1})(6.78 \times 10^{-4} \text{ mol kg}^{-1})$$

$$= 1.26 \times 10^{-3} \text{ K}$$

水銀の密度は 13.6 g mL^{-1} である．したがって，12.6 mmHg は高さ 17.1 cm の水柱に相当する．

1000 分の 1 K の凝固点降下度はあまりに小さすぎて，温度変化を正確に測定することはできない．このため，凝固点降下を用いたモル質量の決定法は，溶液の凝固点降下度がより大きくなるように，溶解性が高く，またモル質量が 500 g mol^{-1} 程度かそれ以下の比較的小さい分子に適用される．

電解質溶液の束一的性質

電解質の束一的性質の取扱いは，非電解質の場合とは少し異なった方法をとる必要がある．その理由は，電解質は溶液中でイオンに解離するので，電解質を構成する 1 個の単位が溶解すると，2 個，あるいはそれ以上の粒子が生成することにある．

溶液の束一的性質を決定するのは，溶質の粒子数であることを思い出してほしい．たとえば，塩化ナトリウムを溶解すると，それぞれの構成単位 NaCl は 2 個のイオン Na^+ と Cl^- に解離する．したがって，$0.1\ mol\ kg^{-1}$ の NaCl 溶液の束一的性質は，スクロースのような非電解質を含む $0.1\ mol\ kg^{-1}$ の溶液が示す束一的性質の 2 倍になるはずである．同様に，たとえば，$0.1\ mol\ kg^{-1}$ の $CaCl_2$ 溶液の凝固点降下度は，$0.1\ mol\ kg^{-1}$ のスクロース溶液が示す凝固点降下度の 3 倍となると考えられる．この効果を考慮するために，束一的性質に関する式をつぎのように書き換えなければならない．

$$\Delta T_b = iK_b m \quad (13.11)$$
$$\Delta T_f = iK_f m \quad (13.12)$$
$$\pi = iMRT \quad (13.13)$$

変数 i はファントホッフ係数とよばれ，つぎのように定義される．

$$i = \frac{\text{解離後に溶液中に実際に存在する粒子数}}{\text{溶液中に最初に溶解する組成式の構成単位の数}} \quad (13.14)$$

したがって，すべての非電解質では i は 1 になる．また，NaCl や KNO_3 のような強電解質では i は 2 になり，Na_2SO_4 や $MgCl_2$ のような強電解質では i は 3 になるはずである．

しかし，実際には，電解質溶液の束一的性質の大きさは一般に，予想されるよりも小さくなる．これは，より高い濃度では，生成した陽イオンと陰イオンの間に静電気力がはたらき，それらを互いに接近させるからである．静電気力によって結びつけられた陽イオンと陰イオンを，**イオン対**とよぶ．イオン対が形成されると，溶液中の粒子数が一つ減少することになり，これは束一的性質の大きさの減少をひき起こす（図 13.11）．

表 13.3 に実験的に決定されたファントホッフ係数 i の値を，それぞれの電解質が完全に解離すると仮定したときの計算値とともに示す．表を見ると，実験値は，計算値に近い値を示しているが，完全には一致していない．この結果から，これらの電解質溶液では，イオン対が実験によって検出できる程度に形成されていることがわかる．

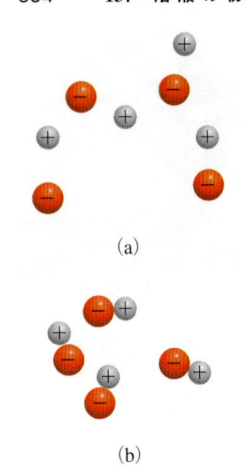

図 13.11 溶液中の (a) 自由なイオンと (b) イオン対．このようなイオン対は正味の電荷をもたないので，溶液中の電気伝導に寄与しない．

イオン対 ion pair

表 13.3	25 °C における $0.0500\ mol\ L^{-1}$ の電解質溶液のファントホッフ係数	
電解質	i（測定値）	i（計算値）
スクロース*	1.0	1.0
HCl	1.9	2.0
NaCl	1.9	2.0
$MgSO_4$	1.3	2.0
$MgCl_2$	2.7	3.0
$FeCl_3$	3.4	4.0

＊ スクロースは非電解質である．比較のために表に示した．

考え方の復習

つぎの (a)～(c) のそれぞれに示した 2 種類の化合物のうち,水中でイオン対を形成しやすいものはどちらか.(a) NaCl と Na_2SO_4,(b) $MgCl_2$ と $MgSO_4$,(c) LiBr と KBr.

例題 13.10

25 ℃ における 0.010 mol L^{-1} のヨウ化カリウム KI 溶液の浸透圧は 0.465 atm である.この濃度における KI のファントホッフ係数を計算せよ.

解法 KI は強電解質であることに注意せよ.したがって,溶液中では完全に解離することが期待される.もしそうであれば,その溶液の浸透圧はつぎのように計算される.

$$2(0.010 \text{ mol L}^{-1})(0.0821 \text{ L atm K}^{-1} \text{ mol}^{-1})(298 \text{ K}) = 0.489 \text{ atm}$$

しかし,測定された浸透圧はわずか 0.465 atm である.予想された浸透圧よりも小さい値を示したことは,イオン対が形成されていることを意味する.イオン対の形成により,溶液中の溶質粒子 K^+ と I^- の数が減少する.

解答 式 (13.13) を用いて,つぎのように答えを得ることができる.

$$i = \frac{\pi}{MRT}$$

$$= \frac{0.465 \text{ atm}}{(0.010 \text{ mol L}^{-1})(0.0821 \text{ L atm K}^{-1} \text{ mol}^{-1})(298 \text{ K})}$$

$$= 1.90$$

類似問題:13.75

練習問題 0.100 mol kg^{-1} の $MgSO_4$ 溶液の凝固点降下度は 0.225 K である.この濃度における $MgSO_4$ のファントホッフ係数を計算せよ.

考え方の復習

血液の浸透圧は約 7.4 atm である.医師が静脈注射に用いるべき塩溶液(NaCl 水溶液)の濃度はおよそいくらか.ただし,生理的な温度として 37 ℃ を用いよ.

重 要 な 式

質量モル濃度 $= \dfrac{溶質の物質量(mol)}{溶媒の質量(kg)}$	(13.4)	溶液の質量モル濃度の計算
$c = kP$	(13.5)	気体の溶解度を計算するためのヘンリーの法則
$P_1 = X_1 P_1^\circ$	(13.6)	液体の蒸気圧と溶液の蒸気圧を関係づけるラウールの法則
$\Delta P = X_2 P_1^\circ$	(13.7)	溶液の濃度と蒸気圧降下の大きさ
$\Delta T_b = K_b m$	(13.8)	沸点上昇度
$\Delta T_f = K_f m$	(13.9)	凝固点降下度
$\pi = MRT$	(13.10)	溶液の浸透圧
$i = \dfrac{解離後に溶液中に実際に存在する粒子数}{溶液中に最初に溶解する組成式の構成単位の数}$	(13.14)	電解質溶液のファンホッフ係数の計算

13. 溶液の物理的性質

事項と考え方のまとめ

1. 溶液は 2 種類以上の物質の均一な混合物であり，固体，液体，あるいは気体の状態をとることができる．溶媒中の溶質の解離しやすさは，分子間力によって支配される．溶質分子と溶媒分子が混合して溶液を生成するときに生じるエネルギーと乱雑さの増加が，溶解過程の駆動力となる．
2. 溶液の濃度は，質量パーセント濃度，モル分率，モル濃度，および質量モル濃度を単位として表すことができる．扱う事象に応じて，適切な単位が選択される．
3. 一般に，温度が上昇すると，固体と液体の溶解度は増大し，気体の溶解度は減少する．ヘンリーの法則によると，液体に対する気体の溶解度は，溶液に接している気体の分圧に比例する．
4. ラウールの法則によると，溶液に接している物質 A の分圧 P_A は，溶液の A のモル分率 X_A，および純粋な A の蒸気圧 P_A° と，$P_A = X_A P_A^\circ$ によって関係づけられる．すべての濃度領域にわたってラウールの法則が成立する溶液を，理想溶液という．実際には，理想的なふるまいを示す溶液はほとんどない．
5. 蒸気圧降下，沸点上昇，凝固点降下，および浸透圧は，溶液の束一的性質である．すなわち，これらの性質は，溶液に存在する溶質粒子の数だけに依存し，粒子の種類には依存しない．電解質溶液では，イオンの間の相互作用によってイオン対が形成される．ファントホッフ係数は，溶液中におけるイオン対形成の程度を表す．

キーワード

イオン対　ion pair　p.384
過飽和溶液　supersaturated solution　p.364
揮発性　volatility　p.375
結晶化　crystallization　p.364
混和性　miscibility　p.366
質量パーセント濃度　mass percent concentration　p.367
質量モル濃度　molality　p.368
浸透　osmosis　p.379
浸透圧　osmotic pressure, π　p.379

束一的性質　colligative property　p.374
熱汚染　thermal pollution　p.371
半透膜　semipermeable membrane　p.379
不揮発性　nonvolatility　p.374
不飽和溶液　unsaturated solution　p.364
ヘンリーの法則　Henry's law　p.372
飽和溶液　saturated solution　p.364
溶媒和　solvation　p.366
ラウールの法則　Raoult's law　p.374
理想溶液　ideal solution　p.376

練習問題の解答

13.1　二硫化炭素　　**13.2**　$0.638 \text{ mol kg}^{-1}$
13.3　8.92 mol kg^{-1}　　**13.4**　13.8 mol kg^{-1}
13.5　$2.9 \times 10^{-4} \text{ mol L}^{-1}$
13.6　37.8 mmHg；4.4 mmHg
13.7　101.3 °C；-4.47 °C
13.8　$0.066 \text{ mol kg}^{-1}$；$1.3 \times 10^2 \text{ g mol}^{-1}$
13.9　$2.60 \times 10^4 \text{ g mol}^{-1}$
13.10　1.21

考え方の復習の解答

■ p.367　C_4H_{10}，CS_2，I_2 は，水よりもベンゼンに溶けやすいと考えられる．

■ p.370　モル濃度．加熱すると溶液の体積は増大するため，モル濃度は減少する．

■ p.372　溶解度の小さいものから順に KCl ＜ KNO$_3$ ＜ KBr

■ p.374　HCl．水に対する溶解性が非常に高いためである．

■ p.379　溶液の沸点は約 83 °C である．本文の式 (13.8) と表 13.2 から，溶液の濃度は 1.1 mol kg^{-1} であることがわかる．

■ p.381　本文の図 13.8 に示すような装置に海水を入れると，25 atm の圧力を示した．

■ p.385　(a) Na$_2$SO$_4$　(b) MgSO$_4$　(c) LiBr

■ p.385　NaCl では $i = 2$ と考えてよい．塩溶液の濃度は約 0.15 M とすべきである．

14 化学反応速度論

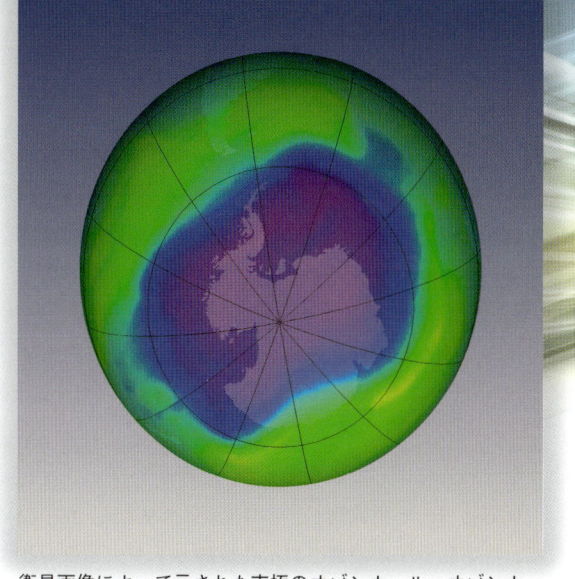

衛星画像によって示された南極のオゾンホール．オゾンホール生成の原因を解明するには，反応速度論に基づく反応機構の研究が決定的に重要であることがわかっている．

章の概要

14.1 反応速度 388

14.2 反応速度式 392
反応速度式の実験的決定

14.3 反応物の濃度と時間の関係 396
一次反応・二次反応・ゼロ次反応

14.4 活性化エネルギーと速度定数の温度依存性 403
化学反応速度論の衝突理論・アレニウス式

14.5 反応機構 408
反応速度式と素反応

14.6 触媒 412
不均一触媒・均一触媒・酵素触媒

基本の考え方

反応速度 反応速度は，反応物がどのくらい速く消費されるか，あるいは生成物がどのくらい速く生成するかを表す．反応速度は，経過した時間に対する濃度の変化の比として表される．

反応速度式 反応速度を実験的に測定することによって，反応速度式を得ることができる．反応速度式は，反応速度を，速度定数と反応物の濃度を用いて表したものである．反応物の濃度に対する反応速度の依存性を調べると，その反応物についての反応次数がわかる．反応速度が反応物の濃度に依存しない場合は，反応はゼロ次であるといい，反応速度が反応物の濃度の1乗に依存する場合は，反応は1次であるという．より高次の反応や，分数の次数をもつ反応も知られている．反応物の濃度がその初期濃度の半分に減少するまでに要する時間は半減期とよばれ，反応速度の重要な指標となる．一次反応では，半減期は初期濃度に依存しない．

速度定数の温度依存性 反応が起こるためには，分子は活性化エネルギーに等しいか，あるいはそれ以上のエネルギーをもっていなければならない．一般に，温度の上昇に伴って，速度定数も増大する．速度定数と活性化エネルギー，および温度の関係を表す式を，アレニウス式という．

反応機構 反応の進行は，分子の視点から見て一連の素反応に分解することができる．素反応の系列を反応機構という．一つの分子だけが関与する素反応を単分子反応といい，また2個の分子が関与する素反応は二分子反応とよばれる．さらに，まれな場合として，3個の分子が同時に出会うことによって起こる三分子的な素反応もある．二つ以上の素反応を含む反応の速度は，律速段階という最も遅い素反応によって支配される．

触媒 触媒は，それ自身が消費されることなく反応速度を増大させる物質である．反応物と触媒が異なる相にある場合，その触媒を不均一触媒という．一方，反応物と触媒が単一の相に分散されている場合は，均一触媒とよばれる．酵素はきわめて効率のよい触媒であり，すべての生体系の反応において中心的な役割を果たしている．

14.1 反応速度

(化学)反応速度論 chemical kinetics

化学反応が起こる速さを扱う化学の研究分野を，**化学反応速度論**または**反応速度論**という．英語の kinetic は，移動，あるいは変化を表す言葉である．第5章では運動エネルギー（kinetic energy）を，運動している物体がもつエネルギーと定義した．

反応速度 reaction rate

本章で用いる kinetics は反応の速さ，すなわち反応速度を意味している．**反応速度**は，時間の経過に伴う反応物，あるいは生成物の濃度の変化と定義され，一般に mol L^{-1} s^{-1} の単位で表記される．

あらゆる反応は，つぎのような一般式によって表現できる．

$$\text{反応物} \longrightarrow \text{生成物}$$

この式は，反応の進行に伴って，反応物分子が消費され，生成物分子が生じることを示している．したがって，反応物の濃度の減少，あるいは生成物の濃度の増加のいずれかを調べることによって，反応の進行を追跡することができる．

図 14.1 に分子 A が分子 B に変化する簡単な反応の進行を模式的に示した．たとえば，p.310 に示した *cis*-1,2-ジクロロエチレンが *trans*-1,2-ジクロロエチレンへ変化する反応がこの反応の例となる．

$$A \longrightarrow B$$

図 14.2 に時間とともに分子 A の数が減少し，分子 B の数が増加する様子を示す．一般に，反応速度を，ある時間における濃度の変化の形式で表記すると都合がよい．すなわち，上記の反応に対して，反応速度は次式のように表される．

Δ は初期状態と最終状態の差を表すことを思い出そう．

$$\text{反応速度} = -\frac{\Delta[A]}{\Delta t} \quad \text{あるいは} \quad \text{反応速度} = \frac{\Delta[B]}{\Delta t}$$

ここで Δ[A] と Δ[B] は，それぞれ時間 Δt の経過に伴う A と B のモル濃度の変化を表す．反応物 A の濃度はその時間内に減少するので，Δ[A] は負の量となる．反応速度は正の量なので，反応速度を正とするために負の符号が必要になる．一方，生成物 B の濃度は時間とともに増加するので，Δ[B] は正の量となる．したがって，反応速度を表す式に負の符号は必要ない．

もっと複雑な反応に対しては，反応速度を書き表す際に注意が必要である．たとえば，つぎの反応を考えてみよう．

$$2A \longrightarrow B$$

この反応では，2 mol の A が消失するごとに 1 mol の B が生成する．すなわち，B が生成する速度は，A が消失する速度の 2 分の 1 となる．したがって，反応速度は

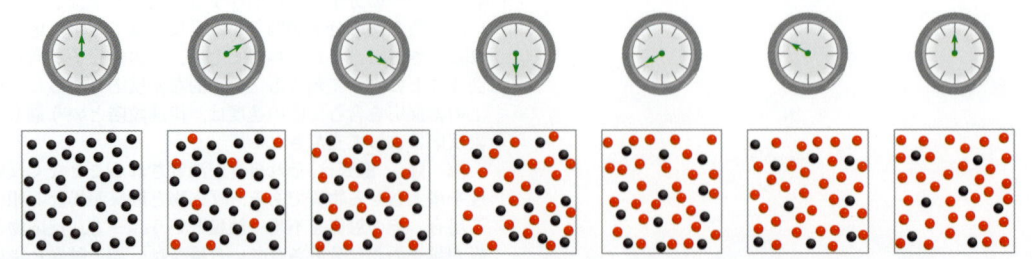

図 14.1 60 秒間にわたる反応 A→B の 10 秒ごとの進行．最初は，分子 A（灰色の球）だけが存在する．時間の経過とともに，分子 B（赤色の球）が生成する．

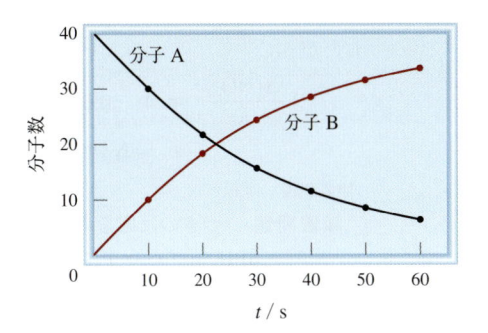

図 14.2 反応 A → B の速度は，時間の経過に伴う分子 A の減少，および分子 B の増加として表される．

つぎのいずれかの式で表される．

$$\text{反応速度} = -\frac{1}{2}\frac{\Delta[A]}{\Delta t} \quad \text{あるいは} \quad \text{反応速度} = \frac{\Delta[B]}{\Delta t}$$

一般に，つぎのような反応に対して，

$$aA + bB \longrightarrow cC + dD$$

反応速度は次式で与えられる．

$$\text{反応速度} = -\frac{1}{a}\frac{\Delta[A]}{\Delta t} = -\frac{1}{b}\frac{\Delta[B]}{\Delta t} = \frac{1}{c}\frac{\Delta[C]}{\Delta t} = \frac{1}{d}\frac{\Delta[D]}{\Delta t}$$

例題 14.1

つぎのそれぞれの反応について，反応物の消失と生成物の生成に注目して反応速度を与える式を書け．

(a) $I^-(aq) + OCl^-(aq) \longrightarrow Cl^-(aq) + OI^-(aq)$
(b) $3O_2(g) \longrightarrow 2O_3(g)$
(c) $4NH_3(g) + 5O_2(g) \longrightarrow 4NO(g) + 6H_2O(g)$

解答 (a) それぞれの化学量論係数は 1 に等しいので，

$$\text{反応速度} = -\frac{\Delta[I^-]}{\Delta t} = -\frac{\Delta[OCl^-]}{\Delta t}$$
$$= \frac{\Delta[Cl^-]}{\Delta t} = \frac{\Delta[OI^-]}{\Delta t}$$

(b) ここでは，係数は 3 と 2 である．したがって，

$$\text{反応速度} = -\frac{1}{3}\frac{\Delta[O_2]}{\Delta t} = \frac{1}{2}\frac{\Delta[O_3]}{\Delta t}$$

(c) この反応ではつぎのようになる．

$$\text{反応速度} = -\frac{1}{4}\frac{\Delta[NH_3]}{\Delta t} = -\frac{1}{5}\frac{\Delta[O_2]}{\Delta t}$$
$$= \frac{1}{4}\frac{\Delta[NO]}{\Delta t} = \frac{1}{6}\frac{\Delta[H_2O]}{\Delta t}$$

(類似問題：14.5)

練習問題 つぎの反応について，反応速度を与える式を書け．
$$CH_4(g) + 2O_2(g) \longrightarrow CO_2(g) + 2H_2O(g)$$

例題 14.2

つぎの反応を考えよう．

$$4NO_2(g) + O_2(g) \longrightarrow 2N_2O_5(g)$$

反応のある瞬間において，酸素分子が反応する速度は $0.037 \text{ mol L}^{-1}\text{ s}^{-1}$ であった．(a) N_2O_5 が生成する速度を求めよ．(b) NO_2 が反応する速度を求めよ．

解法 N_2O_5 が生成する速度と NO_2 が消失する速度を求めるためには，例題 14.1 と同じように，化学量論係数を考慮して反応速度を与える式を書き表す必要がある．すなわち，

$$\text{反応速度} = -\frac{1}{4}\frac{\Delta[NO_2]}{\Delta t} = -\frac{\Delta[O_2]}{\Delta t}$$
$$= \frac{1}{2}\frac{\Delta[N_2O_5]}{\Delta t}$$

問題に与えられている条件は，

$$\frac{\Delta[O_2]}{\Delta t} = -0.037 \text{ mol L}^{-1}\text{ s}^{-1}$$

ここで負の符号は，O_2 の濃度は時間とともに減少することを意味する． (つづく)

解答 (a) 上記の反応速度を与える式から，

$$-\frac{\Delta[\mathrm{O_2}]}{\Delta t} = \frac{1}{2}\frac{\Delta[\mathrm{N_2O_5}]}{\Delta t}$$

したがって，

$$\frac{\Delta[\mathrm{N_2O_5}]}{\Delta t} = -2(-0.037\ \mathrm{mol\ L^{-1}\ s^{-1}})$$

$$= \boxed{0.074\ \mathrm{mol\ L^{-1}\ s^{-1}}}$$

(b) ここでは次式を用いる．

$$-\frac{1}{4}\frac{\Delta[\mathrm{NO_2}]}{\Delta t} = -\frac{\Delta[\mathrm{O_2}]}{\Delta t}$$

したがって，

$$\frac{\Delta[\mathrm{NO_2}]}{\Delta t} = 4(-0.037\ \mathrm{mol\ L^{-1}\ s^{-1}})$$

$$= \boxed{-0.15\ \mathrm{mol\ L^{-1}\ s^{-1}}}$$

(類似問題：14.6)

練習問題 つぎの反応を考えよう．

$$4\mathrm{PH_3(g)} \longrightarrow \mathrm{P_4(g)} + 6\mathrm{H_2(g)}$$

反応のある瞬間において，水素分子が生成する速度は $0.078\ \mathrm{mol\ L^{-1}\ s^{-1}}$ であった．(a) $\mathrm{P_4}$ が生成する速度を求めよ．(b) $\mathrm{PH_3}$ が反応する速度を求めよ．

反応の性質に依存して，反応速度を測定するにはいくつかの方法がある．たとえば，次式のような，水溶液中における臭素とギ酸 HCOOH との反応を考えてみよう．

$$\mathrm{Br_2(aq)} + \mathrm{HCOOH(aq)} \longrightarrow 2\mathrm{H^+(aq)} + 2\mathrm{Br^-(aq)} + \mathrm{CO_2(g)}$$

臭素分子は赤褐色である．反応にかかわる他のすべての化学種は無色である．反応の進行に伴って $\mathrm{Br_2}$ の濃度はどんどん減少するので，水溶液の色は徐々に薄くなる（図14.3）．このように，$\mathrm{Br_2}$ の濃度は色の強さによってはっきりと示されるから，時

図14.3 左から右へと時間が経過するにつれて色が消失することから，臭素の濃度が減少することがわかる．

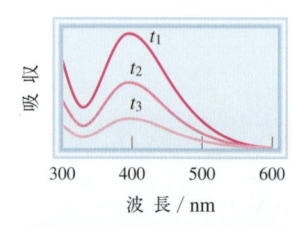

図14.4 波長に対する臭素の吸収のプロット．臭素は可視光領域に最大吸収波長 393 nm の吸収をもつ．吸収の強さは $[\mathrm{Br_2}]$ に比例するので，時間の経過（$t_1 \sim t_3$）とともに吸収が減少することは，反応の進行に伴って臭素が消費されることを示している．

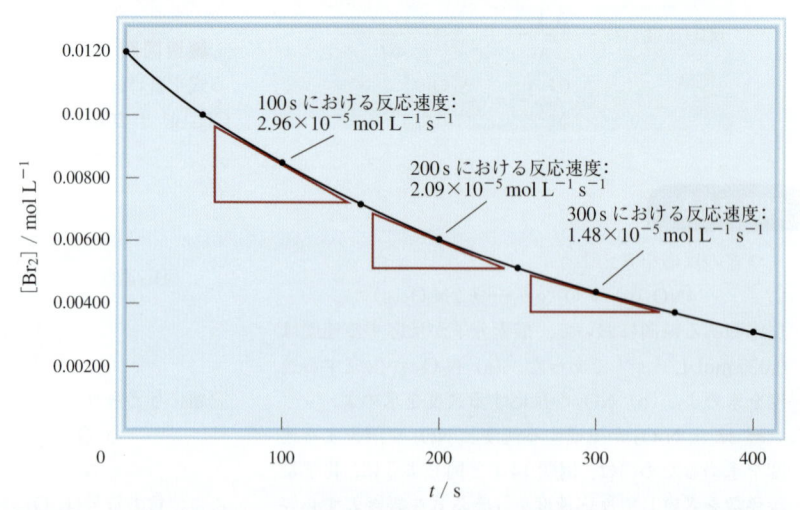

図14.5 臭素とギ酸との反応における時間 $t = 100\ \mathrm{s}$, $200\ \mathrm{s}$, および $300\ \mathrm{s}$ の瞬間的な反応速度は，それらの時間における接線の傾きによって与えられる．

間による濃度の変化は，紫外可視分光光度計を用いて追跡することができる（図14.4）．図14.5に示すように，臭素の濃度を時間に対してプロットすると，そのグラフから反応速度を求めることができる．ある特定の瞬間の反応速度は，その時間における接線の傾き（それは $\Delta[Br_2]/\Delta t$ に等しい）によって与えられる．たとえば，図に示した実験では，反応の開始後，100秒では反応速度は $2.96\times10^{-5}\,\mathrm{mol\,L^{-1}\,s^{-1}}$，200秒では $2.09\times10^{-5}\,\mathrm{mol\,L^{-1}\,s^{-1}}$ などとなる．一般に，反応速度は反応物の濃度に比例するので，臭素の濃度の減少とともに反応速度の値が低下することは驚くには当たらない．

また，生成物，あるいは反応物の一つが気体ならば，反応速度を測定するために圧力計を用いることができる．この方法を示すために，過酸化水素の分解を考えよう．

$$2H_2O_2(l) \longrightarrow 2H_2O(l) + O_2(g)$$

この場合には，過酸化水素の分解の反応速度は，圧力計を用いて酸素が発生する速度を測定することによって都合よく求めることができる（図14.6）．酸素の圧力は理想気体の式（式(5.8)）を用いることにより，容易に濃度に変換される．

$$PV = nRT$$

すなわち，

$$P = \frac{n}{V}RT$$
$$= MRT$$

ここで n/V は，気体酸素のモル濃度 M にほかならない．上式を変形することにより，次式を得る．

$$M = \frac{1}{RT}P$$

反応速度は酸素が発生する速度によって与えられるから，つぎのように書くことができる．

$$反応速度 = \frac{\Delta[O_2]}{\Delta t}$$
$$= \frac{1}{RT}\frac{\Delta P}{\Delta t}$$

さらに，反応によってイオンが消費，あるいは生成する場合には，その反応速度は電気伝導度を追跡することによって求めることができる．特に，水素イオン H^+ が反応物，あるいは生成物ならば，時間による溶液の pH の変化を測定することによって反応速度を決定できる．

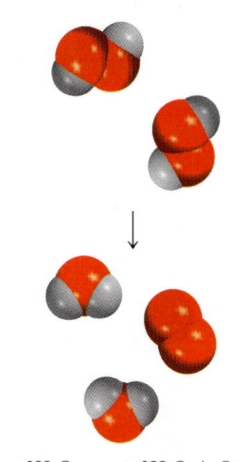

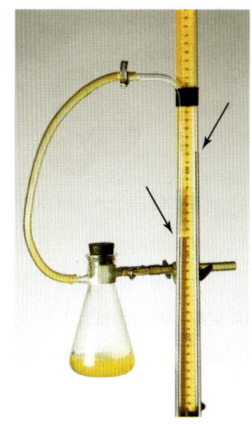

図14.6 過酸化水素の分解反応の速度は，時間の経過に伴う酸素の増加を，圧力計を用いて測定することによって求めることができる．矢印はU字管内の水銀の高さを示している．

考え方の復習

反応速度が次式で与えられる気相反応について，釣り合いのとれた反応式を書け．

$$速度 = -\frac{\Delta[SO_2]}{\Delta t} = -\frac{1}{3}\frac{\Delta[CO]}{\Delta t} = \frac{1}{2}\frac{\Delta[CO_2]}{\Delta t} = \frac{\Delta[COS]}{\Delta t}$$

14.2 反応速度式

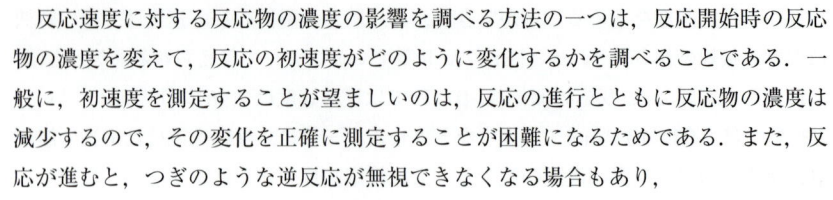

　反応速度に対する反応物の濃度の影響を調べる方法の一つは，反応開始時の反応物の濃度を変えて，反応の初速度がどのように変化するかを調べることである．一般に，初速度を測定することが望ましいのは，反応の進行とともに反応物の濃度は減少するので，その変化を正確に測定することが困難になるためである．また，反応が進むと，つぎのような逆反応が無視できなくなる場合もあり，

$$\text{生成物} \longrightarrow \text{反応物}$$

これによって反応速度の測定に誤差が生じることになる．これらのやっかいな問題はいずれも，反応の初期段階には事実上ないと考えてよい．

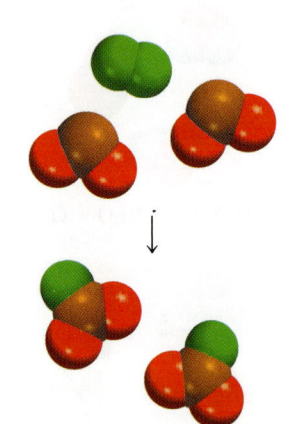

　さて，つぎの反応について考えてみよう．反応速度を測定した三つの実験結果を表 14.1 に示す．

$$F_2(g) + 2ClO_2(g) \longrightarrow 2FClO_2(g)$$

表の 1 番目と 3 番目を見ると，$[ClO_2]$ を一定に保って $[F_2]$ を 2 倍にすると，反応速度は 2 倍になることがわかる．すなわち，反応速度は $[F_2]$ に比例する．同様に，表の 1 番目と 2 番目のデータは，$[F_2]$ を一定にして $[ClO_2]$ を 4 倍にすると反応速度は 4 倍に増加することを示しているので，反応速度は $[ClO_2]$ にも比例することになる．これらの観測結果は，つぎのようにまとめて書き表すことができる．

$$\text{反応速度} \propto [F_2][ClO_2]$$
$$\text{反応速度} = k[F_2][ClO_2]$$

速度定数 rate constant, k

後述するように，ある決まった反応では，速度定数 k は温度の変化のみに影響を受ける．

反応速度式 rate equation

　ここで k は，反応速度と反応物の濃度との間の比例定数であり，**速度定数**とよばれる．また，この式は，反応速度と，速度定数，および反応物の濃度の関係を表した式であり，**反応速度式**とよばれる．反応物の濃度と初速度がわかると，速度定数を計算することができる．上記の反応では，表 14.1 の 1 番目のデータを用いると，

$$k = \frac{\text{反応速度}}{[F_2][ClO_2]}$$

$$= \frac{1.2 \times 10^{-3}\,\text{mol}\,L^{-1}\,s^{-1}}{(0.10\,\text{mol}\,L^{-1})(0.010\,\text{mol}\,L^{-1})}$$

$$= 1.2\,\text{mol}^{-1}\,L\,s^{-1}$$

　つぎのような一般的な反応に対して，

$$aA + bB \longrightarrow cC + dD$$

反応速度式はつぎの形式で表される．

$$\text{反応速度} = k[A]^x[B]^y \tag{14.1}$$

x と y は，a と b には関係がないことに注意してほしい．x と y は実験によって決定されるべき値である．

A と B の濃度とともに，k, x, y の値がわかっていれば，反応速度式を用いて反応速

表 14.1　F_2 と ClO_2 との反応における反応速度

	$[F_2]$ (mol L^{-1})	$[ClO_2]$ (mol L^{-1})	初速度 (mol L^{-1} s^{-1})
1.	0.10	0.010	1.2×10^{-3}
2.	0.10	0.040	4.8×10^{-3}
3.	0.20	0.010	2.4×10^{-3}

度を計算することができる．k と同様に，x と y も実験的に決定しなければならない．ここで，<u>反応速度式に現れるすべての反応物の濃度に付された指数の総和を</u>，その反応の**反応次数**，あるいは全反応次数という．上記の反応速度式では，全反応次数は $x+y$ で与えられる．例に用いた F_2 と ClO_2 との反応では，全反応次数は $1+1$，すなわち 2 となる．この場合，反応は F_2 について 1 次，ClO_2 について 1 次，そして全体では 2 次であるという．反応次数は常に，反応物の濃度によって決定され，決して生成物の濃度によって決まるものではないことに注意してほしい．

反応次数 reaction order

　反応次数によって，反応物の濃度に対する反応速度の依存性をよりよく理解することができる．たとえば，$x=1$，$y=2$ である反応を考えてみよう．式(14.1) から，この反応の反応速度式はつぎのようになる．

$$反応速度 = k[A][B]^2$$

この反応は A について 1 次であり，B について 2 次であり，全体で $1+2$，すなわち 3 次である．反応物の最初の濃度が，$[A]=1.0\,mol\,L^{-1}$，および $[B]=1.0\,mol\,L^{-1}$ であるとしよう．反応速度式から，$[B]$ を一定にして A の濃度を $1.0\,mol\,L^{-1}$ から $2.0\,mol\,L^{-1}$ へと 2 倍にすれば，反応速度もまた 2 倍になる．

$[A]=1.0\,mol\,L^{-1}$ に対して　　反応速度$_1 = k(1.0\,mol\,L^{-1})(1.0\,mol\,L^{-1})^2$
　　　　　　　　　　　　　　　　　　　　　$= k(1.0\,(mol\,L^{-1})^3)$

$[A]=2.0\,mol\,L^{-1}$ に対して　　反応速度$_2 = k(2.0\,mol\,L^{-1})(1.0\,mol\,L^{-1})^2$
　　　　　　　　　　　　　　　　　　　　　$= k(2.0\,(mol\,L^{-1})^3)$

すなわち，

$$反応速度_2 = 2(反応速度_1)$$

一方，$[A]$ を一定にして B の濃度を $1.0\,mol\,L^{-1}$ から $2.0\,mol\,L^{-1}$ へと 2 倍にすれば，$[B]$ に付された指数は 2 であるから，反応速度は 4 倍に増大する．

$[B]=1.0\,mol\,L^{-1}$ に対して　　反応速度$_1 = k(1.0\,mol\,L^{-1})(1.0\,mol\,L^{-1})^2$
　　　　　　　　　　　　　　　　　　　　　$= k(1.0\,(mol\,L^{-1})^3)$

$[B]=2.0\,mol\,L^{-1}$ に対して　　反応速度$_2 = k(1.0\,mol\,L^{-1})(2.0\,mol\,L^{-1})^2$
　　　　　　　　　　　　　　　　　　　　　$= k(4.0\,(mol\,L^{-1})^3)$

すなわち，

$$反応速度_2 = 4(反応速度_1)$$

また，ある反応において $x=0$，$y=1$ ならば，反応速度式はつぎのようになる．

$$反応速度 = k[A]^0[B]$$
$$= k[B]$$

この反応は A についてゼロ次，B について 1 次であり，全体でも 1 次である．すなわち，この反応では，反応速度は A の濃度に依存しない．

ゼロ次ということは，反応速度がゼロという意味ではない．それはただ，反応速度が，存在する A の濃度に依存しないことを意味している．

反応速度式の実験的決定

　反応がただ一つの反応物を含む場合には，反応物の濃度を変えて反応の初速度を測定することにより，容易に反応速度式を決定することができる．たとえば，反応物の濃度が 2 倍になったとき反応速度が 2 倍になれば，反応はその反応物について 1 次である．また，反応物の濃度が 2 倍になったとき反応速度が 4 倍になれば，反応はその反応物について 2 次である．

2種類以上の反応物が関与する反応については，それぞれの反応物の濃度に対する反応速度の依存性を一つずつ測定することによって，反応速度式を得ることができる．すなわち，一つの反応物を除くすべての反応物の濃度を固定し，その反応物の濃度を変えて反応速度を測定する．反応速度のあらゆる変化は，その反応物の濃度の変化だけに由来するはずである．したがって，観測された依存性から，その特定の反応物についての反応次数を求めることができる．つぎの反応物に対しても同じ方法を適用し，すべての反応物に対してこれを繰返せばよい．この方法は，<u>分離法</u>とよばれる．

例題 14.3

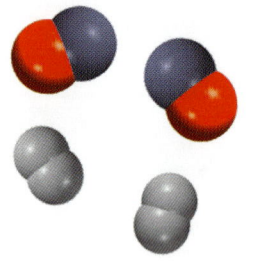

1280 °C において一酸化窒素と水素は，つぎのように反応する．

$$2NO(g) + 2H_2(g) \longrightarrow N_2(g) + 2H_2O(g)$$

この温度における実験から得られたデータを以下に示す．このデータから，(a) 反応速度式，(b) 速度定数，(c) $[NO] = 12.0 \times 10^{-3}\,mol\,L^{-1}$，$[H_2] = 6.0 \times 10^{-3}\,mol\,L^{-1}$ のときの反応速度を決定せよ．

実験	$[NO]$ (mol L^{-1})	$[H_2]$ (mol L^{-1})	初速度 (mol L^{-1} s^{-1})
1	5.0×10^{-3}	2.0×10^{-3}	1.3×10^{-5}
2	10.0×10^{-3}	2.0×10^{-3}	5.0×10^{-5}
3	10.0×10^{-3}	4.0×10^{-3}	10.0×10^{-5}

解法 反応物の濃度に対する反応速度の依存性を示した一組のデータから，反応速度式と速度定数を決定する問題である．反応速度式は，つぎのように書くことができるものとする．

$$反応速度 = k[NO]^x[H_2]^y$$

反応物の反応次数 x と y を決定するには，与えられたデータをどのように用いたらよいだろうか．ひとたび x と y がわかれば，どの反応速度と濃度のデータを用いても k を計算することができる．最後に，得られた反応速度式から，与えられた NO と H_2 の濃度における反応速度を計算することができる．

解答 (a) 実験 1 と 2 から，H_2 の濃度が一定の場合，NO の濃度を 2 倍にすると反応速度は 4 倍になることがわかる．これら二つの実験から反応速度の比をとると，

$$\frac{反応速度_2}{反応速度_1} = \frac{5.0 \times 10^{-5}\,mol\,L^{-1}\,s^{-1}}{1.3 \times 10^{-5}\,mol\,L^{-1}\,s^{-1}}$$

$$\approx 4 = \frac{k(10.0 \times 10^{-3}\,mol\,L^{-1})^x(2.0 \times 10^{-3}\,mol\,L^{-1})^y}{k(5.0 \times 10^{-3}\,mol\,L^{-1})^x(2.0 \times 10^{-3}\,mol\,L^{-1})^y}$$

したがって，

$$\frac{(10.0 \times 10^{-3}\,mol\,L^{-1})^x}{(5.0 \times 10^{-3}\,mol\,L^{-1})^x} = 2^x = 4$$

すなわち，$x = 2$ であり，反応は NO について 2 次となる．また，実験 2 と 3 から，$[NO]$ が一定の場合，$[H_2]$ を 2 倍にすると速度も 2 倍になることがわかる．これから，反応速度の比はつぎのように表すことができる．

$$\frac{反応速度_3}{反応速度_2} = \frac{10.0 \times 10^{-5}\,mol\,L^{-1}\,s^{-1}}{5.0 \times 10^{-5}\,mol\,L^{-1}\,s^{-1}} = 2$$

$$= \frac{k(10.0 \times 10^{-3}\,mol\,L^{-1})^x(4.0 \times 10^{-3}\,mol\,L^{-1})^y}{k(10.0 \times 10^{-3}\,mol\,L^{-1})^x(2.0 \times 10^{-3}\,mol\,L^{-1})^y}$$

(つづく)

$2NO + 2H_2 \longrightarrow N_2 + 2H_2O$

したがって，

$$\frac{(4.0\times 10^{-3}\,\text{mol L}^{-1})^y}{(2.0\times 10^{-3}\,\text{mol L}^{-1})^y} = 2^y = 2$$

すなわち，$y=1$ であり，反応は H_2 について 1 次となる．これらの結果から，反応速度式は，つぎのように与えられる．

$$\text{反応速度} = k[NO]^2[H_2]$$

したがって，この反応の全反応次数は 2＋1，すなわち 3 次となる．

(b) 速度定数 k は，表に示されたどの実験のデータを用いても計算することができる．反応速度式を変形すると，次式を得る．

$$k = \frac{\text{反応速度}}{[NO]^2[H_2]}$$

実験 2 のデータを用いると，以下のように k を求めることができる．

$$k = \frac{5.0\times 10^{-5}\,\text{mol L}^{-1}\,\text{s}^{-1}}{(10.0\times 10^{-3}\,\text{mol L}^{-1})^2(2.0\times 10^{-3}\,\text{mol L}^{-1})}$$
$$= 2.5\times 10^2\,\text{mol}^{-2}\,\text{L}^2\,\text{s}^{-1}$$

(c) 得られた速度定数，および問題に与えられた NO と H_2 の濃度を用いて，反応速度はつぎのように計算することができる．

$$\text{反応速度} = (2.5\times 10^2\,\text{mol}^{-2}\,\text{L}^2\,\text{s}^{-1})(12.0\times 10^{-3}\,\text{mol L}^{-1})^2(6.0\times 10^{-3}\,\text{mol L}^{-1})$$
$$= 2.2\times 10^{-4}\,\text{mol L}^{-1}\,\text{s}^{-1}$$

コメント　反応は H_2 について 1 次であるが，釣り合いのとれた反応式における H_2 の化学量論係数は 2 であることに注意せよ．反応物の反応次数は，反応全体を表す反応式における反応物の化学量論係数とは関係がない．

類似問題：14.15

練習問題　ペルオキソ二硫酸イオン $S_2O_8^{2-}$ はヨウ化物イオン I^- と次式のように反応する．

$$S_2O_8^{2-}(aq) + 3I^-(aq) \longrightarrow 2SO_4^{2-}(aq) + I_3^-(aq)$$

ある温度における実験によってつぎのデータを得た．このデータから，反応速度式を決定し，速度定数を計算せよ．

実験	$[S_2O_8^{2-}]$ (mol L^{-1})	$[I^-]$ (mol L^{-1})	初速度 (mol L^{-1} s^{-1})
1	0.080	0.034	2.2×10^{-4}
2	0.080	0.017	1.1×10^{-4}
3	0.16	0.017	2.2×10^{-4}

考え方の復習

図 (a) ～ (c) のそれぞれに示された反応 $2A+B \longrightarrow$ 生成物 の相対的な反応速度は，1：2：4 であった．この反応に対する反応速度式を書け．ただし，赤色の球は分子 A を，また緑色の球は分子 B を表している．

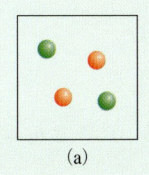

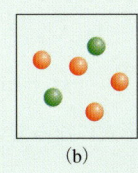

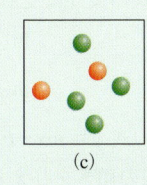

14.3 反応物の濃度と時間の関係

反応速度式を用いると，速度定数と反応物の濃度から反応速度を計算することができる．また，反応速度式を変形すると，反応が進行している任意の時間における反応物の濃度を決定する式を導くことができる．この応用について，まず，最も簡単な反応速度式の一つである全反応次数が 1 次の反応を用いて説明することにしよう．

一 次 反 応

一次反応 first-order reaction

一次反応は，反応速度が反応物の濃度に比例する反応である．つぎのような一次反応を考えよう．

$$A \longrightarrow 生成物$$

反応速度は次式で与えられる．

$$反応速度 = -\frac{\Delta[A]}{\Delta t}$$

一次反応では，反応物の濃度を2倍にすると反応速度も2倍になる．

また，一次反応であるから，反応速度式は次式のようになる．

$$反応速度 = k[A]$$

したがって，

$$-\frac{\Delta[A]}{\Delta t} = k[A] \tag{14.2}$$

式(14.2)をつぎのように変形すると，一次反応の速度定数 k の単位を決めることができる．

$$k = -\frac{\Delta[A]}{[A]}\frac{1}{\Delta t}$$

$\Delta[A]$ と [A] の単位は mol L^{-1} であり Δt の単位は s であるから，k の単位は，次式のように s^{-1} となることがわかる（負の符号は単位の評価には考慮されない．）

$$\frac{\text{mol L}^{-1}}{\text{mol L}^{-1}\,\text{s}} = \frac{1}{\text{s}} = \text{s}^{-1}$$

式(14.2)を微分形で表すと，次式のようになる．
$$-\frac{d[A]}{dt} = k[A]$$
この式を変形すると，
$$\frac{d[A]}{[A]} = -k\,dt$$
$t=0$ から $t=t$ まで積分すると，式(14.3) が得られる．
$$\int_{[A]_0}^{[A]_t}\frac{d[A]}{[A]} = -k\int_0^t dt$$
$\ln[A]_t - \ln[A]_0 = -kt$
すなわち，
$$\ln\frac{[A]_t}{[A]_0} = -kt$$

積分法を用いると，式(14.2) はつぎのように書くことができる．

$$\ln\frac{[A]_t}{[A]_0} = -kt \tag{14.3}$$

ここで ln は自然対数を示し，$[A]_0$ と $[A]_t$ はそれぞれ，$t=0$ と $t=t$ における A の濃度を表す．$t=0$ は必ずしも，実験を開始した時間に対応する必要はないことに注意してほしい．A の濃度変化を記録しようと決めた任意の時間を $t=0$ として差し支えない．

式(14.3) は次式のように変形することができる．

$$\ln[A]_t - \ln[A]_0 = -kt$$

あるいは，
$$\ln[A]_t = -kt + \ln[A]_0 \tag{14.4}$$

式(14.4)は線形の式 $y = mx + b$ の形式になっている．ここで m はその式をグラフで表した際の直線の傾きを与える．

$$\ln[A]_t = (-k)(t) + \ln[A]_0$$
$$\updownarrow \quad\quad \updownarrow \;\; \updownarrow \quad\quad \updownarrow$$
$$y \;\;=\;\; m \;\; x \quad\quad b$$

したがって，$\ln[A]_t$ と t（すなわち y と x）をプロットすると，傾きが $-k$（すなわち m）の直線となる．このようにして，一次反応の速度定数 k を求めることができる．図 14.7 に一次反応の特徴を示した．

多数の一次反応が知られている．たとえば，原子核の壊変過程はすべて一次反応である（第 21 章を見よ）．他の例として，エタン C_2H_6 が，高い反応性をもつメチルラジカル $CH_3\cdot$ へ分解する反応がある．

$$C_2H_6 \longrightarrow 2CH_3\cdot$$

さて，四塩化炭素 CCl_4 を溶媒とする 45°C における五酸化二窒素の分解反応について，グラフを用いて反応次数と速度定数を決定してみよう．

$$2N_2O_5(CCl_4) \longrightarrow 4NO_2(g) + O_2(g)$$

つぎの表は，時間による N_2O_5 濃度の変化と，対応する $\ln[N_2O_5]$ の値を示している．

時間(s)	$[N_2O_5]$	$\ln[N_2O_5]$
0	0.91	-0.094
300	0.75	-0.29
600	0.64	-0.45
1200	0.44	-0.82
3000	0.16	-1.83

式(14.4)を適用して，$\ln[N_2O_5]$ を t に対してプロットすると，図 14.8 が得られる．

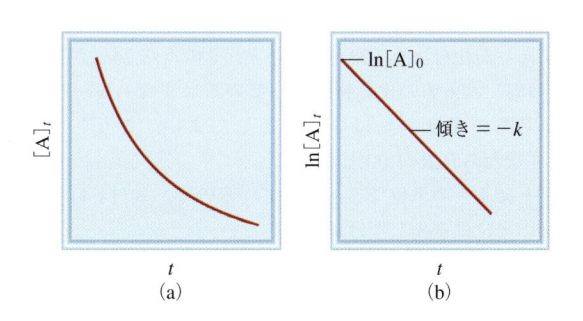

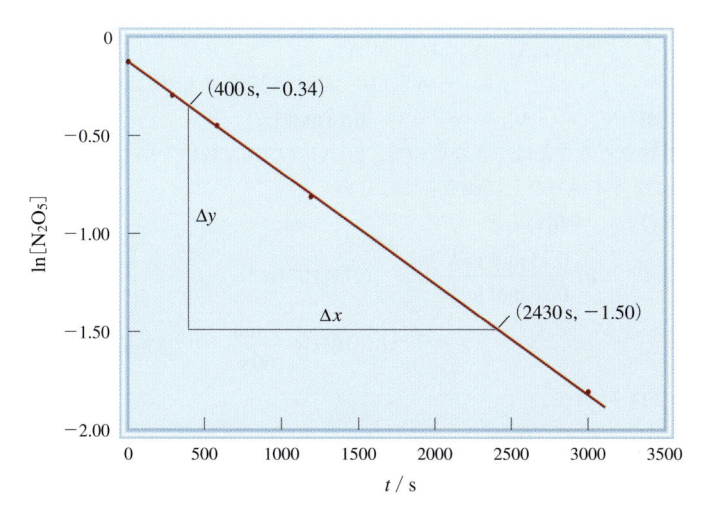

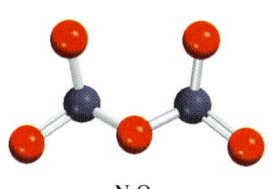

N_2O_5

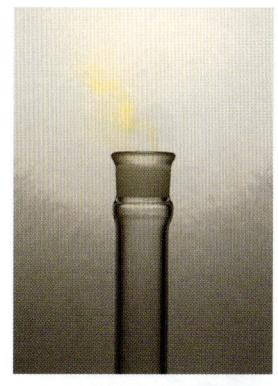

N_2O_5 が分解すると，褐色の NO_2 と無色の O_2 が生成する．

図 14.7 一次反応の特徴：(a) 時間 t の経過に伴う反応物の濃度 $[A]_t$ の減少．(b) 速度定数 k を得るための $\ln[A]_t$ と t との直線関係のプロット．直線の傾きは $-k$ に等しい．

図 14.8 $\ln[N_2O_5]$ の時間 t に対するプロット．速度定数は直線の傾きから決定される．

測定した点が直線上に並ぶことは，この反応が一次反応であることを示している．つぎに，直線の傾きから速度定数を決定する．直線上の離れた2点を選び，それらの y と x それぞれの値の差 Δy と Δx から，次式によって直線の傾きを求めることができる．

$$\text{傾き}(m) = \frac{\Delta y}{\Delta x} = \frac{-1.50-(-0.34)}{(2430-400)\text{ s}} = -5.7\times10^{-4}\text{ s}^{-1}$$

$m = -k$ であるから，速度定数として $k = 5.7\times10^{-4}\text{ s}^{-1}$ を得ることができる．

例題 14.4

気相におけるシクロプロパンのプロペンへの変換は一次反応であり，500℃における速度定数は $6.7\times10^{-4}\text{ s}^{-1}$ である．

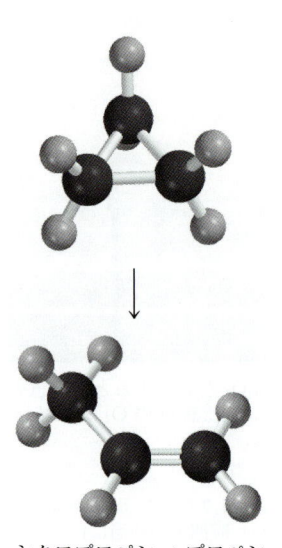

$$\begin{array}{c}\text{CH}_2\\\text{CH}_2\text{—CH}_2\end{array} \longrightarrow \text{CH}_3\text{—CH}=\text{CH}_2$$
シクロプロパン　　　　プロペン

(a) シクロプロパンの初期濃度が 0.25 mol L^{-1} のとき，8.8分後のシクロプロパンの濃度を求めよ．(b) シクロプロパンの濃度が 0.25 mol L^{-1} から 0.15 mol L^{-1} に減少するには何分かかるか．(c) 74%の出発物質がプロペンに変換するには何分かかるか．

解法　一次反応における反応物の濃度と時間との関係は，式(14.3)，あるいは(14.4)によって与えられる．(a)は，$[\text{A}]_0 = 0.25\text{ mol L}^{-1}$ のとき，8.8分後の $[\text{A}]_t$ を求める問題である．(b)では，シクロプロパンの濃度が 0.25 mol L^{-1} から 0.15 mol L^{-1} に減少するのに要する時間を計算する．(c)では濃度の値が与えられていない．しかし，最初にあった化合物を100%とすると，そのうち74%が反応したのであれば，(100%−74%) = 26%の化合物が残っているはずである．したがって，パーセントの比は実際の濃度の比に等しいとしてよい．こうして，$[\text{A}]_t/[\text{A}]_0$ は 26%/100%，すなわち 0.26/1.00 となる．

解答　(a) k は s^{-1} の単位で与えられているので，式(14.4)を用いる際には，まず8.8分を秒の単位に変換しなければならない．

$$8.8 \text{ min} \times \frac{60 \text{ s}}{1 \text{ min}} = 528 \text{ s}$$

式(14.4)を用いると，

$$\ln[\text{A}]_t = -kt + \ln[\text{A}]_0$$
$$= -(6.7\times10^{-4}\text{ s}^{-1})(528\text{ s}) + \ln(0.25) = -1.74$$

したがって，　$[\text{A}]_t = e^{-1.74} = \boxed{0.18 \text{ mol L}^{-1}}$

単位の対数をとることはできないので，$\ln[\text{A}]_0$ の項において $[\text{A}]_0$ は次元のない量 (0.25) になっていることに注意してほしい．

(b) 式(14.3)を用いると，

$$\ln\frac{0.15 \text{ mol L}^{-1}}{0.25 \text{ mol L}^{-1}} = -(6.7\times10^{-4}\text{ s}^{-1})t$$

$$t = 7.6\times10^2\text{ s} \times \frac{1 \text{ min}}{60 \text{ s}} = \boxed{13 \text{ min}}$$

(c) 式(14.3)から，

$$\ln\frac{0.26}{1.00} = -(6.7\times10^{-4}\text{ s}^{-1})t$$

（つづく）

$$t = 2.0 \times 10^3 \, \text{s} \times \frac{1 \, \text{min}}{60 \, \text{s}} = \boxed{33 \, \text{min}}$$

類似問題：14.22(b), 14.23(a)

練習問題　反応 $2A \longrightarrow B$ の反応次数は A について 1 次であり，80 ℃ における速度定数は $2.8 \times 10^{-2} \, \text{s}^{-1}$ である．A の濃度が $0.88 \, \text{mol L}^{-1}$ から $0.14 \, \text{mol L}^{-1}$ まで減少するには何秒かかるか．

半 減 期

反応物の濃度がその初期濃度の半分まで減少するのに必要な時間を，反応の**半減期**といい $t_{\frac{1}{2}}$ で表す．一次反応における $t_{\frac{1}{2}}$ は，つぎのように書き表すことができる．まず，式(14.3) を変形して，

半減期　half-life, $t_{\frac{1}{2}}$

$$t = \frac{1}{k} \ln \frac{[A]_0}{[A]_t}$$

半減期の定義によって，$t = t_{\frac{1}{2}}$ のとき，$[A]_t = [A]_0/2$ であるから，

$$t_{\frac{1}{2}} = \frac{1}{k} \ln \frac{[A]_0}{[A]_0/2}$$

すなわち
$$t_{\frac{1}{2}} = \frac{1}{k} \ln 2 = \frac{0.693}{k} \tag{14.5}$$

式(14.5) から，一次反応の半減期は反応物の初期濃度に<u>依存しない</u>ことがわかる．したがって，反応物の濃度が，たとえば，$1.0 \, \text{mol L}^{-1}$ から $0.50 \, \text{mol L}^{-1}$ に減少するのにかかる時間と，$0.10 \, \text{mol L}^{-1}$ から $0.050 \, \text{mol L}^{-1}$ に減少するのにかかる時間は同じになる（図 14.9）．反応の半減期を測定することは，一次反応の速度定数を決定するための一つの方法となる．

式(14.5) を理解するのにつぎのようなたとえ話が役に立つだろう．大学の学部生の在学期間は，学生が休学をしないとすれば 4 年である．したがって，彼らの在学の半減期は 2 年となる．この期間は，在籍している学生の数によって変わることはない．同様に，一次反応の半減期も反応物の濃度に依存しないのである．

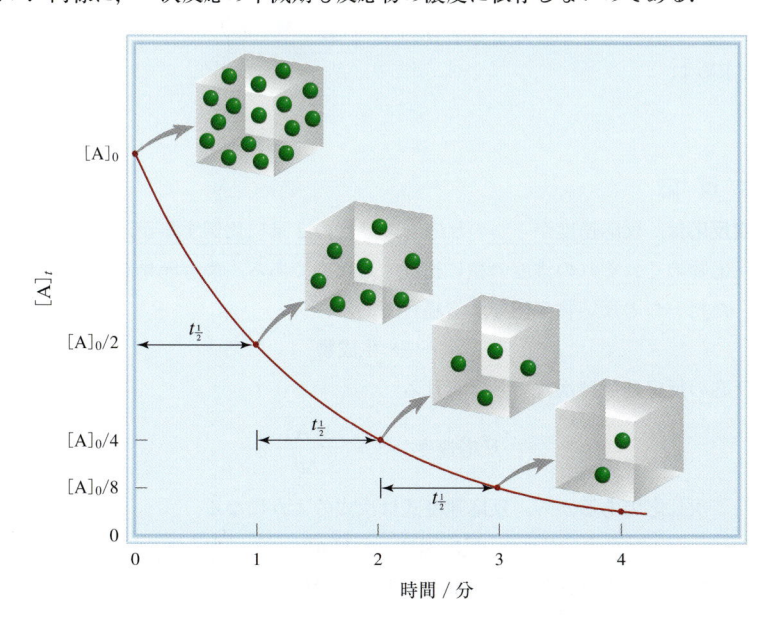

図 14.9　一次反応 A → 生成物 における [A] の時間 t に対するプロット．この反応の半減期は 1 分である．半減期に相当する時間が経過するごとに，A の濃度は半分になる．

$t_{\frac{1}{2}}$ の有用性は, $t_{\frac{1}{2}}$ によって速度定数の大きさを推定できることにある. 半減期が短いほど, 速度定数 k は大きくなる. たとえば, 核医学に用いられる 2 種類の放射性同位体 ^{24}Na($t_{\frac{1}{2}} = 14.7$ h) と ^{60}Co($t_{\frac{1}{2}} = 5.3$ yr) を考えてみよう. ^{24}Na の方がより短い半減期をもつので, より速く壊変することは明らかである. たとえば, それぞれの同位体が 1 mol あるとすると, 1 週間後には大部分の ^{24}Na は消失してしまうが, ^{60}Co はほとんど減少せずに残っていることだろう.

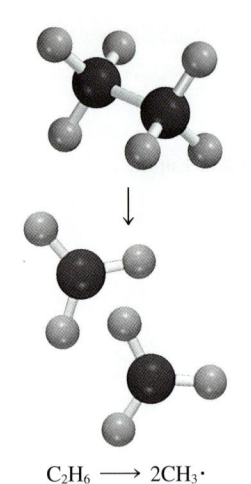

例題 14.5

エタン C_2H_6 のメチルラジカルへの分解は一次反応であり, 700 ℃ における速度定数は 5.36×10^{-4} s^{-1} である.

$$C_2H_6(g) \longrightarrow 2CH_3 \cdot (g)$$

この反応の半減期は何分か.

解 法 一次反応の半減期を計算するには, 式(14.5)を用いればよい. 半減期を分を単位として表すために, 変換が必要となる.

解 答 一次反応の半減期を計算するには, 速度定数だけがわかればよい. 式(14.5)を用いて, つぎのように半減期を求めることができる.

$$t_{\frac{1}{2}} = \frac{0.693}{k} = \frac{0.693}{5.36 \times 10^{-4} \, s^{-1}} = 1.29 \times 10^3 \, s \times \frac{1 \, min}{60 \, s}$$
$$= 21.5 \, min$$

練習問題 p.397 で議論した N_2O_5 の分解反応の半減期を計算せよ.

類似問題: 14.22(a)

考え方の復習

下図は, 分子 A が分子 B に変換される一次反応 A ⟶ B について描かれたものである. ただし, 青色の球は分子 A を, また黄色の球は分子 B を表している.
(a) この反応の半減期と速度定数を求めよ. (b) $t = 20$ s, および $t = 30$ s において, それぞれ存在する分子 A と分子 B の数を求めよ.

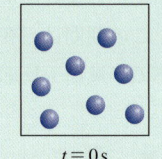

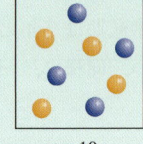

二 次 反 応

二次反応 second-order reaction

二次反応は, 反応速度が一つの反応物の濃度の 2 乗に比例するか, あるいは 2 種類の反応物のそれぞれの濃度の積に比例する反応である. 最も簡単な二次反応の形式は, ただ一つの反応物が関与する場合である.

$$A \longrightarrow 生成物$$

この反応の反応速度は次式で与えられる.

$$反応速度 = -\frac{\Delta [A]}{\Delta t}$$

また, 二次反応であるから, 反応速度式は次式のようになる.

$$反応速度 = k[A]^2$$

一次反応で行ったように, つぎの式から k の単位を決定することができる.

$$k = \frac{反応速度}{[A]^2} = \frac{\text{mol L}^{-1}\text{s}^{-1}}{(\text{mol L}^{-1})^2} = \text{mol}^{-1}\text{L s}^{-1}$$

二次反応のもう一つの形式は，次式で与えられる．

$$A + B \longrightarrow 生成物$$

この反応の反応速度式は，次式のようになる．

$$反応速度 = k[A][B]$$

反応は A について 1 次であり，また B についても 1 次なので，全反応次数は 2 次となる．

積分法を用いると，A ⟶ 生成物 の形式の二次反応に対して，つぎのように表すことができる．

$$\frac{1}{[A]_t} = \frac{1}{[A]_0} + kt \tag{14.6}$$

式(14.6) は次式から得られる．
$$\int_{[A]_0}^{[A]_t} \frac{d[A]}{[A]^2} = -k\int_0^t dt$$

式(14.6) は線形の式である．図 14.10 に示すように，$1/[A]_t$ を t に対してプロットすると直線が得られ，その直線の傾きは k，また y 切片は $1/[A]_0$ となる．("A + B ⟶ 生成物" の形式の二次反応に対する同様の取扱いは，非常に複雑なので本書では議論しない)．

式(14.6) において $[A]_t = [A]_0/2$ とすると，二次反応の半減期 $t_\frac{1}{2}$ を与える式を得ることができる．すなわち，

$$\frac{1}{[A]_0/2} = \frac{1}{[A]_0} + kt_\frac{1}{2}$$

$t_\frac{1}{2}$ について解くと，

$$t_\frac{1}{2} = \frac{1}{k[A]_0} \tag{14.7}$$

図 14.10 二次反応における $1/[A]_t$ の時間 t に対するプロット．直線の傾きは k に等しい．

二次反応の半減期は，反応物の初期濃度に反比例することに注意してほしい．反応の初期段階においてより多くの反応物分子が存在し，互いに衝突し合う方が半減期は短くなるはずであるから，この結果は理にかなっている．こうして，初期濃度を変えて半減期を測定することは，一次反応と二次反応を見分ける一つの手法となることがわかる．

例題 14.6

気相において生成したヨウ素原子は，結合してヨウ素分子を与える．

$$I(g) + I(g) \longrightarrow I_2(g)$$

この反応は二次反応の反応速度式に従い，23℃における速度定数は $7.0 \times 10^9\,\text{mol}^{-1}\,\text{L s}^{-1}$ と非常に大きい．(a) I の初期濃度が $0.068\,\text{mol L}^{-1}$ のとき，3.5 min 後の I の濃度を計算せよ．(b) I の初期濃度が $0.53\,\text{mol L}^{-1}$，および $0.39\,\text{mol L}^{-1}$ の場合について，それぞれの反応の半減期を計算せよ．

解法 (a) 反応物の濃度と時間との関係は，反応速度式を積分することによって得られる．問題の反応は二次反応であるから，式(14.6) を用いればよい．(b) 初期濃度から半減期を計算する問題である．二次反応の半減期は式(14.7) によって与えられる．

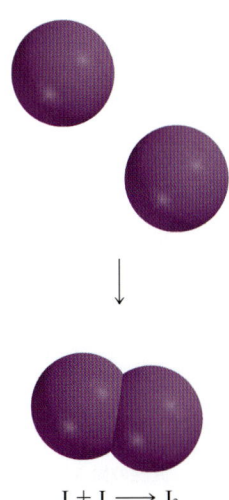

(つづく)

$I + I \longrightarrow I_2$

解答 (a) 二次反応のある時間における反応物の濃度を計算するためには，初期濃度と速度定数が必要である．式(14.6) を用いることにより，

$$\frac{1}{[A]_t} = kt + \frac{1}{[A]_0}$$

$$\frac{1}{[A]_t} = (7.0 \times 10^9 \,\text{mol}^{-1}\,\text{L s}^{-1})\left(3.5\,\text{min} \times \frac{60\,\text{s}}{1\,\text{min}}\right) + \frac{1}{0.068\,\text{mol L}^{-1}}$$

ここで $[A]_t$ は $t = 3.5$ min における濃度である．この式を解くと，$[A]_t$ が得られる．

$$[A]_t = \boxed{6.8 \times 10^{-13}\,\text{mol L}^{-1}}$$

この濃度は低すぎて，実際にはヨウ素原子 I を検出することはできない．問題に示された非常に大きな速度定数は，わずか 3.5 min 後には，実質上すべての I 原子は結合して I_2 となってしまうことを意味している．

(b) この問題を解くためには式(14.7) が必要となる．$[I]_0 = 0.53$ mol L^{-1} に対して，

$$t_{\frac{1}{2}} = \frac{1}{k[A]_0} = \frac{1}{(7.0 \times 10^9\,\text{mol}^{-1}\,\text{L s}^{-1})(0.53\,\text{mol L}^{-1})}$$

$$= \boxed{2.7 \times 10^{-10}\,\text{s}}$$

$[I]_0 = 0.39$ mol L^{-1} に対して，

$$t_{\frac{1}{2}} = \frac{1}{k[A]_0} = \frac{1}{(7.0 \times 10^9\,\text{mol}^{-1}\,\text{L s}^{-1})(0.39\,\text{mol L}^{-1})}$$

$$= \boxed{3.7 \times 10^{-10}\,\text{s}}$$

確認 この問題の結果から，一次反応とは異なって，二次反応の半減期は一定ではなく，反応物の初期濃度に依存することが確認できる．

練習問題 反応 $2A \longrightarrow B$ は二次反応であり，24℃ における速度定数は 51 mol^{-1} L min^{-1} である．(a) 初期濃度を $[A]_0 = 0.0092$ mol L^{-1} とすると，$[A]_t = 3.7 \times 10^{-3}$ mol L^{-1} となるには何分かかるか．(b) この反応の半減期を計算せよ．

類似問題：14.24

ゼロ次反応

一次反応や二次反応は最もよく見られる反応形式ある．まれではあるが，次数がゼロの反応もある．つぎの反応がゼロ次反応であるとすると，

$$A \longrightarrow \text{生成物}$$

反応速度式は次式によって与えられる．

$$\text{反応速度} = k[A]^0$$
$$= k$$

すなわち，ゼロ次反応の速度は反応物の濃度にかかわらず一定となる．積分法を用いると，次式が得られる．

$$[A]_t = -kt + [A]_0 \qquad (14.8)$$

式(14.8) は線形の式である．図 14.11 に示すように，$[A]_t$ を t に対してプロットすると直線が得られ，その傾きは $-k$，y 切片は $[A]_0$ となる．ゼロ次反応の半減期を計算するには，式(14.8) において $[A]_t = [A]_0/2$ とすればよい．すると，次式が得られる．

$$t_{\frac{1}{2}} = \frac{[A]_0}{2k} \qquad (14.9)$$

あらゆる数のゼロ乗は 1 に等しいことを思い出そう．

式(14.8) は，次式を解いた結果として得られる．

$$\int_{[A]_0}^{[A]_t} d[A] = -k \int_0^t dt$$

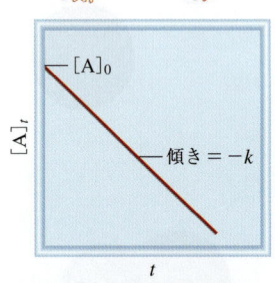

図 14.11 ゼロ次反応における $[A]_t$ の時間 t に対するプロット．直線の傾きは $-k$ に等しい．

知られているゼロ次反応の多くは，金属表面で起こる反応である．たとえば，白金 Pt 存在下で，一酸化二窒素 N_2O が窒素と酸素へ分解する反応はゼロ次反応である．

$$2N_2O(g) \longrightarrow 2N_2(g) + O_2(g)$$

Pt 上のすべての結合部位が反応物によって占有されると，反応速度は，気相に存在する N_2O の量によらず一定となる．§14.6 で述べるように，酵素を触媒とする反応もゼロ次反応であり，詳細に研究されている．

3 次反応やそれより次数の高い反応は非常に複雑であり，本書では扱わない．表 14.2 にゼロ次，一次，および二次反応について要約した．

式(14.8) の $[A]_0$ と $[A]_t$ は，気相における N_2O の濃度を意味していることに注意しよう．

表 14.2 ゼロ次反応，一次反応，および二次反応の反応速度論のまとめ

次数	反応速度式	反応物濃度の時間依存性	半減期
0	反応速度 $= k$	$[A]_t = -kt + [A]_0$	$\dfrac{[A]_0}{2k}$
1	反応速度 $= k[A]$	$\ln \dfrac{[A]_t}{[A]_0} = -kt$	$\dfrac{0.693}{k}$
2	反応速度 $= k[A]^2$	$\dfrac{1}{[A]_t} = kt + \dfrac{1}{[A]_0}$	$\dfrac{1}{k[A]_0}$

14.4 活性化エネルギーと速度定数の温度依存性

ほんのわずかな例外を除いて，反応速度は温度の上昇とともに増大する．たとえば，固ゆで卵をつくるには，80℃ では 30 分程度かかるが，100℃ ならば 10 分もあればよい．逆に，食物を冷蔵庫で保存すると，微生物による腐敗の速度が遅くなるため，食物を長持ちさせることができる．図 14.12 に反応の速度定数と温度との関係の典型的な例を示した．このような速度定数の温度依存性を理解するためには，まず最初に，反応がどのように開始されるのかを知る必要がある．

図 14.12 速度定数の温度依存性．ほとんどの反応の速度定数は，温度の上昇に伴って増大する．

化学反応速度論の衝突理論

気体の分子運動論 (p.131) によると，気体では分子の間でしばしば衝突が起こっている．したがって，化学反応は，反応する分子どうしの衝突の結果としてひき起こされると考えることは論理的に思われる．そして，それは一般に正しい．化学反応速度論の衝突理論によると，反応速度は 1 秒間に分子が衝突する回数，すなわち分子の衝突頻度に比例すると見なされる．

$$反応速度 \propto \frac{衝突数}{時間(s)}$$

この簡単な関係によって，反応速度の濃度に対する依存性が説明される．

分子 A と分子 B が反応してある生成物を与える反応を考えよう．分子 A と分子 B の衝突が起こると結合が形成され，生成物分子が得られるとしよう．ここで，たとえば，A の濃度を 2 倍にすれば，ある一定の体積において，分子 B と衝突できる分子 A の数は 2 倍になるから，分子 A と分子 B が衝突する回数も 2 倍になるだろ

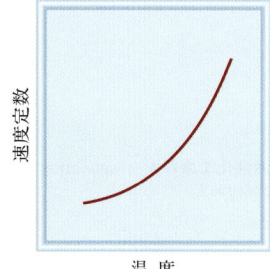

う（図14.13）．その結果，反応速度は2倍に増加することになる．同様に，分子Bの濃度を2倍にしても，反応速度は2倍になるだろう．したがって，反応速度式はつぎのように表すことができる．

$$反応速度 = k[A][B]$$

この反応はAとBの両方について1次となり，二次反応の反応速度式に従うことになる．

　直観的には，衝突理論は魅力的な考え方に思われる．しかし，反応速度と分子の衝突との関係は，想像するよりももっと複雑である．上記の説明では，分子Aと分子Bが衝突するといつでも反応が起こると考えた．しかし，実際にはすべての衝突が反応をひき起こすわけではない．分子運動論に基づく計算によると，気相において，たとえば1 atm，298 Kといった普通の圧力と温度では，2分子的な衝突，すなわち2個の分子間の衝突は，体積1 mLあたり毎秒約1×10^{27}回も起こっている．液体では，その数はもっと多い．もしすべての2分子的な衝突によって生成物が得られるならば，多くの反応はほとんど瞬時に完結してしまうだろう．実際には，反応によって反応速度は著しく異なっている．この事実は，多くの場合，衝突だけが反応が起こることを保証するものではないことを意味している．

　運動しているあらゆる分子は，運動エネルギーをもっている．より速く運動している分子ほど，その運動エネルギーは大きい．分子が衝突すると，その運動エネルギーの一部は振動エネルギーに変換される．最初にもっていた運動エネルギーが大きい場合には，衝突した分子がもつ振動エネルギーは，いくつかの化学結合が開裂するのに十分なほど大きくなるだろう．この結合の開裂が，生成物に至る最初の段階となる．一方，もし最初にもっていた運動エネルギーが小さければ，分子は変化することなく，ただ互いに跳ね返るだけである．エネルギー的な観点から見ると，分子の衝突に際して，反応が起こるために必要な最小の運動エネルギーが存在するのである．

活性化エネルギー activation energy, E_a

　化学反応が起こるためには，衝突する分子は，**活性化エネルギー** E_a に等しいか，あるいはそれ以上の運動エネルギーをもっていなければならない．活性化エネルギーは，反応を開始するために必要となる最小のエネルギーである．反応物分子の運動エネルギーが活性化エネルギーに満たなければ，衝突によっていかなる変化も起こらず，分子はもとのままで存在する．衝突が起こると，生成物に至る前に，反応物分子によって一時的にエネルギーの高い状態が形成される．この状態を**活性錯体**，あるいは**遷移状態**とよぶ．

活性錯体 activated complex
遷移状態 transition state

　図14.14に，ある反応

$$A + B \longrightarrow C + D$$

の進行に伴う，2種類の異なるポテンシャルエネルギー変化の概略を示した．生成物が反応物よりも安定な場合には，反応の進行に伴って熱が放出される，すなわち反応は発熱的となる（図14.14(a)）．一方，生成物が反応物より不安定ならば，反応混合物は外界から熱を吸収する，すなわち反応は吸熱的となる（図14.14(b)）．いずれの図も，反応系のポテンシャルエネルギーを，反応の進行の程度に対してプロットしたものである．これらの図は，反応物の生成物への変換に伴う，ポテンシャルエネルギーの変化を定性的に表している．

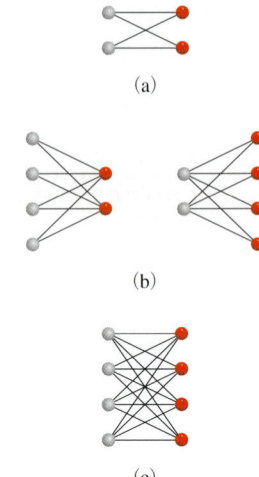

図14.13 衝突数の濃度依存性．ここでは，生成物を与える分子Aと分子Bの衝突だけを考える．(a) 2個のAと2個のBが存在する場合，4個の衝突が可能である．(b) AとBのどちらか一方の分子数を2倍にすると，衝突数は8個に増加する．(c) AとBの両方の分子数を2倍にすると，衝突数は16個に増加する．

図 14.14 (a) 発熱反応，および (b) 吸熱反応の進行に伴うポテンシャルエネルギーの変化．これらの図は，反応物 A と B の生成物 C と D への変換に伴うポテンシャルエネルギーの変化を表している．遷移状態は高いポテンシャルエネルギーをもつ非常に不安定な状態である．(a) と (b) の両方において，活性化エネルギー E_a は，反応物から生成物へ向かう反応に対して定義される．生成物 C と D は，(a) では反応物よりも安定であるが，(b) では反応物より不安定であることに注意せよ．

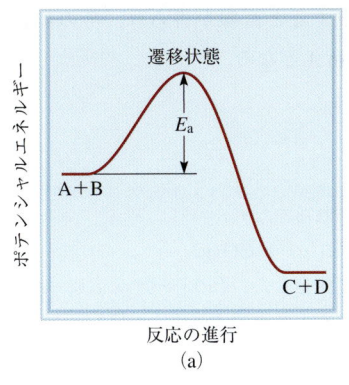

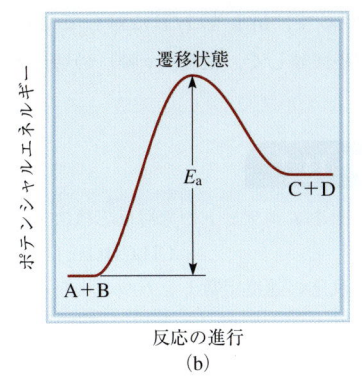

活性化エネルギーは，エネルギーの低い分子の反応を妨げる障壁と見なすことができる．普通の反応における反応物分子の数はきわめて多いので，分子の速度，すなわち分子の運動エネルギーはさまざまな値をとっている．通常は，衝突する分子のうちのほんの一部である非常に速く動いている分子だけが，活性化エネルギーを越える大きな運動エネルギーをもっている．反応に関与するのは，これらの分子である．このように考えると，温度の上昇に伴って反応速度，あるいは速度定数が増大する理由を説明することができる．すなわち，分子の速度は，図 5.15 に示したようにマクスウェルの速度分布に従っている．二つの異なる温度における速度分布を比較してみよう．温度が高いほど大きなエネルギーをもつ分子が多く存在するので，反応速度もまた，温度が高いほど大きくなるのである．

アレニウス式

反応の速度定数 k の温度依存性は，次式によって表すことができる．この式は**アレニウス式**とよばれている．

アレニウス式 Arrhenius equation

$$k = Ae^{-E_a/RT} \tag{14.10}$$

ここで E_a は反応の活性化エネルギー（普通，kJ mol^{-1} 単位），R は気体定数（8.314 J K^{-1} mol^{-1}），T は絶対温度，e は自然対数の底である（付録 3 を見よ）．A は**頻度因子**とよばれ，衝突が起こる頻度を表す．与えられた反応系において，頻度因子はかなり広い温度範囲にわたって定数として扱うことができる．式(14.10) は，速度定数は A，すなわち衝突が起こる頻度に比例することを示している．さらに，指数 E_a/RT に負の符号がついていることから，速度定数は，活性化エネルギーの増大に伴って減少し，温度の上昇とともに増大することがわかる．この式は，両辺の自然対数をとることによって，もっと有用な形で書き表すことができる．

頻度因子 frequency factor

$$\ln k = \ln Ae^{-E_a/RT}$$

$$\ln k = \ln A - \frac{E_a}{RT} \tag{14.11}$$

式(14.11) は線形の式になっている．

$$\ln k = \left(-\frac{E_a}{R}\right)\left(\frac{1}{T}\right) + \ln A \tag{14.12}$$

$$\updownarrow \quad\quad \updownarrow \quad\quad \updownarrow \quad\quad \updownarrow$$
$$y \;\;=\;\; m \quad\;\; x \;\;+\;\; b$$

したがって，$\ln k$ を $1/T$ に対してプロットすると直線が得られ，その傾き m は $-E_\mathrm{a}/R$ に等しく，縦軸（y 軸）の切片 b は $\ln A$ となる．

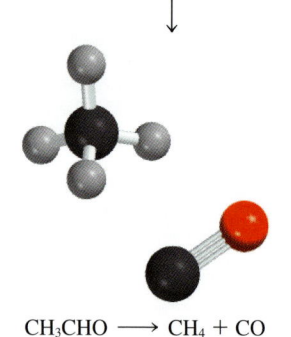

例題 14.7

アセトアルデヒドの分解反応は次式で表される．
$$\mathrm{CH_3CHO(g)} \longrightarrow \mathrm{CH_4(g) + CO(g)}$$
この反応の速度定数 k を五つの異なる温度で測定した．そのデータを表に示す．$\ln k$ を $1/T$ に対してプロットし，反応の活性化エネルギー（kJ mol^{-1} 単位）を決定せよ．なお，この反応は，実験によって $\mathrm{CH_3CHO}$ について $\frac{3}{2}$ 次であることが示されており，したがって，k の単位は $\mathrm{mol^{-\frac{1}{2}} L^{\frac{1}{2}} s^{-1}}$ となる．

$k(\mathrm{mol^{-\frac{1}{2}} L^{\frac{1}{2}} s^{-1}})$	$T(\mathrm{K})$
0.011	700
0.035	730
0.105	760
0.343	790
0.789	810

解法 線形の式で表されたアレニウス式を考えよう．
$$\ln k = \left(-\frac{E_\mathrm{a}}{R}\right)\left(\frac{1}{T}\right) + \ln A$$
$\ln k$ を $1/T$ に対してプロットすると，$-E_\mathrm{a}/R$ に等しい傾きをもつ直線が得られる．したがって，その直線の傾きから活性化エネルギー E_a を決定することができる．

解答 まず，与えられたデータをつぎの表のように変換する．

$\ln k$	$1/T(\mathrm{K^{-1}})$
-4.51	1.43×10^{-3}
-3.35	1.37×10^{-3}
-2.254	1.32×10^{-3}
-1.070	1.27×10^{-3}
-0.237	1.23×10^{-3}

これらのデータをプロットすると，図 14.15 のグラフが得られる．直線の傾きは，任意に選んだ直線上の 2 点の座標から計算される．
$$\text{傾き} = \frac{-4.00-(-0.45)}{(1.41-1.24)\times 10^{-3}\,\mathrm{K^{-1}}} = -2.09\times 10^4\,\mathrm{K}$$
式 (14.12) から，つぎのように E_a を得ることができる．
$$\text{傾き} = -E_\mathrm{a}/R = -2.09\times 10^4\,\mathrm{K}$$
$$E_\mathrm{a} = (8.314\,\mathrm{J\,K^{-1}\,mol^{-1}})(2.09\times 10^4\,\mathrm{K})$$
$$= 1.74\times 10^5\,\mathrm{J\,mol^{-1}} = \boxed{1.74\times 10^2\,\mathrm{kJ\,mol^{-1}}}$$

確認 速度定数 k は $\mathrm{mol^{-\frac{1}{2}} L^{\frac{1}{2}}}$ の単位をもつが，$\ln k$ は単位をもたないことに注意してほしい（単位の対数をとることはできない）．

練習問題 一酸化二窒素 $\mathrm{N_2O}$ が窒素と酸素へ分解する反応は二次反応である．その反応の速度定数 k を三つの異なる温度で測定した．

$k(\mathrm{mol^{-1}\,L\,s^{-1}})$	$t(°\mathrm{C})$
1.87×10^{-3}	600
0.0113	650
0.0569	700

グラフを用いてこの反応の活性化エネルギーを決定せよ．

類似問題：14.33

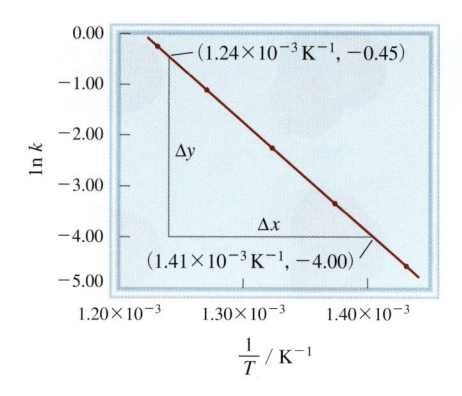

14.4 活性化エネルギーと速度定数の温度依存性

図 **14.15** $\ln k$ の $1/T$ に対するプロット．直線の傾きは $-E_a/R$ に等しい．

温度 T_1 における速度定数 k_1 と T_2 における速度定数 k_2 との関係を表す式は，活性化エネルギーを計算するために，あるいは活性化エネルギーがわかっている場合には他の温度の速度定数を求めるために有用である．式(14.11) から，その式を導いてみよう．

$$\ln k_1 = \ln A - \frac{E_a}{RT_1} \qquad \ln k_2 = \ln A - \frac{E_a}{RT_2}$$

$\ln k_1$ から $\ln k_2$ を引くと，次式が得られる．

$$\ln k_1 - \ln k_2 = \frac{E_a}{R}\left(\frac{1}{T_2} - \frac{1}{T_1}\right)$$

$$\ln \frac{k_1}{k_2} = \frac{E_a}{R}\left(\frac{1}{T_2} - \frac{1}{T_1}\right)$$

$$\ln \frac{k_1}{k_2} = \frac{E_a}{R}\left(\frac{T_1 - T_2}{T_1 T_2}\right) \tag{14.13}$$

例題 14.8

ある一次反応の 298 K における速度定数は $4.68\times10^{-2}\,\mathrm{s}^{-1}$ であった．この反応の活性化エネルギーを 33.1 kJ mol^{-1} とすると，375 K における速度定数はいくらか．

解法 アレニウス式を変形して得られた式(14.13) は，二つの異なる温度における速度定数の関係を表している．R と E_a の単位が対応していることを確認せよ．

解答 問題に与えられたデータを整理すると，つぎのようになる．

$$k_1 = 4.68\times10^{-2}\,\mathrm{s}^{-1} \qquad k_2 = ?$$
$$T_1 = 298\,\mathrm{K} \qquad T_2 = 375\,\mathrm{K}$$

式(14.13) に代入すると，

$$\ln \frac{4.68\times10^{-2}\,\mathrm{s}^{-1}}{k_2} =$$

$$\frac{33.1\times10^3\,\mathrm{J\,mol^{-1}}}{8.314\,\mathrm{J\,K^{-1}\,mol^{-1}}}\left(\frac{298\,\mathrm{K} - 375\,\mathrm{K}}{(298\,\mathrm{K})(375\,\mathrm{K})}\right)$$

R の単位と対応させるために，E_a を kJ mol^{-1} から J mol^{-1} 単位に変換してある．この式を解くことによって，次式を得る．

$$\ln \frac{4.68\times10^{-2}\,\mathrm{s}^{-1}}{k_2} = -2.74$$

$$\frac{4.68\times10^{-2}\,\mathrm{s}^{-1}}{k_2} = e^{-2.74} = 0.0646$$

$$k_2 = 0.724\,\mathrm{s}^{-1}$$

確認 温度が高いほど，速度定数は大きくなることが期待される．したがって，解答は理にかなっている．(類似問題: 14.36)

練習問題 塩化メチル CH$_3$Cl と水が反応してメタノール CH$_3$OH と塩酸 HCl が生成する反応は一次反応である．この反応の 25 °C における速度定数は $3.32\times10^{-10}\,\mathrm{s}^{-1}$ であった．この反応の活性化エネルギーを 116 kJ mol^{-1} とすると，40 °C における速度定数はいくらか．

図 14.16 (a) に示した配向に従って分子が衝突すると反応は効果的に進行し，生成物の生成に至るであろう．(b) に示した配向は反応に対して効果的ではなく，衝突が起こっても生成物は得られないだろう．

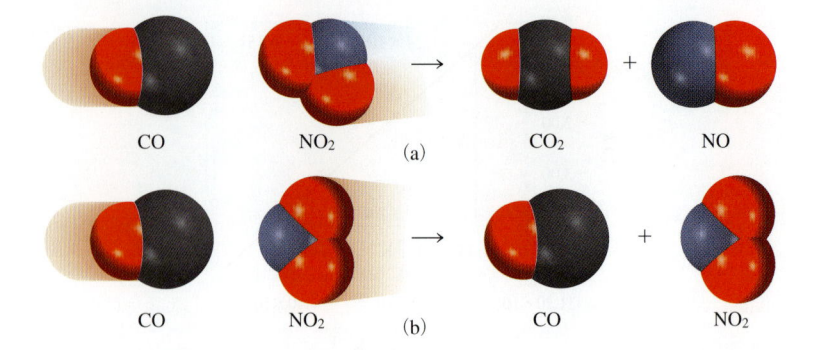

たとえば，原子どうしの反応のような簡単な反応では，アレニウス式の頻度因子 A は，反応する化学種が衝突する頻度と同じものと見なすことができる．しかし，もっと複雑な反応に対しては"配向因子"，すなわち，反応物分子が別の反応物分子に対して，相対的にどのような方向に向いているかを考慮しなければならない．一酸化炭素 CO と二酸化窒素 NO_2 から，二酸化炭素 CO_2 と一酸化窒素 NO が生じる反応について，この点を説明しよう．

$$CO(g) + NO_2(g) \longrightarrow CO_2(g) + NO(g)$$

図 14.16(a) に示した配向に従って 2 個の反応物分子が互いに接近すると，この反応には最も都合がよい．それ以外の場合には，図 14.16(b) に示したように，ほとんど，あるいは全く生成物が得られない．配向因子を定量的に扱うために，式 (14.10) をつぎのように修正しよう．

$$k = pAe^{-E_a/RT} \tag{14.14}$$

ここで p は配向因子を表す．配向因子は単位のない量であり，その範囲は 1 から非常に小さい値にまで及ぶ．たとえば，$I + I \longrightarrow I_2$ のような原子を含む反応の配向因子は 1 となるが，分子がかかわる反応では 10^{-6} か，あるいはそれ以下の値をとる．

考え方の復習

(a) ある反応において，温度のわずかな変化に対して速度定数の変化が観測される場合，その反応の活性化エネルギーの大きさについて，どのようなことが推測されるか．(b) ある反応において，2 個の反応物分子が衝突するたびに反応が起こる場合，その反応の配向因子，および活性化エネルギーについて，どのようなことが言えるか．

14.5 反応機構

すでに述べたように，全体の反応を表す釣り合いのとれた化学反応式を見ても，その反応が実際にはどのように起こるかはほとんどわからない．多くの場合，反応は単に，いくつかの**素反応**，あるいは**素過程**とよばれる反応の集合である．素反応は 1 段階で完結する単純な反応をいい，全体の反応の進行は，素反応の連続として，分子の視点から理解することができる．反応物から生成物に至るまでの一連の素反

素反応 elementary reaction
素過程 elementary step

応の系列に対して，**反応機構**という言葉が用いられる．反応機構は，旅行の間にたどる旅行経路に似ている．これに対して，全体の反応を表す化学反応式は，ただ出発地と到着地だけを特定したものである．

反応機構の例として，一酸化窒素と酸素の反応を考えよう．

$$2NO(g) + O_2(g) \longrightarrow 2NO_2(g)$$

この反応の途中には，N_2O_2 という分子が検出される．この事実から，2 個の NO 分子と O_2 分子の衝突により，直接，生成物が得られるわけではないことがわかる．この反応は，実際にはつぎのように二つの素反応を経て起こるとしてみよう．

$$2NO(g) \longrightarrow N_2O_2(g)$$

$$N_2O_2(g) + O_2(g) \longrightarrow 2NO_2(g)$$

最初の素反応では，2 個の NO 分子が衝突して N_2O_2 分子が生成する．この反応に続いて，N_2O_2 と O_2 の反応により 2 分子の NO_2 が得られる．正味の化学反応式，すなわち全体の変化を表す反応式は，それぞれの素反応を表す反応式を足し合わせることによって与えられる．

段階 1:	NO + NO	$\longrightarrow$ N_2O_2
段階 2:	N_2O_2 + O_2	$\longrightarrow$ $2NO_2$
全体の反応:	2NO + ~~N_2O_2~~ + O_2 $\longrightarrow$ ~~N_2O_2~~ + $2NO_2$	

N_2O_2 は，反応機構，すなわち素反応には現れるが，全体の反応を表す釣り合いのとれた反応式には現れない．このような化学種を**中間体**とよぶ．中間体はいつも，初期の素反応で生成し，後続の素反応において消費される化学種であることを覚えておいてほしい．

素反応にかかわる分子の数を，その**反応の分子数**，あるいは分子度という．これらの分子は，同じ種類の場合もあり，あるいは種類が異なる場合もある．ここで議論した反応のそれぞれの素反応にはいずれも 2 個の分子が関与しており，このような素反応は**二分子反応**とよばれる．一方，ただ一つの分子が反応に関与する素反応を，**単分子反応**という．例題 14.4 で議論したシクロプロパンのプロペンへの変換反応は，単分子反応の例である．一つの素反応に 3 個の分子が関与する反応は，**三分子反応**とよばれる．3 個の分子が同時に出会うことは，2 分子が衝突するよりももっと起こりにくいので，三分子反応の例はほとんど知られていない．

反応機構 reaction mechanism

すべての素反応を足し合わせたものは，全体の反応を表す釣り合いのとれた反応式と一致しなければならない．

中間体 intermediate

反応の分子数 molecularity of a reaction

二分子反応 bimolecular reaction
単分子反応 unimolecular reaction

三分子反応 termolecular reaction

反応速度式と素反応

ある反応について素反応がわかると，反応速度式を推定することができる．つぎの素反応を考えよう．

$$A \longrightarrow 生成物$$

ただ一つの分子だけが関与するから，この素反応は単分子反応である．当然，存在する分子 A の数が多いほど，生成物の生成速度は速くなる．したがって，単分子反

応の反応速度は，A の濃度に比例する，すなわち A について 1 次となる．

$$\text{反応速度} = k[\text{A}]$$

分子 A と分子 B が関与する二分子反応の素反応では，

$$\text{A} + \text{B} \longrightarrow \text{生成物}$$

生成物の生成速度は A と B が衝突する頻度に依存し，そしてそれは，A と B のそれぞれの濃度に依存する．したがって，二分子反応の反応速度はつぎのように表される．

$$\text{反応速度} = k[\text{A}][\text{B}]$$

同様に，つぎの形式の二分子反応では，

$$\text{A} + \text{A} \longrightarrow \text{生成物}$$

すなわち，

$$2\text{A} \longrightarrow \text{生成物}$$

となる．反応速度は次式によって表される．

$$\text{反応速度} = k[\text{A}]^2$$

> 素反応を表す反応式については，そこに付された化学量論係数を用いて，反応速度式を直接書けることに注意しよう．

ここに述べた例から，素反応におけるそれぞれの反応物に対する反応次数は，その素反応を表す反応式に示された化学量論係数に等しいことがわかる．一般に，全体の反応を表す釣り合いのとれた反応式を見ただけでは，反応がその式に示されたように起こるのか，あるいは段階的に進行するのかを判断することはできない．実際に反応がどのように進行するのかは，実験によって決定されるのである．

二つ以上の素反応からなる反応では，全体の反応に対する反応速度式は，<u>生成物の生成に至る一連の素反応のうちで最も遅い素反応によって決定される</u>．この素反応を，反応の**律速段階**という．

> 律速段階 rate-determining step

律速段階の概念を理解するには，狭い道路に沿った車の流れを考えてみるとよい．路上にある車が互いに追い越すことができないならば，車が移動する速度は，最も速度の遅い車によって決定される．

反応機構を実験的に研究するには，まずデータの収集，すなわち反応速度の測定を行う．つぎに，データを解析して速度定数と反応次数を決定し，反応速度式を書く．最後に，一連の素反応によって，全体の反応過程に対する合理的な反応機構を提案する（図 14.17）．一連の素反応は，つぎの二つの要求を満たさなければならない．

- すべての素反応の反応式を足し合わせると，全体の反応を表す釣り合いのとれた反応式にならなければならない．
- 律速段階に対して予想される反応速度式は，実験的に決定された反応速度式と同一でなければならない．

反応機構が提案されると，それに含まれる一つ，あるいはいくつかの素反応で生成する中間体を検出できる可能性があることを覚えておいてほしい．

図 14.17 反応機構の研究の進め方

反応速度を測定する → 反応速度式を書く → 合理的な反応機構を考える

14.5 反 応 機 構

実験的な研究により反応機構が解明された例として，過酸化水素の分解反応について述べることにしよう．この反応は，ヨウ化物イオン I^- によって促進される（図 14.18）．全体の反応は，つぎの反応式によって示される．

$$2H_2O_2(aq) \longrightarrow 2H_2O(l) + O_2(g)$$

実験によって，反応速度式は次式のように決定された．

$$\text{反応速度} = k[H_2O_2][I^-]$$

すなわち，反応は H_2O_2 と I^- について，それぞれ 1 次である．H_2O_2 の分解は，全体の反応を表す釣り合いのとれた反応式のように，単一の素反応によって起こるのではないことがわかる．もしそうならば，反応式における H_2O_2 の化学量論係数は 2 であるから，反応は H_2O_2 について 2 次となるはずである．さらに，全体の反応式には現れてさえいない I^- が，反応速度式には現れている．これらの事実を統一的に説明するには，どうしたらよいだろうか．

観測された反応速度式は，全体の反応が，それぞれが二分子反応である二つの別々の素反応によって，段階的に起こると考えることにより説明できる．

$$\text{段階 1: } H_2O_2 + I^- \xrightarrow{k_1} H_2O + IO^-$$

$$\text{段階 2: } H_2O_2 + IO^- \xrightarrow{k_2} H_2O + O_2 + I^-$$

さらに段階 1 が律速段階であるとすれば，反応速度はその段階だけから決定される．

$$\text{反応速度} = k_1[H_2O_2][I^-]$$

ここで $k_1 = k$ となる．IO^- は，全体の反応を表す反応式には現れていないので，この反応の中間体であることに注意してほしい．I^- もまた全体の反応式に現れていないが，I^- は反応が開始した時点，および終了した時点においても存在する点で，IO^- とは異なっている．I^- の役割は反応を加速することであり，すなわち I^- はこの反応の触媒として作用している．触媒については，§14.6 で詳細に議論する．図 14.19 に，H_2O_2 の分解反応のように，二つの素反応によって段階的に進行する反応のポテンシャルエネルギー図を示した．律速段階である段階 1 の方が，段階 2 よりも大きな活性化エネルギーをもつことが示されている．中間体は観測できる程度に安定ではあるが，すみやかに反応して生成物を与える．

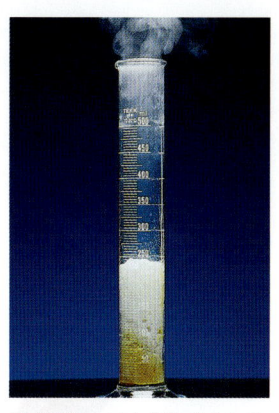

図 14.18 ヨウ化物イオン I^- は過酸化水素の分解反応の触媒となる．溶液に数滴の液体せっけんを加えておくと，発生する酸素による劇的な発泡を見ることができる．溶液が茶褐色となるのは I^- の一部が酸化されてヨウ素 I_2 となり，さらに I_2 が I^- と反応して I_3^- が生成するためである．

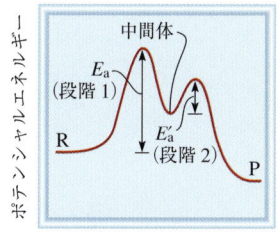

図 14.19 2 段階反応の進行に伴うポテンシャルエネルギーの変化．最初の段階（段階 1）が律速段階である．R と P は，それぞれ反応物と生成物を表す．

例題 14.9

気相における一酸化二窒素 N_2O の分解反応は，つぎの二つの素反応を経由して起こると考えられている．

$$\text{段階 1: } \quad N_2O \xrightarrow{k_1} N_2 + O$$

$$\text{段階 2: } \quad N_2O + O \xrightarrow{k_2} N_2 + O_2$$

実験によって，反応速度式は，反応速度 $= k[N_2O]$ と決定されている．(a) 全体の反応を表す反応式を書け．(b) 中間体を判別せよ．(c) 段階 1 と段階 2 の相対的な速度について，わかることを述べよ．

（つづく）

$2N_2O \longrightarrow 2N_2 + O_2$

類似問題：14.47

解法 (a) 全体の反応は素反応に分解できるので，すべての素反応がわかれば，全体の反応を表す反応式を書くことができる．(b) 中間体の特徴は何か．中間体は，全体の反応を表す反応式に現れるだろうか．(c) どの素反応が律速段階であるかを決めるのは何か．律速段階がわかると，反応速度式を書くことにどのように役立つだろうか．

解答 (a) 段階1と2の反応式を足し合わせることにより，全体の反応を表す反応式が得られる．

$$2N_2O \longrightarrow 2N_2 + O_2$$

(b) O原子は最初の素反応で生成されるが，全体の反応を表す釣り合いのとれた反応式には現れていない．したがって，O原子は中間体である．

(c) 段階1が律速段階であるとすれば，すなわち $k_2 \gg k_1$ ならば，全体の反応の反応速度は，次式で与えられる．

$$\text{反応速度} = k_1[N_2O]$$

ここで $k = k_1$ となる．

確認 段階1の素反応について書かれた反応速度式は，実験によって決定された反応速度式，反応速度 $= k[N_2O]$ と一致するので，段階1は律速段階である．

練習問題 NO_2 と CO から NO と CO_2 が生成する反応は，つぎのような2段階を経由して起こると考えられている．

段階1：　$NO_2 + NO_2 \xrightarrow{k_1} NO + NO_3$

段階2：　$NO_3 + CO \xrightarrow{k_2} NO_2 + CO_2$

実験によって，反応速度式は，反応速度 $= k[NO_2]^2$ と決定されている．(a) 全体の反応を表す反応式を書け．(b) 中間体を判別せよ．(c) 段階1と段階2の相対的な速度について，わかることを述べよ．

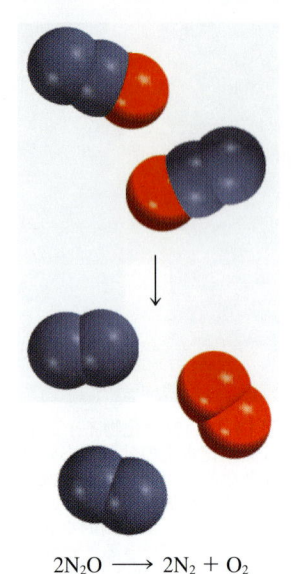

考え方の復習

化合物Aと化合物Bが，反応式 $2A + B \rightarrow C$ に従って反応する．この反応の機構には中間体Eが含まれており，反応は，遅い過程と，それに続く速い過程の二つの素反応を経由して進行する．二つの素反応のうち，中間体Eが反応物として含まれるのはどちらかの過程か．

14.6 触　媒

前節で過酸化水素の分解反応を検討した際に，ヨウ化物イオン I^- は全体の反応式に現れないにもかかわらず，反応速度は I^- の濃度に依存することを述べた．さらに，I^- はその反応の触媒として作用すると説明した．**触媒**は，それ自身は消費されることなく，別の反応経路を与えることによって化学反応の速度を増大させる物質である．触媒が反応して中間体を与えることもあるが，反応の後続段階において触媒は再生される．

実験室において酸素は，塩素酸カリウムの加熱によって調製される．その反応は次式によって示される（p.130を見よ）．

$$2KClO_3(s) \longrightarrow 2KCl(s) + 3O_2(g)$$

しかし，この熱分解反応は触媒が存在しないと非常に遅い．黒色の粉末物質である

触媒 catalyst

温度を上昇させると反応速度も増大する．しかし，高温では，得られた生成物がさらに反応を起こすので，生成物の収率は低下する．

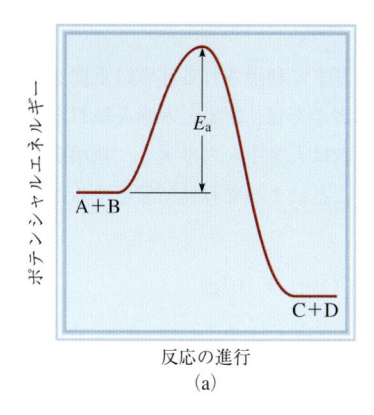

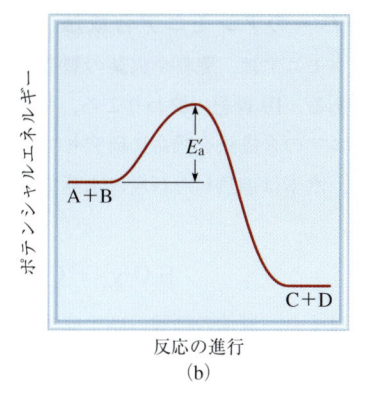

図 14.20 (a) 触媒が存在しない場合と，(b) 触媒が存在する場合の，同じ反応に対する活性化エネルギーの比較．触媒は活性化エネルギーを低下させるが，反応物，あるいは生成物がもつ実際のエネルギーには影響を与えない．(a) と (b) では，反応物と生成物は同じであるが，反応機構や反応速度式は異なっている．

酸化マンガン(IV) MnO_2 を少量添加すると，$KClO_3$ の分解速度は劇的に増大する．この反応における MnO_2 も触媒であり，前節で述べた例において H_2O_2 の分解が進行しても I^- は変化せずに残っているように，すべての MnO_2 は反応が終了したあとに回収される．

触媒は，それが存在しない場合よりも，もっとエネルギー的に有利な素反応の系列を与えることによって，反応を加速する．式(14.10) が示すように，反応の速度定数 k は，またそれによって反応速度も，頻度因子 A と活性化エネルギー E_a に依存する．すなわち，A が大きく，あるいは E_a が小さくなるほど，反応速度は増大する．多くの場合，触媒は反応の活性化エネルギーを低下させることによって，反応速度を増大させる．

つぎの反応が速度定数 k と活性化エネルギー E_a をもつとしよう．

$$A + B \xrightarrow{k} C + D$$

しかし，触媒の存在下では，速度定数は k_c となる（k_c は<u>触媒速度定数</u>とよばれる）．

$$A + B \xrightarrow{k_c} C + D$$

触媒の定義により，

$$反応速度_{触媒} > 反応速度_{無触媒}$$

となる．図 14.20 にそれぞれの反応について，反応の進行に伴うポテンシャルエネルギーの変化を示す．反応物 A と B の全エネルギー，および生成物 C と D の全エネルギーは触媒によって影響されないことに注意してほしい．触媒が存在することによるただ一つの違いは，活性化エネルギーが E_a から E_a' に低下することである．逆反応の活性化エネルギーも低下するので，触媒は，逆反応の速度を，正反応の速度を増大させたと同じ程度に増大させる．

速度を増大させる物質の性質に依存して，触媒には三つの種類がある．不均一触媒，均一触媒，および酵素触媒である．

不 均 一 触 媒

<u>不均一触媒</u>では，反応物と触媒が異なる相に存在する．普通，触媒は固体であり，反応物は気体，あるいは液体である．不均一触媒は，工業化学，特に多くの主要な化学製品の合成において，きわめて重要な触媒の種類である．本節では，特に重要な三つの不均一触媒の例を述べる．

また道路の話にたとえると，触媒を加えることは，以前には山を越える曲がりくねった道しかなかった二つの町の間に，山を貫通するトンネルを建設することと似ている．

触媒は反応物から生成物へ至る反応の活性化エネルギーを低下させるとともに，その逆反応の活性化エネルギーも低下させる．

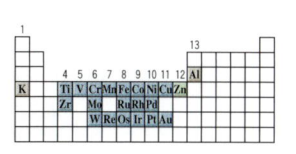

単体，および化合物が不均一触媒として最もよく用いられる金属

ハーバーのアンモニア合成法

アンモニアは，肥料や火薬の製造などさまざまに利用される非常に重要な無機物質である．19 世紀の終わりころ，多くの化学者たちは，窒素と水素を原料とするアンモニアの合成法を懸命に研究していた．窒素は大気中から事実上，無尽蔵に供給され，水素は加熱した石炭に水蒸気を通じることによって容易に製造することができる．

$$H_2O(g) + C(s) \longrightarrow CO(g) + H_2(g)$$

水素はまた，原油の精製の副生成物である．

さて，N_2 と H_2 から NH_3 が生成する反応は次式で表され，この反応は発熱的である．

$$N_2(g) + 3H_2(g) \longrightarrow 2NH_3(g) \qquad \Delta H° = -92.6 \, kJ \, mol^{-1}$$

しかし，反応は室温ではきわめて遅い．NH_3 の製造を大規模で実用的に行うためには，反応は適度な速度で起こる必要があり，同時に，目的とする生成物が高い収量で得られなければならない．温度を上昇させると NH_3 の生成反応は加速するが，同時に，NH_3 の N_2 と H_2 への分解反応が促進されるため，NH_3 の収量は低下してしまう．

ハーバー　Fritz Haber

1905 年，ドイツの化学者ハーバーは，さまざまな温度と圧力下において，文字通り何百もの化合物を検討した結果，数％のカリウムとアルミニウムの酸化物を添加した鉄が，約 500 °C において，水素と窒素からアンモニアが生成する反応に触媒作用を示すことを発見した．このアンモニア合成法は，ハーバー法として知られている．

不均一触媒では，ふつう，固体触媒の表面が反応部位となる．ハーバー法の最初の段階では，金属表面において N_2 と H_2 の解離が起こる（図 14.21）．解離によって生じる化学種は金属表面に結合しているので，完全に自由な原子ではないけれども，それらは非常に高い反応性をもっている．研究により，触媒表面における H_2 と N_2 のふるまいは非常に異なることが知られている．H_2 は液体窒素の沸点である -196 °C の低温でも原子状の水素に解離するが，一方，N_2 は約 500 °C でようやく解離する．反応性の高い N 原子と H 原子は高温ですみやかに結合し，目的とする NH_3 が生成する．

$$N + 3H \longrightarrow NH_3$$

図 14.21　アンモニアの合成における触媒の作用．まず，H_2 分子と N_2 分子が触媒表面に結合する．触媒表面との相互作用によって分子の共有結合は弱められ，ついには分子の解離が起こる．非常に反応性の高い H 原子と N 原子が結合して NH_3 分子を生成し，最後に NH_3 が触媒表面を離れる．

硝酸の製造

硝酸は，最も重要な無機酸の一つであり，肥料，染料，医薬品，火薬などの製造に用いられている．硝酸を製造する主要な工業的方法は，その方法を開発したドイツの化学者オストワルドの名をとって<u>オストワルド法</u>とよばれている．出発物質となるアンモニアと酸素を，白金-ロジウム触媒の存在下で約 800 °C に加熱する（図 14.22）．

オストワルド Wilhelm Ostwald

$$4NH_3(g) + 5O_2(g) \longrightarrow 4NO(g) + 6H_2O(g)$$

生成した一酸化窒素は，触媒がなくても直ちに二酸化窒素に酸化される．

$$2NO(g) + O_2(g) \longrightarrow 2NO_2(g)$$

NO_2 を水に溶かすと，亜硝酸と硝酸が生成する．

$$2NO_2(g) + H_2O(l) \longrightarrow HNO_2(aq) + HNO_3(aq)$$

加熱すると，次式のように亜硝酸は硝酸に変換される．

$$3HNO_2(aq) \longrightarrow HNO_3(aq) + H_2O(l) + 2NO(g)$$

発生する NO は循環処理され，第二段階の反応により NO_2 となる．

図 14.22 オストワルド法に用いられる白金-ロジウム触媒

触媒コンバーター

走行する車のエンジンの内部は高温となり，窒素と酸素が反応して一酸化窒素が生成する．

$$N_2(g) + O_2(g) \rightleftharpoons 2NO(g)$$

NO は大気中へ出ると，直ちに O_2 と結合して NO_2 が生成する．こうして自動車から放出される NO_2，および燃料の不完全燃焼によって生じる一酸化炭素 CO やさまざまな炭化水素などの気体のために，自動車の排気ガスは大気汚染の主要な原因となっている．

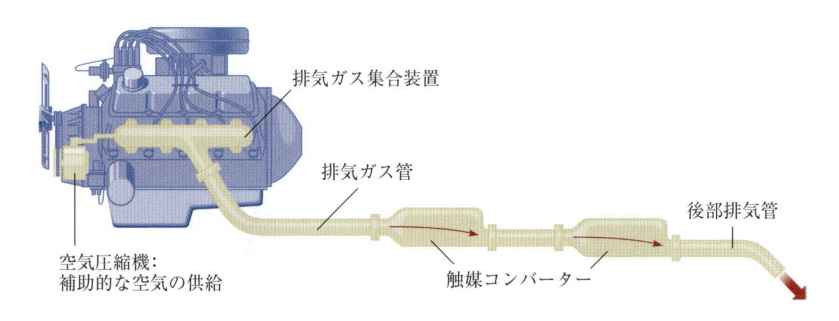

図 14.23 自動車の 2 段階触媒コンバーター

図 14.24 触媒コンバーターの断面図. ビーズ状の物質には白金やパラジウム, およびロジウムが含まれており, CO や炭化水素の燃焼反応の触媒としてはたらく.

現在製造されるほとんどの車は, 触媒コンバーターを装備している (図 14.23). 効果的な触媒コンバーターは, つぎの二つの要求を満たすものである. すなわち, CO や炭化水素を CO_2 と H_2O に酸化すること, および NO や NO_2 を N_2 と O_2 に還元することである. 高温の排気ガスに空気を注入し, 触媒コンバーターの第一の小室を通すと, 炭化水素の完全燃焼が加速され, CO の放出が減少する. ここでは, Pt, Pd, あるいは CuO や Cr_2O_3 などの遷移元素の酸化物が触媒として用いられる. (図 14.24 にそれらを含む触媒コンバーターの断面を示す.) しかし, 高温によって NO の生成量が増大するので, NO を N_2 と O_2 に解離させるために, 触媒となる別の遷移元素, あるいは遷移元素の酸化物が詰まった, より低温で作動する第二の小室が必要となる. 排気ガスはこれら二つの触媒を通して, 後部排気管から排出される.

均一触媒

均一触媒では, 反応物と触媒が単一の相 (普通は液体) に分散している. 溶液中における均一触媒の最も重要なものは, 酸, および塩基触媒である. たとえば, 酢酸エチルと水から酢酸とエタノールが生成する反応は, 普通は非常に遅いので, 反応の進行を観測することはできない.

$$CH_3-\underset{\underset{O}{\|}}{C}-O-C_2H_5 + H_2O \longrightarrow CH_3-\underset{\underset{O}{\|}}{C}-OH + C_2H_5OH$$

酢酸エチル　　　　　　　　　　酢酸　　エタノール

水の濃度は非常に大きく, 反応によってほとんど変化しないため, この反応は, 水についてはゼロ次となる.

触媒が存在しないときには, 反応速度式は次式で示される.

$$反応速度 = k[CH_3COOC_2H_5]$$

しかし, この反応は酸の存在により著しく加速され, 酸はこの反応の触媒としてはたらく. 塩酸の存在下では, 反応速度は次式によって与えられる.

$$反応速度 = k_c[CH_3COOC_2H_5][H^+]$$

酵素触媒

生体系において進化してきたすべての複雑な過程のうちで, 酵素触媒ほど注目すべき, また必要不可欠なものはない. **酵素**は生体における化学反応の触媒である. 酵素に関する驚くべき事実は, 酵素によって生物化学的な反応の速度が 10^6 から 10^{18} の範囲で増大することのみならず, それらが非常に特異的に作用することである. 酵素がかかわる反応の反応物を基質という. ある酵素は, その酵素の基質となる特定の分子に対してのみ作用し, 系に存在する他の分子には影響を与えない. 推定によると, 平均的な生体細胞には約 3000 種類の異なる酵素が含まれており, こ

酵素　enzyme

図 14.25 基質分子に対する酵素の特異性を示す "鍵と鍵穴モデル"

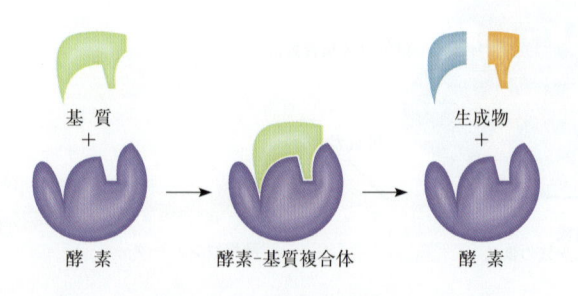

基質　＋　酵素　→　酵素-基質複合体　→　生成物　＋　酵素

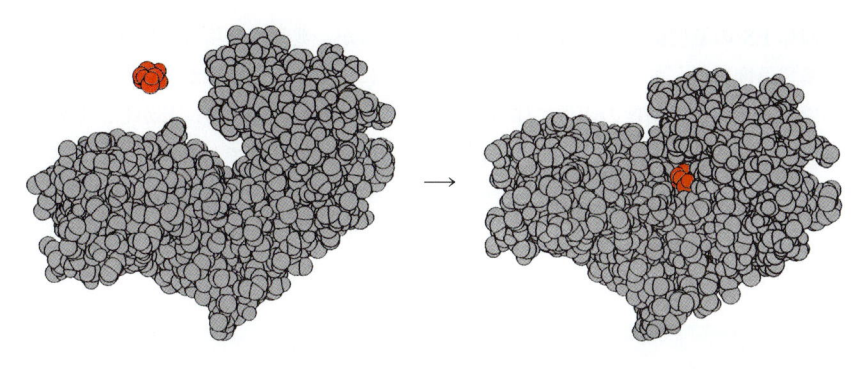

図 14.26 （左から右へ）グルコース分子（赤色）のヘキソキナーゼ（糖の代謝過程に含まれる酵素）への結合．結合後には，酵素の活性部位の領域が，グルコースを取り囲むように接近していることに注意せよ．しばしば，基質と活性部位の立体構造は，いずれも互いに適合するように変化する．

れらはそれぞれ特異的な反応に対して触媒作用を示し，それぞれに対応する基質が適切な生成物に変換される．酵素触媒は，一般に，基質と酵素が同じ水溶液中に存在する均一触媒としてはたらく．

典型的な酵素は巨大なタンパク質分子であり，一つ，あるいは複数の活性部位，すなわち酵素と基質が相互作用する部分をもっている．これらの活性部位は基質となる特異的な分子に適合できる構造をもっており，それはちょうど，鍵が特定の鍵穴にぴったり合うのとよく似ている（図 14.25）．しかし，酵素分子，あるいは少なくともその活性部位は，ある程度の構造的な柔軟さをもっており，その構造を部分的に変形することによって，異なった種類の基質に対しても適応できるものと考えられている（図 14.26）．

酵素触媒が関与する反応の基本的な過程はわかっているが，その反応速度論の数学的な取扱いは，非常に複雑である．反応を簡略化して表すと，以下のようになる．

$$E + S \rightleftharpoons ES$$
$$ES \xrightarrow{k} P + E$$

ここで E, S, P は，それぞれ酵素，基質，および生成物を表し，ES は酵素-基質中間体である．図 14.27 に，その反応の進行に伴うポテンシャルエネルギーの変化を示す．酵素触媒が関与する反応では，中間体 ES の生成過程，および ES が分解して酵素と基質へ戻る反応はすみやかに進行し，生成物の生成過程が律速段階であると見なされることが多い．一般に，このような反応の反応速度式はつぎのように表される．

$$反応速度 = \frac{\Delta[P]}{\Delta t} = k[ES]$$

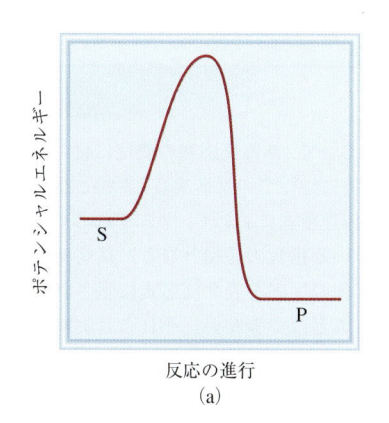

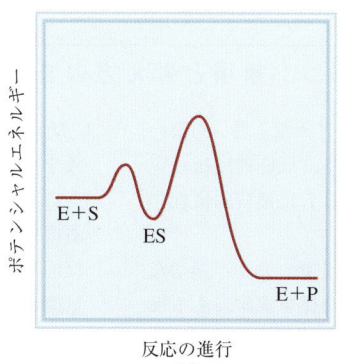

図 14.27 (a) 触媒が存在しない場合と，(b) 酵素触媒が存在する場合の，同じ反応に対するポテンシャルエネルギー変化の比較．(b) の図では，触媒反応は 2 段階機構で進行し，第二段階（ES → E + P）が律速段階であることを仮定している．

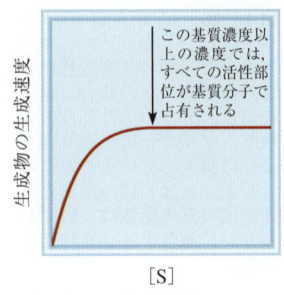

図 14.28 酵素触媒反応における生成物の生成速度の基質濃度に対するプロット

中間体 ES の濃度は存在する基質の量に比例するが，典型的な場合には，反応速度を基質濃度に対してプロットすると，図 14.28 に示すような曲線が得られる．初期の段階では，基質濃度の増加に伴って反応速度は急速に増大する．しかし，基質の濃度が高まり酵素のすべての活性部位が基質分子で占有されてしまうと，その濃度以上では，反応速度は基質についてゼロ次となる．すなわち，基質の濃度が増加しても，反応速度は変化しない．その濃度，およびそれ以上の濃度では，生成物の生成速度は，中間体 ES の分解しやすさだけに依存し，存在する基質分子の数には依存しない．

考え方の復習

以下に示す 2 段階の反応機構で進行する反応を考えよう．

$$
\begin{aligned}
\text{段階 1:} \quad & NO(g) + O_3(g) \longrightarrow NO_2(g) + O_2(g) \\
\text{段階 2:} \quad & O(g) + NO_2(g) \longrightarrow NO(g) + O_2(g) \\
\hline
\text{全体の反応:} \quad & O_3(g) + O(g) \longrightarrow 2O_2(g)
\end{aligned}
$$

この反応における中間体，および触媒はどれか．また，その触媒は，不均一触媒，あるいは均一触媒のどちらに分類されるか．

重要な式

反応速度 $= k[A]^x[B]^y$	(14.1)	反応速度式の表記．和 $(x+y)$ は反応全体の反応次数を与える．
$\ln \dfrac{[A]_t}{[A]_0} = -kt$	(14.3)	一次反応における濃度と時間の関係
$\ln[A]_t = -kt + \ln[A]_0$	(14.4)	一次反応においてグラフから k を決定するための式
$t_{\frac{1}{2}} = \dfrac{0.693}{k}$	(14.5)	一次反応の半減期
$\dfrac{1}{[A]_t} = \dfrac{1}{[A]_0} + kt$	(14.6)	二次反応における濃度と時間の関係
$[A]_t = -kt + [A]_0$	(14.8)	ゼロ次反応における濃度と時間の関係
$k = Ae^{-E_a/RT}$	(14.10)	活性化エネルギーと温度に対する速度定数の依存性を表すアレニウス式
$\ln k = \left(-\dfrac{E_a}{R}\right)\left(\dfrac{1}{T}\right) + \ln A$	(14.12)	グラフから活性化エネルギーを決定するための式
$\ln \dfrac{k_1}{k_2} = \dfrac{E_a}{R}\left(\dfrac{T_1 - T_2}{T_1 T_2}\right)$	(14.13)	二つの異なる温度における速度定数の間の関係

事項と考え方のまとめ

1. 化学反応の速度は，時間の経過に伴う反応物，あるいは生成物の濃度の変化と定義される．反応速度は一定ではなく，それらの濃度の変化とともに連続的に変化する．

2. 反応速度式は，反応速度と，速度定数，および適切な指数が付された反応物の濃度との関係を表す．ある反応における速度定数 k は，温度だけに依存する定数である．

3. 反応速度式において，ある反応物の濃度に付された指数を，その反応物についての反応次数という．反応の全反応次数は，反応速度式において，それぞれの反応物の濃度に付されている指数の総和となる．反応速度式と反応次数は，全体の反応を表す反応式に示された化学量論から決めることはできない．それらは実験によって決定されるものである．ゼロ次反応では，反応速度は速度定数に等しい．

4. 反応物の濃度が半分まで減少するのにかかる時間を，反応の半減期という．半減期は，一次反応の速度定数を決定するために用いられる．
5. 衝突理論によると，反応は，結合を開裂させ反応を開始するのに十分なエネルギーをもった分子が衝突したときに起こる．そのエネルギーを活性化エネルギー，E_a という．速度定数と活性化エネルギーの関係は，アレニウス式によって示される．
6. 全体の反応を表す釣り合いのとれた反応式は，素反応とよばれる一連の簡単な反応の総和を表したものである．反応物から生成物に至るまでの一連の素反応の系列を，反応機構という．
7. 反応機構において，ある素反応の速度が他のすべての段階と比べて著しく遅い場合には，その素反応が律速段階となる．
8. 触媒は，普通，活性化エネルギーの値を低下させることによって反応を加速する．反応が終了したあとには，触媒は変化することなく回収される．
9. 不均一触媒では，一般に触媒は固体であり，反応物は気体あるいは液体である．不均一触媒は工業的に非常に重要である．均一触媒では，触媒と反応物は同一の相に存在する．酵素は生体における化学反応の触媒である．

キーワード

アレニウス式　Arrhenius equation　p.405
一次反応　first-order reaction　p.396
(化学)反応速度論　chemical kinetics　p.388
活性化エネルギー　activation energy, E_a　p.404
活性錯体　activated complex　p.404
酵素　enzyme　p.416
三分子反応　termolecular reaction　p.409
触媒　catalyst　p.412
素過程　elementary step　p.408
素反応　elementary reaction　p.408
遷移状態　transition state　p.404
速度定数　rate constant, k　p.392
単分子反応　unimolecular reaction　p.409
中間体　intermediate　p.409
二次反応　second-order reaction　p.400
二分子反応　bimolecular reaction　p.409
半減期　half-life, $t_{\frac{1}{2}}$　p.399
反応機構　reaction mechanism　p.409
反応次数　reaction order　p.393
反応速度　reaction rate　p.388
反応速度式　rate equation　p.392
反応の分子数　molecularity of a reaction　p.409
頻度因子　frequency factor　p.405
律速段階　rate-determining step　p.410

練習問題の解答

14.1　反応速度 $= -\dfrac{\Delta[\mathrm{CH_4}]}{\Delta t} = -\dfrac{1}{2}\dfrac{\Delta[\mathrm{O_2}]}{\Delta t}$
$= \dfrac{\Delta[\mathrm{CO_2}]}{\Delta t} = \dfrac{1}{2}\dfrac{\Delta[\mathrm{H_2O}]}{\Delta t}$

14.2　(a) $0.013\,\mathrm{mol\,L^{-1}\,s^{-1}}$,　(b) $-0.052\,\mathrm{mol\,L^{-1}\,s^{-1}}$

14.3　反応速度 $= k[\mathrm{S_2O_8^{2-}}][\mathrm{I^-}]$；
$k = 8.1\times 10^{-2}\,\mathrm{mol^{-1}\,L\,s^{-1}}$

14.4　33 s　**14.5**　$1.2\times 10^3\,\mathrm{s}$

14.6　(a) 3.2 min,　(b) 2.1 min

14.7　$240\,\mathrm{kJ\,mol^{-1}}$　**14.8**　$3.13\times 10^{-9}\,\mathrm{s^{-1}}$

14.9　(a) $\mathrm{NO_2 + CO \longrightarrow NO + CO_2}$,
(b) $\mathrm{NO_3}$,　(c) 段階 1 が律速段階である．

考え方の復習の解答

■ p.391　$\mathrm{SO_2(g) + 3CO(g) \longrightarrow 2CO_2(g) + COS(g)}$

■ p.395　反応速度 $= k[\mathrm{A}][\mathrm{B}]^2$

■ p.400　(a) $t_{\frac{1}{2}} = 10\,\mathrm{s}$, $k = 0.069\,\mathrm{s^{-1}}$,
(b) $t = 20\,\mathrm{s}$：分子 A は 2 個，分子 B は 6 個，
$t = 30\,\mathrm{s}$：分子 A は 1 個，分子 B は 7 個

■ p.408　(a) その反応は大きな活性化エネルギー E_a をもつ．(b) その反応は小さな活性化エネルギー E_a をもち，配向因子は近似的に 1 である．

■ p.412　中間体 E は速い過程に含まれる．遅い過程は律速段階となるので，中間体が反応物になることはない．

■ p.418　NO は触媒であり，$\mathrm{NO_2}$ は中間体となる．この反応機構では，NO は均一触媒となる．

15

化 学 平 衡

ロサンゼルス市街を覆う茶色のもやは，二酸化窒素 NO_2 を高濃度で含む空気汚染物質によるものである．NO_2 は一酸化窒素 NO とオゾン O_3 との化学平衡にかかわっている．

章 の 概 要

15.1 平衡の考え方 421
平衡定数

15.2 平衡定数の表記法 424
均一平衡・平衡定数と単位・不均一平衡・
K の表記と反応式・
平衡定数を表記するための規則の要約

15.3 平衡定数によって何がわかるか 430
反応の方向の予測・平衡濃度の計算

15.4 化学平衡に影響する因子 436
ルシャトリエの原理・濃度の変化・
圧力と体積の変化・温度の変化・触媒の効果・
平衡の位置に影響を与える因子の要約

基本の考え方

化学平衡　化学平衡とは，正方向の反応と逆方向の反応の速度が等しく，反応物と生成物の濃度が時間により変化しない状態をいう．この動的な平衡状態は，平衡定数によって特徴づけられる．反応にかかわる化学種の性質に依存して，平衡定数の表記には，溶液中の反応ではモル濃度が，また気相中の反応では分圧が用いられる．平衡定数は，可逆反応において正味の反応が進む方向や，平衡混合物における濃度に関する情報を与える．

化学平衡に影響を与える因子　濃度の変化は，平衡の位置，すなわち反応物と生成物の相対的な量に影響を与える．平衡状態にある気体反応系に対して，圧力と体積の変化は同一の効果を与える．平衡定数の値が変わるのは，温度が変化した場合だけである．触媒を添加すると正方向と逆方向の反応が加速することによって，触媒がない場合よりもすみやかに平衡に到達するが，平衡の位置や平衡定数は変化しない．

15.1 平衡の考え方

一つの方向だけに進む化学反応はほとんどない．多くの化学反応は，少なくともある程度は可逆的である．可逆反応の初期においては，正反応，すなわち生成物分子が生成する反応が進行する．いくらかの生成物分子が生じるとすぐに，逆反応，すなわち生成物分子から反応物分子の生成が起こり始める．正反応と逆反応の速度が等しくなり，時間によって反応物と生成物の濃度がもはや変化しなくなったとき，反応は**化学平衡**に到達したという．

化学平衡 chemical equilibrium

物理平衡 physical equilibrium

化学平衡は動的な過程である．それは，混雑しているスキー場におけるスキーヤーの動きにたとえることができる．そこでは，リフトに乗って山頂に運ばれるスキーヤーの数と，斜面を滑り降りるスキーヤーの数は等しいとしよう．この状態では，スキーヤーはたえず移動しているにもかかわらず，山頂と斜面の下にいるスキーヤーの数は変化しない．

化学平衡にある反応では，反応物と生成物として，異なる物質がかかわることに注意してほしい．同じ物質が二つの相の間で平衡にある状態は，起こる変化が物理変化であることから，**物理平衡**とよばれる．ある温度における密閉された容器の中の水の蒸発は，物理平衡の例である．この例では，液相を離れる H_2O 分子の数と液相に戻る H_2O 分子の数は等しい．

$$H_2O(l) \rightleftharpoons H_2O(g)$$

（第4章で述べたように，二重の矢印は反応が可逆的であることを意味する．）物理平衡の研究によって，平衡蒸気圧（§12.6を見よ）のような有用な情報が得られる．しかし，化学者たちはむしろ，可逆的な化学反応に興味をもっている．例として，二酸化窒素 NO_2 と四酸化二窒素 N_2O_4 の間の可逆反応を考えてみよう．この反応は次式によって表される．

$$N_2O_4(g) \rightleftharpoons 2NO_2(g)$$

N_2O_4 は無色の気体であり，NO_2 はしばしば汚染された空気中に見られる赤褐色の気体である．したがって，この反応の進行は，反応系の色によって容易に追跡することができる．さて，排気したフラスコ内に一定量の N_2O_4 を導入したとしよう．ただちにフラスコ内は褐色となり，いくらかの NO_2 が生成したことがわかる．平衡に到達するまで N_2O_4 の解離は進行し，それとともにフラスコ内の色は強くなる．平衡に到達したあとには，もはや色の変化は観測されない．実験によって，純粋な NO_2

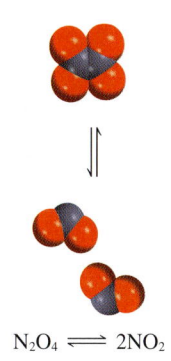

室温で閉鎖系において，液体の水はその蒸気と平衡状態にある．

$$N_2O_4 \rightleftharpoons 2NO_2$$

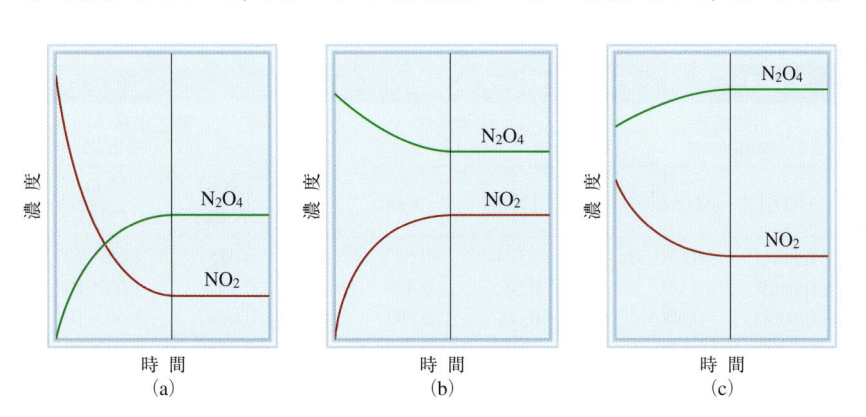

図 15.1 三つの場合における時間の経過に伴う NO_2 と N_2O_4 の濃度変化．(a) 最初に NO_2 だけが存在する場合．(b) 最初に N_2O_4 だけが存在する場合．(c) 最初に NO_2 と N_2O_4 の混合物が存在する場合．いずれの場合も，図中に垂直に引いた線の右側では，平衡状態になっている．

平衡状態にある NO_2 と N_2O_4

から出発しても，あるいは NO_2 と N_2O_4 の混合物から出発しても，同様に平衡に到達できることがわかっている．いずれの場合も，NO_2 の生成により色が濃くなる，あるいは NO_2 の消失により色が薄くなるといった色の変化が初期に観測され，その後，NO_2 の色がもはや変化しなくなる最終的な状態に到達する．反応系の温度や，最初に用いた NO_2 と N_2O_4 の量に依存して，平衡に到達したあとの NO_2 と N_2O_4 の濃度は反応系ごとに異なる（図 15.1）．

平衡定数

上記の反応に関する 25 °C におけるいくつかの実験データを，表 15.1 に示す．気体の濃度はモル濃度で表されている．濃度は，初期状態，および平衡に到達した状態において存在する気体の物質量と，フラスコの体積（L 単位）から計算できる．NO_2 と N_2O_4 の平衡濃度は，それぞれの初期濃度に依存して，実験ごとに異なっていることに注意してほしい．さて，平衡状態における $[NO_2]$ と $[N_2O_4]$ の間の関係を探るために，それらの比を計算してそれぞれの実験で比較してみよう．表に示す通り，最も単純な比，すなわち $[NO_2]/[N_2O_4]$ は，ばらばらの値となる．しかし，他のさまざまな数学的関係を検討してみると，平衡状態における $[NO_2]^2/[N_2O_4]$ の値が平均して 4.63×10^{-3} と，初期濃度によらずほとんど一定の値になることがわかる[†]．

† 訳注：一般に平衡定数には単位をつけない．平衡定数と単位については，p.426 に説明がある．

$$K = \frac{[NO_2]^2}{[N_2O_4]} = 4.63 \times 10^{-3} \tag{15.1}$$

$[NO_2]^2$ における指数 2 は，可逆反応の反応式における NO_2 の化学量論係数と同一であることに注意してほしい．あらゆる可逆反応について，平衡状態における生成物と反応物の濃度のある特定の数学的な比が，一定の値となることが明らかにされている．

つぎの可逆反応を考えることにより，この議論を一般化することができる．

$$a\text{A} + b\text{B} \rightleftharpoons c\text{C} + d\text{D}$$

ここで a, b, c, d は，それぞれ反応に関与する化学種 A, B, C, D の化学量論係数である．ある特定の温度におけるその反応の平衡定数は，次式によって与えられる．

この式を用いる際には，濃度は平衡濃度でなければならない．

$$K = \frac{[\text{C}]^c[\text{D}]^d}{[\text{A}]^a[\text{B}]^b} \tag{15.2}$$

平衡定数 equilibrium constant

式(15.2)は**質量作用の法則**を数学的に表したものである．この式は，**平衡定数**とよ

表 15.1　25 °C における NO_2-N_2O_4 反応系

初期濃度 (mol L^{-1})		平衡濃度 (mol L^{-1})		平衡状態における濃度比	
$[NO_2]$	$[N_2O_4]$	$[NO_2]$	$[N_2O_4]$	$\dfrac{[NO_2]}{[N_2O_4]}$	$\dfrac{[NO_2]^2}{[N_2O_4]}$
0.000	0.670	0.0547	0.643	0.0851	4.65×10^{-3}
0.0500	0.446	0.0457	0.448	0.102	4.66×10^{-3}
0.0300	0.500	0.0475	0.491	0.0967	4.60×10^{-3}
0.0400	0.600	0.0523	0.594	0.0880	4.60×10^{-3}
0.200	0.000	0.0204	0.0898	0.227	4.63×10^{-3}

ばれる量 K によって，平衡状態における反応物の濃度と生成物の濃度が関係づけられることを示している．平衡定数は分数の形で定義される．その分子は，生成物の平衡濃度の積によって与えられるが，それぞれの平衡濃度には，釣り合いのとれた反応式におけるそれぞれの化学量論係数に等しい指数が付される．同じ方法によって，反応物の平衡濃度から平衡定数の分母が与えられる．式(15.2) は，たとえば NO_2-N_2O_4 反応系に対する研究のように，完全に実験から得られた証拠に基づいて導かれたものである．

> 慣習に従って，平衡を示す二重の矢印の左側にある物質を"反応物"，右側にある物質を"生成物"とよぶ．

第18章で述べるように，平衡定数 K は本来，熱力学によって説明されるべき量である．しかし，ここでは化学反応速度論を用いて，K に対するある程度の理解を得ることにしよう．次式に示す可逆反応が，正反応と逆反応の両方とも，単一の素反応による反応機構で起こるものとする．

> 反応機構については，§14.5 を参照せよ．

$$A + 2B \xrightleftharpoons[k_r]{k_f} AB_2$$

すると，正反応の反応速度は次式で与えられる．

$$\text{反応速度}_f = k_f [A][B]^2$$

一方，逆反応の反応速度は，

$$\text{反応速度}_r = k_r [AB_2]$$

ここで k_f と k_r は，それぞれ正反応(forward)と逆反応(reverse)の速度定数である．平衡では正味の変化は起こらないので，二つの反応速度は等しくなくてはならない．

$$\text{反応速度}_f = \text{反応速度}_r$$

すなわち，

$$k_f[A][B]^2 = k_r[AB_2]$$

$$\frac{k_f}{k_r} = \frac{[AB_2]}{[A][B]^2}$$

ある決まった温度では k_f と k_r は定数となるので，それらの比もまた定数となる．その値は平衡定数 K_c に等しい．

$$\frac{k_f}{k_r} = K_c = \frac{[AB_2]}{[A][B]^2}$$

K_c は，ある決まった温度では一定の値をとる二つの量の比 k_f/k_r に常に等しいので，反応にかかわる化学種の平衡濃度によらず一定となる．式(14.10) に示したように速度定数は温度に依存するので，平衡定数もまた温度によって変化することになる．

最後に，平衡定数が1より非常に大きい，すなわち $K \gg 1$ の場合には，平衡は反応式の右矢印の方向へ偏り，生成物が有利となることを注意しておこう．逆に，平衡定数が1より非常に小さい，すなわち $K \ll 1$ の場合には，平衡は左側に偏り，反応物が有利となる（図 15.2）．

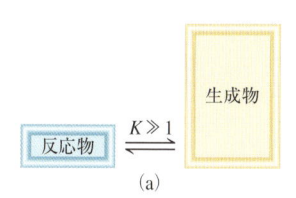

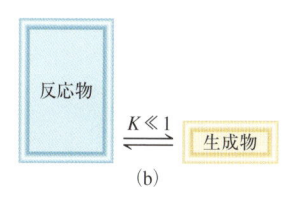

図 15.2 (a) 平衡状態において反応物よりも生成物の量が多い場合．"平衡は右に偏っている"という．(b) 逆に，生成物よりも反応物の量が多い場合．"平衡は左に偏っている"という．

> 記号 $\gg \bigcirc$，および記号 $\ll \bigcirc$ は，それぞれ"$\bigcirc$ よりもきわめて大きい"，"$\bigcirc$ よりもきわめて小さい"を意味する．

考え方の復習

化学平衡 $X \rightleftharpoons Y$ を考えよう．この平衡では，正反応の速度定数は，逆反応の速度定数よりも大きい．平衡定数 K_c に関するつぎの (a)〜(c) の表記のうち，正しいものはどれか．(a) $K_c > 1$，(b) $K_c < 1$，(c) $K_c = 1$．

15.2 平衡定数の表記法

　平衡定数を用いるためには，まず反応物と生成物の濃度によって平衡定数を表記しなければならない．そのための唯一の指針は，質量作用の法則（式(15.2)）である．しかし，反応物と生成物の濃度はさまざまな単位を用いて表記することができ，また，反応にかかわる化学種はいつも同じ相にあるとは限らない．したがって，同じ反応に対して平衡定数を表記する方法が複数存在することになる．まず，反応物と生成物が同じ相にある反応について，平衡定数の表記法を考えてみよう．

均 一 平 衡

均一平衡 homogeneous equilibrium

　反応にかかわるすべての化学種が同じ相にある平衡に対して，**均一平衡**という言葉が用いられる．N_2O_4 の解離反応は，気相における均一平衡の例である．式 (15.1) に示したように，この反応の平衡定数は次式で表される．

$$K_c = \frac{[NO_2]^2}{[N_2O_4]}$$

K_c の下付き文字は，反応にかかわる化学種の濃度がモル濃度で与えられていることを示している．さて，気相反応の反応物と生成物の濃度は，それらの分圧を用いても表記することができる．式(5.8) から $P = (n/V)RT$ となるので，一定の温度では，気体の圧力 P は気体のモル濃度 n/V に比例することがわかる．したがって，つぎの平衡過程に対して，

$$N_2O_4(g) \rightleftharpoons 2NO_2(g)$$

次式のように書くことができる．

$$K_P = \frac{P_{NO_2}^2}{P_{N_2O_4}} \qquad (15.3)$$

ここで P_{NO_2} と $P_{N_2O_4}$ は，それぞれ NO_2 と N_2O_4 の平衡分圧（atm 単位）である．K_P の下付き文字は，平衡濃度が圧力によって表記されていることを示している．

　一般に，反応物と生成物の分圧は，モル濃度で表記されたそれらの濃度に等しくないので，K_c と K_P は異なる値となる．しかし，以下に示すように，K_P と K_c の間の簡単な関係を導くことができる．気相における次式の平衡過程を考えよう．

$$aA(g) \rightleftharpoons bB(g)$$

ここで a と b は化学量論係数を表す．この反応の平衡定数 K_c はつぎのように書ける．

$$K_c = \frac{[B]^b}{[A]^a}$$

また，K_P は次式のように表記される．

$$K_P = \frac{P_B^b}{P_A^a}$$

ここで P_A と P_B は A と B の分圧である．A と B が理想気体としてふるまうことを仮定すれば，

$$P_A V = n_A RT$$

$$P_A = \frac{n_A RT}{V}$$

ここで V は容器の体積（L 単位）である．同様に，

$$P_B V = n_B RT$$

$$P_B = \frac{n_B RT}{V}$$

これらの関係を K_P の表記に代入すると，次式が得られる．

$$K_P = \frac{\left(\dfrac{n_B RT}{V}\right)^b}{\left(\dfrac{n_A RT}{V}\right)^a} = \frac{\left(\dfrac{n_B}{V}\right)^b}{\left(\dfrac{n_A}{V}\right)^a}(RT)^{b-a}$$

さて，n_A/V と n_B/V はいずれもモル濃度の単位をもつので，[A] と [B] に置き換えることができる．その結果，

$$K_P = \frac{[B]^b}{[A]^a}(RT)^{\Delta n}$$

$$= K_c(RT)^{\Delta n} \tag{15.4}$$

ここで

$$\Delta n = b - a$$
$$= \text{気体生成物の物質量} - \text{気体反応物の物質量}$$

普通，圧力は atm 単位で表記されるので，気体定数 R として 0.0821 L atm K^{-1} mol^{-1} を用いると，K_P と K_c の関係は次式のように書くことができる．

$$K_P = K_c(0.0821T)^{\Delta n} \tag{15.5}$$

この式を用いるためには，K_P における圧力は atm 単位で表さねばならない．

一般に，$\Delta n = 0$ である特別な場合を除いて $K_P \neq K_c$ となる．$\Delta n = 0$ の場合には，式 (15.5) は次式のようになる．

$$K_P = K_c(0.0821T)^0$$
$$= K_c$$

あらゆる数のゼロ乗は 1 に等しい．

均一平衡のもう一つの例として，水中における酢酸 CH$_3$COOH の電離平衡を考えよう．

$$CH_3COOH(aq) + H_2O(l) \rightleftharpoons CH_3COO^-(aq) + H_3O^+(aq)$$

平衡定数は次式によって表される．

$$K_c' = \frac{[CH_3COO^-][H_3O^+]}{[CH_3COOH][H_2O]}$$

（すぐあとで誘導される平衡定数の最終形と区別するために，ここでは K_c にプライムをつけてある．）しかし，1 L，すなわち 1000 g の水中には 1000 g/(18.02 g mol^{-1}) = 55.5 mol の水がある．したがって，水の"濃度"，すなわち [H$_2$O] は 55.5 mol L^{-1} となる．溶液に含まれる他の化学種の濃度は，普通，1 mol L^{-1} 程度，あるいはそれ以下である．その値と比較すると，水の濃度は非常に大きいので，見かけ上，反応の進行によって変化しないと見なすことができる．こうして，[H$_2$O] を定数として扱うことにより，平衡定数はつぎのように書き換えられる．

$$K_c = \frac{[\text{CH}_3\text{COO}^-][\text{H}_3\text{O}^+]}{[\text{CH}_3\text{COOH}]}$$

ここで,

$$K_c = K_c'[\text{H}_2\text{O}]$$

平衡定数と単位

一般的な慣習として,平衡定数には単位をつけないことを注意しておこう.熱力学では,平衡定数は濃度ではなく,<u>活量</u>によって定義される.理想的な系では,物質の活量は,その物質の濃度(あるいは分圧)の,基準となる値 1 mol L^{-1} (あるいは 1 atm) に対する比である.比をとることによって,濃度(あるいは圧力)の単位はすべて除去されるが,数字部分は変わらない.その結果,平衡定数 K は単位をもたなくなる.第 16 章と第 17 章では,この慣習を酸-塩基平衡と溶解平衡にも拡張することになる.

> 非理想的な系では,活量の値は必ずしも濃度に等しくはない.活量と濃度の差が評価できる場合もある.特に記載しない限り,ここではすべての系は理想的な系として扱う.

例題 15.1

つぎの平衡にある可逆反応について,K_c,および適用できるならば K_P を表記せよ.

(a) $\text{HF}(aq) + \text{H}_2\text{O}(l) \rightleftharpoons \text{H}_3\text{O}^+(aq) + \text{F}^-(aq)$
(b) $2\text{NO}(g) + \text{O}_2(g) \rightleftharpoons 2\text{NO}_2(g)$
(c) $\text{CH}_3\text{COOH}(aq) + \text{C}_2\text{H}_5\text{OH}(aq) \rightleftharpoons \text{CH}_3\text{COOC}_2\text{H}_5(aq) + \text{H}_2\text{O}(l)$

解法 つぎの事項に注意すること.(1) K_P の表記は気体の反応だけに適用される.(2) 平衡定数の表記には,溶媒(普通,水)の濃度は現れない.

解答 (a) 反応に気体は関与しないので,K_P は適用できない.したがって,K_c のみを表記する.

$$K_c' = \frac{[\text{H}_3\text{O}^+][\text{F}^-]}{[\text{HF}][\text{H}_2\text{O}]}$$

HF は弱酸なので,その電離によって消費される水の量は,溶媒として存在する水の全量に比べて無視できる.したがって,平衡定数はつぎのように表記される.

$$K_c = \frac{[\text{H}_3\text{O}^+][\text{F}^-]}{[\text{HF}]}$$

(b)
$$K_c = \frac{[\text{NO}_2]^2}{[\text{NO}]^2[\text{O}_2]} \qquad K_P = \frac{P_{\text{NO}_2}^2}{P_{\text{NO}}^2 P_{\text{O}_2}}$$

(c) 平衡定数 K_c' は次式のようになる.

$$K_c' = \frac{[\text{CH}_3\text{COOC}_2\text{H}_5][\text{H}_2\text{O}]}{[\text{CH}_3\text{COOH}][\text{C}_2\text{H}_5\text{OH}]}$$

反応で生成する水の量は,溶媒に用いた水の量に比べて無視できるので,水の濃度は変化しない.したがって,新たな平衡定数がつぎのように表記される.

$$K_c = \frac{[\text{CH}_3\text{COOC}_2\text{H}_5]}{[\text{CH}_3\text{COOH}][\text{C}_2\text{H}_5\text{OH}]}$$

練習問題 五酸化二窒素の分解反応に対する K_c と K_P を書け.

$$2\text{N}_2\text{O}_5(g) \rightleftharpoons 4\text{NO}_2(g) + \text{O}_2(g)$$

例題 15.1(b) の反応

類似問題:15.7

例題 15.2

五塩化リンの三塩化リンと塩素への分解反応は，次式によって表される．
$$PCl_5(g) \rightleftharpoons PCl_3(g) + Cl_2(g)$$
この反応に対する平衡定数 K_P は 250 ℃ で 1.05 と求められている．250 ℃ における PCl_5 と PCl_3 の平衡分圧が，それぞれ 0.973 atm と 0.548 atm であるとき，Cl_2 の平衡分圧を求めよ．

解法 反応にかかわる気体の濃度が atm で与えられているので，平衡定数を K_P で表記することができる．K_P の値，および PCl_3 と PCl_5 の平衡分圧がわかると，P_{Cl_2} を求めることができる．

解答 まず，反応にかかわる化学種の分圧を用いて K_P を表記する．
$$K_P = \frac{P_{PCl_3} P_{Cl_2}}{P_{PCl_5}}$$
PCl_3 と PCl_5 の分圧がわかっているので，つぎのように書くことができる．
$$1.05 = \frac{(0.548)(P_{Cl_2})}{(0.973)}$$
したがって，
$$P_{Cl_2} = \frac{(1.05)(0.973)}{(0.548)} = \boxed{1.86 \text{ atm}}$$

確認 P_{Cl_2} の単位として atm を付け加えたことに注意せよ．

練習問題 つぎの反応に対する平衡定数 K_P は，1000 K で 158 である．
$$2NO_2(g) \rightleftharpoons 2NO(g) + O_2(g)$$
$P_{NO_2} = 0.400$ atm，および $P_{NO} = 0.270$ atm であるとき，P_{O_2} を求めよ．

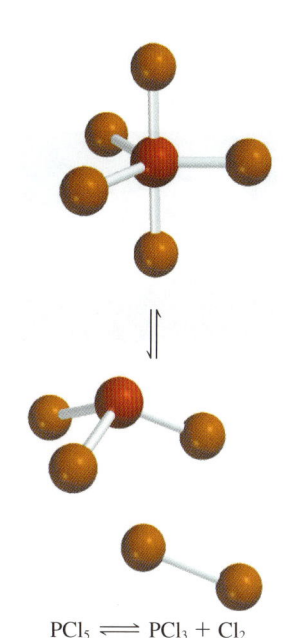

類似問題：15.17

例題 15.3

メタノール CH_3OH は，工業的につぎの反応によって製造される．
$$CO(g) + 2H_2(g) \rightleftharpoons CH_3OH(g)$$
この反応の平衡定数 K_c は，220 ℃ で 10.5 である．この温度における K_P を求めよ．

解法 K_c と K_P の関係は式 (15.5) に与えられている．反応物から生成物への変化に伴う気体の物質量の変化量はいくらか．つぎの式を思い出そう．
$$\Delta n = \text{気体生成物の物質量} - \text{気体反応物の物質量}$$
温度の単位には何を用いたらよいだろうか．

解答 K_c と K_P の関係は，次式で与えられる．
$$K_P = K_c (0.0821 T)^{\Delta n}$$
$T = 273 + 220 = 493$ K であり $\Delta n = 1 - 3 = -2$ なので，次式のように解答が得られる．
$$K_P = (10.5)(0.0821 \times 493)^{-2}$$
$$= \boxed{6.41 \times 10^{-3}}$$

確認 K_c と同様に K_P も単位のない量であることに注意せよ．この例は，同じ反応に対して，濃度を mol L^{-1} で表記するか，あるいは atm で表記するかによって，得られる平衡定数の値は全く異なることを示している．

練習問題 つぎの反応に対する平衡定数 K_P は，375 ℃ で 4.3×10^{-4} である．
$$N_2(g) + 3H_2(g) \rightleftharpoons 2NH_3(g)$$
この反応の K_c を計算せよ．

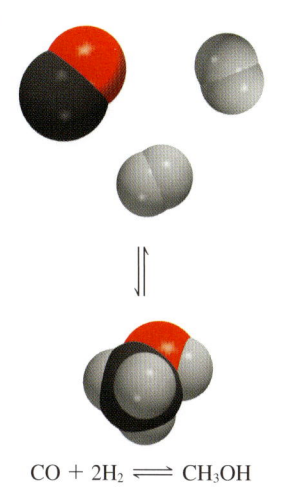

類似問題：15.15

不均一平衡

不均一平衡 heterogeneous equilibrium

可逆反応にかかわる反応物と生成物が異なる相にある場合，この平衡を**不均一平衡**という．たとえば，密閉した容器の中で炭酸カルシウムを加熱すると，つぎの平衡が成立する．

$$CaCO_3(s) \rightleftharpoons CaO(s) + CO_2(g)$$

2種類の固体と1種類の気体が，三つの別々の相を形成しており，この平衡は不均一平衡となる．平衡定数は次式で表される．

$$K_c' = \frac{[CaO][CO_2]}{[CaCO_3]} \tag{15.6}$$

しかし，固体の"濃度"とは，その密度と同様に示強的性質であり，存在する物質の量に依存しない（濃度の単位 mol L^{-1} と密度の単位 g cm^{-3} は，相互に変換できることに注意してほしい）．この理由により，$[CaCO_3]$ と $[CaO]$ はそれ自身，定数であり，平衡定数に含めることができる．こうして，この反応の平衡定数は，つぎのように簡略化される．

$$\frac{[CaCO_3]}{[CaO]} K_c' = K_c = [CO_2] \tag{15.7}$$

ここで，新しい平衡定数 K_c は，一つの濃度 $[CO_2]$ によって簡便に表されることになる．平衡状態において $CaCO_3$ と CaO がそれぞれいくらか存在する限り，K_c の値は，それらの量には依存しないことを覚えておこう（図 15.3）．

濃度を活量に置き換えれば，取扱いはもっと簡単になる．熱力学では，純粋な固体の活量は1とされる．したがって，$[CaCO_3]$ と $[CaO]$ はいずれも1となり，上記の平衡の式から，直ちに $K_c = [CO_2]$ と書くことができる．同様に，純粋な液体の活量も1である．したがって，反応物，あるいは生成物が液体の場合には，それらは平衡定数の表記には含まれない．

もう一つの方法として，平衡定数はつぎのように表記することもできる．

$$K_P = P_{CO_2} \tag{15.8}$$

この場合の平衡定数 K_P は，容易に測定が可能な量である CO_2 の圧力 P_{CO_2} と同じ値となる．

鉱物の方解石．石灰石や大理石と同様，炭酸カルシウムからできている．

図 15.3 (a) と (b) では，$CaCO_3$（橙色で示してある）と CaO（緑色で示してある）の量が異なるにもかかわらず，同じ温度において平衡状態にある CO_2 の圧力は等しい．

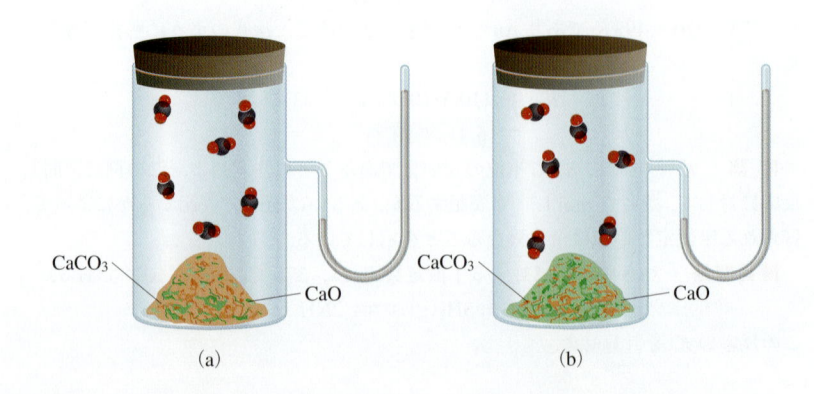

例題 15.4

つぎの不均一平衡について考えよう.
$$CaCO_3(s) \rightleftharpoons CaO(s) + CO_2(g)$$
800°C における CO_2 の圧力は 0.236 atm である. 800°C におけるこの反応の (a) K_P, および (b) K_c を計算せよ.

解法 純粋な固体は, 平衡定数の表記には現れないことを思いだそう. K_P と K_c の関係は, 式(15.5) に与えられている.

解答 (a) 式(15.8) を用いて,
$$K_P = P_{CO_2}$$
$$= \boxed{0.236}$$

(b) 式(15.5) から,
$$K_P = K_c(0.0821T)^{\Delta n}$$
この問題の場合, $T = 800 + 273 = 1073$ K, および $\Delta n = 1$ であるから, これらの値を式(15.5) に代入して,
$$0.236 = K_c(0.0821 \times 1073)$$
$$K_c = \boxed{2.68 \times 10^{-3}}$$

(類似問題: 15.20)

練習問題 395 K におけるつぎの平衡を考えよう.
$$NH_4HS(s) \rightleftharpoons NH_3(g) + H_2S(g)$$
それぞれの気体の分圧は, 0.265 atm である. この反応の K_P および K_c を計算せよ.

考え方の復習

つぎの反応 (a)〜(c) のうち, K_c と K_P が等しいものはどれか.
(a) $4NH_3(g) + 5O_2(g) \rightleftharpoons 4NO(g) + 6H_2O(g)$
(b) $2H_2O_2(aq) \rightleftharpoons 2H_2O(l) + O_2(g)$
(c) $PCl_3(g) + 3NH_3(g) \rightleftharpoons 3HCl(g) + P(NH_2)_3(g)$

K の表記と反応式

この節を終えるにあたり, 平衡定数の表記に関する二つの重要な規則を書き留めておこう.

1. 可逆反応に対する反応式を逆向きに書いた場合, 平衡定数はもとの平衡定数の逆数となる. たとえば, 25°C における NO_2 と N_2O_4 の平衡を次式のように書くと,

   $$N_2O_4(g) \rightleftharpoons 2NO_2(g)$$

   平衡定数は次式で表される.

   $$K_c = \frac{[NO_2]^2}{[N_2O_4]} = 4.63 \times 10^{-3}$$

   しかし, その平衡反応は, 次式のように書いても同等に正しいから,

   $$2NO_2(g) \rightleftharpoons N_2O_4(g)$$

   この場合の平衡定数は, 次式によって与えられる.

   $$K_c' = \frac{[N_2O_4]}{[NO_2]^2} = \frac{1}{K_c} = \frac{1}{4.63 \times 10^{-3}} = 216$$

   ここで, $K_c = 1/K_c'$, すなわち $K_c K_c' = 1.00$ であることがわかる. K_c と K_c' はどちらも正しい平衡定数である. ただし, 反応式がどのように書かれるかを特定しなければ, NO_2 と N_2O_4 の平衡に対する平衡定数は 4.63×10^{-3} である, あるいは 216 であると言っても無意味である.

2. K の値はまた, 平衡に対する反応式の釣り合いのとり方に依存する. 同じ平衡反応を表すつぎの二つの反応式を考えてみよう.

x の逆数は $1/x$.

$$\frac{1}{2} N_2O_4(g) \rightleftharpoons NO_2(g) \qquad K_c' = \frac{[NO_2]}{[N_2O_4]^{1/2}}$$

$$N_2O_4(g) \rightleftharpoons 2NO_2(g) \qquad K_c = \frac{[NO_2]^2}{[N_2O_4]}$$

指数をみると,$K_c' = \sqrt{K_c}$ であることがわかる.表 15.1 から,K_c の平均値は 4.63×10^{-3} であるので,$K_c' = 0.0680$ となる.

したがって,平衡に対する反応式の全体を 2 倍すれば,対応する平衡定数はもとの値の 2 乗になる.また,反応式の全体を 3 倍すれば,対応する平衡定数はもとの値の 3 乗になる,というように反応式の書き方によって,平衡定数の値は変化する.この例は,平衡定数の数値を示す際には,反応式を特定しなければならないことを再度示している.

平衡定数を表記するための規則の要約

1. 水溶液中のような凝縮相の反応では,反応にかかわる化学種の濃度は mol L^{-1} で表記される.気相の反応では,濃度は mol L^{-1},あるいは atm で表記される.K_c と K_P は,簡単な式(式(15.5))で互いに関係づけられる.
2. 不均一平衡における純粋な固体や液体の濃度,および均一平衡における溶媒の濃度は,平衡定数の表記には現れない.
3. 平衡定数 K_c,および K_P は無次元の値である.
4. 平衡定数の値を示す際には,その平衡定数に対応する釣り合いのとれた反応式と温度を特定しなければならない.

考え方の復習

以下に示した平衡定数に基づいて,この式に対応する気相反応の釣り合いのとれた反応式を書け.この反応では $K_c = K_P$ が成立するか.

$$K_c = \frac{[NH_3]^2[H_2O]^4}{[NO_2]^2[H_2]^7}$$

15.3 平衡定数によって何がわかるか

前節で述べたように,ある反応に対する平衡定数は,その反応にかかわる化学種の平衡状態における濃度から計算することができる.ひとたび平衡定数の値がわかると,式(15.2)を用いて,任意の平衡状態における化学種の濃度を計算することができる.ただし,もちろん平衡定数は,温度が変化しない場合においてのみ,一定の値となることを忘れてはならない.一般に,平衡定数がわかると,平衡に到達するために反応はどちらの方向に進行するかを予測でき,また平衡状態における反応物と生成物の濃度を計算することができる.本節では,このような平衡定数の利用について調べてみよう.

反応の方向の予測

つぎの反応について考えよう．

$$H_2(g) + I_2(g) \rightleftharpoons 2HI(g)$$

この反応の 430 °C における平衡定数 K_c は 54.3 である．ある実験で，430 °C において H_2 0.243 mol，I_2 0.146 mol，および HI 1.98 mol をすべて 1.00 L の容器に入れたとしよう．正味の反応は，H_2 と I_2 を生成する方向に進むだろうか，それとも HI を生成する方向に進むだろうか．平衡定数を与える式の濃度として，初期状態の濃度を代入すると，次式のようになる．

$$\frac{[HI]_0^2}{[H_2]_0[I_2]_0} = \frac{(1.98)^2}{(0.243)(0.146)} = 111$$

ここで下付き数字 0 は初期濃度を表す．$[HI]_0^2/[H_2]_0[I_2]_0$ の計算値は平衡定数 K_c より大きいので，この系は平衡状態にはない．したがって，平衡状態になるために，いくらかの HI が反応してより多くの H_2 と I_2 が生成し，その値が減少する方向に反応は進行するだろう．こうして，正味の反応は反応式の右から左へと進行し，やがて平衡に到達する．

与えられた初期濃度を平衡定数の式に代入することによって得られる量は，**反応商** Q_c とよばれる．反応系が平衡状態になるために，正味の反応がどちらの方向に進むかを決定するには，Q_c と K_c の値を比較すればよい．つぎの 3 通りの場合が可能である（図 15.4）．

反応商 reaction quotient, Q_c

反応商 Q を計算する方法は，平衡状態にはない濃度を用いる以外は，平衡定数 K を求める方法と同じであることに注意しよう．

- $Q_c < K_c$： 反応物に対する生成物の初期濃度の比が小さすぎる．平衡状態になるためには，反応物は生成物に変換されなければならない．したがって，反応系は左から右へ，すなわち反応物が消費されて生成物が生成する方向に進行し，平衡に到達する．

- $Q_c = K_c$： 初期濃度は平衡濃度である．反応系は平衡状態にある．

- $Q_c > K_c$： 反応物に対する生成物の初期濃度の比が大きすぎる．平衡状態になるためには，生成物は反応物に変換されなければならない．したがって，反応系は右から左へ，すなわち生成物が消費されて反応物が生成する方向に進行し，平衡に到達する．

図 15.4 可逆反応において，平衡状態になるために正味の反応が進行する方向は，反応商 Q_c と平衡定数 K_c の相対的な大きさに依存する．一定の温度において K_c は定数であるが，Q_c は存在する反応物と生成物の相対的な量によって変化することに注意しよう．

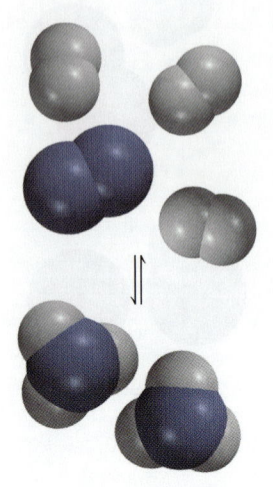

例題 15.5

375°Cにおいて3.75Lの反応容器に，N_2 0.351 mol，H_2 3.67×10⁻² mol，およびNH_3 7.51×10⁻⁴ mol を入れ，次式で示される反応を開始させた．

$$N_2(g) + 3H_2(g) \rightleftharpoons 2NH_3(g)$$

375°Cにおけるこの反応の平衡定数 K_c は1.2である．この反応系は平衡状態にあるかどうか判定せよ．平衡状態にない場合には，正味の反応はどちらの方向に進行するか予想せよ．

解法 問題には反応開始時の気体の物質量（mol単位）と容器の体積（L単位）が与えられているので，それぞれの気体のモル濃度を計算することができ，これから反応商 Q_c を計算することができる．Q_c と K_c の比較から，反応系が平衡状態にあるかどうかを判定するにはどうしたらよいか．また，平衡状態にない場合には，正味の反応がどちらの方向に進行するかを決定するには，どうしたらよいだろうか．

解答 反応に関与する化学種の初期濃度は，つぎのように求められる．

$$[N_2]_0 = \frac{0.351 \text{ mol}}{3.75 \text{ L}} = 0.0936 \text{ mol L}^{-1}$$

$$[H_2]_0 = \frac{3.67 \times 10^{-2} \text{ mol}}{3.75 \text{ L}} = 9.79 \times 10^{-3} \text{ mol L}^{-1}$$

$$[NH_3]_0 = \frac{7.51 \times 10^{-4} \text{ mol}}{3.75 \text{ L}} = 2.00 \times 10^{-4} \text{ mol L}^{-1}$$

つぎに，反応商 Q_c を求める．

$$Q_c = \frac{[NH_3]_0^2}{[N_2]_0[H_2]_0^3} = \frac{(2.00 \times 10^{-4})^2}{(0.0936)(9.79 \times 10^{-3})^3} = 0.455$$

Q_c は K_c = 1.2 よりも小さいので，反応系は平衡状態にはない．平衡状態になるために，NH_3 の濃度が増加し，N_2 と H_2 の濃度が減少する方向に反応が進む．すなわち，正味の反応は，平衡に到達するまで，左から右へと進行するだろう．

練習問題 一酸化窒素と塩素から橙黄色の化合物である塩化ニトロシルが生成する反応は次式で表される．

$$2NO(g) + Cl_2(g) \rightleftharpoons 2NOCl(g)$$

35°Cにおけるこの反応の平衡定数 K_c は 6.5×10⁴ である．ある実験において，2.0Lのフラスコに，NO 2.0×10⁻² mol，Cl_2 8.3×10⁻³ mol，および NOCl 6.8 mol を混合した．この反応系が平衡に到達するために，反応が進行する方向を予想せよ．

類似問題：15.21

平衡濃度の計算

ある特定の反応について平衡定数がわかっていると，与えられた初期濃度から，平衡混合物におけるそれぞれの濃度を計算することができる．与えられた情報に依存して，計算は簡単になる場合も，複雑になる場合もある．最も普通の状況では，反応物の初期濃度だけが与えられる．例として，有機溶媒中における一対の幾何異性体からなるつぎのような反応系を考えよう（図15.5）．

$$cis\text{-スチルベン} \rightleftharpoons trans\text{-スチルベン}$$

200°Cにおけるこの反応の平衡定数 K_c は 24.0 である．最初に，濃度 0.850 mol L⁻¹ の cis-スチルベンだけが存在するとしよう．平衡に到達した後の cis-，および trans-スチルベンの濃度を計算するにはどうしたらよいだろうか．反応の化学量論から，

1 mol の *cis*-スチルベンが変化するごとに，1 mol の *trans*-スチルベンが生成することがわかる．さて，x を *trans*-スチルベンの平衡濃度（mol L^{-1} 単位）としよう．すると，*cis*-スチルベンの平衡濃度は，$(0.850-x)$ mol L^{-1} となるはずである．濃度の変化をつぎのようにまとめるとわかりやすい．

	cis-スチルベン	⇌	*trans*-スチルベン
初期状態 (mol L^{-1}):	0.850		0
変化量 (mol L^{-1}):	$-x$		$+x$
平衡状態 (mol L^{-1}):	$(0.850-x)$		x

初期状態から平衡状態への変化において，濃度が増加する場合は正（＋），減少する場合は負（－）の符号をつけて表す．つぎに，これらを用いて平衡定数を表記する．

$$K_c = \frac{[\textit{trans}\text{-スチルベン}]}{[\textit{cis}\text{-スチルベン}]}$$

$$24.0 = \frac{x}{0.850 - x}$$

$$x = 0.816 \text{ mol L}^{-1}$$

x が求められたので，*cis*-スチルベンと *trans*-スチルベンの平衡濃度はつぎのように計算することができる．

$$[\textit{cis}\text{-スチルベン}] = (0.850 - 0.816) \text{ mol L}^{-1} = 0.034 \text{ mol L}^{-1}$$
$$[\textit{trans}\text{-スチルベン}] = 0.816 \text{ mol L}^{-1}$$

ここで，平衡定数に関する問題を解くための方法を要約しておこう．

1. まず，反応にかかわるすべての化学種の平衡濃度を，初期濃度，および濃度の変化量を表す一つの未知数 x を用いて表記する．
2. つぎに，平衡濃度を用いて平衡定数を表記する．平衡定数の値がわかっていれば，x について解くことができる．
3. 求められた x を用いて，すべての化学種の平衡濃度を計算する．

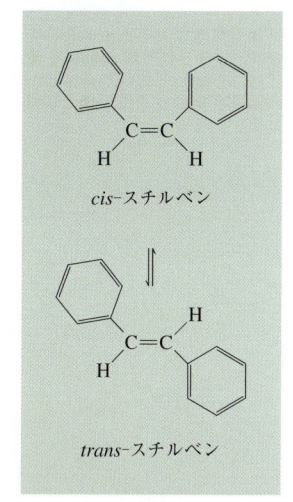

図 15.5 *cis*-スチルベンと *trans*-スチルベンの間の平衡．両方の分子は同じ分子式 $C_{14}H_{12}$ をもち，結合様式も同じである．しかし，*cis*-スチルベンでは，ベンゼン環はいずれも C＝C 結合の一方の側にあり，H 原子は他方の側にある．これに対して，*trans*-スチルベンでは，2 個のベンゼン環（および H 原子）は C＝C 結合に対して反対側に位置している．これらの化合物は異なった融点と双極子モーメントをもっている．

例題 15.6

430 ℃ において，H_2 0.750 mol と I_2 0.750 mol の混合物を 1.00 L のステンレス鋼製の容器に入れた．この温度におけるつぎの反応の平衡定数 K_c は 54.3 である．

$$H_2(g) + I_2(g) \rightleftharpoons 2HI(g)$$

平衡状態における H_2, I_2, HI の濃度を計算せよ．

解法 容器の体積（L 単位）と初期状態における気体の物質量（mol 単位）が与えられているので，それらのモル濃度を計算することができる．初期状態では HI が存在しないので，系は平衡状態にはない．したがって，いくらかの H_2 は同じ物質量の I_2 と反応し（なぜか？），平衡に到達するまで HI が生成する．

解答 上述した方法に従って，平衡濃度を計算する．

段階 1: 反応の化学量論から，1 mol の H_2 と 1 mol の I_2 が反応し，2 mol の HI が生成する．平衡に到達するまでの H_2 と I_2 の濃度の減少量を x mol L^{-1} としよう．すると，HI の平衡濃度は $2x$ mol L^{-1} となるはずである．濃度の変化はつぎのようにまとめることができる．

（つづく）

平衡濃度を求めるためのこの方法は，しばしば初期 (Initial)，変化 (Change)，平衡 (Equilibrium) の頭文字をとって ICE 法とよばれる．

	$H_2(g)$	$+$	$I_2(g)$	$\rightleftharpoons$	$2HI(g)$
初期状態 (mol L^{-1}):	0.750		0.750		0.000
変化量 (mol L^{-1}):	$-x$		$-x$		$+2x$
平衡状態 (mol L^{-1}):	$(0.750-x)$		$(0.750-x)$		$2x$

段階 2: 平衡定数は次式で与えられる．

$$K_c = \frac{[HI]^2}{[H_2][I_2]}$$

平衡状態における濃度を代入すると，

$$54.3 = \frac{(2x)^2}{(0.750-x)(0.750-x)}$$

両辺の平方根をとると，次式が得られる．

$$7.37 = \frac{2x}{0.750-x}$$

$$x = 0.590 \text{ mol L}^{-1}$$

段階 3: 平衡状態におけるそれぞれの化学種の濃度はつぎのように計算することができる．

$$[H_2] = (0.750 - 0.590) \text{ mol L}^{-1} = \boxed{0.160 \text{ mol L}^{-1}}$$
$$[I_2] = (0.750 - 0.590) \text{ mol L}^{-1} = \boxed{0.160 \text{ mol L}^{-1}}$$
$$[HI] = 2 \times 0.590 \text{ mol L}^{-1} = \boxed{1.18 \text{ mol L}^{-1}}$$

確認 求められた平衡濃度を用いて，K_c を計算することにより解答を確認することができる．特定の反応に対する K_c は，温度が一定ならば定数となることを覚えておこう．

練習問題 例題 15.6 の反応について考えよう．濃度 0.040 mol L^{-1} の HI から出発した場合，平衡状態における HI, H$_2$, I$_2$ の濃度を計算せよ．

類似問題: 15.33

例題 15.7

例題 15.6 と同じ温度における同じ反応について考えよう．H$_2$, I$_2$, HI の初期濃度は，それぞれ 0.00623 mol L^{-1}, 0.00414 mol L^{-1}, および 0.0224 mol L^{-1} であった．平衡状態におけるこれらの化学種の濃度を計算せよ．

解法 初期濃度から反応商 Q_c を計算することができる．Q_c を用いると，系が平衡状態にあるかどうか，そうでなければ，平衡状態になるために正味の反応がどちらの方向に進行するかを知ることができる．また，Q_c と K_c を比較することによって，平衡状態になるまでに，H$_2$ と I$_2$，あるいは HI のどちらが減少するかを決定することができる．

解答 まず，つぎのように反応商 Q_c を計算する．

$$Q_c = \frac{[HI]_0^2}{[H_2]_0[I_2]_0} = \frac{(0.0224)^2}{(0.00623)(0.00414)} = 19.5$$

$Q_c = 19.5$ は $K_c = 54.3$ よりも小さいので，平衡に到達するまで，正味の反応は，反応式の左から右へと進行すると結論できる (図 15.4 を見よ)．すなわち，H$_2$ と I$_2$ は減少し，HI は増加することになる．

(つづく)

段階1: 平衡に到達するまでの H_2 と I_2 の濃度の減少量を $x\,\mathrm{mol\,L^{-1}}$ としよう．反応の化学量論から，HI の濃度の増加量は $2x\,\mathrm{mol\,L^{-1}}$ となるはずである．濃度の変化はつぎのようにまとめることができる．

	$H_2(g)$	$+$	$I_2(g)$	$\rightleftharpoons$	$2HI(g)$
初期状態 (mol L^{-1}):	0.00623		0.00414		0.0224
変化量 (mol L^{-1}):	$-x$		$-x$		$+2x$
平衡状態 (mol L^{-1}):	$(0.00623 - x)$		$(0.00414 - x)$		$(0.0224 + 2x)$

段階2: 平衡定数は次式で与えられる．

$$K_c = \frac{[HI]^2}{[H_2][I_2]}$$

平衡状態における濃度を代入すると,

$$54.3 = \frac{(0.0224 + 2x)^2}{(0.00623 - x)(0.00414 - x)}$$

$[H_2]$ と $[I_2]$ の初期濃度が異なるので，前問のように両辺の平方根をとる簡略法によってこの方程式を解くことはできない．まず，各項の掛け算を実行して次式を得る．

$$54.3(2.58 \times 10^{-5} - 0.0104x + x^2) = 5.02 \times 10^{-4} + 0.0896x + 4x^2$$

x の累乗ごとに項を集めて整理すると，

$$50.3x^2 - 0.654x + 8.99 \times 10^{-4} = 0$$

これは $ax^2+bx+c=0$ の形式の二次方程式である．二次方程式の解は，次式で与えられる（付録3を見よ）．

$$x = \frac{-b \pm \sqrt{b^2 - 4ac}}{2a}$$

ここで $a=50.3,\ b=-0.654,\ c=8.99\times10^{-4}$ であるから，つぎにように x を求めることができる．

$$x = \frac{0.654 \pm \sqrt{(-0.654)^2 - 4(50.3)(8.99 \times 10^{-4})}}{2 \times 50.3}$$

$$x = 0.0114\,\mathrm{mol\,L^{-1}} \quad \text{あるいは} \quad x = 0.00156\,\mathrm{mol\,L^{-1}}$$

最初の解は，H_2 と I_2 の変化量 x がそれぞれの初期状態の量よりも多いことになるから，物理的に不可能な値である．したがって，2番目の解が正しい答えとなる．この形式の二次方程式を解いて得られる二つの解のうち，一つの解はいつも物理的に不可能な値となるので，x として正しい値を選ぶことは容易であることを注意しておこう．

段階3: 平衡状態におけるそれぞれの化学種の濃度はつぎのように計算することができる．

$[H_2] = (0.00623 - 0.00156)\,\mathrm{mol\,L^{-1}} = $ **0.00467 mol L^{-1}**
$[I_2] = (0.00414 - 0.00156)\,\mathrm{mol\,L^{-1}} = $ **0.00258 mol L^{-1}**
$[HI] = (0.0224 + 2 \times 0.00156)\,\mathrm{mol\,L^{-1}} = $ **0.0255 mol L^{-1}**

確認 求められた平衡濃度を用いて，K_c を計算することにより解答を確認することができる．特定の反応に対する K_c は，温度が一定ならば定数となることを覚えておこう．

類似問題: 15.78

練習問題 1280°C におけるつぎの反応の平衡定数 K_c は 1.1×10^{-3} である．

$$Br_2(g) \rightleftharpoons 2Br(g)$$

初期濃度が $[Br_2]=6.3\times10^{-2}\,\mathrm{mol\,L^{-1}}$，および $[Br]=1.2\times10^{-2}\,\mathrm{mol\,L^{-1}}$ の場合，平衡状態におけるこれらの化学種の濃度を計算せよ．

考え方の復習

ある温度における反応 $A_2 + B_2 \rightleftharpoons 2AB$ の平衡定数 K_c は 3 である．右に示す図 (a)〜(c) のうち，平衡状態にある反応混合物に対応しているものはどれか．また，平衡状態にない反応混合物については，平衡に到達するために正味の反応が，正方向，あるいは逆方向のどちらに進むかを決定せよ．

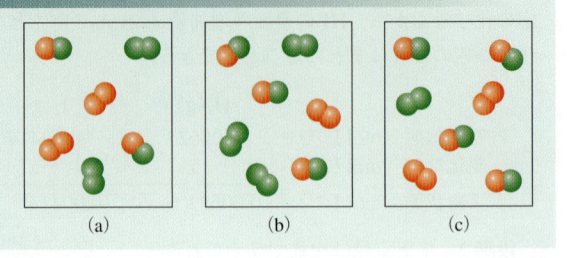

15.4 化学平衡に影響する因子

化学平衡は正反応と逆反応の間の釣り合いを表す．多くの場合，この釣り合いはきわめて微妙なものである．実験条件が変化すると釣り合いが乱れ，平衡の位置が移動して，望みの生成物の生成量が増大，あるいは減少する．たとえば，"平衡の位置が右へ移動する"というときには，正味の反応が反応式の左から右へ進行し，新しい平衡状態になることを意味する．実験において自由に制御できる変数として，濃度，圧力，体積，および温度がある．本節では，これらの変数のそれぞれが，平衡状態にある反応系にどのような影響を与えるかについて検討しよう．さらに，平衡に及ぼす触媒の効果についても調べてみよう．

ルシャトリエの原理

平衡状態にある反応系が，濃度，圧力，体積，あるいは温度の変化に対して，どちらの方向に移動するかを予想するための一般的な法則がある．その法則は，フランスの化学者ルシャトリエの名前をとって**ルシャトリエの原理**とよばれている．ルシャトリエの原理によれば，平衡状態にある系に外部から変化が加わると，その変化を部分的に打ち消すような方向に系の反応が進行し，新しい平衡状態になる．ここで，"変化"という言葉は，系を平衡状態から移動させる濃度，圧力，体積，あるいは温度の変化を意味している．ルシャトリエの原理を用いて，それぞれの変化が平衡状態に及ぼす効果を調べてみよう．

ルシャトリエ Henry Le Chatelier
ルシャトリエの原理 Le Chatelier's principle

濃度の変化

チオシアン酸鉄(Ⅲ) $Fe(SCN)_3$ は水に容易に溶解して，赤色の溶液になる．赤色は水和された $[FeSCN]^{2+}$ によるものである．未解離の $[FeSCN]^{2+}$ と，Fe^{3+}，および SCN^- との平衡は，次式で表される．

$$[FeSCN]^{2+}(aq) \rightleftharpoons Fe^{3+}(aq) + SCN^-(aq)$$
$$\text{赤色} \qquad \text{淡黄色} \quad \text{無色}$$

さて，この溶液にいくらかのチオシアン酸ナトリウム NaSCN を添加すると何が起こるだろうか．この場合，平衡状態にある系に加わる"変化"は，NaSCN の解離によって生じる SCN^- の濃度の増加である．この変化を打ち消すために，いくらかの Fe^{3+} は加えられた SCN^- と反応し，平衡は右から左へ移動する．

$$[FeSCN]^{2+}(aq) \longleftarrow Fe^{3+}(aq) + SCN^-(aq)$$

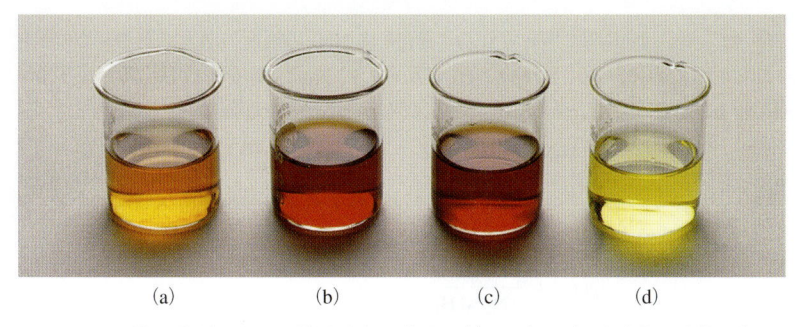

図 15.6 平衡の位置に対する濃度変化の効果.(a) $Fe(SCN)_3$ 水溶液.溶液の色は赤色の $[FeSCN]^{2+}$ と黄色の Fe^{3+} によるものである.(b) (a) の溶液に NaSCN を添加すると,平衡は左へ移動する.(c) (a) の溶液に $Fe(NO_3)_3$ を添加すると,平衡は左へ移動する.(d) (a) の溶液に $H_2C_2O_4$ を添加すると,平衡は右へ移動する.黄色は $[Fe(C_2O_4)_3]^{3-}$ によるものである.

その結果,溶液の赤色は濃くなる(図 15.6).同様に,もとの溶液に硝酸鉄(III) $Fe(NO_3)_3$ を添加しても,加えられた $Fe(NO_3)_3$ に由来する Fe^{3+} によって平衡は右から左へ移動するので赤色は濃くなる.ここで Na^+ と NO_3^- はいずれも,無色の傍観イオンである.

今度は,もとの溶液にいくらかのシュウ酸 $H_2C_2O_4$ を添加した場合を考えよう.シュウ酸は水中で電離してシュウ酸イオン $C_2O_4^{2-}$ を生じ,それは Fe^{3+} と強く結合する.黄色の安定なイオン $[Fe(C_2O_4)_3]^{3-}$ が生成することによって,Fe^{3+} が溶液から除去される.その結果,$[FeSCN]^{2+}$ の解離が進行し,平衡は左から右へ移動する.

$$[FeSCN]^{2+}(aq) \longrightarrow Fe^{3+}(aq) + SCN^-(aq)$$

$[Fe(C_2O_4)_3]^{3-}$ の生成によって,赤色の溶液は黄色に変化するだろう.

この実験は,平衡状態においてすべての反応物と生成物は反応系内に存在すること,さらに,生成物(Fe^{3+},あるいは SCN^-)の濃度を増大させると平衡は左へ移動し,一方,生成物 Fe^{3+} の濃度を減少させると平衡は右へ移動することを示している.この結果は,まさにルシャトリエの原理によって予想されるものと一致している.

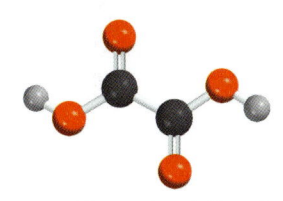

シュウ酸はしばしば,鉄さび,すなわち Fe_2O_3 からなる浴槽の汚れを除去するために使用される.

ルシャトリエの原理は,平衡状態にある系において観測される事実を単に要約したものである.したがって,ある平衡の移動が"ルシャトリエの原理のために"起こるという表現は正しくない.

例題 15.8

720 ℃ におけるつぎの反応の平衡定数 K_c は 2.37×10^{-3} である.

$$N_2(g) + 3H_2(g) \rightleftharpoons 2NH_3(g)$$

ある実験において,平衡濃度が $[N_2] = 0.683 \text{ mol L}^{-1}$,$[H_2] = 8.80 \text{ mol L}^{-1}$,および $[NH_3] = 1.05 \text{ mol L}^{-1}$ であった.いくらかの NH_3 を混合物に添加して,その濃度を 3.65 mol L^{-1} に増加させた.(a) 新しい平衡状態になるために,正味の反応はどちらの方向へ進行するか.ルシャトリエの原理を用いて予想せよ.(b) 反応商 Q_c を計算してその値を K_c と比較することにより,その予想が正しいかどうかを確認せよ.

解法 (a) 反応系に加えられた"変化"は何か.どうしたら系は,その変化を打ち消すことができるか.(b) いくらかの NH_3 を添加した瞬間において,系はもはや平衡状態にはない.この点における反応商 Q_c はどのように計算したらよいか.Q_c と K_c の比較から,平衡状態になるために正味の反応が進行する方向を予想するにはどうしたらよいだろうか.

(つづく)

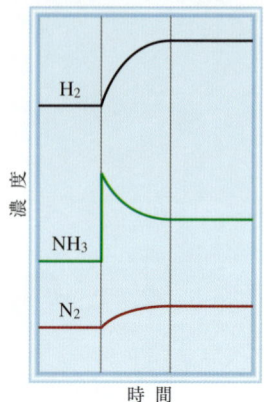

図 15.7 平衡混合物に対して NH_3 を添加したあとの N_2, H_2, NH_3 の濃度変化. 新しい平衡状態になると, すべての濃度はもとの平衡状態から変化する. しかし, 温度が一定であるから平衡定数 K_c は変化しない.

解答 (a) 反応系に加えられた"変化"は NH_3 の濃度の増大である. この変化を打ち消すために, いくらかの NH_3 が反応して N_2 と H_2 を生成し, 新たな平衡状態になる. したがって, 正味の反応として右から左への反応が進行する. すなわち,

$$N_2(g) + 3H_2(g) \longleftarrow 2NH_3(g)$$

(b) いくらかの NH_3 を添加した瞬間において, 系はもはや平衡状態にはない. 反応商 Q_c は次式によって与えられる.

$$Q_c = \frac{[NH_3]_0^2}{[N_2]_0[H_2]_0^3}$$

$$= \frac{(3.65)^2}{(0.683)(8.80)^3} = 2.86 \times 10^{-2}$$

この値は平衡定数 $K_c = 2.37 \times 10^{-3}$ よりも大きいので, Q_c が K_c に等しくなるまで, 正味の反応は右から左へ進行する.

図 15.7 に反応にかかわる化学種の濃度変化を定量的に示した.

(類似問題: 15.36)

練習問題 430℃ におけるつぎの反応の平衡定数 K_P は 1.5×10^5 である.

$$2NO(g) + O_2(g) \rightleftharpoons 2NO_2(g)$$

ある実験において, NO, O_2, NO_2 の初期状態の圧力は, それぞれ 2.1×10^{-3} atm, 1.1×10^{-2} atm, 0.14 atm であった. 反応商 Q_P を求めよ. また, 平衡状態になるために, 正味の反応が進行する方向を予想せよ.

圧力と体積の変化

たとえば水溶液中のような凝縮系の反応では, 一般に, 圧力を変化させても, 反応にかかわる化学種の濃度は影響を受けない. これは, 液体や固体は事実上, 圧縮できないからである. 一方, 気体の濃度は圧力の変化によって著しく影響を受ける. 第 5 章で学んだ式 (5.8) を思い出そう.

$$PV = nRT$$

$$P = \left(\frac{n}{V}\right)RT$$

したがって, 圧力 P と体積 V は互いに反比例の関係にあることがわかる. すなわち, 圧力が高くなれば体積は小さくなり, 逆に圧力が低くなれば体積は大きくなる. さらに, 項 n/V は mol L^{-1} 単位をもつ気体の濃度であり, それは圧力に比例して変化することに注意してほしい.

つぎの平衡反応系が可動性のピストンをつけたシリンダーに入っているとしよう.

$$N_2O_4(g) \rightleftharpoons 2NO_2(g)$$

一定の温度でピストンを押し下げることによって, 気体の圧力を増加させたら何が起こるだろうか. 体積の減少に伴って, NO_2 と N_2O_4 の濃度 n/V はいずれも増加する. 系はもはや平衡状態にはないので, 反応商 Q_c を用いて考えよう.

$$Q_c = \frac{[NO_2]_0^2}{[N_2O_4]_0}$$

平衡の移動もルシャトリエの原理を用いて予想することができる.

NO_2 の濃度は二乗で寄与するので, 圧力が増大すると, Q_c の分母よりも分子の増

大の方が大きいことがわかる．したがって，$Q_c > K_c$ となるので，正味の反応は，$Q_c = K_c$ となるまで左へ進行するだろう（図15.8）．逆に，気体の圧力を減少させる，すなわち体積を増加させると，$Q_c < K_c$ となる．したがって，正味の反応は，$Q_c = K_c$ となるまで右へ進行するだろう．

一般に，圧力を増加（体積を減少）させると，気体の物質量の全量を減少させる方向（上述の反応では逆反応）に正味の反応が進行する．一方，圧力を減少（体積を増加）させると，気体の物質量の全量を増加させる方向（上述の反応では正反応）に正味の反応が進行する．たとえば，$H_2(g) + Cl_2(g) \rightleftharpoons 2HCl(g)$ のような気体の物質量が変化しない反応では，圧力（あるいは体積）を変化させても，平衡の位置は影響を受けない．

系の体積を変えずに，圧力を変化させることは可能である．たとえば，NO_2 と N_2O_4 の平衡反応系が，体積が一定のステンレス鋼製の容器に入っているとしよう．この系に対して，ヘリウムのような不活性気体を加えることによって，容器内の全圧を増加させることができる．一定の体積において平衡状態にある混合物にヘリウムを添加すると，気体の全圧は増加し，NO_2 と N_2O_4 のモル分率はいずれも減少する．しかし，分圧はモル分率と全圧の積で与えられるので（§5.5を見よ），それぞれの気体の分圧は変化しない．したがって，このような場合において，不活性気体を添加しても，平衡の位置は影響を受けない．

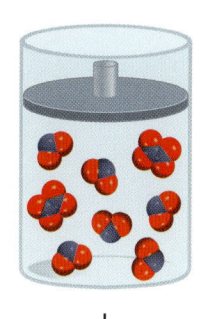

図 15.8 平衡反応 $N_2O_4(g) \rightleftharpoons 2NO_2(g)$ に対する圧力の効果．

例題 15.9

つぎの反応式で示した平衡反応系を考えよう．

(a) $2PbS(s) + 3O_2(g) \rightleftharpoons 2PbO(s) + 2SO_2(g)$
(b) $PCl_5(g) \rightleftharpoons PCl_3(g) + Cl_2(g)$
(c) $H_2(g) + CO_2(g) \rightleftharpoons H_2O(g) + CO(g)$

それぞれの反応において，一定の温度で系の圧力を増加（体積を減少）させた場合に，正味の反応が進行する方向を予想せよ．

解法 圧力の変化は気体の体積だけに影響を与える．固体や液体はほとんど圧縮されないので，これらの体積は圧力の変化によって影響を受けない．平衡状態にある反応系に加わる"変化"は，圧力の増加である．ルシャトリエの原理によって，この変化を部分的に打ち消すような方向に，系の反応が進行するだろう．言い換えれば，系の圧力を減少させる方向に反応が進行することになる．これは，気体の物質量を減少させる方向へ平衡が移動することによって達成される．圧力は，気体の物質量に比例することを思い出そう．すなわち，$PV = nRT$ であるから，$P \propto n$ となる．

解答 (a) 気体の分子だけについて考えればよい．釣り合いのとれた反応式において，気体の反応物は 3 mol であり，気体の生成物は 2 mol である．したがって，反応系の圧力が増加すると，正味の反応は生成物方向へ（右方向へ）進行するだろう．

(b) 生成物の物質量は 2 mol であり，反応物の物質量は 1 mol である．したがって，正味の反応は左方向へ，すなわち反応物方向へ移動するだろう．

(c) 生成物の物質量と反応物の物質量は等しい．したがって，反応系の圧力が変化しても，平衡の位置は影響を受けない．

確認 いずれの場合も，予想される正味の反応が進行する方向は，ルシャトリエの原理と矛盾しない．
(類似問題: 15.46)

練習問題 塩化ニトロシル，一酸化窒素，および塩素分子からなる平衡反応を考えよう．

$$2NOCl(g) \rightleftharpoons 2NO(g) + Cl_2(g)$$

一定の温度で反応系の圧力を減少させる（体積を増加させる）場合に，正味の反応が進行する方向を予想せよ．

考え方の復習

右の図は，平衡状態にある気相反応 $2A \rightleftharpoons A_2$ を示している．一定の温度において，体積を増加させることによって反応系の圧力を減少させた場合，新たな平衡状態になったときに，A と A_2 それぞれの濃度はどのように変化すると考えられるか．

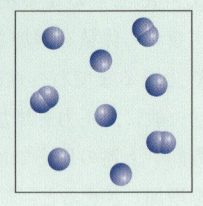

温度の変化

濃度，圧力，あるいは体積を変化させると，平衡の位置，すなわち反応物と生成物の相対的な量は変化するが，平衡定数の値は変わらない．平衡定数が変化するのは，温度が変化した場合だけである．つぎの反応を用いて，その理由を考えてみよう．

$$N_2O_4(g) \rightleftharpoons 2NO_2(g)$$

正反応は吸熱的，すなわち外界から熱を吸収し，$\Delta H° > 0$ である．

$$熱 + N_2O_4(g) \longrightarrow 2NO_2(g) \quad \Delta H° = 58.0 \, kJ \, mol^{-1}$$

したがって，逆反応は発熱的，すなわち外界に熱を放出し，$\Delta H° < 0$ である．

$$2NO_2(g) \longrightarrow N_2O_4(g) + 熱 \quad \Delta H° = -58.0 \, kJ \, mol^{-1}$$

ある温度で系が平衡状態にある場合には，正味の反応は起こらないので，熱の効果はない．さて，熱をあたかも化学試薬のように扱ってみよう．すると，温度を上昇させることは系に対して熱を"加える"ことになり，温度を低下させることは系から熱を"除去する"ことになる．濃度，圧力，あるいは体積といった他のすべての変数の変化と同様に，系はその変化の効果を打ち消すような方向に移動する．したがって，温度を上昇させると，吸熱反応の方向，すなわち平衡反応式の左から右への反応が進行し，その結果，$[N_2O_4]$ が減少して $[NO_2]$ が増加する．一方，温度を低下させると，発熱の方向，すなわち平衡反応式の右から左への反応が進行し，その結果，$[NO_2]$ が減少して $[N_2O_4]$ が増加する．この反応の平衡定数はつぎの式によって与えられるので，

図 15.9 (a) 室温で平衡状態にある NO_2 と N_2O_4 の混合物を含む 2 個の球状容器．(b) 一つの容器を氷水に入れると（左），無色の N_2O_4 が生成するために色が薄くなる．もう一方の容器を温水に入れると（右），NO_2 濃度が増大するために色が濃くなる．

図 15.10 （左）加熱すると，青色の $[CoCl_4]^{2-}$ の生成が有利となる．（右）冷却すると，ピンク色の $[Co(H_2O)_6]^{2+}$ の生成が有利となる．

$$K_c = \frac{[NO_2]^2}{[N_2O_4]}$$

系を加熱すると K_c は増大し，系を冷却すると K_c は減少することになる（図15.9）．

もう一つの例として，次式のようなイオンの間の平衡反応を考えよう．

$$[CoCl_4]^{2-} + 6H_2O \rightleftharpoons [Co(H_2O)_6]^{2+} + 4Cl^-$$
　　青色　　　　　　　　　　ピンク色

$[CoCl_4]^{2-}$ の生成反応は吸熱的である．したがって，系を加熱すると平衡は左へ移動し，溶液は青色に変わる．冷却すると発熱反応が有利に進行し，$[Co(H_2O)_6]^{2+}$ が生成するため，溶液はピンク色に変わる（図15.10）．

要約すると，温度を上昇させると吸熱反応が有利となり，温度を低下させると発熱反応が有利となる．

触媒の効果

前章で述べたように，触媒は反応の活性化エネルギーを低下させることによって反応速度を増大させる（§14.4）．しかし，図14.7が示すように，触媒は，正反応の活性化エネルギーと逆反応の活性化エネルギーを同じ程度に低下させる．したがって，触媒が存在しても平衡定数は変化せず，また平衡の位置も移動しないことが結論できる．平衡状態にない反応混合物に触媒を添加することは，その混合物がよりすみやかに平衡状態に到達することをひき起こすにすぎない．触媒が存在しなくても同じ平衡混合物が得られるが，それに到達するにはとても長い時間がかかるに違いない．

平衡の位置に影響を与える因子の要約

本節では，平衡状態にある反応系に影響を与える四つの因子について考えてきた．記憶しておくべき重要なことは，四つの因子のうち温度の変化だけが，平衡定数の値を変化させることである．濃度，圧力，および体積の変化は，反応混合物の平衡濃度を変化させるが，温度が変わらない限り平衡定数が変化することはない．また，触媒を添加すると反応は加速するが，触媒の存在は平衡定数にも，また反応にかかわる化学種の平衡濃度にも影響を与えない．

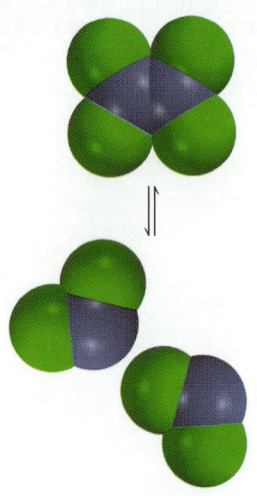

例題 15.10

四フッ化二窒素 N_2F_4 と二フッ化窒素 NF_2 の間の平衡反応を考えよう．この反応は次式で示される．

$$N_2F_4(g) \rightleftharpoons 2NF_2(g) \qquad \Delta H° = 38.5\,\text{kJ mol}^{-1}$$

この反応系に (a)～(d) の変化を与えた．それぞれについて，平衡が移動する方向を予想せよ．(a) 一定の体積において反応混合物を加熱する，(b) 一定の温度と体積において反応混合物からいくらかの N_2F_4 を除去する，(c) 一定の温度において反応混合物の圧力を低下させる，(d) 反応混合物に触媒を添加する．

解法 (a) $\Delta H°$ の符号から，正反応の熱量変化について何がわかるか（吸熱反応か，あるいは発熱反応か）．(b) いくらかの N_2F_4 を除去すると，この反応の反応商 Q_c は増加するか，減少するか．(c) 圧力が低下すると，系の体積はどのように変化するだろうか．(d) 触媒の機能は何か．触媒は平衡状態にない反応系にどのような影響を与えるか．また，平衡状態にある反応系にはどのような影響を与えるか．

解答 (a) 反応系に加えられた"変化"は，加熱である．反応 $N_2F_4 \longrightarrow 2NF_2$ は吸熱過程（$\Delta H° > 0$）なので，反応の進行に伴い外界から熱を吸収する．したがって，熱は反応物と見なすことができる．

$$熱 + N_2F_4(g) \rightleftharpoons 2NF_2(g)$$

反応系は，加えられた熱を部分的に除去する方向，すなわち N_2F_4 の分解反応（左から右への反応）の方向に移動し，新しい平衡状態になる．この反応の平衡定数は次式で表される．

$$K_c = \frac{[NF_2]^2}{[N_2F_4]}$$

温度の上昇に伴って NF_2 の濃度は増大し，N_2F_4 の濃度は減少するので，平衡定数は温度の上昇とともに増大することになる．平衡定数は，特定の温度においてのみ定数となることを思い出そう．温度が変化すれば，平衡定数もまた変化するのである．

(b) この問いにおける"変化"は N_2F_4 の除去である．反応系は，除去された N_2F_4 を部分的に補う方向に移動するだろう．したがって，再び平衡状態になるまで，右から左への反応が進行することになる．この結果，いくらかの NF_2 が結合して N_2F_4 が生成する．

コメント この問いでは，温度は一定に保たれているので，平衡定数 K_c は変化しない．NF_2 が結合して N_2F_4 が生成するので，K_c が変化するように見えるかもしれない．しかし，最初にいくらかの N_2F_4 を除去していることに注意してほしい．反応系が移動することによって，除去された N_2F_4 は部分的に補われるだけであり，全体の N_2F_4 の量は減少している．実際に，再び平衡に到達したときには，NF_2 と N_2F_4 の量はいずれも初期状態よりも減少する．平衡定数の表記を見るとわかるように，新しい平衡状態では分母の値も分子の値も初期状態より小さくなっているので，K_c の値は同じになるのである．

(c) 反応系に加えられた"変化"は圧力の減少であり，それによって気体の体積は増加する．反応系は，その変化を打ち消すために，圧力を上昇させる方向に移動するだろう．気体の圧力は，物質量に比例することを思い出そう．釣り合いのとれた反応式を見ると，N_2F_4 が分解して NF_2 が生成すると，気体の全物質量が増加し，それによって圧力が上昇することがわかる．したがって，再び平衡に到達するまで，左から右への反応が進行することになる．温度は一定に保たれているので，平衡定数は変化しない．

(つづく)

(d) 触媒の機能は反応速度を増大させることである．平衡状態にない反応系に触媒が添加されると，触媒のない場合よりもすみやかに平衡に到達するだろう．この問いのように，反応系がすでに平衡状態にある場合には，触媒を添加しても NF_2 と N_2F_4 の濃度，あるいは平衡定数のいずれも影響を受けない．

類似問題：15.47, 15.48

練習問題 酸素とオゾンの間の平衡反応を考えよう．
$$3O_2(g) \rightleftharpoons 2O_3(g) \qquad \Delta H° = 284 \, kJ \, mol^{-1}$$
この反応系に (a)～(d) の変化を与えた．それぞれの変化は反応系にどのような効果を与えるか．(a) 体積を減少させることによって系の圧力を上昇させる，(b) 系に O_2 を添加する，(c) 温度を低下させる，(d) 触媒を添加する．

考え方の復習

右の図は，二つの温度 ($T_2 > T_1$) において平衡状態にある反応 $X_2 + Y_2 \rightleftharpoons 2XY$ を示している．この反応の正反応は，吸熱反応か，それとも発熱反応か．

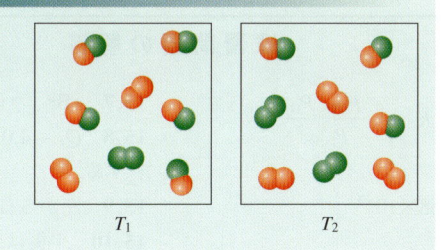

T_1　　　T_2

重要な式

$$K = \frac{[C]^c[D]^d}{[A]^a[B]^b} \qquad (15.2)$$
質量作用の法則．平衡定数の一般的な表記．

$$K_P = K_c(0.0821T)^{\Delta n} \qquad (15.5)$$
K_P と K_c の関係．

事項と考え方のまとめ

1. 同じ物質が二つの相の間で動的平衡にある状態は，物理平衡とよばれる．化学平衡は，正反応と逆反応の速度が等しく，反応物と生成物の濃度が時間によって変化しない可逆的な過程である．
2. 一般に，化学平衡は次式のように書くことができる．
$$aA + bB \rightleftharpoons cC + dD$$
平衡定数 K_c の表記によって，平衡状態における反応物と生成物の濃度（$mol \, L^{-1}$ 単位）が関係づけられる（式 (15.2)）．
3. 気体反応の平衡定数 K_P によって，平衡状態における反応物と生成物の分圧（atm 単位）の関係が表記される．
4. すべての反応物と生成物が同じ相にある化学平衡を均一平衡という．反応物と生成物が必ずしも同じ相にない場合は，不均一平衡とよばれる．純粋な固体，純粋な液体，および溶媒の濃度は反応が進行しても変化しないので，平衡定数の表記には現れない．
5. 平衡定数 K の値は，平衡を表す反応式の釣り合いのとり方に依存する．ある反応の反応式を逆向きに書いた場合，平衡定数はもとの反応の平衡定数の逆数となる．
6. 平衡定数は，逆反応の速度定数に対する正反応の速度定数の比である．
7. 反応商 Q は，平衡定数 K と同じ形式で表記され，平衡状態にない反応系に適用される．$Q > K$ の場合には，右から左の方向に反応が進行して平衡に到達する．一方，$Q < K$ の場合には，左から右の方向に反応が進行して平衡に到達する．
8. ルシャトリエの原理によると，平衡状態にある系に対して外部から変化が加わると，その変化を部分的に打ち消すような方向に系の反応が進行し，新しい平衡状態になる．

9. ある特定の反応に対して平衡定数の値が変化するのは，温度が変化した場合だけである．濃度，圧力，あるいは体積が変化すると，反応物と生成物の平衡濃度が変わることがある．触媒を添加すると，平衡に到達する速度は増大するが，反応物と生成物の平衡濃度は影響を受けない．

キーワード

化学平衡　chemical equilibrium　p.421
均一平衡　homogeneous equilibrium　p.424
反応商　reaction quotient, Q_c　p.431
不均一平衡　heterogeneous equilibrium　p.428

物理平衡　physical equilibrium　p.421
平衡定数　equilibrium constant　p.422
ルシャトリエの原理　Le Chatelier's principle　p.436

練習問題の解答

15.1 $K_c = \dfrac{[NO_2]^4[O_2]}{[N_2O_5]^2}$　　$K_P = \dfrac{P_{NO_2}^4 P_{O_2}}{P_{N_2O_5}^2}$

15.2 347 atm　　**15.3** 1.2

15.4 $K_P = 0.0702$；　$K_c = 6.68 \times 10^{-5}$

15.5 右から左の方向．

15.6 $[HI] = 0.031\,\text{mol L}^{-1}$, $[H_2] = 4.3 \times 10^{-3}\,\text{mol L}^{-1}$, $[I_2] = 4.3 \times 10^{-3}\,\text{mol L}^{-1}$

15.7 $[Br_2] = 0.065\,\text{mol L}^{-1}$, $[Br] = 8.4 \times 10^{-3}\,\text{mol L}^{-1}$

15.8 $Q_P = 4.0 \times 10^5$, 正味の反応は右から左の方向に進行する．

15.9 左から右の方向．

15.10 平衡は，(a) 左から右，(b) 左から右，(c) 右から左の方向へ移動する．(d) 触媒は平衡に対して効果を与えない．

考え方の復習の解答

- p.423　(a) $K_c > 1$
- p.429　(c)
- p.430　$2NO_2(g) + 7H_2(g) \rightleftharpoons 2NH_3(g) + 4H_2O(g)$：$K_c = K_P$ は成立しない．
- p.436　(a) 正方向に進む，(b) 平衡状態にある，(c) 逆方向に進む．
- p.440　A は増加し，A_2 は減少する．
- p.443　正反応は発熱反応である．

16

酸と塩基

ブロモチモールブルー指示薬を加えた水にドライアイスを加えると，CO_2 が水と反応して炭酸が生成し，溶液の色が青から黄色に変わる．

章の概要

16.1 ブレンステッドの酸と塩基 446
共役酸塩基対

16.2 水の酸性・塩基性 447
水のイオン積

16.3 pH——酸性の尺度 449

16.4 酸と塩基の強さ 452

16.5 弱酸と酸解離定数 455
電離度・二塩基酸と多塩基酸

16.6 弱塩基と塩基解離定数 465

16.7 共役酸塩基の解離定数の関係 468

16.8 分子構造と酸の強さ 469
ハロゲン化水素酸・オキソ酸

16.9 塩の酸性・塩基性 472
中性溶液を与える塩・塩基性溶液を与える塩・酸性溶液を与える塩・金属イオンの加水分解・陽イオンと陰イオンがともに加水分解する塩

16.10 酸性，塩基性，および両性酸化物 477

16.11 ルイス酸とルイス塩基 479

基本の考え方

ブレンステッドの酸と塩基 ブレンステッド酸はプロトンを供与する物質であり，ブレンステッド塩基はプロトンを受容する物質である．あらゆるブレンステッド酸に対して共役塩基が存在し，あらゆるブレンステッド塩基に対して共役酸が存在する．

水の酸性・塩基性と pH 水はブレンステッド酸として，またブレンステッド塩基としてふるまう．25℃ の水における H^+ と OH^- の濃度は，いずれも $10^{-7}\,mol\,L^{-1}$ である．溶液の酸性を表すための尺度として，pH が定められている．pH が小さいほど，H^+ 濃度が高く，酸性が強い．

酸と塩基の解離定数 強酸と強塩基は完全に電離すると考えてよい．ほとんどの弱酸と弱塩基の電離の程度は小さい．酸の電離反応の平衡定数を，酸解離定数という．酸解離定数を用いて，平衡状態における酸，共役塩基，および H^+ の濃度を計算することができる．

分子構造と酸の強さ 類似した構造をもつ一連の酸の強さと分子構造との関係は，結合エンタルピー，結合の極性，および酸化数の違いに基づいて理解することができる．

塩と酸化物の酸性・塩基性 多くの塩は水と反応する．その過程は加水分解とよばれる．塩に含まれる陽イオンと陰イオンの性質から，生成する溶液の pH を予想することができる．ほとんどの酸化物もまた，水と反応して，酸性，あるいは塩基性溶液を与える．

ルイス酸とルイス塩基 ルイスによって提案された酸塩基のより一般的な定義では，酸は電子対を受容する物質であり，塩基は電子対を供与する物質である．ブレンステッドの定義による酸と塩基は，すべてルイスの酸と塩基になる．

16.1 ブレンステッドの酸と塩基

第4章において，ブレンステッド酸をプロトンを供与できる物質と定義し，ブレンステッド塩基をプロトンを受容できる物質と定義した．一般に，これらの定義に基づいて，酸と塩基の性質や反応を議論することができる．

共役酸塩基対

共役酸塩基対 conjugate acid-base pair
"共役"は"一続きになった"という意味である．

共役酸塩基対の概念は，酸とその共役塩基，あるいは塩基とその共役酸のように酸と塩基を一組にして考える考え方であり，ブレンステッドによる酸と塩基の定義を拡張したものである．ブレンステッド酸の共役塩基とは，その酸から一つプロトンを除去して生じる化学種をいう．逆に，共役酸は，ブレンステッド塩基に対して一つプロトンを付加して生じる化学種である．

あらゆるブレンステッド酸は共役塩基をもち，あらゆるブレンステッド塩基は共役酸をもつ．たとえば，塩化物イオン Cl^- は酸 HCl から生じる共役塩基である．また，H_2O は酸 H_3O^+ の共役塩基である．同様に，次式で表される酢酸の電離に対して，共役酸塩基対が以下のように特定される．

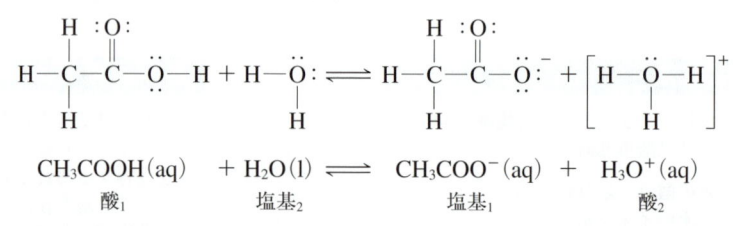

$$CH_3COOH(aq) + H_2O(l) \rightleftharpoons CH_3COO^-(aq) + H_3O^+(aq)$$
$$\text{酸}_1 \qquad \text{塩基}_2 \qquad \text{塩基}_1 \qquad \text{酸}_2$$

ヒドロニウムイオン H_3O^+ の静電ポテンシャル図．水溶液中ではプロトンはいつも水分子と結合している．H_3O^+ は，水和されたプロトンを表す最も簡単な化学式である．

下付き数字1と2は，それぞれ対応する2種類の共役酸塩基対を示す．すなわち，酢酸イオン CH_3COO^- は酸 CH_3COOH の共役塩基である．HCl の電離（§4.3を見よ）と CH_3COOH の電離はともに，ブレンステッド酸塩基反応の例である．

アンモニアはプロトンを受容できるので，ブレンステッドの定義により塩基に分類することができる．

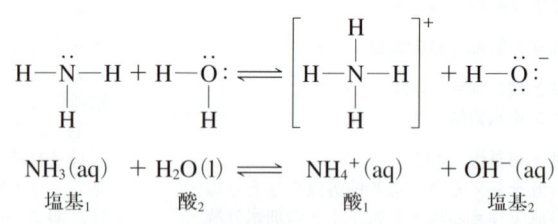

$$NH_3(aq) + H_2O(l) \rightleftharpoons NH_4^+(aq) + OH^-(aq)$$
$$\text{塩基}_1 \qquad \text{酸}_2 \qquad \text{酸}_1 \qquad \text{塩基}_2$$

この場合には，NH_4^+ が塩基 NH_3 の共役酸であり，OH^- が酸 H_2O の共役塩基である．H^+ を受容するブレンステッド塩基の原子は，非共有電子対をもたねばならないことに注意してほしい．

例題 16.1

水溶液中のアンモニアとフッ化水素との反応において，どの化学種とどの化学種が共役酸塩基対であるかを判定せよ．

$$NH_3(aq) + HF(aq) \rightleftharpoons NH_4^+(aq) + F^-(aq)$$

解法 共役塩基はいつも，相当する酸の化学式より H 原子が一つ少なく，負電荷が一つ多い（あるいは正電荷が一つ少ない）ことを思い出そう．

（つづく）

解 答 NH₃ は NH₄⁺ よりも，H 原子が一つ少なく，正電荷が一つ少ない．F⁻ は HF よりも，H 原子が一つ少なく，負電荷が一つ多い．したがって，共役酸塩基対は，(1) NH₄⁺ と NH₃，および (2) HF と F⁻ である．(類似問題: 16.5)

練習問題 つぎの反応において，どの化学種とどの化学種が共役酸塩基対であるかを判定せよ．

$$CN^- + H_2O \rightleftharpoons HCN + OH^-$$

水溶液中におけるプロトンは，H⁺，あるいは H₃O⁺ のいずれで表記してもよい．化学式 H⁺ を用いると，水素イオン濃度や平衡定数を含む計算を行う場合に煩雑さが少ない．一方，H₃O⁺ は，水溶液中におけるプロトンの姿を表した書き方である．

考え方の復習

つぎの (a)〜(c) に示した組のうち，共役酸塩基対を構成していないものはどれか．(a) HNO₂ と NO₂⁻，(b) H₂CO₃ と CO₃²⁻，(c) CH₃NH₃⁺ と CH₃NH₂．

16.2 水の酸性・塩基性

すでに述べたように，水は特殊な溶媒である．その特別な性質の一つは，水は酸としても，また塩基としてもふるまうことである．水は HCl や CH₃COOH のような酸との反応では塩基としてはたらき，NH₃ のような塩基との反応では酸としてはたらく．水は非常に弱い電解質であり，したがって電気伝導性に乏しい．しかし，水は次式のようにわずかに電離している．

$$H_2O(l) \rightleftharpoons H^+(aq) + OH^-(aq) \quad (16.1)$$

この反応はしばしば，水の自己解離とよばれる．水の自己解離を次式のように表すと，水がブレンステッドの定義による酸，および塩基であることが明確に示される．同様の式は図 16.1 にも示した．

水道水や地下から汲み上げた水には多くのイオンが溶解しているので，それらは電気を通す．

$$\underset{\text{酸}_1}{H_2O} + \underset{\text{塩基}_2}{H_2O} \rightleftharpoons \underset{\text{酸}_2}{H_3O^+} + \underset{\text{塩基}_1}{OH^-} \quad (16.2)$$

酸塩基共役対は，(1) H₂O(酸) と OH⁻(塩基)，および (2) H₃O⁺(酸) と H₂O(塩基) となる．

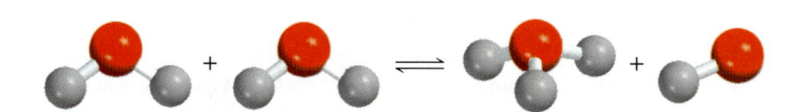

図 16.1 2個の水分子からヒドロニウムイオンと水酸化物イオンが生成する反応

水のイオン積

酸塩基反応を理解するためには，水素イオン濃度が重要な手がかりとなる．その値によって，溶液の酸性・塩基性がはっきりと示されるのである．電離している水分子の割合は非常に少ないので，電離によって水の濃度 $[H_2O]$ は実質的に変化しない．したがって，式(16.2)で表される水の自己解離の平衡定数は，つぎのように表記される．

$$K_c = [H_3O^+][OH^-]$$

いずれも水和されたプロトンを表す $H^+(aq)$ と $H_3O^+(aq)$ は互いに置き換えることができるので，平衡定数はつぎのように書くことができる．

$$K_c = [H^+][OH^-]$$

この平衡定数が水の自己解離に関する平衡定数であることを示すために，K_c を K_w で置き換えよう．

$$K_w = [H_3O^+][OH^-] = [H^+][OH^-] \tag{16.3}$$

ここで K_w は，<u>一定温度における H^+ と OH^- のモル濃度の積であり</u>，**水のイオン積**とよばれる．

25°C の純粋な水において，H^+ と OH^- の濃度は等しく，$[H^+] = 1.0\times10^{-7}$ mol L^{-1}，および $[OH^-] = 1.0\times10^{-7}$ mol L^{-1} であることが知られている．したがって，式(16.3)から 25°C において，

$$K_w = (1.0\times10^{-7})(1.0\times10^{-7}) = 1.0\times10^{-14}$$

純粋な水であっても，あるいは溶解した化学種を含む水溶液であっても，25°C では常につぎの関係が成立する．

$$K_w = [H^+][OH^-] = 1.0\times10^{-14} \tag{16.4}$$

$[H^+] = [OH^-]$ のときには，その水溶液は中性であるという．酸性溶液中では，H^+ が過剰に存在し，$[H^+] > [OH^-]$ となる．一方，塩基性溶液では，水酸化物イオンが過剰に存在し，$[H^+] < [OH^-]$ となる．実際に，溶液中の H^+ と OH^- のいずれかの濃度を変えることはできるが，それらの両方を独立に変えることはできない．たとえば，溶液を $[H^+] = 1.0\times10^{-6}$ mol L^{-1} となるように調節すれば，OH^- の濃度は，つぎのように変化しなければならない．

$$[OH^-] = \frac{K_w}{[H^+]} = \frac{1.0\times10^{-14}}{1.0\times10^{-6}} = 1.0\times10^{-8} \text{ mol L}^{-1}$$

純水では，$[H_2O] = 55.5$ mol L^{-1} であることを思い出そう (p.425 を見よ)．

水のイオン積 ion-product of water

もし 1 L の水から 1 秒ごとに 10 個の粒子を取出し，それらが H_2O，H^+，あるいは OH^- のいずれであるかを調べたとすると，休まずに作業したとしても，1 個の H^+ を発見するには約 2 年かかる計算になる．

例題 16.2

ある家庭用のアンモニア洗浄液の OH^- 濃度は 0.0030 mol L^{-1} である．この溶液の H^+ 濃度を計算せよ．

解法 与えられた OH^- 濃度から，$[H^+]$ を計算する問題である．水，あるいは水溶液中の $[H^+]$ と $[OH^-]$ との関係は，水のイオン積 K_w によって与えられる（式(16.4)）．

解答 式(16.4)を変形することにより，つぎのように解答を得ることができる．

$$[H^+] = \frac{K_w}{[OH^-]} = \frac{1.0\times10^{-14}}{0.0030}$$
$$= 3.3\times10^{-12} \text{ mol L}^{-1}$$

確認 $[H^+] < [OH^-]$ であることから，溶液は塩基性であることがわかる．これは，先に述べた水とアンモニアとの反応の議論に基づく予想と一致している．（類似問題: 16.16(c)）

練習問題 ある HCl 溶液の水素イオン濃度は 1.3 mol L^{-1} であった．この溶液の OH^- 濃度を計算せよ．

> **考え方の復習**
>
> ある水溶液の H^+ の濃度が $0.0010\ mol\ L^{-1}$ であるとき,OH^- の濃度は 1.0×10^{-10} $mol\ L^{-1}$ にはなり得ない理由を説明せよ.

16.3 pH——酸性の尺度

水溶液中の H^+ と OH^- の濃度はしばしば,非常に小さい数となるために,取扱いが不便である.デンマークの化学者セーレンセンは 1909 年に,**pH** とよばれるより実用的な H^+ の表記法を提案した.溶液の pH は,$mol\ L^{-1}$ 単位で表した水素イオン濃度の対数の負値と定義される.

$$pH = -\log [H_3O^+] \quad \text{あるいは} \quad pH = -\log [H^+] \quad (16.5)$$

式 (16.5) は,単に数値の取扱いが便利になるように考案された定義であることを覚えておいてほしい.対数値に負符号をつけるのは,pH を正の値にするためである.一般に $[H^+]$ は非常に小さい値なので,負符号がなければ pH の値は負になるであろう.さらに,単位の対数をとることはできないので,式 (16.5) の $[H^+]$ の項には,水素イオン濃度の表記の数値部分のみを用いる.すなわち,平衡定数と同様に,溶液の pH は無次元の量である.

pH を用いると水素イオン濃度を明確に表記することができる.25 °C における酸,および塩基の溶液は,それらの pH 値によってつぎのように区別できる.

酸性溶液: $[H^+] > 1.0\times10^{-7}\ mol\ L^{-1}$,pH < 7.00
塩基性溶液: $[H^+] < 1.0\times10^{-7}\ mol\ L^{-1}$,pH > 7.00
中性溶液: $[H^+] = 1.0\times10^{-7}\ mol\ L^{-1}$,pH $= 7.00$

$[H^+]$ が減少するに従って,pH は大きくなることに注意してほしい.

しばしば,溶液の pH 値が与えられて,その溶液の H^+ 濃度を計算しなければならない場合がある.その際には,つぎのように,式 (16.5) の真数をとる必要がある.

$$[H^+] = 10^{-pH} \quad (16.6)$$

ところで,上記の pH の定義,および実は,これまでの章で議論してきたモル濃度や質量モル濃度で表される溶液濃度を用いたすべての計算では,暗黙のうちに溶液が理想的にふるまうことを仮定していた.したがって,これらの計算は,正確ではない可能性があることに注意しなければならない.実際の溶液では,イオン対の生成や,他の種類の分子間相互作用が,溶液中に存在する化学種の実際の濃度に影響を与える可能性がある.この状況は,第 5 章で議論した理想気体のふるまいと実在気体のふるまいとの関係に類似している.温度,体積,および存在する気体の種類に依存して,実測される気体の圧力は,理想気体の式を用いて計算される値とは異なることがあった.それと同様に,溶質の実際の,すなわち"実効的な"濃度は,溶液中に最初に溶かした物質の量から計算される濃度とは異なる場合がある.しかし,ちょうどファンデルワールスの式や他の式によって理想気体と非理想気体のふるまいの差異を表現したように,溶液における非理想的なふるまいを取扱う方法がある.

セーレンセン Søren Sørensen
pH(ピーエイチ)

pH 単位における 1 の違いは,$[H^+]$ では 10 倍の違いに相当することに注意せよ.

濃厚な酸の溶液では,pH が負になることもある.たとえば,$2.0\ mol\ L^{-1}$ の HCl 水溶液の pH は,-0.30 である.

希薄溶液では，モル濃度の数値は活量に等しい．

一つの方法は，濃度を，実効的な濃度である活量で置き換えることである．すなわち，厳密にいえば，溶液の pH はつぎのように定義されねばならない．

$$pH = -\log a_{H^+} \tag{16.7}$$

ここで a_{H^+} は H^+ の活量である．第 15 章で述べたように（p.426 を見よ），理想溶液では活量と濃度の数値は等しい．実在の溶液では，一般に，活量の値は濃度とは異なり，その差はしばしば，検出される程度の大きさになる．熱力学に基づいて溶質の濃度からその活量を見積もるための確かな方法があるが，その詳細は本書の範囲を超える．ここでは，モル濃度で表記される H^+ の濃度はその活量の値とは異なるので，測定された溶液の pH は必ずしも，式(16.5) から計算される pH と同一ではないことを覚えておいてほしい．これからも濃度を用いて議論を続けるが，これは，溶液中で実際に起こっている化学的な過程の近似的な記述であるということを忘れてはならない．

実験室では，溶液の pH は pH 計を用いて測定される（図 16.2）．表 16.1 に身近にあるさまざまな液体の pH を示した．表からわかるように，体液の pH は場所と機能に依存して大きく変化する．胃液の低い pH，すなわち高い酸性度は消化を促進し，一方，血液が酸素を運搬するためには比較的高い pH が必要となる．

溶液の水酸化物イオン濃度の尺度として，pH に類似した pOH も考案されている．次式のように，pOH は水酸化物イオン濃度の対数の負値として定義される．

$$pOH = -\log [OH^-] \tag{16.8}$$

溶液の pOH から OH^- の濃度を計算しなければならない場合には，次式のように，式(16.8) の真数をとる．

$$[OH^-] = 10^{-pOH} \tag{16.9}$$

さて，ここでもう一度 25℃ における水のイオン積を考えよう．

$$[H^+][OH^-] = K_w = 1.0 \times 10^{-14}$$

両辺の対数をとって負符号をつけると，

$$-(\log [H^+] + \log [OH^-]) = -\log (1.0 \times 10^{-14})$$
$$-\log [H^+] - \log [OH^-] = 14.00$$

pH と pOH の定義から，次式が得られる．

$$pH + pOH = 14.00 \tag{16.10}$$

式(16.10) は，式(16.4) に示した H^+ 濃度と OH^- 濃度の関係を別の形式で表したものである．

表 16.1 いくつかの身近にある液体の pH

試料	pH 値
胃液	1.0〜2.0
レモンジュース	2.4
酢	3.0
グレープフルーツジュース	3.2
オレンジジュース	3.5
尿	4.8〜7.5
空気にさらした水*	5.5
唾液	6.4〜6.9
牛乳	6.5
純水	7.0
血液	7.35〜7.45
涙	7.4
マグネシアミルク	10.6
家庭用アンモニア水	11.5

* 水が長い時間空気にさらされると，空気中の CO_2 を吸収し，炭酸 H_2CO_3 が生じる．

図 16.2 実験室で溶液の pH を測定する際には，pH 計がよく用いられる．多くの pH 計では pH 1〜14 までの目盛がつけられているが，pH の値は，実際には，1 より小さい，あるいは 14 より大きい値をとることができる．

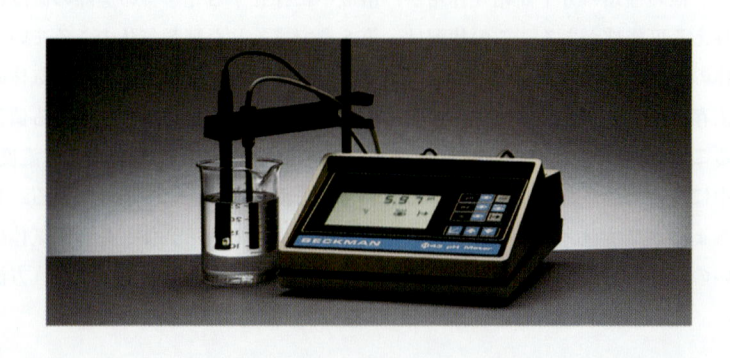

例題 16.3

コルク栓をとった直後のテーブルワインの瓶内の水素イオン濃度は，4.1×10^{-4} mol L^{-1} であった．ワインの半分だけを消費し，残りの半分は空気にさらしたまま1カ月間放置した．そのワインの水素イオン濃度は，2.3×10^{-3} mol L^{-1} に等しいことがわかった．これら二つの状況におけるワインのpHを計算せよ．

解法 与えられた水素イオン濃度から，溶液のpHを計算する問題である．pHの定義を思い出そう．

解答 式(16.5)から，pH = $-\log$ [H$^+$] である．最初に瓶を開けたときは，[H$^+$] = 4.1×10^{-4} mol L^{-1} なので，それを式(16.5) に代入して，

$$\begin{aligned} \text{pH} &= -\log [\text{H}^+] \\ &= -\log (4.1 \times 10^{-4}) \\ &= \boxed{3.39} \end{aligned}$$

一方，第二の状況では，[H$^+$] = 2.3×10^{-3} mol L^{-1} なので，

$$\text{pH} = -\log (2.3 \times 10^{-3}) = \boxed{2.64}$$

(いずれの場合も，pHの有効数字は2桁である．3.39の小数点の右側に数字が2個あることが，もとの数の有効数字が2桁であることを示している．付録3を見よ．)

コメント 水素イオン濃度が増加，すなわちpHが減少したのは，おもに，酸素の存在下に放置されたことにより，いくらかのアルコール（エタノール）が酢酸に変換されたことに起因している．

(類似問題: 16.17(a), (d))

練習問題 硝酸HNO$_3$は肥料，染料，医薬品，および爆薬の製造に用いられる．水素イオン濃度が0.76 mol L^{-1}である HNO$_3$溶液の pH を計算せよ．

例題 16.4

米国北東部のある地方において，ある日に集められた雨水のpHは5.23であった．この雨水の水素イオン濃度を計算せよ．

解法 この問題では，与えられた溶液のpHから，[H$^+$]を計算することが求められている．pHはpH = $-\log$ [H$^+$] と定義されるので，pHの真数を求めることによって[H$^+$]を得ることができる．すなわち，式(16.6)に示すように，[H$^+$] = $10^{-\text{pH}}$ である．

解答 式(16.5)から，

$$\text{pH} = -\log [\text{H}^+] = 5.23$$

したがって，

$$\log [\text{H}^+] = -5.23$$

[H$^+$]を求めるには，-5.23の真数を求めればよい．

$$[\text{H}^+] = 10^{-5.23} = \boxed{5.9 \times 10^{-6} \text{ mol L}^{-1}}$$

(科学計算のできる電卓には，真数を求める機能がついている．それは INV log，あるいは 10^x などと表示されている．)

確認 pHは5と6の間なので，[H$^+$]は1×10^{-5} mol L^{-1} と 1×10^{-6} mol L^{-1} の間であることが予想できる．したがって，解答は理にかなっている．

(類似問題: 16.16(a), (b))

練習問題 あるオレンジジュースのpHは3.33であった．水素イオン濃度を計算せよ．

例題 16.5

あるNaOH溶液の[OH$^-$]は7.2×10^{-5} mol L^{-1}であった．この溶液のpHを計算せよ．

解法 この問題の解答は，二つの段階を経る．まず，式(16.8)を用いてpOHを計算する必要がある．つぎに，式(16.10)を用いて溶液のpHを計算する．

解答 まず，式(16.8)を用いてpOHを求める．

$$\begin{aligned} \text{pOH} &= -\log [\text{OH}^-] \\ &= -\log (7.2 \times 10^{-5}) \\ &= 4.14 \end{aligned}$$

つぎに，式(16.10)を用いてpHを計算する．

$$\text{pH} + \text{pOH} = 14.00$$

$$\begin{aligned} \text{pH} &= 14.00 - \text{pOH} \\ &= 14.00 - 4.14 = \boxed{9.86} \end{aligned}$$

別の解法として，水のイオン積 K_w = [H$^+$][OH$^-$] を用いて [H$^+$] を求め，つぎに [H$^+$] から pH を計算することもできる．この方法も試みよ．

確認 解答は，溶液は塩基性（pH > 7）であることを示している．これはNaOH溶液であることと矛盾しない．(類似問題: 16.17(b))

練習問題 ある血液試料の水酸化物イオン濃度は2.5×10^{-7} mol L^{-1}であった．この血液のpHを求めよ．

考え方の復習

つぎの二つの溶液のうち，酸性が強いものはどちらか．$[H^+] = 2.5 \times 10^{-3}\,mol\,L^{-1}$ の溶液，および pOH＝11.6 の溶液．

16.4 酸と塩基の強さ

強酸 strong acid
実際には，水中で完全に電離する酸は知られていない．

強酸は強電解質であり，実質上は，水中において完全に電離していると考えてよい（図 16.3）．強酸のほとんどは無機酸である．塩酸 HCl，硝酸 HNO_3，過塩素酸 $HClO_4$，および硫酸 H_2SO_4 などがその例である．

$$HCl(aq) + H_2O(l) \longrightarrow H_3O^+(aq) + Cl^-(aq)$$
$$HNO_3(aq) + H_2O(l) \longrightarrow H_3O^+(aq) + NO_3^-(aq)$$
$$HClO_4(aq) + H_2O(l) \longrightarrow H_3O^+(aq) + ClO_4^-(aq)$$
$$H_2SO_4(aq) + H_2O(l) \longrightarrow H_3O^+(aq) + HSO_4^-(aq)$$

H_2SO_4 は二塩基酸であり，ここでは電離の第一段階だけが示されていることに注意してほしい．平衡状態において，強酸の溶液には，電離していない酸の分子は全く存在しない．

弱酸 weak acid

ほとんどの酸は**弱酸**である．弱酸は弱電解質であり，水中における電離の程度が限られている．平衡状態において弱酸の水溶液には，電離していない酸の分子と H_3O^+，および共役塩基の混合物が含まれる．弱酸の例は，フッ化水素酸 HF，酢酸 CH_3COOH，およびアンモニウムイオン NH_4^+ である．弱酸における限られた電離は，電離反応の平衡定数と関係している．それについては次節で述べる．

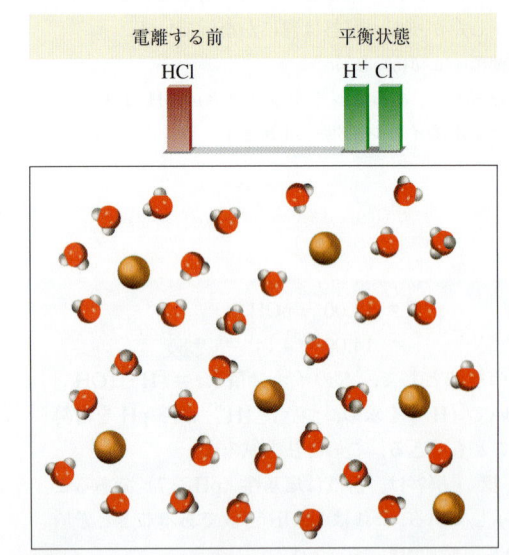

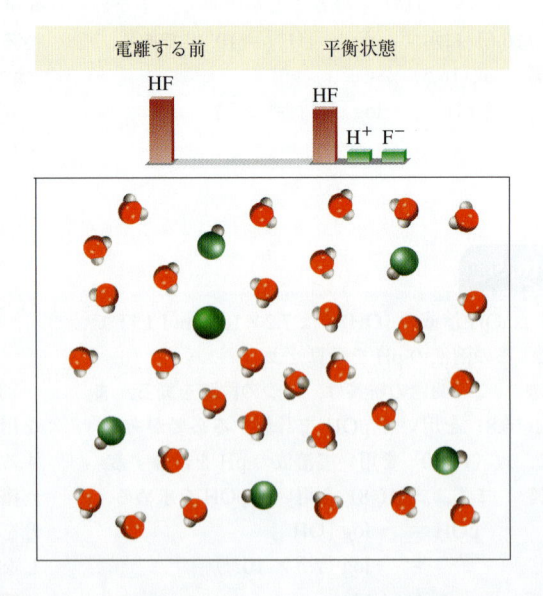

図 16.3 強酸（HCl, 左）と弱酸（HF, 右）の電離の程度．電離する前には，それぞれ 6 個の HCl 分子と HF 分子が存在した．水溶液中において，強酸は完全に電離すると考えてよい．溶液中ではプロトンは，ヒドロニウムイオン H_3O^+ として存在する．

強酸と同様に，**強塩基**はすべて強電解質であり，水中において完全に電離している．アルカリ金属と，いくつかのアルカリ土類金属の水酸化物は強塩基である．（なお，すべてのアルカリ金属の水酸化物は可溶性である．アルカリ土類金属の水酸化物のうち，$Be(OH)_2$ と $Mg(OH)_2$ は不溶性，$Ca(OH)_2$ と $Sr(OH)_2$ は微溶性，そして $Ba(OH)_2$ は可溶性である．）強塩基のいくつかの例を以下に示す．

強塩基 strong base

$$NaOH(s) \xrightarrow{H_2O} Na^+(aq) + OH^-(aq)$$

$$KOH(s) \xrightarrow{H_2O} K^+(aq) + OH^-(aq)$$

$$Ba(OH)_2(s) \xrightarrow{H_2O} Ba^{2+}(aq) + 2OH^-(aq)$$

厳密にいえば，これらの金属水酸化物はプロトンを受容することができないので，ブレンステッド塩基ではない．しかし，それらが電離すると生成する水酸化物イオン OH^- はプロトンを受容できるので，ブレンステッド塩基である．

$$H_3O^+(aq) + OH^-(aq) \longrightarrow 2H_2O(l)$$

すなわち，私たちが NaOH や他の金属水酸化物を塩基とよぶときには，実際にはそれらの水酸化物から生成する OH^- のことを指しているのである．

酸の濃度が同じであれば，亜鉛 Zn は CH_3COOH（右）のような弱酸よりも，HCl（左）のような強酸とより激しく反応する．これは，強酸の方が，溶液中に含まれる H^+ が多いからである．

弱酸と同様に，**弱塩基**は弱電解質である．アンモニアは水中で次式のように電離する．

$$NH_3(aq) + H_2O(l) \longrightarrow NH_4^+(aq) + OH^-(aq)$$

弱塩基 weak base

この反応では NH_3 は塩基としてはたらき，水からプロトンを受容して NH_4^+ と OH^- を生成する．この反応を起こすのはごく一部の NH_3 分子だけなので，NH_3 は弱塩基となる．

表 16.2 にいくつかの重要な共役酸塩基対を，それらの相対的な強さの順に並べて示した．共役酸塩基対は以下のような性質をもつ．

1. 酸が強酸の場合には，その共役塩基は測定できないほど弱い塩基となる．たとえば，Cl^- は強酸 HCl の共役塩基であるが，その塩基性はきわめて弱い．

表 16.2　共役酸塩基対の相対的な強さ

	酸	共役塩基	
酸の強さが増大 ↑	強酸 { $HClO_4$（過塩素酸） HI（ヨウ化水素酸） HBr（臭化水素酸） HCl（塩酸） H_2SO_4（硫酸） HNO_3（硝酸） H_3O^+（ヒドロニウムイオン）	ClO_4^-（過塩素酸イオン） I^-（ヨウ化物イオン） Br^-（臭化物イオン） Cl^-（塩化物イオン） HSO_4^-（硫酸水素イオン） NO_3^-（硝酸イオン） H_2O（水）	塩基の強さが増大 ↓
	弱酸 { HSO_4^-（硫酸水素イオン） HF（フッ化水素酸） HNO_2（亜硝酸） HCOOH（ギ酸） CH_3COOH（酢酸） NH_4^+（アンモニウムイオン） HCN（シアン化水素酸） H_2O（水） NH_3（アンモニア）	SO_4^{2-}（硫酸イオン） F^-（フッ化物イオン） NO_2^-（亜硝酸イオン） $HCOO^-$（ギ酸イオン） CH_3COO^-（酢酸イオン） NH_3（アンモニア） CN^-（シアン化物イオン） OH^-（水酸化物イオン） NH_2^-（アミドイオン）	

2. H_3O^+ は水溶液中で存在できる最も強い酸である．H_3O^+ より強い酸は，水溶液中では水と反応して H_3O^+ と相当する共役塩基を与える．たとえば，HCl は H_3O^+ よりも強い酸であるが，水溶液中では水と完全に反応して H_3O^+ と Cl^- を生成する．

$$HCl(aq) + H_2O(l) \longrightarrow H_3O^+(aq) + Cl^-(aq)$$

一方，H_3O^+ よりも弱い酸では，ごく一部の分子だけが水と反応して H_3O^+ と相当する共役塩基を与える．たとえば，つぎの平衡は大きく左に偏っている．

$$HF(aq) + H_2O(l) \rightleftharpoons H_3O^+(aq) + F^-(aq)$$

3. OH^- は水溶液中で存在できる最も強い塩基である．OH^- よりも強い塩基は，水溶液中では水と反応して OH^- と相当する共役酸を与える．たとえば，酸化物イオン O^{2-} は OH^- よりも強い塩基なので，水と次式のように完全に反応する．

$$O^{2-}(aq) + H_2O(l) \longrightarrow 2OH^-(aq)$$

この反応が起こるために，酸化物イオンは水溶液中で存在することはできない．

例題 16.6

つぎの水溶液の pH を計算せよ．(a) 2.5×10^{-3} mol L^{-1} の HCl 溶液，(b) 0.045 mol L^{-1} の Ba(OH)$_2$ 溶液．

解法 HCl は強酸であり，Ba(OH)$_2$ は強塩基であることを思い出そう．すなわち，これらは完全に電離し，溶液中に HCl や Ba(OH)$_2$ は存在しない．

解答 (a) HCl の電離は次式で表される．

$$HCl(aq) \longrightarrow H^+(aq) + Cl^-(aq)$$

電離の前後における，反応にかかわるすべての化学種（HCl，H^+，および Cl^-）の濃度はつぎのように表される．

	HCl(aq) $\longrightarrow$	H^+(aq) +	Cl^-(aq)
初期状態 (mol L^{-1}):	2.5×10^{-3}	0.0	0.0
変化量 (mol L^{-1}):	-2.5×10^{-3}	$+2.5 \times 10^{-3}$	$+2.5 \times 10^{-3}$
最終状態 (mol L^{-1}):	0.0	2.5×10^{-3}	2.5×10^{-3}

濃度が増加する場合は正(+)，減少する場合は負(−) の符号をつけて表す．

$$[H^+] = 2.5 \times 10^{-3} \text{ mol L}^{-1}$$
$$pH = -\log(2.5 \times 10^{-3})$$
$$pH = \boxed{2.60}$$

(b) Ba(OH)$_2$ は強塩基である．それぞれの Ba(OH)$_2$ 単位は 2 個の OH^- イオンを生成する．

$$Ba(OH)_2(aq) \longrightarrow Ba^{2+}(aq) + 2OH^-(aq)$$

反応にかかわるすべての化学種の濃度変化はつぎのように表される．

	Ba(OH)$_2$(aq) $\longrightarrow$	Ba^{2+}(aq) +	$2OH^-$(aq)
初期状態 (mol L^{-1}):	0.045	0.00	0.00
変化量 (mol L^{-1}):	-0.045	$+0.045$	$+2(0.045)$
最終状態 (mol L^{-1}):	0.00	0.045	0.090

これより，

$$[OH^-] = 0.090 \text{ mol L}^{-1}$$
$$pOH = -\log 0.090 = 1.05$$

(つづく)

H^+(aq) は H_3O^+(aq) と同じであることを思い出そう．

§15.3 (p.433) で示したように，平衡濃度を求めるためには ICE 法を用いる．

したがって，式(16.10) から，
$$pH = 14.00 - pOH$$
$$= 14.00 - 1.05 = \boxed{12.95}$$

確認 (a)と(b)の両方において，水の自己解離によって生じる$[H^+]$と$[OH^-]$の寄与を無視していることに注意してほしい．これは水の自己解離によって生じるH^+とOH^-の濃度（$1.0 \times 10^{-7}\,mol\,L^{-1}$）が，$2.5 \times 10^{-3}\,mol\,L^{-1}$や$0.090\,mol\,L^{-1}$と比べて非常に小さいためである．

類似問題：16.17(a), (c)

練習問題 $1.8 \times 10^{-2}\,mol\,L^{-1}$の$Ba(OH)_2$水溶液のpHを計算せよ．

例題 16.7

水溶液中において，つぎの反応が進行する方向を予想せよ．
$$HF(aq) + NO_2^-(aq) \rightleftharpoons HNO_2(aq) + F^-(aq)$$

解法 問題は，平衡状態において，この反応がHNO_2とF^-が有利となり右に偏るか，それともHFとNO_2^-が有利となり左に偏るかを決定することである．HFとHNO_2のうち，どちらがより強い酸，すなわちより強いプロトン供与体であるか．NO_2^-とF^-のうち，どちらがより強い塩基であるか．強い酸ほど，その共役塩基の塩基性は弱いことを思い出そう．

解答 表16.2を見ると，HFはHNO_2よりも強い酸であることがわかる．すなわち，NO_2^-はF^-よりも強い塩基である．したがって，HFはHNO_2よりも良好なプロトン供与体となるので（また，NO_2^-はF^-よりも良好なプロトン受容体となるので），正味の反応は，表記されたように左から右へ進むと予想される．

(類似問題：16.35, 16.36)

練習問題 つぎの反応の平衡定数は1よりも大きいか，それとも小さいかを予想せよ．
$$CH_3COOH(aq) + HCOO^-(aq) \rightleftharpoons$$
$$CH_3COO^-(aq) + HCOOH(aq)$$

考え方の復習

(a) つぎの酸の水溶液に含まれるすべてのイオン，および分子について，その濃度が高いものから低いものへと順に並べよ．(1) HNO_3，(2) HF．

(b) つぎの塩基の水溶液に含まれるすべてのイオン，および分子について，その濃度が高いものから低いものへと順に並べよ．(1) NH_3，(2) KOH．

16.5 弱酸と酸解離定数

すでに述べたように，強酸の数は比較的少ない．ほとんどの酸は弱酸である．ここで弱い一塩基酸HAを考えよう．水中におけるその電離は次式で表される．
$$HA(aq) + H_2O(l) \rightleftharpoons H_3O^+(aq) + A^-(aq)$$
あるいは簡単に，
$$HA(aq) \rightleftharpoons H^+(aq) + A^-(aq)$$
この電離反応の平衡定数はつぎのように表記される．

$$K_a = \frac{[H_3O^+][A^-]}{[HA]} \quad \text{あるいは} \quad K_a = \frac{[H^+][A^-]}{[HA]} \quad (16.11)$$

この式におけるすべての濃度は，平衡濃度である．

ここでK_aは酸の電離反応の平衡定数であり，**酸解離定数**とよばれる．一定の温度において，酸HAの強さはK_aの大きさによって定量的に評価される．K_aが大きいほど，強い酸となる．すなわち，酸のK_aが大きいほど，その電離によって生じる

酸解離定数 acid dissociation constant, K_a

H^+ の平衡濃度が高い．ただし，K_a 値をもつのは弱酸だけであることを忘れないでほしい．

表 16.3 にさまざまな弱酸とその 25 °C における K_a 値を，酸の強さが減少する順に並べて示した．これらの酸はすべて弱酸であるが，その中では強さに大きな差があることがわかる．たとえば，HF (7.1×10^{-4}) と HCN (4.9×10^{-10}) の K_a には約 150 万倍の違いがある．

一般に，酸の初期濃度とその K_a 値がわかれば，平衡状態における水溶液中の水素イオン濃度，すなわちその溶液の pH を計算することができる．あるいは，弱酸の水溶液の pH とその初期濃度がわかれば，弱酸の K_a 値を決定することができる．これらは平衡定数を扱う問題であるから，問題を解くための基本的な方法は，第 15 章で説明したものと同じである．しかし，酸の電離は水溶液中の化学平衡の主要な部分を占めるので，この種類の問題を解くための体系的な方法をここで詳しく説明することにしよう．また，それは反応の化学的な意味を理解することにも役立つだろう．

例として，25 °C における 0.50 mol L^{-1} の HF 溶液の pH を求めることを考えよう．HF の電離平衡は次式で示される．

$$HF(aq) \rightleftharpoons H^+(aq) + F^-(aq)$$

表 16.3 から，つぎのように書くことができる．

> 後見返しには，本書に掲載したすべての有用な表と図をあげてある．

表 16.3　25 °C におけるいくつかの弱酸とその共役塩基の解離定数

酸の名称	分子式	構造式	K_a	共役塩基	K_b
フッ化水素酸	HF	H—F	7.1×10^{-4}	F^-	1.4×10^{-11}
亜硝酸	HNO_2	O=N—O—H	4.5×10^{-4}	NO_2^-	2.2×10^{-11}
アセチルサリチル酸 (アスピリン)	$C_9H_8O_4$	(構造式)	3.0×10^{-4}	$C_9H_7O_4^-$	3.3×10^{-11}
ギ酸	HCOOH	H—C(=O)—O—H	1.7×10^{-4}	$HCOO^-$	5.9×10^{-11}
アスコルビン酸*	$C_6H_8O_6$	(構造式)	8.0×10^{-5}	$C_6H_7O_6^-$	1.3×10^{-10}
安息香酸	C_6H_5COOH	(構造式)	6.5×10^{-5}	$C_6H_5COO^-$	1.5×10^{-10}
酢酸	CH_3COOH	CH_3—C(=O)—O—H	1.8×10^{-5}	CH_3COO^-	5.6×10^{-10}
シアン化水素酸	HCN	H—C≡N	4.9×10^{-10}	CN^-	2.0×10^{-5}
フェノール	C_6H_5OH	(構造式)—O—H	1.3×10^{-10}	$C_6H_5O^-$	7.7×10^{-5}

* アスコルビン酸の酸解離定数は，構造式の左上部のヒドロキシ基に関する値である．

$$K_a = \frac{[\text{H}^+][\text{F}^-]}{[\text{HF}]} = 7.1 \times 10^{-4}$$

　第一段階は，溶液中に存在する化学種のうちで，HF の pH に影響を与えると予想されるすべての化学種を特定することである．弱酸 HF の電離の程度は小さいので，平衡状態ではほとんどが電離していない HF として存在し，それに加えていくらかの H^+ と F^- が存在する．もう一つの多量にある化学種は H_2O であるが，水の K_w は非常に小さい（1.0×10^{-14}）ので，水から生じる H^+ は，溶液の水素イオン濃度に対してほとんど寄与しない．したがって，特に言及しない限り，いつも水の自己解離によって生成する H^+ の寄与は無視する．また，OH^- も溶液中に存在するが，それにかかわる必要はないことに注意してほしい．OH^- の濃度は，$[\text{H}^+]$ が求められた後に，式(16.4) を用いて決定することができる．

　さて，p.434 で述べた ICE 法を用いると，平衡に到達するまでの HF，H^+，および F^- の濃度の変化はつぎのように要約することができる．

	HF(aq)	⇌	H^+(aq)	+	F^-(aq)
初期状態 (mol L^{-1}):	0.50		0.00		0.00
変化量 (mol L^{-1}):	$-x$		$+x$		$+x$
平衡状態 (mol L^{-1}):	$0.50 - x$		x		x

　HF，H^+，および F^- の平衡濃度は未知数 x で表されているが，酸解離定数を表す式に代入すると，次式が得られる．

$$K_a = \frac{(x)(x)}{0.50 - x} = 7.1 \times 10^{-4}$$

この式を変形すると，

$$x^2 + 7.1 \times 10^{-4} x - 3.6 \times 10^{-4} = 0$$

これは二次方程式であり，二次方程式の根の公式を用いることによって解くことができる（付録 3 を見よ）．あるいは，近似を用いた簡便法により x を求めることができる．その方法を試してみよう．HF は弱酸であり，ほんのわずか電離しているだけなので，x は 0.50 と比較して非常に小さいと考えられる．したがって，つぎのように近似することができる．

$$0.50 - x \approx 0.50$$

すると，酸解離定数の表記は次式のようになる．

$$\frac{x^2}{0.50 - x} \approx \frac{x^2}{0.50} = 7.1 \times 10^{-4}$$

この式を変形することにより，以下のように x を求めることができる．

$$x^2 = (0.50)(7.1 \times 10^{-4}) = 3.55 \times 10^{-4}$$
$$x = \sqrt{3.55 \times 10^{-4}} = 0.019 \text{ mol L}^{-1}$$

こうして，二次方程式の根の公式を使わずに x が得られる．平衡状態におけるそれぞれの化学種の濃度は，

$$[\text{HF}] = (0.50 - 0.019) \text{ mol L}^{-1} = 0.48 \text{ mol L}^{-1}$$
$$[\text{H}^+] = 0.019 \text{ mol L}^{-1}$$
$$[\text{F}^-] = 0.019 \text{ mol L}^{-1}$$

そして，溶液の pH はつぎのように求めることができる．

記号 ≈ は "…に近似的に等しい" ことを意味する．"近似的に" の意味は，石炭を満載したトラックにたとえることができる．もし運搬の途中で数個の石炭の塊を失ったとしても，積荷の総量には感知できるほどの変化はないだろう．

$$\text{pH} = -\log(0.019) = 1.72$$

　上の方法で用いた近似 $0.50-x \approx 0.50$ はどの程度，正しいものだろうか．一般に，測定によって得られる弱酸の K_a 値は±5％程度の誤差を含むことが知られている．したがって，この近似が理にかなったものであるためには，x は 0.50 の5％以下であることが要求される．言い換えれば，もし次式で求められる値が5％と等しいか，あるいはそれ以下であれば，近似は妥当なものといえる．

$$\frac{0.019\,\text{mol L}^{-1}}{0.50\,\text{mol L}^{-1}} \times 100\% = 3.8\%$$

したがって，ここで行った近似は妥当である．

　さて，別の状況を考えてみよう．HF の初期濃度が $0.050\,\text{mol L}^{-1}$ の場合には，上記の方法を用いて x を求めると $6.0\times10^{-3}\,\text{mol L}^{-1}$ が得られる．しかし，同じように近似の妥当性を確かめてみると，次式のとおりこの値は $0.050\,\text{mol L}^{-1}$ の5％を超えるので，この近似は正しくないことがわかる．

$$\frac{6.0\times10^{-3}\,\text{mol L}^{-1}}{0.050\,\text{mol L}^{-1}} \times 100\% = 12\%$$

したがって，この場合は，根の公式を用いて x を求めなければならない．

　まず，酸解離定数を未知数 x を用いて表記する．

$$\frac{x^2}{0.050-x} = 7.1\times10^{-4}$$

$$x^2 + 7.1\times10^{-4}x - 3.6\times10^{-5} = 0$$

この表記は二次方程式 $ax^2+bx+c=0$ に一致している．根の公式を用いることにより，x を得ることができる．

$$\begin{aligned}
x &= \frac{-b \pm \sqrt{b^2-4ac}}{2a} \\
&= \frac{-7.1\times10^{-4} \pm \sqrt{(7.1\times10^{-4})^2 - 4(1)(-3.6\times10^{-5})}}{2(1)} \\
&= \frac{-7.1\times10^{-4} \pm 0.012}{2} \\
&= 5.6\times10^{-3}\,\text{mol L}^{-1} \quad \text{あるいは} \quad -6.4\times10^{-3}\,\text{mol L}^{-1}
\end{aligned}$$

電離によって生じるイオンの濃度は負ではありえないから，2番目の解（$x=-6.4\times10^{-3}\,\text{mol L}^{-1}$）は物理的に不可能な値である．したがって，$x=5.6\times10^{-3}\,\text{mol L}^{-1}$ が得られ，次式のように $[\text{HF}]$, $[\text{H}^+]$, $[\text{F}^-]$ を求めることができる．

$$[\text{HF}] = (0.050-5.6\times10^{-3})\,\text{mol L}^{-1} = 0.044\,\text{mol L}^{-1}$$
$$[\text{H}^+] = 5.6\times10^{-3}\,\text{mol L}^{-1}$$
$$[\text{F}^-] = 5.6\times10^{-3}\,\text{mol L}^{-1}$$

そして，溶液の pH は，

$$\text{pH} = -\log(5.6\times10^{-3}) = 2.25$$

　弱酸の電離平衡に関する問題を解くためのおもな段階は，つぎのように要約することができる．

1. 水溶液中に存在する化学種のうちで，溶液の pH に影響を与えるおもな化学種を特定する．ほとんどの場合，水の自己解離は無視することができる．水酸化

物イオンの濃度は，H^+ の濃度から決定することができるので考えなくてよい．
2. 前項で特定された化学種のそれぞれの平衡濃度を，酸の初期濃度と，濃度の変化を示すただ一つの未知数 x によって表す．
3. 平衡濃度を用いて酸解離定数 K_a を表記する．まず，近似を用いた方法によって x を求める．近似が妥当でない場合には，二次方程式の根の公式を用いて x を求める．
4. 得られた x から，すべての化学種の平衡濃度，および溶液の pH を計算する．

例題 16.8

濃度 0.036 mol L^{-1} の亜硝酸 HNO$_2$ 水溶液の pH を計算せよ．
$$HNO_2(aq) \rightleftharpoons H^+(aq) + NO_2^-(aq)$$

解法 弱酸は水中でその一部だけが電離することを思い出そう．問題では弱酸の初期濃度が与えられ，平衡における溶液の pH を計算することが求められている．反応にかかわる化学種をはっきりさせるために，略図を描いてみよう．

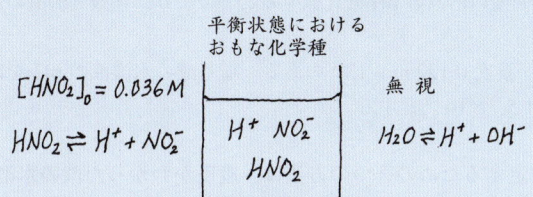

例題 16.6 と同様に，H_2O の自己解離は無視できるので，H^+ の主要な起源は亜硝酸となる．また，酸性溶液であることから予想できるように OH^- の濃度はきわめて低いので，OH^- は少量の化学種として存在するに過ぎない．

解答 上記の要約した方法に従って解答する．

段階 1 溶液の pH に影響を与える化学種は，HNO_2, H^+, および共役塩基 NO_2^- である．[H^+] に対する水の寄与は無視する．

段階 2 x を H^+ と NO_2^- の平衡濃度（mol L^{-1} 単位）とすると，平衡に到達するまでの変化はつぎのように要約することができる．

	HNO_2(aq)	$\rightleftharpoons$	H^+(aq)	+	NO_2^-(aq)
初期状態 (mol L^{-1}):	0.036		0.00		0.00
変化量 (mol L^{-1}):	$-x$		$+x$		$+x$
平衡状態 (mol L^{-1}):	$0.036-x$		x		x

段階 3 表 16.3 から，つぎのように書くことができる．
$$K_a = \frac{[H^+][NO_2^-]}{[HNO_2]}$$
$$4.5 \times 10^{-4} = \frac{x^2}{0.036-x}$$

近似 $0.036-x \approx 0.036$ を適用すると，次式のように x を求めることができる．
$$4.5 \times 10^{-4} = \frac{x^2}{0.036-x} \approx \frac{x^2}{0.036}$$
$$x^2 = 1.62 \times 10^{-5}$$
$$x = 4.0 \times 10^{-3} \text{ mol L}^{-1}$$

近似の妥当性を検討してみると，

(つづく)

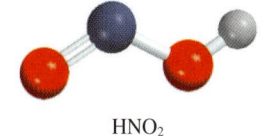

$$\frac{4.0 \times 10^{-3}\,\text{mol L}^{-1}}{0.036\,\text{mol L}^{-1}} \times 100\% = 11\%$$

この値は5%を超えるので，近似は正しいものとはいえない．したがって，二次方程式を解かねばならない．

$$x^2 + 4.5 \times 10^{-4} x - 1.62 \times 10^{-5} = 0$$

$$x = \frac{-4.5 \times 10^{-4} \pm \sqrt{(4.5 \times 10^{-4})^2 - 4(1)(-1.62 \times 10^{-5})}}{2(1)}$$

$$= 3.8 \times 10^{-3}\,\text{mol L}^{-1} \quad \text{あるいは} \quad -4.3 \times 10^{-3}\,\text{mol L}^{-1}$$

電離によって生じるイオンの濃度は負ではありえないから，2番目の解は物理的に不可能な値である．したがって，解答は正の根 $x = 3.8 \times 10^{-3}\,\text{mol L}^{-1}$ によって与えられる．

段階4 平衡状態におけるpHは，

$$[\text{H}^+] = 3.8 \times 10^{-3}\,\text{mol L}^{-1}$$

$$\text{pH} = -\log(3.8 \times 10^{-3}) = \boxed{2.42}$$

確認 弱酸の溶液であることから予想される通り，得られたpHは溶液が酸性であることを示していることに注意せよ．また，得られたpHを，0.036 mol L^{-1}のHClのような強酸の溶液のpHと比較することにより，強酸と弱酸の違いを確認してみよう．

練習問題 濃度0.122 mol L^{-1}のある一塩基酸の水溶液のpHを求めよ．ただし，酸のK_aは5.7×10^{-4}とする．

類似問題: 16.45

酸のK_aを決定するための一つの方法は，濃度がわかった酸の水溶液の平衡状態におけるpHを測定することである．例題16.9でこの方法を示すことにしよう．

例題 16.9

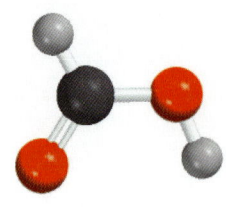

濃度0.10 mol L^{-1}のギ酸HCOOH水溶液のpHは2.39である．この酸のK_aを求めよ．

解法 ギ酸は弱酸であり，水溶液中では部分的に電離しているだけである．問題に与えられたギ酸の濃度は，電離する前の初期濃度を示すことに注意せよ．一方，溶液のpHは平衡状態にかかわることである．したがって，K_aを計算するためには，平衡状態における三つの化学種，[H$^+$]，[HCOO$^-$]，[HCOOH]の濃度を知る必要がある．いつものように，水の自己解離は無視する．問題に与えられた状況は，つぎの略図のように要約される．

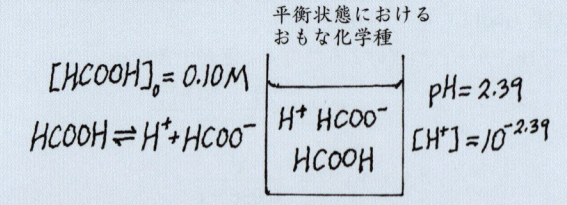

$$[\text{HCOOH}]_0 = 0.10\,\text{M}$$
$$\text{HCOOH} \rightleftharpoons \text{H}^+ + \text{HCOO}^-$$

平衡状態におけるおもな化学種：H$^+$ HCOO$^-$ HCOOH

pH = 2.39
[H$^+$] = $10^{-2.39}$

解答 つぎのように，段階的に問題を解答する．

段階1 溶液中の化学種のうち，pHに影響を与えるおもな化学種はHCOOH，H$^+$，および共役塩基HCOO$^-$である．

段階2 まず，pHの値から水素イオン濃度を計算する必要がある．

$$\text{pH} = -\log[\text{H}^+]$$
$$2.39 = -\log[\text{H}^+]$$

(つづく)

HCOOH

両辺の真数を求めると，
$$[H^+] = 10^{-2.39} = 4.1\times10^{-3}\,\text{mol L}^{-1}$$
つぎに，平衡状態になるまでの変化をまとめる．

	HCOOH(aq)	⇌	H^+(aq)	+	$HCOO^-$(aq)
初期状態 (mol L^{-1}):	0.10		0.00		0.00
変化量 (mol L^{-1}):	-4.1×10^{-3}		$+4.1\times10^{-3}$		$+4.1\times10^{-3}$
平衡状態 (mol L^{-1}):	$(0.10-4.1\times10^{-3})$		4.1×10^{-3}		4.1×10^{-3}

溶液の pH から H^+ 濃度がわかったので，平衡状態における HCOOH と $HCOO^-$ の濃度もわかることに注意せよ．

段階 3 ギ酸の酸解離定数は，次式によって与えられる．
$$K_a = \frac{[H^+][HCOO^-]}{[HCOOH]} = \frac{(4.1\times10^{-3})(4.1\times10^{-3})}{(0.10-4.1\times10^{-3})} = \boxed{1.8\times10^{-4}}$$

確認 K_a の値は表 16.3 に示されたものとは少し異なっている．これは計算において，四捨五入した値を用いたためである．

類似問題：16.43

練習問題 濃度 0.060 mol L^{-1} のある一塩基酸の弱酸の pH は 3.44 であった．この酸の K_a を計算せよ．

電 離 度

すでに述べたように，K_a の大きさは酸の強さを表す．酸の強さのもう一つの尺度は，**電離度**である．それは次式によって定義される．

電離度 degree of electrolytic dissociation

酸の濃度が同じ場合には，電離度によって酸の強さを比較することができる．

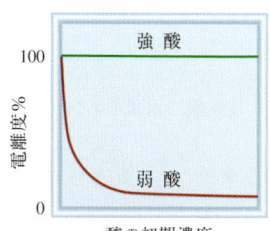

$$\text{電離度} = \frac{\text{平衡状態において電離している酸の濃度}}{\text{酸の初期濃度}} \times 100\,\% \quad (16.12)$$

強い酸ほど，電離度は大きくなる．一塩基酸 HA では，電離した酸の濃度は，平衡状態における H^+，あるいは A^- の濃度に等しい．したがって，電離度はつぎのように表記することができる．

$$\text{電離度} = \frac{[H^+]}{[HA]_0} \times 100\,\%$$

ここで $[H^+]$ は平衡状態の濃度を表し，$[HA]_0$ は初期濃度を表す．

たとえば，例題 16.8 を参照すると，0.036 mol L^{-1} の HNO_2 水溶液の電離度はつぎのように求めることができる．

$$\text{電離度} = \frac{3.8\times10^{-3}\,\text{mol L}^{-1}}{0.036\,\text{mol L}^{-1}} \times 100\,\% = 11\,\%$$

したがって，この溶液中で電離している HNO_2 分子は，すべての HNO_2 分子のうち 9 個に 1 個程度だけであることがわかる．これは HNO_2 が弱酸である事実と矛盾しない．

弱酸が電離する程度は，酸の初期濃度に依存する．溶液が希薄なほど，電離度は大きい（図 16.4）．このことは，ルシャトリエの原理（§15.4 を見よ）により定性的に説明することができる．酸を希釈すると，溶液中の"粒子"の濃度が減少する．反応系に加えられた"変化"は粒子の濃度の減少であり，それを打ち消すために，粒子が増加する方向に反応が進行する．すなわち，平衡は，電離していない酸（1 粒子）から，H^+ と共役塩基（2 粒子）の方向に移動する．その結果，酸の電離度は増大する．

図 16.4 酸の初期濃度に対する電離度の依存性．非常に低い濃度では，すべての酸，すなわち弱酸も強酸もほとんど完全に電離することに注意せよ．

二塩基酸と多塩基酸

　二塩基酸および多塩基酸は，1分子あたり2個以上のプロトンを与えることができる．これらの酸は段階的に電離する．すなわち，プロトンは一つずつ失われる．酸解離定数は，それぞれの電離過程について表記される．したがって，これらの酸の水溶液に含まれる化学種の濃度を計算する際には，しばしば2個，あるいはそれ

表 16.4　25°Cにおけるいくつかの二塩基酸および多塩基酸とそれらの共役塩基の解離定数

酸の名称	分子式	構造式	K_a	共役塩基	K_b
硫酸	H_2SO_4	H—O—S(=O)(=O)—O—H	非常に大きい	HSO_4^-	非常に小さい
硫酸水素イオン	HSO_4^-	H—O—S(=O)(=O)—O$^-$	1.3×10^{-2}	SO_4^{2-}	7.7×10^{-13}
シュウ酸	$H_2C_2O_4$	H—O—C(=O)—C(=O)—O—H	6.5×10^{-2}	$HC_2O_4^-$	1.5×10^{-13}
シュウ酸水素イオン	$HC_2O_4^-$	H—O—C(=O)—C(=O)—O$^-$	6.1×10^{-5}	$C_2O_4^-$	1.6×10^{-10}
亜硫酸*	H_2SO_3	H—O—S(=O)—O—H	1.3×10^{-2}	HSO_3^-	7.7×10^{-13}
亜硫酸水素イオン	HSO_3^-	H—O—S(=O)—O$^-$	6.3×10^{-8}	SO_3^{2-}	1.6×10^{-7}
炭酸	H_2CO_3	H—O—C(=O)—O—H	4.2×10^{-7}	HCO_3^-	2.4×10^{-8}
炭酸水素イオン	HCO_3^-	H—O—C(=O)—O$^-$	4.8×10^{-11}	CO_3^{2-}	2.1×10^{-4}
硫化水素酸	H_2S	H—S—H	9.5×10^{-8}	HS^-	1.1×10^{-7}
硫化水素イオン†	HS^-	H—S$^-$	1×10^{-19}	S^{2-}	1×10^5
リン酸	H_3PO_4	H—O—P(=O)(—O—H)—O—H	7.5×10^{-3}	$H_2PO_4^-$	1.3×10^{-12}
リン酸二水素イオン	$H_2PO_4^-$	H—O—P(=O)(—O—H)—O$^-$	6.2×10^{-8}	HPO_4^{2-}	1.6×10^{-7}
リン酸水素イオン	HPO_4^{2-}	H—O—P(=O)(—O$^-$)—O$^-$	4.8×10^{-13}	PO_4^{3-}	2.1×10^{-2}

* H_2SO_3 は SO_2 の水溶液中にごくわずかな濃度で存在するだけであり，単離することはできない．ここで示した K_a 値は次式に関するものである．$SO_2(g) + H_2O(l) \rightleftharpoons H^+(aq) + HSO_3^-(aq)$
† HS^- の酸解離定数は非常に小さく，測定することが困難である．ここには推定値を示した．

以上の平衡定数が用いられることになる．たとえば，H_2CO_3 の電離は次式のように表記される．

$$H_2CO_3(aq) \rightleftharpoons H^+(aq) + HCO_3^-(aq) \qquad K_{a_1} = \frac{[H^+][HCO_3^-]}{[H_2CO_3]}$$

$$HCO_3^-(aq) \rightleftharpoons H^+(aq) + CO_3^{2-}(aq) \qquad K_{a_2} = \frac{[H^+][CO_3^{2-}]}{[HCO_3^-]}$$

第一の電離過程における共役塩基が，第二の電離過程の酸となっていることに注意してほしい．

表 16.4 に，いくつかの二塩基酸および多塩基酸の酸解離定数を示す．ある酸について見ると，第一段階の酸解離定数は第二段階の酸解離定数よりもかなり大きいことがわかる．同様に，多塩基酸では，第二段階の解離定数は第三段階の酸解離定数よりもかなり大きい．この傾向は理にかなっている．なぜなら，電気的に中性な分子から H^+ を除去することは，その分子に由来する負電荷をもつイオンからさらに 1 個の H^+ を除去するよりも容易だからである．

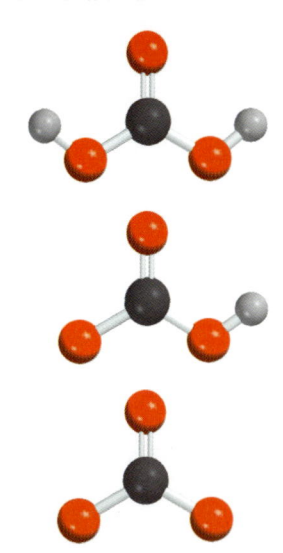

（上から下へ）
H_2CO_3，HCO_3^-，CO_3^{2-}．

例題 16.10

シュウ酸 $H_2C_2O_4$ は，おもに漂白剤や，たとえば浴槽の汚れを除去するための洗剤として用いられる有毒な物質である．$0.10\,mol\,L^{-1}$ のシュウ酸水溶液において，平衡状態で存在するすべての化学種の濃度を求めよ．

解 法 二塩基酸の水溶液中に存在する化学種の平衡濃度を決定することは，一塩基酸の場合よりもかなり複雑である．例題 16.8 において一塩基酸に用いたものと同様の方法により，それぞれの段階に従って解答する．第一段階の電離によって生じる共役塩基が，第二段階の電離における酸となることに注意せよ．

解 答 つぎの段階に従って解答する．

段階 1 第一段階の電離平衡によって生じる溶液中のおもな化学種は，電離していない酸，H^+，および共役塩基 $HC_2O_4^-$ である．

段階 2 x を H^+ と $HC_2O_4^-$ の平衡濃度（$mol\,L^{-1}$ 単位）とすると，平衡に到達するまでの変化はつぎのように要約することができる．

	$H_2C_2O_4(aq)$	$\rightleftharpoons$	$H^+(aq)$	+	$HC_2O_4^-(aq)$
初期状態（$mol\,L^{-1}$）:	0.10		0.00		0.00
変化量（$mol\,L^{-1}$）:	$-x$		$+x$		$+x$
平衡状態（$mol\,L^{-1}$）:	$0.10-x$		x		x

段階 3 表 16.4 から，次式のように書くことができる．

$$K_a = \frac{[H^+][HC_2O_4^-]}{[H_2C_2O_4]}$$

$$6.5 \times 10^{-2} = \frac{x^2}{0.10-x}$$

近似 $0.10-x \approx 0.10$ を適用すると，次式のように x を求めることができる．

$$6.5 \times 10^{-2} = \frac{x^2}{0.10-x} \approx \frac{x^2}{0.10}$$

$$x^2 = 6.5 \times 10^{-3}$$

$$x = 8.1 \times 10^{-2}\,mol\,L^{-1}$$

（つづく）

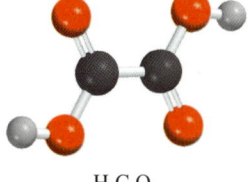

$H_2C_2O_4$

近似の妥当性を検討してみると,

$$\frac{8.1\times10^{-2}\,\text{mol L}^{-1}}{0.10\,\text{mol L}^{-1}}\times100\% = 81\%$$

明らかに近似は正しくないので,二次方程式を解かねばならない.

$$x^2 + 6.5\times10^{-2}x - 6.5\times10^{-3} = 0$$

これより,$x = 0.054\,\text{mol L}^{-1}$が得られる.

段階 4 第一段階の電離について,平衡状態におけるそれぞれの化学種の濃度は以下のように求めることができる.

$$[\text{H}^+] = 0.054\,\text{mol L}^{-1}$$
$$[\text{HC}_2\text{O}_4^-] = 0.054\,\text{mol L}^{-1}$$
$$[\text{H}_2\text{C}_2\text{O}_4] = (0.10-0.054)\,\text{mol L}^{-1}$$
$$= 0.046\,\text{mol L}^{-1}$$

つぎに,第二段階の電離平衡を考慮する.

段階 1 この段階の電離によって生じる溶液中のおもな化学種は,第二段階の電離において酸として作用するHC_2O_4^-,H^+,および共役塩基$\text{C}_2\text{O}_4^{2-}$である.

段階 2 yをH^+と$\text{C}_2\text{O}_4^{2-}$の平衡濃度($\text{mol L}^{-1}$単位)とすると,平衡に到達するまでの変化はつぎのように要約することができる.

	HC_2O_4^-(aq)	$\rightleftharpoons$	H^+(aq)	+	$\text{C}_2\text{O}_4^{2-}$(aq)
初期状態 (mol L^{-1}):	0.054		0.054		0.00
変化量 (mol L^{-1}):	$-y$		$+y$		$+y$
平衡状態 (mol L^{-1}):	$0.054-y$		$0.054+y$		y

段階 3 表16.4から,次式のように書くことができる.

$$K_\text{a} = \frac{[\text{H}^+][\text{C}_2\text{O}_4^{2-}]}{[\text{HC}_2\text{O}_4^-]}$$

$$6.1\times10^{-5} = \frac{(0.054+y)(y)}{(0.054-y)}$$

近似 $0.054+y\approx0.054$ と $0.054-y\approx0.054$ を適用すると,次式のようにyを求めることができる.

$$\frac{(0.054)(y)}{0.054} = y = 6.1\times10^{-5}\,\text{mol L}^{-1}$$

近似の妥当性を検討してみると,

$$\frac{6.1\times10^{-5}\,\text{mol L}^{-1}}{0.054\,\text{mol L}^{-1}}\times100\% = 0.11\%$$

したがって,この近似は妥当である.

段階 4 以上の結果から,平衡状態における化学種の濃度は以下のように求めることができる.

$$[\text{H}_2\text{C}_2\text{O}_4] = 0.046\,\text{mol L}^{-1}$$
$$[\text{HC}_2\text{O}_4^-] = (0.054-6.1\times10^{-5})\,\text{mol L}^{-1}$$
$$= 0.054\,\text{mol L}^{-1}$$
$$[\text{H}^+] = (0.054+6.1\times10^{-5})\,\text{mol L}^{-1}$$
$$= 0.054\,\text{mol L}^{-1}$$
$$[\text{C}_2\text{O}_4^{2-}] = 6.1\times10^{-5}\,\text{mol L}^{-1}$$
$$[\text{OH}^-] = 1.0\times10^{-14}/0.054$$
$$= 1.9\times10^{-13}\,\text{mol L}^{-1}$$

類似問題:16.52

練習問題 $0.20\,\text{mol L}^{-1}$のシュウ酸水溶液における$\text{H}_2\text{C}_2\text{O}_4$,$\text{HC}_2\text{O}_4^-$,$\text{C}_2\text{O}_4^{2-}$,$\text{H}^+$の濃度を計算せよ.

例題 16.10 から，二塩基酸において $K_{a_1} \gg K_{a_2}$ の場合には，H^+ は，第一段階の電離だけの生成物と見なしてよいことがわかる．さらに，第二段階の電離における共役塩基の濃度の数値は，K_{a_2} の値に等しくなる．

リン酸 H_3PO_4 は 3 個の電離できる水素原子をもつ多塩基酸である．

$$H_3PO_4(aq) \rightleftharpoons H^+(aq) + H_2PO_4^-(aq) \quad K_{a_1} = \frac{[H^+][H_2PO_4^-]}{[H_3PO_4]} = 7.5 \times 10^{-3}$$

$$H_2PO_4^-(aq) \rightleftharpoons H^+(aq) + HPO_4^{2-}(aq) \quad K_{a_2} = \frac{[H^+][HPO_4^{2-}]}{[H_2PO_4^-]} = 6.2 \times 10^{-8}$$

$$HPO_4^{2-}(aq) \rightleftharpoons H^+(aq) + PO_4^{3-}(aq) \quad K_{a_3} = \frac{[H^+][PO_4^{3-}]}{[HPO_4^{2-}]} = 4.8 \times 10^{-13}$$

上式からリン酸は弱酸の多塩基酸であり，その第二，および第三段階の酸解離定数は第一段階と比べて著しく小さいことがわかる．したがって，リン酸を含む溶液では，電離していない酸 H_3PO_4 の濃度が最も高く，そのほかの化学種のうち，かなりの濃度で存在するものは H^+ と $H_2PO_4^-$ だけであると予想することができる．

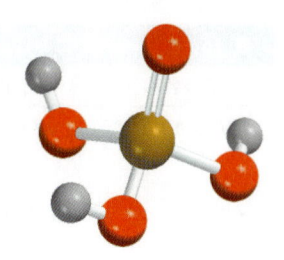

H_3PO_4

> **考え方の復習**
>
> 以下に示す図 (a)〜(c) のうち，硫酸水溶液を表しているものはどれか．なお，簡単のため，水分子は省略してある．
>
> ● = H_2SO_4　● = HSO_4^-　● = SO_4^{2-}　● = H_3O^+
>
> (a)　(b)　(c)

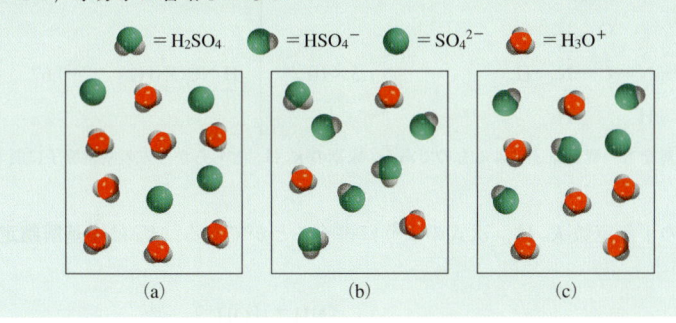

16.6 弱塩基と塩基解離定数

弱塩基の電離も弱酸の電離と同じように取扱うことができる．アンモニアが水に溶けると，次式のような反応が起こる．

$$NH_3(aq) + H_2O(l) \rightleftharpoons NH_4^+(aq) + OH^-(aq)$$

平衡定数は，次式で与えられる．

$$K = \frac{[NH_4^+][OH^-]}{[NH_3][H_2O]}$$

この電離反応によって水酸化物イオンが生成するため，$[OH^-] > [H^+]$ であり，したがって pH＞7 となる．

反応系内にある水の全量と比較して，この反応によって消費される水はきわめて少ないので，$[H_2O]$ は定数として取扱うことができる．したがって，アンモニアの

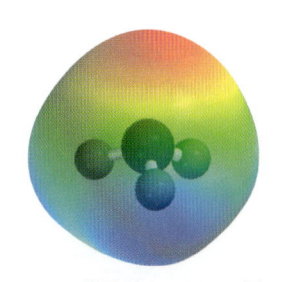

NH_3 の静電ポテンシャル図．赤色で示した窒素原子上の非共有電子対によって，アンモニアの塩基性が説明される．

表 16.5　25℃におけるいくつかの弱塩基とその共役酸の解離定数

塩基の名称	分子式	構造式	K_b*	共役酸	K_a
エチルアミン	$C_2H_5NH_2$	$CH_3-CH_2-\overset{..}{N}-H$ の下に H	5.6×10^{-4}	$C_2H_5\overset{+}{N}H_3$	1.8×10^{-11}
メチルアミン	CH_3NH_2	$CH_3-\overset{..}{N}-H$ の下に H	4.4×10^{-4}	$CH_3\overset{+}{N}H_3$	2.3×10^{-11}
アンモニア	NH_3	$H-\overset{..}{N}-H$ の下に H	1.8×10^{-5}	NH_4^+	5.6×10^{-10}
ピリジン	C_5H_5N	(ピリジン環 N:)	1.7×10^{-9}	$C_5H_5\overset{+}{N}H$	5.9×10^{-6}
アニリン	$C_6H_5NH_2$	(フェニル)-$\overset{..}{N}-H$ の下に H	3.8×10^{-10}	$C_6H_5\overset{+}{N}H_3$	2.6×10^{-5}
カフェイン	$C_8H_{10}N_4O_2$	(カフェイン構造)	5.3×10^{-14}	$C_8H_{11}\overset{+}{N}_4O_2$	0.19
尿素	$(NH_2)_2CO$	$H-\overset{..}{N}-\overset{O}{\overset{\|}{C}}-\overset{..}{N}-H$	1.5×10^{-14}	$H_2NCO\overset{+}{N}H_3$	0.67

* それぞれの化合物の塩基性は，非共有電子対をもつ窒素原子によるものである．尿素の K_b は，どちらか一方の窒素原子に関する値を示している．

塩基解離定数 base dissociation constant, K_b

電離反応の平衡定数 K_b は，次式のように書くことができる．K_b は**塩基解離定数**とよばれる．

$$K_b = K[H_2O] = \frac{[NH_4^+][OH^-]}{[NH_3]}$$

$$= 1.8\times10^{-5}$$

表 16.5 にいくつかの一般的な弱塩基とその塩基解離定数を示した．この表に示したすべての化合物の塩基性は，窒素原子上の非共有電子対に起因することに注意してほしい．非共有電子対が H^+ を受容できることにより，これらの物質はブレンステッド塩基となる．

例題 16.11

濃度 $0.40\,\text{mol}\,L^{-1}$ のアンモニア水溶液の pH を求めよ．

解法　ここで用いる方法は，例題 16.8 で用いた弱酸に対する方法と類似している．アンモニアの電離反応の式から，平衡状態において水溶液中に存在するおもな化学種は，NH_3，NH_4^+，OH^- であることがわかる．また，塩基性溶液であることから予想できるように H^+ の濃度はきわめて低いので，H^+ は少量の化学種として存在するに過ぎない．これまでと同様，水の自己解離は無視する．反応にかかわる化学種をはっきりさせるために，つぎのような略図を描くとよい．　（つづく）

$[NH_3]_0 = 0.40\,M$

$NH_3 + H_2O \rightleftharpoons NH_4^+ + OH^-$

平衡状態における
おもな化学種

$\boxed{NH_4^+ \quad OH^- \\ NH_3}$

無視

$H_2O \rightleftharpoons H^+ + OH^-$

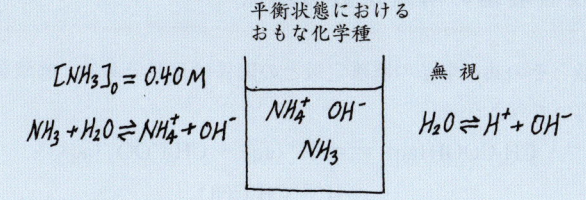

解 答 つぎの段階に従って解答する.

段階 1 アンモニア水溶液に含まれるおもな化学種は, NH_3, NH_4^+, OH^- である. OH^- 濃度に対する水の寄与は非常に小さいので無視する.

段階 2 x を NH_4^+ と OH^- の平衡濃度（$mol\,L^{-1}$ 単位）とすると, 平衡に到達するまでの変化はつぎのように要約することができる.

	$NH_3(aq)$	+	$H_2O(l)$	$\rightleftharpoons$	$NH_4^+(aq)$	+	$HO^-(aq)$
初期状態 ($mol\,L^{-1}$):	0.40				0.00		0.00
変化量 ($mol\,L^{-1}$):	$-x$				$+x$		$+x$
平衡状態 ($mol\,L^{-1}$):	$0.40-x$				x		x

段階 3 表 16.5 からアンモニアの K_b がわかる. したがって,

$$K_b = \frac{[NH_4^+][OH^-]}{[NH_3]}$$

$$1.8 \times 10^{-5} = \frac{x^2}{0.40-x}$$

近似 $0.40-x \approx 0.40$ を適用すると, 次式のように x を求めることができる.

$$1.8 \times 10^{-5} = \frac{x^2}{0.40-x} \approx \frac{x^2}{0.40}$$

$$x^2 = 7.2 \times 10^{-6}$$

$$x = 2.7 \times 10^{-3}\,mol\,L^{-1}$$

近似の妥当性を検討してみると,

$$\frac{2.7 \times 10^{-3}\,mol\,L^{-1}}{0.40\,mol\,L^{-1}} \times 100\% = 0.68\%$$

したがって, この近似は妥当である.

段階 4 平衡状態において, $[OH^-] = 2.7 \times 10^{-3}\,mol\,L^{-1}$ であるから,

$$pOH = -\log(2.7 \times 10^{-3}) = 2.57$$

したがって, 式 (16.10) から,

$$pH = 14.00 - 2.57 = \boxed{11.43}$$

確 認 弱塩基の溶液であることから予想される通り, 得られた pH は溶液が塩基性であることを示していることに注意せよ. また, 得られた pH を, $0.40\,mol\,L^{-1}$ の KOH のような強塩基の溶液の pH と比較することにより, 強塩基と弱塩基の違いを確認してみよう.

練習問題 表 16.5 を参照して, $0.26\,mol\,L^{-1}$ のメチルアミン水溶液の pH を求めよ.

5%規則（p.458）は塩基に対しても適用される.

類似問題: 16.55

考え方の復習

つぎの (a)〜(c) の物質について, 同じ濃度の水溶液を考えよう. 表 16.5 に示されたデータを用いて, これらの溶液を塩基性が最も強いものから弱いものへと順に並べよ. (a) アニリン, (b) メチルアミン, (c) カフェイン.

16.7 共役酸塩基の解離定数の関係

酸解離定数とその共役塩基の解離定数との関係は重要である．酢酸を例として，その関係を導いてみよう．

$$CH_3COOH(aq) \rightleftharpoons H^+(aq) + CH_3COO^-(aq)$$

$$K_a = \frac{[H^+][CH_3COO^-]}{[CH_3COOH]}$$

共役塩基 CH_3COO^- は，次式に従って水と反応する．

$$CH_3COO^-(aq) + H_2O(l) \rightleftharpoons CH_3COOH(aq) + OH^-(aq)$$

したがって，CH_3COO^- の塩基解離定数は次式のように表記される．

$$K_b = \frac{[CH_3COOH][OH^-]}{[CH_3COO^-]}$$

これら二つの解離定数の積をとると，つぎのようになる．

$$K_a K_b = \frac{[H^+][CH_3COO^-]}{[CH_3COOH]} \times \frac{[CH_3COOH][OH^-]}{[CH_3COO^-]}$$

$$= [H^+][OH^-]$$

$$= K_w$$

一見すると，この結果は奇妙に思われる．しかし，つぎに示すように，反応 (1) と反応 (2) を足し合わせると単に水の自己解離を表す式になることに気づくと，この結果の妥当性を理解することができる．

(1) $\quad CH_3COOH(aq) \rightleftharpoons H^+(aq) + CH_3COO^-(aq) \qquad K_a$
(2) $\quad CH_3COO^-(aq) + H_2O(l) \rightleftharpoons CH_3COOH(aq) + OH^-(aq) \qquad K_b$
(3) $\qquad\qquad\qquad H_2O(l) \rightleftharpoons H^+(aq) + OH^-(aq) \qquad K_w$

この例は，化学平衡における規則の一つを示している．一般に，二つの反応式を足し合わせて第三の反応式をつくる場合，第三の反応の平衡定数は，足し合わせた二つの反応の平衡定数の積になる．したがって，すべての共役酸塩基対について，次式が成立することになる．

$$K_a K_b = K_w \qquad (16.13)$$

式(16.13) はつぎのように表すことができる．

$$K_a = \frac{K_w}{K_b} \qquad K_b = \frac{K_w}{K_a}$$

> K_a を求めるためには，その酸の電離によって生じる共役塩基の K_b を用いなければならない．同様に，K_b を求めるためには，共役酸の K_a を用いなければならない．

これらの式から，つぎのような重要な結論が導かれる．強い酸ほど (K_a が大きいほど)，その共役塩基は弱くなる (K_b は小さい)．同様に，強い塩基ほど (K_b が大きいほど)，その共役酸は弱くなる (K_a は小さい) (表 16.3, 16.4, 16.5 を見よ)．

式(16.13) を用いると，表 16.3 から得られる CH_3COOH の K_a から，その共役塩基 CH_3COO^- の K_b を計算することができる．

$$K_b = \frac{K_w}{K_a}$$

$$= \frac{1.0 \times 10^{-14}}{1.8 \times 10^{-5}} = 5.6 \times 10^{-10}$$

> **考え方の復習**
>
> つぎの 2 種類の酸を考えよう．それぞれの酸解離定数 K_a は付記した通りである．
> $$\text{HCOOH} \quad K_a = 1.7\times 10^{-4}$$
> $$\text{HCN} \quad K_a = 4.9\times 10^{-10}$$
> それぞれの共役塩基（HCOO^- と CN^-）のうち，塩基性が強いものはどちらか．

16.8 分子構造と酸の強さ

酸の強さは，たとえば溶媒の性質や温度，そしてもちろん酸の分子構造など，さまざまな因子に依存して変化する．二つの酸の強さを比較するときには，いくつかの因子の影響を除くために，同じ溶媒，同じ温度と濃度でそれらの性質を調べるとよい．本節では，酸の強さに対する分子構造の影響に注目することにしよう．

ある酸 HX を考えよう．酸の強さは，その電離しやすさによって評価することができる．

$$\text{HX} \longrightarrow \text{H}^+ + \text{X}^-$$

酸の電離しやすさは，二つの因子によって影響を受ける．一つは，H—X 結合の強さである．結合が強いほど，HX は開裂しにくくなるので弱い酸となる．もう一つの因子は，H—X 結合の極性である．H と X に電気陰性度の差があると，結合は次式に示されるような極性結合となる．

$$\overset{\delta+}{\text{H}}—\overset{\delta-}{\text{X}}$$

H—X 結合が大きく分極している場合，すなわち H と X 原子上にそれぞれ正電荷と負電荷の大きな分布がある場合には，HX は H^+ と X^- に開裂しやすくなるだろう．したがって，HX の極性が高いほど，強い酸となる．以下に，結合の強さ，あるいは結合の極性が主要な因子となって酸の強さが支配されるいくつかの例を示すことにしよう．

ハロゲン化水素酸

ハロゲンは，一連の二元化合物の酸（HF, HCl, HBr, HI）をつくる．これらはハロゲン化水素酸と総称される．この系列において，酸の強さを決めるおもな要因は，結合の強さと結合の極性のどちらであろうか．まず，これらの酸について，それぞれの H—X 結合の強さを考えよう．表 16.6 を見ると，これら 4 種類のハロゲン化水素酸のうちで，HF が最大の結合エンタルピーをもち，HI の結合エンタル

ハロゲン化水素酸の強さは，HF から HI へと増大する．

表 16.6　ハロゲン化水素の結合エンタルピーとハロゲン化水素酸の強さ

結合	結合エンタルピー（kJ mol^{-1}）	酸の強さ
H—F	568.2	弱い
H—Cl	431.9	強い
H—Br	366.1	強い
H—I	298.3	強い

ピーが最小であることがわかる．H—F 結合を切断するには 568.2 kJ mol^{-1} が必要であるが，H—I 結合を切断するにはわずか 298.3 kJ mol^{-1} しか必要としない．したがって，結合エンタルピーに基づくと，4 種類の酸のうちで，結合を切断してH$^+$ と X$^-$ を形成することが最も容易な酸は HI であるから，HI が最も強い酸であると予想される．つぎに，H—X 結合の極性について考えてみよう．ハロゲンのうちで最も電気陰性度が大きい原子は F であるから（図 9.5 を見よ），この酸の系列では，結合の極性は HF から HI へと減少する．したがって，結合の極性に基づくと，H と X 原子上に分布している正電荷と負電荷が最も大きな酸は HF であるから，HF が最も強い酸であると予想される．こうして，この酸の系列では，酸の強さを決定するために考慮すべき二つの因子は，相反する結果を与える．事実として，HI は強酸であり，HF は弱酸である．このことは，ハロゲン化水素酸の強さを決定するおもな要因は，結合エンタルピーであることを示している．すなわち，この系列の酸では，結合が弱いほど，強い酸になる．その結果，酸の強さはつぎの順に増大する．

$$HF \ll HCl < HBr < HI$$

オキソ酸

> 無機酸の命名法を復習するには，§2.7 を見よ．

つぎに，オキソ酸を考えよう．第 2 章で学んだように，オキソ酸は水素，酸素，および中心位置を占める他の元素 Z から形成される．図 16.5 にいくつかの代表的なオキソ酸のルイス構造を示す．図から明らかなように，これらの酸の特徴は，一つ，あるいは複数の O—H 結合をもつことである．中心原子 Z が他の置換基と結合している場合もある．

$$-Z-O-H$$

> 原子の酸化数が大きくなるほど，原子がそれ自身の方へ結合に含まれる電子を引きつける力は強くなる．

Z が電気陰性度の大きい元素か，または高い酸化状態にある場合には，Z は電子を強く引きつけるため，Z—O 結合の共有結合性はより増大し，O—H 結合の極性も増大する．その結果，水素原子は H$^+$ として供与されやすくなる．

$$-Z-\overset{\delta-}{O}-\overset{\delta+}{H} \longrightarrow -Z-O^- + H^+$$

オキソ酸の強さを比較するためには，オキソ酸を二つのグループに分けて考えるとよい．

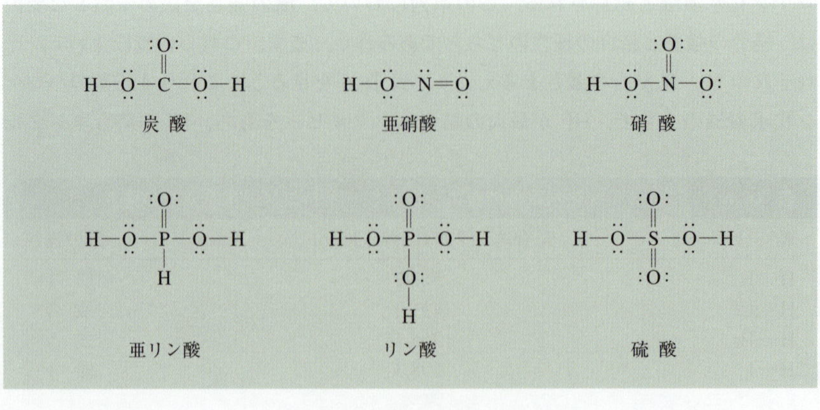

図 16.5 代表的なオキソ酸のルイス構造．簡単のため，形式電荷は省略してある．

炭酸　亜硝酸　硝酸

亜リン酸　リン酸　硫酸

1. 中心原子が周期表の同じ族に属し，同じ酸化数をもつオキソ酸．このグループでは，中心原子の電気陰性度が大きいほど，強い酸となる．例として，HClO₃ と HBrO₃ を比較してみよう．

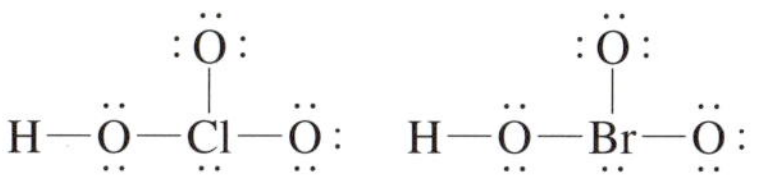

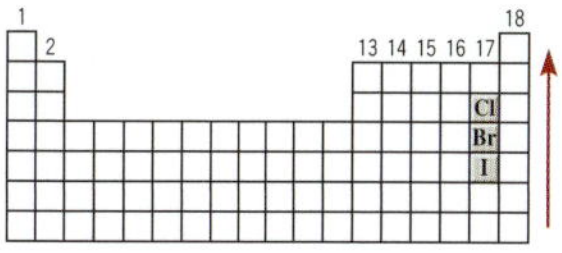

$$H-\overset{..}{\underset{..}{O}}-\overset{:\overset{..}{O}:}{\underset{|}{Cl}}-\overset{..}{\underset{..}{O}}: \qquad H-\overset{..}{\underset{..}{O}}-\overset{:\overset{..}{O}:}{\underset{|}{Br}}-\overset{..}{\underset{..}{O}}:$$

同じ酸素原子数をもつハロゲンを含むオキソ酸の強さは，I から Cl へと増大する．

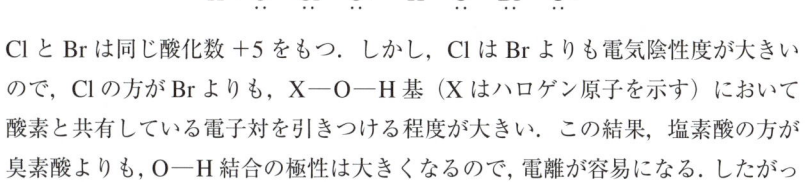

Cl と Br は同じ酸化数 +5 をもつ．しかし，Cl は Br よりも電気陰性度が大きいので，Cl の方が Br よりも，X—O—H 基（X はハロゲン原子を示す）において酸素と共有している電子対を引きつける程度が大きい．この結果，塩素酸の方が臭素酸よりも，O—H 結合の極性は大きくなるので，電離が容易になる．したがって，これらの酸の相対的な強さはつぎのようになる．

$$HClO_3 > HBrO_3$$

2. 中心原子は同じであるが，それに結合している置換基の数が異なるオキソ酸．このグループでは，中心原子の酸化数が大きいほど，強い酸となる．図 16.6 に示した塩素のオキソ酸について考えよう．この系列では，Cl が OH 基から電子を引き寄せて，それによって O—H 結合をより極性にする能力は，Cl に結合した電気陰性度の大きな O 原子の数とともに増大する．すなわち，Cl に結合した O 原子が最も多い HClO₄ が最も強い酸となる．したがって，酸の強さはつぎの順に減少する．

$$HClO_4 > HClO_3 > HClO_2 > HClO$$

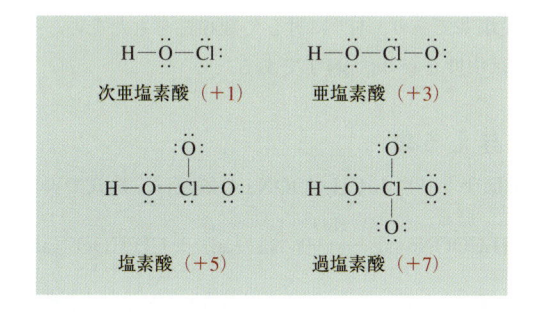

図 **16.6** 塩素を含むオキソ酸のルイス構造．括弧内の数字は塩素原子の酸化数を示す．簡単のため，形式電荷は省略してある．次亜塩素酸は HClO と書かれるが，H 原子は O 原子と結合していることに注意．

次亜塩素酸 (+1)　亜塩素酸 (+3)
塩素酸 (+5)　過塩素酸 (+7)

例題 16.12

つぎのそれぞれのグループについて，オキソ酸の相対的な強さを予想せよ．(a) HClO, HBrO, HIO, (b) HNO₃, HNO₂.

解法　それぞれの分子構造を調べてみよう．(a) では，三つの酸の構造は同じであり，中心原子だけが Cl, Br, I と異なっている．どの中心原子が最も電気陰性度が大きいか．(b) では，二つの酸は同じ中心原子 N をもつが，それに結合した O 原子の数が異なっている．二つの酸に含まれる N の酸化数は，それぞれいくつだろうか．

解答　(a) これらの酸はすべて同じ構造をもち，含まれるハロゲン原子の酸化数はすべて同じ +1 である．電気陰性度は Cl＞Br＞I の順に減少するので，X—O 結合（X はハロゲン原子を示す）の極性は HClO＜HBrO＜HIO の順に増加する．このため，O—H 結合の極性は HClO＞HBrO＞HIO の順に減少する．したがって，酸の強さはつぎの順に減少する．

$$HClO > HBrO > HIO$$

(b) HNO₃ と HNO₂ の構造は図 16.5 に示されている．HNO₃ における N の酸化数は +5 であり，HNO₂ では +3 なので，HNO₃ は HNO₂ よりも強い酸である．（類似問題：16.62）

練習問題　つぎの酸のうち弱い酸はどちらか：HBrO₃ と HBrO₄.

> **考え方の復習**
>
> つぎの酸 (a)〜(c) を，最も強いものから弱いものへと順に並べよ．(a) H_2TeO_3，(b) H_2SO_3，(c) H_2SeO_3．

16.9 塩の酸性・塩基性

塩の加水分解 salt hydrolysis

"加水分解（hydrolysis）" という語は，ギリシャ語の "水" という意味の "hydro" と "分ける" という意味の "lysis" に由来している．

§4.3 で定義したように，塩は酸と塩基の反応によって生成するイオン化合物である．塩は水中で完全に解離する強電解質であるが，水と反応する場合がある．<u>塩の陰イオン，または陽イオン，あるいはその両方が水と反応すること</u>を**塩の加水分解**とよぶ．一般に，塩の加水分解は溶液の pH に影響を与える．

中性溶液を与える塩

実際には，すべての陽イオンは酸性の水溶液を与える．

一般に，アルカリ金属イオン，あるいは Be^{2+} を除くアルカリ土類金属イオンと，Cl^-，Br^-，NO_3^- のような強酸の共役塩基からなる塩においては，加水分解は観測されず，それらの溶液は中性と考えてよい．たとえば，$NaNO_3$ は $NaOH$ と HNO_3 との反応によって生成する塩であるが，水に溶けると次式のように完全に解離する．

$$NaNO_3(s) \xrightarrow{H_2O} Na^+(aq) + NO_3^-(aq)$$

金属イオンが酸性の溶液を与える機構は，p.474, 475 で議論する．

水和された Na^+ は，H^+ を供与することも，受容することもない．また，NO_3^- は強酸 HNO_3 の共役塩基であり，H^+ に対して親和性をもたない．その結果，Na^+ と NO_3^- を含む溶液は中性となり，pH 7 である．

塩基性溶液を与える塩

水中における酢酸ナトリウム CH_3COONa の解離は，次式で表される．

$$CH_3COONa(s) \xrightarrow{H_2O} Na^+(aq) + CH_3COO^-(aq)$$

水和された Na^+ は酸性，あるいは塩基性を示さない．しかし，酢酸イオン CH_3COO^- は弱酸 CH_3COOH の共役塩基であり，したがって H^+ に対して親和性をもつため加水分解を起こす．CH_3COO^- の加水分解反応は，次式で表される．

$$CH_3COO^-(aq) + H_2O(l) \rightleftharpoons CH_3COOH(aq) + OH^-(aq)$$

この反応によって OH^- が生成するので，酢酸ナトリウム水溶液は塩基性になる．この加水分解反応の平衡定数は，CH_3COO^- の塩基解離定数となる．すなわち，

$$K_b = \frac{[CH_3COOH][OH^-]}{[CH_3COO^-]} = 5.6 \times 10^{-10}$$

酸性溶液を与える塩

強酸と弱塩基から生成する塩が水に溶けると，溶液は酸性となる．たとえば，塩化アンモニウム NH_4Cl について考えてみよう．

$$NH_4Cl(s) \xrightarrow{H_2O} NH_4^+(aq) + Cl^-(aq)$$

Cl^- は H^+ に対する親和性をもたない．一方，アンモニウムイオン NH_4^+ は，弱塩基 NH_3 の共役酸であり，つぎのように電離する．

$$NH_4^+(aq) + H_2O(l) \rightleftharpoons NH_3(aq) + H_3O^+(aq)$$

あるいは，簡単に次式のように書くこともできる．

$$NH_4^+(aq) \rightleftharpoons NH_3(aq) + H^+(aq)$$

この反応は H^+ を生成するので，溶液の pH は低下する．上式で示したように，NH_4^+ の加水分解反応は NH_4^+ の酸解離反応と同じである．この過程の平衡定数，すなわち酸解離定数は次式によって与えられる．

$$K_a = \frac{[NH_3][H^+]}{[NH_4^+]} = \frac{K_w}{K_b} = \frac{1.0 \times 10^{-14}}{1.8 \times 10^{-5}} = 5.6 \times 10^{-10}$$

偶然の一致で，NH_4^+ の K_a は CH_3COO^- の K_b と同一の値となる．

塩の加水分解に関する問題を解く際には，弱酸と弱塩基に対して用いたものと同じ方法に従えばよい．

例題 16.13

濃度 $0.25\,mol\,L^{-1}$ のフッ化カリウム KF 水溶液の pH を計算せよ．また，加水分解した F^- の比率は何％か．

解法 塩とは何か．水溶液中で KF は，完全に K^+ と F^- へ解離している．すでに述べたように，K^+ は水と反応せず，溶液の pH に影響を与えない．一方，F^- は弱酸 HF（表 16.3）の共役塩基である．したがって，F^- はある程度，水と反応して HF と OH^- を生成し，このため溶液は塩基性になることが予想される．

解答
段階 1 $0.25\,mol\,L^{-1}$ のフッ化カリウム水溶液から出発したので，解離した後のイオンの濃度もまた，$0.25\,mol\,L^{-1}$ に等しい．

	KF(aq) $\rightleftharpoons$	K^+(aq) +	F^-(aq)
初期状態 (mol L^{-1}):	0.25	0	0
変化量 (mol L^{-1}):	-0.25	$+0.25$	$+0.25$
最終状態 (mol L^{-1}):	0	0.25	0.25

これらイオンのうちで，フッ化物イオンだけが水と反応する．

$$F^-(aq) + H_2O(l) \rightleftharpoons HF(aq) + OH^-(aq)$$

平衡状態において水溶液中に存在するおもな化学種は，HF, F^-, OH^- である．塩基性溶液であることから予想できるように H^+ の濃度はきわめて低いので，H^+ は少量だけ存在する化学種として扱う．また，水の自己解離は無視する．

段階 2 平衡状態における HF と OH^- の濃度を x (mol L^{-1} 単位) としよう．すると，F^- の加水分解反応が平衡に到達するまでの変化はつぎのように要約される．

	F^-(aq) + H_2O(l) $\rightleftharpoons$	HF(aq) +	OH^-(aq)
初期状態 (mol L^{-1}):	0.25	0.00	0.00
変化量 (mol L^{-1}):	$-x$	$+x$	$+x$
平衡状態 (mol L^{-1}):	$0.25-x$	x	x

段階 3 すでに述べたように，加水分解反応の平衡定数は，F^- の塩基解離定数となるので，表 16.3 を参照すると，

$$K_b = \frac{[HF][OH^-]}{[F^-]}$$

$$1.4 \times 10^{-11} = \frac{x^2}{0.25-x}$$

（つづく）

K_b は非常に小さく,また塩基の初期濃度は高いので,近似 $0.25-x \approx 0.25$ を適用できる.

$$1.4 \times 10^{-11} = \frac{x^2}{0.25-x} \approx \frac{x^2}{0.25}$$

$$x = 1.9 \times 10^{-6} \, \text{mol L}^{-1}$$

段階 4　平衡状態において,

$$[\text{OH}^-] = 1.9 \times 10^{-6} \, \text{mol L}^{-1}$$
$$\text{pOH} = -\log(1.9 \times 10^{-6}) = 5.72$$
$$\text{pH} = 14.00 - 5.72 = 8.28$$

こうして,予想したとおり,溶液は塩基性である.加水分解した F^- の比率はつぎのように求めることができる.

$$\text{加水分解の比率\%} = \frac{[F^-]_{\text{加水分解した}}}{[F^-]_{\text{初期}}}$$

$$= \frac{1.9 \times 10^{-6} \, \text{mol L}^{-1}}{0.25 \, \text{mol L}^{-1}} \times 100\% = \boxed{0.00076\%}$$

確認　この結果から,加水分解している陰イオンの量は,非常にわずかであることがわかる.加水分解した陰イオンの比率を求める式は,近似 $0.15-x \approx 0.15$ が妥当であるかを判定するための式と同じであることに注意せよ.上記の計算から,この近似が正しいこともわかる.

練習問題　濃度 $0.24 \, \text{mol L}^{-1}$ のギ酸ナトリウム HCOONa 水溶液の pH を計算せよ.

類似問題: 16.73

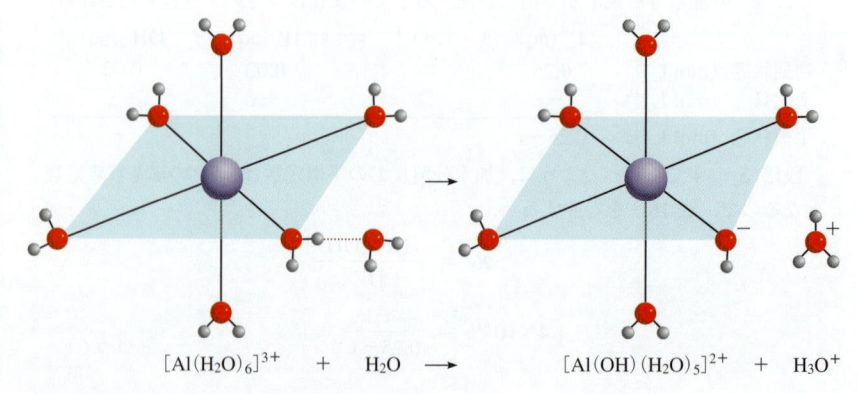

金属イオンの加水分解

たとえば,Al^{3+}, Cr^{3+}, Fe^{3+}, Bi^{3+}, Be^{2+} のようなサイズが小さく,また大きな電荷をもつ金属イオンと,強酸の共役塩基から形成される塩もまた,酸性溶液を与える.たとえば,塩化アルミニウム $AlCl_3$ が水に溶けると,Al^{3+} は水和されて $[Al(H_2O)_6]^{3+}$ の形となる(図 16.7).$[Al(H_2O)_6]^{3+}$ に含まれる金属イオンと,6個の水分子のうちの一つの酸素原子との間の結合を考えよう.

正電荷をもつ Al^{3+} はそれ自身の方へ電子を引きつけるため,O—H 結合の極性は

図 16.7　6個の H_2O 分子が Al^{3+} を取り囲んで,正八面体構造を形成する.サイズが小さい Al^{3+} は酸素原子の非共有電子対を強く引きつけるため,金属陽イオンに結合している H_2O 分子の O—H 結合は弱くなり,プロトン H^+ が周囲にある H_2O 分子に渡される.このような金属イオンの加水分解により,水溶液は酸性となる.

$$[Al(H_2O)_6]^{3+} + H_2O \longrightarrow [Al(OH)(H_2O)_5]^{2+} + H_3O^+$$

増大する．その結果，H 原子は，水和に関与しない水分子の H 原子よりも電離しやすくなる．この電離過程は次式によって表すことができる．

$$[Al(H_2O)_6]^{3+}(aq) + H_2O(l) \rightleftharpoons [Al(OH)(H_2O)_5]^{2+}(aq) + H_3O^+(aq)$$

あるいは簡単に，

$$[Al(H_2O)_6]^{3+}(aq) \rightleftharpoons [Al(OH)(H_2O)_5]^{2+}(aq) + H^+(aq)$$

したがって，Al^{3+} の加水分解反応の平衡定数は，つぎのように表記できる．

$$K_a = \frac{[[Al(OH)(H_2O)_5]^{2+}][H^+]}{[[Al(H_2O)_6]^{3+}]} = 1.3 \times 10^{-5}$$

次式に示すように，化学種 $[Al(OH)(H_2O)_5]^{2+}$ は，さらに電離できることに注意してほしい．

$$[Al(OH)(H_2O)_5]^{2+}(aq) \rightleftharpoons [Al(OH)_2(H_2O)_4]^+(aq) + H^+(aq)$$

化学種 $[Al(OH)_2(H_2O)_4]^+$ もさらに電離することができる．しかし，一般に，第一段階の加水分解反応だけを考慮すれば十分である．

　サイズが小さく，電荷が大きい金属陽イオンは，加水分解を受けやすい．これは，"凝縮された"大きな電荷をもつ陽イオンほど，O—H 結合を分極させ，電離を促進させる効果が大きいためである．この理由により，Na^+ や K^+ のような比較的サイズが大きく，電荷が小さい陽イオンでは，加水分解はまったく観測されない．

> 水和された Al^{3+} は，この反応によってプロトン供与体，すなわちブレンステッド酸と見なすことができる．

> $[Al(H_2O)_6]^{3+}$ の酸としての強さは，CH_3COOH と同じ程度であることに注意せよ．

陽イオンと陰イオンがともに加水分解する塩

　これまでは，一つのイオンだけが加水分解する塩を考えてきた．弱酸と弱塩基に由来する塩では，陽イオンと陰イオンがともに加水分解する．しかし，このような塩を含む溶液が酸性，塩基性，中性のいずれを示すかは，弱酸と弱塩基の相対的な強さに依存する．このような系の数学的な取扱いはかなり複雑なので，ここでは，これらの溶液の性質を定性的に予想するための指針を述べるだけにしよう．

- $K_b > K_a$：陰イオンの K_b が陽イオンの K_a よりも大きい場合は，陰イオンが加水分解する程度は陽イオンよりも大きくなるので，溶液は塩基性になる．平衡状態では，H^+ の濃度よりも OH^- の濃度の方が高くなる．
- $K_b < K_a$：逆に，陰イオンの K_b が陽イオンの K_a よりも小さい場合は，陽イオンが加水分解する程度は陰イオンよりも大きくなるので，溶液は酸性になる．
- $K_b \approx K_a$：K_a が K_b とほぼ等しい場合は，溶液はほとんど中性になる．

表 16.7 にこの節で議論した塩の水溶液に関するふるまいを要約した．

表 16.7　塩の酸性・塩基性

塩の種類	例	加水分解するイオン	溶液の pH
強塩基の陽イオン；強酸の陰イオン	$NaCl$, KI, KNO_3, $RbBr$, $BaCl_2$	なし	≈ 7
強塩基の陽イオン；弱酸の陰イオン	CH_3COONa, KNO_2	陰イオン	> 7
弱塩基の陽イオン；強酸の陰イオン	NH_4Cl, NH_4NO_3	陽イオン	< 7
弱塩基の陽イオン；弱酸の陰イオン	NH_4NO_2, CH_3COONH_4, NH_4CN	陰イオンと陽イオン	< 7（$K_b < K_a$ の場合） ≈ 7（$K_b \approx K_a$ の場合） > 7（$K_b > K_a$ の場合）
サイズが小さく電荷が大きい陽イオン；強酸の陰イオン	$AlCl_3$, $Fe(NO_3)_2$	水和された陽イオン	< 7

例題 16.14

つぎの塩の水溶液は酸性，塩基性，あるいはほとんど中性のいずれであるかを予想せよ．

(a) NH_4I, (b) $NaNO_2$, (c) $FeCl_3$, (d) NH_4F.

解法 与えられた塩が加水分解するかどうかを判定するには，つぎの質問に答えてみるとよい．塩の陽イオンは大きな正電荷をもつ金属イオン，あるいはアンモニウムイオンか？ 塩の陰イオンは弱酸の共役塩基か？ どちらかの質問に対する解答がイエスであれば，その塩は加水分解するだろう．陽イオンと陰イオンがともに水と反応する場合には，溶液の pH は，陽イオンの K_a と陰イオンの K_b の相対的な大きさに依存する（表 16.7 を見よ）．

解答 まず，塩を陽イオン成分と陰イオン成分に分割する．つぎに，それぞれのイオンが水と反応するかどうかを検討する．

(a) 陽イオンは NH_4^+ であり，それは加水分解して NH_3 と H^+ を生成する．陰イオン I^- は強酸 HI の共役塩基である．したがって，I^- は加水分解せず，溶液は酸性となると予想される．

(b) 陽イオン Na^+ は加水分解しない．陰イオン NO_2^- は弱酸 HNO_2 の共役塩基であり，加水分解して HNO_2 と OH^- を与える．したがって，溶液は塩基性になるだろう．

(c) Fe^{3+} はサイズが小さく，大きな電荷をもつ金属イオンであり，加水分解して H^+ を生成する．Cl^- は加水分解しない．したがって，溶液は酸性になるだろう．

(d) NH_4^+ と F^- はいずれも加水分解する．表 16.5 と表 16.3 を見ると，NH_4^+ の K_a (5.6×10^{-10}) の方が F^- の K_b (1.4×10^{-11}) よりも大きいことがわかる．したがって，溶液は酸性になると予想される．

(類似問題: 16.69)

練習問題 つぎの塩の水溶液は酸性，塩基性，あるいはほとんど中性のいずれであるかを予想せよ．

(a) $LiClO_4$, (b) Na_3PO_4, (c) $Bi(NO_3)_2$, (d) NH_4CN.

最後に，酸としても，また塩基としてもふるまうことができる陰イオンがあることを注意しておこう．たとえば，炭酸水素イオン HCO_3^- は，次式のように電離，および加水分解する（表 16.4 を見よ）．

$$HCO_3^-(aq) + H_2O(l) \rightleftharpoons H_3O^+(aq) + CO_3^{2-}(aq) \qquad K_a = 4.8 \times 10^{-11}$$

$$HCO_3^-(aq) + H_2O(l) \rightleftharpoons H_2CO_3(aq) + OH^-(aq) \qquad K_b = 2.4 \times 10^{-8}$$

$K_b > K_a$ であるから，HCO_3^- では，加水分解反応が電離反応よりも有利に進行すると予想される．したがって，炭酸水素ナトリウム $NaHCO_3$ の水溶液は塩基性になるだろう．

考え方の復習

以下に示した図は，それぞれ 3 種類の塩 NaX（X = A, B, C）の水溶液を示している．(a) X^- の共役酸が最も弱い酸であるものはどれか．(b) 3 種類の陰イオン X^- を，塩基性が最も弱いものから強いものへと順に並べよ．なお，簡単のため，Na^+ と水分子は省略してある．

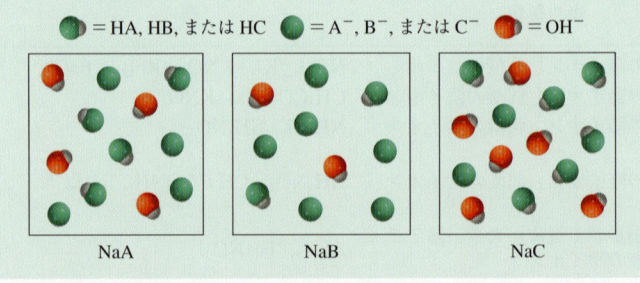

● = HA, HB, または HC　● = A^-, B^-, または C^-　● = OH^-

NaA　　NaB　　NaC

16.10 酸性，塩基性，および両性酸化物

第 8 章で述べたように，酸化物は酸性，塩基性，あるいは両性に分類される．酸塩基反応に関する議論を完全なものとするために，これら酸化物の性質を検討しよう．

図 16.8 にさまざまな主要族元素について，それぞれの元素が最も高い酸化状態にある酸化物の化学式を示した．すべてのアルカリ金属の酸化物，および酸化ベリリウム BeO を除くすべてのアルカリ土類金属の酸化物は塩基性であることに注意してほしい．BeO と，いくつかの 13 族，および 14 族金属の酸化物は両性である．また，N_2O_5，SO_3，および Cl_2O_7 のように，非金属元素の酸化物のうち，主要族元素の酸化数が大きいものは酸性である．一方，CO や NO のように，酸化数が小さい非金属元素の酸化物は，測定できる程度の酸性を示さない．また，非金属元素の酸化物のうちで，塩基性をもつものは知られていない．

金属元素の塩基性酸化物は，水と反応して，金属水酸化物を生成する．

$$Na_2O(s) + H_2O(l) \longrightarrow 2NaOH(aq)$$
$$BaO(s) + H_2O(l) \longrightarrow Ba(OH)_2(aq)$$

酸性酸化物と水との反応は，次式によって示される．

$$CO_2(g) + H_2O(l) \rightleftharpoons H_2CO_3(aq)$$
$$SO_3(g) + H_2O(l) \rightleftharpoons H_2SO_4(aq)$$
$$N_2O_5(g) + H_2O(l) \rightleftharpoons 2HNO_3(aq)$$
$$P_4O_{10}(s) + 6H_2O(l) \rightleftharpoons 4H_3PO_4(aq)$$
$$Cl_2O_7(g) + H_2O(l) \rightleftharpoons 2HClO_4(aq)$$

純水が空気（CO_2 を含んでいる）にさらされると，pH は徐々に低下して約 5.5 に到達するが，その理由は CO_2 と H_2O との反応によって説明される（図 16.9）．また，SO_3 と H_2O との反応は，酸性雨の最も大きな原因となっている．

酸性酸化物と塩基との反応，および塩基性酸化物と酸との反応は，生成物として塩と水を与える点で，普通の酸塩基反応と類似している．

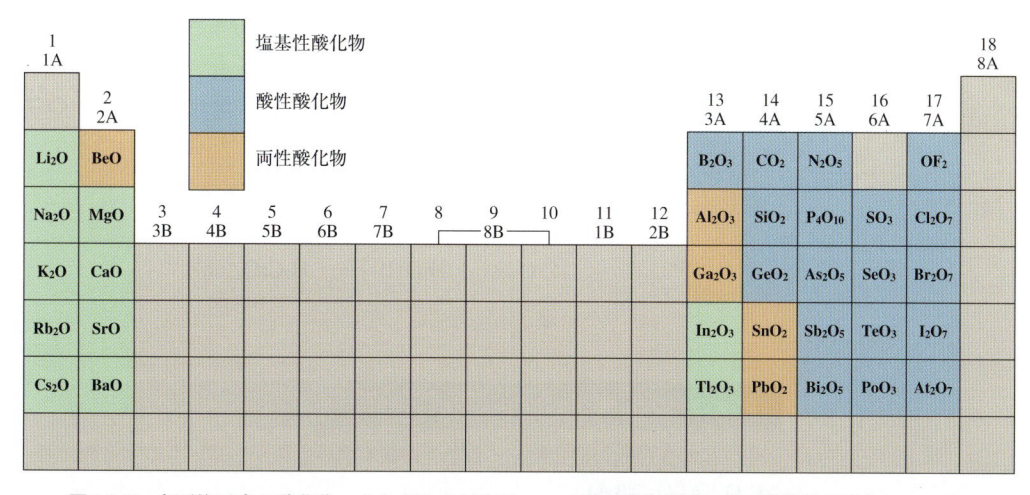

図 16.8 主要族元素の酸化物．それぞれの元素について最も酸化状態の高い酸化物が書かれている．

図 16.9 左: ビーカーには，数滴のブロモチモールブルー指示薬を加えた水が入っている．右: ビーカーにドライアイスを加えると，CO_2 が水と反応して炭酸が生成する．このため，溶液は酸性となり，色が青から黄色に変わる．

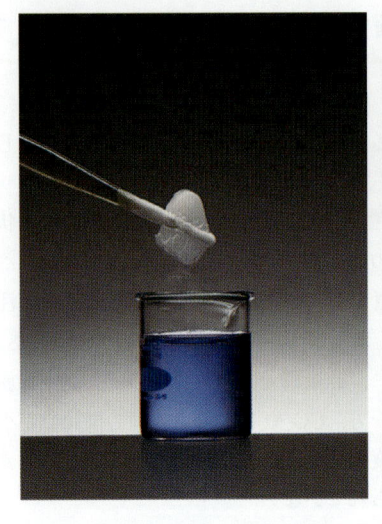

$$CO_2(g) + 2NaOH(aq) \longrightarrow Na_2CO_3(aq) + H_2O(l)$$
酸性酸化物　　塩基　　　　　　塩　　　　水

$$BaO(s) + 2HNO_3(aq) \longrightarrow Ba(NO_3)_2(aq) + H_2O(l)$$
塩基性酸化物　酸　　　　　　　塩　　　　水

図 16.8 に示すように，酸化アルミニウム Al_2O_3 は両性である．反応条件に依存して，Al_2O_3 は酸性酸化物として，また塩基性酸化物としてふるまうことができる．たとえば，Al_2O_3 は塩基として塩酸と反応し，塩 $AlCl_3$ と水を生成する．

$$Al_2O_3(s) + 6HCl(aq) \longrightarrow 2AlCl_3(aq) + 3H_2O(l)$$

また，酸として水酸化ナトリウムと反応する．

$$Al_2O_3(s) + 2NaOH(aq) + 3H_2O(l) \longrightarrow 2Na[Al(OH)_4](aq)$$

この反応では，塩 $Na[Al(OH)_4]$（Na^+ と $[Al(OH)_4]^-$ から形成される）だけが生成することに注意してほしい．水は生成しない．それでも，この反応は Al_2O_3 が NaOH を中和する反応であるから，酸塩基反応として分類される．

遷移元素の酸化物のうちで遷移元素が大きな酸化数をもつものは，酸性酸化物としてふるまう．例として，酸化マンガン(VII) Mn_2O_7 や酸化クロム(VI) CrO_3 がある．これらはいずれも，水と反応して酸を与える．

$$Mn_2O_7(l) + H_2O(l) \longrightarrow 2HMnO_4(aq)$$
過マンガン酸

$$CrO_3(s) + H_2O(l) \longrightarrow H_2CrO_4(aq)$$
クロム酸

金属を含む化合物は，その金属の酸化数が大きいほど共有結合性が強く，酸化数が小さいほどイオン性が強い．

考え方の復習

つぎの 3 種類の酸化物を，塩基性が最も弱いものから強いものへと順に並べよ．
K_2O，Al_2O_3，BaO．

16.11 ルイス酸とルイス塩基

物質の酸性・塩基性について，これまではブレンステッドの定義に基づいて議論してきた．たとえば，物質がブレンステッド塩基としてふるまうためには，プロトンを受容できなければならない．この定義によって，水酸化物イオンとアンモニアはともに塩基となる．

$$H^+ + {}^-\!:\!\ddot{O}\!-\!H \longrightarrow H\!-\!\ddot{O}\!-\!H$$
$$\qquad\qquad\quad\; H \qquad\qquad\quad H$$

$$H^+ + :\!N\!-\!H \longrightarrow \left[H\!-\!N\!-\!H \right]^+$$
$$\qquad\quad H \qquad\qquad\quad H$$

どちらの場合も，プロトンが結合する原子は，少なくとも一つの非共有電子対をもっている．この性質は OH^-，NH_3，およびその他のブレンステッド塩基に共通した特徴であり，これによって酸と塩基のより一般的な定義が可能であることを示唆している．

米国の化学者ルイスは，このような特徴に注目した酸塩基の定義を考案した．ルイスの定義によると，塩基は電子対を供与できる物質であり，酸は電子対を受容できる物質である．たとえば，アンモニア NH_3 のプロトン化では，NH_3 は H^+ に電子対を供与し，H^+ は NH_3 から電子対を受容している．すなわち，NH_3 は**ルイス塩基**，H^+ は**ルイス酸**として作用している．このように，ルイス酸塩基反応には，ある化学種から別の化学種へ電子対が供与される過程が含まれる．ルイス酸塩基反応では，塩と水は生成しない．

ルイス酸塩基の概念の重要性は，他の酸塩基の定義と比べてより一般的なことにある．ルイスの定義によると，ブレンステッド酸塩基を含まない多くの反応が酸塩基反応に分類される．たとえば，三フッ化ホウ素 BF_3 とアンモニアの反応を考えよう（図 16.10）．

$$\begin{array}{c} F\;\;H \\ |\;\;\;| \\ F\!-\!B + :\!N\!-\!H \longrightarrow F\!-\!B\!-\!N\!-\!H \\ |\;\;\;| \\ F\;\;H \end{array}$$
　　　酸　　塩基

§10.4 において，BF_3 の B 原子は sp^2 混成であることを述べた．この反応では，混成に関与していない空の $2p_z$ 軌道が NH_3 から電子対を受容する．したがって，BF_3 は電離できるプロトンをもたないにもかかわらず，ルイスの定義により，酸として機能していることになる．B 原子と N 原子の間には，配位共有結合が形成されることに注意してほしい（p.254 を見よ）．

B 原子を含むルイス酸のもう一つの例は，ホウ酸 H_3BO_3 である．ホウ酸はしばしば目の洗浄に用いられる弱酸である．また，オキソ酸の一種であり，次式のような構造をもつ．

$$\begin{array}{c} H \\ | \\ :\!\ddot{O}\!: \\ | \\ H\!-\!\ddot{O}\!-\!B\!-\!\ddot{O}\!-\!H \end{array}$$

ルイス G. N. Lewis

すべてのブレンステッド塩基は，ルイス塩基である．

ルイス塩基 Lewis base

ルイス酸 Lewis acid

ルイス酸は，電子が欠乏している，すなわち陽イオンであるか，あるいは中心原子が空の原子価軌道をもっているかのいずれかである．

図 16.10　BF_3 と NH_3 とのルイス酸塩基反応

配位共有結合は，いつもルイス酸とルイス塩基との反応によって生成する．

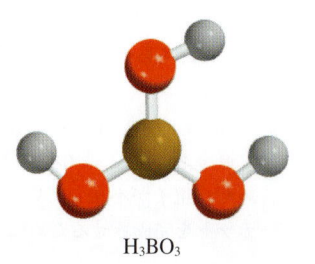

H_3BO_3

ホウ酸は，水中で電離して H^+ を生成するのではないことに注意してほしい．その代わり，ホウ酸は水と次式のように反応する．

$$B(OH)_3(aq) + H_2O(l) \rightleftharpoons B(OH)_4^-(aq) + H^+(aq)$$

このルイス酸塩基反応では，ホウ酸は，H_2O から生じる水酸化物イオンから電子対を受容している．

また，二酸化炭素の水和によって炭酸が生成する反応は，次式のように示される．

$$CO_2(g) + H_2O(l) \rightleftharpoons H_2CO_3(aq)$$

この反応は，つぎのようにルイス酸塩基反応として理解することができる．すなわち，まず，H_2O の酸素原子上の非共有電子対が CO_2 の炭素原子に供与される．C—O π 結合に含まれる電子対が酸素原子に移動することによって，H_2O の非共有電子対を収容できる空の軌道が炭素原子上に形成される．このような電子対の移動は，次式のように巻矢印を用いて表記される．

したがって，H_2O はルイス塩基であり，CO_2 はルイス酸となる．つぎに，負電荷をもつ O 原子上にプロトンが移動し，H_2CO_3 が生成する．

例題 16.15

つぎのそれぞれの反応について，ルイス酸とルイス塩基を判別せよ．

(a) $C_2H_5OC_2H_5 + AlCl_3 \rightleftharpoons (C_2H_5)_2OAlCl_3$
(b) $Hg^{2+}(aq) + 4CN^-(aq) \rightleftharpoons [Hg(CN)_4]^{2-}(aq)$

解法 ルイス酸塩基反応において，一般に，酸は陽イオンか，あるいは電子が不足している分子であり，塩基は陰イオンか，あるいは非共有電子対をもつ原子を含む分子である．(a) $C_2H_5OC_2H_5$ の分子構造を描いてみよ．$AlCl_3$ の Al はどのような混成状態をとっているだろうか．(b) 電子受容体になりそうなイオンはどちらか．電子供与体になりそうなイオンはどちらか．

解答 (a) $AlCl_3$ の Al は sp^2 混成をとり，空の $2p_z$ 軌道をもつ．Al は 6 個の電子を共有しているだけであり，電子が不足している．したがって，Al はオクテットを完成させるために，2 個の電子を得やすい状態にある．この性質によって，$AlCl_3$ はルイス酸となる．一方，$C_2H_5OC_2H_5$ の酸素原子上の非共有電子対により，この化合物はルイス塩基をして作用する．

(生成物の Al と O の形式電荷はいくつか．)

(b) この反応では，Hg^{2+} は CN^- から 4 個の電子対を受容している．したがって，Hg^{2+} はルイス酸であり，CN^- はルイス塩基である．

(類似問題: 16.80)

練習問題 つぎの反応について，ルイス酸とルイス塩基を判別せよ．

$$Co^{3+}(aq) + 6NH_3(aq) \rightleftharpoons [Co(NH_3)_6]^{3+}(aq)$$

考え方の復習

つぎの (a) 〜 (e) の化学種のうち，ルイス塩基としてふるまうことができないものはどれか．(a) NH_3，(b) OF_2，(c) CH_4，(d) OH^-，(e) Fe^{3+}．

重 要 な 式

$K_w = [H^+][OH^-] = 1.0 \times 10^{-14}$	(16.4)	水のイオン積
$pH = -\log[H^+]$	(16.5)	溶液の pH の定義
$[H^+] = 10^{-pH}$	(16.6)	pH から H^+ 濃度を計算
$pOH = -\log[OH^-]$	(16.8)	溶液の pOH の定義
$[OH^-] = 10^{-pOH}$	(16.9)	pOH から OH^- 濃度を計算
$pH + pOH = 14.00$	(16.10)	式(16.4) の別の表記
電離度 $= \dfrac{\text{平衡状態において電離している酸の濃度}}{\text{酸の初期濃度}} \times 100\%$	(16.12)	
$K_a K_b = K_w$	(16.13)	共役酸塩基対の酸解離定数と塩基解離定数の関係

事項と考え方のまとめ

1. ブレンステッド酸はプロトンを供与し，ブレンステッド塩基はプロトンを受容する．この定義は，普通に用いられる"酸"や"塩基"という言葉の基礎となっている．
2. 水溶液の酸性の強さは，pH によって表記される．pH は，水素イオン濃度（mol L^{-1} 単位）の対数の負値と定義される．
3. 25 °C において，酸性溶液は pH ＜ 7，塩基性溶液は pH ＞ 7，中性溶液は pH ＝ 7 である．
4. 水溶液において，$HClO_4$，HI，HBr，HCl，H_2SO_4（第一段階の電離），および HNO_3 は強酸に分類される．また，水溶液中における強塩基には，アルカリ金属の水酸化物，およびベリリウムを除くアルカリ土類金属の水酸化物がある．
5. 酸解離定数 K_a は，酸の強さとともに増大する．同様に，塩基解離定数 K_b は塩基の強さを表す．
6. 電離度は，酸の強さを表すもう一つの尺度である．弱酸の水溶液が希薄になるほど，その酸の電離度は増大する．
7. 酸解離定数とその共役塩基の塩基解離定数の積は，水のイオン積に等しい．
8. 酸の相対的な強さは，その分子構造に基づいて定性的に説明することができる．
9. ほとんどの塩は強電解質であり，水溶液中でイオンに完全に解離する．これらのイオンと水との反応は塩の加水分解とよばれ，この反応によって塩の水溶液は，酸性，あるいは塩基性となることがある．塩の加水分解が起こると，弱酸の共役塩基によって溶液は塩基性となり，弱塩基の共役酸によって溶液は酸性となる．
10. Al^{3+} や Fe^{3+} のような，サイズが小さく，大きな電荷をもつ金属イオンは，加水分解して酸性溶液を与える．
11. ほとんどの酸化物は，酸性，塩基性，あるいは両性に分類される．金属元素の水酸化物は，塩基性，あるいは両性のいずれかである．
12. ルイス酸は電子対を受容し，ルイス塩基は電子対を供与する．"ルイス酸"という言葉は一般に，電子対を受容できるが，電離できる水素原子をもたない物質に対して用いられる．

16. 酸と塩基

キーワード

塩基解離定数　base dissociation constant, K_b　p.466
塩の加水分解　salt hydrolysis　p.472
強塩基　strong base　p.453
強酸　strong acid　p.452
共役酸塩基対　conjugate acid-base pair　p.446
酸解離定数　acid dissociation constant, K_a　p.455
弱塩基　weak base　p.453
弱酸　weak acid　p.452
電離度　degree of electrolytic dissociation　p.461
pH（ピーエイチ）　p.449
水のイオン積　ion-product of water　p.448
ルイス塩基　Lewis base　p.479
ルイス酸　Lewis acid　p.479

練習問題の解答

16.1　(1) H_2O（酸）および OH^-（塩基）；(2) HCN（酸）および CN^-（塩基）
16.2　7.7×10^{-15} mol L^{-1}　　**16.3**　0.12
16.4　4.7×10^{-4} mol L^{-1}　　**16.5**　7.40
16.6　12.56
16.7　1 より小さい．
16.8　2.09　　**16.9**　2.2×10^{-6}
16.10　$[H_2C_2O_4] = 0.11$ mol L^{-1}, $[HC_2O_4^-] = 0.086$ mol L^{-1}, $[C_2O_4^{2-}] = 6.1 \times 10^{-5}$ mol L^{-1}, $[H^+] = 0.086$ mol L^{-1}
16.11　12.03　　**16.12**　HBrO$_3$　　**16.13**　8.58
16.14　(a) pH ≈ 7, (b) pH > 7, (c) pH < 7, (d) pH > 7
16.15　ルイス酸：Co^{3+}；ルイス塩基：NH$_3$

考え方の復習の解答

■ p.447　(b)
■ p.449　$K_w = 1.0 \times 10^{-14}$ mol L^{-1} であるから, $[H^+] = 0.0010$ mol L^{-1} のとき, $[OH^-] = 1.0 \times 10^{-11}$ mol L^{-1} となる．
■ p.452　pOH = 11.6 の水溶液の方が酸性が強い．この溶液の pH は 2.4 となる．
■ p.455　(a) (1) $H_2O > H^+, NO_3^- > OH^-$
(2) $H_2O > HF > H^+, F^- > OH^-$
(b) (1) $H_2O > NH_3 > NH_4^+, OH^- > H^+$
(2) $H_2O > K^+, OH^- > H^+$
■ p.465　(c)
■ p.467　塩基性が強いものから順に, メチルアミン > アニリン > カフェイン
■ p.469　CN^-
■ p.472　酸性の強いものから順に $H_2SO_3 > H_2SeO_3 > H_2TeO_3$
■ p.476　(a) C^-　(b) 塩基性が弱いものから順に $B^- < A^- < C^-$
■ p.478　塩基性が弱いものから順に $Al_2O_3 < BaO < K_2O$
■ p.481　(c) CH$_4$ と (e) Fe^{3+}

17

酸塩基平衡と溶解平衡

サンゴの外骨格は，炭酸カルシウム $CaCO_3$ の沈殿によって形成されている．海水の酸性度が上昇すると，これらの構造の溶解が促進される．

章の概要

- **17.1** 溶液における均一平衡と不均一平衡　484
- **17.2** 緩衝液　484
  特定の pH をもつ緩衝液の調製
- **17.3** 酸塩基滴定の詳細な検討　489
  強酸-強塩基滴定・弱酸-強塩基滴定・強酸-弱塩基滴定
- **17.4** 酸塩基指示薬　495
- **17.5** 溶解平衡　498
  溶解度積・モル溶解度と溶解度・沈殿反応の予測
- **17.6** 共通イオン効果と溶解度　504
- **17.7** 錯イオン平衡と溶解度　506
- **17.8** 溶解度積の定性分析への応用　508

基本の考え方

緩衝液　弱酸とその酸に由来する塩を含む溶液は緩衝液となる．緩衝液の酸成分と塩基成分が，加えられた酸，あるいは塩基と反応することによって，溶液の pH が比較的一定に保持される．緩衝液は多くの化学的，および生物学的過程に重要な役割を果たしている．

酸塩基滴定　酸塩基滴定の特性は，滴定にかかわる酸と塩基の強さに依存する．滴定の終点を決定するために，さまざまな指示薬が用いられる．

溶解平衡　平衡の概念のもう一つの応用は，水にわずかに溶ける塩の溶解平衡である．溶解平衡は溶解度積によって表記される．水に溶けにくい物質の溶解度は，共通の陽イオンや陰イオンの存在，あるいは pH によって影響を受ける．錯イオン生成反応は，ルイス酸塩基反応の一例であり，これによって不溶性の塩の溶解度が上昇することがある．

17.1 溶液における均一平衡と不均一平衡

　第16章では，水中において弱酸と弱塩基は，決して完全には電離しないことを述べた．たとえば，平衡状態にある弱酸溶液中には，H^+ と共役塩基とともに，電離していない酸が存在する．それでも，これらすべての化学種は水に溶解しているので，この系は均一平衡の例となる（第15章を見よ）．

　もう一つの重要な種類の平衡は，微溶性の物質の溶解と沈殿の生成に関する過程である．これについては，本章の後半で学ぶ．この過程には，平衡にかかわる成分が二つ以上の相にある反応が関与しており，したがってこの系は不均一平衡の例となる．本章では，まず緩衝液を説明し，さらに酸塩基滴定について詳しく述べることによって，前章から続く酸塩基平衡に関する議論を締めくくることにしよう．

17.2 緩衝液

緩衝液 buffer solution

血液の pH を適切な値に維持するために，点滴に用いる液体には必ず緩衝液系が含まれている．

　緩衝液は，(1) 弱酸あるいは弱塩基と，(2) その塩を含む溶液である．(1) と (2) の両方の成分が存在しなければならない．緩衝液は少量の酸，あるいは塩基の添加に対して，pH の変化を和らげる作用をもつ．緩衝液は化学的，および生物学的な系において，非常に重要な役割を果たしている．私たちの体内に存在する液体の pH は，場所によって大きく異なっている．たとえば，血液の pH は 7.4 であるが，胃液の pH は約 1.5 である．これらの pH 値は，その液体に含まれる酵素が適切にその機能を発現するために，また浸透圧のバランスを保つために決定的に重要であるが，ほとんどの場合，その pH 値は緩衝液によって一定の値に維持されている．

　緩衝液は加えられる OH^- と反応するために，比較的高濃度の酸を含む必要があり，また加えられる H^+ と反応するために，同程度の濃度の塩基を含まねばならない．さらに，緩衝液に含まれる酸成分と塩基成分は，中和反応によって互いに消費されてはならない．これらの要求は，酸塩基共役対，すなわち弱酸とその共役塩基，あるいは弱塩基とその共役酸を用いることによって満たされる．

　簡単な緩衝液は，酢酸 CH_3COOH と，それと同程度の量の酢酸ナトリウム CH_3COONa を水に添加することによって調製することができる．酸，および CH_3COONa から生じる共役塩基の平衡濃度は，それぞれ最初に加えた CH_3COOH，および CH_3COONa の濃度と同一であると考えてよい．なぜなら，(1) CH_3COOH は弱酸であり，CH_3COO^- の加水分解の程度は非常に小さいから，および (2) CH_3COO^- の存在により CH_3COOH の電離が抑制され，また CH_3COOH の存在は CH_3COO^- の加水分解を抑制するからである．

　これら二つの物質を含む溶液は，酸が加えられても，あるいは塩基が加えられても，それを中和する能力をもつ．酢酸ナトリウムは強い電解質であり，水中で完全に解離する．

$$CH_3COONa(s) \xrightarrow{H_2O} CH_3COO^-(aq) + Na^+(aq)$$

酸が加えられた場合には，次式に示すように，H^+ は緩衝液中の共役塩基 CH_3COO^- によって消費されるだろう．

(a)　　　(b)　　　　(c)　　　(d)

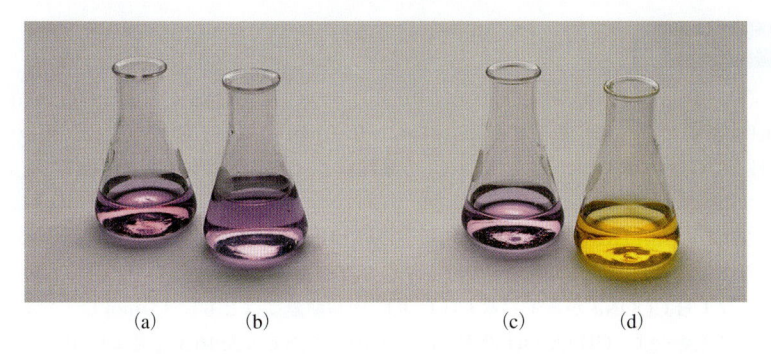

図 17.1 酸塩基滴定の指示薬ブロモフェノールブルーを用いた緩衝液の作用を示す実験. すべての溶液に指示薬が添加されている. 指示薬の色は pH 4.6 以上では青紫色, pH 3.0 以下では黄色である. (a) $0.1\,\mathrm{mol\,L^{-1}}$ の CH_3COOH 50 mL と $0.1\,\mathrm{mol\,L^{-1}}$ の CH_3COONa 50 mL からなる緩衝液. 溶液の pH は 4.7 であり, 指示薬は青紫色を示す. (b) (a) の溶液に $0.1\,\mathrm{mol\,L^{-1}}$ の HCl 溶液 40 mL を加えたあと. 溶液の色は青紫のままである. (c) 100 mL の CH_3COOH 溶液. この溶液の pH も 4.7 である. (d) (c) の溶液に 6 滴 (約 0.3 mL) の $0.1\,\mathrm{mol\,L^{-1}}$ の HCl 溶液を滴下すると, 溶液は黄色に変化する. 緩衝液の作用がなければ, わずかの HCl 溶液の添加により溶液の pH はすみやかに 3.0 以下に低下することがわかる.

$$CH_3COO^-(aq) + H^+(aq) \longrightarrow CH_3COOH(aq)$$

一方, 塩基が加えられた場合には, OH^- は緩衝液中の酸によって中和されることになる.

$$CH_3COOH(aq) + OH^-(aq) \longrightarrow CH_3COO^-(aq) + H_2O(l)$$

緩衝液の有効性, すなわち緩衝液に加えられた酸または塩基の量と, その溶液の pH の変化との比を<u>緩衝能</u>とよぶ. 緩衝能は, その緩衝液の調製に用いた酸と共役塩基の量に依存し, その量が多いほど, 緩衝能も大きくなる.

一般に, 緩衝液系は, 塩/酸, あるいは共役塩基/酸と表記される. たとえば, 酢酸ナトリウム–酢酸緩衝液系は, CH_3COONa/CH_3COOH, あるいは CH_3COO^-/CH_3COOH と表される. 図 17.1 にこの緩衝液系の作用を示す.

例題 17.1

つぎの溶液のうち, 緩衝液系に分類できるものはどれか. (a) KH_2PO_4/H_3PO_4, (b) $NaClO_4/HClO_4$, (c) C_5H_5N/C_5H_5NHCl (C_5H_5N はピリジンである. その K_b は表 16.5 を参照せよ). 解答の理由も説明せよ.

解法 どのような物質が緩衝液系を構成するか. 問題の溶液のうち, 弱酸とその塩 (弱い共役塩基を含む) から構成されるものはどれか. また, 弱塩基とその塩 (弱い共役酸を含む) から構成されるものはどれか. 強酸の共役塩基が, 加えた酸を中和できないのはなぜだろうか.

解答 緩衝液系であるための基準は, 弱酸とその塩 (弱い共役塩基を含む), あるいは弱塩基とその塩 (弱い共役酸を含む) がともに存在することである.

(a) H_3PO_4 は弱酸であり, その共役塩基 $H_2PO_4^-$ は弱塩基である (表 16.4 を見よ). したがって, これは緩衝液系となる.

(b) $HClO_4$ は強酸なので, その共役塩基 ClO_4^- はきわめて弱い塩基である. これは, ClO_4^- が溶液中で, H^+ と結合して $HClO_4$ を生成することはないことを意味する. したがって, この系は緩衝液としてはたらくことはできない.

(c) 表 16.5 が示すように C_5H_5N は弱塩基であり, その共役酸 $C_5H_5NH^+$ (塩 C_5H_5NHCl から生じる陽イオン) は弱酸である. したがって, これは緩衝液系となる. (類似問題: 17.5, 17.6)

練習問題 つぎの溶液のうち, 緩衝液系はどれか. (a) KF/HF, (b) KBr/HBr, (c) $Na_2CO_3/NaHCO_3$.

例題 17.2

(a) $1.0\,\mathrm{mol\,L^{-1}}$ の CH_3COOH と $1.0\,\mathrm{mol\,L^{-1}}$ の CH_3COONa からなる緩衝液系の pH を計算せよ．(b) その緩衝液 1.0 L に，0.10 mol の気体 HCl を加えた．溶液の pH はいくらになるか．ただし，HCl の添加によって溶液の体積は変化しないものとする．

解法 (a) HCl を添加する前の緩衝液の pH は，CH_3COOH の電離に基づいて計算することができる．酸とそのナトリウム塩がともに存在するので，CH_3COOH，および CH_3COONa から生じる CH_3COO^- の初期濃度はともに $1.0\,\mathrm{mol\,L^{-1}}$ であることに注意せよ．CH_3COOH の K_a は 1.8×10^{-5} である（表 16.3 を見よ）．(b) この場合に起こる変化を，つぎのような概略図に表すとよい．

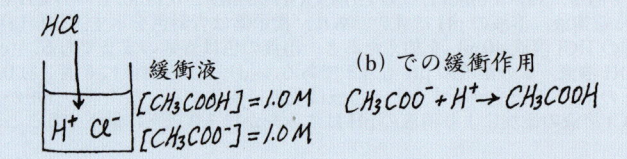

水溶液中に CH_3COOH が存在すると CH_3COO^- の加水分解が抑制され，また CH_3COO^- の存在は CH_3COOH の電離を抑制することを思い出そう．

解答 (a) 平衡に到達するまでの化学種の濃度の変化は，つぎのように要約できる．

	$CH_3COOH(aq)$	$\rightleftharpoons$	$H^+(aq)$	$+$	$CH_3COO^-(aq)$
初期状態 (mol L^{-1}):	1.0		0		1.0
変化量 (mol L^{-1}):	$-x$		$+x$		$+x$
平衡状態 (mol L^{-1}):	$1.0-x$		x		$1.0+x$

$$K_a = \frac{[H^+][CH_3COO^-]}{[CH_3COOH]}$$

$$1.8\times 10^{-5} = \frac{(x)(1.0+x)}{(1.0-x)}$$

$1.0+x \approx 1.0$ および $1.0-x \approx 1.0$ を仮定すると，次式が得られる．

$$1.8\times 10^{-5} = \frac{(x)(1.0+x)}{(1.0-x)} \approx \frac{(x)(1.0)}{(1.0)}$$

すなわち，

$$x = [H^+] = 1.8\times 10^{-5}\,\mathrm{mol\,L^{-1}}$$

酸とその共役塩基の濃度が同じときには，緩衝液の pH は酸の pK_a に等しい．

したがって，

$$pH = -\log(1.8\times 10^{-5}) = \boxed{4.74}$$

(b) 溶液に HCl を添加すると，最初に起こる変化はつぎのように要約される．

	$HCl(aq)$	$\longrightarrow$	$H^+(aq)$	$+$	$Cl^-(aq)$
初期状態 (mol L^{-1}):	0.10		0		0
変化量 (mol L^{-1}):	-0.10		$+0.10$		$+0.10$
最終状態 (mol L^{-1}):	0		0.10		0.10

Cl^- は強酸の共役塩基であるから，溶液中に傍観イオンとして存在する．

強酸 HCl によって与えられる H^+ は，緩衝液の共役塩基 CH_3COO^- と完全に反応する．このような場合には，モル濃度よりも物質量を用いて考えた方が都合がよい．なぜなら，物質が溶液に加えられると，場合によっては溶液の体積が変化するからである．体積が変化するとモル濃度は変化するが，物質量は変化しない．中和反応に伴う変化は，つぎのように要約される．

(つづく)

	$CH_3COO^-(aq)$	+	$H^+(aq)$	⟶	$CH_3COOH(aq)$
初期状態（mol）：	1.0		0.10		1.0
変化量（mol）：	−0.10		−0.10		+0.10
最終状態（mol）：	0.90		0		1.1

最後に，酸を中和したあとの緩衝液の pH を計算するために，それぞれの物質量を溶液の体積 1.0 L で割ることにより，再びモル濃度に変換する．平衡に到達するまでの変化は，つぎのように要約される．

	$CH_3COOH(aq)$	⇌	$H^+(aq)$	+	$CH_3COO^-(aq)$
初期状態（mol L^{-1}）：	1.1		0		0.90
変化量（mol L^{-1}）：	−x		+x		+x
平衡状態（mol L^{-1}）：	1.1−x		x		0.90+x

$$K_a = \frac{[H^+][CH_3COO^-]}{[CH_3COOH]}$$

$$1.8 \times 10^{-5} = \frac{(x)(0.90+x)}{(1.1-x)}$$

近似 0.90+x ≈ 0.90，および 1.1−x ≈ 1.1 を適用すると，次式のように x を求めることができる．

$$1.8 \times 10^{-5} = \frac{(x)(0.90+x)}{(1.1-x)} \approx \frac{x(0.90)}{1.1}$$

すなわち，

$$x = [H^+] = 2.2 \times 10^{-5} \text{ mol L}^{-1}$$

したがって，

$$\text{pH} = -\log(2.2 \times 10^{-5}) = \boxed{4.66}$$

類似問題：17.14

練習問題 0.30 mol L^{-1} NH$_3$/0.36 mol L^{-1} NH$_4$Cl 緩衝液系の pH を計算せよ．また，この緩衝液 80.0 mL に，濃度 0.050 mol L^{-1} の NaOH 水溶液を 20.0 mL 加えたあとの pH を求めよ．

例題 17.2 で検討したとおり，緩衝液に HCl を加えると，緩衝液の pH が低下する，すなわち溶液はより酸性となることがわかる．HCl を添加する前後の H$^+$ 濃度を比較すると，

$$\text{HCl を加える前：} \quad [H^+] = 1.8 \times 10^{-5} \text{ mol L}^{-1}$$
$$\text{HCl を加えた後：} \quad [H^+] = 2.2 \times 10^{-5} \text{ mol L}^{-1}$$

したがって，HCl の添加に伴って H$^+$ 濃度が増大した比率は，次式のようになる．

$$\frac{2.2 \times 10^{-5} \text{ mol L}^{-1}}{1.8 \times 10^{-5} \text{ mol L}^{-1}} = 1.2$$

CH$_3$COONa/CH$_3$COOH 緩衝液系の有効性を理解するために，1 L の水に 0.10 mol の HCl を添加した場合に，どの程度 H$^+$ 濃度が増大するかを調べ，緩衝液の場合と比較してみよう．

$$\text{HCl を加える前：} \quad [H^+] = 1.0 \times 10^{-7} \text{ mol L}^{-1}$$
$$\text{HCl を加えた後：} \quad [H^+] = 0.10 \text{ mol L}^{-1}$$

したがって，これらの比率を求めると，

$$\frac{0.10 \text{ mol L}^{-1}}{1.0 \times 10^{-7} \text{ mol L}^{-1}} = 1.0 \times 10^6$$

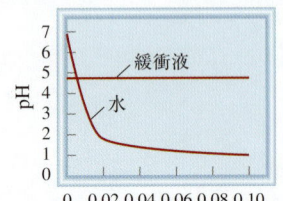

図17.2 例題 17.2 に示された 0.1 mol L^{-1} の HCl 溶液を純水に加えた場合と，酢酸緩衝液に加えた場合の pH 変化の比較．

すなわち，HCl の添加により，水の H$^+$ 濃度は百万倍に増大することになる．緩衝液の場合にはわずか 1.2 倍であったことから，適切に選択した緩衝液を用いることによって，溶液の H$^+$ 濃度，すなわち pH をある程度一定に保持できることがわかる（図 17.2）．

特定の pH をもつ緩衝液の調製

さて，ある特定の pH をもつ緩衝液を調製したいとしよう．どうしたらよいだろうか．酢酸-酢酸ナトリウム緩衝液系について考えると，その平衡定数はつぎのように書くことができる．

$$K_\mathrm{a} = \frac{[\mathrm{CH_3COO^-}][\mathrm{H^+}]}{[\mathrm{CH_3COOH}]}$$

この関係は，溶液中に酢酸だけが存在する場合でも，酢酸と酢酸ナトリウムの混合物が存在する場合でも，成立することに注意してほしい．この式を書き換えると，次式が得られる．

$$[\mathrm{H^+}] = \frac{K_\mathrm{a}[\mathrm{CH_3COOH}]}{[\mathrm{CH_3COO^-}]}$$

両辺の対数をとって負符号をつけると，

$$-\log[\mathrm{H^+}] = -\log K_\mathrm{a} - \log\frac{[\mathrm{CH_3COOH}]}{[\mathrm{CH_3COO^-}]}$$

あるいは，

$$-\log[\mathrm{H^+}] = -\log K_\mathrm{a} + \log\frac{[\mathrm{CH_3COO^-}]}{[\mathrm{CH_3COOH}]}$$

したがって，

$$\mathrm{pH} = \mathrm{p}K_\mathrm{a} + \log\frac{[\mathrm{CH_3COO^-}]}{[\mathrm{CH_3COOH}]} \qquad (17.1)$$

ここで，

$$\mathrm{p}K_\mathrm{a} = -\log K_\mathrm{a} \qquad (17.2)$$

pK_a と K_a との関係は，pH と [H$^+$] との関係と同じである．強い酸ほど（すなわち，K_a が大きいほど），pK_a は小さくなることに注意せよ．

式(17.1)はヘンダーソン-ハッセルバルヒ式とよばれる．より一般的な形として，この式はつぎのように表記される．

$$\mathrm{pH} = \mathrm{p}K_\mathrm{a} + \log\frac{[共役塩基]}{[酸]} \qquad (17.3)$$

pK_a は一定であるが，式(17.3)に含まれる二つの濃度項は，与えられた溶液によって異なることに注意せよ．

酸とその共役塩基のモル濃度がほぼ等しい場合，すなわち [酸] ≈ [共役塩基] の場合には，

$$\log\frac{[共役塩基]}{[酸]} \approx 0$$

したがって，

$$\mathrm{pH} \approx \mathrm{p}K_\mathrm{a}$$

すなわち，特定の pH をもつ緩衝液を調製するには，その pH に近い pK_a をもつ弱酸を選べばよい．この選択によって，求める pH の緩衝液系が得られるだけでなく，溶液中に酸とその共役塩基を同程度の濃度で存在させることができる．両者は，緩衝液系が効果的にはたらくために必要な条件である．

例題 17.3

pH 約 7.45 の "リン酸緩衝液" を調製する方法を説明せよ.

解法 緩衝液が効果的にはたらくためには, 酸成分の濃度は, その共役塩基成分の濃度にほぼ等しくなければならない. 式(17.3)より, 調製したい緩衝液のpHが酸のpK_aに近い場合, すなわち pH ≈ pK_a の場合には, 以下のようになる.

$$\log\frac{[共役塩基]}{[酸]} \approx 0$$

あるいは,

$$\frac{[共役塩基]}{[酸]} \approx 1$$

解答 リン酸は三塩基酸なので, 次式のようにその電離過程は 3 段階となる. それぞれの K_a は表 16.4 から得られ, pK_a の値は式(17.2) を適用することによって求められる.

$$H_3PO_4(aq) \rightleftharpoons H^+(aq) + H_2PO_4^-(aq)$$
$$K_{a_1} = 7.5 \times 10^{-3}; \quad pK_{a_1} = 2.12$$
$$H_2PO_4^-(aq) \rightleftharpoons H^+(aq) + HPO_4^{2-}(aq)$$
$$K_{a_2} = 6.2 \times 10^{-8}; \quad pK_{a_2} = 7.21$$
$$HPO_4^{2-}(aq) \rightleftharpoons H^+(aq) + PO_4^{3-}(aq)$$
$$K_{a_3} = 4.8 \times 10^{-13}; \quad pK_{a_3} = 12.32$$

酸 $H_2PO_4^-$ のpK_aが調製したい緩衝液のpH 7.4 に最も近いので, 三つの緩衝液系のうちで, $HPO_4^{2-}/H_2PO_4^-$ が最も適切な緩衝液系である. ヘンダーソン-ハッセルバルヒ式から, つぎのように書くことができる.

$$pH = pK_a + \log\frac{[共役塩基]}{[酸]}$$

$$7.45 = 7.21 + \log\frac{[HPO_4^{2-}]}{[H_2PO_4^-]}$$

$$\log\frac{[HPO_4^{2-}]}{[H_2PO_4^-]} = 0.24$$

両辺の真数を求めると,

$$\frac{[HPO_4^{2-}]}{[H_2PO_4^-]} = 10^{0.24} = 1.7$$

したがって, pH 7.45 のリン酸緩衝液を調製する一つの方法は, リン酸水素二ナトリウム Na_2HPO_4 とリン酸二水素ナトリウム NaH_2PO_4 を 1.7 : 1.0 の物質量比で水に溶かすことである. たとえば, 1.7 mol の Na_2HPO_4 と 1.0 mol の NaH_2PO_4 を水に溶かし, 1 L の溶液とすればよい.

(類似問題: 17.15, 17.16)

練習問題 pH 10.10 の "炭酸緩衝液" を 1 L 調製する方法を説明せよ. ただし, 炭酸 H_2CO_3, 炭酸水素ナトリウム $NaHCO_3$, および炭酸ナトリウム Na_2CO_3 が与えられているものとする. K_a の値は表 16.4 を参照せよ.

考え方の復習

つぎの図 (a)～(d) は, 弱塩基 HA とそのナトリウム塩 NaA を含む水溶液を示している. これらのうち, 緩衝液としてはたらくことができるものはどれか. また, 最も大きな緩衝能をもつ溶液はどれか. なお, 簡単のため, Na^+ と水分子は省略してある.

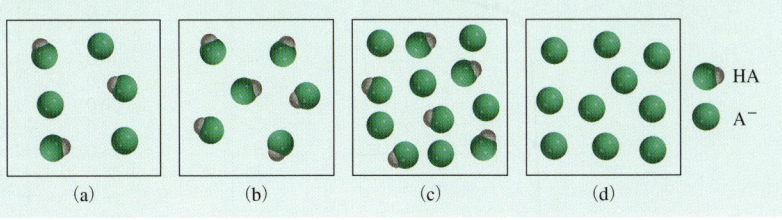

17.3 酸塩基滴定の詳細な検討

緩衝液について議論したところで, 酸塩基滴定 (§4.6 を見よ) に関して, 定量的な面からより詳しく検討してみよう. つぎのような 3 種類の酸塩基滴定反応を考えよう. すなわち, (1) 強酸と強塩基を含む滴定, (2) 弱酸と強塩基を含む滴定, お

図 17.3 酸塩基滴定では pH の変化を測定するために pH 計が用いられる.

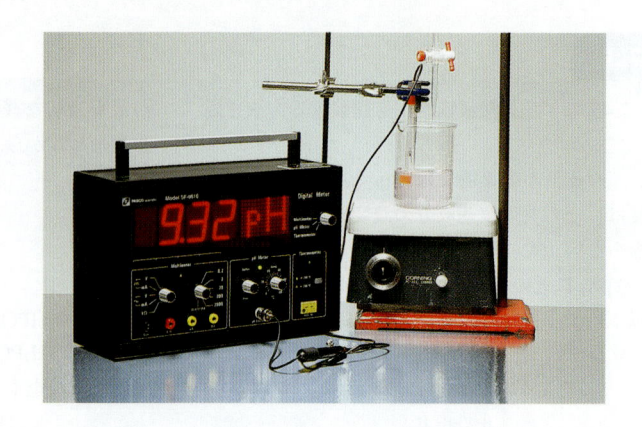

よび (3) 強酸と弱塩基を含む滴定である. 弱酸と弱塩基を含む滴定は, 生成する塩の陽イオンと陰イオンがいずれも加水分解するので, それによって定量的な取扱いが大変複雑になる. このため, この種類の滴定については本書では扱わない. 図 17.3 に酸塩基滴定において pH の変化を測定するための装置を示した.

強酸-強塩基滴定

強酸 HCl と強塩基 NaOH との反応は, 次式で表される.

$$\text{NaOH(aq)} + \text{HCl(aq)} \longrightarrow \text{NaCl(aq)} + \text{H}_2\text{O(l)}$$

あるいは, 正味のイオン反応式で表すと,

$$\text{H}^+(\text{aq}) + \text{OH}^-(\text{aq}) \longrightarrow \text{H}_2\text{O(l)}$$

$0.100\,\text{mol L}^{-1}$ の HCl 25.0 mL が入った三角フラスコに, ビュレットから $0.100\,\text{mol L}^{-1}$ の NaOH 水溶液を滴下するとしよう. 簡単のため, 体積と濃度については有効数字 3 桁, また pH に対しては有効数字 2 桁とする. 図 17.4 に滴定に伴って溶液の

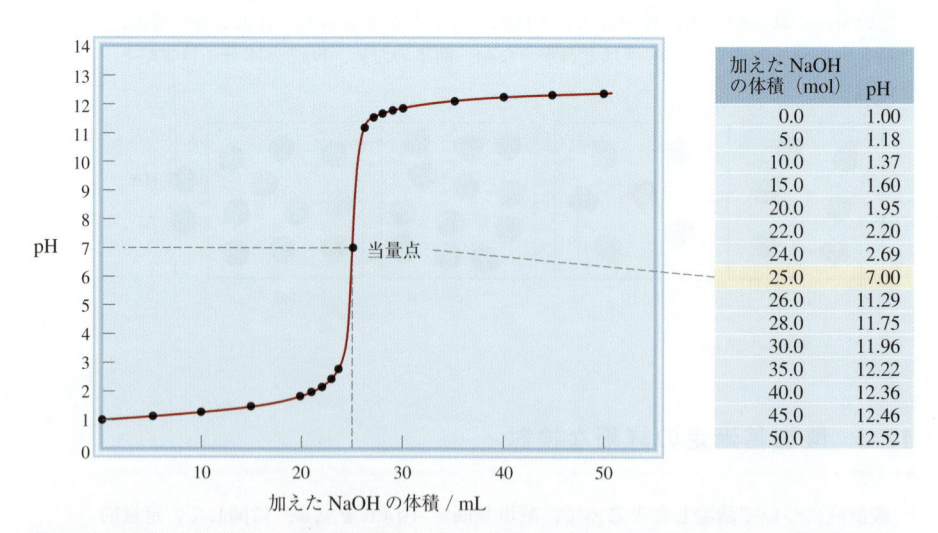

加えた NaOH の体積 (mol)	pH
0.0	1.00
5.0	1.18
10.0	1.37
15.0	1.60
20.0	1.95
22.0	2.20
24.0	2.69
25.0	7.00
26.0	11.29
28.0	11.75
30.0	11.96
35.0	12.22
40.0	12.36
45.0	12.46
50.0	12.52

図 17.4 強酸-強塩基滴定における溶液の pH の変化. 三角フラスコに入れた $0.100\,\text{mol L}^{-1}$ の HCl 溶液 25 mL に対して, ビュレットから $0.100\,\text{mol L}^{-1}$ の NaOH 溶液を滴下する (図 4.18 を見よ). この曲線はしばしば, 滴定曲線とよばれる.

pHが変化する様子を示す．この図は滴定曲線とよばれる．NaOHを添加する前は，酸のpHは $-\log(0.100)$，すなわち1.00である．NaOHを加えると，溶液のpHは最初はゆっくりと上昇する．正確に当量の酸と塩基が反応する点を当量点というが，当量点に近づくとpHは急激に上昇し始め，当量点では曲線はほとんど垂直に上昇する．強酸-強塩基滴定では，当量点における水素イオンと水酸化物イオンの濃度はいずれも非常に低く，ほぼ $1 \times 10^{-7}\,\mathrm{mol\,L^{-1}}$ である．その結果，塩基を1滴加えると $[\mathrm{OH^-}]$ は著しく増大し，溶液のpHも急激に上昇する．当量点を越えると，NaOHの添加に伴って，pHは再びゆっくりと上昇する．

滴定のあらゆる段階において，溶液のpHを計算することができる．例として，つぎのような三つの場合についてpHを計算してみよう．

1. 0.100 mol L^{-1} のHCl 25.0 mLに，0.100 mol L^{-1} のNaOH水溶液 10.0 mLを添加した場合．溶液の全体積は 35.0 mL である．添加した 10.0 mL に含まれるNaOHの物質量は，次式で計算される．

$$10.0\,\mathrm{mL} \times \frac{0.100\,\mathrm{mol\,NaOH}}{1\,\mathrm{L\,NaOH}} \times \frac{1\,\mathrm{L\,NaOH}}{1000\,\mathrm{mL}} = 1.00 \times 10^{-3}\,\mathrm{mol}$$

最初の溶液 25.0 mL に存在したHClの物質量は，次式で求められる．

$$25.0\,\mathrm{mL} \times \frac{0.100\,\mathrm{mol\,HCl}}{1\,\mathrm{L\,HCl}} \times \frac{1\,\mathrm{L}}{1000\,\mathrm{mL}} = 2.50 \times 10^{-3}\,\mathrm{mol}$$

したがって，部分的に中和されたあとに残っているHClの量は，$(2.50 \times 10^{-3}) - (1.00 \times 10^{-3})$，すなわち 1.50×10^{-3} mol である．つぎに，35.0 mL の溶液中の水素イオン濃度 $[\mathrm{H^+}]$ は，つぎのように求めることができる．

$$\frac{1.50 \times 10^{-3}\,\mathrm{mol\,HCl}}{35.0\,\mathrm{mL}} \times \frac{1000\,\mathrm{mL}}{1\,\mathrm{L}} = 0.0429\,\mathrm{mol\,HCl/1\,L}$$

したがって，$[\mathrm{H^+}] = 0.0429\,\mathrm{mol\,L^{-1}}$ であり，溶液のpHは

$$\mathrm{pH} = -\log 0.0429 = 1.37$$

2. 0.100 mol L^{-1} のHCl 25.0 mLに，0.100 mol L^{-1} のNaOH水溶液 25.0 mLを添加した場合．完全な中和反応が進行しており，生成する塩NaClは加水分解しないから，この場合の計算は簡単である．当量点では $[\mathrm{H^+}] = [\mathrm{OH^-}] = 1.00 \times 10^{-7}\,\mathrm{mol\,L^{-1}}$ であり，溶液のpHは7.00である．

3. 0.100 mol L^{-1} のHCl 25.0 mLに，0.100 mol L^{-1} のNaOH水溶液 35.0 mLを添加した場合．溶液の全体積は 60.0 mL になる．添加されたNaOHの物質量は，

$$35.0\,\mathrm{mL} \times \frac{0.100\,\mathrm{mol\,NaOH}}{1\,\mathrm{L\,NaOH}} \times \frac{1\,\mathrm{L\,NaOH}}{1000\,\mathrm{mL}} = 3.50 \times 10^{-3}\,\mathrm{mol}$$

溶液 25.0 mL に含まれるHClの物質量は，2.50×10^{-3} mol である．HClが完全に中和されたあとに，残っているNaOHの物質量は，$(3.50 \times 10^{-3}) - (2.50 \times 10^{-3})$，すなわち 1.00×10^{-3} mol である．溶液 60.0 mL に含まれるNaOHの濃度は，

$$\frac{1.00 \times 10^{-3}\,\mathrm{mol\,NaOH}}{60.0\,\mathrm{mL}} \times \frac{1000\,\mathrm{mL}}{1\,\mathrm{L}} = 0.0167\,\mathrm{mol\,NaOH/1\,L}$$

$$= 0.0167\,\mathrm{mol\,L^{-1}\,NaOH}$$

したがって，$[\mathrm{OH^-}] = 0.0167\,\mathrm{mol\,L^{-1}}$ であり，$\mathrm{pOH} = -\log 0.0167 = 1.78$ とな

NaOHの物質量をより速く計算するには，つぎのように書けばよい．

$$10.0\,\mathrm{mL} \times \frac{0.100\,\mathrm{mol}}{1000\,\mathrm{mL}}$$
$$= 1.0 \times 10^{-3}\,\mathrm{mol}$$

1 mol NaOHと1 mol HClが等価であることに注意せよ．

Na$^+$もCl$^-$も加水分解しない．

弱酸-強塩基滴定

弱酸である酢酸と強塩基の水酸化ナトリウムとの中和反応を考えよう.

$$CH_3COOH(aq) + NaOH(aq) \longrightarrow CH_3COONa(aq) + H_2O(l)$$

この反応式は，次式のように簡略化できる.

$$CH_3COOH(aq) + OH^-(aq) \longrightarrow CH_3COO^-(aq) + H_2O(l)$$

酢酸イオンは，次式のように加水分解する.

$$CH_3COO^-(aq) + H_2O(l) \rightleftharpoons CH_3COOH(aq) + OH^-(aq)$$

したがって，当量点では，酢酸ナトリウムが存在するだけなので，生成した過剰の OH^- によって pH は 7 より大きくなると予想される（図 17.5）．この状況は，酢酸ナトリウム CH_3COONa の加水分解と同じであることに注意してほしい（p.472 を見よ）．

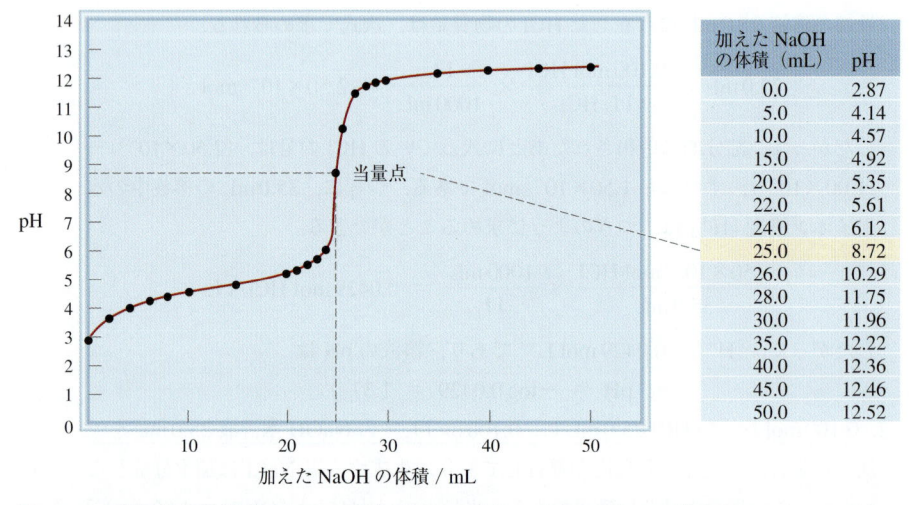

加えた NaOH の体積（mL）	pH
0.0	2.87
5.0	4.14
10.0	4.57
15.0	4.92
20.0	5.35
22.0	5.61
24.0	6.12
25.0	8.72
26.0	10.29
28.0	11.75
30.0	11.96
35.0	12.22
40.0	12.36
45.0	12.46
50.0	12.52

図 17.5 弱酸-強塩基滴定における溶液の pH の変化．三角フラスコに入れた $0.100\,mol\,L^{-1}$ の CH_3COOH 溶液 25 mL に対して，ビュレットから $0.100\,mol\,L^{-1}$ の NaOH 溶液を滴下する．生成した塩の加水分解により，当量点における pH は 7 よりも高くなる．

例題 17.4

濃度 $0.100\,mol\,L^{-1}$ の酢酸水溶液 25.0 mL を，水酸化ナトリウム水溶液を用いて滴定する．酸溶液に対して，つぎのように NaOH 水溶液を加えた場合の pH を計算せよ．(a) $0.100\,mol\,L^{-1}$ の NaOH 水溶液を 10.0 mL 加えた場合，(b) $0.100\,mol\,L^{-1}$ の NaOH 水溶液を 25.0 mL 加えた場合，(c) $0.100\,mol\,L^{-1}$ の NaOH を 35.0 mL 加えた場合．

解法 CH_3COOH と NaOH の反応は次式で示される．

$$CH_3COOH(aq) + NaOH(aq) \longrightarrow CH_3COONa(aq) + H_2O(l)$$

(つづく)

反応式から 1 mol CH₃COOH と 1 mol NaOH が等価であることがわかる．したがって，滴定のあらゆる段階において，酸と反応した塩基の物質量を計算することができ，溶液に残っている過剰な酸，あるいは塩基の物質量から溶液の pH が決定される．しかし，当量点では，中和反応は完全に進行するが，溶液の pH は生成する塩 CH₃COONa の加水分解の程度に依存することに注意せよ．

解 答 （a）滴定に用いる NaOH 水溶液 10.0 mL に含まれる NaOH の物質量は，

$$10.0 \text{ mL} \times \frac{0.100 \text{ mol NaOH}}{1 \text{ L NaOH}} \times \frac{1 \text{ L}}{1000 \text{ mL}} = 1.00 \times 10^{-3} \text{ mol}$$

最初の溶液 25.0 mL に存在した CH₃COOH の物質量は，

$$25.0 \text{ mL} \times \frac{0.100 \text{ mol CH}_3\text{COOH}}{1 \text{ L CH}_3\text{COOH}} \times \frac{1 \text{ L}}{1000 \text{ mL}} = 2.50 \times 10^{-3} \text{ mol}$$

二つの溶液を混合すると溶液の体積が増加するので，ここではモル濃度ではなく，物質量を用いて計算した方が都合がよい．体積が増加した場合，モル濃度は変化するが，物質量は変化しない．中和反応に伴う物質量の変化は，つぎのように要約される．

	CH₃COOH(aq)	+ NaOH(aq)	⟶ CH₃COONa(aq)	+ H₂O(l)
初期状態(mol)：	2.50×10^{-3}	1.00×10^{-3}	0	
変化量(mol)：	-1.00×10^{-3}	-1.00×10^{-3}	$+1.00 \times 10^{-3}$	
最終状態(mol)：	1.50×10^{-3}	0	1.00×10^{-3}	

塩 CH₃COONa は解離して CH₃COO⁻ を生成するので，この溶液は CH₃COOH と CH₃COO⁻ からなる緩衝液系である．この溶液の pH を求めるための [H⁺] は，以下のように計算することができる．

$$K_a = \frac{[\text{H}^+][\text{CH}_3\text{COO}^-]}{[\text{CH}_3\text{COOH}]}$$

$$[\text{H}^+] = \frac{[\text{CH}_3\text{COOH}]K_a}{[\text{CH}_3\text{COO}^-]}$$

$$= \frac{(1.50 \times 10^{-3})(1.8 \times 10^{-5})}{1.00 \times 10^{-3}} = 2.7 \times 10^{-5} \text{ mol L}^{-1}$$

> 溶液の体積は，CH₃COOH，CH₃COO⁻ のいずれに対しても同じなので，溶液中に存在するそれらの物質量の比は，それぞれのモル濃度の比に等しい．

したがって，

$$\text{pH} = -\log(2.7 \times 10^{-5}) = \boxed{4.57}$$

（b）これらの量，すなわち 0.100 mol L⁻¹ の CH₃COOH 水溶液 25.0 mL に対する 0.100 mol L⁻¹ の NaOH 溶液 25.0 mL は完全な中和反応が起こる量であり，したがって滴定の当量点に相当する．溶液 25.0 mL に含まれる NaOH の物質量は，

$$25.0 \text{ mL} \times \frac{0.100 \text{ mol NaOH}}{1 \text{ L NaOH}} \times \frac{1 \text{ L}}{1000 \text{ mL}} = 2.50 \times 10^{-3} \text{ mol}$$

中和反応に伴う物質量の変化はつぎのように要約される．

	CH₃COOH(aq)	+ NaOH(aq)	⟶ CH₃COONa(aq)	+ H₂O(l)
初期状態(mol)：	2.50×10^{-3}	2.50×10^{-3}	0	
変化量(mol)：	-2.50×10^{-3}	-2.50×10^{-3}	$+2.50 \times 10^{-3}$	
最終状態(mol)：	0	0	2.50×10^{-3}	

当量点において，酸と塩基の濃度はゼロである．全体積は (25.0 + 25.0) mL，すなわち 50.0 mL となる．したがって，塩の濃度は，

$$[\text{CH}_3\text{COONa}] = \frac{2.50 \times 10^{-3} \text{ mol}}{50.0 \text{ mL}} \times \frac{1000 \text{ mL}}{1 \text{ L}}$$

$$= 0.0500 \text{ mol L}^{-1}$$

（つづく）

つぎに，CH_3COO^- の加水分解が起こっている溶液の pH を計算する．例題 16.13 に示された方法に従い，また表 16.3 にある CH_3COO^- の塩基解離定数 K_b を参照すると，以下のように溶液の pH を求めることができる．

$$K_b = 5.6 \times 10^{-10} = \frac{[CH_3COOH][OH^-]}{[CH_3COO^-]} = \frac{x^2}{0.0500-x}$$

$$x = [OH^-] = 5.3 \times 10^{-6} \text{ mol L}^{-1}, \text{ pH} = \boxed{8.72}$$

(c) NaOH 水溶液 35.0 mL を加えたあとでは，十分に当量点を過ぎている．最初の溶液に存在した NaOH の物質量は，

$$35.0 \text{ mL} \times \frac{0.100 \text{ mol NaOH}}{1 \text{ L NaOH}} \times \frac{1 \text{ L}}{1000 \text{ mL}} = 3.50 \times 10^{-3} \text{ mol}$$

中和反応に伴う物質量の変化はつぎのように要約される．

$$CH_3COOH(aq) + NaOH(aq) \longrightarrow CH_3COONa(aq) + H_2O(l)$$

	CH_3COOH	$NaOH$	CH_3COONa
初期状態(mol)：	2.50×10^{-3}	3.50×10^{-3}	0
変化量(mol)：	-2.50×10^{-3}	-2.50×10^{-3}	$+2.50 \times 10^{-3}$
最終状態(mol)：	0	1.00×10^{-3}	2.50×10^{-3}

この溶液中には，溶液を塩基性にする要因となる化学種が 2 種類存在することわかる．すなわち，OH^-，および CH_3COONa から生じる CH_3COO^- である．しかし，OH^- は CH_3COO^- よりも非常に強い塩基であるから，CH_3COO^- の加水分解を無視して，OH^- の濃度だけを用いて溶液の pH を計算しても問題はない．NaOH 水溶液を加えた溶液の全体積は (25.0 + 35.0) mL，すなわち 60.0 mL となる．したがって，つぎのように OH^- 濃度を求めることができ，溶液の pH が得られる．

$$[OH^-] = \frac{1.00 \times 10^{-3} \text{ mol}}{60.0 \text{ mL}} \times \frac{1000 \text{ mL}}{1 \text{ L}}$$

$$= 0.0167 \text{ mol L}^{-1}$$

$$pOH = -\log[OH^-] = -\log 0.0167 = 1.78$$

$$pH = 14.00 - 1.78 = \boxed{12.22}$$

類似問題：17.21(b)

練習問題 正確に測りとった 100 mL の 0.10 mol L^{-1} の亜硝酸 HNO_2 水溶液を，0.10 mol L^{-1} の NaOH 水溶液を用いて滴定する．つぎの溶液の pH を計算せよ．(a) 最初の溶液，(b) 塩基を 80 mL 加えた時点の溶液，(c) 当量点にある溶液，(d) 塩基を 105 mL 加えた時点の溶液．

強酸 - 弱塩基滴定

強酸 HCl と弱塩基 NH_3 の滴定を考えよう．

$$HCl(aq) + NH_3(aq) \longrightarrow NH_4Cl(aq)$$

この式は簡略化して，次式のように表すことができる．

$$H^+(aq) + NH_3(aq) \longrightarrow NH_4^+(aq)$$

NH_4^+ の加水分解のために，当量点における pH は 7 よりも小さくなる．

$$NH_4^+(aq) + H_2O(l) \rightleftharpoons NH_3(aq) + H_3O^+(aq)$$

あるいは簡略化して，

$$NH_4^+(aq) \rightleftharpoons NH_3(aq) + H^+(aq)$$

アンモニア溶液は揮発性のため，この滴定では，アンモニア溶液に対してビュレットから塩酸溶液を添加する方がよい．図 17.6 にこの滴定実験に対する滴定曲線を示す．

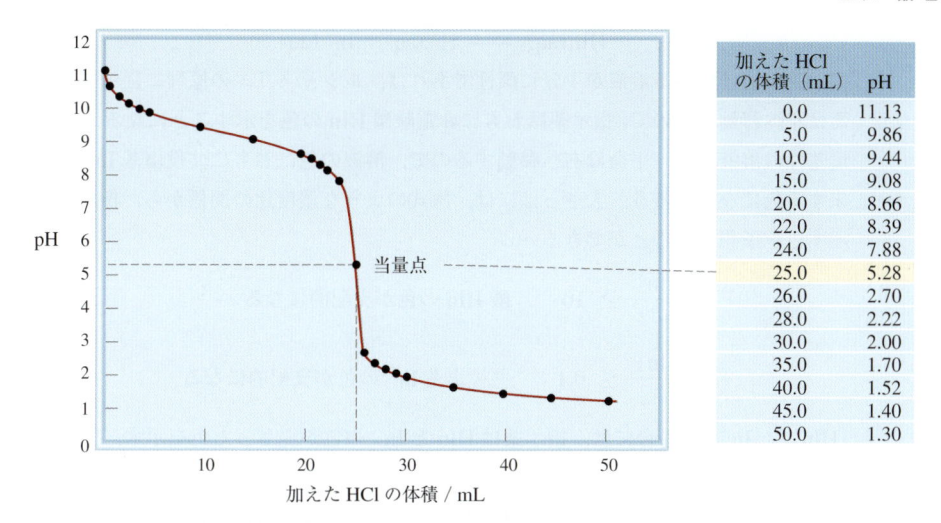

加えた HCl の体積（mL）	pH
0.0	11.13
5.0	9.86
10.0	9.44
15.0	9.08
20.0	8.66
22.0	8.39
24.0	7.88
25.0	5.28
26.0	2.70
28.0	2.22
30.0	2.00
35.0	1.70
40.0	1.52
45.0	1.40
50.0	1.30

図 17.6 強酸-弱塩基滴定における溶液の pH の変化．三角フラスコに入れた 0.100 mol L^{-1} の NH$_3$ 溶液 25.0 mL に対して，ビュレットから 0.100 mol L^{-1} の HCl 溶液を滴下する．塩の加水分解により，当量点における pH は 7 よりも低くなる．

考え方の復習

つぎの (a)～(d) のそれぞれに示した酸と塩基で滴定を行うとき，当量点における pH が中性でないものはどれか：(a) HCOOH と KOH，(b) HI と KOH，(c) NaOH と HF，(d) NaOH と HNO$_3$．

17.4 酸塩基指示薬

　前節で述べたように，当量点では，溶液に加えられた OH$^-$ の物質量は，最初に溶液中に存在した H$^+$ の物質量と正確に等しい．滴定の当量点を決定するには，フラスコに含まれる酸に対して，ビュレットから滴下される塩基の体積を正確に知る必要がある．この目的を達成するための一つの方法は，滴定を開始する前に，酸溶液に数滴の指示薬を添加することである．第 4 章で学んだように，指示薬はその非電離型と電離型が，明確に異なる色をもつことを思い出してほしい．指示薬がこれら二つのうちどちらの型をとるかは，指示薬が溶けている溶液の pH と関係がある．滴定において指示薬の色が変化する点を，滴定の**終点**という．しかし，すべての指示薬の色の変化が，同じ pH で起こるわけではない．このため，ある滴定を行う際には，その滴定に用いる酸と塩基の性質，すなわちそれらが強い酸・塩基か，あるいは弱い酸・塩基かに依存して適切な指示薬を選択しなければならない．滴定に対して適切な指示薬を選ぶことができれば，滴定の終点を用いて当量点を決定することができる．以下にその理由を説明しよう．

　HIn で表される弱い一塩基酸を考えよう．HIn が効果的な指示薬であるためには，HIn とその共役塩基 In$^-$ は，明確に異なる色をもつ必要がある．さて，溶液中において，酸 HIn は次式のようにわずかに電離している．

一般に，指示薬は弱い有機化合物の酸，あるいは塩基である．

終点 end point

$$\text{HIn(aq)} \rightleftharpoons \text{H}^+(\text{aq}) + \text{In}^-(\text{aq})$$

指示薬が溶けている溶液が十分に酸性であれば，ルシャトリエの原理に従って，平衡は左へ移動するので，指示薬はおもに非電離型 HIn の色を示すことになる．一方，塩基性の溶液では，平衡は右へ移動するので，溶液の色はおもに共役塩基 In$^-$ に由来する色になるだろう．大ざっぱには，次式のような濃度比の関係から，指示薬が示す色を予想することができる．

$$\frac{[\text{HIn}]}{[\text{In}^-]} \geq 10 \quad \text{酸 HIn の色が支配的になる}$$

$$\frac{[\text{HIn}]}{[\text{In}^-]} \leq 0.1 \quad \text{共役塩基 In}^- \text{の色が支配的になる}$$

[HIn] ≈ [In$^-$] の場合には，指示薬は HIn と In$^-$ の色が混ざった色を示す．

> 典型的な指示薬は，その酸解離定数を K_a とすると，pH = pK_a ±1 の pH 領域において変色する．

滴定の終点を示す指示薬の色の変化は，ある特定の pH 値で起こるわけではない．むしろ，色の変化が起こる pH 領域がある．滴定を行う際にはその領域が，滴定曲線が急激に変化する部分に含まれる指示薬を選択する．当量点も滴定曲線が急激に変化する部分に含まれるので，このように指示薬を選ぶと，当量点の pH 値は確実に指示薬の色が変化する pH 領域に入ることになる．たとえば，§4.6 において，フェノールフタレインは NaOH と HCl の滴定のための適切な指示薬であることを述べた．フェノールフタレインは酸性と中性溶液では無色であるが，塩基性溶液では赤紫色を示す．測定により，フェノールフタレインは pH＜8.3 では無色であるが，pH が 8.3 を超えると赤紫色に変化し始めることが知られている．図 17.4 に示すように，当量点付近において滴定曲線が急激に変化することは，非常に少量の，たとえばビュレットから滴下される 1 滴の体積にほぼ等しい 0.05 mL の NaOH を加えても，溶液の pH は大きく上昇することを意味している．ここで，重要なことは，滴定曲線が急激に変化する部分は，フェノールフタレインが無色から赤紫色へ変化する pH 領域を含んでいることである．このような関係が成り立つ場合には，その指示薬は，滴定の当量点を決定するために用いることができる（図 17.7）．

多くの指示薬は植物に由来する色素である．たとえば，細く切った紫キャベツを水に入れて煮沸すると，さまざまな pH で多くの異なった色を示す色素を抽出する

図 17.7 強塩基を用いて強酸を滴定した場合の滴定曲線．指示薬メチルレッドとフェノールフタレインの色の変化が起こる pH 領域は，滴定曲線が急激に変化している部分に含まれるので，これらは滴定の当量点を決定するために用いることができる．一方，チモールブルーはこの滴定の指示薬として用いることはできない．なぜなら，色の変化が起こる pH 領域は，滴定曲線が急激に変化する部分と一致していないからである（表 17.1 を見よ）．

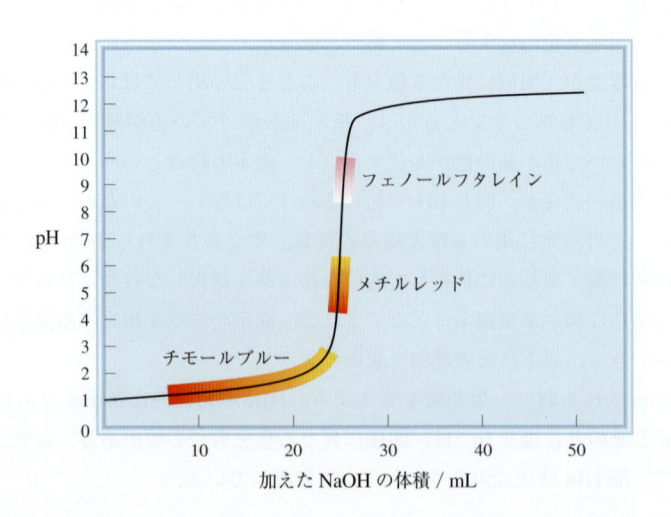

17.4 酸塩基指示薬

表 17.1	いくつかの一般的な酸塩基指示薬		
	色		
指示薬	酸性	塩基性	pH 領域*
チモールブルー	赤	黄	1.2〜2.8
ブロモフェノールブルー	黄	青紫	3.0〜4.6
メチルオレンジ	橙	黄	3.1〜4.4
メチルレッド	赤	黄	4.2〜6.3
クロロフェノールブルー	黄	赤	4.8〜6.4
ブロモチモールブルー	黄	青	6.0〜7.6
クレゾールレッド	黄	赤	7.2〜8.8
フェノールフタレイン	無色	赤紫	8.3〜10.0

* pH 領域は，指示薬が酸性の色から塩基性の色に変化する領域を表す．

ことができる（図 17.8）．表 17.1 に，酸塩基滴定でよく用いられるいくつかの指示薬を示した．滴定にどの指示薬を用いるかは，滴定される酸と塩基の強さに依存する．

図 17.8 紫キャベツの抽出液（キャベツを水中で煮沸することによって得られる）を含む溶液は，酸や塩基を加えることによってさまざまな色を示す．溶液の pH は，図の左から右へと上昇している．

例題 17.5

表 17.1 に示された指示薬のうちから，(a) 図 17.4，(b) 図 17.5，(c) 図 17.6 に示された酸塩基滴定に用いることのできる指示薬を選択せよ．

解法 ある滴定に用いる指示薬を選ぶ際には，指示薬の色が変化する pH 領域が，滴定曲線が急激に変化する部分と重なっているかどうかに基づいて判定する．重なっていなければ，指示薬の色の変化によって滴定の当量点を決定することはできない．

解答 (a) 当量点の付近で，溶液の pH は 4 から 10 へと急激に変化する．したがって，チモールブルー，ブロモフェノールブルー，およびメチルオレンジを除く他のすべての指示薬は，この滴定に用いる指示薬として適切である．

(b) 図 17.5 の滴定曲線では，急激に変化する部分は pH 7 から 10 の領域に及ぶ．したがって，適切な指示薬はクレゾールレッド，およびフェノールフタレインである．

(c) 図 17.6 の滴定曲線の急激に変化する部分は，pH 3 から 7 の領域に及ぶ．したがって，適切な指示薬はブロモフェノールブルー，メチルオレンジ，メチルレッド，およびクロロフェノールブルーである．

(類似問題：17.29)

練習問題 表 17.1 を参考にして，つぎの酸塩基滴定に用いることのできる指示薬を示せ．
(a) HBr と CH_3NH_2，(b) HNO_3 と NaOH，(c) HNO_2 と KOH．

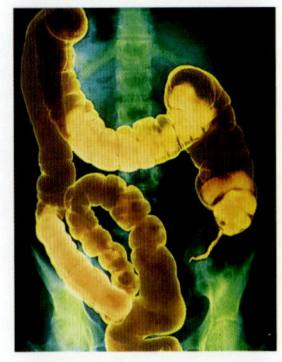

17.5 溶 解 平 衡

工業や医療，および日常生活において，沈殿反応は重要である．たとえば，炭酸ナトリウム Na_2CO_3 のような基本的な工業化学薬品の多くは，沈殿反応を利用して製造されている．虫歯は，おもにヒドロキシアパタイト $Ca_5(PO_4)_3OH$ からできている歯のエナメル質が，酸性媒体中で溶けることにその原因がある．X線を透過しない不溶性化合物の硫酸バリウム $BaSO_4$ は，消化器系の病気を診断するために用いられる．鍾乳洞などに見られる鍾乳石や石筍は炭酸カルシウム $CaCO_3$ からできており，沈殿反応によって生成する．ファッジ（ソフトキャンデーの一種）のような多くの食物の製造にも沈殿反応が用いられる．

§4.2 において，イオン化合物の水に対する溶解性を予想するための一般的な規則を紹介した．これらの規則は有用ではあるが，あるイオン化合物についてどの程度の量が水に溶けるかを，これらの規則から定量的に予想することはできない．本節では，すでに述べた化学平衡の知識に基づいて，イオン化合物の溶解性に関する定量的な取扱いを説明しよう．

溶 解 度 積

固体の塩化銀と接触している塩化銀の飽和溶液を考えよう．溶解平衡は次式のように表される．

$$AgCl(s) \rightleftharpoons Ag^+(aq) + Cl^-(aq)$$

AgCl のような塩は強電解質として扱われるので，水中に溶けているすべての AgCl は完全に Ag^+ と Cl^- に解離していると考えてよい．第 15 章で述べたように，不均一反応では固体の濃度は一定である．したがって，AgCl の解離に対する平衡定数はつぎのように書くことができる．

$$K_{sp} = [Ag^+][Cl^-]$$

ここで K_{sp} は溶解度定数，あるいは簡単に溶解度積とよばれる．一般に，化合物の**溶解度積**は成分イオンのモル濃度の積で表記され，それぞれの濃度には，溶解平衡を表す反応式に示された化学量論係数に等しい指数が付される．

溶解度積 solubility product, K_{sp}

それぞれの AgCl 単位はただ一つの Ag^+ と Cl^- から構成されるので，AgCl の溶解度積は単純にそれぞれのモル濃度の積で表される．しかし，つぎの化合物ではもっと複雑な式となる．

- MgF_2 $MgF_2(s) \rightleftharpoons Mg^{2+}(aq) + 2F^-(aq)$ $K_{sp} = [Mg^{2+}][F^-]^2$
- Ag_2CO_3

   $Ag_2CO_3(s) \rightleftharpoons 2Ag^+(aq) + CO_3^{2-}(aq)$ $K_{sp} = [Ag^+]^2[CO_3^{2-}]$
- $Ca_3(PO_4)_2$

   $Ca_3(PO_4)^2(s) \rightleftharpoons 3Ca^{2+}(aq) + 2PO_4^{3-}(aq)$ $K_{sp} = [Ca^{2+}]^3[PO_4^{3-}]^2$

表 17.2 に低い溶解度をもつ多くの塩に対する K_{sp} の値を示した．$NaCl$ や KNO_3 のような可溶性の塩は非常に大きい K_{sp} をもち，この表には示されていない．

水にイオン性固体を溶解させると，つぎのいずれかの状態となる．(1) 溶液は不飽和である，(2) 溶液は飽和している，あるいは (3) 溶液は過飽和である．§15.3 に述べた方法にならって，Q を，化学量論係数を指数にもつそれぞれのイオンのモ

表 17.2 25℃におけるいくつかの微溶性イオン化合物の溶解度積

化合物		K_{sp}	化合物		K_{sp}
水酸化アルミニウム	$Al(OH)_3$	1.8×10^{-33}	クロム酸鉛(II)	$PbCrO_4$	2.0×10^{-14}
炭酸バリウム	$BaCO_3$	8.1×10^{-9}	フッ化鉛(II)	PbF_2	4.1×10^{-8}
フッ化バリウム	BaF_2	1.7×10^{-6}	ヨウ化鉛(II)	PbI_2	1.4×10^{-8}
硫酸バリウム	$BaSO_4$	1.1×10^{-10}	硫化鉛(II)	PbS	3.4×10^{-28}
硫化ビスマス	Bi_2S_3	1.6×10^{-72}	炭酸マグネシウム	$MgCO_3$	4.0×10^{-5}
硫化カドミウム	CdS	8.0×10^{-28}	水酸化マグネシウム	$Mg(OH)_2$	1.2×10^{-11}
炭酸カルシウム	$CaCO_3$	8.7×10^{-9}	硫化マンガン(II)	MnS	3.0×10^{-14}
フッ化カルシウム	CaF_2	4.0×10^{-11}	塩化水銀(I)	Hg_2Cl_2	3.5×10^{-18}
水酸化カルシウム	$Ca(OH)_2$	8.0×10^{-6}	硫化水銀(II)	HgS	4.0×10^{-54}
リン酸カルシウム	$Ca_3(PO_4)_2$	1.2×10^{-26}	硫化ニッケル(II)	NiS	1.4×10^{-24}
水酸化クロム(III)	$Cr(OH)_3$	3.0×10^{-29}	臭化銀	$AgBr$	7.7×10^{-13}
硫化コバルト(II)	CoS	4.0×10^{-21}	炭酸銀	Ag_2CO_3	8.1×10^{-12}
臭化銅(I)	$CuBr$	4.2×10^{-8}	塩化銀	$AgCl$	1.6×10^{-10}
ヨウ化銅(I)	CuI	5.1×10^{-12}	ヨウ化銀	AgI	8.3×10^{-17}
水酸化銅(II)	$Cu(OH)_2$	2.2×10^{-20}	硫酸銀	Ag_2SO_4	1.4×10^{-5}
硫化銅(II)	CuS	6.0×10^{-37}	硫化銀	Ag_2S	6.0×10^{-51}
水酸化鉄(II)	$Fe(OH)_2$	1.6×10^{-14}	炭酸ストロンチウム	$SrCO_3$	1.6×10^{-9}
水酸化鉄(III)	$Fe(OH)_3$	1.1×10^{-36}	硫酸ストロンチウム	$SrSO_4$	3.8×10^{-7}
硫化鉄(II)	FeS	6.0×10^{-19}	硫化スズ(II)	SnS	1.0×10^{-26}
炭酸鉛(II)	$PbCO_3$	3.3×10^{-14}	水酸化亜鉛	$Zn(OH)_2$	1.8×10^{-14}
塩化鉛(II)	$PbCl_2$	2.4×10^{-4}	硫化亜鉛	ZnS	3.0×10^{-23}

ル濃度の積と定義しよう. Q はイオン積とよばれる. たとえば, 25℃における Ag^+ と Cl^- を含む水溶液について, つぎのように書ける.

$$Q = [Ag^+]_0[Cl^-]_0$$

下付き数字 0 は, この濃度は初期濃度であり, 必ずしも平衡状態の濃度には対応しないことを明示している. Q と K_{sp} の関係として, 以下の三つが可能である.

$Q < K_{sp}$ 不飽和溶液
$[Ag^+]_0[Cl^-]_0 < 1.6 \times 10^{-10}$

$Q = K_{sp}$ 飽和溶液
$[Ag^+]_0[Cl^-]_0 = 1.6 \times 10^{-10}$

$Q > K_{sp}$ 過飽和溶液: イオン濃度の積が 1.6×10^{-10} に
$[Ag^+]_0[Cl^-]_0 > 1.6 \times 10^{-10}$ 等しくなるまで AgCl が沈殿として析出する

溶液の調製方法によって, $[Ag^+]$ と $[Cl^-]$ は等しいこともあり, 等しくないこともある.

考え方の復習

つぎの図 (a)〜(d) は AgCl の溶液を表している. ただし, 図には示されていないが, 溶液には AgCl の溶解度に影響を与えない Na^+ や NO_3^- のようなイオンも含まれている可能性がある. 図(a) が AgCl の飽和溶液を表すとした場合, 他の溶液はそれぞれ, 不飽和溶液, 飽和溶液, あるいは過飽和溶液のいずれに分類されるか.

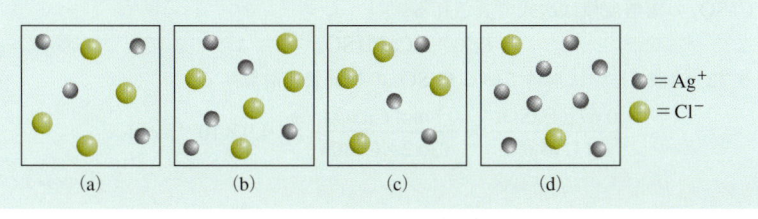

モル溶解度と溶解度

溶解度積 K_{sp} の値は，イオン化合物の溶解性を反映している．K_{sp} の値が小さいほど，その化合物は水に溶けにくい．ただし，K_{sp} の値を用いて塩の溶解性を比較する際には，たとえば AgCl と ZnS，あるいは CaF_2 と $Fe(OH)_2$ のように，類似の化学式をもつ化合物を選ばねばならない．物質の溶解性を定量的に表す量として，2種類の量が用いられる．一つは**モル溶解度**であり，1 L の飽和溶液に含まれる溶質の物質量である（単位：$mol\ L^{-1}$）．もう一つは**溶解度**であり，1 L の飽和溶液に含まれる溶質の質量と定義される（単位：$g\ L^{-1}$）．これらの量はいずれも，ある決まった温度（一般に 25 °C）における飽和溶液の濃度を表していることに注意してほしい．図 17.9 にモル溶解度，溶解度，および K_{sp} の間の関係を示した．

モル溶解度と溶解度はいずれも，実験室において便利に用いられる．たとえば，図 17.9(a) で概略を示した方法に従うと，溶解度から K_{sp} を決定することができる．

モル溶解度 molar solubility
溶解度 solubility

図 17.9 (a) 溶解度のデータから溶解度積 K_{sp} を求める場合，および (b) K_{sp} のデータから溶解度を求める場合の変換過程の系列．

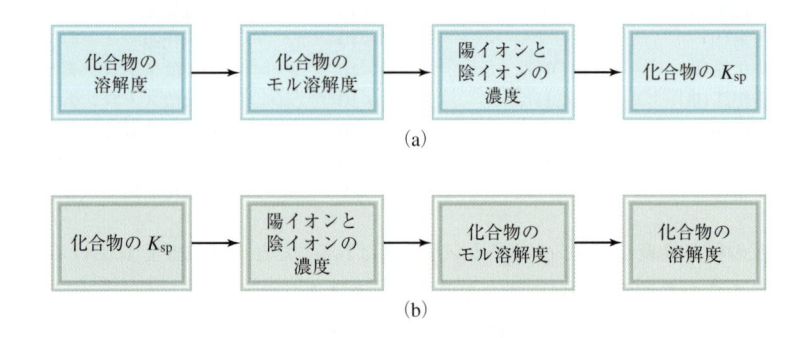

化合物の溶解度 → 化合物のモル溶解度 → 陽イオンと陰イオンの濃度 → 化合物の K_{sp}
(a)

化合物の K_{sp} → 陽イオンと陰イオンの濃度 → 化合物のモル溶解度 → 化合物の溶解度
(b)

硫酸カルシウムは，乾燥剤として，また塗料，セラミックス，および紙の製造に用いられる．硫酸カルシウムの水和物は石膏とよばれ，折れた骨を固定するためのギプスに利用される．

例題 17.6

硫酸カルシウム $CaSO_4$ の溶解度は $0.67\ g\ L^{-1}$ である．硫酸カルシウムの溶解度積 K_{sp} を計算せよ．

解法 $CaSO_4$ の溶解度が与えられ，その K_{sp} を求める問題である．図 17.9(a) に従って，変換過程の系列はつぎのようになる．

$CaSO_4$ の溶解度（$g\ L^{-1}$ 単位） ⟶ $CaSO_4$ のモル溶解度 ⟶ $[Ca^{2+}]$ と $[SO_4^{2-}]$ ⟶ $CaSO_4$ の K_{sp}

解答 水中における $CaSO_4$ の解離を考えよう．s を $CaSO_4$ のモル溶解度（$mol\ L^{-1}$ 単位）とする．溶解平衡に到達するまでの変化を要約すると，

$$CaSO_4(s) \rightleftharpoons Ca^{2+}(aq) + SO_4^{2-}(aq)$$

初期状態（$mol\ L^{-1}$）：	0	0
変化量（$mol\ L^{-1}$）：	$-s$	$+s$	$+s$
平衡状態（$mol\ L^{-1}$）：		s	s

$CaSO_4$ の溶解度積は次式で表される．

$$K_{sp} = [Ca^+][SO_4^{2-}] = s^2$$

まず，溶液 1 L 中に溶けている $CaSO_4$ の物質量を計算する．

$$\frac{0.67\ g\ CaSO_4}{1\ L\ 溶液} \times \frac{1\ mol\ CaSO_4}{136.2\ g\ CaSO_4} = 4.9 \times 10^{-3}\ mol\ L^{-1}$$

（つづく）

溶解平衡を表す反応式を見ると，溶解した 1 mol の CaSO$_4$ から，1 mol の Ca^{2+} と 1 mol の SO$_4^{2-}$ が生成することがわかる．したがって，平衡状態においては，

$$[\text{Ca}^+] = 4.9 \times 10^{-3} \,\text{mol L}^{-1} \quad \text{および} \quad [\text{SO}_4^{2-}] = 4.9 \times 10^{-3} \,\text{mol L}^{-1}$$

これらの値から K_{sp} を計算することができる．

$$K_{sp} = [\text{Ca}^+][\text{SO}_4^{2-}]$$
$$= (4.9 \times 10^{-3})(4.9 \times 10^{-3}) = \boxed{2.4 \times 10^{-5}}$$

類似問題：17.41

練習問題 クロム酸鉛 PbCrO$_4$ の溶解度は 4.5×10^{-5} g L^{-1} である．この化合物の溶解度積を計算せよ．

ある化合物の溶解度積 K_{sp} の値が与えられて，その値から化合物のモル溶解度を求めなければならない場合がしばしばある．臭化銀 AgBr を例にして考えてみよう．AgBr の K_{sp} は 7.7×10^{-13} である．前章で酸解離定数について概略を述べたものと同じ方法に従って，AgBr のモル溶解度を計算することができる．まず，平衡状態において存在する化学種を特定する．AgBr の溶解平衡では，Ag$^+$ と Br$^-$ を考えればよい．s を AgBr のモル溶解度（mol L^{-1} 単位）としよう．それぞれの AgBr 単位は 1 個の Ag$^+$ と 1 個の Br$^-$ を与えるので，平衡状態における [Ag$^+$] と [Br$^-$] はいずれも s に等しい．溶解平衡に到達するまでの濃度変化はつぎのように要約できる．

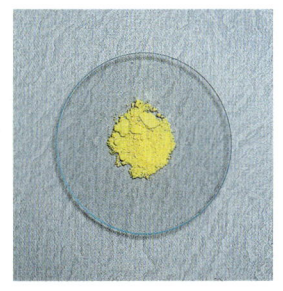

臭化銀は写真のフィルムなどに塗布する感光乳剤に用いられる．

	AgBr(s)	⇌	Ag$^+$(aq)	+	Br$^-$(aq)
初期状態 (mol L^{-1}):			0.00		0.00
変化量 (mol L^{-1}):	$-s$		$+s$		$+s$
平衡状態 (mol L^{-1}):			s		s

表 17.2 を参照すると，以下のように書くことができる．

$$K_{sp} = [\text{Ag}^+][\text{Br}^-]$$
$$7.7 \times 10^{-13} = (s)(s)$$
$$s = \sqrt{7.7 \times 10^{-13}} = 8.8 \times 10^{-7} \,\text{mol L}^{-1}$$

したがって，平衡状態において，

$$[\text{Ag}^+] = 8.8 \times 10^{-7} \,\text{mol L}^{-1}$$
$$[\text{Br}^-] = 8.8 \times 10^{-7} \,\text{mol L}^{-1}$$

すなわち，AgBr のモル溶解度もまた 8.8×10^{-7} mol L^{-1} となる．モル溶解度がわかると溶解度（g L^{-1} 単位）を計算することができる．例題 17.7 でその方法を考えてみよう．

例題 17.7

表 17.2 のデータを用いて，水酸化銅(II) Cu(OH)$_2$ の溶解度（g L^{-1} 単位）を計算せよ．

解法 表 17.2 から得られる Cu(OH)$_2$ の溶解度積 K_{sp} の値から，その溶解度を g L^{-1} 単位で求める問題である．図 17.9(b) に従って，変換過程の系列はつぎのようになる．

Cu(OH)$_2$ の K_{sp} ⟶ [Ca^{2+}] と [OH$^-$] ⟶ Cu(OH)$_2$ のモル溶解度 ⟶ Cu(OH)$_2$ の溶解度（g L^{-1} 単位）

水酸化銅(II) は，殺虫剤や種子消毒剤として用いられる．

(つづく)

解　答　水中の $Cu(OH)_2$ の解離を考えよう．溶解平衡に到達するまでの濃度変化はつぎのように要約される．

$$Cu(OH)_2(s) \rightleftharpoons Cu^{2+}(aq) + 2OH^-(aq)$$

初期状態 (mol L^{-1}):		0	0
変化量 (mol L^{-1}):	$-s$	$+s$	$+2s$
平衡状態 (mol L^{-1}):		s	$2s$

OH^- のモル濃度は Cu^{2+} のモル濃度の 2 倍であることに注意せよ．$Cu(OH)_2$ の溶解度積 K_{sp} はつぎのように表される．

$$K_{sp} = [Cu^{2+}][OH^-]^2$$
$$= (s)(2s)^2 = 4s^3$$

表 17.2 の K_{sp} の値から，$Cu(OH)_2$ のモル濃度をつぎのように求めることができる．

$$2.2 \times 10^{-20} = 4s^3$$
$$s^3 = \frac{2.2 \times 10^{-20}}{4} = 5.5 \times 10^{-21}$$

したがって，　　$s = 1.8 \times 10^{-7}$ mol L^{-1}

最後に，モル溶解度と $Cu(OH)_2$ のモル質量から，溶解度（g L^{-1} 単位）を計算する．

$$Cu(OH)_2 \text{の溶解度} = \frac{1.8 \times 10^{-7} \text{ mol Cu(OH)}_2}{1 \text{ L 溶液}} \times \frac{97.57 \text{ g Cu(OH)}_2}{1 \text{ mol Cu(OH)}_2}$$
$$= 1.8 \times 10^{-5} \text{ g L}^{-1}$$

練習問題　塩化銀 AgCl の溶解度（g L^{-1} 単位）を計算せよ．

類似問題：17.42

例題 17.6，および 17.7 が示すように，溶解度と溶解度積は関係がある．一方がわかれば他方を計算することができるが，それぞれの量が与える情報は異なっている．表 17.3 にいくつかのイオン化合物について，モル溶解度と溶解度積の関係を示した．

溶解度と溶解度積に関する計算を行う際に，注意すべき重要な点を以下にまとめておこう．

- 溶解度は，一定量の水に溶解する物質の量である．溶解平衡に関する計算では，一般に，溶解度は溶液 1 L あたりに溶ける溶質の<u>質量（g 単位）</u>で表される．モル溶解度は，溶液 1 L あたりに溶ける溶質の<u>物質量（mol 単位）</u>を表す．

表 17.3　溶解度積 K_{sp} とモル溶解度 s との関係

化合物	K_{sp} の表記	陽イオンモル濃度	陰イオンモル濃度	K_{sp} と s との関係
AgCl	$[Ag^+][Cl^-]$	s	s	$K_{sp} = s^2$;　$s = (K_{sp})^{\frac{1}{2}}$
BaSO$_4$	$[Ba^{2+}][SO_4^{2-}]$	s	s	$K_{sp} = s^2$;　$s = (K_{sp})^{\frac{1}{2}}$
Ag$_2$CO$_3$	$[Ag^+]^2[CO_3^{2-}]$	$2s$	s	$K_{sp} = 4s^3$;　$s = \left(\frac{K_{sp}}{4}\right)^{\frac{1}{3}}$
PbF$_2$	$[Pb^{2+}][F^-]^2$	s	$2s$	$K_{sp} = 4s^3$;　$s = \left(\frac{K_{sp}}{4}\right)^{\frac{1}{3}}$
Al(OH)$_3$	$[Al^{3+}][OH^-]^3$	s	$3s$	$K_{sp} = 27s^4$;　$s = \left(\frac{K_{sp}}{27}\right)^{\frac{1}{4}}$
Ca$_3$(PO$_4$)$_2$	$[Ca^{2+}]^3[PO_4^{3-}]^2$	$3s$	$2s$	$K_{sp} = 108s^5$;　$s = \left(\frac{K_{sp}}{108}\right)^{\frac{1}{5}}$

- 溶解度積は，平衡定数である．
- モル溶解度，溶解度，および溶解度積は，すべて飽和溶液に関する量である．

沈殿反応の予測

溶解度の規則（§4.2 を見よ）と表 17.2 に示された溶解度積を知っていると，二つの溶液を混合したとき，あるいは溶液に可溶性化合物を加えたときに，沈殿が生成するかどうかを予測することができる．このような予測が可能なことは，しばしば実用的な価値をもつ．工業的な製造過程や実験室での合成において，望みの化合物を沈殿として得るために，イオン積が溶解度積 K_{sp} を超えるようにイオン濃度を調整することが行われる．また，沈殿が生成するかどうかを予測できることは，医療においても役立っている．例として，大変な痛みを伴う腎臓結石について述べよう．腎臓結石は，ほとんどシュウ酸カルシウム CaC_2O_4（$K_{sp} = 2.3 \times 10^{-9}$）からできている．血漿中の正常な生理的カルシウムイオン濃度は，約 5×10^{-3} mol L^{-1} である．シュウ酸はダイオウ（ルバーブ）やホウレンソウなど多くの野菜に含まれている．それらを摂取することによって体内に入ったシュウ酸イオン $C_2O_4^{2-}$ は，カルシウムイオンと反応して不溶性のシュウ酸カルシウムを生じ，それが徐々に腎臓に蓄積する．患者の食事を適切に制限することにより，CaC_2O_4 の沈殿生成を抑制させることが可能である．

腎臓結石

例題 17.8

濃度 0.0040 mol L^{-1} の $BaCl_2$ 水溶液 200 mL を正しく測りとり，正確に 600 mL の 0.0080 mol L^{-1} K_2SO_4 水溶液に加えた．沈殿が生成するかどうかを判定せよ．

解法 溶液からイオン化合物が沈殿するためには，どのような条件が必要だろうか．溶液に含まれるイオンは，Ba^{2+}, Cl^-, K^+, SO_4^{2-} である．表 4.2 (p. 85 を見よ) に示された溶解度に関する規則に従うと，生成する唯一の沈殿は $BaSO_4$ である．問題に与えられた情報から，もとの溶液に含まれていたイオンの物質量と，二つの溶液を混合して得られる溶液の体積がわかるので，$[Ba^{2+}]$ と $[SO_4^{2-}]$ を計算することができる．つぎに，イオン積 Q ($Q = [Ba^{2+}]_0[SO_4^{2-}]_0$) を計算して Q の値と $BaSO_4$ の K_{sp} を比較すると，沈殿が生成するかどうか，すなわち溶液は過飽和であるかどうかを判定することができる．問題の状況をつぎのような概略図に表すとわかりやすい．

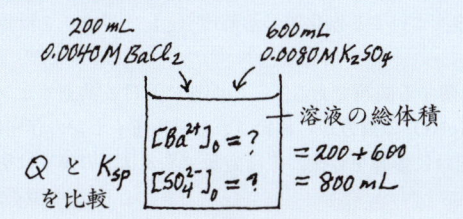

（概略図）
200 mL 0.0040 M BaCl$_2$ ／ 600 mL 0.0080 M K$_2$SO$_4$ → $[Ba^{2+}]_0 = ?$, $[SO_4^{2-}]_0 = ?$ 溶液の総体積 = 200 + 600 = 800 mL Q と K_{sp} を比較

解答 もとの 200 mL の溶液に含まれる Ba^{2+} の物質量は，

$$200 \text{ mL} \times \frac{0.0040 \text{ mol Ba}^{2+}}{1 \text{ L 溶液}} \times \frac{1 \text{ L}}{1000 \text{ mL}}$$
$$= 8.0 \times 10^{-4} \text{ mol Ba}^{2+}$$

二つの溶液を混合して得られる溶液の体積は 800 mL である．この溶液における Ba^{2+} の濃度は次式のように計算される．（ここでは，体積は加算的であることを仮定している．）

$$[Ba^{2+}] = \frac{8.0 \times 10^{-4} \text{ mol}}{800 \text{ mL}} \times \frac{1000 \text{ mL}}{1 \text{ L 溶液}}$$
$$= 1.0 \times 10^{-3} \text{ mol L}^{-1}$$

もとの 600 mL の溶液に含まれる SO_4^{2-} の物質量は，

$$600 \text{ mL} \times \frac{0.0080 \text{ mol SO}_4^{2-}}{1 \text{ L 溶液}} \times \frac{1 \text{ L}}{1000 \text{ mL}}$$
$$= 4.8 \times 10^{-3} \text{ mol SO}_4^{2-}$$

混合して得られる溶液 800 mL における SO_4^{2-} の濃度は，

$$[SO_4^{2-}] = \frac{4.8 \times 10^{-3} \text{ mol}}{800 \text{ mL}} \times \frac{1000 \text{ mL}}{1 \text{ L 溶液}}$$
$$= 6.0 \times 10^{-3} \text{ mol L}^{-1}$$

(つづく)

つぎに，Q と K_{sp} を比較しなければならない．表 17.2 から，

$$BaSO_4(s) \rightleftharpoons Ba^{2+}(aq) + SO_4^{2-}(aq)$$
$$K_{sp} = 1.1 \times 10^{-10}$$

一方，Q については，

$$Q = [Ba^{2+}]_0[SO_4^{2-}]_0$$
$$= (1.0 \times 10^{-3})(6.0 \times 10^{-3})$$
$$= 6.0 \times 10^{-6}$$

したがって，

$$Q > K_{sp}$$

Q の値から，溶液に含まれるイオンの濃度は飽和溶液のイオンの濃度よりも高いことがわかる．すなわち，溶液は過飽和である．したがって，次式に示す関係が満たされるまで，いくらかの $BaSO_4$ が溶液から沈殿する．

$$[Ba^{2+}][SO_4^{2-}] = 1.1 \times 10^{-10}$$

(類似問題：17.45)

練習問題 濃度 $0.200 \, mol \, L^{-1}$ の NaOH 水溶液 2 mL を，$0.100 \, mol \, L^{-1}$ の $CaCl_2$ 水溶液 1.00 L に加えた．沈殿が生成するかどうかを判定せよ．

17.6 共通イオン効果と溶解度

すでに注意したように，溶解度積 K_{sp} は平衡定数である．あるイオン化合物の沈殿は，溶液中のイオン積がその物質の K_{sp} を超えたときに生成する．たとえば，AgCl の飽和溶液では，イオン積 $[Ag^+][Cl^-]$ は，もちろん K_{sp} に等しい．さらに，簡単な化学量論から $[Ag^+] = [Cl^-]$ であることがわかる．しかし，すべての状況において，$[Ag^+]$ と $[Cl^-]$ が等しいとは限らない．

AgCl と $AgNO_3$ のように，共通のイオンをもつ 2 種類の物質を含む溶液について考えてみよう．AgCl の解離に加えて，つぎの過程もまた，溶液中の共通イオン Ag^+ の全濃度に寄与する．

$$AgNO_3(s) \xrightarrow{H_2O} Ag^+(aq) + NO_3^-(aq)$$

AgCl の飽和溶液に $AgNO_3$ を加えるとどうなるだろうか．$[Ag^+]$ が増加するため，イオン積 Q は溶解度積 K_{sp} よりも大きくなる．

$$Q = [Ag^+]_0[Cl^-]_0 > K_{sp}$$

すると，再び平衡状態になるために，ルシャトリエの原理にしたがって，Q が K_{sp} に等しくなるまでいくらかの AgCl が溶液から沈殿するだろう．すなわち，共通イオン Ag^+ を添加することは，溶液に含まれる塩 AgCl の溶解度を減少させる効果をもつ．この場合には，平衡状態における $[Ag^+]$ は，もはや $[Cl^-]$ に等しくなく，$[Ag^+] > [Cl^-]$ となっていることに注意してほしい．

> 一定の温度では，共通イオン効果によって，化合物の溶解度だけが変化する（低下する）．溶解度積は平衡定数であるから，溶液中に他の物質が存在してもしなくても，変化しない．

例題 17.9

$8.3 \times 10^{-3} \, mol \, L^{-1}$ の硝酸銀溶液に対する塩化銀の溶解度（$g \, L^{-1}$ 単位）を計算せよ．

解法 これは共通イオンに関する問題である．この問題における共通イオンは Ag^+ であり，Ag^+ は AgCl と $AgNO_3$ の両方から供給される．共通イオンの存在は，AgCl の溶解度（$g \, L^{-1}$ 単位）だけに影響を与え，平衡定数である K_{sp} の値には影響しないことに注意せよ．

(つづく)

解 答
段階 1 問題となる溶液中の化学種は，AgCl と AgNO₃ の両方から供給される Ag^+ と，Cl^- である．NO_3^- は傍観イオンである．
段階 2 AgNO₃ は溶解性の強電解質であるから，完全に解離している．

$$AgNO_3(s) \xrightarrow{H_2O} Ag^+(aq) + NO_3^-(aq)$$
$$\qquad\qquad\qquad\quad 8.3 \times 10^{-3}\,mol\,L^{-1} \quad 8.3 \times 10^{-3}\,mol\,L^{-1}$$

s を AgNO₃ 溶液中の AgCl のモル濃度としよう．AgCl が溶解平衡に到達するまでの濃度変化は，つぎのように要約することができる．

$$AgCl(s) \rightleftharpoons Ag^+(aq) + Cl^-(aq)$$

初期状態 (mol L⁻¹):		8.3×10^{-3}	0.00
変化量 (mol L⁻¹):	$-s$	$+s$	$+s$
平衡状態 (mol L⁻¹):		$(8.3 \times 10^{-3} + s)$	s

段階 3
$$K_{sp} = [Ag^+][Cl^-]$$
$$1.6 \times 10^{-10} = (8.3 \times 10^{-3} + s)(s)$$

AgCl はきわめて溶解性が低く，また AgNO₃ に由来する Ag^+ の存在により AgCl の溶解度はさらに低下するので，s は 8.3×10^{-3} と比べて非常に小さくなるはずである．したがって，近似 $8.3 \times 10^{-3} + s \approx 8.3 \times 10^{-3}$ を適用すると，次式が得られる．

$$1.6 \times 10^{-10} = (8.3 \times 10^{-3})s$$
$$s = 1.9 \times 10^{-8}\,mol\,L^{-1}$$

段階 4 平衡状態において，
$$[Ag^+] = (8.3 \times 10^{-3} + 1.9 \times 10^{-8})\,mol\,L^{-1}$$
$$\approx 8.3 \times 10^{-3}\,mol\,L^{-1}$$
$$[Cl^-] = 1.9 \times 10^{-8}\,mol\,L^{-1}$$

段階 3 で用いた近似が妥当であることがわかる．すべての Cl^- は AgCl に由来するので，AgNO₃ 溶液に溶解した AgCl の濃度もまた $1.9 \times 10^{-8}\,mol\,L^{-1}$ となる．したがって，AgCl のモル質量（143.4 g mol⁻¹）がわかれば，つぎのように AgCl の溶解度（g L⁻¹ 単位）を計算することができる．

$$AgNO_3\text{溶液中の AgCl の溶解度} = \frac{1.9 \times 10^{-8}\,mol\,AgCl}{1\,L\,\text{溶液}} \times \frac{143.4\,g\,AgCl}{1\,mol\,AgCl}$$
$$= 2.7 \times 10^{-6}\,g\,L^{-1}$$

確 認 例題 17.7 の練習問題を参照すると，純水中の AgCl の溶解度は 1.9×10^{-3} g L⁻¹ である．したがって，AgNO₃ の存在によって溶解度が 2.7×10^{-6} g L⁻¹ に低下したことになり，解答は理にかなっている．なお，Ag^+ の存在により AgCl の溶解度が低下することは，ルシャトリエの法則を用いても予想することができる．Ag^+ の添加は溶解平衡を左へ移動させるので，AgCl の溶解度は減少することになる．

類似問題: 17.57

練習問題 (a) 純水，および (b) 0.0010 mol L⁻¹ の NaBr 溶液に対する AgBr の溶解度（g L⁻¹ 単位）を求めよ．

考え方の復習

つぎの (a) と (b) のそれぞれに示した 2 種類の溶液のうち，PbCl₂ の溶解性がより高いものはどちらの溶液か．(a) NaCl と NaBr，(b) Pb(NO₃)₂ と Ca(NO₃)₂

17.7 錯イオン平衡と溶解度

ルイス酸とルイス塩基については，§16.11 で議論した．

金属陽イオン（電子対受容体）とルイス塩基（電子対供与体）が結合するルイス酸塩基反応によって，錯イオンが生成する．

$$Ag^+(aq) + 2NH_3(aq) \rightleftharpoons [Ag(NH_3)_2]^+(aq)$$
　　　　酸　　　　塩基

錯イオン complex ion

すなわち，**錯イオン**は，1個，あるいは2個以上の分子やイオンと結合している金属陽イオンを中心にもつイオンと定義することができる．錯イオンは多くの化学的，および生物学的過程にきわめて重要である．ここでは，イオン化合物の溶解度に対する錯イオン生成の効果を考察しよう．錯イオンの化学に関するもっと詳しい議論は，第20章で行う．

$[Co(H_2O)_6]^{2+}$ は，本節での議論によると，それ自身が錯イオンである．$[Co(H_2O)_6]^{2+}$ という表記は，水和された Co^{2+} を意味している．

遷移元素は，特に錯イオンを生成しやすい．たとえば，塩化コバルト(Ⅱ)の水溶液はピンク色であるが，これは錯イオン $[Co(H_2O)_6]^{2+}$ の存在によるものである（図 17.10）．この溶液に HCl を添加すると，錯イオン $[CoCl_4]^{2-}$ が生成するために溶液は青色に変化する．

$$Co^{2+}(aq) + 4Cl^-(aq) \rightleftharpoons [CoCl_4]^{2-}(aq)$$

また，硫酸銅(Ⅱ) $CuSO_4$ は水に溶けて青色の溶液を与える．この色の原因となるのは，水和された銅(Ⅱ)イオンである．Na_2SO_4 などの多くの他の硫酸塩は無色である．$CuSO_4$ の水溶液に数滴の濃アンモニア水を添加すると，水酸化銅(Ⅱ)の淡青色の沈殿が生成する（図 17.11）．

$$Cu^{2+}(aq) + 2OH^-(aq) \longrightarrow Cu(OH)_2(s)$$

ここで OH^- はアンモニア水溶液から供給される．さらに過剰の NH_3 を添加すると，淡青色の沈殿は再び溶解し，今度は錯イオン $[Cu(NH_3)_4]^{2+}$ が生成するために，美しい濃青色の溶液となる．この変化も図 17.11 に示した．

$$Cu(OH)_2(s) + 4NH_3(aq) \rightleftharpoons [Cu(NH_3)_4]^{2+}(aq) + 2OH^-(aq)$$

図 17.10 左：塩化コバルト(Ⅱ)の水溶液．ピンク色は錯イオン $[Co(H_2O)_6]^{2+}$ の存在によるものである．右：HCl を加えると錯イオン $[CoCl_4]^{2-}$ が生成するため，溶液は青色に変わる．

図 17.11 左：硫酸銅(Ⅱ)の水溶液．中央：濃いアンモニア水溶液を数滴加えると，淡青色の $Cu(OH)_2$ の沈殿が生成する．右：濃いアンモニア水溶液をさらに加えると，濃青色の錯イオン $[Cu(NH_3)_4]^{2+}$ が生成するため $Cu(OH)_2$ の沈殿は溶解する．

すなわち，錯イオン [Cu(NH$_3$)$_4$]$^{2+}$ の生成により，Cu(OH)$_2$ の溶解度が上昇する．

ある金属イオンに対する特定の錯イオンの生成しやすさは，**生成定数** K_f によって評価される．K_f は錯イオン生成反応の平衡定数であり，安定度定数ともよばれる．K_f が大きいほど，錯イオンは安定となる．表 17.4 にいろいろな錯イオンの生成定数を示した．

生成定数 formation constant, K_f

錯イオン [Cu(NH$_3$)$_4$]$^{2+}$ の生成は，次式のように表記される．

$$Cu^{2+}(aq) + 4NH_3(aq) \rightleftharpoons [Cu(NH_3)_4]^{2+}(aq)$$

この錯イオンの生成定数 K_f は，

$$K_f = \frac{[[Cu(NH_3)_4]^{2+}]}{[Cu^{2+}][NH_3]^4} = 5.0 \times 10^{13}$$

錯イオン [Cu(NH$_3$)$_4$]$^{2+}$ の K_f の値が非常に大きいことは，溶液中においてこの錯イオンが極めて安定であることを意味しており，また平衡状態において銅(II)イオンの濃度が非常に低いことの理由となっている．

表 17.4　25°C，水中における代表的な錯イオンの生成定数

錯イオン	平衡反応式	生成定数 (K_f)
[Ag(NH$_3$)$_2$]$^+$	Ag$^+$ + 2NH$_3$ $\rightleftharpoons$ [Ag(NH$_3$)$_2$]$^+$	1.5×10^7
[Ag(CN)$_2$]$^-$	Ag$^+$ + 2CN$^-$ $\rightleftharpoons$ [Ag(CN)$_2$]$^-$	1.0×10^{21}
[Cu(CN)$_4$]$^{2-}$	Cu^{2+} + 4CN$^-$ $\rightleftharpoons$ [Cu(CN)$_4$]$^{2-}$	1.0×10^{25}
[Cu(NH$_3$)$_4$]$^{2+}$	Cu^{2+} + 4NH$_3$ $\rightleftharpoons$ [Cu(NH$_3$)$_4$]$^{2+}$	5.0×10^{13}
[Cd(CN)$_4$]$^{2-}$	Cd^{2+} + 4CN$^-$ $\rightleftharpoons$ [Cd(CN)$_4$]$^{2-}$	7.1×10^{16}
[CdI$_4$]$^{2-}$	Cd^{2+} + 4I$^-$ $\rightleftharpoons$ [CdI$_4$]$^{2-}$	2.0×10^6
[HgCl$_4$]$^{2-}$	Hg^{2+} + 4Cl$^-$ $\rightleftharpoons$ [HgCl$_4$]$^{2-}$	1.7×10^{16}
[HgI$_4$]$^{2-}$	Hg^{2+} + 4I$^-$ $\rightleftharpoons$ [HgI$_4$]$^{2-}$	2.0×10^{30}
[Hg(CN)$_4$]$^{2-}$	Hg^{2+} + 4CN$^-$ $\rightleftharpoons$ [Hg(CN)$_4$]$^{2-}$	2.5×10^{41}
[Co(NH$_3$)$_6$]$^{3+}$	Co^{3+} + 6NH$_3$ $\rightleftharpoons$ [Co(NH$_3$)$_6$]$^{3+}$	5.0×10^{31}
[Zn(NH$_3$)$_4$]$^{2+}$	Zn^{2+} + 4NH$_3$ $\rightleftharpoons$ [Zn(NH$_3$)$_4$]$^{2+}$	2.9×10^9

例題 17.10

濃度 1.35 mol L^{-1} の NH$_3$ 水溶液 1 L に，0.22 mol の CuSO$_4$ を加えた．平衡状態における Cu^{2+} の濃度を求めよ．

解法　NH$_3$ 水溶液に CuSO$_4$ を添加すると，次式で示される錯イオン生成反応が進行する．

$$Cu^{2+}(aq) + 4NH_3(aq) \rightleftharpoons [Cu(NH_3)_4]^{2+}(aq)$$

表 17.4 から，この反応の生成定数 K_f は非常に大きいことがわかる．したがって，反応はほとんど右に偏っており，平衡状態における Cu^{2+} の濃度は非常に低いと予想される．良い近似として，溶解した Cu^{2+} は，実質的にすべて錯イオン [Cu(NH$_3$)$_4$]$^{2+}$ を生成したと見なすことができる．0.22 mol の Cu^{2+} と反応する NH$_3$ の物質量はいくらか．生成する [Cu(NH$_3$)$_4$]$^{2+}$ の物質量はいくらか．平衡状態において存在する Cu^{2+} の量は，きわめて少ないだろう．[Cu^{2+}] を求めるために，上記の平衡反応式に対する K_f を書き表してみよう．

解答　錯イオン [Cu(NH$_3$)$_4$]$^{2+}$ を生成するために消費された NH$_3$ の物質量は，4×0.22 mol，すなわち 0.88 mol である．（最初の溶液中には 0.22 mol の Cu^{2+} が存在すること，および錯イオンを形成するためには，1 個の Cu^{2+} に対して 4 個の NH$_3$ 分子が必要であることに注意せよ．）したがって，平衡状態における NH$_3$ の濃度は溶液 1 L 中に (1.35−0.88) mol，すなわち 0.47 mol L^{-1} となる．また，[Cu(NH$_3$)$_4$]$^{2+}$ の濃度は溶液 1 L 中に 0.22 mol，すなわち 0.22 mol L^{-1} であり，最初の溶液中に含まれる Cu^{2+} の濃度と同じとなる（Cu^{2+} と [Cu(NH$_3$)$_4$]$^{2+}$ の間には，物質量の比で 1:1 の関係がある）．[Cu(NH$_3$)$_4$]$^{2+}$ はほんのわずかに解離するので，平衡状態における Cu^{2+} の濃度を x とおくと，次式のように書くことができる．(つづく)

$$K_f = \frac{[[Cu(NH_3)_4]^{2+}]}{[Cu^{2+}][NH_3]^4}$$

$$5.0\times10^{13} = \frac{0.22}{x(0.47)^4}$$

この式から x を求め,溶液の体積が 1L であることに注意すると,$[Cu^{2+}]$ を得ることができる.
(非常に小さい $[Cu^{2+}]$ の値から,ここで用いた近似の妥当性が確認される.)

$$x = [Cu^{2+}] = 9.0\times10^{-14}\,\text{mol L}^{-1}$$

(類似問題: 17.57)

練習問題 濃度 $0.30\,\text{mol L}^{-1}$ の NH_3 水溶液 $9.0\times10^2\,\text{mL}$ に,$2.50\,\text{g}$ の $CuSO_4$ を溶かした.平衡状態における Cu^{2+},$[Cu(NH_3)_4]^{2+}$,および NH_3 の濃度を求めよ.

両性水酸化物はすべて不溶性化合物である.

最後に,酸とも塩基とも反応できる水酸化物があることを注意しておこう.これらは,両性水酸化物とよばれる.例として,$Al(OH)_3$,$Pb(OH)_2$,$Cr(OH)_3$,$Zn(OH)_2$,および $Cd(OH)_2$ がある.たとえば,水酸化アルミニウムは酸,および塩基と次式のように反応する.

$$Al(OH)_3(s) + 3H^+(aq) \longrightarrow Al^{3+}(aq) + 3H_2O(l)$$
$$Al(OH)_3(s) + OH^-(aq) \rightleftharpoons [Al(OH)_4]^-(aq)$$

塩基性溶液において $Al(OH)_3$ の溶解度が上昇するのは,錯イオン $[Al(OH)_4]^-$ が生成するためである.この反応では,$Al(OH)_3$ がルイス酸として,また OH^- がルイス塩基としてはたらいている(図 17.12).他の両性水酸化物も同じようにふるまう.

図 17.12 (左から右へ) $Al(NO_3)_3$ 溶液に NaOH 溶液を加えると,$Al(OH)_3$ の沈殿が生成する.NaOH 溶液をさらに加えていくと,錯イオン $[Al(OH)_4]^-$ が生成するため沈殿は溶解する.

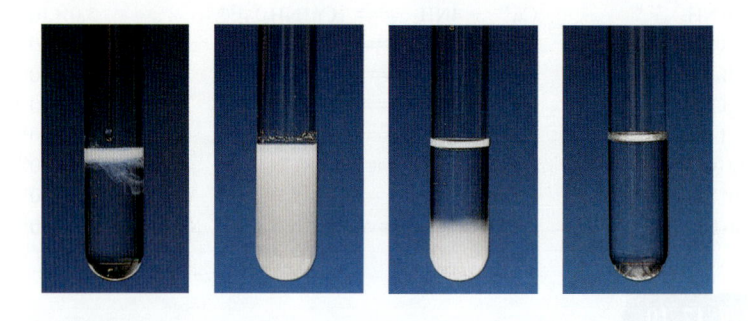

考え方の復習

つぎの (a)〜(d) の化合物のうち,水に添加すると CdS の溶解度を増大させるものはどれか.(a) $LiNO_3$,(b) Na_2SO_4,(c) KCN,(d) $NaClO_3$.

17.8 溶解度積の定性分析への応用

§4.6 において,未知試料中のイオンの量を測定するための重量分析の原理について述べた.本節では,**定性分析**について簡単に議論しよう.定性分析によって,溶液中に存在するイオンの種類を決定することができる.ここでは陽イオンに注目することにしよう.

定性分析 qualitative analysis

表 17.5 で分類した属と,周期表の族を混同しないこと.前者は溶解度積による分類であり,後者は元素の電子配置に基づいて分類されたものである.

水溶液中において,20 種類の一般的な陽イオンを容易に分析することができる.これらの陽イオンは,不溶性の塩の溶解度積に従って五つの属に分類される(表 17.5).未知試料溶液には,いずれか一つのイオンだけが存在する場合から,20 種

表 17.5 さまざまな試剤との沈殿反応に基づく陽イオンの分類

属	陽イオン	沈殿生成のための試剤	不溶性化合物	K_{sp}
第1属	Ag^+	HCl	AgCl	1.6×10^{-10}
	Hg_2^{2+}	↓	Hg_2Cl_2	3.5×10^{-18}
	Pb^{2+}		$PbCl_2$	2.4×10^{-4}
第2属	Bi^{3+}	酸性溶液中の H_2S	Bi_2S_3	1.6×10^{-72}
	Cd^{2+}		CdS	8.0×10^{-28}
	Cu^{2+}		CuS	6.0×10^{-37}
	Hg^{2+}		HgS	4.0×10^{-54}
	Sn^{2+}	↓	SnS	1.0×10^{-26}
第3属	Al^{3+}	塩基性溶液中の H_2S	$Al(OH)_3$	1.8×10^{-33}
	Co^{2+}		CoS	4.0×10^{-21}
	Cr^{3+}		$Cr(OH)_3$	3.0×10^{-29}
	Fe^{2+}		FeS	6.0×10^{-19}
	Mn^{2+}		MnS	3.0×10^{-14}
	Ni^{2+}		NiS	1.4×10^{-24}
	Zn^{2+}	↓	ZnS	3.0×10^{-23}
第4属	Ba^{2+}	Na_2CO_3	$BaCO_3$	8.1×10^{-9}
	Ca^{2+}		$CaCO_3$	8.7×10^{-9}
	Sr^{2+}		$SrCO_3$	1.6×10^{-9}
第5属	K^+	沈殿を生成させる試剤はない	なし	
	Na^+		なし	
	NH_4^+		なし	

類すべてのイオンが含まれる場合までさまざまな可能性があるので，分析は第1属から第5属まで系統的に行う必要がある．未知試料溶液に対して沈殿試剤を加えることにより，これらのイオンを系統的に分離する一般的な手法を述べることにしよう．

- **第1属陽イオン** 未知試料溶液に希薄な HCl を加えると，Ag^+, Hg_2^{2+}, Pb^{2+} だけが不溶性塩化物として沈殿する．他のイオンの塩化物は可溶性であるため，溶液に残る．

- **第2属陽イオン** 塩化物の沈殿を沪過したのち，酸性の未知試料溶液を硫化水素と反応させる．この条件における溶液中の S^{2-} の濃度は，無視できるほど低い．したがって，金属硫化物の沈殿反応は，次式で最も適切に表される．

$$M^{2+}(aq) + H_2S(aq) \rightleftharpoons MS(aq) + 2H^+(aq)$$

  酸性溶液ではこの平衡は左に移動しているから，最も溶解性の低い金属硫化物，すなわち K_{sp} の値が最も小さい金属硫化物が沈殿を生成し，溶液から分離される．このような金属硫化物は Bi_2S_3, CdS, CuS, HgS, SnS である．

- **第3属陽イオン** つぎに，水酸化ナトリウムを加えることにより，溶液を塩基性にする．塩基性溶液では上記の平衡は右へ移動する．したがって，より溶解性の高い硫化物，すなわち CoS, FeS, MnS, NiS, ZnS がこの段階で沈殿となり，溶液から分離される．なお，Al^{3+}, Cr^{3+} も沈殿を生成するが，実際は硫化物ではなく，より溶解性の低い水酸化物 $Al(OH)_3$，および $Cr(OH)_3$ として沈殿することに注意してほしい．溶液を沪過することによって，不溶性の硫化物や水酸化物を除去する．

図 17.13 (左から右へ) リチウム，ナトリウム，カリウム，および銅の炎色反応

- **第4属陽イオン** すべての第1，第2，第3属陽イオンが溶液から除去されたのち，その塩基性溶液に炭酸ナトリウムを加える．すると，Ba^{2+}，Ca^{2+}，Sr^{2+} が $BaCO_3$, $CaCO_3$, $SrCO_3$ として沈殿する．これらの沈殿もまた，沪過によって除去する．
- **第5属陽イオン** この段階において溶液に残っている陽イオンは，Na^+, K^+, NH_4^+ だけである．NH_4^+ が存在することは，溶液に水酸化ナトリウムを加えることによって確認することができる．

$$NaOH(aq) + NH_4^+(aq) \longrightarrow Na^+(aq) + H_2O(l) + NH_3(g)$$

気体アンモニアは，その特徴的な臭いによって，あるいは溶液の上方に置いた（溶液に触れさせてはいけない）湿った赤色リトマス紙が青色に変化することによって検出できる．Na^+ と K^+ の存在を確認するためには，普通，炎色反応を用いる．すなわち，1本の白金線（白金を用いるのは反応性が低いためである）を溶液で湿らせ，ブンゼンバーナーの炎の中に入れる．このようにして溶液を加熱すると，溶液に含まれる金属イオンの種類によって特徴的な色が生じる．たとえば，Na^+ が発する色は黄色であり，K^+ は紫色，また，Cu^{2+} は緑色を与える（図17.13）．

金属イオンを系統的に分類するための一連の操作を，図 17.14 にまとめた．

最後に，定性分析に関する二つの重要な点を注意しておこう．第一に，陽イオンのそれぞれの属への分類は，可能な限り選択的になされていることである．すなわち，沈殿試剤として添加される陰イオンは，できるだけ少ない種類の陽イオンを沈殿させるものが用いられている．たとえば，第1属陽イオンもすべて不溶性の硫化物を与えるので，もし最初に溶液を H_2S と反応させると，第1属と第2属に含まれる多数の異なった硫化物が溶液から沈殿することになり，望む結果を得ることはできない．第二に，それぞれの段階において，陽イオンはできるだけ完全に除去されなければならないことである．たとえば，もしすべての第1属陽イオンを除去するために十分な量の HCl が未知試料溶液に加えられなかったとすると，残った第1属陽イオンは，第2属陽イオンとともに不溶性硫化物として沈殿することになる．これによって，後続の分析過程が妨害され，また誤った分析結果を与える可能性もある．

> 第3属陽イオンの分類で NaOH を，また第4属陽イオンの分類で Na_2CO_3 を溶液に加えたので，炎色反応によって Na^+ を検出するためには，もとの試料溶液を用いなければならない．

図 17.14 定性分析における陽イオンの系統的分類のためのフローチャート

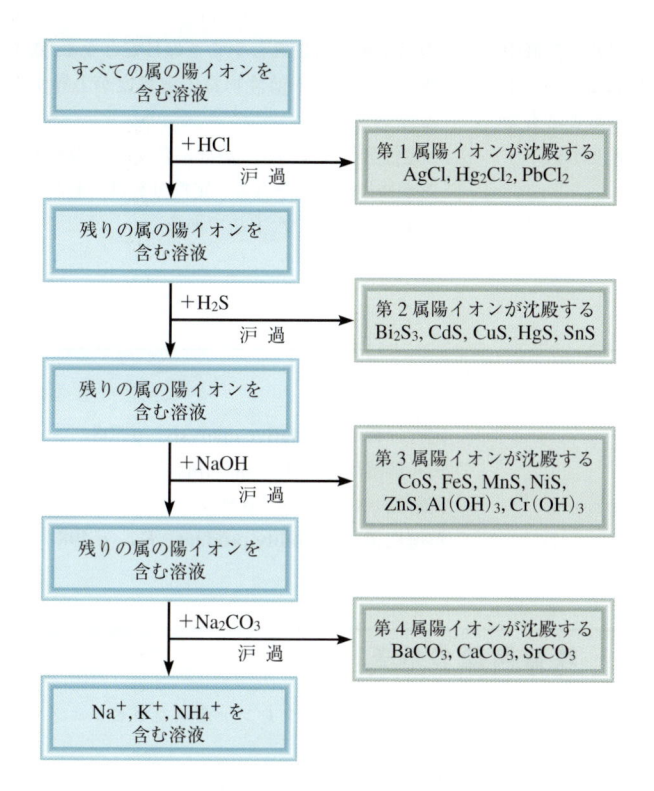

```
すべての属の陽イオンを含む溶液
    │ +HCl
    │ ──→ 第1属陽イオンが沈殿する  AgCl, Hg₂Cl₂, PbCl₂
    │ 濾過
    ↓
残りの属の陽イオンを含む溶液
    │ +H₂S
    │ ──→ 第2属陽イオンが沈殿する  Bi₂S₃, CdS, CuS, HgS, SnS
    │ 濾過
    ↓
残りの属の陽イオンを含む溶液
    │ +NaOH
    │ ──→ 第3属陽イオンが沈殿する  CoS, FeS, MnS, NiS, ZnS, Al(OH)₃, Cr(OH)₃
    │ 濾過
    ↓
残りの属の陽イオンを含む溶液
    │ +Na₂CO₃
    │ ──→ 第4属陽イオンが沈殿する  BaCO₃, CaCO₃, SrCO₃
    │ 濾過
    ↓
Na⁺, K⁺, NH₄⁺ を含む溶液
```

考え方の復習

$Pb(NO_3)_2$ か $Mg(NO_3)_2$ のいずれかであることがわかっている白色固体がある．その固体の水溶液に，ある一つの試薬を加えることによって，どちらの水溶液であるかを決定したい．添加すべき試薬は何か．

重要な式

$$pK_a = -\log K_a \quad (17.2) \quad pK_a \text{の定義}$$

$$pH = pK_a + \log\frac{[共役塩基]}{[酸]} \quad (17.3) \quad \text{ヘンダーソン-ハッセルバルヒ式}$$

事項と考え方のまとめ

1. 水溶液中の弱酸，あるいは弱塩基を含む平衡反応は均一平衡である．溶解平衡は不均一平衡の例である．
2. 弱酸とその弱い共役塩基を混合した溶液は緩衝液となる．緩衝液は添加された少量の酸，あるいは塩基と反応して，溶液のpHをほとんど一定に保持する作用を示す．緩衝液系は，生体内において体液のpHを維持するためにきわめて重要な役割を果たしている．
3. 酸塩基滴定の当量点のpHは，中和反応で生成する塩の加水分解に依存する．強酸-強塩基滴定では，当量点のpHは7である．弱酸-強塩基滴定では，当量点のpHは7よりも大きい．強酸-弱塩基滴定では，当量点のpHは7よりも小さい．酸塩基指示薬は弱い有機化合物の酸，あるいは塩基である．中和反応の終点では指示薬の色が変化する．

4. 溶解度積 K_{sp} は，固体とそれが解離して生じる溶液中のイオンとの間の平衡定数である．溶解度は K_{sp} から求めることができ，また溶解度から K_{sp} を求めることもできる．共通イオンが存在すると，塩の溶解度が低下する．
5. 錯イオンは，溶液中における金属陽イオンとルイス塩基との結合により生成する．生成定数 K_f は，ある特定の錯イオンの生成しやすさの目安となる．錯イオンの形成によって，不溶性物質の溶解度が上昇する場合がある．
6. 定性分析によって，溶液に含まれる陽イオンと陰イオンが検出，同定される．定性分析は，主として溶解平衡の原理に基づいた手法である．

キーワード

緩衝液　buffer solution　p.484
錯イオン　complex ion　p.506
終点　end point　p.495
生成定数　formation constant, K_f　p.507

定性分析　qualitative analysis　p.508
モル溶解度　molar solubility　p.500
溶解度　solubility　p.500
溶解度積　solubility product, K_{sp}　p.498

練習問題の解答

17.1　(a) と (c)　**17.2**　9.17, 9.20
17.3　Na$_2$CO$_3$ と NaHCO$_3$ を 0.60：1.0 の物質量比で量りとる．
17.4　(a) 2.19，(b) 3.95，(c) 8.02，(d) 11.39
17.5　(a) ブロモフェノールブルー，メチルオレンジ，メチルレッド，クロロフェノールブルー；(b) チモールブルー，ブロモフェノールブルー，メチルオレンジ以外のすべて；(c) クレゾールレッドとフェノールフタレイン
17.6　2.0×10^{-14}　**17.7**　1.9×10^{-3} g L^{-1}
17.8　沈殿しない
17.9　(a) 1.7×10^{-4} g L^{-1}，(b) 1.4×10^{-7} g L^{-1}
17.10　[Cu^{2+}] $= 1.2\times10^{-13}$ mol L^{-1}，[[Cu(NH$_3$)$_4$]$^{2+}$] $= 0.017$ mol L^{-1}，[NH$_3$] $= 0.23$ mol L^{-1}

考え方の復習の解答

■ p.489　(a) と (c) が緩衝液系．(c) の緩衝能が最も大きい．
■ p.495　(a) と (c)
■ p.499　(b) 過飽和溶液，(c) 不飽和溶液，(d) 飽和溶液
■ p.505　(a) NaBr，(b) Ca(NO$_3$)$_2$
■ p.508　(c)：錯イオン [Cd(CN)$_4$]$^{2-}$ の生成により，CdS の溶解度が増大する．
■ p.511　HCl．Pb^{2+} だけが，沈殿 PbCl$_2$ を生成する．

18

熱 力 学

約 950 °C に加熱した回転炉を用いる石灰石 $CaCO_3$ から生石灰 CaO の製造.

章の概要

18.1 熱力学の三つの法則　514

18.2 自発的過程　514

18.3 エントロピー　515
　　　微視的状態とエントロピー・
　　　エントロピー変化・標準エントロピー

18.4 熱力学第二法則　520
　　　系のエントロピー変化・
　　　外界のエントロピー変化・
　　　熱力学第三法則と絶対エントロピー

18.5 ギブズ自由エネルギー　526
　　　標準反応自由エネルギー・式(18.10)の適用

18.6 自由エネルギーと化学平衡　532

18.7 生体系における熱力学　536

基本の考え方

熱力学の法則　熱力学の法則は,化学的,および物理的過程の研究に用いられ,成功を収めている.熱力学第一法則は,エネルギー保存の法則に基づいたものである.熱力学第二法則は,自然に起こる過程,すなわち自発的過程を扱ったものである.反応が自発的に進行するかどうかを予想するための量は,エントロピーである.熱力学第二法則によると,自発的過程では,宇宙のエントロピー変化は正でなければならない.熱力学第三法則により,絶対エントロピーの値を決定することができる.

ギブズ自由エネルギー　ギブズ自由エネルギーを用いると,反応が自発的に進行するかどうかを,反応系のみに注目して決定することができる.ある過程のギブズ自由エネルギー変化は二つの項,すなわちエンタルピー変化,およびエントロピー変化と温度の積からなっている.一定の温度と圧力では,ギブズ自由エネルギーの減少が,自発的に進行する反応の指標となる.標準ギブズ自由エネルギー変化は,反応の平衡定数と関係づけられる.

生体系における熱力学　生体における重要な反応の多くは,自発的反応ではない.生体では,これらの反応を酵素の作用により負のギブズ自由エネルギー変化をもつ反応と組合わせ,全体の反応を進行させることによって望みの生成物を得ている.

18.1 熱力学の三つの法則

第6章において，熱力学の三つの法則のうちの第一法則を取扱った．熱力学第一法則によると，エネルギーはある形態から別の形態へと変換できるが，決して発生することも，消滅することもない．化学者が用いるエネルギー変化の一つの尺度は，エンタルピー変化 ΔH である．ΔH は一定圧力のもとで行われる過程の間に，系によって放出，あるいは吸収される熱量と定義される．

熱力学第二法則によって，化学的な過程は，なぜ一つの方向に優先的に進行する傾向があるのかを説明することができる．熱力学第三法則は第二法則の延長にある法則であり，§18.4 で簡単に説明する．

18.2 自発的過程

自発的反応は必ずしも，瞬時に進行する反応を意味するものではない．

化学において熱力学を学ぶおもな目的の一つは，たとえば，ある温度，圧力，濃度といった一組の与えられた条件下に反応物を置いたときに，反応が起こるか，起こらないかを予測することである．このような予測は，研究室で化合物を合成するときでも，工業的な規模で化学製品を製造するときでも，あるいは細胞内で起こる複雑な生物学的過程を理解しようとするときでも重要である．与えられた一組の条件下で進行する反応は，自発的反応とよばれる．その特定の条件下で反応が起こらなければ，その反応は自発的ではない．私たちは毎日，多くの自発的な物理的，および化学的過程を見ている．いくつかの例をあげてみよう．

- 滝は自発的に下方へ流れ落ちるが，決して上方に上ることはない．
- コーヒーに入れた角砂糖は自発的に溶けるが，溶けた砂糖は，決して自発的にもとの形で再び現れることはない．
- 1 atm において，水は 0 °C 以下で自発的に凍り，氷は 0 °C 以上で自発的に融解する．
- 熱はより熱い物体から冷たい物体へと自発的に流れるが，決して逆の過程は起こらない．
- 気体は真空にした容器の中へ自発的に膨張する（図 18.1 (a)）．逆の過程，すなわちすべての気体分子が一方の容器の中に集まることは，決して自発的には起こらない（図 18.1 (b)）．

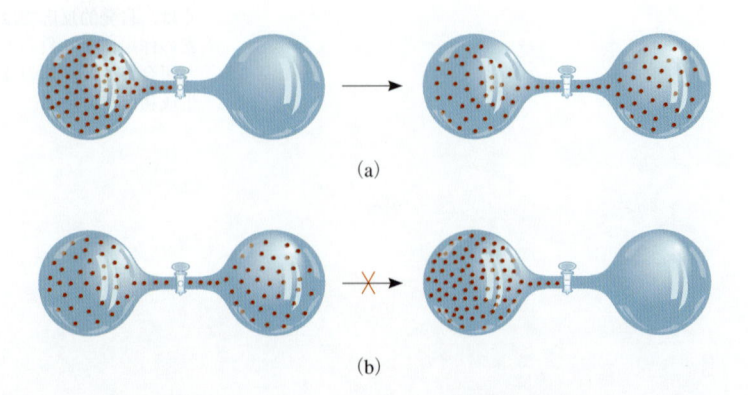

自発的過程と自発的に進行しない過程　(© Harry Bliss, Originally published in New Yorker Magazine)

図 18.1 (a) 自発的過程．(b) 自発的に進行しない過程

- 一片の金属ナトリウムを水に入れると激しい反応が起こり，水酸化ナトリウムと気体水素が生じる．しかし，気体水素が水酸化ナトリウムと反応して，水とナトリウムが生成することはない．
- 鉄が水と酸素にさらされると，さびが生じる．しかし，さびは決して自発的に鉄には戻らない．

これらの例から，ある方向に自発的に進行する過程は，同一の条件下では，反対の方向には，決して自発的に進行しないことがわかる．

さて，自発的過程は系のエネルギーが減少する方向に起こるという仮説を立てると，なぜ球は坂を転がり落ちるか，またなぜ時計のぜんまいは自然に巻き戻るかを説明することができる．同様に，非常に多くの発熱的反応は自発的に進行する．メタンの燃焼反応はその例である．

$$CH_4(g) + 2O_2(g) \longrightarrow CO_2(g) + 2H_2O(l) \quad \Delta H° = -890.4 \text{ kJ mol}^{-1}$$

活性化エネルギーの障壁があるため，この反応を開始させるにはエネルギーの投入が必要である．

もう一つの例として，酸塩基中和反応があげられる．

$$H^+(aq) + OH^-(aq) \longrightarrow H_2O(l) \quad \Delta H° = -56.2 \text{ kJ mol}^{-1}$$

しかし，つぎのような固体から液体への相転移を考えてみよう．

$$H_2O(s) \longrightarrow H_2O(l) \quad \Delta H° = 6.01 \text{ kJ mol}^{-1}$$

この場合には，自発的過程はいつも系のエネルギーを減少させるという仮説は成り立たない．氷の融解は吸熱的過程であるにもかかわらず，私たちは氷が0℃で自発的に融解することを経験的に知っている．また，その仮説を否定するもう一つの例は，硝酸アンモニウムの水中への溶解である．

$$NH_4NO_3(s) \xrightarrow{H_2O} NH_4^+(aq) + NO_3^-(aq) \quad \Delta H° = 25 \text{ kJ mol}^{-1}$$

この過程は自発的に進行するが，吸熱的過程である．酸化水銀(Ⅱ)の分解反応は吸熱反応であり，室温では自発的に進行しない．しかし，この反応は高温では自発的となる．

$$2HgO(s) \longrightarrow 2Hg(l) + O_2(g) \quad \Delta H° = 90.7 \text{ kJ mol}^{-1}$$

ここで述べた例や，他のもっと多くの過程について調べた結果から，つぎのような結論が得られる．ある反応が発熱的であることは，その反応が自発的に進行することに有利にはたらくが，それを保証するものではない．吸熱反応が自発的に起こる場合があると同様に，発熱反応が自発的に起こらない場合もある．言い換えれば，私たちは，化学反応が自発的に進行するかどうかを，系のエネルギー変化だけに基づいて予測することはできない．このような予測を可能にするためには，もう一つの熱力学的な量が必要となる．それが<u>エントロピー</u>である．

HgOを加熱すると，分解してHgとO₂が生成する．

18.3 エントロピー

ある過程が自発的に進行するかどうかを予測するために，エントロピーとよばれる新しい熱力学的な量を導入する必要がある．**エントロピー**はSで表され，一般に，ある系のエネルギーが，その系がとり得るさまざまなエネルギー状態の間にどの程度，広がっているか，あるいは分布しているかの尺度と説明される．分布が大きくなれば，エントロピーも大きくなる．ほとんどの過程は，エントロピーの変化

エントロピー entropy, S

516 18. 熱力学

並進運動は分子全体が空間を移動する運動である．

を伴っている．一杯の熱い湯は，ある量のエントロピーをもっている．それは湯を構成する多数の水分子のエネルギーが，それらがとり得るさまざまなエネルギー状態（たとえば，水分子の並進，回転，および振動運動に伴うさまざまなエネルギー状態）の間に分布していることに由来する．その湯を机の上に放置すると，湯は熱を失い，熱はより温度の低い外界へと移動する．その結果，外界，すなわち空気分子のエネルギーが非常に多くのエネルギー状態の間に分布するようになるため，系のエントロピーは増大する．

もう一つの例として，図18.1 に示した状況を考えよう．バルブが開かれる前には，この系はある量のエントロピーをもっている．バルブを開くと，気体分子は二つの容器を合わせた体積に拡散できるようになる．運動できる体積がより大きくなると，気体分子の並進運動のエネルギー準位の間隔が狭まる．その結果，気体分子のエネルギーは多数のエネルギー準位の間に分布することになり，系のエントロピーは増大する．

微視的状態とエントロピー

熱力学第二法則は，エントロピー変化（増加）と自発的過程を関係づけるものである．それを述べる前に，まずエントロピーの厳密な定義を示しておこう．このために，図18.2 に示すように，二つの等価な部屋に配置された4個の分子からなる簡単な系を考えよう．すべての分子を左の部屋に配置する方法は，ただ一つしかない．これに対して，左の部屋に3個，右の部屋に1個の分子を配置する方法は4通りあり，また二つの部屋のそれぞれに2個の分子を配置する方法は6通りある．分子を配置させる11通りの可能な方法は，それぞれ微視的状態とよばれる．また，同じ微視的状態を表すそれぞれの組を分布という†．図からわかるように，分布Ⅲは6

図 18.2 4個の分子を2個の等価な部屋に配置するいくつかの可能な方法．分布Ⅰ（4個すべての分子を左側の部屋に配置する）を実現するにはただ1通りの方法しかないので，分布Ⅰは1個の微視的状態をもつ．分布Ⅱは4通りの方法で実現できるので，4個の微視的状態をもつ．分布Ⅲは6通りの方法で実現できるので，6個の微視的状態をもつ．

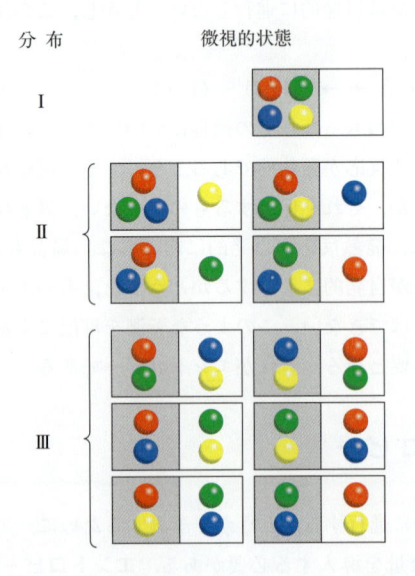

† 実際には，2個の部屋に4個の分子を配置する方法として，まだ他の可能な方法がある．すなわち，4個の分子をすべて右の部屋に配置する方法（1通り），および右の部屋に3個，左の部屋に1個を配置する方法（4通り）である．しかし，ここでの議論には，図18.2 に示した分布で十分である．

個の微視的状態をもつ,すなわちその状態をとるには 6 通りの方法があるので,最も起こる確率が高いと思われる.一方,分布 I は 1 個の微視的状態をもつ,すなわちその状態をとるにはただ一つの方法しかないので,最も起こる確率が低いだろう.この解析に基づくと,ある特定の分布（状態）をとる確率は,その分布をとる方法（微視的状態）の数に依存することが結論される.分子の数が巨視的な大きさになった場合,分子は二つの部屋に均等に分布すると予測することは難しくない.なぜならこの分布は,他のすべての分布と比較してきわめて多数の微視的状態をもつからである.

1868 年にボルツマンは,系のエントロピー S を微視的状態の数 W の自然対数と関係づけた.

$$S = k \ln W \tag{18.1}$$

ここで k は**ボルツマン定数**とよばれる定数であり,1.38×10^{-23} J K^{-1} の値をとる.したがって,W が大きいほど,系のエントロピー S も大きくなる.エンタルピーと同様に,エントロピーも状態量である（§6.3 を見よ）.ある系における一つの過程を考えよう.その過程のエントロピー変化 ΔS は,つぎのように表される.

$$\Delta S = S_f - S_i \tag{18.2}$$

ここで S_i と S_f はそれぞれ,初期状態（initial）,および最終状態（final）の系のエントロピーである.式(18.1) から,つぎのように書くことができる.

$$\Delta S = k \ln W_f - k \ln W_i$$
$$= k \ln \frac{W_f}{W_i} \tag{18.3}$$

ここで W_i と W_f はそれぞれ,初期状態,および最終状態の微視的状態の数である.したがって,$W_f > W_i$ ならば,$\Delta S > 0$ であり,系のエントロピーは増大することになる.

ボルツマン Ludwig Boltzmann

ウィーンにあるボルツマンの墓碑には,彼の有名な式が刻まれている.log は log$_e$ の意味であり,自然対数 ln を表している.

ボルツマン定数 Boltzmann constant, k

> **考え方の復習**
>
> p.516 の脚注を参考にして,図 18.2 に描かれていない分布を図示せよ.

エントロピー変化

先に,系を構成する分子のエネルギーの分布が大きくなると,系のエントロピーは増大すると述べた.このような分子のエネルギーの分布によるエントロピーの定性的な説明と,式(18.1) で与えられる微視的状態によるエントロピーの定量的な定義の間には関係がある.すなわち,つぎのように結論することができる.

- 微視的状態の数が少ない,すなわち W の小さい系は,分子のエネルギーが分布できる状態の数も少ない.このような系のエントロピーは小さい.
- 微視的状態の数が多い,すなわち W の大きい系は,分子のエネルギーが分布できる状態の数も多い.このような系のエントロピーは大きい.

つぎに,系の微視的状態の数が変わることによって,系のエントロピーが変化するいくつかの過程を見ることにしよう.

図18.3に示された状況を考えよう．固体中では，原子，あるいは分子は決まった位置に固定されているので，微視的状態の数は少ない．ところが，固体が融解すると，これらの原子，あるいは分子は格子点から開放されるため，より多くの位置を占めることができるようになる．この状態では，粒子を配列させる方法の数はより多くなるので，微視的状態の数は増加することになる．したがって，この"秩序→無秩序"の相変化は，微視的状態の数の増加によりエントロピーの増大をひき起こすと予想することができる．同様に，蒸発過程もまた，系のエントロピーの増大をひき起こす過程であると予想される．ただし，気相中の分子が占める空間はとても大きく，したがって液相中よりも非常に多い微視的状態をとることができるので，蒸発過程におけるエントロピーの増大は，融解過程における増大よりも著しく大きいだろう．また，溶解過程はいつも，エントロピーの増大をひき起こす．砂糖の結晶が水に溶けると，固体の非常に秩序的な構造と水がもつ配列した構造の一部が失われる．したがって，溶液がもつ微視的状態の数は，純粋な溶媒と純粋な溶質がもつ微視的状態を合わせた数よりも多くなる．NaClのようなイオン固体を水に溶かすと，溶解過程（溶質と溶媒の混合）と，次式で示される化合物のイオンへの解離の二つの過程がエントロピーの増大に寄与する．

$$\text{NaCl(s)} \xrightarrow{\text{H}_2\text{O}} \text{Na}^+(\text{aq}) + \text{Cl}^-(\text{aq})$$

粒子数が増加すると，微視的状態の数も増加する．しかし，水溶液中における水和の影響も考慮しなければならない．水和が起こると，水分子はイオンの周囲に秩序的に配列する．これにより溶媒分子がとりうる微視的状態の数が減少するので，水和はエントロピーを減少させる過程となる．実際に，Al^{3+}やFe^{3+}のような大きな電荷をもつサイズの小さなイオンでは，水和によるエントロピーの減少が，混合と解離によるエントロピーの増大に勝るため，全体の過程のエントロピー変化は負となる．加熱もまた，系のエントロピーを増大させる．分子は，並進運動に加えて，

図18.3 系のエントロピーが増大する過程．(a)融解：$S_\text{liquid} > S_\text{solid}$，(b)蒸発：$S_\text{vapor} > S_\text{liquid}$，(c)溶解，(d)加熱：$S_{T_2} > S_{T_1}$

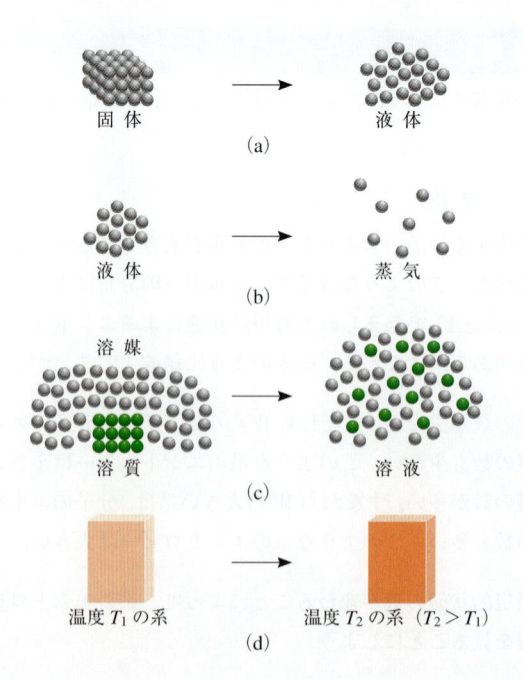

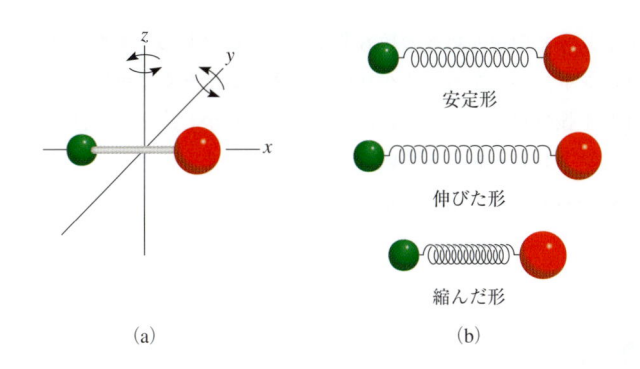

図 18.4 (a) 二原子分子は y 軸，および z 軸のまわりに回転することができる（x 軸は結合軸である）．(b) 二原子分子の振動運動．化学結合は，ばねのように伸びたり，縮んだりできる．

回転運動や振動運動も行っている（図18.4）．温度の上昇に伴って，すべての種類の分子運動にかかわるエネルギーが増大する．このエネルギーの増大によって，量子化されたエネルギー準位の間に分子のエネルギーが分布できる範囲が広がるため，高温になるほど，とりうる微視的状態の数が増加することになる．このように，系のエントロピーはいつも，温度の上昇に伴って増大する．

標準エントロピー

式 (18.1) はエントロピーがもつ分子論的な意味を説明するために有用である．しかし，多数の分子からなる巨視的な系の微視的状態の数を決定することは難しいので，普通，この式は系のエントロピーを計算するためには用いない．そのかわり，エントロピーは熱的な測定によって求めることができる．実際，すぐあとで述べるように，絶対エントロピーとよばれる物質のエントロピーの絶対値を決定することができる．絶対値を決定することは，エネルギーやエンタルピーではできなかったことである．1 atm，25°C における物質の絶対エントロピーを標準エントロピーといい，$S°$ で表す．（標準状態とは，ただ 1 atm の状態を意味することを思い出そう．25°C と特定した理由は，多くの過程は室温で行われるためである．）表 18.1 にいくつかの単体と化合物の標準エントロピーを示す．付録 2 にはもっと詳しい表を掲げた．エントロピーの単位は J K^{-1} であり，物質 1 mol に対しては J K^{-1} mol^{-1} となる．一般にエントロピーの値は非常に小さいので，kJ よりもむしろ J が用いられる．単体と化合物のエントロピーはすべて正，すなわち $S° > 0$ である．これと対照的に，単体の標準生成エンタルピー $\Delta H_f°$ は，その安定形について $\Delta H_f°$ がゼロに等しいと任意に定められており，化合物の $\Delta H_f°$ は正の場合も，負の場合もある．

表 18.1 を参照すると，水蒸気の標準エントロピーは，液体の水のそれよりも大きいことがわかる．同様に，臭素の蒸気は，液体の臭素よりも大きい標準エントロピーをもち，またヨウ素の蒸気は，固体のヨウ素よりも標準エントロピーが大きい．同じ相の物質で比較すると，分子の複雑さによって，どちらの物質がより大きなエントロピーをもつかが決まる．ダイヤモンドと黒鉛はともに固体であるが，ダイヤモンドの方がより秩序的な構造をもつため，とり得る微視的状態の数が少ない（図 12.24 を見よ）．このため，ダイヤモンドは黒鉛より小さい標準エントロピーをもつ．また，天然ガスの成分であるメタン CH$_4$ とエタン C$_2$H$_6$ を考えてみよう．メタンよりもエタンの方がより複雑な構造をもつため，分子運動を行う様式がより多くなり，

表 18.1

いくつかの物質の 25°C における標準エントロピーの値 $S°$

物質	$S°$ (J K^{-1} mol^{-1})
H$_2$O(l)	69.9
H$_2$O(g)	188.7
Br$_2$(l)	152.3
Br$_2$(g)	245.3
I$_2$(s)	116.7
I$_2$(g)	160.6
C(ダイヤモンド)	2.4
C(黒鉛)	5.69
メタン CH$_4$	186.2
エタン C$_2$H$_6$	229.5
He(g)	126.1
Ne(g)	146.2

したがって取りうる微視的状態の数も多くなる．このため，エタンはメタンよりも大きな標準エントロピーをもつ．ヘリウムとネオンはともに単原子分子の気体であり，回転運動や振動運動をすることはできない．しかし，ネオンはヘリウムよりも大きな標準エントロピーをもっている．これは，ネオンの方がヘリウムよりもモル質量が大きいからである．原子が重くなるほど，エネルギー準位の間隔が狭くなるため，原子のエネルギーはより多くのエネルギー準位の間に分布できるようになる．この結果，重い原子では，取りうる微視的状態の数が多くなる．

室温において臭素は，発煙性の液体である．

類似問題：18.5

例題 18.1

つぎのそれぞれの過程について，エントロピー変化がゼロよりも大きいか，小さいかを予想せよ．(a) エタノールを凍らせる，(b) 室温でビーカーに入った液体の臭素を蒸発させる，(c) 水にグルコースを溶かす，(d) 気体窒素を 80 ℃ から 20 ℃ に冷やす．

解法 それぞれの場合におけるエントロピー変化 ΔS が正であるか，負であるかを決定するためには，系の微視的状態の数が増加するか，減少するかを調べればよい．ΔS の符号は，微視的状態の数が増加すれば正であり，微視的状態の数が減少すれば負となる．

解答 (a) エタノールを凍結させると，その分子は特定の位置に固定される．この相転移により微視的状態の数は減少するので，エントロピーは減少する．すなわち，$\Delta S < 0$ である．

(b) 臭素を蒸発させると，Br_2 分子はほとんど何もない空間により多くの位置を占めることができるので，微視的状態の数は増加する．したがって，$\Delta S > 0$ である．

(c) グルコースは非電解質である．溶解過程によりグルコースと水分子の混合が起こるため，微視的状態の数が増加する．したがって，$\Delta S > 0$ が期待される．

(d) 冷却過程により，さまざまな分子運動にかかわるエネルギーが減少する．これは微視的状態の数の減少をひき起こすため，$\Delta S < 0$ となる．

練習問題 つぎのそれぞれの過程について，系のエントロピーはどのように変化するか．(a) 水蒸気を凝縮させる，(b) ショ糖（スクロース）の過飽和溶液から結晶が生成する，(c) 気体水素を 60 ℃ から 80 ℃ に加熱する，(d) ドライアイスを昇華させる．

考え方の復習

つぎの (a)～(d) の物理変化のうち，エントロピー変化 ΔS が正であるものはどれか．(a) エーテル蒸気の凝縮，(b) 鉄の融解，(c) 固体ヨウ素の昇華，(d) ベンゼンの凝固

18.4 熱力学第二法則

熱力学第二法則 second law of thermodynamics

エントロピーについて語ることはまさに，宇宙のエントロピーを増大させる．

熱力学第二法則によると，エントロピーと，反応が自発的に起こるかどうかとの関係はつぎのように表される．宇宙のエントロピーは，自発的過程では増大し，平衡過程では変化しない．宇宙は系と外界から構成されるので，あらゆる過程に対して，宇宙のエントロピー変化 ΔS_{univ} は，系のエントロピー変化 ΔS_{sys} と外界のエント

ロピー変化 ΔS_{surr} の和になる．数学的には，熱力学第二法則はつぎのように表記される．

自発的過程に対して：　　　$\Delta S_{univ} = \Delta S_{sys} + \Delta S_{surr} > 0$　　　(18.4)

平衡過程に対して：　　　　$\Delta S_{univ} = \Delta S_{sys} + \Delta S_{surr} = 0$　　　(18.5)

自発的過程では，熱力学第二法則により ΔS_{univ} はゼロよりも大きくなければならないが，これは ΔS_{sys}, あるいは ΔS_{surr} のいずれに対しても制約を加えるものではない．すなわち，ΔS_{sys}, あるいは ΔS_{surr} は，これら二つの量の和がゼロよりも大きければ，いずれかは負であってもよい．一方，平衡過程では，ΔS_{univ} はゼロである．この場合には，ΔS_{sys} と ΔS_{surr} は大きさが等しく，符号は逆でなければならない．ある仮想的な過程において，ΔS_{univ} が負であることはどういうことだろうか．これが意味するのは，その過程は示された方向には自発的に進行しない，あるいはむしろ，その過程は，逆の方向に自発的に進行するということである．

系のエントロピー変化

ΔS_{univ} を計算するためには，ΔS_{sys} と ΔS_{surr} の両方を知らなければならない．まず，ΔS_{sys} について考えよう．系がつぎの反応によって記述されるとしよう．

$$a\text{A} + b\text{B} \longrightarrow c\text{C} + d\text{D}$$

反応エンタルピーのように（式(6.17) を見よ），**標準反応エントロピー** $\Delta S°_{rxn}$ は生成物と反応物の標準エントロピーの差によって与えられる．

標準反応エントロピー standard entropy of reaction, $\Delta S°_{rxn}$

$$\Delta S°_{rxn} = [cS°(\text{C}) + dS°(\text{D})] - [aS°(\text{A}) + bS°(\text{B})] \quad (18.6)$$

あるいは，一般に，総和を Σ, 反応の化学量論係数を m と n を用いて表すと，

$$\Delta S°_{rxn} = \Sigma nS°(\text{生成物}) - \Sigma mS°(\text{反応物}) \quad (18.7)$$

多くの化合物について，標準エントロピー $S°$ の値が J K^{-1} mol^{-1} 単位で求められている．付録 2 に掲げられたそれらの値を用いると，ΔS_{sys} に対応する値である標準反応エントロピー $\Delta S°_{rxn}$ を計算することができる．例題 18.2 でそれを試みてみよう．

例題 18.2

付録 2 の標準エントロピーの値を参照して，つぎの反応の 25 °C における標準反応エントロピー $\Delta S°_{rxn}$ を計算せよ．

(a) $\text{CaCO}_3(s) \longrightarrow \text{CaO}(s) + \text{CO}_2(g)$
(b) $\text{N}_2(g) + 3\text{H}_2(g) \longrightarrow 2\text{NH}_3(g)$
(c) $\text{H}_2(g) + \text{Cl}_2(g) \longrightarrow 2\text{HCl}(g)$

解 法　標準反応エントロピー $\Delta S°_{rxn}$ を計算するには，付録 2 から反応物と生成物の標準エントロピー $S°$ を求め，式(18.7) を適用すればよい．反応エンタルピーの計算と同様に（式 (6.18) をみよ），化学量論係数は単位をもたないので，$\Delta S°_{rxn}$ は J K mol^{-1} の単位で表される．

解 答

(a) $\Delta S°_{rxn} = [S°(\text{CaO}) + S°(\text{CO}_2)] - [S°(\text{CaCO}_3)]$
$= [(39.8 \text{ J K}^{-1}\text{mol}^{-1}) + (213.6 \text{ J K}^{-1}\text{mol}^{-1})] - (92.9 \text{ J K}^{-1}\text{mol}^{-1})$
$= 160.5 \text{ J K}^{-1}\text{mol}^{-1}$

（つづく）

したがって，CaCO₃ 1 mol が分解して CaO 1 mol と気体 CO₂ 1 mol になる反応では，エントロピーは 160.5 J K^{-1} mol^{-1} だけ増大する．

(b) $\Delta S°_{rxn} = [2S°(NH_3)] - [S°(N_2) + 3S°(H_2)]$
$= (2)(193\, \text{J K}^{-1}\text{mol}^{-1}) - [(192\, \text{J K}^{-1}\text{mol}^{-1}) + (3)(131\, \text{J K}^{-1}\text{mol}^{-1})]$
$= \boxed{-199\, \text{J K}^{-1}\text{mol}^{-1}}$

この結果は，気体窒素 1 mol と気体水素 3 mol が反応して，気体アンモニア 2 mol が生成するときには，199 J K^{-1} mol^{-1} だけエントロピーが減少することを示している．

(c) $\Delta S°_{rxn} = [2S°(HCl)] - [S°(H_2) + S°(Cl_2)]$
$= (2)(187\, \text{J K}^{-1}\text{mol}^{-1}) - [(131\, \text{J K}^{-1}\text{mol}^{-1}) + (223\, \text{J K}^{-1}\text{mol}^{-1})]$
$= \boxed{20\, \text{J K}^{-1}\text{mol}^{-1}}$

したがって，気体 H₂ 1 mol と気体 Cl₂ 1 mol から気体 HCl 2 mol が生成する反応では，わずか 20 J K^{-1} mol^{-1} だけエントロピーが増大する．

コメント　$\Delta S°_{rxn}$ の値はすべて系のエントロピー変化 ΔS_{sys} に対応する．

練習問題　つぎの反応の 25℃ における標準反応エントロピー $\Delta S°_{rxn}$ を計算せよ．

(a) $2CO(g) + O_2(g) \longrightarrow 2CO_2(g)$
(b) $3O_2(g) \longrightarrow 2O_3(g)$
(c) $2NaHCO_3(s) \longrightarrow Na_2CO_3(s) + H_2O(l) + CO_2(g)$

類似問題：18.11，18.12

多くの反応に対して観測された結果を総合すると，反応のエントロピー変化に対して，以下のような一般的な規則を導くことができる．例題 18.2 で得られた結果もこれらと矛盾しない．

簡単のため，下付き文字 rxn を省略した．

- 反応によって生成する気体分子が，消費される気体分子よりも多い反応では（例題 18.2(a)），$\Delta S°$ は正になる．
- 気体分子の総数が減少する反応では（例題 18.2(b)），$\Delta S°$ は負になる．
- 気体分子の総数に正味の変化がない反応では（例題 18.2(c)），$\Delta S°$ は正になる場合も負になる場合もあるが，その値は比較的小さい．

気体のエントロピーは液体や固体のエントロピーよりも必ず大きいことを考えると，これらの結論は妥当であるといえる．液体と固体だけが関与する反応では，$\Delta S°$ の符号を予想することはもっと難しい．しかし，一般に，分子やイオンの総数が増加する反応では，エントロピーが増大する場合が多い．

例題 18.3

つぎのそれぞれの反応において，系のエントロピー変化 $\Delta S°$ は正であるか，負であるかを予想せよ．

(a) $2H_2(g) + O_2(g) \longrightarrow 2H_2O(l)$
(b) $NH_4Cl(s) \longrightarrow NH_3(g) + HCl(g)$
(c) $H_2(g) + Br_2(g) \longrightarrow 2HBr(g)$

解法　この問題では，反応に伴うエントロピー変化の値を計算するのではなく，その符号を予想することを求めている．一般に，つぎのような過程ではエントロピーが増大する．(1) 凝縮相から気相への変化，(2) 同一の相において反応物分子数よりも生成物分子数が多い反応．また，生成物分子と反応物分子の相対的な複雑さを比較することも重要である．一般に，分子の構造が複雑なほど，その化合物がもつエントロピーは大きい．

（つづく）

解答 (a) 2種類の反応物分子が結合して，1種類の生成物分子が生成する反応である．H$_2$O は H$_2$ や O$_2$ よりも複雑な分子ではあるが，反応に伴って 1 分子の正味の減少があること，および気体が液体に変化することから，微視的状態の数が減少することは確実である．したがって，$\Delta S°$ は負と予想される．

(b) 反応に伴って固体が 2 種類の気体生成物に変換される．したがって，$\Delta S°$ は正と予想される．

(c) 反応に関与する反応物分子数と生成物分子数は同じである．さらに，すべての分子は二原子分子であり，したがって同じ程度の複雑さをもっている．この結果，この反応に伴う $\Delta S°$ の符号を予想することはできない．しかし，その値は非常に小さいに違いない．

練習問題 つぎのそれぞれの過程に対して，予想されるエントロピー変化の符号について定性的に議論せよ．(類似問題: 18.13, 18.14)

(a) I$_2$(s) ⟶ 2I(g)
(b) 2Zn(s) + O$_2$(g) ⟶ 2ZnO(s)
(c) N$_2$(g) + O$_2$(g) ⟶ 2NO(g)

考え方の復習

右の図は，気相において，分子 A$_2$（青色）と分子 B$_2$（橙色）から分子 AB$_3$ が生成する反応を示している．(a) この反応に対する釣り合いのとれた反応式を書け．(b) この反応の ΔS の符号は正か，それとも負か．

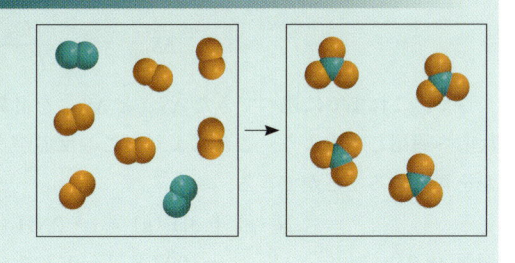

外界のエントロピー変化

つぎに外界のエントロピー変化 ΔS_{surr} を計算する方法を述べよう．系において発熱過程が進行すると，系から外界へ移動した熱によって，外界の分子の運動が激しくなる．その結果，微視的状態の数が増加し，外界のエントロピーは増大する．逆に，系において吸熱過程が起こると外界から熱が吸収され，それにより外界の分子の運動が減少するためエントロピーも減少する（図 18.5）．一定圧力の過程では，熱量変化は系のエンタルピー変化 ΔH_{sys} に等しい．したがって，外界のエントロピー変化 ΔS_{surr} は ΔH_{sys} に比例することになる．

$$\Delta S_{surr} \propto -\Delta H_{sys}$$

負の符号がついているのは，系において発熱過程が起こった場合には ΔH_{sys} は負であり，このとき外界のエントロピーは増大する，すなわち ΔS_{surr} は正の量となるためである．一方，吸熱過程の場合には ΔH_{sys} は正であり，負の符号によって，確か

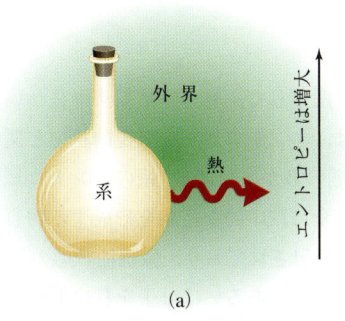

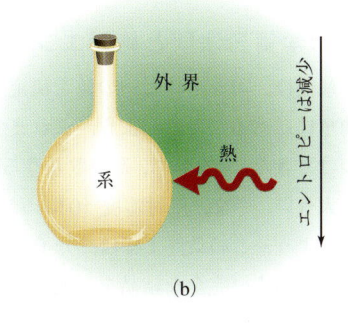

図 18.5 (a) 発熱過程が起こると熱が系から外界へ移動し，それによって外界のエントロピーは増大する．(b) 吸熱過程が起こると系は外界から熱を吸収し，それによって外界のエントロピーは減少する．

に外界のエントロピーは減少することがわかる.

　吸収された一定量の熱に対するエントロピー変化は，温度にも依存する．外界の温度が高い場合には，分子はすでに大きなエネルギーをもっている．したがって，系で起こった発熱過程による熱を吸収しても，外界の分子の運動はほとんど影響を受けず，このため外界におけるエントロピーの増大は小さいと予測される．しかし，外界の温度が低い場合には，同じ量の熱を吸収しても，外界の分子の運動は非常に激しくなるので，これにより外界のエントロピーは著しく増大するだろう．たとえば，混雑しているレストランで咳をしても，それほど多くの人のじゃまにはならないが，静かな図書館で咳をすると確実に多くの人々に迷惑をかけることと類似している．ΔS_{surr} と温度 T（ケルビン単位）の間には逆の関係，すなわち温度が高いほど ΔS_{surr} は小さく，温度が低いほど ΔS_{surr} は大きいという関係がある．したがって，先に示した関係式はつぎのように書き換えることができる．

$$\Delta S_{surr} = \frac{-\Delta H_{sys}}{T} \tag{18.8}$$

> この式は熱力学第二法則から誘導されるが，系と外界はいずれも温度 T であることを前提としている．

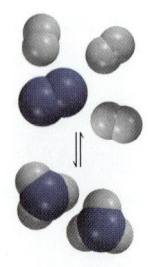

　さて，これまでに述べてきた ΔS_{sys} と ΔS_{surr} を計算する方法を，アンモニアの合成反応へ適用してみよう．これにより，この反応が 25°C で自発的に進行するかどうかを判定することができる．

$$N_2(g) + 3H_2(g) \longrightarrow 2NH_3(g) \qquad \Delta H°_{rxn} = -92.6 \, \text{kJ mol}^{-1}$$

例題 18.2(b) から，$\Delta S_{sys} = -199 \, \text{J K}^{-1} \text{mol}^{-1}$ であり，ΔH_{sys}（$-92.6 \, \text{kJ mol}^{-1}$）を式(18.8) に代入すると，

$$\Delta S_{surr} = \frac{-(-92.6 \times 1000) \, \text{J mol}^{-1}}{298 \, \text{K}} = 311 \, \text{J K}^{-1} \text{mol}^{-1}$$

H$_2$ と N$_2$ の反応による NH$_3$ の合成

したがって，宇宙のエントロピー変化 ΔS_{univ} は，

$$\begin{aligned}\Delta S_{univ} &= \Delta S_{sys} + \Delta S_{surr} \\ &= -199 \, \text{J K}^{-1} \text{mol}^{-1} + 311 \, \text{J K}^{-1} \text{mol}^{-1} \\ &= 112 \, \text{J K}^{-1} \text{mol}^{-1}\end{aligned}$$

ΔS_{univ} は正なので，この反応は 25°C において自発的に進行すると予想できる．ただし，覚えておくべき重要なことは，反応が自発的に起こるということは，必ずしもその反応が観測できる速度で進行することを意味するものではないということである．事実，アンモニアの合成反応は，室温ではきわめて遅い．熱力学によって，特定の条件下において反応が自発的に進行するかどうかを判定することができるが，その反応がどのような速度で進行するかはわからない．反応速度については，化学反応速度論で取扱われる（第 14 章を見よ）．

熱力学第三法則と絶対エントロピー

　最後に，エントロピーの値を決定する方法と関連して，熱力学第三法則について簡単に述べることにしよう．これまで私たちは，エントロピーを微視的状態と関係づけてきた．すなわち，系が取りうる微視的状態の数が多いほど，系のエントロピーは大きい．さて，絶対零度（0 K）において，完全に秩序的な結晶を形成する物質を考えよう．この条件下では，分子運動は最小に制限されており，微視的状態の数 W は 1 である（完全な結晶を形成させるために，原子，あるいは分子を秩序的に配列

させる方法はただ一つしかない）．式(18.1) から，

$$S = k \ln W = k \ln 1 = 0$$

熱力学第三法則によると，完全に秩序的な結晶を形成する物質のエントロピーは，絶対零度においてゼロである．温度が上昇するにつれて，運動の自由度が増加するため，微視的状態の数も増加する．したがって，すべての物質について，0 K を超える温度におけるエントロピーはゼロよりも大きい．また，注意すべきこととして，結晶が不純であったり，欠陥をもつ場合には，0 K であっても，その結晶のエントロピーはゼロより大きい．なぜなら，その結晶の秩序は完全ではなく，微視的状態の数は 1 よりも大きくなるからである．

熱力学第三法則の重要な点は，その法則によって，物質の絶対エントロピーを決定することが可能になることである．純粋な結晶性物質のエントロピーが絶対零度においてゼロであるということから出発して，その物質を 0 K から，たとえば 298 K まで加熱したときの，その物質におけるエントロピーの増大を測定することができる．この過程のエントロピー変化 ΔS は次式で与えられる．

$$\Delta S = S_f - S_i$$

S_i はゼロなので，

$$\Delta S = S_f$$

こうして，物質の 298 K におけるエントロピーが ΔS，すなわち S_f で与えられる．この値は，絶対エントロピーとよばれる．"絶対" はこれが真の値であり，標準生成エンタルピーの場合のように，ある任意の基準を用いて決めた値ではないことを意味している．なお，これまでに引用してきたエントロピーの値や付録 2 に掲げられたエントロピーの値は，すべて絶対エントロピーである．測定は 1 atm で行われるので，一般に，絶対エントロピーを標準エントロピーとして用いる．エントロピーとは対照的に，エネルギーやエンタルピーのゼロは定義されていないので，物質の絶対エネルギーや絶対エンタルピーは存在しない．さて，図 18.6 に温度の上昇に伴う

熱力学第三法則 third law of thermodynamics

物質を 0 K からある温度まで加熱したときのエントロピー変化 ΔS は，温度変化と物質の熱容量，およびすべての相変化における熱量変化から計算することができる．

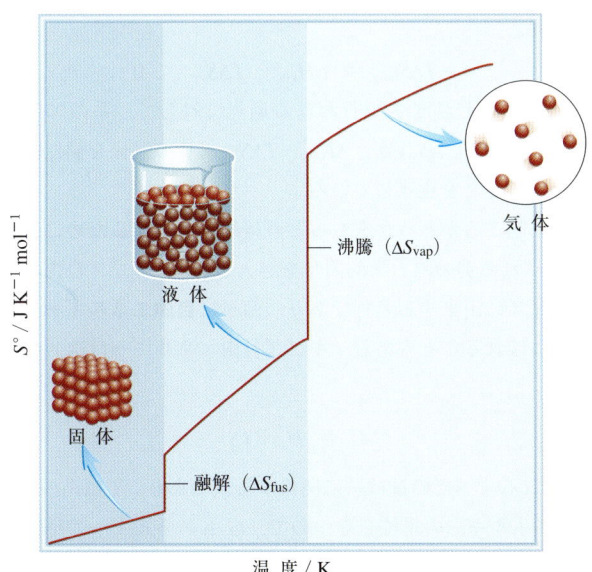

図 18.6 物質の温度を絶対零度から上昇させたときの，物質のエントロピーの増大

物質のエントロピーの変化（増大）を示した．絶対零度では，物質がもつエントロピーの値はゼロである（ここでは，完全な結晶を形成する物質を仮定している）．物質を加熱すると分子運動が激しくなるため，そのエントロピーは徐々に増大する．融点では，固体から液体に変化するために，かなり大きなエントロピーの増大が観測される．さらに加熱すると，再び分子運動が激しくなることにより，液体のエントロピーは増大する．沸点では，液体から気体へ転移が起こる結果として，著しいエントロピーの増大が見られる．沸点を超えると，気体のエントロピーは，温度の上昇とともに増大し続ける．

18.5　ギブズ自由エネルギー

熱力学第二法則によると，自発的な反応では宇宙のエントロピーが増大する，すなわち $\Delta S_{univ} > 0$ である．ある反応に対する ΔS_{univ} の符号を決定するためには，ΔS_{sys} と ΔS_{surr} の両方を計算する必要がある．しかし，私たちは普通，ある特定の系に起こることだけに関心をもっている．したがって，その系だけを考慮して，反応が自発的に起こるかどうかを判定できるような他の熱力学的関数があると都合がよい．

自発的過程に対して，式(18.4) からつぎのように書くことができる．

$$\Delta S_{univ} = \Delta S_{sys} + \Delta S_{surr} > 0$$

ΔS_{surr} を $-\Delta H_{sys}/T$ で置き換えると，

$$\Delta S_{univ} = \Delta S_{sys} - \frac{\Delta H_{sys}}{T} > 0$$

式の両辺に T を掛けると，次式が得られる．

$$T\Delta S_{univ} = -\Delta H_{sys} + T\Delta S_{sys} > 0$$

すなわち，反応が自発的に起こるかどうかの判定基準を，系の性質（ΔH_{sys} と ΔS_{sys}）だけを用いて表すことができたことになり，これによって，外界を無視することができる．便利のため，上記の式の全体に -1 を掛けて，不等号 $>$ を $<$ に置き換えると，次式が得られる．

$$-T\Delta S_{univ} = \Delta H_{sys} - T\Delta S_{sys} < 0$$

この式は，一定の圧力と温度 T で行われる過程に対して，系のエンタルピー変化 ΔH_{sys} とエントロピー変化 ΔS_{sys} が，$\Delta H_{sys} - T\Delta S_{sys} < 0$ の関係を満たせば，その過程は自発的に進行することを意味している．

反応が自発的に起こるかどうかをもっと直接的に表現するために，**ギブズ自由エネルギー** G とよばれる別の熱力学的関数を導入しよう．ギブズ自由エネルギーは米国の物理学者ギブズに由来する名称であり，簡単に**自由エネルギー**，あるいは**ギブズエネルギー**とよばれることもある．ギブズ自由エネルギーは次式のように定義される．

$$G = H - TS \tag{18.9}$$

式(18.9) に含まれるすべての量は系に関係する量であり，T は系の温度である．H と TS はともにエネルギーの単位をもつので，G もエネルギーの単位をもつことがわかる．また，H や S と同様，G も状態量である．

不等式に -1 を掛けると不等号の向きが変わることは，$1 > 0$ であり，また $-1 < 0$ であることから明らかである．

ギブズ自由エネルギー Gibbs free energy, G

自由エネルギー free energy

ギブズ Josiah Willard Gibbs

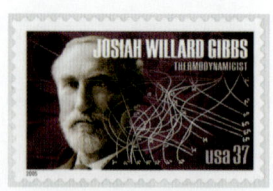

ギブズの功績をたたえる記念切手

一定温度の過程に対する系の自由エネルギー変化 ΔG は，次式で表される．

$$\Delta G = \Delta H - T\Delta S \qquad (18.10)$$

簡単のため，下付き文字 sys を省略した．

これに関連していうと，自由エネルギーは<u>仕事をするために利用できるエネルギー</u>である．したがって，ある反応に伴って，利用できるエネルギーが放出されるならば（すなわち，ΔG が負ならば），この事実だけで，その反応は自発的に進行すると断言することができる．宇宙の残りの部分において，何が起こっているかを考慮する必要はない．

ここでは，宇宙のエントロピー変化 ΔS_{univ} に対する表記を，系の自由エネルギー変化 $\Delta G = -T\Delta S_{univ}$ とおくことによって，系の変化のみに注目して表せるように書き換えただけであることに注意してほしい．こうして，一定の温度と圧力における自発的過程と平衡のための条件は，ΔG を用いて以下のように要約することができる．

$\Delta G < 0$　反応は正方向に自発的に進行する．
$\Delta G > 0$　反応は自発的に進行せず，逆方向に自発的に進行する．
$\Delta G = 0$　系は平衡状態にある．正味の変化は観測されない．

標準反応自由エネルギー

<u>標準状態の条件下で進行する反応，すなわち標準状態の反応物が標準状態の生成物に変換される反応に伴う自由エネルギー変化</u>を，**標準反応自由エネルギー** $\Delta G°_{rxn}$ という．表 18.2 に，純物質や溶液の標準状態を定義するために化学者が用いる慣例をまとめた．つぎの反応について，$\Delta G°_{rxn}$ を書き表してみよう．

標準反応自由エネルギー
standard free-energy of reaction, $\Delta G°_{rxn}$

$$a\text{A} + b\text{B} \longrightarrow c\text{C} + d\text{D}$$

この反応の標準反応自由エネルギーは次式で与えられる．

$$\Delta G°_{rxn} = [c\Delta G°_f(\text{C}) + d\Delta G°_f(\text{D})] - [a\Delta G°_f(\text{A}) + b\Delta G°_f(\text{B})] \qquad (18.11)$$

あるいは，一般に，

$$\Delta G°_{rxn} = \Sigma n\Delta G°_f(\text{生成物}) - \Sigma m\Delta G°_f(\text{反応物}) \qquad (18.12)$$

ここで m と n は化学量論係数である．また，項 $\Delta G°_f$ は化合物の**標準生成自由エネルギー**とよばれ，その化合物 1 mol を標準状態の単体から生成させる際の自由エネルギー変化である．たとえば，黒鉛の燃焼反応について考えてみよう．

標準生成自由エネルギー
standard free energy of formation, $\Delta G°_f$

$$\text{C}(黒鉛) + \text{O}_2(g) \longrightarrow \text{CO}_2(g)$$

この標準反応自由エネルギー $\Delta G°_{rxn}$ は式(18.12) から，

$$\Delta G°_{rxn} = \Delta G°_f(\text{CO}_2) - [\Delta G°_f(\text{C}, 黒鉛) + \Delta G°_f(\text{O}_2)]$$

標準生成エンタルピーの場合と同様に（p.163 を見よ），すべての元素について，1 atm，25 °C におけるその最も安定な同素体の標準生成自由エネルギーをゼロと定義する．これより，

$$\Delta G°_f(\text{C}, 黒鉛) = 0 \quad \text{および} \quad \Delta G°_f(\text{O}_2) = 0$$

したがって，黒鉛の燃焼反応の標準反応自由エネルギーは，CO_2 の標準生成自由エネルギーに等しくなる．

$$\Delta G°_{rxn} = \Delta G°_f(\text{CO}_2)$$

付録 2 に多くの化合物について，$\Delta G°_f$ の値を掲げた．

表 18.2

慣例的に用いられる標準状態の定義

物質の状態	標準状態
気体	圧力 1 atm
液体	純粋な液体
固体	純粋な固体
単体*	$\Delta G°_f = 0$
溶液	濃度 1 mol L^{-1}

* 25 °C，1 atm における最も安定な同素体

例題 18.4

つぎの反応について，25°C における標準反応自由エネルギーを計算せよ．
(a) $CH_4(g) + 2O_2(g) \longrightarrow CO_2(g) + 2H_2O(l)$
(b) $2MgO(s) \longrightarrow 2Mg(s) + O_2(g)$

解法 反応に伴う標準反応自由エネルギー $\Delta G°_{rxn}$ を計算するには，付録2から反応物と生成物の標準生成自由エネルギーを求め，式(18.12)を適用すればよい．すべての化学量論係数は単位をもたないので，$\Delta G°_{rxn}$ は kJ mol^{-1} の単位で表記されること，および O_2 は 1 atm，25°C において最も安定な酸素の同素体なので，$\Delta G°_f(O_2)$ はゼロであることに注意せよ．

解答 (a) 式(18.12)を適用すると，この反応の $\Delta G°_{rxn}$ は次式で表される．

$$\Delta G°_{rxn} = [\Delta G°_f(CO_2) + 2\Delta G°_f(H_2O)] - [\Delta G°_f(CH_4) + 2\Delta G°_f(O_2)]$$

付録2から適切な値を代入すると，

$$\Delta G°_{rxn} = [(-394.4 \text{ kJ mol}^{-1}) + (2)(-237.2 \text{ kJ mol}^{-1})]$$
$$- [(-50.8 \text{ kJ mol}^{-1}) + (2)(0 \text{ kJ mol}^{-1})]$$
$$= \boxed{-818.0 \text{ kJ mol}^{-1}}$$

(b) この反応の $\Delta G°_{rxn}$ を計算する式は，

$$\Delta G°_{rxn} = [2\Delta G°_f(Mg) + \Delta G°_f(O_2)] - [2\Delta G°_f(MgO)]$$

付録2から適切な値を代入すると，

$$\Delta G°_{rxn} = [(2)(0 \text{ kJ mol}^{-1}) + (0 \text{ kJ mol}^{-1})] - [(2)(-569.6 \text{ kJ mol}^{-1})]$$
$$= \boxed{1139 \text{ kJ mol}^{-1}}$$

練習問題 つぎの反応について，25°C における標準反応自由エネルギーを計算せよ．
(a) $H_2(g) + Br_2(l) \longrightarrow 2HBr(g)$
(b) $2C_2H_6(g) + 7O_2(g) \longrightarrow 4CO_2(g) + 6H_2O(l)$

類似問題：18.17，18.18

式(18.10)の適用

ΔG の符号，すなわち反応が自発的に進行する方向を予測するためには，式(18.10)に示すとおり ΔH と ΔS の両方がわからなければならない．しかし，負の ΔH（発熱反応）と，正の ΔS（系の微視的状態の数が増加する反応）は，ΔG を負にすることに寄与するといえる．ただし，温度 T も ΔG の符号に影響する可能性があることに注意しなければならない．これらの関係を考慮すると，つぎの四つの結論が導かれる．

- ΔH と ΔS がともに正の場合には，$T\Delta S$ の数値が ΔH の数値よりも大きい場合にのみ，ΔG は負になる．この条件は T が大きいときに満たされる．
- ΔH が正で ΔS が負の場合には，温度によらず常に ΔG は正になる．
- ΔH が負で ΔS が正の場合には，温度によらず常に ΔG は負になる．
- ΔH と ΔS がともに負の場合には，$T\Delta S$ の数値が ΔH の数値よりも小さい場合にのみ，ΔG は負になる．この条件は T が小さいときに満たされる．

最初と最後の場合において，ΔG が負になる温度は，系の ΔH と ΔS の実際の値に依存する．表18.3に上記の四つの場合について，ΔH と ΔS の符号と反応が自発的に進行する方向との関係を要約した．

表 18.3　式 $\Delta G = \Delta H - T\Delta S$ において ΔG の符号に影響を与える因子

ΔH	ΔS	ΔG	例
+	+	高温で反応は自発的に進行する．低温では逆方向に自発的に進行する	$2\text{HgO(s)} \longrightarrow 2\text{Hg(l)} + \text{O}_2\text{(g)}$
+	−	ΔG はいつも正となる．すべての温度で反応は逆方向に自発的に進行する	$3\text{O}_2\text{(g)} \longrightarrow 2\text{O}_3\text{(g)}$
−	+	ΔG はいつも負となる．すべての温度で反応は自発的に進行する	$2\text{H}_2\text{O}_2\text{(l)} \longrightarrow 2\text{H}_2\text{O(l)} + \text{O}_2\text{(g)}$
−	−	低温で反応は自発的に進行する．高温では逆方向に自発的に進行する	$\text{NH}_3\text{(g)} + \text{HCl(g)} \longrightarrow \text{NH}_4\text{Cl(s)}$

考え方の復習

(a) 吸熱反応が自発的に進行するのは，どのような場合か．

(b) 298 K において，反応物と生成物がいずれも溶液中に存在する多くの反応では，しばしば ΔH が反応が自発的に進行するかどうかを判定するよい手掛かりとなる．その理由を説明せよ．

　自由エネルギー変化 ΔG を用いて反応が自発的に進む方向の予測を行う前に，ΔG と $\Delta G°$ の区別について述べておこう．溶液中においてある反応を，すべての反応物がそれらの標準状態，すなわち濃度 1 mol L^{-1} の条件下で行うとしよう．反応が開始するとすぐに，反応物や生成物について標準状態の条件は満たされなくなる．なぜなら，それらの濃度は，もはや 1 mol L^{-1} とは異なるからである．標準状態にない条件下における反応の方向を予想するためには，$\Delta G°$ ではなく，ΔG の符号を用いなければならない．一方，$\Delta G°$ の符号からは，反応系が平衡に到達したとき，生成物と反応物のどちらが有利になるかを知ることができる．すなわち，$\Delta G°$ が負の場合にはその反応は生成物が有利であり，一方，正の $\Delta G°$ をもつ反応では，平衡状態において生成物よりも反応物の量が多くなる．

　さて，二つの特定の場合について，式(18.10)を適用してみよう．

§18.6 では，$\Delta G°$ と平衡定数 K を関係づける式について述べる．

温度と化学反応

　酸化カルシウム CaO は生石灰ともよばれ，製鉄，金属カルシウムの製造，製紙工業，水の処理などに用いられる非常に有用な無機物質である．CaO は，炉の中で石灰石 CaCO$_3$ を高温で分解することによって製造される（図 18.7）．

$$\text{CaCO}_3\text{(s)} \rightleftharpoons \text{CaO(s)} + \text{CO}_2\text{(g)}$$

反応は可逆的であり，CaO は容易に CO$_2$ と結合して CaCO$_3$ を生成する．温度の上昇に伴って，CaCO$_3$ や CaO とともに平衡状態にある CO$_2$ の圧力は上昇する．工業的な生石灰の製造過程では，反応系を平衡状態に保持するわけではない．むしろ CO$_2$ をたえず炉から除去し，平衡を左から右へ移動させることによって CaO の生成を促進している．

　さて，この反応を実際に行う化学者にとって重要な情報は，CaCO$_3$ の分解が検出できる温度，すなわち反応が生成物に有利になり始める温度である．つぎのような方法により，その温度の信頼できる値を予測することができる．まず，付録 2 のデー

ルシャトリエの原理により，加熱すると正方向の吸熱反応が有利になることが予測される．

図 18.7 回転炉を用いる $CaCO_3$ から CaO の製造.工業的には CaO は,回転炉の中で石灰石 $CaCO_3$ を約 950 °C で分解することにより製造される.

タを用いて,この反応に対する 25 °C における $\Delta H°$ と $\Delta S°$ を計算する.$\Delta H°$ を計算するためには,式 (6.17) を用いる.

$$\Delta H° = [\Delta H°_f(CaO) + \Delta H°_f(CO_2)] - [\Delta H°_f(CaCO_3)]$$
$$= [(-635.6 \text{ kJ mol}^{-1}) + (-393.5 \text{ kJ mol}^{-1})] - (-1206.9 \text{ kJ mol}^{-1})$$
$$= 177.8 \text{ kJ mol}^{-1}$$

つぎに,式 (18.6) を用いて,$\Delta S°$ を求める.

$$\Delta S° = [S°(CaO) + S°(CO_2)] - [S°(CaCO_3)]$$
$$= [(39.8 \text{ J K}^{-1} \text{mol}^{-1}) + (213.6 \text{ J K}^{-1} \text{mol}^{-1})] - (92.9 \text{ J K}^{-1} \text{mol}^{-1})$$
$$= 160.5 \text{ J K}^{-1} \text{mol}^{-1}$$

式 (18.10) から,

$$\Delta G° = \Delta H° - T\Delta S°$$

したがって,この反応の標準反応自由エネルギー $\Delta G°$ は以下のように求められる.

$$\Delta G° = 177.8 \text{ kJ mol}^{-1} - (298 \text{ K})(160.5 \text{ J K}^{-1} \text{mol}^{-1})\left(\frac{1 \text{ kJ}}{1000 \text{ J}}\right)$$
$$= 130.0 \text{ kJ mol}^{-1}$$

$\Delta G°$ は大きな正の値であるから,25 °C(すなわち,298 K)では反応は生成物の生成に有利ではないと結論できる.実際に,$CaCO_3$ や CaO とともに平衡状態にある CO_2 の圧力は室温ではとても低く,測定することができない.生成物の生成を有利にする,すなわち $\Delta G°$ を負にする反応条件を探すためには,まず $\Delta G°$ がゼロとなる温度を見つけなければならない.すなわち,

$$0 = \Delta H° - T\Delta S°$$

したがって,$$T = \frac{\Delta H°}{\Delta S°} = \frac{(177.8 \text{ kJ mol}^{-1})(1000 \text{ J}/1 \text{ kJ})}{160.5 \text{ J K}^{-1} \text{mol}^{-1}}$$
$$= 1108 \text{ K} \quad \text{すなわち} \quad 835 \text{ °C}$$

この結果,835 °C よりも高い温度では $\Delta G°$ は負となり,反応は CaO と CO_2 の生成に有利になることがわかる.たとえば,840 °C,すなわち 1113 K では次式のようになる.

$$\Delta G° = \Delta H° - T\Delta S°$$
$$= 177.8 \text{ kJ mol}^{-1} - (1113 \text{ K})(160.5 \text{ J K}^{-1} \text{mol}^{-1})\left(\frac{1 \text{ kJ}}{1000 \text{ J}}\right)$$
$$= -0.8 \text{ kJ mol}^{-1}$$

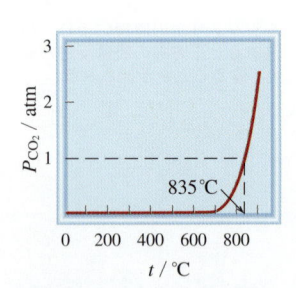

図 18.8 $CaCO_3$ の分解により生成する CO_2 の平衡状態における圧力の温度依存性.この曲線は,反応の $\Delta H°$ と $\Delta S°$ は温度に依存しないとして計算されたものである.

これらの計算を行う際に注意すべき点を二つ述べておこう.第一に,非常に高い温度における自由エネルギー変化を計算するために,25 °C の $\Delta H°$ と $\Delta S°$ を用いたことである.$\Delta H°$ と $\Delta S°$ はいずれも温度によって変化するので,この方法では $\Delta G°$ の正確な値を得ることはできない.しかし,この方法によって得られた値は,概算により見積もった値として十分に正しい.第二に,この結果を,835 °C 以下では何も起こらず,835 °C において $CaCO_3$ は急に分解し始める,と誤って解釈してはならないことである.事実は全く違う.835 °C 以下の温度で $\Delta G°$ が正の値をとるということは,その温度において CO_2 が全く生成しないことを意味するのではなく,生成する気体 CO_2 の圧力がその標準状態の値,すなわち 1 atm 以下であることを意味している(表 18.2 を見よ).図 18.8 に示すように,CO_2 の圧力は温度の上昇に

伴って，最初は非常にゆっくりと増加するが，700°C 以上になると容易に測定できる程度の値となる．835°C が重要な温度である理由は，平衡状態にある CO_2 の圧力が，この温度において 1 atm に到達するからである．835°C 以上では，平衡状態における CO_2 の圧力は 1 atm 以上となる．

> この反応の平衡定数は $K_P = P_{CO_2}$ である．

相 変 化

相変化が起こる温度，すなわち融点や沸点では，系は平衡状態にある（$\Delta G = 0$）．したがって，式(18.10) はつぎのように書くことができる．

$$\Delta G = \Delta H - T\Delta S$$
$$0 = \Delta H - T\Delta S$$

すなわち，
$$\Delta S = \frac{\Delta H}{T}$$

まず，氷と水の平衡を考えよう．氷から水への変化に対して，ΔH はモル融解熱であり（表 12.7 を見よ），T は融点である．したがって，エントロピー変化は以下のように求めることができる．

$$\Delta S_{氷\to水} = \frac{6010 \text{ J mol}^{-1}}{273 \text{ K}} = 22.0 \text{ J K}^{-1}\text{mol}^{-1}$$

こうして，0°C において氷 1 mol が融解するときに，エントロピーが 22.0 J K^{-1} mol^{-1} 増大することがわかる．エントロピーが増大することは，固体から液体への変化に伴って微視的状態の数が増加することと矛盾しない．逆に，水から氷への変化に対して，エントロピーの減少は次式で与えられる．

$$\Delta S_{水\to氷} = \frac{-6010 \text{ J mol}^{-1}}{273 \text{ K}} = -22.0 \text{ J K}^{-1}\text{mol}^{-1}$$

> 氷の融解は吸熱過程（$\Delta H > 0$）であり，水の凝固は発熱過程（$\Delta H < 0$）である．

実験室では，一般に，一方向の変化，すなわち氷から水へ，あるいは水から氷への変化が行われる．いずれの場合にも，温度が 0°C に保たれる限り，エントロピー変化は式 $\Delta S = \Delta H/T$ を用いて計算することができる．同じ方法は，水から水蒸気への変化に対しても適用することができる．この場合には，ΔH はモル蒸発熱，T は水の沸点となる．

例題 18.5

ベンゼン 1 mol あたりの融解熱と蒸発熱は，それぞれ 10.9 kJ mol^{-1} と 31.0 kJ mol^{-1} である．ベンゼンにおける固体から液体，および液体から蒸気への変化に対するエントロピー変化を求めよ．なお，1 atm においてベンゼンは 5.5°C で融解し，80.1°C で沸騰する．

解 法 融点では，液体と固体のベンゼンは平衡にあり，したがって $\Delta G = 0$ である．式(18.10) から $\Delta G = 0 = \Delta H - T\Delta S$，すなわち $\Delta S = \Delta H/T$ となる．固体ベンゼンから液体ベンゼンへの変化に対するエントロピー変化を計算するための式は，$\Delta S_{fus} = \Delta H_{fus}/T_f$ と書くことができる．ここで融解は吸熱過程なので融解熱 ΔH_{fus} は正であり，したがって ΔS_{fus} もまた正の値となる．これは，固体から液体への変化に対して予測されるエントロピー変化の符号と矛盾しない．同様の方法が，液体ベンゼンから気体ベンゼンへの変化に対しても適用できる．これらの計算では，温度の単位として何を用いるべきだろうか．

(つづく)

5.5°C において平衡状態にある液体と固体のベンゼン

解 答 5.5 °C におけるベンゼン 1 mol の融解過程に対するエントロピー変化は，以下の式で求められる．

$$\Delta S_{\text{fus}} = \frac{\Delta H_{\text{fus}}}{T_{\text{f}}}$$

$$= \frac{(10.9 \text{ kJ mol}^{-1})(1000 \text{ J/1kJ})}{(5.5+273) \text{ K}}$$

$$= \boxed{39.1 \text{ J K}^{-1}\text{mol}^{-1}}$$

同様に，80.1 °C におけるベンゼン 1 mol の蒸発過程に対するエントロピー変化は，以下の式で求められる．

$$\Delta S_{\text{vap}} = \frac{\Delta H_{\text{vap}}}{T_{\text{bp}}}$$

$$= \frac{(31.0 \text{ kJ mol}^{-1})(1000 \text{ J/1kJ})}{(80.1+273) \text{ K}}$$

$$= \boxed{87.8 \text{ J K}^{-1}\text{mol}^{-1}}$$

確 認 微視的状態の数の増加は蒸発過程の方が融解過程よりも大きいので，$\Delta S_{\text{vap}} > \Delta S_{\text{fus}}$ となっている．

練習問題 アルゴン 1 mol あたりの融解熱と蒸発熱は，それぞれ 1.3 kJ mol^{-1} と 6.3 kJ mol^{-1} である．また，アルゴンの融点と沸点は，それぞれ −190 °C と −186 °C である．アルゴンの融解，および蒸発に対するエントロピー変化を求めよ．

類似問題：18.60

考え方の復習

右の図は，45 °C における密閉された容器中のヨウ素 I_2 の昇華を示している．昇華エンタルピーを 62.4 kJ mol^{-1} とすると，昇華に伴うエントロピー変化 ΔS はいくらか．

18.6 自由エネルギーと化学平衡

すでに述べたように，化学反応が起こる際には，すべての反応物と生成物が標準状態にあるわけではない．熱力学によると，この条件下における ΔG と $\Delta G°$ との関係は次式によって表される．

$$\Delta G = \Delta G° + RT \ln Q \tag{18.13}$$

ここで R は気体定数（8.314 J K^{-1} mol^{-1}），T は反応の絶対温度，および Q は反応商である（p.431 を見よ）．こうして，ΔG は，二つの量，$\Delta G°$ と $RT \ln Q$ に依存することがわかる．ある反応に対して温度 T が一定の場合には，$\Delta G°$ の値は一定の値となる．一方，Q は反応混合物の組成に依存して変化するので，それに伴って $RT \ln Q$ の値も変化する．つぎの二つの特殊な場合について考えてみよう．

例1 $\Delta G°$ が大きな負の値をもつ反応では，ΔG も負になりやすい．この場合には，正味の反応が左から右へと進行し，かなりの量の生成物が生成するだろう．それによって Q が増大し，$RT \ln Q$ 項は，負の $\Delta G°$ 項に匹敵するほど十分に大きな正の値になる．

例2 $\Delta G°$ が大きな正の値をもつ反応では，ΔG も正になりやすい．この場合には，正味の反応が右から左へと進行し，かなりの量の反応物が生成するだろう．それによって Q が減少し，$RT \ln Q$ 項は，正の $\Delta G°$ 項に匹敵するほど十分に絶対値が大きな負の値になる．

平衡状態では，定義により，$\Delta G = 0$，および $Q = K$ である．ここで K は平衡定数である．したがって，

$$0 = \Delta G° + RT \ln K$$

すなわち，

$$\Delta G° = -RT \ln K \quad (18.14)$$

> 可逆反応は，いつかは平衡に到達する．

この式では，気体がかかわる反応に対しては K_P が，溶液中の反応に対しては K_c が用いられる．K が大きいほど，$\Delta G°$ はより絶対値の大きな負の値となることに注意してほしい．式(18.14)を用いると，標準反応自由エネルギーからその反応の平衡定数を求めることができ，また逆に，反応の平衡定数からその反応の標準反応自由エネルギーを計算することができる．この理由により，式(18.14)は，化学者にとって熱力学における最も重要な式の一つとなっている．

重要なことは，式(18.14)は，平衡定数 K を実際の自由エネルギー変化 ΔG ではなく，<u>標準反応自由エネルギー $\Delta G°$</u> と関係づけていることである．系の実際の自由エネルギー変化 ΔG は，反応の進行に伴って変化し，系が平衡状態に到達するとゼロとなる．一方，$\Delta G°$ は，ある特定の反応に対して，一定の温度では定数となる．図 18.9 に 2 種類の反応について，反応の進行の程度に対する反応系の自由エネルギーの変化を示した．図からわかるように，$\Delta G° < 0$ の場合には，平衡状態におい

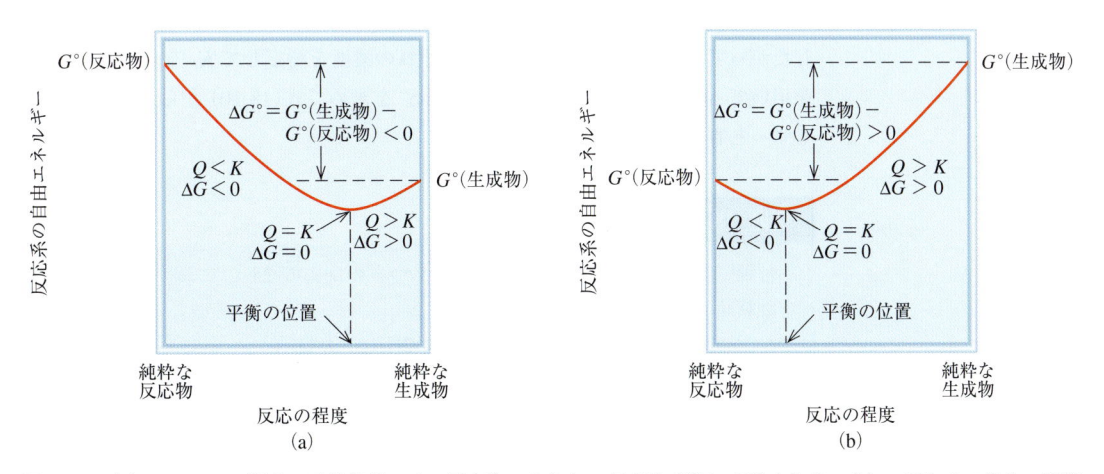

図 18.9 (a) $\Delta G° < 0$ の場合．平衡状態では，反応物のかなりの量が生成物に変換される．(b) $\Delta G° > 0$ の場合．平衡状態では，生成物よりも反応物の方が有利となる．いずれの場合も，平衡に向かう正味の反応は，$Q < K$ であれば左から右へ（反応物から生成物へ），また $Q > K$ であれば右から左へ（生成物から反応物へ）進行する．

表 18.4　式 $\Delta G° = -RT \ln K$ から予測される $\Delta G°$ と K との関係

K	$\ln K$	$\Delta G°$	コメント
>1	正	負	平衡状態において，反応物よりも生成物が有利となる
=1	0	0	平衡状態において，生成物と反応物の有利さに差はない
<1	負	正	平衡状態において，生成物よりも反応物が有利となる

て反応物よりも生成物の方が有利になる．逆に，$\Delta G° > 0$ の場合には，平衡状態において生成物よりも反応物の量が多くなる．また，表 18.4 には，式(18.14) から予測される $\Delta G°$ と K の三つの可能な関係について要約した．ΔG と $\Delta G°$ をはっきりと区別しておくことは重要である．反応が自発的に進む方向を決定するのは，ΔG の符号であり，$\Delta G°$ の符号ではない．$\Delta G°$ の符号からは，反応系が平衡に到達したときの生成物と反応物の相対的な量がわかるだけであり，正味の反応が進む方向はわからない．

　非常に大きな，あるいは非常に小さな平衡定数 K をもつ反応について考えよう．一般に，このような反応では，反応にかかわるすべての化学種の濃度を測定することによって K の値を求めることは，不可能ではないにせよ，大変難しい．たとえば，窒素分子と酸素分子から一酸化窒素が生成する反応を考えてみよう．

$$N_2(g) + O_2(g) \rightleftharpoons 2NO(g)$$

25℃において，平衡定数 K_P は次式のように表される．

$$K_P = \frac{P^2_{NO}}{P_{N_2} P_{O_2}} = 4.0 \times 10^{-31}$$

K_P の値が非常に小さいことは，平衡状態において NO の濃度がきわめて低いことを意味している．このような場合には，NO の濃度を測定して平衡定数 K_P を求めることはできないが，K_P は $\Delta G°$ の値から都合よく求めることができる．（すでに述べたように，$\Delta G°$ は，$\Delta H°$ と $\Delta S°$ から計算することができる．）一方，水素分子とヨウ素分子からヨウ化水素が生成する反応の平衡定数は，室温ではほとんど 1 である．

$$H_2(g) + I_2(g) \rightleftharpoons 2HI(g)$$

したがって，この反応に対してはそれぞれの濃度を測定して K_P を求め，式(18.14) を用いて $\Delta G°$ を計算する方が，$\Delta H°$ と $\Delta S°$ を求めて式(18.10) から $\Delta G°$ を得るよりもずっと容易である．

例題 18.6

付録 2 に掲げられたデータを用いて，つぎの反応の 25℃における平衡定数 K_P を計算せよ．

$$2H_2O(l) \rightleftharpoons 2H_2(g) + O_2(g)$$

解法　式(18.14) に示したように，反応の平衡定数は標準反応自由エネルギー $\Delta G°$ 変化と関係づけられる．すなわち，$\Delta G° = -RT \ln K$ である．したがって，まず，例題 18.4 で用いた方法に従って $\Delta G°$ を計算する必要がある．$\Delta G°$ が得られれば，K_P を求めることができる．温度の単位として，何を用いるべきだろうか．

(つづく)

解 答 式(18.12) に従って,

$$\Delta G_{rxn}^\circ = [2\Delta G_f^\circ(H_2) + \Delta G_f^\circ(O_2)] - [2\Delta G_f^\circ(H_2O)]$$
$$= [(2)(0\,kJ\,mol^{-1}) + (0\,kJ\,mol^{-1})] - [(2)(-237.2\,kJ\,mol^{-1})]$$
$$= 474.4\,kJ\,mol^{-1}$$

式(18.14) を用いると,以下のように K_P を求めることができる.

$$\Delta G_{rxn}^\circ = -RT \ln K_P$$

$$474.4\,kJ\,mol^{-1} \times \frac{1000\,J}{1\,kJ} = -(8.314\,J\,K^{-1}\,mol^{-1})(298\,K) \ln K_P$$

$$\ln K_P = -191.5$$

$$K_P = e^{-191.5} = \boxed{7 \times 10^{-84}}$$

コメント このきわめて小さい平衡定数は,水は 25°C において気体水素と気体酸素に分解しないという事実と矛盾しない.このように,ΔG° が大きな正の値である場合には,平衡状態において,生成物よりも反応物が圧倒的に有利となる.

練習問題 つぎの反応の 25°C における平衡定数 K_P を計算せよ.

$$2O_3(g) \rightleftharpoons 3O_2(g)$$

K_P を計算するには,-191.5 を電卓に入力し,"e" と表示されているキーを押せばよい.

類似問題:18.23,18.26

例題 18.7

第 17 章において,微溶性物質の溶解度積を議論した.25°C における塩化銀の溶解度積 (1.6×10^{-10}) を用いて,つぎの過程の ΔG° を計算せよ.

$$AgCl(s) \rightleftharpoons Ag^+(aq) + Cl^-(aq)$$

解 法 式(18.14) に示したように,反応の平衡定数は標準反応自由エネルギーと関係づけられる.すなわち,$\Delta G^\circ = -RT \ln K$ である.この過程は不均一平衡なので,溶解度積 K_{sp} が平衡定数となる.したがって,AgCl の K_{sp} の値からこの過程の標準反応自由エネルギーを計算することができる.温度の単位として,何を用いるべきだろうか.

解 答 AgCl の溶解度積は次式で表される.

$$AgCl(s) \rightleftharpoons Ag^+(aq) + Cl^-(aq)$$

$$K_{sp} = [Ag^+][Cl^-] = 1.6 \times 10^{-10}$$

式(18.14) を用いて,この過程の ΔG° を求めることができる.

$$\Delta G^\circ = -(8.314\,J\,K^{-1}\,mol^{-1})(298\,K) \ln(1.6 \times 10^{-10})$$
$$= 5.6 \times 10^4\,kJ\,mol^{-1}$$
$$= 56\,kJ\,mol^{-1}$$

確 認 ΔG° が大きな正の値であることは,AgCl の溶解性は非常に低く,平衡は大きく左側へ偏っていることを示している.(類似問題:18.25)

練習問題 つぎの反応の 25°C における ΔG° を計算せよ.なお,BaF_2 の溶解度積 K_{sp} は 1.7×10^{-6} である.

$$BaF_2(s) \rightleftharpoons Ba^{2+}(aq) + 2F^-(aq)$$

例題 18.8

つぎの反応を考えよう.

$$N_2O_4(g) \rightleftharpoons 2NO_2(g)$$

この反応の 298 K における平衡定数 K_P は 0.113 であり,この値は $5.40\,kJ\,mol^{-1}$ の標準反応自由エネルギーに対応している.ある実験において,初期状態の圧力が $P_{NO_2} = 0.122\,atm$,および $P_{N_2O_4} = 0.453\,atm$ であった.これらの圧力における反応の自由エネルギー変化 ΔG を計算し,正味の反応が進行する方向を予測せよ.

解 法 問題に与えられた情報から,反応物,生成物のいずれも標準状態 1 atm にないことがわかる.正味の反応が進行する方向を決定するためには,式(18.13) と与えられた ΔG° の値を用いて,標準状態ではない条件下の自由エネルギー変化 ΔG を計算する必要がある.反応商 Q_P では,分圧は無次元の量として表されることに注意せよ.

(つづく)

解 答 式(18.13)から，つぎのようにΔGを求めることができる．

$$\begin{align}\Delta G &= \Delta G° + RT \ln Q_p \\ &= \Delta G° + RT \ln \frac{P^2_{NO_2}}{P_{N_2O_4}} \\ &= 5.40 \times 10^3 \text{J mol}^{-1} + (8.314 \text{J K}^{-1}\text{mol}^{-1})(298 \text{K}) \times \ln \frac{(0.122)^2}{0.453} \\ &= 5.40 \times 10^3 \text{J mol}^{-1} - 8.46 \times 10^3 \text{J mol}^{-1} \\ &= -3.06 \times 10^3 \text{J mol}^{-1} = -3.06 \text{kJ mol}^{-1}\end{align}$$

$\Delta G < 0$なので，平衡に到達するために，正味の反応は左から右へと進行する．

確 認 初期状態における生成物の濃度（圧力）が反応物に比べて低いために，$\Delta G° > 0$であるにもかかわらず，反応は生成物が生成する方向に有利となることに注意してほしい．$Q_P < K_p$を示すことによって，解答で得られた予測を確認せよ．

練習問題 つぎの反応を考えよう．

$$H_2(g) + I_2(g) \rightleftharpoons 2HI(g)$$

この反応の25°Cにおける$\Delta G°$は2.60kJ mol^{-1}である．ある実験において，初期状態の圧力が$P_{H_2} = 4.26 \text{atm}$，$P_{I_2} = 0.024 \text{atm}$，および$P_{HI} = 0.23 \text{atm}$であった．これらの圧力における反応の自由エネルギー変化ΔGを計算し，正味の反応が進行する方向を予測せよ．

類似問題：18.27, 18.28

考え方の復習

ある反応は，正の標準反応エンタルピー$\Delta H°$と，負の標準反応エントロピー$\Delta S°$をもつことがわかっている．この反応の平衡定数Kの値は，1より大きいか，1に等しいか，それとも1より小さいか．

18.7 生体系における熱力学

多くの生物化学的な反応は正の$\Delta G°$をもっているが，それらは生命を維持するために欠くことのできない反応である．生体系では，これらの反応をエネルギー的に有利な過程，すなわち負の$\Delta G°$をもつ過程と組合わせて進行させている．このような反応の組合わせに対して，共役反応という言葉が用いられる．共役反応は簡単な原理に基づいている．すなわち，熱力学的に不利な反応を駆動するために，熱力学的に有利な反応を利用するのである．共役反応の例は，工業的な製造過程にも見ることができる．たとえば，閃亜鉛鉱ZnSから亜鉛を抽出したいとしよう．つぎの反応は大きな正の$\Delta G°$をもつので，有効に進行しないと予測される．

$$ZnS(s) \longrightarrow Zn(s) + S(s) \qquad \Delta G° = 198.3 \text{kJ mol}^{-1}$$

一方，硫黄が燃焼して二酸化硫黄が生成する反応は大きな負の$\Delta G°$をもち，熱力学的に有利な反応である．

$$S(s) + O_2(g) \longrightarrow SO_2(g) \qquad \Delta G° = -300.1 \text{kJ mol}^{-1}$$

二つの過程を組合わせる，すなわち共役させることによって，硫化亜鉛から亜鉛を分離することができる．実際には，これはZnSを空気中で加熱することによって達成され，SがSO₂を生成しやすいことを利用してZnSの分解反応が駆動されている．

共役反応の力学的なモデル．重い物体の下方への移動と組合わせることにより，軽い物体を上方に移動させる（自発的に進行しない過程を進行させる）ことができる．

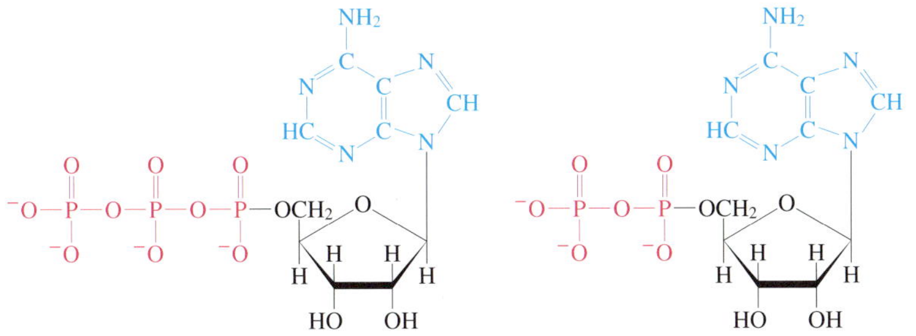

図 18.10 イオン型の ATP と ADP の構造式．アデニン部位は青色で，リボース部位は黒色で，リン酸基は赤色で示した．ADP は ATP よりもリン酸基が一つ少ないことに注意せよ．

アデノシン三リン酸（ATP）

アデノシン二リン酸（ADP）

$$\begin{aligned}
\text{ZnS(s)} &\longrightarrow \text{Zn(s)} + \text{S(s)} & \Delta G° &= 198.3 \text{ kJ mol}^{-1}\\
\text{S(s)} + \text{O}_2(\text{g}) &\longrightarrow \text{SO}_2(\text{g}) & \Delta G° &= -300.1 \text{ kJ mol}^{-1}\\
\hline
\text{ZnS(s)} + \text{O}_2(\text{s}) &\longrightarrow \text{Zn(s)} + \text{SO}_2(\text{g}) & \Delta G° &= -101.8 \text{ kJ mol}^{-1}
\end{aligned}$$

共役反応は，私たちが生きるために決定的な役割を果たしている．生体系では，非常に多くの自発的には進行しない反応が，酵素の作用によって促進されている．たとえば，人体では，グルコース $C_6H_{12}O_6$ に代表される食物分子が代謝過程により，大きな自由エネルギーの放出を伴って水と二酸化炭素に変換される．

$$C_6H_{12}O_6(s) + 6O_2(g) \longrightarrow 6CO_2(g) + 6H_2O(l) \quad \Delta G° = -2880 \text{ kJ mol}^{-1}$$

しかし，この反応は生体細胞では，炎の中でグルコースが燃えるように単独の過程で起こるわけではない．むしろグルコース分子は，酵素の作用によって一連の過程により段階的に分解される．その過程に沿って放出される自由エネルギーの多くは，アデノシン二リン酸（ADP）とリン酸からアデノシン三リン酸（ATP）を合成するために用いられる（図 18.10）．

$$\text{ADP} + H_3PO_4 \longrightarrow \text{ATP} + H_2O \quad \Delta G° = +31 \text{ kJ mol}^{-1}$$

ATP の機能は，細胞が必要とするまで自由エネルギーを貯蔵することである．適切な条件下において，ATP は ADP とリン酸に加水分解され，その際に 31 kJ の自由エネルギーが放出される．この自由エネルギーを用いて，タンパク質合成のような熱力学的に不利な反応が駆動されるのである．

タンパク質は，アミノ酸から構成されるポリマーである．タンパク質分子は個々のアミノ酸を連結することによって，段階的に合成される．アラニンとグリシンから，ジペプチド，すなわち 2 個のアミノ酸単位から構成される分子，アラニルグリシンが生成する過程を考えよう．この反応はタンパク質分子の合成における第一段階を表している．

$$\text{アラニン} + \text{グリシン} \longrightarrow \text{アラニルグリシン} + H_2O \quad \Delta G° = +29 \text{ kJ mol}^{-1}$$

$\Delta G°$ の値からわかるように，この反応は生成物の生成に有利ではない．したがって，平衡状態では，ほんの少量のジペプチドが生成するだけだろう．しかし，酵素の作用によってこの反応は，次式のように ATP の加水分解反応と共役する．

$$\text{ATP} + \text{アラニン} + \text{グリシン} \longrightarrow \text{ADP} + H_3PO_4 + \text{アラニルグリシン}$$

全体の反応の自由エネルギー変化は $\Delta G° = -31 \text{ kJ mol}^{-1} + 29 \text{ kJ mol}^{-1} = -2 \text{ kJ mol}^{-1}$ によって与えられる．$\Delta G°$ が負になることから，共役反応は生成物の生成に

図18.11 生体系におけるATP合成とその共役反応の模式図. 代謝過程によりグルコースが二酸化炭素と水へ変換されると, 自由エネルギーが放出される. 放出された自由エネルギーはADPからATPへの変換に用いられる. そして, ATP分子は, アミノ酸からタンパク質を合成するような, 熱力学的に不利な反応を駆動するためのエネルギー源として利用される.

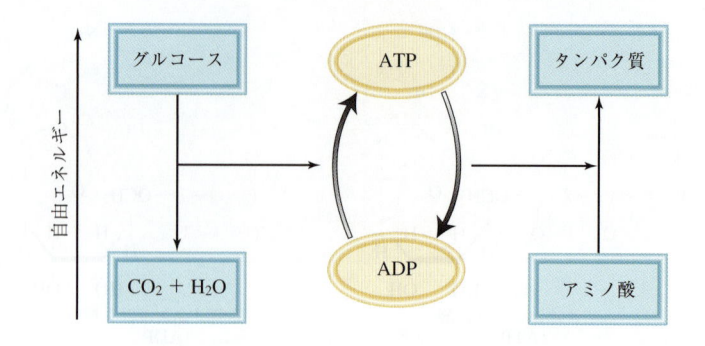

有利であり, この条件下では, かなりの量のアラニルグリシンが生成できることがわかる. 図18.11にATP-ADPの相互変換過程を示した. 代謝によりエネルギーがATPに蓄積され, ATPの加水分解により自由エネルギーが放出されて, 生体系にとって重要な反応が駆動される.

重要な式

$S = k \ln W$	(18.1)	エントロピーと微視的状態の数との関係
$\Delta S_{univ} = \Delta S_{sys} + \Delta S_{surr} > 0$	(18.4)	熱力学第二法則（自発的過程）
$\Delta S_{univ} = \Delta S_{sys} + \Delta S_{surr} = 0$	(18.5)	熱力学第二法則（平衡過程）
$\Delta S°_{rxn} = \Sigma n S°(生成物) - \Sigma m S°(反応物)$	(18.7)	標準反応エントロピー
$G = H - TS$	(18.9)	ギブズ自由エネルギーの定義
$\Delta G = \Delta H - T\Delta S$	(18.10)	一定温度における自由エネルギー変化
$\Delta G°_{rxn} = \Sigma n \Delta G°_f(生成物) - \Sigma m \Delta G°_f(反応物)$	(18.12)	標準反応自由エネルギー
$\Delta G = \Delta G° + RT \ln Q$	(18.13)	自由エネルギー変化と標準反応自由エネルギー, および反応商との関係
$\Delta G° = -RT \ln K$	(18.14)	標準反応自由エネルギーと平衡定数との関係

事項と考え方のまとめ

1. エントロピーは普通, 系の無秩序さの尺度を表す. 熱力学第二法則によると, 自発的過程では, 必ず宇宙のエントロピーの正味の増大を伴う.

2. 化学反応の標準反応エントロピーは, 反応物と生成物の絶対エントロピーから計算することができる.

3. 熱力学第三法則によると, 完全な結晶を形成する物質の0Kにおけるエントロピーはゼロである. この法則によって, 物質の絶対エントロピーを測定することが可能になる.

4. 一定の温度と圧力の条件下では, 自由エネルギー変化ΔGは, 自発的過程に対しては負となり, 自発的に進行しない過程に対しては正となる. 平衡過程に対しては, $\Delta G = 0$ となる.

5. 一定の温度と圧力の条件下で起こる化学的, あるいは物理的過程の自由エネルギー変化ΔGは, $\Delta G = \Delta H - T\Delta S$によって求めることができる. この式は, ある過程が自発的に進行するかどうかを予測するために用いられる.

6. 標準反応自由エネルギー$\Delta G°$は, 反応物と生成物の標準生成自由エネルギーから計算される.

7. ある反応の平衡定数と標準反応自由エネルギーは, $\Delta G° = -RT \ln K$によって関係づけられる.

8. 生体内で起こる反応の多くは自発的には進行しない. それらは負の$\Delta G°$をもつATPの加水分解反応と共役することによって駆動されている.

キーワード

エントロピー　entropy, S　p.515
ギブズ自由エネルギー　Gibbs free energy, G　p.526
自由エネルギー　free energy　p.526
熱力学第二法則　second law of thermodynamics　p.520
熱力学第三法則　third law of thermodynamics　p.525
標準生成自由エネルギー　standard free energy of formation, ΔG_f°　p.527

標準反応エントロピー　standard entropy of reaction, ΔS_{rxn}°　p.521
標準反応自由エネルギー　standard free energy of reaction, ΔG_{rxn}°　p.527
ボルツマン定数　Boltzmann constant, k　p.517

練習問題の解答

18.1 (a) エントロピーは減少する，(b) エントロピーは減少する，(c) エントロピーは増大する，(d) エントロピーは増大する．
18.2 (a) $-173.6 \text{ J K}^{-1}\text{mol}^{-1}$,
(b) $-139.8 \text{ J K}^{-1}\text{mol}^{-1}$, (c) $215.3 \text{ J K}^{-1}\text{mol}^{-1}$
18.3 (a) $\Delta S > 0$, (b) $\Delta S < 0$, (c) $\Delta S \approx 0$
18.4 (a) $-106.4 \text{ kJ mol}^{-1}$, (b) $-2935.0 \text{ kJ mol}^{-1}$
18.5 $\Delta S_{fus} = 16 \text{ J K}^{-1}\text{mol}^{-1}$; $\Delta S_{vap} = 72 \text{ J K}^{-1}\text{mol}^{-1}$
18.6 2×10^{57}　**18.7** 33 kJ mol^{-1}
18.8 $\Delta G = 0.97 \text{ kJ mol}^{-1}$; 右から左の方向に反応が進行する．

考え方の復習の解答

■ p.517

■ p.520　(b) と (c)

■ p.523　(a) $A_2 + 3B_2 \longrightarrow 2AB_3$　(b) $\Delta S < 0$
■ p.529　(a) ΔS が正の値であり，大きさの関係が $T\Delta S > \Delta H$ を満たす場合に自発的に進行する．
(b) 一般に，溶液中の反応では ΔS は小さいので，室温では $T\Delta S$ 項の大きさは ΔH に比べて小さくなる．このため，ΔH が ΔG の符号を決めるための主要な因子となる．
■ p.532　$196 \text{ J K}^{-1}\text{mol}^{-1}$
■ p.536　$K < 1$

19

酸化還元反応と電気化学

宇宙開発計画に用いられる水素-酸素燃料電池

章の概要

19.1 酸化還元反応 541
　酸化還元反応式の釣り合いのとり方

19.2 ガルバニ電池 544

19.3 標準電極電位 546

19.4 酸化還元反応の熱力学 552

19.5 電池起電力の濃度依存性 555
　ネルンストの式・濃淡電池

19.6 実用電池 559
　乾電池・水銀電池・鉛蓄電池・
　リチウムイオン電池・燃料電池

19.7 腐食 564

19.8 電気分解 566
　溶融した塩化ナトリウムの電気分解・
　水の電気分解・
　塩化ナトリウム水溶液の電気分解・
　電気分解の定量的取扱い

19.9 電解精錬 572
　金属アルミニウムの製造・金属銅の精製

基本の考え方

酸化還元反応と電気化学電池　酸化還元反応の反応式は，半反応法とよばれる方法を用いて釣り合いをとることができる．酸化還元反応には，還元剤から酸化剤への電子の移動が含まれる．酸化反応と還元反応を別々の場所で行わせ，それらをつなぐことにより，外部に電子を取出すことができる．このような装置をガルバニ電池とよぶ．

ガルバニ電池の熱力学　ガルバニ電池において測定される電位差，すなわち電池の起電力は，酸化反応が起こる負極の電気的なポテンシャルと，還元反応が起こる正極の電気的なポテンシャルに分けて考えることができる．ガルバニ電池の起電力は，その電池で進行する酸化還元反応のギブズ自由エネルギー変化や，平衡定数と関係している．ネルンストの式によって，ガルバニ電池の起電力は，標準状態における電池の起電力，および反応にかかわる化学種の濃度と関係づけられる．

実用電池　実用電池は一定電圧で直流の電流を供給できる電気化学的な装置である．多くの異なる種類の実用電池があり，自動車や懐中電灯，あるいは心臓ペースメーカーなどに用いられている．燃料電池は特殊な電気化学電池であり，水素，あるいは炭化水素の酸化によって電気を発生させる．

腐食　腐食は自発的に進行する酸化還元反応であり，たとえば，鉄からさびを，銀から硫化銀を，また銅から緑青（炭酸銅）を生成させる．腐食は建物，構造物，船舶，自動車などに多大な損害を与える．腐食による影響を防止する，あるいは最小にするために，多くの方法が考案されている．

電気分解　電気分解は，電気エネルギーを用いて，自発的には進行しない酸化還元反応を起こさせる過程である．供給された電流と電極で生じる生成物との間の定量的な関係は，ファラデーによって与えられている．電気分解は，活性な金属や非金属，および多くの重要な工業化学製品を製造するための主要な方法となっている．

19.1 酸化還元反応

電気エネルギーと化学エネルギーとの相互変換を扱う化学の研究分野を，**電気化学**という．電気化学の対象となる過程は酸化還元反応であり，自発的な反応によって放出されたエネルギーを電気に変換したり，あるいは電気エネルギーを用いて自発的には進行しない反応を起こさせたりする．酸化還元反応については第4章で議論したが，この章で再びかかわることになるいくつかの基本的な考え方について，ここで復習しておくことにしよう．

電気化学 electrochemistry

酸化還元反応では，電子が，ある物質から別の物質に移動する．金属マグネシウムと塩酸との反応は，酸化還元反応の例である．

$$\overset{0}{\text{Mg}}(s) + 2\overset{+1}{\text{H}}\text{Cl}(aq) \longrightarrow \overset{+2}{\text{Mg}}\text{Cl}_2(aq) + \overset{0}{\text{H}_2}(g)$$

酸化数を決める規則は §4.4 に示した．

元素記号の上に付けた数字は，元素の酸化数であることを思い出そう．ある元素が酸化されて電子を失うことは，その元素の酸化数の増加によって表される．また，ある元素が電子を獲得して還元されると，その元素の酸化数は減少する．上記の反応では，Mg が酸化され，H^+ が還元されている．Cl^- は傍観イオンである．

酸化還元反応式の釣り合いのとり方

上記の Mg と HCl との反応のような酸化還元反応の反応式は，比較的容易に釣り合いをとることができる．しかし，実験室ではしばしば，クロム酸イオン CrO_4^{2-}，二クロム酸イオン $Cr_2O_7^{2-}$，過マンガン酸イオン MnO_4^-，硝酸イオン NO_3^-，あるいは硫酸イオン SO_4^{2-} のようなオキソアニオンを含むより複雑な酸化還元反応を扱う．原理的には，§3.7 で概要を述べた方法を用いれば，あらゆる酸化還元反応式の釣り合いをとることができる．しかし，酸化還元反応には，その反応式を取扱うための特別な方法があり，また，それによって電子が移動する過程について理解を深めることができる．

ここでは，そのような方法の一つである半反応法とよばれる方法を説明しよう．この方法では，全体の反応を2個の半反応，すなわち酸化に対する半反応と還元に対する半反応に分ける．それぞれの半反応に対する反応式について別々に釣り合いをとり，そしてそれらを足し合わせることによって，全体の釣り合いのとれた反応式をつくる．

例として，酸性媒体中の二クロム酸イオン $Cr_2O_7^{2-}$ による Fe^{2+} の Fe^{3+} への酸化反応について，釣り合いのとれた反応式を書き表すことを考えてみよう．Fe^{2+} が Fe^{3+} へ酸化された結果，$Cr_2O_7^{2-}$ は Cr^{3+} へ還元される．釣り合いのとれた反応式を書くためには，つぎに示す段階に従うとよい．

段階1 起こった反応についてイオンの形で反応式を書く．釣り合いがとれていなくてもよい．

$$Fe^{2+} + Cr_2O_7^{2-} \longrightarrow Fe^{3+} + Cr^{3+}$$

段階2 反応式を二つの半反応に分ける．

$$\text{酸化反応:} \quad \overset{+2}{\text{Fe}^{2+}} \longrightarrow \overset{+3}{\text{Fe}^{3+}}$$

$$\text{還元反応:} \quad \overset{+6}{\text{Cr}_2\text{O}_7^{2-}} \longrightarrow \overset{+3}{\text{Cr}^{3+}}$$

段階3 それぞれの半反応を，原子の数と種類，および電荷について釣り合いをとる．酸性媒体中の反応に対しては，O 原子の釣り合いをとるために H_2O を加え，H 原子の釣り合いをとるために H^+ を加える．

酸化反応の半反応では，電子は生成物となる．一方，還元反応の半反応では，電子は反応物となる．

酸化半反応：原子については，すでに釣り合いがとれている．電荷の釣り合いをとるために，矢印の右側に電子を加える．

$$\text{Fe}^{2+} \longrightarrow \text{Fe}^{3+} + e^-$$

還元半反応：反応は酸性媒体中で起こっているので，O 原子の釣り合いをとるために，矢印の右側に 7 個の H_2O を加える．

$$\text{Cr}_2\text{O}_7^{2-} \longrightarrow 2\text{Cr}^{3+} + 7\text{H}_2\text{O}$$

つぎに，H 原子の釣り合いをとるために，矢印の左側に 14 個の H^+ を加える．

$$14\text{H}^+ + \text{Cr}_2\text{O}_7^{2-} \longrightarrow 2\text{Cr}^{3+} + 7\text{H}_2\text{O}$$

この反応式では矢印の左側に 12 個の正電荷があるが，右側には 6 個の正電荷しかない．したがって，矢印の左側に 6 個の電子を加える．

$$14\text{H}^+ + \text{Cr}_2\text{O}_7^{2-} + 6e^- \longrightarrow 2\text{Cr}^{3+} + 7\text{H}_2\text{O}$$

段階4 2 個の半反応を足し合わせ，十分に注意して最終的な反応式の釣り合いをとる．両辺にある電子は消去されねばならない．酸化半反応と還元半反応のそれぞれの反応式に含まれる電子の数が異なる場合には，一方，あるいは両方の反応式に係数を掛けて電子の数を等しくする必要がある．

上記の反応では，酸化半反応の反応式には電子は 1 個しかないが，還元半反応では 6 個の電子がある．したがって，酸化半反応の反応式を 6 倍する必要がある．

$$\begin{array}{r}6(\text{Fe}^{2+} \longrightarrow \text{Fe}^{3+} + e^-) \\ 14\text{H}^+ + \text{Cr}_2\text{O}_7^{2-} + 6e^- \longrightarrow 2\text{Cr}^{3+} + 7\text{H}_2\text{O} \\ \hline 6\text{Fe}^{2+} + 14\text{H}^+ + \text{Cr}_2\text{O}_7^{2-} + \cancel{6e^-} \longrightarrow 6\text{Fe}^{3+} + 2\text{Cr}^{3+} + 7\text{H}_2\text{O} + \cancel{6e^-}\end{array}$$

この反応は，希硫酸にニクロム酸カリウムと硫酸鉄(II)を溶かすことによって，行うことができる．

両辺の電子は消去され，釣り合いのとれた全体のイオン反応式が得られる．

$$6\text{Fe}^{2+} + 14\text{H}^+ + \text{Cr}_2\text{O}_7^{2-} \longrightarrow 6\text{Fe}^{3+} + 2\text{Cr}^{3+} + 7\text{H}_2\text{O}$$

段階5 反応式の両辺で，原子の数と種類が同じであり，また電荷も同じであることを確認する．

最終的な確認によって，得られた反応式が，"原子"の点からも，"電荷"の点からも釣り合いがとれていることがわかる．

塩基性媒体中の反応に対しては，酸性媒体中の反応と同様に，段階4まで進む．そして，すべての H^+ に対して，同数の OH^- を反応式の<u>両辺</u>に加える．反応式の同じ側に H^+ と OH^- が現れた場合には，それらを結合させて H_2O と表記する．例題19.1 でこの方法を試みてみよう．

例題 19.1

塩基性溶液中，過マンガン酸イオン MnO_4^- によりヨウ化物イオン I^- を酸化すると，ヨウ素 I_2 と酸化マンガン(IV) MnO_2 が生成する．この反応について，釣り合いのとれたイオン反応式を書け．

解法 酸化還元反応について釣り合いのとれた反応式を書くには，前述した方法に従えばよい．塩基性媒体中で起こる反応であることに注意せよ．

解答 **段階 1** 釣り合いのとれていない反応式はつぎのようになる．

$$MnO_4^- + I^- \longrightarrow MnO_2 + I_2$$

段階 2 二つの半反応式は，

$$酸化反応：\overset{-1}{I^-} \longrightarrow \overset{0}{I_2}$$

$$還元反応：\overset{+7}{MnO_4^-} \longrightarrow \overset{+4}{MnO_2}$$

段階 3 それぞれの半反応式を原子の数と種類，および電荷について釣り合いをとる．

酸化半反応：まず I 原子について釣り合いをとる．

$$2I^- \longrightarrow I_2$$

電荷の釣り合いをとるために，反応式の右辺に 2 個の電子を加える．

$$2I^- \longrightarrow I_2 + 2e^-$$

還元半反応：O 原子の釣り合いをとるために，右辺に 2 個の H_2O を加える．

$$MnO_4^- \longrightarrow MnO_2 + 2H_2O$$

H 原子の釣り合いをとるために，左辺に 4 個の H^+ を加える．

$$MnO_4^- + 4H^+ \longrightarrow MnO_2 + 2H_2O$$

左辺には 3 個の正味の正電荷があるので，電荷の釣り合いをとるために左辺に 3 個の電子を加える．

$$MnO_4^- + 4H^+ + 3e^- \longrightarrow MnO_2 + 2H_2O$$

段階 4 ここで，酸化半反応と還元半反応の反応式を足し合わせることにより，全体の反応式を得る．ただし，電子の数を等しくするために，次式のように，酸化半反応の反応式を 3 倍し，還元半反応の反応式を 2 倍する．

$$3(2I^- \longrightarrow I_2 + 2e^-)$$
$$\underline{2(MnO_4^- + 4H^+ + 3e^- \longrightarrow MnO_2 + 2H_2O)}$$
$$6I^- + 2MnO_4^- + 8H^+ + 6e^- \longrightarrow 3I_2 + 2MnO_2 + 4H_2O + 6e^-$$

両辺の電子は消去され，釣り合いのとれた正味のイオン反応式が得られる．

$$6I^- + 2MnO_4^- + 8H^+ \longrightarrow 3I_2 + 2MnO_2 + 4H_2O$$

これは酸性媒体中で起こる反応に対する釣り合いのとれた反応式である．しかし，反応は塩基性媒体中で行われているので，すべての H^+ に対して等しい数の OH^- を，反応式の両辺に加える必要がある．

$$6I^- + 2MnO_4^- + 8H^+ + 8OH^- \longrightarrow 3I_2 + 2MnO_2 + 4H_2O + 8OH^-$$

最後に，H^+ と OH^- イオンを結合させて水を形成させると，次式が得られる．

$$6I^- + 2MnO_4^- + 4H_2O \longrightarrow 3I_2 + 2MnO_2 + 8OH^-$$

段階 5 反応式が原子と電荷の両方について，釣り合いがとれていることを最終的に確認する．

練習問題 半反応法を用いて，酸性媒体中で起こるつぎの反応を釣り合いのとれた反応式で表せ．

$$Fe^{2+} + MnO_4^- \longrightarrow Fe^{3+} + Mn^{2+}$$

塩基性媒体中で KI と $KMnO_4$ を混合すると，この反応が起こる．

類似問題：19.1, 19.2

> **考え方の復習**
>
> 以下に示した酸性溶液中の反応について，釣り合いのとれた反応式における NO_2 の係数を求めよ．
>
> $$Sn + NO_3^- \longrightarrow SnO_2 + NO_2$$

19.2 ガルバニ電池

§4.4 において，一片の金属亜鉛を $CuSO_4$ 溶液中に入れると，Zn は Zn^{2+} に酸化され，Cu^{2+} は金属銅に還元されることを述べた（図 4.13 を見よ）．

$$Zn(s) + Cu^{2+}(aq) \longrightarrow Zn^{2+}(aq) + Cu(s)$$

電子は直接，溶液中において還元剤 Zn から酸化剤 Cu^{2+} へ移動する．しかし，もし酸化剤と還元剤を物理的に引き離せば，金属線のような外部の伝導媒体を経由して電子の移動を起こすことができる．こうすれば，反応の進行に伴って一定の電子の流れが供給され，電気が発生する（すなわち，電動モーターを駆動させるような電気的仕事が生み出される）．

ガルバニ電池 galvanic cell
ガルバニ Luigi Galvani
ボルタ Alessandro Volta

自発的に進行する反応を利用して電気を発生させる実験装置を，**ガルバニ電池**，あるいはボルタ電池という．この名称は，このような装置を初めて製作したイタリアの科学者，ガルバニとボルタに由来している．図 19.1 にガルバニ電池の基本的構成を示す．亜鉛の棒を $ZnSO_4$ 溶液に浸し，銅の棒を $CuSO_4$ 溶液に浸す．Zn の Zn^{2+} への酸化反応と Cu^{2+} の Cu への還元反応が互いに離れた場所で同時に進行し，それによって起こる電子の移動が，外部の導線を通じて行われる．これが，ガルバニ電池が作動する原理である．亜鉛と銅の棒は電極とよばれる．特に，Zn と Cu を電極に用いて，$ZnSO_4$ と $CuSO_4$ 溶液をこのように配列させた電池を，ダニエル電池という．ガルバニ電池において，酸化反応が起こる電極を**負極**（アノード），また還元反応が起こる電極を**正極**（カソード）と定義する．

負極（アノード）anode
正極（カソード）cathode

五十音順では，正極は負極よりも先，還元は酸化よりも先なので，正極では還元が起こり，負極では，酸化が起こると覚えるとよい．

電極において進行する酸化反応と還元反応は，**半電池反応**とよばれる．ダニエル電池の半電池反応は，以下のように表される．

半電池反応 half-cell reaction

Zn 電極（負極）： $\quad\quad\quad Zn(s) \longrightarrow Zn^{2+}(aq) + 2e^-$

Cu 電極（正極）： $Cu^{2+}(aq) + 2e^- \longrightarrow Cu(s)$

半電池反応は，先に述べた半反応と同じものである．

もし二つの溶液が互いに分離されていなければ，Cu^{2+} と Zn の反応は，直接起こることに注意してほしい．

$$Cu^{2+}(aq) + Zn(s) \longrightarrow Cu(s) + Zn^{2+}(aq)$$

この場合には，有用な電気的仕事を，得ることがまったくできない．

電気的な回路を完成させるためには，陽イオンと陰イオンが一方の電極側からもう一方の電極側へと動くことができるように，二つの溶液は電導性の媒体によって連結されなければならない．このために，ガルバニ電池では塩橋が用いられる．最も簡単な塩橋は逆さにした U 字管であり，その中には，電極溶液に含まれるイオンや電極と反応しない KCl，あるいは NH_4NO_3 のような不活性な電解質の溶液が入っている（図 19.1 を見よ）．全体の酸化還元反応が進行する間に，電子は負極（Zn 電極）から，外部の導線と電圧計を通って正極（Cu 電極）へと流れる．溶液中では，

19.2 ガルバニ電池

負極ではZnがZn²⁺に酸化される

$$Zn(s) \longrightarrow Zn^{2+}(aq) + 2e^-$$

正味の反応

$$Zn(s) + Cu^{2+}(aq) \longrightarrow Zn^{2+}(aq) + Cu(s)$$

正極ではCu^{2+}がCuに還元される

$$2e^- + Cu^{2+}(aq) \longrightarrow Cu(s)$$

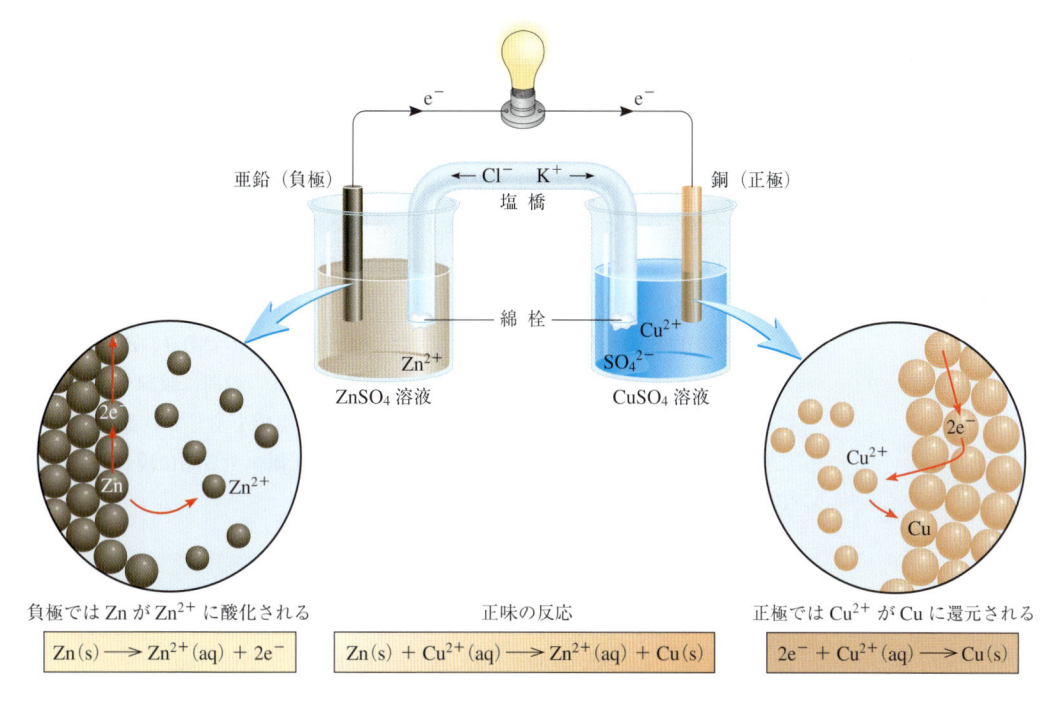

図 19.1 ガルバニ電池.KCl溶液が入った塩橋(逆さにしたU字管)は,二つの溶液を電気的に接続する媒体となっている.KCl溶液が容器の中に流れ出ることを防ぐとともに,陰イオンや陽イオンが移動できるように,U字管の開口部には綿がゆるく詰めてある.電子が外部回路を通ってZn電極(負極)からCu電極(正極)に流れると,電球が点灯する.

陽イオン(Zn^{2+}, Cu^{2+}, K^+)は正極へ移動し,陰イオン(SO_4^{2-}, Cl^-)は負極へと移動する.もし二つの溶液を連結する塩橋がなければ,負極側ではZn^{2+}の生成により正電荷が,また正極側ではCu^{2+}の一部がCuへ還元されることにより負電荷が蓄積することになり,これによって即座に電池の作動は停止してしまうだろう.

電子は,電極の間に生じる電気的なポテンシャルエネルギーの差によって,負極から正極へと流れる.この電子の流れは,滝の水が重力ポテンシャルエネルギーの差によって流れ落ちることや,気体が圧力の高い領域から低い領域へと流れることに類似している.ガルバニ電池の電極間の電圧は,電池の**電位差**(単位:ボルトV),あるいは電池のポテンシャルとよばれる.実験的には,電位差は電圧計によって測定される(図19.2).電池のポテンシャルを表すためによく用いられるもう一つの

電位差 potential difference

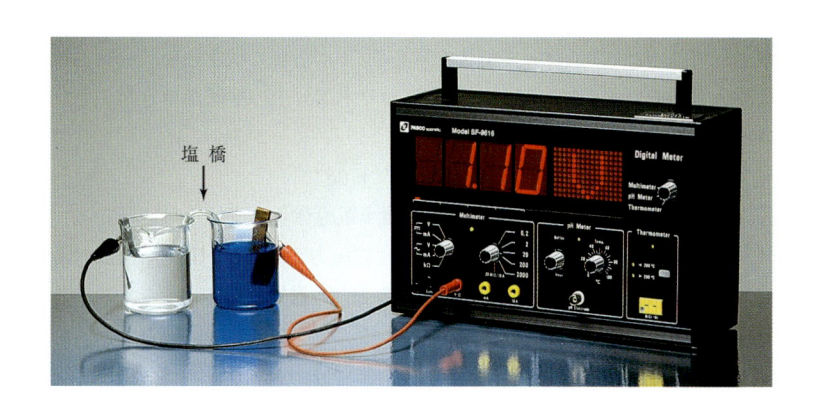

図 19.2 図19.1に示したガルバニ電池の実際の配置.U字管(塩橋)が2個のビーカーをつないでいることに注意.25°CにおいてZnSO₄溶液とCuSO₄溶液の濃度がいずれも1 mol L⁻¹の場合には,電池の起電力は1.10Vとなる.電圧を測定している間は,電極間に電流は流れない.

起電力 electromotive force, emf, E

言葉は，**起電力**であり，E で表記される．起電力という名称ではあるが，それは電位差の尺度であり，力を意味するものではない．あとに述べるように，電池の電位差は，電極とイオンの性質のみならず，イオンの濃度や電池が作動する温度にも依存する．

ガルバニ電池の構成を表すために慣用的に用いられる表記法を述べよう．これは**電池ダイヤグラム**とよばれる．図 19.1 に示したダニエル電池では，Zn^{2+} と Cu^{2+} の濃度を $1\,mol\,L^{-1}$ とすると，その電池ダイヤグラムはつぎのように表される．

$$Zn(s)\,|\,Zn^{2+}(1\,mol\,L^{-1})\,\|\,Cu^{2+}(1\,mol\,L^{-1})\,|\,Cu(s)$$

単一の縦線は相の境界を示す．たとえば，亜鉛電極は固体であり，$ZnSO_4$ から供給される Zn^{2+} は溶液中にある．したがって，Zn と Zn^{2+} の間に縦線を引いて，ここに相の境界があることを示す．また，二重の縦線は塩橋を示している．慣例により，二重線の左側にまず負極を書き，そして負極から正極へ至る際に現れる順序に従って，他の成分を記載する．

> **考え方の復習**
>
> 以下に示した酸化還元反応に対する，電池ダイヤグラムを書け．
> $$3Fe^{2+}(aq) + 2Al(s) \longrightarrow 3Fe(s) + 2Al^{3+}(aq)$$

19.3 標準電極電位

Cu^{2+} と Zn^{2+} の濃度がともに $1.0\,mol\,L^{-1}$ であるとき，25°C におけるダニエル電池の電位差，すなわち起電力は $1.10\,V$ である（図 19.2 を見よ）．この電位差は，酸化還元反応と直接的に関連しているはずである．どのように関連しているのだろうか．実は，ちょうど電池全体の反応が二つの半電池反応の和となるように，測定される電池の起電力は，Zn 電極と Cu 電極それぞれの電気的なポテンシャルの和として扱うことができるのである．二つの電極の電気的なポテンシャルのうちの一つがわかれば，電位差 $1.10\,V$ との差を求めることによって，もう一方の電極のポテンシャルを得ることができる．ただ一つの電極のポテンシャルを測定することはできないが，ある特定の電極を任意に定めてそのポテンシャルの値をゼロとすれば，その電極を用いて，他の電極の相対的なポテンシャルを決定することができる．水素電極は，しばしばこの目的のための基準電極として用いられる．図 19.3 に示すように水素電極では，25°C において気体水素を HCl 水溶液に吹き込む．白金電極は二つの機能をもっている．第一に，白金の表面で水素分子の解離がひき起こされることである．

$$H_2 \longrightarrow 2H^+ + 2e^-$$

第二に，白金電極は，外部の回路へ電子を渡す電導体としてはたらいている．

25°C で，標準状態の条件下，すなわち H_2 の圧力が $1\,atm$，HCl 水溶液の濃度が $1\,mol\,L^{-1}$（表 18.2 を見よ）において進行する H^+ の還元反応のポテンシャルを，正確にゼロと見なす．

$$2H^+(1\,mol\,L^{-1}) + 2e^- \longrightarrow H_2(1\,atm) \qquad E° = 0\,V$$

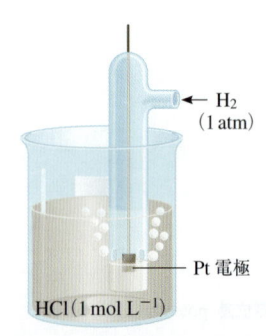

図 19.3 標準状態の条件下で作動している水素電極．$1\,atm$ の気体水素が $1\,mol\,L^{-1}$ の HCl 水溶液に吹き込まれている．白金電極もこの水素電極の一部である．

電極ポテンシャルを測定するために任意の基準を選択することは，高さの基準として海面を選ぶことと似ている．海面の高さをゼロメートルと定義することにより，地球上のあらゆる地点の高さを，海面から上，あるいは下何メートルと表すことができる．

物質の標準状態は，表 18.2（p.527）に定義されている．

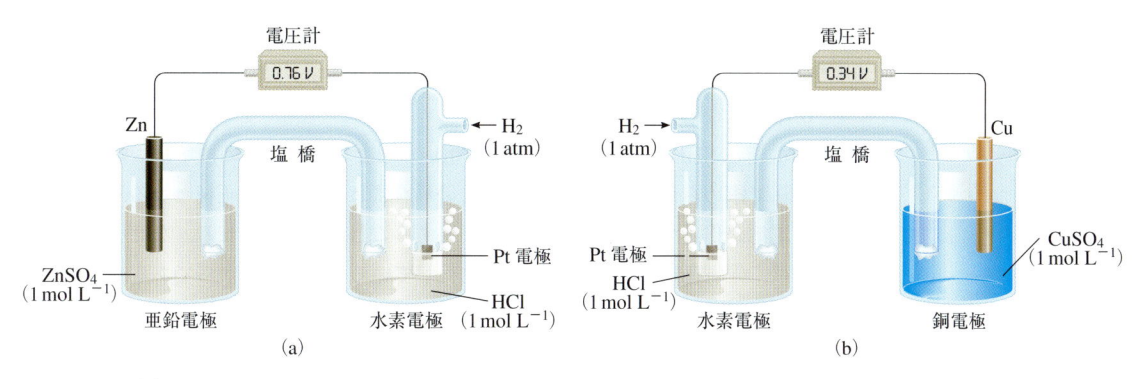

図 19.4 (a) 亜鉛電極と水素電極から構成される電池．(b) 銅電極と水素電極から構成される電池．どちらの電池も標準状態の条件下で作動している．標準水素電極は，(a) では正極として働くが，(b) では負極となることに注意せよ．

上付き記号 "°" は，標準状態の条件であることを示している．すなわち，$E°$ はすべての溶質が $1\,\text{mol L}^{-1}$ であり，すべての気体が $1\,\text{atm}$ であるときに，電極において進行する還元反応の電気的なポテンシャルである．$E°$ は**標準電極電位**とよばれる．したがって，水素電極の標準電極電位はゼロと定義される．水素電極は，**標準水素電極**（standard hydrogen electrode）とよばれ，SHE と略称される．

標準電極電位 standard electrode potential

SHE を用いて，他の電極の電気的なポテンシャルを測定することができる．例として，図 19.4(a) に亜鉛電極と SHE とのガルバニ電池を示した．この場合，亜鉛電極が負極で，SHE が正極となる．このことは，電池が作動すると，その間に亜鉛電極の質量が減少することから推定することができる．なぜなら，この事実は，酸化反応によって亜鉛が Zn^{2+} として溶液中へ溶出することと矛盾しないからである．

$$Zn(s) \longrightarrow Zn^{2+}(aq) + 2e^-$$

この電池の電池ダイヤグラムはつぎのように表記される．

$$Zn(s) \mid Zn^{2+}(1\,\text{mol L}^{-1}) \parallel H^+(1\,\text{mol L}^{-1}) \mid H_2(1\,\text{atm}) \mid Pt(s)$$

先に述べたように，Pt 電極は還元反応が起こる表面を提供している．すべての反応物が標準状態にあるとき，すなわち H_2 の圧力が $1\,\text{atm}$ であり，H^+，および Zn^{2+} の濃度が $1\,\text{mol L}^{-1}$ のとき，25 °C における電池の起電力は $0.76\,\text{V}$ となる．この電池について，つぎのように半電池反応を書くことができる．

負極（酸化反応）： $Zn(s) \longrightarrow Zn^{2+}(1\,\text{mol L}^{-1}) + 2e^-$
正極（還元反応）： $2H^+(1\,\text{mol L}^{-1}) + 2e^- \longrightarrow H_2(1\,\text{atm})$
全体の反応： $Zn(s) + 2H^+(1\,\text{mol L}^{-1}) \longrightarrow Zn^{2+}(1\,\text{mol L}^{-1}) + H_2(1\,\text{atm})$

この電池の起電力は**標準起電力** $E°_{\text{cell}}$ とよばれ，この値には負極と正極それぞれの電極のポテンシャルが寄与している．慣例により，$E°_{\text{cell}}$ はつぎのように定義される．

標準起電力 standard electromotive force, standard emf, $E°_{\text{cell}}$

$$E°_{\text{cell}} = E°_{\text{正極}} - E°_{\text{負極}} \tag{19.1}$$

ここで $E°_{\text{正極}}$ と $E°_{\text{負極}}$ はいずれも，それぞれの電極の標準電極電位である．上記の Zn-SHE 電池に対しては，

$$E°_{\text{cell}} = E°_{H^+/H_2} - E°_{Zn^{2+}/Zn}$$
$$0.76\,\text{V} = 0 - E°_{Zn^{2+}/Zn}$$

ここで下付き文字 H^+/H_2 は $2H^+ + 2e^- \longrightarrow H_2$ を意味し，下付き文字 Zn^{2+}/Zn は $Zn^{2+} + 2e^- \longrightarrow Zn$ を意味する．これにより，亜鉛の標準電極電位 $E^\circ_{Zn^{2+}/Zn}$ は $-0.76\,V$ となる．

銅電極と SHE とのガルバニ電池を用いることにより，銅の標準電極電位も同様の方法で求められる（図 19.4(b)）．この場合には，銅電極が正極となる．このことは，電池が作動すると，銅の質量が増加することから推定される．なぜなら，この事実は，銅電極において還元反応が進行していることを示すからである．

$$Cu^{2+}(aq) + 2e^- \longrightarrow Cu(s)$$

この電池の電池ダイヤグラムはつぎのようになる．

$$Pt(s)\,|\,H_2(1\,atm)\,|\,H^+(1\,mol\,L^{-1})\,||\,Cu^{2+}(1\,mol\,L^{-1})\,|\,Cu(s)$$

また半電池反応は，

負極（酸化反応）： $\quad H_2(1\,atm) \longrightarrow 2H^+(1\,mol\,L^{-1}) + 2e^-$
正極（還元反応）： $\quad Cu^{2+}(1\,mol\,L^{-1}) + 2e^- \longrightarrow Cu(s)$
全体の反応： $\quad H_2(1\,atm) + Cu^{2+}(1\,mol\,L^{-1}) \longrightarrow 2H^+(1\,mol\,L^{-1}) + Cu(s)$

標準状態の条件下，25℃ におけるこの電池の起電力は $0.34\,V$ である．したがって，

$$\begin{aligned} E^\circ_{cell} &= E^\circ_{正極} - E^\circ_{負極} \\ 0.34\,V &= E^\circ_{Cu^{2+}/Cu} - E^\circ_{H^+/H_2} \\ &= E^\circ_{Cu^{2+}/Cu} - 0 \end{aligned}$$

これにより，銅の標準電極電位 $E^\circ_{Cu^{2+}/Cu}$ は $0.34\,V$ となる．下付き文字 Cu^{2+}/Cu は $Cu^{2+} + 2e^- \longrightarrow Cu$ を意味する．

また，図 19.1 に示したダニエル電池に対して，つぎのように書くことができる．

負極（酸化反応）： $\quad Zn(s) \longrightarrow Zn^{2+}(1\,mol\,L^{-1}) + 2e^-$
正極（還元反応）： $\quad Cu^{2+}(1\,mol\,L^{-1}) + 2e^- \longrightarrow Cu(s)$
全体の反応： $\quad Zn(s) + Cu^{2+}(1\,mol\,L^{-1}) \longrightarrow Zn^{2+}(1\,mol\,L^{-1}) + Cu(s)$

したがって，電池の起電力は，

$$\begin{aligned} E^\circ_{cell} &= E^\circ_{正極} - E^\circ_{負極} \\ &= E^\circ_{Cu^{2+}/Cu} - E^\circ_{Zn^{2+}/Zn} \\ &= 0.34\,V - (-0.76\,V) \\ &= 1.10\,V \end{aligned}$$

ΔG° と同じように（p.533 を見よ），E° の符号を用いて，酸化還元反応の進行の程度を予測することができる．E° が正であることは，その酸化還元反応は平衡状態において，生成物の生成が有利となることを意味する．逆に，E° が負であることは，平衡状態において，生成物よりも反応物の方が多く生成することを意味する．E°_{cell}，ΔG°，および K の間に成り立つ関係については，この章の後の方で述べる．

表 19.1 に多数の半電池反応について，その標準電極電位を示した．定義により，SHE の E° は $0.00\,V$ である．SHE より上方に記された電極ほど，その標準電極電位は絶対値が大きな負の値となり，SHE より下方に位置する電極ほど，大きな正の標準電極電位をもつ．この表を計算に用いる際に重要となる点を以下に示す．

図 4.14 に示した金属のイオン化列は，表 19.1 に与えられたデータに基づいたものである．

表 19.1　25°C における標準電極電位*

半反応	$E°$ (V)
$Li^+(aq) + e^- \longrightarrow Li(s)$	-3.05
$K^+(aq) + e^- \longrightarrow K(s)$	-2.93
$Ba^{2+}(aq) + 2e^- \longrightarrow Ba(s)$	-2.90
$Sr^{2+}(aq) + 2e^- \longrightarrow Sr(s)$	-2.89
$Ca^{2+}(aq) + 2e^- \longrightarrow Ca(s)$	-2.87
$Na^+(aq) + e^- \longrightarrow Na(s)$	-2.71
$Mg^{2+}(aq) + 2e^- \longrightarrow Mg(s)$	-2.37
$Be^{2+}(aq) + 2e^- \longrightarrow Be(s)$	-1.85
$Al^{3+}(aq) + 3e^- \longrightarrow Al(s)$	-1.66
$Mn^{2+}(aq) + 2e^- \longrightarrow Mn(s)$	-1.18
$2H_2O + 2e^- \longrightarrow H_2(g) + 2OH^-(aq)$	-0.83
$Zn^{2+}(aq) + 2e^- \longrightarrow Zn(s)$	-0.76
$Cr^{3+}(aq) + 3e^- \longrightarrow Cr(s)$	-0.74
$Fe^{2+}(aq) + 2e^- \longrightarrow Fe(s)$	-0.44
$Cd^{2+}(aq) + 2e^- \longrightarrow Cd(s)$	-0.40
$PbSO_4(s) + 2e^- \longrightarrow Pb(s) + SO_4^{2-}(aq)$	-0.31
$Co^{2+}(aq) + 2e^- \longrightarrow Co(s)$	-0.28
$Ni^{2+}(aq) + 2e^- \longrightarrow Ni(s)$	-0.25
$Sn^{2+}(aq) + 2e^- \longrightarrow Sn(s)$	-0.14
$Pb^{2+}(aq) + 2e^- \longrightarrow Pb(s)$	-0.13
$2H^+(aq) + 2e^- \longrightarrow H_2(g)$	0.00
$Sn^{4+}(aq) + 2e^- \longrightarrow Sn^{2+}(aq)$	$+0.13$
$Cu^{2+}(aq) + e^- \longrightarrow Cu^+(aq)$	$+0.15$
$SO_4^{2-}(aq) + 4H^+(aq) + 2e^- \longrightarrow SO_2(g) + 2H_2O$	$+0.20$
$AgCl(s) + e^- \longrightarrow Ag(s) + Cl^-$	$+0.22$
$Cu^{2+}(aq) + 2e^- \longrightarrow Cu(s)$	$+0.34$
$O_2(g) + 2H_2O + 4e^- \longrightarrow 4OH^-(aq)$	$+0.40$
$I_2(s) + 2e^- \longrightarrow 2I^-(aq)$	$+0.53$
$MnO_4^-(aq) + H_2O + 3e^- \longrightarrow MnO_2(s) + 4OH^-(aq)$	$+0.59$
$O_2(g) + 2H^+(aq) + 2e^- \longrightarrow H_2O_2(aq)$	$+0.68$
$Fe^{3+}(aq) + e^- \longrightarrow Fe^{2+}(aq)$	$+0.77$
$Ag^+(aq) + e^- \longrightarrow Ag(s)$	$+0.80$
$Hg_2^{2+}(aq) + 2e^- \longrightarrow 2Hg(l)$	$+0.85$
$2Hg^{2+}(aq) + 2e^- \longrightarrow Hg_2^{2+}(aq)$	$+0.92$
$NO_3^-(aq) + 4H^+(aq) + 3e^- \longrightarrow NO(g) + 2H_2O$	$+0.96$
$Br_2(l) + 2e^- \longrightarrow 2Br^-(aq)$	$+1.07$
$O_2(g) + 4H^+(aq) + 4e^- \longrightarrow 2H_2O$	$+1.23$
$MnO_2(s) + 4H^+(aq) + 2e^- \longrightarrow Mn^{2+}(s) + 2H_2O$	$+1.23$
$Cr_2O_7^{2-}(aq) + 14H^+(aq) + 6e^- \longrightarrow 2Cr^{3+}(aq) + 7H_2O$	$+1.33$
$Cl_2(g) + 2e^- \longrightarrow 2Cl^-(aq)$	$+1.36$
$Au^{3+}(aq) + 3e^- \longrightarrow Au(s)$	$+1.50$
$MnO_4^-(aq) + 8H^+(aq) + 5e^- \longrightarrow Mn^{2+}(aq) + 4H_2O$	$+1.51$
$Ce^{4+}(aq) + e^- \longrightarrow Ce^{3+}(aq)$	$+1.61$
$PbO_2(s) + 4H^+(aq) + SO_4^{2-}(aq) + 2e^- \longrightarrow PbSO_4(s) + 2H_2O$	$+1.70$
$H_2O_2(aq) + 2H^+(aq) + 2e^- \longrightarrow 2H_2O$	$+1.77$
$Co^{3+}(aq) + e^- \longrightarrow Co^{2+}(aq)$	$+1.82$
$O_3(g) + 2H^+(aq) + 2e^- \longrightarrow O_2(g) + 2H_2O$	$+2.07$
$F_2(g) + 2e^- \longrightarrow 2F^-(aq)$	$+2.87$

（左端：酸化剤として強い ↓　　右端：還元剤として強い ↑）

* すべての半反応において，溶液中の化学種の濃度は $1\,mol\,L^{-1}$，気体の圧力は 1 atm である．すなわち，これらは標準状態における値である．

1. $E°$ の値は，正方向，すなわち反応式の左辺から右辺の方向に進行する半電池反応に対して適用される．
2. $E°$ が大きな正の値になるほど，その物質はより還元されやすい．たとえば，つぎの半電池反応は，表に記された反応のうちで最も大きな正の $E°$ をもつ．

$$F_2(1\,atm) + 2e^- \longrightarrow 2F^-(1\,mol\,L^{-1}) \qquad E° = 2.87\,V$$

したがって，F_2 は最も還元されやすい物質であり，このため最も強い酸化剤となる．もう一つの極端な例は，つぎの反応である．

$$Li^+(1\,mol\,L^{-1}) + e^- \longrightarrow Li(s) \qquad E° = -3.05\,V$$

この反応の $E°$ は，表に記された値のうちで最も絶対値が大きな負の値である．したがって，Li^+ は最も還元されにくい化学種であり，このため最も弱い酸化剤となる．逆に，F^- は最も弱い還元剤であり，金属 Li は最も強い還元剤であるということができる．表 19.1 に示した半電池反応の左辺にある化学種は酸化剤として作用し，右辺にある化学種は還元剤として作用する．標準状態において，表 19.1 の下方に位置する物質ほど左辺にある酸化剤の強度が大きく，一方，上方に位置する物質ほど右辺にある還元剤の強度が大きい．

3. 半電池反応は可逆的な反応である．条件に依存して，すべての電極は負極として作用し，また正極としても作用する．すでに述べたように，SHE は，亜鉛と組合わせたガルバニ電池では正極となり（H^+ が H_2 に還元される），一方，銅と組合わせたガルバニ電池では負極として作用する（H_2 が H^+ に酸化される）．

4. 標準状態の条件下では，半電池反応の右辺にある化学種は，表 19.1 においてその反応式よりも下方に位置する半電池反応の左辺にある化学種と自発的に反応する．この原理は，しばしば対角則とよばれる．例として，ダニエル電池の場合を考えよう．

斜めに引いた赤い線は，Cu^{2+} が酸化剤となり，Zn が還元剤となることを示している．

$$Zn^{2+}(1\,mol\,L^{-1}) + 2e^- \longrightarrow Zn(s) \qquad E° = -0.76\,V$$
$$Cu^{2+}(1\,mol\,L^{-1}) + 2e^- \longrightarrow Cu(s) \qquad E° = 0.34\,V$$

最初の半電池反応の右辺にある物質は Zn であり，つぎの半電池反応の左辺にある物質は Cu^{2+} である．したがって，対角則から，Zn による Cu^{2+} の還元反応は自発的に進行し，Zn^{2+} と Cu が生成する．これは，先に述べた実験結果と一致している．

5. 電極電位は示強的性質であるから，半電池反応の化学量論係数を変えても $E°$ の値は影響を受けない．これはまた $E°$ の値は，電極の大きさや存在する溶液の量に依存しないことを意味している．たとえば，下式のようにヨウ素の標準電極電位は 0.53 V であるが，

$$I_2(s) + 2e^- \longrightarrow 2I^-(1\,mol\,L^{-1}) \qquad E° = 0.53\,V$$

$E°$ の値は半電池反応を 2 倍にしても変化しない．

$$2I_2(s) + 4e^- \longrightarrow 4I^-(1\,mol\,L^{-1}) \qquad E° = 0.53\,V$$

6. 半電池反応を逆向きにした場合，ΔH，ΔG，ΔS と同じように，$E°$ の符号は変わるが，その大きさは変化しない．

表 19.1 を用いると，標準状態の条件下で進行する酸化還元反応の結果を予想することができる．この酸化還元反応は，酸化剤と還元剤が物理的に互いに分離された

ガルバニ電池で起こる反応であっても，あるいは反応物がすべて一緒に混合されたビーカー内で起こる反応であっても構わない．例題 19.2 と 19.3 において，それらの例を示すことにしよう．

例題 19.2

25 °C において臭素 Br_2 を NaCl と NaI を含む溶液に加えたとき，何が起こるかを予測せよ．ただし，すべての化学種は標準状態にあるものとする．

解法 どのような酸化還元反応が起こるかを予測するためには，Cl_2, Br_2, I_2 の標準電極電位を比較し，対角則を適用すればよい．

解答 表 19.1 から，関連する物質の標準電極電位はつぎのように書ける．

$$I_2(s) + 2e^- \longrightarrow 2I^-(1\,mol\,L^{-1}) \qquad E° = 0.53\,V$$
$$Br_2(l) + 2e^- \longrightarrow 2Br^-(1\,mol\,L^{-1}) \qquad E° = 1.07\,V$$
$$Cl_2(1\,atm) + 2e^- \longrightarrow 2Cl^-(1\,mol\,L^{-1}) \qquad E° = 1.36\,V$$

対角則を適用すると，Br_2 は I^- を酸化できるが，Cl^- は酸化できないことがわかる．したがって，標準状態において，次式に示す酸化還元反応だけが実際に進行すると予想される．

酸化反応: $\quad 2I^-(1\,mol\,L^{-1}) \longrightarrow I_2(s) + 2e^-$
還元反応: $\quad \underline{Br_2(l) + 2e^- \longrightarrow 2Br^-(1\,mol\,L^{-1})}$
全体の反応: $\quad 2I^-(1\,mol\,L^{-1}) + Br_2(l) \longrightarrow I_2(s) + 2Br^-(1\,mol\,L^{-1})$

確認 解答で得られた結論は，$E°_{cell}$ を求めることによって確認することができる．試みてみよ．Na^+ は不活性であり，酸化還元反応に関与しないことに注意．

練習問題 標準状態において，Sn は $Zn^{2+}(aq)$ を還元できるかどうか判定せよ．

類似問題: 19.14, 19.17

例題 19.3

$1.0\,mol\,L^{-1}$ の $Mg(NO_3)_2$ 溶液中の Mg 電極と $1.0\,mol\,L^{-1}$ の $AgNO_3$ 溶液中の Ag 電極からなるガルバニ電池がある．25 °C におけるこの電池の標準起電力を計算せよ．

解法 最初にガルバニ電池のどちらが負極で，どちらが正極であるかを割り当てることは必ずしも容易ではない．表 19.1 から Ag と Mg の標準電極電位を調べ，対角則を適用することによって，それらを決定することができる．

解答 それぞれの電極の標準電極電位は，

$$Mg^{2+}(1\,mol\,L^{-1}) + 2e^- \longrightarrow Mg(s) \qquad E° = -2.37\,V$$
$$Ag^+(1\,mol\,L^{-1}) + e^- \longrightarrow Ag(s) \qquad E° = 0.80\,V$$

対角則を適用すると，Ag^+ による Mg の酸化反応が自発的に進行することがわかる．

酸化反応: $\quad Mg(s) \longrightarrow Mg^{2+}(1\,mol\,L^{-1}) + 2e^-$
還元反応: $\quad \underline{2Ag^+(1\,mol\,L^{-1}) + 2e^- \longrightarrow 2Ag(s)}$
全体の反応: $\quad Mg(s) + 2Ag^+(1\,mol\,L^{-1}) \longrightarrow Mg^{2+}(1\,mol\,L^{-1}) + 2Ag(s)$

全体の反応式の釣り合いをとるために，Ag^+ の還元反応の反応式を2倍することに注意せよ．$E°$ は示強的性質なので，反応式を2倍にしてもその値は変わらない．式 (19.1) と表 19.1 を用いることによって，次式のように電池の起電力を求めることができる．

(つづく)

$$E_{cell} = E°_{正極} - E°_{負極}$$
$$= E°_{Ag^+/Ag} - E°_{Mg^{2+}/Mg}$$
$$= 0.80\,\text{V} - (-2.37\,\text{V}) = \boxed{3.17\,\text{V}}$$

確認 $E°_{cell}$ の値が正であることは，正方向の反応が有利であることを示している．

類似問題：19.11, 19.12

練習問題 25℃において，1.0 mol L^{-1} の Cd(NO$_3$)$_2$ 溶液中の Cd 電極と，1.0 mol L^{-1} の Cr(NO$_3$)$_3$ 溶液中の Cr 電極からなるガルバニ電池の標準起電力を求めよ．

考え方の復習

つぎの3種類の金属のうち，HNO$_3$ と反応する（HNO$_3$ によって酸化される）が，HCl と反応しないものはどれか．Cu, Zn, Ag.

19.4 酸化還元反応の熱力学

つぎに，$E°_{cell}$ と，$\Delta G°$ や K のような熱力学的な量との関係について調べてみることにしよう．ガルバニ電池では，化学エネルギーが電気エネルギーに変換され，電気的な仕事を行う．この場合の電気エネルギーは，電池の起電力と，電池を通して流れる全電気量（単位：クーロン C）の積で表される．

1 J = 1 V × 1 C

$$\text{電気エネルギー} = \text{ボルト} \times \text{クーロン}$$
$$= \text{ジュール}$$

全電気量は，電池を通して流れる電子数によって決定される．

$$\text{全電気量} = \text{電子数} \times \text{電子1個がもつ電気量}$$

一般に，全電気量を物質量の単位で表すと，より便利である．1 mol の電子がもつ電気量を**ファラデー定数**といい，F で表す．この名称は，英国の化学者・物理学者ファラデーに由来する．F はつぎの大きさをもつ．なお，e$^-$ は電子を表している．

ファラデー定数
Faraday constant, F

ファラデー Michael Faraday

$$F = (6.022 \times 10^{23}\,\text{e}^-/1\,\text{mol e}^-) \times 1.602 \times 10^{-19}\,\text{C/e}^-$$
$$= 9.647 \times 10^4\,\text{C/1 mol e}^-$$

本書ではほとんどの計算において，ファラデー定数を 96 500 C mol^{-1} = 96 500 J V^{-1} mol^{-1} と近似して用いる．

したがって，F を用いると，全電気量は nF で表される．ここで n は，全体の酸化還元反応において，還元剤と酸化剤の間で交換される電子の物質量である．

測定された電池の起電力 E_{cell} は，その電池が到達できる<u>最大の電圧</u>である．それは，なされた電気的な仕事 w_{ele} を，電池を通して流れる全電気量で割ることによって得られる．すなわち，

$$E_{cell} = \frac{-w_{ele}}{\text{全電気量}} = \frac{-w_{ele}}{nF}$$

したがって， $$w_{ele} = -nFE_{cell}$$

電気的な仕事の符号に関する慣例も，§6.3 で議論した P-V 仕事の場合と同じである．

負の符号は，電気的な仕事が，系（ガルバニ電池）によって外界に対してなされたことを示す．第 18 章において，自由エネルギーを，外界に対する仕事に用いられるエネルギーと定義した．特に，反応の自由エネルギー変化 ΔG は，その反応によって得られる仕事の最大量 w_{max} を示す．

19.4 酸化還元反応の熱力学

$$\Delta G = w_{\max}$$
$$= w_{\text{ele}}$$

したがって，次式のように書くことができる．

$$\Delta G = -nFE_{\text{cell}} \tag{19.2}$$

n と F はともに正の値であり，自発的過程に対しては ΔG は負なので，E_{cell} は正となることがわかる．反応物と生成物がいずれも標準状態にある反応に対しては，式(19.2)は次式のようになる．

$$\Delta G° = -nFE°_{\text{cell}} \tag{19.3}$$

これによって，標準起電力 $E°_{\text{cell}}$ を酸化還元反応の平衡定数 K と関係づけることができる．§18.5において，ある反応の標準反応自由エネルギー $\Delta G°$ は，その反応の平衡定数と次式のような関係があることを述べた（式(18.14)を見よ）．

$$\Delta G° = -RT \ln K$$

したがって，式(18.14)と(19.3)を併せると，次式が得られる．

$$-nFE°_{\text{cell}} = -RT \ln K$$

$E°_{\text{cell}}$ について解くと，

$$E°_{\text{cell}} = \frac{RT}{nF} \ln K \tag{19.4}$$

気体定数 R とファラデー定数 F の値を代入すると，$T = 298\,\text{K}$ において，式(19.4)はつぎのように簡略化される．

$$E°_{\text{cell}} = \frac{(8.314\,\text{J K}^{-1}\,\text{mol}^{-1})(298\,\text{K})}{n(96500\,\text{J V}^{-1}\,\text{mol}^{-1})} \ln K$$

$$E°_{\text{cell}} = \frac{0.0257\,\text{V}}{n} \ln K \tag{19.5}$$

あるいは，K の常用対数を用いると，式(19.5)は次式のように書かれる．

$$E°_{\text{cell}} = \frac{0.0592\,\text{V}}{n} \log K \tag{19.6}$$

したがって，三つの量，すなわち $\Delta G°$，K，および $E°_{\text{cell}}$ のいずれか一つがわかっていれば，式(18.14)と，式(19.3)，あるいは式(19.4)を用いることによって，残りの二つの量を計算できることになる（図19.5）．表19.2に $\Delta G°$，K，$E°_{\text{cell}}$ の間の関係と，酸化還元反応が自発的に進行する方向について要約した．簡単のために，しばしば下付き文字 "cell" を省略して，電池の標準起電力と起電力を $E°$，E と表す．

F を含む計算では，しばしば電子を表す記号 e^- を省略する．

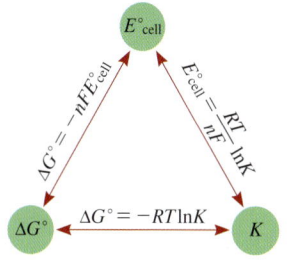

図 19.5 標準起電力 $E°_{\text{cell}}$，平衡定数 K，および標準反応自由エネルギー $\Delta G°$ の間の関係

表 19.2 標準自由エネルギー $\Delta G°$，平衡定数 K，標準起電力 $E°_{\text{cell}}$ の間の関係

$\Delta G°$	K	$E°_{\text{cell}}$	標準状態条件下での反応
負	>1	正	生成物の生成が有利
0	$=1$	0	反応物と生成物の有利さに差はない
正	<1	負	反応物の生成が有利

例題 19.4

つぎの反応について，25℃における平衡定数を計算せよ．
$$\text{Sn(s)} + 2\text{Cu}^{2+}(\text{aq}) \rightleftharpoons \text{Sn}^{2+}(\text{aq}) + 2\text{Cu}^+(\text{aq})$$

解法 平衡定数 K と標準起電力 E°_{cell} の間の関係は，式(19.5)によって与えられる．すなわち，$E^\circ_{\text{cell}} = (0.0257\,\text{V}/n)\ln K$ である．したがって，E°_{cell} が決定できれば，平衡定数 K を求めることができる．2組の酸化還元対（Sn^{2+}/Sn と $\text{Cu}^{2+}/\text{Cu}^+$）から構成される仮想的なガルバニ電池の E°_{cell} は，表19.1に示されている標準電極電位から決定することができる．

解答 仮想的なガルバニ電池における負極と正極の半電池反応は，それぞれ次の通りである．

負極（酸化反応）： $\text{Sn(s)} \longrightarrow \text{Sn}^{2+}(\text{aq}) + 2e^-$

正極（還元反応）： $2\text{Cu}^{2+}(\text{aq}) + 2e^- \longrightarrow 2\text{Cu}^+(\text{aq})$

$$E^\circ_{\text{cell}} = E^\circ_{\text{正極}} - E^\circ_{\text{負極}} = E^\circ_{\text{Cu}^{2+}/\text{Cu}} - E^\circ_{\text{Sn}^{2+}/\text{Sn}}$$
$$= 0.15\,\text{V} - (-0.14\,\text{V}) = 0.29\,\text{V}$$

式(19.5)はつぎのように書くことができる．

$$\ln K = \frac{nE^\circ}{0.0257\,\text{V}}$$

全体の反応式から，$n = 2$ であることがわかる．したがって，

$$\ln K = \frac{(2)(0.29\,\text{V})}{0.0257\,\text{V}} = 22.6$$

$$K = e^{22.6} = \boxed{7 \times 10^9}$$

練習問題 つぎの反応について，25℃における平衡定数を計算せよ．
$$\text{Fe}^{2+}(\text{aq}) + 2\text{Ag(s)} \rightleftharpoons \text{Fe(s)} + 2\text{Ag}^+(\text{aq})$$

類似問題：19.21，19.22

例題 19.5

つぎの反応について，25℃における標準反応自由エネルギーを計算せよ．
$$2\text{Au(s)} + 3\text{Ca}^{2+}(1\,\text{mol L}^{-1}) \longrightarrow 2\text{Au}^{3+}(1\,\text{mol L}^{-1}) + 3\text{Ca(s)}$$

解法 標準反応自由エネルギー ΔG° とガルバニ電池の標準起電力 E°_{cell} との関係は式(19.3)によって与えられる．すなわち，$\Delta G^\circ = -nFE^\circ_{\text{cell}}$ である．したがって，E°_{cell} を決定できれば，ΔG° を求めることができる．2種類の酸化還元対（Au^{3+}/Au と Ca^{2+}/Ca）から構成される仮想的なガルバニ電池の E°_{cell} は，表19.1に示された標準電極電位から決定することができる．

解答 仮想的なガルバニ電池における負極と正極の半電池反応は，それぞれつぎのように表される．

負極（酸化反応）： $2\text{Au(s)} \longrightarrow 2\text{Au}^{3+}(1\,\text{mol L}^{-1}) + 6e^-$

正極（還元反応）： $3\text{Ca}^{2+}(1\,\text{mol L}^{-1}) + 6e^- \longrightarrow 3\text{Ca(s)}$

$$E^\circ_{\text{cell}} = E^\circ_{\text{正極}} - E^\circ_{\text{負極}} = E^\circ_{\text{Ca}^{2+}/\text{Ca}} - E^\circ_{\text{Au}^{3+}/\text{Au}}$$
$$= -2.87\,\text{V} - 1.50\,\text{V} = -4.37\,\text{V}$$

つぎに，式(19.3)を用いて，

$$\Delta G^\circ = -nFE^\circ_{\text{cell}}$$

全体の反応式から $n = 6$ であることがわかる．したがって

$$\Delta G^\circ = -(6)(96\,500\,\text{J V}^{-1}\,\text{mol}^{-1})(-4.37\,\text{V})$$
$$= 2.53 \times 10^6\,\text{J mol}^{-1}$$
$$= \boxed{2.53 \times 10^3\,\text{kJ mol}^{-1}}$$

（つづく）

> **確認** $\Delta G°$ が大きな正の値であることは，その反応は平衡状態において，反応物に有利であることを意味している．この結果は，ガルバニ電池の $E°$ が負であることと矛盾しない．
>
> **練習問題** つぎの反応について，25 ℃ における標準反応自由エネルギーを計算せよ．
> $$2Al^{3+}(aq) + 3Mg(s) \rightleftharpoons 2Al(s) + 3Mg^{2+}(aq)$$

類似問題：19.24

> **考え方の復習**
>
> 平衡定数 K が 1 よりも小さい酸化還元反応に対する標準起電力 $E°$ の符号は正か，それとも負か．

19.5 電池起電力の濃度依存性

これまでは反応物と生成物が，いずれも標準状態にある酸化還元反応を扱ってきた．しかし，標準状態を維持することは一般に困難であり，そもそも不可能なこともある．それでも，標準状態ではない条件下におけるガルバニ電池の起電力と，それにかかわる酸化還元反応の生成物と反応物の濃度の間に，数学的な関係があることが知られている．つぎにこの式を誘導してみよう．

ネルンストの式

つぎの式で表される酸化還元反応を考えよう．
$$aA + bB \longrightarrow cC + dD$$
式 (18.13) から，
$$\Delta G = \Delta G° + RT \ln Q$$
$\Delta G = -nFE$，および $\Delta G° = -nFE°$ であるから，上式はつぎのように表すことができる．
$$-nFE = -nFE° + RT \ln Q$$
式の両辺を $-nF$ で割ると，次式が得られる．
$$E = E° - \frac{RT}{nF} \ln Q \tag{19.7}$$

ここで Q は反応商である（§15.3 を見よ）．式 (19.7) はドイツの化学者ネルンストの名前をとって，**ネルンストの式**とよばれている．298 K において，式 (19.7) はつぎのように書き直すことができる．

$$E = E° - \frac{0.0257 \text{ V}}{n} \ln Q \tag{19.8}$$

あるいは，Q の常用対数を用いると，

$$E = E° - \frac{0.0592 \text{ V}}{n} \log Q \tag{19.9}$$

ガルバニ電池が作動すると，その間に電子は負極から正極へと流れる．この結果，生成物の濃度は増加し，反応物の濃度は減少する．これによって，反応商 Q は増大

ネルンスト Walter Nernst

ネルンストの式
Nernst equation

ネルンストの式を用いると，標準状態にない条件下における電池の起電力を計算できることに注意しよう．

するが，これは起電力 E が減少することを意味する．最終的に，電池は平衡に到達する．平衡状態では正味の電子の移動はなく，したがって，$E=0$ であり，Q は平衡定数 K に等しくなる．

ネルンストの式を用いると，酸化還元反応における反応物と生成物の濃度から，起電力 E を計算することができる．たとえば，図 19.1 に示したダニエル電池に対して，

$$Zn(s) + Cu^{2+}(aq) \longrightarrow Zn^{2+}(aq) + Cu(s)$$

25°C において，この電池に対するネルンストの式は次式で表される．

$$E = 1.10\,\text{V} - \frac{0.0257\,\text{V}}{2} \ln \frac{[Zn^{2+}]}{[Cu^{2+}]}$$

純粋な固体，および純粋な液体の濃度は，反応商 Q の表記には現れないことを思い出そう（p.428 を見よ）．

$[Zn^{2+}]/[Cu^{2+}]$ が 1 よりも小さければ $\ln([Zn^{2+}]/[Cu^{2+}])$ は負の値となるので，上式の右辺の第二項は正となる．したがって，この場合の起電力 E は，標準起電力 $E°$ よりも大きくなる．一方，$[Zn^{2+}]/[Cu^{2+}]$ が 1 よりも大きければ，E は $E°$ よりも小さくなる．

例題 19.6

298 K において，$[Co^{2+}] = 0.25\,\text{mol L}^{-1}$，および $[Fe^{2+}] = 0.94\,\text{mol L}^{-1}$ のとき，次式に示す反応は正方向に自発的に進行するかどうかを予測せよ．

$$Co(s) + Fe^{2+}(aq) \longrightarrow Co^{2+}(aq) + Fe(s)$$

解法 問題の反応条件は，溶液中の化学種の濃度が $1\,\text{mol L}^{-1}$ ではない，すなわち標準状態ではない．したがって，2 種類の酸化還元対（Co^{2+}/Co と Fe^{2+}/Fe）から構成される仮想的なガルバニ電池の起電力を計算して，この反応が自発的に進行するかどうかを判定するには，ネルンストの式（式(19.8)）が必要となる．標準起電力 $E°$ は，表 19.1 に示された標準電極電位を用いて計算することができる．純粋な固体は，ネルンストの式の反応商 Q には現れないことを思い出そう．反応式に示された反応が進行すると 2 mol の電子が移動する，すなわち $n=2$ であることに注意せよ．

解答 このガルバニ電池の半電池反応は，つぎのように表される．

負極(酸化反応)：
$$2Co(s) \longrightarrow Co^{2+}(aq) + 2e^-$$

正極(還元反応)：
$$Fe^{2+}(aq) + 2e^- \longrightarrow Fe(s)$$

したがって，このガルバニ電池の標準電極電位 $E°_{\text{cell}}$ は，

$$\begin{aligned} E°_{\text{cell}} &= E°_{\text{正極}} - E°_{\text{負極}} \\ &= E°_{Fe^{2+}/Fe} - E°_{Co^{2+}/Co} \\ &= -0.44\,\text{V} - (-0.28\,\text{V}) \\ &= -0.16\,\text{V} \end{aligned}$$

式(19.8) から，次式が得られる．

$$\begin{aligned} E &= E° - \frac{0.0257\,\text{V}}{n} \ln Q \\ &= E° - \frac{0.0257\,\text{V}}{2} \ln \frac{[Co^{2+}]}{[Fe^{2+}]} \\ &= -0.16\,\text{V} - \frac{0.0257\,\text{V}}{2} \ln \frac{0.25}{0.94} \\ &= -0.16 + 0.017\,\text{V} \\ &= -0.14\,\text{V} \end{aligned}$$

E は負であるから，反応は正方向には自発的に進行しない．(類似問題: 19.29, 19.30)

練習問題 25°C において $[Fe^{2+}] = 0.60\,\text{mol L}^{-1}$，および $[Cd^{2+}] = 0.010\,\text{mol L}^{-1}$ のとき，次式に示す反応が自発的に進行するかどうかを予測せよ．

$$Cd(s) + Fe^{2+}(aq) \longrightarrow Cd^{2+}(aq) + Fe(s)$$

さて，例題 19.6 の反応が自発的に進行するためには，$[Co^{2+}]$ と $[Fe^{2+}]$ の比はどのような値でなければならないだろうか．この質問に対する解答はつぎのようにして得ることができる．式(19.8) より，

$$E = E° - \frac{0.0257\,\text{V}}{n} \ln Q$$

まず，E をゼロに等しいとおき，平衡状態における K の値を求める．

$$0 = -0.16\,\text{V} - \frac{0.0257\,\text{V}}{2}\ln\frac{[\text{Co}^{2+}]}{[\text{Fe}^{2+}]}$$

$$\ln\frac{[\text{Co}^{2+}]}{[\text{Fe}^{2+}]} = -12.5$$

$$\frac{[\text{Co}^{2+}]}{[\text{Fe}^{2+}]} = e^{-12.5} = K$$

$E=0$ のときには，$Q=K$ である．

すなわち，

$$K = 4\times 10^{-6}$$

この反応が自発的に進行するためには，E が正となる条件から，$[\text{Co}^{2+}]/[\text{Fe}^{2+}]$ の値は 4×10^{-6} よりも小さくなければならないことが結論される．

つぎの例題に示すように，電池反応に気体が含まれる場合には，その濃度は atm で表記しなければならない．

例題 19.7

図 19.4(a) に示したガルバニ電池を考えよう．ある実験において，$[\text{Zn}^{2+}]=2.5\,\text{mol L}^{-1}$，および $P_{\text{H}_2}=1.0\,\text{atm}$ のとき，25℃ におけるこの電池の起電力 E は 0.54V であった．H^+ のモル濃度を計算せよ．

解法 ネルンストの式は，標準起電力と，標準状態にない電池の起電力とを関係づける式である．この電池の全体の反応は次式で示される．

$$\text{Zn(s)} + 2\text{H}^+(?\,\text{mol L}^{-1}) \longrightarrow \text{Zn}^{2+}(2.5\,\text{mol L}^{-1}) + \text{H}_2(1.0\,\text{atm})$$

電池の起電力 E が与えられているので，ネルンストの式を用いて $[\text{H}^+]$ を求めることができる．反応式に示された反応が進行すると 2mol の電子が移動する，すなわち $n=2$ であることに注意せよ．

解答 すでに述べたように (p.547 参照)，このガルバニ電池の標準起電力 $E°$ は 0.76V である．式 (19.8) を用いて，以下のように解答を得ることができる．

反応商 Q における濃度と圧力は，それぞれ標準状態である $1\,\text{mol L}^{-1}$，および $1\,\text{atm}$ で割った値となっている．

$$E = E° - \frac{0.0257\,\text{V}}{n}\ln Q$$

$$= E° - \frac{0.0257\,\text{V}}{n}\ln\frac{[\text{Zn}^{2+}]P_{\text{H}_2}}{[\text{H}^+]^2}$$

$$0.54\,\text{V} = 0.76\,\text{V} - \frac{0.0257\,\text{V}}{2}\ln\frac{(2.5)(1.0)}{[\text{H}^+]^2}$$

$$-0.22\,\text{V} = -\frac{0.0257\,\text{V}}{2}\ln\frac{2.5}{[\text{H}^+]^2}$$

$$17.1 = \ln\frac{2.5}{[\text{H}^+]^2}$$

$$e^{17.1} = \frac{2.5}{[\text{H}^+]^2}$$

$$[\text{H}^+] = \sqrt{\frac{2.5}{3\times 10^7}} = 3\times 10^{-4}\,\text{mol L}^{-1}$$

(類似問題：19.32)

練習問題 Cd^{2+}/Cd 半電池と $\text{Pt}/\text{H}^+/\text{H}_2$ 半電池から構成されるガルバニ電池がある．$[\text{Cd}^{2+}]=0.20\,\text{mol L}^{-1}$，$[\text{H}^+]=0.16\,\text{mol L}^{-1}$，および $P_{\text{H}_2}=0.80\,\text{atm}$ であるとき，この電池の起電力を求めよ．

考え方の復習

つぎの電池ダイヤグラムで示される電池を考えよう．

$$\text{Mg(s)} \mid \text{MgSO}_4(0.40\,\text{mol L}^{-1}) \parallel \text{NiSO}_4(0.60\,\text{mol L}^{-1}) \mid \text{Ni(s)}$$

25℃ における起電力を計算せよ．また，つぎの (a)，および (b) の場合，電池の起電力はどのように変化するか．(a) $[\text{Mg}^{2+}]$ を 4 分の 1 に減少させる，(b) $[\text{Ni}^{2+}]$ を 3 分の 1 に減少させる．

例題 19.7 から，H^+ を電池反応に含むガルバニ電池は，$[H^+]$，すなわち pH を測定するために用いられることがわかる．§16.3 に述べた pH 計はこの原理に基づいている．しかし，水素電極（図 19.3 を見よ）は扱いにくいので，普通，実験室では用いない．そのかわりに，図 19.6 に示すようなガラス電極が利用される．ガラス電極は，H^+ を透過する非常に薄いガラス膜からできている．塩化銀で覆われた銀線が，希薄な HCl 水溶液に浸されている．この電極を，pH が内部の溶液とは異なる溶液中に置くと，ガラス膜の両側に電位差が発生するが，この電位差は参照電極を用いて測定することができる．このように pH 計では，ガラス電極と参照電極から構成される電池の起電力を電圧計で測定し，それを pH 単位に換算している．

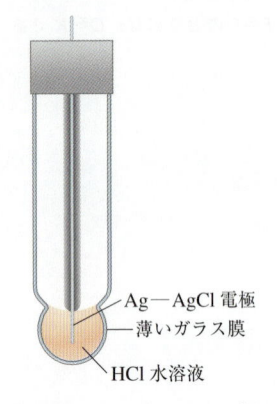

図 19.6 pH 計において参照電極とともに用いられるガラス電極

濃淡電池

電極電位はイオン濃度に依存するので，同じ物質から構成されイオン濃度が異なる二つの半電池からガルバニ電池をつくることができる．このような電池を，濃淡電池という．

濃度が $0.10\,\mathrm{mol\,L^{-1}}$ と $1.0\,\mathrm{mol\,L^{-1}}$ の 2 種類の硫酸亜鉛水溶液に，亜鉛電極を浸したとしよう．二つの溶液は塩橋で連結されており，電極は図 19.1 に示したような配列で 1 本の導線によってつながれている．ルシャトリエの原理に従って，次式で示される還元反応は，Zn^{2+} の濃度が増大するとともに起こりやすくなる．

$$Zn^{2+}(aq) + 2e^- \longrightarrow Zn(s)$$

したがって，還元反応がより高濃度の溶液側で起こり，より希薄な溶液側では酸化反応が起こることになる．電池ダイヤグラムはつぎのようになる．

$$Zn(s)\,|\,Zn^{2+}(0.10\,\mathrm{mol\,L^{-1}})\,||\,Zn^{2+}(1.0\,\mathrm{mol\,L^{-1}})\,|\,Zn(s)$$

また半電池反応は次式で表される．

酸化反応: $\quad Zn(s) \longrightarrow Zn^{2+}(0.10\,\mathrm{mol\,L^{-1}}) + 2e^-$
還元反応: $\quad Zn^{2+}(1.0\,\mathrm{mol\,L^{-1}}) + 2e^- \longrightarrow Zn(s)$
全体の反応: $\quad Zn^{2+}(1.0\,\mathrm{mol\,L^{-1}}) \longrightarrow Zn^{2+}(0.1\,\mathrm{mol\,L^{-1}})$

電池の起電力は

$$E = E^\circ - \frac{0.0257\,\mathrm{V}}{2}\ln\frac{[Zn^{2+}]_{\mathrm{dil}}}{[Zn^{2+}]_{\mathrm{conc}}}$$

ここで，下付き文字 "dil" と "conc" は，それぞれ $0.10\,\mathrm{mol\,L^{-1}}$ と $1.0\,\mathrm{mol\,L^{-1}}$ の濃度を表している．この電池の標準起電力 E° は，それぞれの半電池に含まれる電極とイオンの種類が同じであるからゼロである．したがって，この濃淡電池の起電力はつぎのようになる．

$$E = 0 - \frac{0.0257\,\mathrm{V}}{2}\ln\frac{0.10}{1.0}$$

$$= 0.0296\,\mathrm{V}$$

一般に，濃淡電池の起電力は小さく，また，電池が作動するとともに二つの溶液の濃度が互いに近づくために連続的に減少する．二つの溶液の濃度が同じになると，起電力はゼロとなり，もはやいかなる変化も起こらない．

生物の細胞を濃淡電池とみることにより，その膜電位を計算することができる．膜電位は，筋肉細胞や神経細胞などのさまざまな種類の細胞において，膜を隔てて存在する電位差である．膜電位は神経の伝達や心臓の拍動の原因となっている．同じ種類のイオンの濃度が細胞の内側と外側で等しくないときには，必ず膜電位が発生する．たとえば，ある神経細胞の内側と外側の K^+ 濃度が，それぞれ 400 mmol L^{-1} と 15 mmol L^{-1} であったとしよう．この細胞を濃淡電池として扱い，K^+ だけについてネルンストの式を適用すると，発生する電位差は次式によって計算される．

1 mmol L^{-1} = 1×10^{-3} mol L^{-1}

$$E = E° - \frac{0.0257\,\text{V}}{1} \ln \frac{[K^+]_{ex}}{[K^+]_{in}} = -(0.0257\,\text{V}) \ln \frac{15}{400}$$
$$= 0.084\,\text{V} \quad \text{あるいは} \quad 84\,\text{mV}$$

ここで "ex" と "in" はそれぞれ細胞の外側と内側を表す．また，同じ種類のイオンがかかわる電池であるから，$E° = 0$ であることに注意してほしい．こうして，細胞の内側と外側で K^+ の濃度が異なることにより，膜を隔てて 84 mV の電位差が存在することがわかる．

19.6 実 用 電 池

一定の電圧で直流の電流を得るための電源として用いられるガルバニ電池，あるいは連結された一連のガルバニ電池を，特に**実用電池**とよぶ．実用電池の作動原理は§19.2で述べたガルバニ電池と同じであるが，実用電池は完全に自給的であり，塩橋のような補助的な部分を必要としないという特徴をもつ．本節では，広く用いられているいくつかの種類の実用電池について議論することにしよう．

実用電池 battery

乾 電 池

乾電池は液体成分をもたない電池である．最も普通の乾電池は**ルクランシェ電池**とよばれ，懐中電灯やトランジスタラジオに用いられている．筒状の亜鉛容器が乾電池の負極であり，それが酸化マンガン(IV) MnO_2 と電解液に接続している．電解液は塩化アンモニウムと塩化亜鉛の水溶液であり，溶液が漏れないようにデンプンを加えてペースト状に固められている（図 19.7）．電池の中心には電解液に浸された炭素棒があり，これが正極としてはたらく．乾電池の電池反応は次式で示される．

負 極： $Zn(s) \longrightarrow Zn^{2+}(aq) + 2e^-$
正 極： $2NH_4^+(aq) + 2MnO_2(s) + 2e^- \longrightarrow Mn_2O_3(s) + 2NH_3(aq) + H_2O(l)$
全体の反応： $Zn(s) + 2NH_4^+(aq) + 2MnO_2(s) \longrightarrow Zn^{2+}(aq) + 2NH_3(aq) + H_2O(l) + Mn_2O_3(s)$

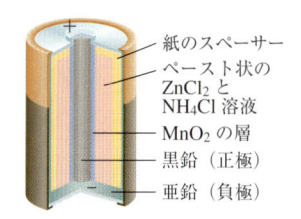

図 19.7 懐中電灯やトランジスターラジオに用いられる乾電池の構造．実際には，乾電池は内部に湿ったペースト状の電解液を含むので，完全に "乾" というわけではない．

実際には，この反応式で示されるよりもかなり複雑な過程が起こっている．乾電池の起電力は約 1.5 V である．

水 銀 電 池

水銀電池は医療や電子産業で広く使用されており，普通の乾電池よりも高価な電池である．水銀電池はステンレス鋼の円筒状容器に入れられており，負極には水銀とのアマルガムとなった亜鉛が用いられ，酸化亜鉛と酸化水銀(II)を含む強アルカ

正極（鋼鉄）
負極（亜鉛缶）
絶縁材
KOHとペースト状のZn(OH)$_2$とHgOを含む電解液

図19.8 水銀電池の構造

リ性の電解液に接触している（図19.8）．この電池の電池反応は，つぎのように書くことができる．

$$
\begin{aligned}
\text{負極：} & \quad \text{Zn(Hg)} + 2\text{OH}^-(\text{aq}) \longrightarrow \text{ZnO(s)} + \text{H}_2\text{O(l)} + 2\text{e}^- \\
\text{正極：} & \quad \text{HgO(s)} + \text{H}_2\text{O(l)} + 2\text{e}^- \longrightarrow \text{Hg(l)} + 2\text{OH}^-(\text{aq}) \\
\hline
\text{全体の反応：} & \quad \text{Zn(Hg)} + \text{HgO(s)} \longrightarrow \text{ZnO(s)} + \text{Hg(l)}
\end{aligned}
$$

全体の電池反応には固体の物質だけが含まれるので，電池の作動によって電解液の組成は変化しない．このため，水銀電池は乾電池に比べて，より一定の電圧（1.35 V）を供給できる．また，水銀電池の出力は非常に高く，また寿命も長い．これらの性質によって水銀電池は，心臓ペースメーカー，補聴器，電気時計，あるいはカメラの露出計などに用いるための理想的な電池となっている．

鉛 蓄 電 池

自動車に普通に用いられるバッテリーは，連続した6個の独立した鉛蓄電池から構成されている．それぞれの電池は負極となる鉛板と，正極となる酸化鉛(IV) PbO$_2$ を詰めた金属板をもつ（図19.9）．正極と負極はともに，電解液としてはたらく硫酸水溶液に浸されている．電池反応は次式の通りである．

$$
\begin{aligned}
\text{負極：} & \quad \text{Pb(s)} + \text{SO}_4^{2-}(\text{aq}) \longrightarrow \text{PbSO}_4(\text{s}) + 2\text{e}^- \\
\text{正極：} & \quad \text{PbO}_2(\text{s}) + 4\text{H}^+(\text{aq}) + \text{SO}_4^{2-}(\text{aq}) + 2\text{e}^- \longrightarrow \text{PbSO}_4(\text{s}) + 2\text{H}_2\text{O(l)} \\
\hline
\text{全体の反応：} & \quad \text{Pb(s)} + \text{PbO}_2(\text{s}) + 4\text{H}^+(\text{aq}) + 2\text{SO}_4^{2-}(\text{aq}) \longrightarrow 2\text{PbSO}_4(\text{s}) + 2\text{H}_2\text{O(l)}
\end{aligned}
$$

通常の作動条件下では，鉛蓄電池の起電力は2 Vである．自動車のバッテリーでは6個の電池から合計12 Vを発生させ，エンジンの点火回路や他の電気系統のための電源として用いている．鉛蓄電池は，エンジンを始動するような短い時間に，大きな電流を供給することができる．

乾電池や水銀電池とは異なり，鉛蓄電池は充電することができる．実用電池の充電は，正極と負極の間に外部電圧を供給することによって，正方向とは逆の電気化学反応を起こすことを意味する．（このような過程は電気分解とよばれる．これについてはp.566で述べる．）充電によってもとの物質が補充される．この反応は次式で

図19.9 鉛蓄電池の構造．通常の作動条件下では，硫酸水溶液の質量パーセント濃度は約38％である．

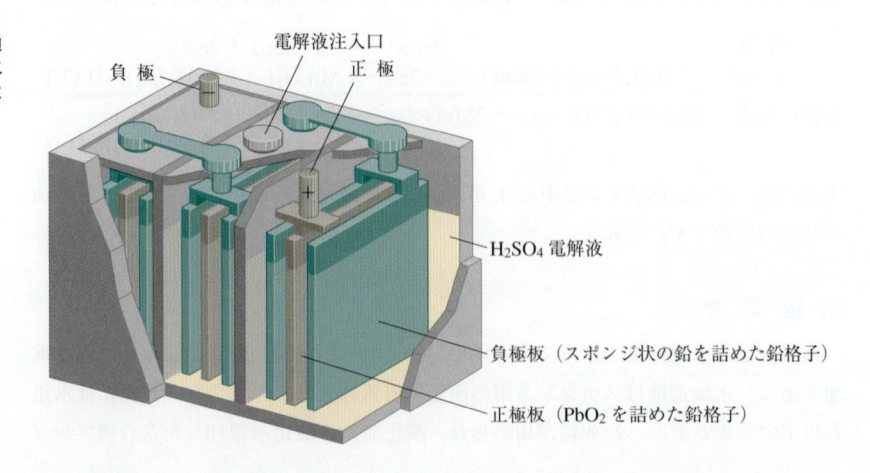

電解液注入口
負極
正極
H$_2$SO$_4$電解液
負極板（スポンジ状の鉛を詰めた鉛格子）
正極板（PbO$_2$を詰めた鉛格子）

示される.

$$PbSO_4(s) + 2e^- \longrightarrow Pb(s) + SO_4^{2-}(aq)$$
$$PbSO_4(s) + 2H_2O(l) \longrightarrow PbO_2(s) + 4H^+(aq) + SO_4^{2-} + 2e^-$$

全体の反応： $2PbSO_4(s) + 2H_2O(l) \longrightarrow Pb(s) + PbO_2(s) + 4H^+(aq) + 2SO_4^{2-}(aq)$

全体の反応は，完全に，通常の電池反応の逆反応となっている．

鉛蓄電池の作動について，注意すべき二つの特徴がある．第一に，鉛蓄電池では電気化学反応が進行すると硫酸が消費されるので，液体比重計を用いて電解液の密度を測定することによって，電池が放電された程度を測定することができる．これは一般に，自動車のバッテリーに対して，ガソリンスタンドで行われていることである．"健全な"，すなわち完全に充電されたバッテリーに含まれる液体の密度は，1.2 g mL^{-1} 程度か，それよりも大きいはずである．第二に，寒冷地に住む人々はしばしば，バッテリーが作動しないために，自動車のエンジンをかけられないことがある．熱力学的な計算によると，多くのガルバニ電池の起電力は温度の低下に伴って減少する．しかし，鉛蓄電池の温度係数は，わずか $1.5 \times 10^{-4} \text{ V K}^{-1}$ 程度であることが知られている．すなわち，温度が 1 度低下するごとに，起電力は 1.5×10^{-4} V 減少するに過ぎない．したがって，温度が 40 度変化しても，起電力の減少はわずか 6×10^{-3} V 程度である．この値はつぎの計算から，

$$\frac{6 \times 10^{-3} \text{ V}}{12 \text{ V}} \times 100\% = 0.05\%$$

作動電圧の約 0.05% となり，取るに足らない変化であることがわかる．バッテリーが作動しなくなった本当の原因は，温度の低下に伴う電解液の粘度の増大である．バッテリーが適切に作動するためには，電解液は完全な電気伝導性をもっていなければならない．しかし，粘度の高い媒体中ではイオンの動きはきわめて遅くなるため，電解液の電気抵抗は増大し，これによってバッテリーの出力が減少することになる．もし，寒い日に作動しなくなってしまったバッテリーを室温近くまで暖めれば，通常の起電力を供給する能力を取り戻すだろう．

リチウムイオン電池

図 19.10 にリチウムイオン電池の概略図を示す．負極は電気伝導性をもつ炭素材料から構成され，普通は黒鉛が用いられる．黒鉛はその構造の中に，Li 原子と Li^+ の両方を保持できる微小な空間をもっている．正極は CoO_2 などの遷移元素の酸化物からできており，それもまた Li^+ を保持することができる．リチウムの高い反応性のため，塩を溶解させた有機溶媒などの非水性の電解液を用いる必要がある．電池の放電の間に起こる半電池反応は，次式によって示される．

負極（酸化反応）： $Li(s) \longrightarrow Li^+ + e^-$
正極（還元反応）： $Li^+ + CoO_2 + e^- \longrightarrow LiCoO_2(s)$
全体の反応： $Li(s) + CoO_2 \longrightarrow LiCoO_2(s)$ $E_{cell} = 3.4 \text{ V}$

リチウムイオン電池の利点は，リチウムが最も絶対値の大きな負の標準電極電位をもつ物質であり（表 19.1 参照），したがって最も大きな還元力をもつことである．

図 19.10 リチウムイオン電池. 黒鉛の中に埋め込まれたリチウム原子が負極としてはたらき，CoO_2 が正極となる．電池が作動している間に，Li^+ は非水系の電解液を通して負極から正極に移動し，電子は外部回路を通って負極から正極に流れることによって，回路が完成する．

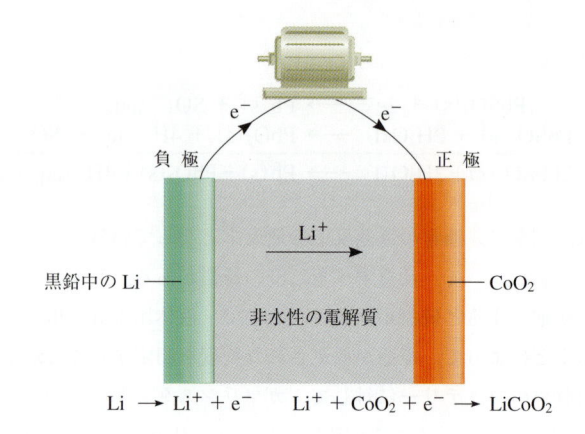

負極 　　正極

Li^+

黒鉛中の Li 　　非水性の電解質 　　CoO_2

$Li \longrightarrow Li^+ + e^-$ 　　 $Li^+ + CoO_2 + e^- \longrightarrow LiCoO_2$

さらに，リチウムは最も軽い金属であり，このため 1 mol の電子を発生させるために必要な量は，わずか 6.941 g（Li のモル質量）である．また，リチウムイオン電池は，実際に何百回も放電と充電を繰返しても劣化しない．これらの特性により，リチウムイオン電池は，携帯電話，デジタルカメラ，および小型コンピューターの電源として広く用いられている．

燃料電池

化石燃料は私たちが現在用いているエネルギーの主要な供給源となっているが，化石燃料の電気エネルギーへの変換は，非常に効率の悪い過程である．メタンの燃焼反応を考えてみよう．

$$CH_4(g) + 2O_2(g) \longrightarrow CO_2(g) + 2H_2O(l) + エネルギー$$

電気を発生させるために，まずこの反応によって生成する熱を用いて水を蒸気に変換し，その蒸気がタービンを回転させることにより発電機が駆動される．それぞれの段階において熱が放出されることにより，生成したエネルギーのかなりの部分が外界に失われる．最も効率がよいといわれる発電所でも，最初の反応で得られた化学エネルギーの約 40 % を電気に変換できるだけである．燃焼反応は酸化還元反応であるから，燃焼反応を直接，電気化学的な手法で行えば，電気を発生させる効率は著しく増大することが期待される．この手法は**燃料電池**とよばれる装置によって実現されている．一般に，電池の機能を維持するために，反応物の連続的な供給が必要なガルバニ電池を燃料電池という．

燃料電池 fuel cell

燃料電池自動車（ホンダ・FCX クラリティ）

最も単純な燃料電池は，水素-酸素燃料電池である．この電池は水酸化カリウム水溶液などの電解液と，二つの不活性な電極から構成される．水素と酸素がそれぞれ，負極側，および正極側に吹き込まれる（図 19.11）．電極では次式のような反応が起こる．

負 極： $2H_2(g) + 4OH^-(aq) \longrightarrow 4H_2O(l) + 4e^-$
正 極： $O_2(g) + 2H_2O(l) + 4e^- \longrightarrow 4OH^-(aq)$
全体の反応： $2H_2(g) + O_2(g) \longrightarrow 2H_2O(l)$

表 19.1 のデータに基づいて，この電池の標準起電力はつぎのように計算される．

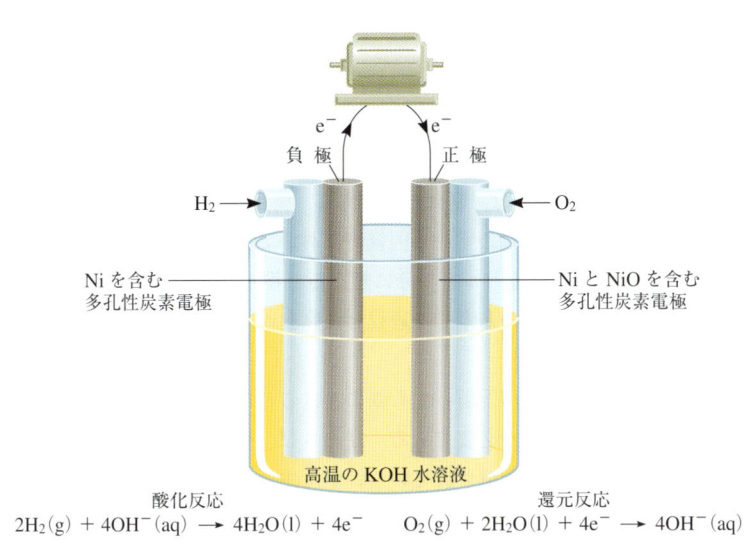

図 19.11 水素-酸素燃料電池．多孔性の炭素電極には Ni と NiO が埋め込まれており，これらは電極触媒としてはたらく．

酸化反応
$2H_2(g) + 4OH^-(aq) \longrightarrow 4H_2O(l) + 4e^-$

還元反応
$O_2(g) + 2H_2O(l) + 4e^- \longrightarrow 4OH^-(aq)$

$$E°_{cell} = E°_{正極} - E°_{負極}$$
$$= 0.40\,\text{V} - (-0.83\,\text{V}) = 1.23\,\text{V}$$

すなわち，電池反応は，標準状態において自発的に進行することがわかる．全体の反応は水素の燃焼反応と同じであるが，酸化反応と還元反応はそれぞれ，負極と正極において別々に行われていることに注意してほしい．標準水素電極における白金と同様，電極は二つの機能をもっている．すなわち，外部回路へ電子を渡す電導体としてはたらくことと，電子が移動する前に，分子を原子状の化学種に解離させるために必要な表面を提供することである．これらの機能をもつ電極は，電極触媒とよばれる．白金，ニッケル，ロジウムのような金属は良好な電極触媒となる．

水素-酸素燃料電池のほかに，多くの燃料電池が開発されている．これらの一つとして，プロパン-酸素燃料電池がある．この電池の半電池反応は次式で示される．

負　極：　　　$C_3H_8(g) + 6H_2O(l) \longrightarrow 3CO_2(g) + 20H^+(aq) + 20e^-$
正　極：　$5O_2(g) + 20H^+(aq) + 20e^- \longrightarrow 10H_2O(l)$
全体の反応：　　　$C_3H_8(g) + 5O_2(g) \longrightarrow 3CO_2(g) + 4H_2O(l)$

全体の反応は酸素中のプロパンの燃焼反応と同じになる．

これまでの電池とは異なり，燃料電池は化学エネルギーを蓄えているわけではない．燃料電池では，反応物が連続的に供給され，生成物は燃料電池から連続的に除去されねばならない．この点で，燃料電池は，電池よりも内燃機関に似ている．

適切に設計された燃料電池は 70% 程度のエネルギー変換効率をもち，これは内燃機関の効率の約 2 倍の値である．さらに，燃料電池を用いた発電機には，従来の発電所において常に問題となっている騒音，振動，熱の移動，熱汚染などの問題がない．しかし，燃料電池はまだ広く用いられているわけではない．おもな課題は，長時間，汚染されることなく，効率よくはたらくことのできる安価な電極触媒を開発することである．宇宙船では燃料電池が使用されているが，これは今日までに最も成功した燃料電池の利用例であろう（図 19.12）．

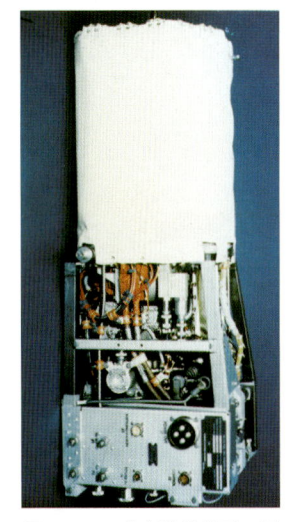

図 19.12 宇宙開発計画に用いられる水素-酸素燃料電池．電池の作動により生成する純粋な水は，宇宙飛行士によって消費される．

19.7 腐　食

腐食 corrosion

　一般に，電気化学的な過程によって金属が劣化することを**腐食**とよぶ．身のまわりに多くの腐食の例を見ることができる．鉄のさび，銀の曇り，あるいは銅や黄銅（真ちゅう）に生成する緑青（ろくしょう）は，腐食の例である．腐食は，建物，橋梁，船舶，自動車などに多大な損害を引き起こす．米国経済において金属の腐食のために費やされる経費は，1年間に，3000億ドルを十分に超えると推定されている！　本節では，腐食において起こるいくつかの基本的な過程と，腐食から金属を保護するための方法を議論しよう．

　最も身近な腐食の例は，何と言っても鉄におけるさびの生成であろう．鉄がさびるためには，気体酸素と水が必要である．鉄のさびの生成にかかわる反応は非常に複雑であり，まだ完全には理解されていないが，主要な段階はつぎに示すようなものとされている．金属表面のある領域が負極として作用し，そこで酸化が起こる．

$$Fe(s) \longrightarrow Fe^{2+}(aq) + 2e^-$$

同じ金属表面の別の領域が正極となり，そこで鉄から放出された電子により空気中の酸素が水に還元される．

$$O_2(g) + 4H^+(aq) + 4e^- \longrightarrow 2H_2O(l)$$

全体の酸化還元反応は，次式で表される．

$$2Fe(s) + O_2(g) + 4H^+(aq) \longrightarrow 2Fe^{2+}(aq) + 2H_2O(l)$$

表 19.1 のデータに基づいて，この反応の標準起電力を求めると，

$$E°_{cell} = E°_{正極} - E°_{負極} = 1.23\,V - (-0.44\,V) = 1.67\,V$$

標準起電力が正であることは，その過程は自発的に進行することを意味する．

この反応が酸性媒体中で起こることに注意してほしい．H^+ の一部は，大気中の二酸化炭素が水と反応して生じる H_2CO_3 によって供給される．

　負極で生成する Fe^{2+} は，酸素によってさらに酸化される．

$$4Fe^{2+}(aq) + O_2(g) + (4+2x)H_2O(l) \longrightarrow 2Fe_2O_3 \cdot xH_2O(s) + 8H^+(aq)$$

水和された酸化鉄(III) が，鉄のさびとされている．なお，酸化鉄(III) と会合している水の数は一定ではないため，さびの化学式は $Fe_2O_3 \cdot xH_2O$ と表記される．

　図 19.13 にさびが生成する機構を図示した．電子とイオンの移動によって，電気的な回路が完成している．このことは，塩を含む水中においてさびがすみやかに生成する理由となっている．寒冷地では，氷や雪を融かすために道路上に NaCl や $CaCl_2$ などの塩がまかれるが，これが自動車にさびを生成させるおもな原因となっている．

　金属の腐食は鉄に限らない．航空機や飲料缶など多くの有用なものをつくるために用いられているアルミニウムについて考えてみよう．表 19.1 から，Al は Fe よりも絶対値の大きな負の標準電極電位をもつことがわかる．したがって，アルミニウムは鉄よりももっと酸化されやすい．この事実だけに基づくと，飛行機は風雨にさらされてだんだんと腐食し，また飲料缶は多量の腐食したアルミニウムへと変化してしまうと想像するだろう．しかし，これらの過程は起こらない．それは，アルミニウムが空気にさらされると，その表面に不溶性の酸化アルミニウム Al_2O_3 の層が形成され，その層がその下にある金属をさらなる腐食から保護するためである．しかし，鉄の場合には，表面に形成されたさびが多孔性であるため，その下の金属を保護することはできない．

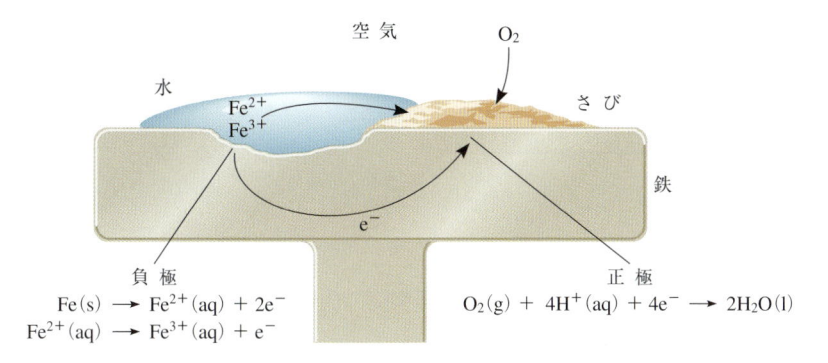

図 19.13 さびの生成における電気化学的な過程．H^+ は空気中の CO_2 が水に溶けて生じる H_2CO_3 から供給される．

負極
$$Fe(s) \longrightarrow Fe^{2+}(aq) + 2e^-$$
$$Fe^{2+}(aq) \longrightarrow Fe^{3+}(aq) + e^-$$

正極
$$O_2(g) + 4H^+(aq) + 4e^- \longrightarrow 2H_2O(l)$$

銅や銀のような貨幣に用いられる金属も腐食するが，その速度は非常に遅い．

$$Cu(s) \longrightarrow Cu^{2+}(aq) + 2e^-$$
$$Ag(s) \longrightarrow Ag^+(aq) + e^-$$

普通の大気にさらされると，銅は炭酸銅(II) $CuCO_3$ の層を形成する．これは緑青とよばれる緑の物質であり，その下の金属をさらなる腐食から保護する．同様に，さまざまな食物と接触する銀食器の表面には，硫化銀 Ag_2S の層が形成されている．

腐食から金属を保護するために，多くの方法が考案されている．これらの方法のほとんどは，さびの生成を防ぐことを目的としたものである．最も簡単な方法は，金属の表面を塗料で覆うことである．しかし，塗料がひっかかれたり，穴があいたり，あるいはへこんだりして金属がむき出しになると，それがごく小さい領域であっても，さびが塗料層の下に形成されてしまう．また，金属鉄の表面は<u>不動態化</u>とよばれる過程によって，不活性化することができる．鉄を濃硝酸のような強い酸化剤と処理すると，表面に酸化物の薄い層が形成され，それ以上反応しなくなる．この状態が<u>不動態</u>である．クロム酸ナトリウム溶液がしばしば，自動車の冷却系やラジエータに添加されるが，これも不動態化によりさびの生成を防ぐためである．

鉄を他の金属と合金にすると，鉄の酸化されやすさは著しく減少する．鉄とクロムの合金であるステンレス鋼では，酸化クロムの層が鉄を腐食から保護している．

鉄の容器は，スズや亜鉛のような他の金属の層で覆われることがある．このような手法は，めっきとよばれる．ブリキの缶は，鉄の表面をスズでめっきすることによってつくられる．スズの層がそのままでいる限り，さびの形成は抑制される．しかし，ひとたび表面が傷つくと，すみやかにさびが生成する．標準電極電位を調べると，対角則から，腐食の過程においては鉄が負極となり，スズは正極としてふるうことがわかる．

$$Fe^{2+}(aq) + 2e^- \longrightarrow Fe(s) \qquad E° = -0.44 \text{ V}$$
$$Sn^{2+}(aq) + 2e^- \longrightarrow Sn(s) \qquad E° = -0.14 \text{ V}$$

亜鉛めっきされた鉄では，鉄が保護される過程は異なっている．亜鉛は鉄よりも容易に酸化される（表 19.1 参照）．

$$Zn^{2+}(aq) + 2e^- \longrightarrow Zn(s) \qquad E° = -0.76 \text{ V}$$

したがって，表面が傷ついて鉄が露出しても，依然として亜鉛が酸化される．この場合には，亜鉛が負極であり，鉄は正極となる．

保護したい金属をガルバニ電池の正極とすることによって腐食を防止する方法を，<u>カソード防食</u>という．図 19.14 は，鉄くぎを一片の亜鉛とつなぐことによって，

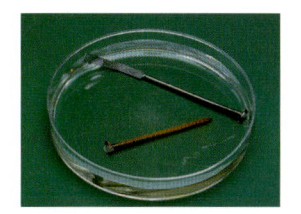

図 19.14 亜鉛の細片をつないだ鉄くぎは，カソード防食により水中でもさびない．しかし，このような保護のない鉄くぎはすぐにさびてしまう．

図 19.15 マグネシウムによる鉄製の貯蔵タンクのカソード防食．鉄が正極となり，より電気陽性な金属のマグネシウムが負極となる．電気化学的な過程によってマグネシウムだけが消費されるので，しばしばマグネシウムは犠牲負極とよばれる．

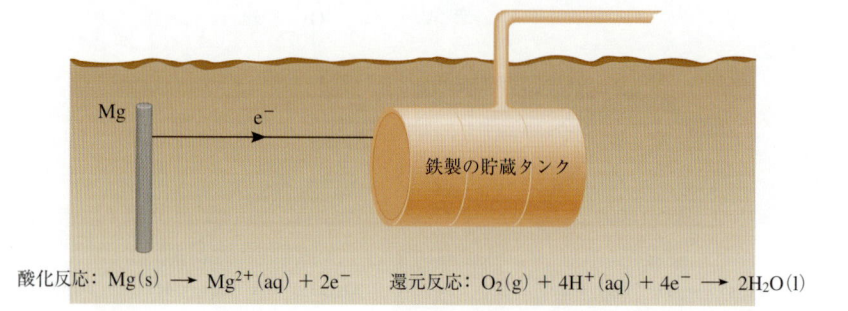

酸化反応: $Mg(s) \rightarrow Mg^{2+}(aq) + 2e^-$　　還元反応: $O_2(g) + 4H^+(aq) + 4e^- \rightarrow 2H_2O(l)$

鉄くぎのさびが防止される様子を示している．このような保護がなければ，水中では鉄くぎは速やかにさびてしまう．地下の鉄管や鉄製の貯蔵タンクでは，それらを鉄よりも酸化されやすい亜鉛やマグネシウムのような金属とつなぐことによって，さびの生成を防止するか，あるいは著しく減少させている（図 19.15）．

19.8 電気分解

電気分解 electrolysis

電解セル electrolytic cell

これまで述べてきたように，自発的に進行する酸化還元反応によって，化学エネルギーを電気エネルギーに変換することができる．これとは対照的に，**電気分解**は，電気エネルギーを投入することによって，自発的には進行しない化学変化を起こさせる過程である．電気分解を行う容器を**電解セル**，あるいは電解槽という．電気分解とガルバニ電池で起こる過程の基礎になっている原理は同じである．本節では，これらの原理に基づいて，電気分解の三つの例について議論しよう．さらに，電気分解に関する定量的な取扱いについても述べる．

溶融した塩化ナトリウムの電気分解

イオン化合物である塩化ナトリウムを溶融状態で電気分解すると，金属ナトリウムと塩素が生成する．図 19.16(a) に NaCl を大スケールで電気分解する際に使用する**ダウンズセル**とよばれる電解セルの模式図を示す．溶融状態の NaCl に含まれる陽イオンと陰イオンは，それぞれ Na^+ と Cl^- である．図 19.16(b) には，電極で起こる反応を表す概略図を示した．電解セルは，電池に接続した一対の電極を含んでいる．電池は"電子のポンプ"としてはたらき，還元が起こる**陰極**（カソード）へ電子を運び，また酸化が起こる**陽極**（アノード）から電子を引き上げる†．電極で起こる反応は，次式によって示される．

陰極 cathode

陽極 anode

$$\begin{aligned}
\text{陽極（酸化反応）：} \quad & 2Cl^-(l) \longrightarrow Cl_2(g) + 2e^- \\
\text{陰極（還元反応）：} \quad & 2Na^+(l) + 2e^- \longrightarrow 2Na(l) \\
\text{全体の反応：} \quad & 2Na^+(l) + 2Cl^-(l) \longrightarrow 2Na(l) + Cl_2(g)
\end{aligned}$$

この過程は，純粋な金属ナトリウムと気体塩素の主要な供給源となっている．

---

† 訳注：電気分解において，外部から投入した電気エネルギーによって電子を押しつける電極が**陰極**，電子を引き上げる電極が**陽極**である．一方，電池では，自発的な反応によって電子が外部に流れ出る電極を**負極**，電子が外部から引き込まれる電極を**正極**とよぶ．英語の**アノード**（anode）は"酸化反応が起こる電極"と定義されるので，電気分解では陽極，電池では負極がアノードとなる．**カソード**（cathode）は"還元反応が起こる電極"であり，電気分解では陰極，電池では正極がカソードとなる．

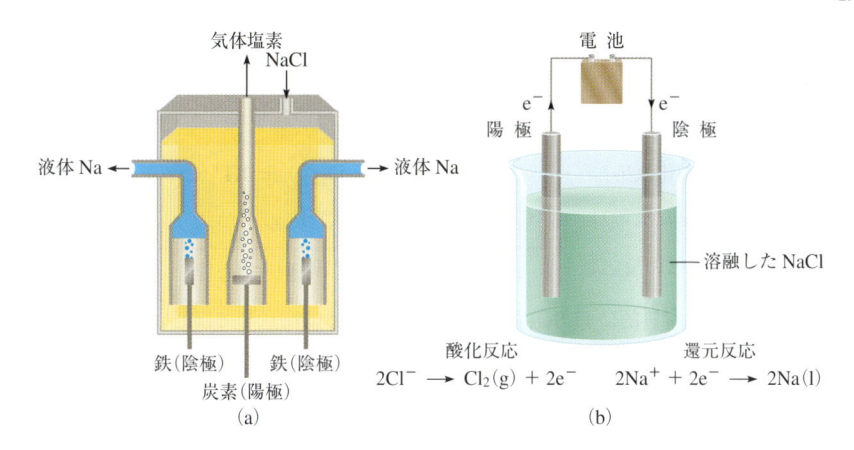

図 19.16 (a) 溶融した NaCl（融点：801 °C）の電気分解に用いられるダウンズセルの実際の装置．陰極で生成した金属ナトリウムは液体状態にある．液体金属ナトリウムは溶融した NaCl よりも密度が小さいので，図に示すように，ナトリウムは表面に浮き上がり，集めることができる．陽極で生成する気体塩素は，セルの上部から捕集される．(b) 溶融した NaCl の電気分解において進行する電極反応を示す概略図．自発的には進行しない反応を駆動するために，電池が必要となる．

理論的な見積によると，全体の反応に対する $E°$ の値は約 $-4\,\mathrm{V}$ となり，これはこの反応が自発的には進行しない過程であることを意味している．したがって，この反応を起こすためには，最小 4 V の電圧を電池から供給しなければならない．実際には，電気分解過程における効率の悪さと過電圧のために，4 V より高い電圧が必要となる．過電圧については，すぐあとで議論する．

水の電気分解

大気条件下（1 atm，25 °C）において，ビーカーに入った水が自発的に分解し，水素と酸素を生成することはないだろう．なぜなら，その反応の標準反応自由エネルギーは，大きな正の値になるからである．

$$2H_2O(l) \longrightarrow 2H_2(g) + O_2(g) \qquad \Delta G° = 474.4\,\mathrm{kJ\,mol^{-1}}$$

しかし，この反応は図 19.17 に示したようなセルの中で進行させることができる．この電解セルは水に浸された一対の電極から構成され，電極には白金のような反応性の低い金属が用いられる．しかし，純粋な水が入ったセルの電極に電池を連結しても何も起こらない．これは，純粋な水の中には，多くの電流を運ぶのに十分な数のイオンがないためである．（25 °C において純粋な水の中には，わずか $1\times10^{-7}\,\mathrm{mol\,L^{-1}}$ の H^+ と $1\times10^{-7}\,\mathrm{mol\,L^{-1}}$ の OH^- しかないことを思い出そう．）一方，$0.1\,\mathrm{mol\,L^{-1}}$ の H_2SO_4 水溶液中では，電気を通ずるための十分な数のイオンがあるために，容易に反応が起こる．すぐに気体の泡が両方の電極から現れ始める．

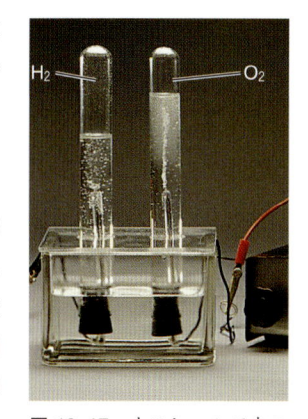

図 19.18 にこの電気分解で起こる電極反応を示す．陽極の反応は次式で示される．

$$2H_2O(l) \longrightarrow O_2(g) + 4H^+(aq) + 4e^-$$

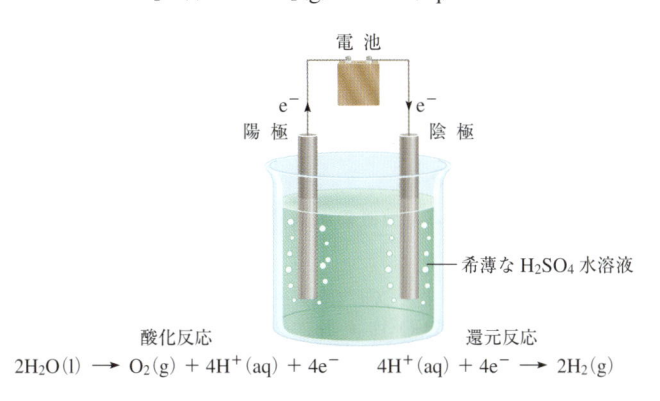

図 19.17 小スケールで水の電気分解を行うための装置．発生する気体水素（左の試験管）の体積は，気体酸素（右の試験管）の体積の 2 倍となる．

図 19.18 水の電気分解において進行する電極反応を示す概略図

一方，陰極の反応は，
$$H^+(aq) + e^- \longrightarrow \frac{1}{2}H_2(g)$$
全体の反応は次式で表される．

この電気分解過程に必要な電圧の最小値は，何Vだろうか．

陽極（酸化反応）： $2H_2O(l) \longrightarrow O_2(g) + 4H^+(aq) + 4e^-$
陰極（還元反応）： $4[H^+(aq) + e^- \longrightarrow \frac{1}{2}H_2(g)]$
全体の反応： $2H_2O(l) \longrightarrow 2H_2(g) + O_2(g)$

この反応では，実質的に H_2SO_4 は消費されないことに注意してほしい．

塩化ナトリウム水溶液の電気分解

この反応は本節で述べる3種類の電気分解のうちで最も複雑な反応である．なぜなら，塩化ナトリウム水溶液は，酸化，あるいは還元される可能性のある複数の化学種を含んでいるからである．陽極で起こり得る酸化反応として，つぎの二つの反応が考えられる．

(1) $2Cl^-(l) \longrightarrow Cl_2(g) + 2e^-$
(2) $2H_2O(l) \longrightarrow O_2(g) + 4H^+(aq) + 4e^-$

表 19.1 を参照すると，

$Cl_2(g) + 2e^- \longrightarrow 2Cl^-(aq) \quad E° = 1.36\,V$
$O_2(g) + 4H^+(aq) + 4e^- \longrightarrow 2H_2O(l) \quad E° = 1.23\,V$

Cl_2 は O_2 よりも容易に還元されるので，陽極において Cl^- は H_2O よりも酸化されにくいことが予測できる．

(1) と (2) の反応の標準電極電位はあまり違わないが，値を比較すると，陽極で優先して酸化されるのは H_2O であると推測される．しかし，実験により，陽極で発生する気体は O_2 ではなく，Cl_2 であることがわかっている！ 電気分解の過程を研究すると，反応を起こさせるために必要な電圧が，しばしば電極電位から計算される値よりも非常に高いことがある．電極電位と，電気分解を起こすために必要な実際の電圧との差を**過電圧**という．O_2 が生成する反応の過電圧は非常に高い．このため，通常の作動条件下では，実際に陽極で生成する気体は O_2 ではなく Cl_2 となる．

過電圧 overvoltage

一方，陰極で起こる可能性のある還元反応は，つぎの通りである．

(3) $2H^+(aq) + 2e^- \longrightarrow H_2(g) \quad E° = 0.00\,V$
(4) $2H_2O(l) + 2e^- \longrightarrow H_2(g) + 2OH^-(aq) \quad E° = -0.83\,V$
(5) $Na^+(aq) + e^- \longrightarrow Na(s) \quad E° = -2.71\,V$

反応(5)は絶対値が非常に大きな負の標準電極電位をもつので，起こりうる反応から除外される．標準状態の条件下では，反応(3)は反応(4)よりも起こりやすい．しかし，NaCl 水溶液のように pH 7 の場合には，どちらも等しく可能性がある．一般に，pH 7 において正極反応を表記する場合には，反応(4)が用いられる．これは，この pH における H^+ の濃度は $1 \times 10^{-7}\,mol\,L^{-1}$ であり，反応(3)が起こっているとするにはあまりに低いためである．

したがって，塩化ナトリウム水溶液の電気分解における半電池反応は，次式のように表される．

陽極（酸化反応）： $2Cl^-(aq) \longrightarrow Cl_2(g) + 2e^-$
陰極（還元反応）： $2H_2O(l) + 2e^- \longrightarrow H_2(g) + 2OH^-(aq)$
全体の反応： $2H_2O(l) + 2Cl^-(aq) \longrightarrow H_2(g) + Cl_2(g) + 2OH^-(aq)$

全体の反応が示すように，電気分解の進行に伴って Cl^- の濃度が減少し，OH^- の濃度が増加する．したがって，H_2 と Cl_2 に加えて，電気分解の終了後に水溶液を蒸発させることにより，有用な副生成物として NaOH を得ることができる．

　ここで行った電気分解の解析から，つぎのことを覚えておいてほしい．陰極では陽イオンが還元され，陽極では陰イオンが酸化される．ただし，水溶液中では溶媒の水自身が酸化，あるいは還元にかかわる可能性がある．実際に水が酸化，あるいは還元されるかは，存在する他の化学種の性質に依存する．

例題 19.8

　図 19.17 に示した装置を用いて，Na_2SO_4 水溶液を電気分解した．陽極と陰極から，それぞれ気体酸素と気体水素が生成物として得られた．それぞれの電極で起こった反応を示し，この電気分解の全体の反応を反応式で表せ．

　解法　電極反応を考える際に，つぎのことを考慮しなければならない．(1) Na_2SO_4 は加水分解しないので，溶液の pH は 7 に近い．(2) 陰極では Na^+ は還元されない．また，陽極では SO_4^{2-} は酸化されない．これらの結論は，先に述べた硫酸の存在下における水の電気分解，および塩化ナトリウム水溶液の電気分解の結果から得られる．したがって，Na_2SO_4 水溶液の電気分解では，酸化反応，還元反応の両方とも，水分子だけが含まれることになる．

　解答　電極反応は次式によって示される．

陽極：　　$2H_2O(l) \longrightarrow O_2(g) + 4H^+(aq) + 4e^-$
陰極：　$2H_2O(l) + 2e^- \longrightarrow H_2(g) + 2OH^-(aq)$

全体の反応に対する反応式は，陰極の反応式の係数を 2 倍にして，それを陽極の反応式と足し合わせることにより得ることができる．

$$6H_2O(l) \longrightarrow 2H_2(g) + O_2(g) + 4H^+(aq) + 4OH^-(aq)$$

H^+ と OH^- が混合した場合には，次式のようになる．

$$4H^+(aq) + 4OH^-(aq) \longrightarrow 4H_2O(l)$$

したがって，全体の反応は次式によって表される．

$$2H_2O(l) \longrightarrow 2H_2(g) + O_2(g)$$

　練習問題　$Mg(NO_3)_2$ 水溶液を電気分解する．陽極と陰極のそれぞれにおいて生成する気体は何か．

> SO_4^{2-} は弱酸 HSO_4^-（$K_a = 1.3 \times 10^{-2}$）の共役塩基である．しかし，SO_4^{2-} の加水分解は無視できる程度にしか起こらない．また，SO_4^{2-} は，陽極において酸化されない．

類似問題：19.44

　電気分解には工業において，特に金属の抽出と精製に関して多くの重要な応用がある．これらの応用のいくつかについては，§19.9 で議論する．

考え方の復習

　右に示す電解セルについて，それぞれの電極のどちらが陽極か，あるいは陰極かを示し，それぞれの電極で起こる半電池反応の反応式を示せ．また，電池に表示された ＋－ の符号が，同じ電極反応が進行するガルバニ電池では，逆の ＋－ の符号となる理由を説明せよ．

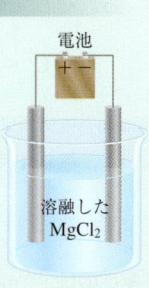

電気分解の定量的取扱い

電気分解に関する定量的な取扱いは，おもにファラデーによって展開された．彼は，電極で生じる生成物，あるいは消費される反応物の質量が，電極で移動した電気量，および対象とする物質のモル質量の両方に比例することを見いだした．たとえば，溶融した NaCl の電気分解において，陰極反応は，1 個の Na^+ が電極から電子を受け取って 1 個の Na 原子が生成することを示している．1 mol の Na^+ を還元するためには，1 mol の電子，すなわち 6.02×10^{23} 個の電子を陰極に供給しなければならない．一方，陽極反応の化学量論から，2 個の Cl^- が酸化されて 1 個の塩素分子が生成することがわかる．したがって，1 mol の Cl_2 が生成する際には，Cl^- から陽極へ 2 mol の電子が移動することになる．同様に，1 mol の Mg^{2+} を還元するためには 2 mol の電子が必要であり，1 mol の Al^{3+} を還元するためには 3 mol の電子が必要となる．

$$Mg^{2+} + 2e^- \longrightarrow Mg$$
$$Al^{3+} + 3e^- \longrightarrow Al$$

電気分解の実験では，一般に，ある一定の時間に電解セルを通して流れる電流（単位：アンペア A）を測定する．電気量（単位：クーロン C）と電流との間には次式のような関係がある．

$$1C = 1A \times 1s$$

すなわち，1 C は，電流が 1 A のとき，電気回路のある点を 1 秒間に通過する電気量である．

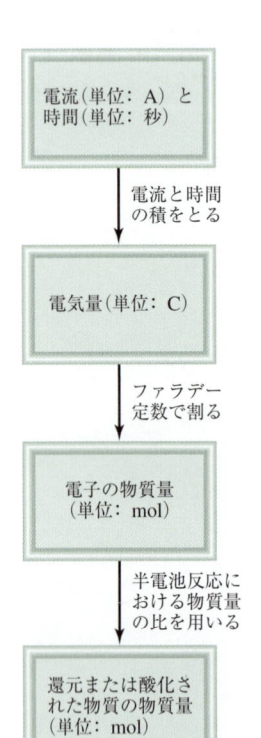

図 19.19 に，電気分解で生成する物質の量を計算するための手法を段階的に示した．電解セル中の溶融した $CaCl_2$ を例として，この手法を説明しよう．たとえば，セルを通して 0.452 A の電流を 1.50 時間流したとする．陽極と陰極のそれぞれにおいて，どのくらいの生成物が得られただろうか．このような電気分解の問題を解くための第一段階は，どの化学種が陽極で酸化され，どの化学種が陰極で還元されるかを決定することである．この問題では，その答えはすぐに得られる．なぜなら，溶融した $CaCl_2$ の中には Ca^{2+} と Cl^- しか存在しないからである．したがって，この電気分解の半電池反応，および全体の反応は次式のように書くことができる．

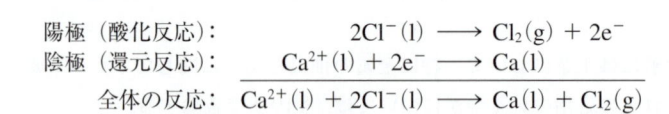

陽極（酸化反応）： $2Cl^-(l) \longrightarrow Cl_2(g) + 2e^-$
陰極（還元反応）： $Ca^{2+}(l) + 2e^- \longrightarrow Ca(l)$
全体の反応： $Ca^{2+}(l) + 2Cl^-(l) \longrightarrow Ca(l) + Cl_2(g)$

生成する金属カルシウムと気体塩素の量は，電解セルを通して流れる電子数に依存する．そしてその電子数は，電流×時間，すなわち電気量に依存する．

$$?C = 0.452 \, A \times 1.50 \, h \times \frac{3600 \, s}{1 \, h} \times \frac{1 \, C}{1 \, A \, s} = 2.44 \times 10^3 \, C$$

1 mol e^- = 96 500 C であり，1 mol の Ca^{2+} を還元するには 2 mol の e^- が必要であるから，陰極で生成する金属 Ca の質量は，次式によって求めることができる．

$$?g \, Ca = 2.44 \times 10^3 \, C \times \frac{1 \, mol \, e^-}{96 \, 500 \, C} \times \frac{1 \, mol \, Ca}{2 \, mol \, e^-} \times \frac{40.08 \, g \, Ca}{1 \, mol \, Ca} = 0.507 \, g \, Ca$$

陽極反応は，2 mol の e^- に相当する電気量が流れると 1 mol の塩素が生成すること

図 19.19 電気分解において還元，あるいは酸化された物質の量を計算するための段階的手法

[フローチャート：
電流（単位：A）と時間（単位：秒）
↓ 電流と時間の積をとる
電気量（単位：C）
↓ ファラデー定数で割る
電子の物質量（単位：mol）
↓ 半電池反応における物質量の比を用いる
還元または酸化された物質の物質量（単位：mol）
↓ モル質量または理想気体の式を用いる
生成物の質量（単位：g）または体積（単位：L）]

を示している．したがって，発生する気体塩素の質量は，

$$?\text{g Cl}_2 = 2.44 \times 10^3 \text{ C} \times \frac{1 \text{ mol e}^-}{96\,500 \text{ C}} \times \frac{1 \text{ mol Cl}_2}{2 \text{ mol e}^-} \times \frac{70.90 \text{ g Cl}_2}{1 \text{ mol Cl}_2} = 0.896 \text{ g Cl}_2$$

例題 19.9

希薄な硫酸水溶液を含む電解セルを通して，1.72 A の電流を 6.42 時間流した．この電気分解における半電池反応を書け．また，発生する気体の STP（標準温度圧力）における体積を計算せよ．

解 法 この電気分解に対する半電池反応が，次式によって示されることはすでに述べた（p.568 を見よ）．

$$\text{陽極（酸化反応）：} \quad 2\text{H}_2\text{O(l)} \longrightarrow \text{O}_2\text{(g)} + 4\text{H}^+\text{(aq)} + 4\text{e}^-$$

$$\text{陰極（還元反応）：} \quad 4[\text{H}^+\text{(aq)} + \text{e}^- \longrightarrow \tfrac{1}{2}\text{H}_2\text{(g)}]$$

$$\text{全体の反応：} \quad 2\text{H}_2\text{O(l)} \longrightarrow 2\text{H}_2\text{(g)} + \text{O}_2\text{(g)}$$

発生する O_2 の物質量を計算するためには，図 19.19 に従って，つぎの変換過程を実行すればよい．

$$\text{電流} \times \text{時間} \longrightarrow \text{電気量} \longrightarrow \text{e}^- \text{の物質量} \longrightarrow \text{O}_2 \text{の物質量}$$

さらに，理想気体の式を用いることによって，STP における O_2 の体積を L 単位で求めることができる．H_2 に対しても，同様の方法が適用できる．

解 答 まず，電解セルに流れた電気量を計算する．

$$?\text{C} = 1.72 \text{ A} \times 6.42 \text{ h} \times \frac{3600 \text{ s}}{1 \text{ h}} \times \frac{1 \text{ C}}{1 \text{ A s}} = 3.98 \times 10^4 \text{ C}$$

つぎに，電気量を電子の物質量に変換する．

$$3.98 \times 10^4 \text{ C} \times \frac{1 \text{ mol e}^-}{96\,500 \text{ C}} = 0.412 \text{ mol e}^-$$

酸化反応の半電池反応から，1 mol の O_2 は 4 mol の e^- と等価であることがわかる．したがって，発生する O_2 の物質量は，

$$0.412 \text{ mol e}^- \times \frac{1 \text{ mol O}_2}{4 \text{ mol e}^-} = 0.103 \text{ mol O}_2$$

STP における 0.103 mol の O_2 の体積は，次式によって与えられる．

$$V = \frac{nRT}{P}$$

$$= \frac{(0.103 \text{ mol})(0.0821 \text{ L atm K}^{-1} \text{ mol}^{-1})(273 \text{ K})}{1 \text{ atm}} = \boxed{2.31 \text{ L}}$$

水素に対する方法も同じである．簡単のため，最初の二つの段階をあわせて，発生する H_2 の物質量を計算する．

$$3.98 \times 10^4 \text{ C} \times \frac{1 \text{ mol e}^-}{96\,500 \text{ C}} \times \frac{1 \text{ mol H}_2}{2 \text{ mol e}^-} = 0.206 \text{ mol H}_2$$

0.206 mol の H_2 の STP における体積は，次式によって与えられる．

$$V = \frac{nRT}{P}$$

$$= \frac{(0.206 \text{ mol})(0.0821 \text{ L atm K}^{-1} \text{ mol}^{-1})(273 \text{ K})}{1 \text{ atm}} = \boxed{4.62 \text{ L}}$$

確 認 生成する H_2 の体積は O_2 の体積の 2 倍であることに注意せよ（図 19.17 を見よ）．この事実は，アボガドロの法則（同じ温度と圧力では，気体の体積は気体の物質量に比例する）に基づく予測と一致している．　　　　（つづく）

類似問題：19.49

練習問題 溶融した $MgCl_2$ を含む電解セルを通して一定の電流を 18 時間流したところ，4.8×10^5 g の Cl_2 が得られた．流した電流は何アンペアか．

考え方の復習 $CaCl_2$ の溶融塩電解において，電解セルに 1.24 A の電流を 2.0 時間通じた．陰極に生じる Ca の質量を求めよ．

19.9 電 解 精 錬

電気分解は，鉱石から純粋な金属を得るために，あるいは金属を精製するために有用な方法である．これらの過程は，まとめて電解精錬とよばれる．前節では，溶融した NaCl 中で電気分解により Na^+ を還元することによって，活性な金属であるナトリウムが得られることを示した（p.566 を参照）．本節では，他の二つの例について述べることにしよう．

金属アルミニウムの製造

金属アルミニウムは普通，ボーキサイト鉱石 $Al_2O_3 \cdot 2H_2O$ から得られる．鉱石はまず，さまざまな不純物を除去するための処理をされ，それから加熱して無水の Al_2O_3 とする．さらに，Al_2O_3 を，ホール電解セルとよばれるセルの中で，溶融した氷晶石 $Na_3[AlF_6]$ に溶かす（図 19.20）．セルには陽極となる一連の炭素電極が含まれている．陰極にも炭素が用いられ，セルの内側を形成している．溶液が電気分解されると，アルミニウムと気体酸素が生成する．

$$\begin{aligned}
陽極（酸化反応）:& \quad 3[2O^{2-} \longrightarrow O_2(g) + 4e^-] \\
陰極（還元反応）:& \quad 4[Al^{3+} + 3e^- \longrightarrow Al(l)] \\
\hline
全体の反応:& \quad 2Al_2O_3 \longrightarrow 4Al(l) + 3O_2(g)
\end{aligned}$$

氷晶石の融点である 1000 °C では，気体酸素は陽極の炭素電極と反応して一酸化炭素となり，電解セルから放出される．液体の金属アルミニウム（融点 660 °C）は電解セル容器の底にたまり，そこから外へ取出される．

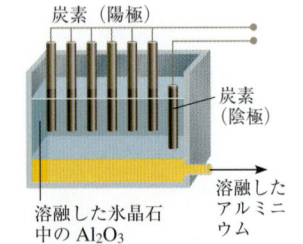

図 19.20 ホール電解セルを用いた電気分解によるアルミニウムの製造

金属銅の精製

鉱石から得られた金属銅は，一般に，亜鉛，鉄，銀，金など多くの不純物を含んでいる．Cu^{2+} を含む硫酸水溶液中において，不純な銅を陽極，純粋な銅を陰極として電気分解を行うと，不純物として含まれる金属を除去することができる（図 19.21）．この電気分解の半電池反応は，

$$\begin{aligned}
陽極（酸化反応）:& \quad Cu(s) \longrightarrow Cu^{2+}(aq) + 2e^- \\
陰極（還元反応）:& \quad Cu^{2+}(aq) + 2e^- \longrightarrow Cu(s)
\end{aligned}$$

陽極の不純な銅に含まれる鉄や亜鉛などの銅よりも電気陽性な金属も陽極で酸化され，Fe^{2+} や Zn^{2+} のようなイオンとして溶液中に溶出する．しかし，それらは陰極

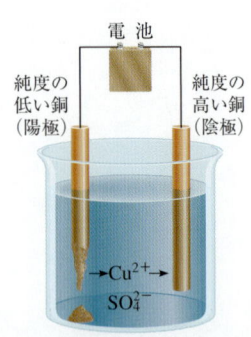

図 19.21 電気分解による銅の精製

において還元されない．一方，金や銀など銅よりも電気陽性でない金属は，陽極において酸化を受けない．この結果，陽極において銅の酸化が進行するとともに，これらの金属は電解セルの底に落下する．すなわち，この電気分解の正味の結果は，陽極から陰極への銅の移動となる．この方法によって製造された銅は99.5%以上の純度をもつ．興味深いこととして，陽極に用いた銅から得られる金属不純物はほとんどが銀と金であり，高価な副生成物であることに注意してほしい．それを売って得られる利益は，しばしば電気分解を行うための電気料と引き合うほどになる．

重要な式

$E°_{cell} = E°_{正極} - E°_{負極}$	(19.1)	ガルバニ電池の標準起電力を計算する式
$\Delta G = -nFE_{cell}$	(19.2)	電池の起電力と自由エネルギー変化との関係
$\Delta G° = -nFE°_{cell}$	(19.3)	電池の標準起電力と標準反応自由エネルギーとの関係
$E°_{cell} = \dfrac{RT}{nF} \ln K$	(19.4)	平衡定数と電池の標準起電力との関係
$E°_{cell} = \dfrac{0.0257 \text{ V}}{n} \ln K$	(19.5)	298 K における平衡定数と電池の標準起電力との関係（自然対数表示）
$E°_{cell} = \dfrac{0.0592 \text{ V}}{n} \log K$	(19.6)	298 K における平衡定数と電池の標準起電力との関係（常用対数表示）
$E = E° - \dfrac{RT}{nF} \ln Q$	(19.7)	ネルンストの式．標準状態にない条件下における電池の起電力を計算．
$E = E° - \dfrac{0.0257 \text{ V}}{n} \ln Q$	(19.8)	ネルンストの式．298 K で標準状態にない条件下における電池の起電力を計算．（自然対数表示）
$E = E° - \dfrac{0.0592 \text{ V}}{n} \log Q$	(19.9)	ネルンストの式．298 K で標準状態にない条件下における電池の起電力を計算．（常用対数表示）

事項と考え方のまとめ

1. 酸化還元反応は，電子の移動を含む反応である．酸化還元過程を表す反応式は，半反応法を用いて釣り合いをとることができる．
2. すべての電気化学反応は電子の移動を含んでいるので，酸化還元反応である．
3. ガルバニ電池では，自発的に進行する化学反応を用いて電気がつくられる．酸化反応と還元反応が，それぞれ負極と正極において別々に起こり，電子は外部の回路を通して流れる．
4. ガルバニ電池の二つの部分をそれぞれ半電池とよび，電極における反応を半電池反応という．塩橋を用いて半電池を接続すると，それらの間にイオンを流すことができる．
5. 二つの電極間の電位差を電池の起電力という．ガルバニ電池では，外部回路を通って電子が負極から正極へと流れる．溶液中では，陰イオンが負極へ向かって移動し，陽イオンが正極へ向かって移動する．
6. 1 mol の電子がもつ電気量をファラデー定数 F で表す．F はおおよそ 96 500 C mol^{-1} の値をもつ．
7. 標準電極電位は，還元反応を表す半電池反応の相対的な起こりやすさを示し，さまざまな物質間で起こる酸化還元反応の生成物や反応の方向，あるいは反応が自発的に進行するかどうかを予測するために用いられる．
8. 自発的に進行する酸化還元反応における系の自由エネルギーの減少は，その系によって外界に対してなされた電気的な仕事に等しい．すなわち，$\Delta G = -nFE$ である．
9. 酸化還元反応の平衡定数は，電池の標準起電力から求めることができる．
10. ネルンストの式によって，標準状態にない条件下における電池の起電力と，反応物，および生成物の濃度との間の関係が与えられる．
11. 実用電池は，一つ，あるいは複数のガルバニ電池から構成され，単独で使える電源として広く用いられている．よく知られている実用電池として，ルクランシェ電

池のような乾電池，水銀電池，リチウムイオン電池，および自動車に用いられる鉛蓄電池がある．反応物の連続的な供給によって電気エネルギーを発生させる形式の電池を，燃料電池という．
12. 鉄がさびるような金属の腐食は，電気化学的な現象である．
13. 外部電源から供給される電流を用いて，自発的には進行しない化学反応を電解セルの中で駆動することができる．得られた生成物，あるいは消費された反応物の量は，電極に運ばれた電気量に依存する．
14. 電気分解は，鉱石を原料とする純粋な金属の製造や，金属の精製において重要な役割を果たしている．

キーワード

陰 極　cathode　p.566
過電圧　overvoltage　p.568
ガルバニ電池　galvanic cell　p.544
起電力　electromotive force, emf, E　p.546
実用電池　battery　p.559
正 極　cathode　p.544
電位差　potential difference　p.545
電解セル　electrolytic cell　p.566
電気化学　electrochemistry　p.541
電気分解　electrolysis　p.566

ネルンストの式　Nernst equation　p.555
燃料電池　fuel cell　p.562
半電池反応　half-cell reaction　p.544
標準起電力　standard electromotive force, standard emf, $E°_{cell}$　p.547
標準電極電位　standard electrode potential　p.547
ファラデー定数　Faraday constant, F　p.552
負 極　anode　p.544
腐 食　corrosion　p.564
陽 極　anode　p.566

練習問題の解答

19.1　$5Fe^{2+} + MnO_4^- + 8H^+ \longrightarrow 5Fe^{3+} + Mn^{2+} + 4H_2O$

19.2　還元できない．　**19.3**　0.34 V

19.4　1×10^{-42}　**19.5**　$\Delta G° = -4.1 \times 10^2 \, \text{kJ mol}^{-1}$

19.6　進行する．$E = +0.01$ V　**19.7**　0.38 V

19.8　陽極 O_2；陰極 H_2　**19.9**　2.0×10^4 A

考え方の復習の解答

■ p.544　釣り合いのとれた反応式はつぎのようになる．

$Sn + 4NO_3^- + 4H^+ \longrightarrow SnO_2 + 4NO_2 + 2H_2O$

したがって，NO_2 の係数は 4 である．

■ p.546　$Al(s) | Al^{3+}(aq) || Fe^{2+}(aq) | Fe(s)$

■ p.552　Cu と Ag

■ p.555　負となる．

■ p.557　2.12 V　(a) 2.14 V　(b) 2.11 V

■ p.569　左側の電極が陽極（＋），右側の電極が陰極（－）．

陽極：$2Cl^- \longrightarrow Cl_2 + 2e^-$

陰極：$Mg^{2+} + 2e^- \longrightarrow Mg$

ガルバニ電池では，酸化反応が起こる負極から外部回路に電子が供給されるため，負極が － と表示される．一方，電解セルでは，陽極で酸化反応が進行するが，外部に接続された電池によって電子が引き抜かれるため，陽極は ＋ と表示される．電解セルにおけるそれぞれの電極の符号は，外部に接続された電池の電極の符号と一致している．

■ p.572　1.9 g

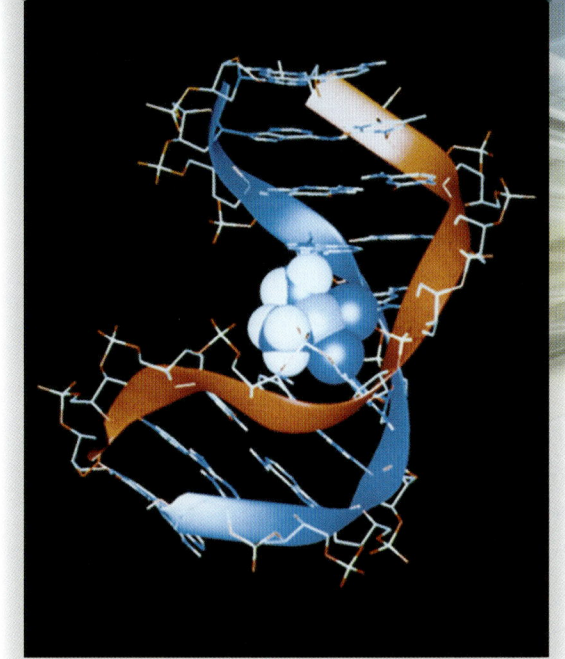

シスプラチンとよばれる配位化合物は DNA 二重らせんに結合することによって，その複製や転写過程を阻害する．

20

配位化合物の化学

章の概要

20.1 遷移元素の性質　576
　　　電子配置・酸化状態

20.2 配位化合物　579
　　　配位化合物における金属の酸化数・
　　　配位化合物の命名法

20.3 配位化合物の構造　585
　　　配位数 2・配位数 4・配位数 6

20.4 配位化合物の結合：結晶場理論　587
　　　八面体錯体における結晶場分裂・色・
　　　磁気的性質・四面体錯体と平面四角形錯体

20.5 配位化合物の反応　593

20.6 生体系における配位化合物　593
　　　ヘモグロビンと関連化合物・シスプラチン

基本の考え方

配位化合物　配位化合物は 1 個，あるいは複数の錯イオンを含む化合物である．錯イオンは，中心に金属原子，あるいは金属イオンが位置し，それを少数の分子，あるいはイオンが取り囲んだ構造をもつ．一般に，中心に位置する金属は遷移元素である．配位化合物においてよく見られる構造は，直線形，四面体形，正方平面形，および八面体形である．

配位化合物の結合　結晶場理論では，錯イオンにおける結合の形成を静電気力によって説明する．配位子が金属に接近すると，縮重していた 5 個の d 軌道のエネルギーが分裂する．この分裂は結晶場分裂とよばれ，その大きさは配位子の性質に依存する．結晶理論を用いると，多くの錯イオンの色や磁気的性質をうまく説明することができる．

生体系における配位化合物　配位化合物は動物や植物の体内において，重要な役割を果たしている．また，配位化合物は病気の治療薬としても用いられている．

20.1 遷移元素の性質

典型的な**遷移元素**は，完全には満たされていない d 副殻をもつか，あるいは完全には満たされていない d 副殻をもつイオンを容易に生成する金属である（図 20.1）．(12 族元素，すなわち Zn, Cd, Hg も遷移元素に含めるが，これらの金属はこのような特徴的な電子配置をもたないので，主要族元素に含めることもある.）この特徴は，特有の色，常磁性化合物の生成，触媒活性，および特に錯イオンの容易な形成など，遷移元素がもついくつかの注目すべき性質の要因となっている．この章では，最も一般的な遷移元素である，Zn を除く第一遷移系列の元素，すなわちスカンジウムから銅に至る遷移元素に焦点を当てることにしよう（図 20.2）．表 20.1 にそれらの遷移元素について，いくつかの性質を示した．

周期表のどの周期でも，左から右へと移動するにつれて原子番号は増加し，電子が外殻に付け加えられ，また陽子が加わることにより原子核の電荷は増加する．第三周期の元素，すなわちナトリウムからアルゴンでは，付け加わった外殻電子が，増加する原子核電荷から互いを遮へいする効果は小さい．その結果，ナトリウムからアルゴンへと原子番号が増加するに従って原子半径は急激に減少し，電気陰性度とイオン化エネルギーは一様に増大する（図 8.5，図 8.9，図 9.5 を見よ）．

しかし，遷移元素においてはその傾向は異なる．表 20.1 が示すように，スカンジウムから銅へと原子番号が増加すると，もちろん原子核電荷は増加するが，電子は内殻の 3d 副殻に付け加わっていく．これらの 3d 電子が，増加する原子核電荷から 4s 電子を遮へいする効果は，外殻電子が互いを遮へいする効果よりもいくらか大きい．その結果，原子半径の減少はそれほど急激ではなくなる．同じ理由で，スカンジウムから銅への原子番号の増加に伴う電気陰性度，およびイオン化エネルギーの変化は，ナトリウムからアルゴンへの場合と比較して，ほんのわずかに増大する程度となる．

スカンジウムから銅に至る遷移元素は，アルカリ金属やアルカリ土類金属と比較して電気陽性が低い，すなわちより電気陰性ではあるが，それらの標準電極電位の

1																	18
1 H	2											13	14	15	16	17	2 He
3 Li	4 Be											5 B	6 C	7 N	8 O	9 F	10 Ne
11 Na	12 Mg	3	4	5	6	7	8	9	10	11	12	13 Al	14 Si	15 P	16 S	17 Cl	18 Ar
19 K	20 Ca	21 Sc	22 Ti	23 V	24 Cr	25 Mn	26 Fe	27 Co	28 Ni	29 Cu	30 Zn	31 Ga	32 Ge	33 As	34 Se	35 Br	36 Kr
37 Rb	38 Sr	39 Y	40 Zr	41 Nb	42 Mo	43 Tc	44 Ru	45 Rh	46 Pd	47 Ag	48 Cd	49 In	50 Sn	51 Sb	52 Te	53 I	54 Xe
55 Cs	56 Ba	57 La	72 Hf	73 Ta	74 W	75 Re	76 Os	77 Ir	78 Pt	79 Au	80 Hg	81 Tl	82 Pb	83 Bi	84 Po	85 At	86 Rn
87 Fr	88 Ra	89 Ac	104 Rf	105 Db	106 Sg	107 Bh	108 Hs	109 Mt	110 Ds	111 Rg	112 Cn	113	114	115	116	(117)	118

図 20.1 遷移元素（青色で示してある）．12 族元素，Zn, Cd, Hg, およびそのイオンは，完全に満たされた d 副殻をもち，遷移元素に特徴的な性質を示さないため，遷移元素に含めない場合もある．

スカンジウム (Sc)　　チタン (Ti)　　バナジウム (V)

クロム (Cr)　　マンガン (Mn)　　鉄 (Fe)

コバルト (Co)　　ニッケル (Ni)　　銅 (Cu)

図 20.2 第一遷移系列の元素

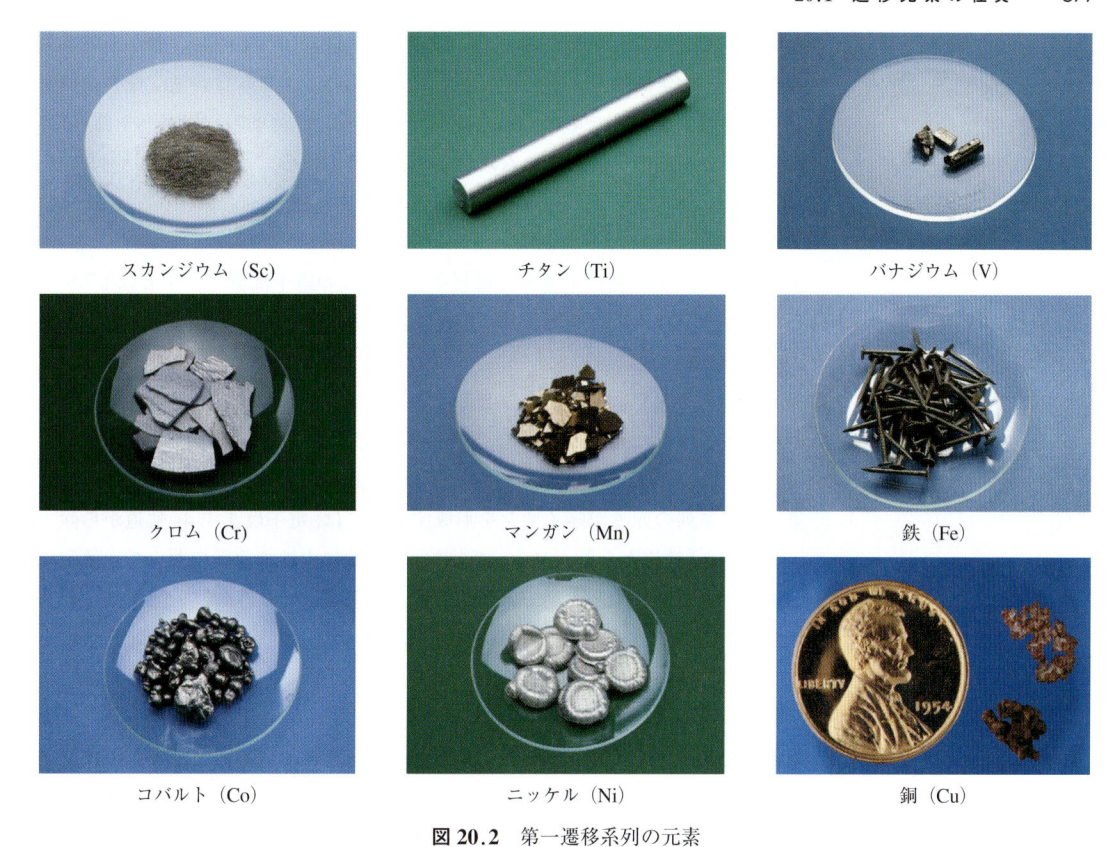

表 20.1　第一遷移系列の元素の電子配置とさまざまな性質

	Sc	Ti	V	Cr	Mn	Fe	Co	Ni	Cu
電子配置									
M	$4s^23d^1$	$4s^23d^2$	$4s^23d^3$	$4s^13d^5$	$4s^23d^5$	$4s^23d^6$	$4s^23d^7$	$4s^23d^8$	$4s^13d^{10}$
M^{2+}	—	$3d^2$	$3d^3$	$3d^4$	$3d^5$	$3d^6$	$3d^7$	$3d^8$	$3d^9$
M^{3+}	[Ar]	$3d^1$	$3d^2$	$3d^3$	$3d^4$	$3d^5$	$3d^6$	$3d^7$	$3d^8$
電気陰性度	1.3	1.5	1.6	1.6	1.5	1.8	1.9	1.9	1.9
イオン化エネルギー($kJ\ mol^{-1}$)									
第一	631	658	650	652	717	759	760	736	745
第二	1235	1309	1413	1591	1509	1561	1645	1751	1958
第三	2389	2650	2828	2986	3250	2956	3231	3393	3578
半径(pm)									
M	162	147	134	130	135	126	125	124	128
M^{2+}	—	90	88	85	80	77	75	69	72
M^{3+}	81	77	74	64	66	60	64	—	—
標準電極電位(V)*	−2.08	−1.63	−1.2	−0.74	−1.18	−0.44	−0.28	−0.25	+0.34

* 半反応 $M^{2+}(aq)+2e^- \longrightarrow M(s)$ に対する値(ただし,ScとCrにおけるイオンは,それぞれSc^{3+}とCr^{3+}である).

値をみると,銅を除く遷移元素は,塩酸のような強酸と反応して水素を生成することが予測される.しかし,ほとんどの遷移元素は,その表面に酸化物の保護層が形成されるため,酸に対して不活性であるか,あるいは酸とゆっくりと反応する程度である.例としてクロムをあげよう.クロムの標準電極電位は,かなり絶対値が大

きな負の値であるにもかかわらず，表面に酸化クロム(Ⅲ) Cr_2O_3 の層が形成されているために，化学的に全く不活性である．このため，クロムは普通，他の金属を保護したり，腐食を防ぐためのめっきに利用される．自動車のバンパーや飾りには，表面の保護と装飾の目的でクロムめっきが施されている．

電 子 配 置

スカンジウムから銅に至る第一遷移系列の元素の電子配置は，すでに§7.9 で議論した．カルシウムの電子配置は，$[Ar]4s^2$ である．スカンジウムから銅に至るまで，電子は 3d 軌道に付け加わっていく．すなわち，スカンジウムの外殻電子配置は $4s^23d^1$，チタンでは $4s^23d^2$，などとなる．二つの例外がクロムと銅である．クロムの外殻電子配置は $4s^13d^5$ であり，銅では $4s^13d^{10}$ となる．これらの不規則性は，半分満たされた，および完全に満たされた 3d 副殻がもつ特別の安定性に由来する．

第一遷移系列の元素が陽イオンを形成する際には，電子はまず 4s 軌道から除去され，ついで 3d 軌道から除かれる．（これは電気的に中性の原子において，軌道に電子が満たされていく順序と逆である．）たとえば，Fe^{2+} の外殻電子配置は $3d^6$ であり，$4s^23d^4$ ではない．

酸 化 状 態

第 4 章で述べたように，遷移元素は，その化合物においてさまざまな酸化状態をとる．図 20.3 にスカンジウムから銅までの遷移元素がとる酸化状態を示す．それぞれの元素がとる普通の酸化状態は，＋2，＋3，あるいはその両方であることに注意しよう．スカンジウムから銅に至る系列の最初の方では ＋3 の酸化状態がより安定であるが，終わりの方になると，＋2 の酸化状態がより安定となる．その理由は，その系列の左から右へと原子番号が増加するにつれて，イオン化エネルギーが徐々に増大することにある．特に，3d 軌道にある電子が除去される際のイオン化エネルギーである第三イオン化エネルギーは，第一，および第二イオン化エネルギーに比べて，著しく増大する．したがって，その系列の終わりの方にある金属から第三の電子を除去するためには，最初の方にある金属よりも多くのエネルギーが必要となる．このため，その系列の終わりの方にある金属は，M^{3+} よりもむしろ M^{2+} を形成

図 20.3 第一遷移系列の元素（Zn を除く）の酸化状態．それぞれの元素において最も安定な酸化数には，色をつけてある．$Ni(CO)_4$ や $Fe(CO)_5$ のように，0 価の元素を含む化合物も存在する．

Sc	Ti	V	Cr	Mn	Fe	Co	Ni	Cu
				+7				
			+6	+6	+6			
		+5	+5	+5	+5			
	+4	+4	+4	+4	+4	+4		
+3	+3	+3	+3	+3	+3	+3	+3	+3
	+2	+2	+2	+2	+2	+2	+2	+2
								+1

しやすくなる．

最も高い酸化状態は，マンガン（$4s^23d^5$）の +7 である．一般に，遷移元素は，酸素やフッ素のような非常に電気陰性度の大きい元素との化合物において，最も高い酸化状態を示す．例として，VF_5，CrO_3，Mn_2O_7 などがある．

酸化数の大きい遷移元素を含む酸化物は，共有結合性が高く酸性であるのに対して，酸化数の小さい遷移元素を含む酸化物は，イオン性が高く塩基性を示すことを思い出そう（§16.10 を見よ）．

考え方の復習

つぎの (1)～(4) に示した電子配置をもつ遷移元素の原子，あるいはイオンについて，以下の周期表における位置を示せ．(1) $[Kr]5s^24d^5$，(2) $[Xe]6s^24f^{14}5d^4$，(3) $[Ar]3d^3$（+4 価のイオン），(4) $[Xe]4f^{14}5d^8$（+3 価のイオン）．表 7.3 を参照せよ．

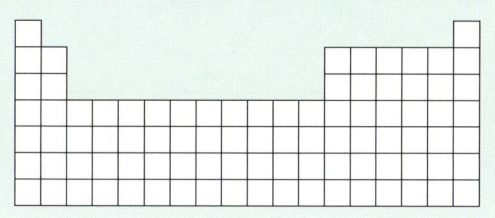

20.2 配位化合物

遷移元素は非常に錯イオンを形成しやすい（p.506 を見よ）．典型的な**配位化合物**は，錯イオンと対イオンから形成される．（ただし，$Fe(CO)_5$ のように，錯イオンを含まない配位化合物もあることに注意してほしい．）現在における配位化合物の性質に関する理解は，多くの配位化合物を合成してその特性を解析したスイスの化学者ウェルナーの古典的な仕事に由来している．1893 年，26 歳のときにウェルナーは，現在では一般にウェルナーの配位理論とよばれる理論を提案した．

19 世紀の化学者たちは，原子価理論に従わないように見えるある種の反応に悩まされていた．たとえば，塩化コバルト(III) とアンモニアでは，それぞれの化合物に含まれる元素の原子価は完全に満たされているように思われるが，これら二つの物質は反応して，化学式 $CoCl_3 \cdot 6NH_3$ をもつ安定な化合物を与える．この挙動を説明するために，ウェルナーは，多くの元素は 2 種類の原子価をもつと仮定し，それらを主原子価，および側原子価と名づけた．現代の用語では，主原子価は酸化数に対応し，側原子価は元素の配位数に対応する．ウェルナーによると，$CoCl_3 \cdot 6NH_3$ では，コバルトは 3 価の主原子価と 6 価の側原子価をもつと表現される

今日では，化学式 $[Co(NH_3)_6]Cl_3$ を用いて，アンモニア分子とコバルト原子が錯イオンを形成することを表す．なお，塩化物イオンは錯体の一部ではなく，イオン的な力によって錯体に保持されている．配位化合物に含まれる金属は，すべてではないが，ほとんどが遷移元素である．

錯イオンにおいて金属を取り囲む分子，あるいはイオンを**配位子**という（表 20.2）．金属原子と配位子の間の相互作用は，ルイス酸塩基反応と見なすことができる．§16.11 で述べたように，ルイス塩基は，1 対，あるいは複数の電子対を供与できる物質である．あらゆる配位子は，価電子として少なくとも 1 対の非共有電子対をもつ．以下に，配位子となる分子やイオンの例を示す．

配位化合物 coordination compound

錯イオンはその中心に，1 個，あるいは複数のイオンや分子と結合した金属イオンをもっている（§17.7 を見よ）．錯イオンは，陽イオンの場合も，陰イオンの場合もある．

ウェルナー Alfred Werner

配位子 ligand

配位子は金属に電子を供与することにより，ルイス塩基としてはたらく．金属は配位子から電子を受容することにより，ルイス酸としてはたらく．

表 20.2　代表的な配位子

名称	構造
単座配位子	
アンモニア	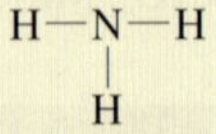 H–N(H)–H (with lone pair)
一酸化炭素	:C≡O:
塩化物イオン	:Cl:⁻
シアン化物イオン	[:C≡N:]⁻
チオシアン酸イオン	[:S–C≡N:]⁻
水	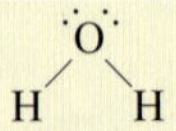 H–O–H (with lone pairs)
二座配位子	
エチレンジアミン	$H_2N-CH_2-CH_2-NH_2$
シュウ酸イオン	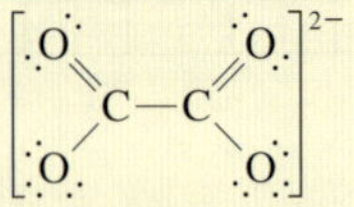 $[O_2C-CO_2]^{2-}$
多座配位子	
エチレンジアミン四酢酸イオン (EDTA)	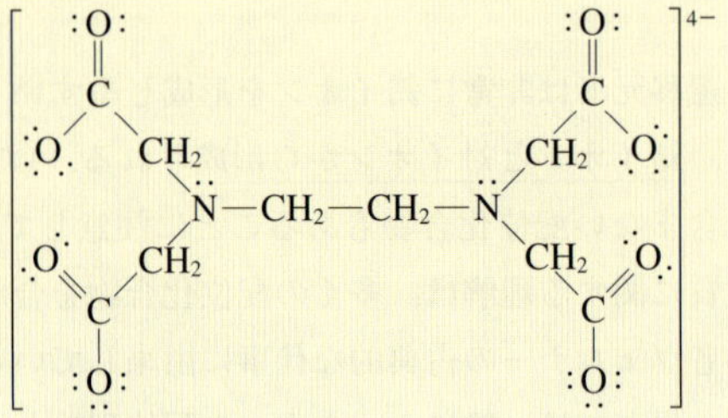 (EDTA構造式) $^{4-}$

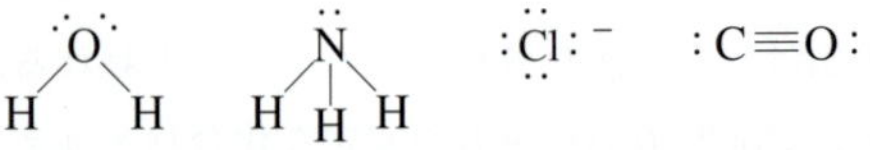

したがって，配位子はルイス塩基としての役割を果たす．一方，遷移元素の原子は電気的に中性の状態でも，あるいは正電荷をもっていてもルイス酸として作用し，ルイス塩基から供与される電子対を受容して，それを共有する．このように，金属と配位子との結合は，普通，配位共有結合となる（§9.9を見よ）．

　金属原子と直接結合している配位子の原子は，**供与体原子**とよばれる．たとえば，窒素は，錯イオン$[Cu(NH_3)_4]^{2+}$における供与体原子である．また，配位化合物において，錯イオンの中心金属原子を取り囲む供与体原子の数を**配位数**と定義する．たとえば，$[Ag(NH_3)_2]^+$におけるAg^+の配位数は2，$[Cu(NH_3)_4]^{2+}$におけるCu^{2+}の配位数は4，$[Fe(CN)_6]^{3-}$におけるFe^{3+}の配位数は6である．最もよく見られる配位数は4と6であるが，2や5といった配位数をもつ錯イオンも知られている．

　配位子は，その配位子に存在する供与体原子の数によって，単座配位子，二座配位子，あるいは多座配位子に分類される（表20.2を見よ）．H_2OやNH_3は，それぞれただ一つの供与体原子をもつ単座配位子である．エチレンジアミンは二座配位子

供与体原子 donor atom

配位数 coordination number

結晶格子における原子（あるいはイオン）の配位数は，原子（あるいはイオン）を取り囲む原子（あるいはイオン）の数と定義される．

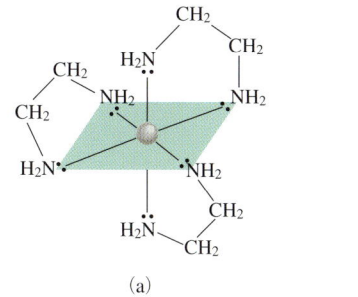

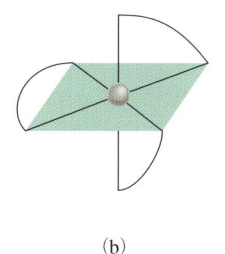

図 20.4 (a) [Co(en)₃]²⁺ のような金属-エチレンジアミン錯体陽イオンの構造．それぞれのエチレンジアミン分子は，供与体原子として 2 個の窒素原子をもつので，二座配位子である．(b) 同じ錯体陽イオンの簡略化した構造

の例であり，しばしば en と略記される．

$$H_2N-CH_2-CH_2-NH_2$$

図 20.4 に示すように，エチレンジアミンでは，2 個の窒素原子が金属原子と配位できる．

<u>二座，および多座配位子は，それらがカニのはさみのように金属原子を保持できる</u>ことから，**キレート剤**ともよばれる（"カニのはさみ（claw）"を意味するギリシャ語の chele に由来する）．一つの例は，多座配位子のエチレンジアミン四酢酸イオン（EDTA と略記する）である．EDTA は，6 個の供与体原子によって鉛と非常に安定な錯イオンを形成する（図 20.5）．これによって，EDTA は，鉛を血液から取除き身体から排出させるなど，金属中毒の治療剤として使用される．また，EDTA は流出した放射性金属を除去するためにも用いられる．

キレート剤 chelating agent

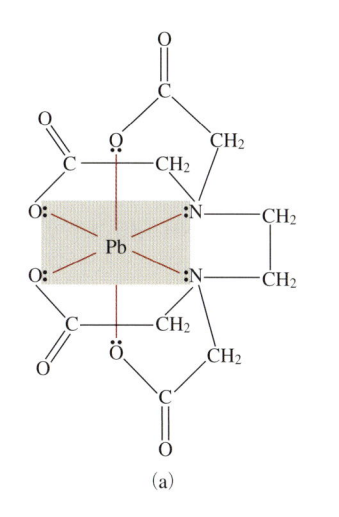

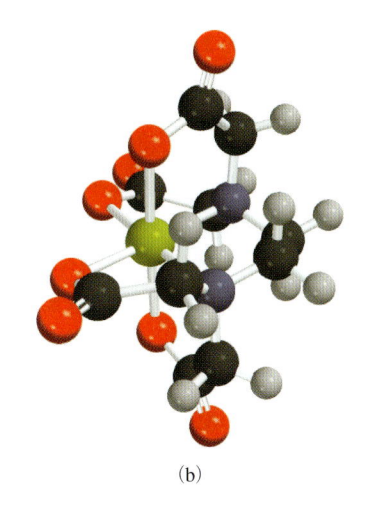

図 20.5 (a) 鉛の EDTA 錯体の構造．供与体原子である 4 個の酸素原子はそれぞれ -1 の電荷をもち，鉛イオンは +2 の電荷をもつので，この錯体は全体で -2 の電荷をもっている．図には，結合に関与する非共有電子対のみが示されている．(b) Pb²⁺ と EDTA から形成される錯体の分子模型．黄色の球は Pb²⁺ を示す．Pb²⁺ のまわりは八面体構造であることに注意せよ．

考え方の復習

つぎの 2 種類の化合物における構造の違いを説明せよ．
$CrCl_3 \cdot 6H_2O$ と $[Cr(H_2O)_6]Cl_3$

配位化合物における金属の酸化数

錯イオンの正味の電荷は，中心にある金属原子とそれを取り囲む配位子の電荷の総和となる．たとえば，$[PtCl_6]^{2-}$では，それぞれの塩化物イオンの酸化数は -1 であるから，Pt の酸化数は $+4$ であることがわかる．配位子が正味の電荷をもたない場合には，金属原子の酸化数は錯イオンの電荷に等しい．たとえば，$[Cu(NH_3)_4]^{2+}$では，それぞれの NH_3 は電気的に中性であるから，Cu の酸化数は $+2$ となる．

例題 20.1

つぎの化合物について，それぞれの中心金属原子の酸化数を求めよ．(a) $[Ru(NH_3)_5(H_2O)]Cl_2$, (b) $[Cr(NH_3)_6](NO_3)_3$, (c) $[Fe(CO)_5]$, (d) $K_4[Fe(CN)_6]$

解法 金属原子の酸化数は，その電荷に等しい．まず，錯イオンに対して電気的な釣り合いをとっている陰イオン，または陽イオンを調べる．これによって，錯イオンの正味の電荷がわかる．つぎに，配位子の性質，すなわち配位子が電荷をもつか，あるいは電気的に中性の化学種かを考慮すると中心金属の正味の電荷がわかり，したがってその酸化数を求めることができる．

解答 (a) NH_3 と H_2O はともに電気的に中性の化学種である．2個の塩化物イオンはそれぞれ -1 の電荷をもつので，Ru の酸化数は $+2$ である．

(b) それぞれの硝酸イオンは -1 の電荷をもつので陽イオンは $[Cr(NH_3)_6]^{3+}$ となるはずである．NH_3 は電気的に中性なので，Cr の酸化数は $+3$ である．

(c) CO は電気的に中性の化学種であるから，Fe の酸化数はゼロである．

(d) それぞれのカリウムイオンは $+1$ の電荷をもつ．したがって，陰イオンは $[Fe(CN)_6]^{4-}$ である．つぎに，それぞれのシアン化物イオンは -1 の電荷をもつことがわかっているので，Fe の酸化数は $+2$ となる．（類似問題: 20.13, 20.14）

練習問題 化合物 $K[Au(OH)_4]$ に含まれる金属の酸化数を求めよ．

配位化合物の命名法

さまざまな種類の配位子や金属の酸化数を議論したところで，つぎに，これらの配位化合物をどのように命名するかについて学ぶことにしよう．配位化合物はつぎに述べる規則によって，体系的に命名される．

1. 他のイオン化合物と同様に，まず陽イオン名をよび，ついで陰イオン名をよぶ†．この規則は，錯イオンが正味の正電荷，あるいは負電荷をもっているかどうかにかかわらず適用される．たとえば，$K_3[Fe(CN)_6]$ と $[Co(NH_3)_4Cl_2]Cl$ では，それぞれの陽イオン K^+ と $[Co(NH_3)_4Cl_2]^+$ を先に命名する†．

2. 錯イオンにおいては，最初に配位子をアルファベット順により，最後に金属イオンを命名する．

3. 陰イオンの配位子の名称は，陰イオンの名称の語尾を文字 o に変える．一方，電気的に中性の配位子は一般に，分子の名称でよばれる．例外は，H_2O (aqua アクア), CO (carbonyl カルボニル), および NH_3 (ammine アンミン) である．表 20.3 にいくつかの一般的な配位子の名称を示す．

4. 同一の配位子が複数存在するとき，それらを命名するために，ギリシャ語の接頭語，di-（ジ），tri-（トリ），tetra-（テトラ），penta-（ペンタ），および hexa-（ヘキサ）などを用いる．たとえば，陽イオン $[Co(NH_3)_4Cl_2]^+$ の配位子は，(tetraamminedichlorido テトラアンミンジクロリド) となる．(配位子をアルファベット順に並べるときには，接頭語は無視することに注意せよ．) 配位子自身

† 訳注: 日本語名では，先に陰イオン名をよび，ついで陽イオン名をよぶ．ただし，陰イオンが錯体でないものの名称は陽イオン名を先によび，—化物または—酸塩のように陰イオン名をあとにつける．

表 20.3　配位化合物における一般的な配位子の名称†

配位子			配位化合物における配位子の名称	
臭化物イオン	bromide	Br^-	ブロミド	bromido
塩化物イオン	chloride	Cl^-	クロリド	chlorido
シアン物イオン	cyanide	CN^-	シアニド	cyanido
水酸化物イオン	hydroxide	OH^-	ヒドロキシド	hydroxido
酸化物イオン	oxide	O^{2-}	オキシド	oxido
炭酸イオン	carbonate	CO_3^{2-}	カルボナト	carbonato
亜硝酸イオン	nitrite	NO_2^-	ニトリト	nitrito
シュウ酸イオン	oxalate	$C_2O_4^{2-}$	オキサラト	oxalato
アンモニア	ammonia	NH_3	アンミン	ammine
一酸化炭素	carbon monoxide	CO	カルボニル	carbonyl
水	water	H_2O	アクア	aqua
エチレンジアミン	ethylenediamine		エチレンジアミン	ethylenediamine
エチレンジアミン四酢酸イオン	ethylenediaminetetraacetate		エチレンジアミンテトラアセタト	ethylenediaminetetraacetato

† 訳注：この名称は IUPAC による 2005 年勧告に従ったものである．詳しくは，"無機化学命名法——IUPAC 2005 年勧告"（東京化学同人，2010）を参照のこと．

がギリシャ語の接頭語を含む場合は，存在する配位子の数を示すために，接頭語，bis-（ビス，2），tris-（トリス，3），および tetrakis-（テトラキス，4）を用いる．たとえば，エチレンジアミンはすでにジを含むので，この配位子が 2 個存在する場合は，ビス（エチレンジアミン）と命名される．

5. 金属イオンの名称のつぎに，金属の酸化数をローマ数字で表記する．たとえば，$[Cr(NH_3)_4Cl_2]^+$ のクロムの酸化状態が +3 であることを示すために，ローマ数字 Ⅲ が用いられ，この陽イオンは，tetraamminedichloridochromium(Ⅲ) ion（テトラアンミンジクロリドクロム(Ⅲ)イオン）と命名される．

6. 陰イオンが錯イオンの場合には，その名称の語尾は -ate（—アート）となる（日本語名では —酸イオンとなる）．たとえば，$K_4[Fe(CN)_6]$ に含まれる陰イオン $[Fe(CN)_6]^{4-}$ は，hexacyanidoferrate(Ⅱ) ion（ヘキサシアニド鉄(Ⅱ)酸イオン）

表 20.4　金属原子を含む陰イオンの名称

金属		陰イオン錯体における金属の名称	
アルミニウム	aluminium	アルミン酸	aluminate
クロム	chromium	クロム酸	chromate
コバルト	cobalt	コバルト酸	cobaltate
銅	copper	銅酸	cuprate
金	gold	金酸	aurate
鉄	iron	鉄酸	ferrate
鉛	lead	鉛酸	plumbate
マンガン	manganese	マンガン酸	manganate
モリブデン	molybdenum	モリブデン酸	molybdate
ニッケル	nickel	ニッケル酸	nickelate
銀	silver	銀酸	argentate
スズ	tin	スズ酸	stannate
タングステン	tungsten	タングステン酸	tungstate
亜鉛	zinc	亜鉛酸	zincate

と命名される．ローマ数字 II は鉄の酸化状態を示していることに注意せよ．表 20.4 に金属原子を含む陰イオンの名称を示す．

例題 20.2

つぎの配位化合物の体系的な名称を書け．
(a) $Ni(CO)_4$, (b) $Na[AuF_4]$, (c) $K_3[Fe(CN)_6]$,
(d) $[Cr(en)_3]Cl_3$．

解　法　配位化合物を命名するには，上記の方法に従えばよい．配位子の名称，および金属原子を含む陰イオンの名称は，それぞれ表 20.3 と表 20.4 を参照する．

解　答　(a) 配位子 CO は電気的に中性の化学種なので，Ni 原子は正味の電荷をもたない．この化合物は，tetracarbonyl nickel(0)（テトラカルボニルニッケル(0)），またはより一般的には nickel tetracarbonyl（ニッケルテトラカルボニル）とよばれる．

(b) ナトリウム陽イオンは +1 の正電荷をもつ．したがって，錯体の陰イオンは，$[AuF_4]^-$ のように −1 の負電荷をもつ．それぞれのフッ化物イオン F^- は −1 の負電荷をもつので，錯イオンの正味の負電荷が −1 となるために，金の酸化数は +3 であることがわかる．したがって，この化合物は

sodium tetrafluoridoaurate(III)
（テトラフルオリド金(III)酸ナトリウム）

と命名される．

(c) 陰イオンが錯イオンであり，3 個のカリウムイオンはそれぞれ +1 の電荷をもつので，錯イオンは −3 の負電荷をもつことがわかる．錯イオン $[Fe(CN)_6]^{3-}$ において，シアン化物イオン CN^- はそれぞれ −1 の電荷をもち，全部で −6 となるから，Fe の酸化数は +3 でなければならない．したがって，この化合物は potassium hexacyanidoferrate(III)（ヘキサシアニド鉄(III)酸カリウム）である．これは，普通，フェリシアン化カリウムとよばれている．

(d) 前述したとおり，en は配位子エチレンジアミンに対する略号である．化合物には 3 個の塩化物イオンがあり，それぞれが −1 の電荷をもつので，陽イオンは $[Cr(en)_3]^{3+}$ となる．配位子 en は電気的に中性なので，Cr の酸化数は +3 でなければならない．3 個の en 基が存在し，その配位子の名称はすでに di- ジ を含んでいるので，規則 4 により，この化合物は

tris(ethylenediamine)chromium(III) chloride
（トリス(エチレンジアミン)クロム(III)塩化物）

とよばれる．（類似問題：20.15，20.16）

練習問題　$[Cr(H_2O)_4Cl_2]Cl$ の体系的な名称を書け．

例題 20.3

つぎの化合物の化学式を書け．(a) ペンタアンミンクロリドコバルト(III)塩化物，(b) ジクロロビス(エチレンジアミン)白金(IV)硝酸塩，(c) ヘキサニトリトコバルト(III)酸ナトリウム．

解　法　上記の方法に従って解答する．配位子の名称，および金属原子を含む陰イオンの名称は，それぞれ表 20.3 と表 20.4 を参照する．

解　答　(a) 錯体の陽イオンは，5 個の NH_3 基と 1 個の Cl^- イオン，および酸化数 +3 をもつ Co イオンを含む．陽イオンの正味の電荷は +2 となるから，その化学式は $[Co(NH_3)_5Cl]^{2+}$ となる．正電荷 +2 の釣り合いをとるために，2 個の塩化物イオン Cl^- が必要である．したがって，この化合物の化学式は $[Co(NH_3)_5Cl]Cl_2$ である．

(b) 2 個の塩化物イオンはそれぞれ −1 の電荷をもち，2 個の en 基は電気的に中性である．さらに，Pt は +4 の酸化数をもっているので，陽イオンの正味の電荷は +2 でなければならない．すなわち，$[Pt(en)_2Cl_2]^{2+}$ と表記される．錯体の陽イオンがもつ +2 の電荷の釣り合いをとるために，2 個の硝酸イオンが必要である．したがって，この化合物の化学式は $[Pt(en)_2Cl_2](NO_3)_2$ である．

(c) 錯体の陰イオンは，それぞれ −1 の電荷をもつ 6 個の亜硝酸イオンと，+3 の酸化数をもつコバルトイオンを含む．したがって，陰イオンの正味の電荷は −3 でなければならないから，$[Co(NO_2)_6]^{3-}$ と表記される．錯体の陰イオンがもつ −3 の電荷の釣り合いをとるために，3 個のナトリウムイオンが必要である．したがって，この化合物の化学式は $Na_3[Co(NO_2)_6]$ である．（類似問題：20.17，20.18）

練習問題　つぎの化合物の化学式を書け．トリス(エチレンジアミン)コバルト(III)硫酸塩．

> **考え方の復習**
>
> ある学生が化合物 [Co(NH$_3$)$_5$(H$_2$O)]Br$_2$ の名称を，aquapentaamminecobalt dibromide（アクアペンタアンミンコバルト二臭化物）と表記した．この名称は正しいか．正しくない場合は，系統的な命名法に基づいて適切な名称を与えよ．

20.3 配位化合物の構造

図20.6に単座配位子をもつ金属錯体について，4種類の異なる幾何学的な構造を示した．これらの図から，金属原子の配位数と錯体の幾何学的な構造は，互いにつぎのような関係にあることがわかる．

配位数	幾何学的な構造
2	直線
4	四面体，あるいは平面四角形
6	八面体

立体異性体とは，同じ種類と数の原子から構成され，原子のつながり方も同一であるが，原子の空間的な配置が異なっている化合物をいう．立体異性体には，幾何異性体と鏡像異性体の2種類がある．鏡像異性体は光学異性体ともよばれる．配位化合物が，これらの一方，あるいは両方の異性を示す場合もある．しかし，多くの配位化合物は，立体異性体をもたないことに注意すべきである．

立体異性体 stereoisomer

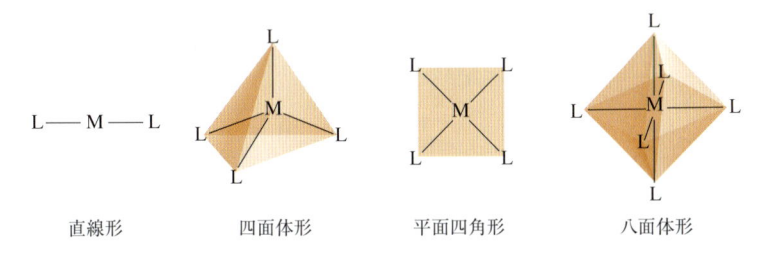

図 20.6 一般的な錯イオンの立体構造．それぞれの図において，Mは金属，Lは単座配位子を表す．

直線形　四面体形　平面四角形　八面体形

配 位 数 2

錯イオン [Ag(NH$_3$)$_2$]$^+$ は Ag$^+$ とアンモニアとの反応によって生成し（表17.4を見よ），Agの配位数は2であり，直線構造をもつ．金属原子の配位数が2の錯体には，ほかに [CuCl$_2$]$^-$，および [Au(CN)$_2$]$^-$ がある．

配 位 数 4

金属原子の配位数が4の錯体には，2種類の構造がある．すなわち，[Zn(NH$_3$)$_4$]$^{2+}$ や [CoCl$_4$]$^{2-}$ のような四面体構造と，[Pt(NH$_3$)$_4$]$^{2+}$ に見られる平面四角形構造である．第11章において，アルケンの幾何異性体について議論した（p.310を見よ）．

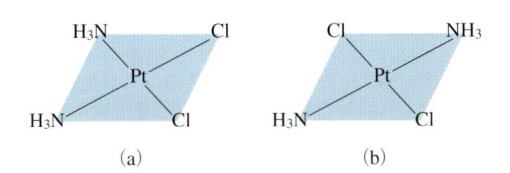

図 20.7 ジアンミンジクロリド白金(II) Pt(NH$_3$)$_2$Cl$_2$ の幾何異性体．(a) シス異性体，(b) トランス異性体．2個のCl原子は，シス異性体では互いに隣接しているが，トランス異性体では対角線上に向かい合って位置している．

2個の異なった単座配位子をもつ平面四角形錯イオンにも，幾何異性体が存在する．図20.7にジアンミンジクロリド白金(II)のシス，およびトランス異性体を示した．いずれの異性体も2個のPt—N結合と2個のPt—Cl結合をもち，結合の種類は同じであるが，それらの空間的配置が異なっている．これらの2種類の異性体は，融点，沸点，色，水に対する溶解性，および双極子モーメントなどの性質が異なっている．

配位数 6

金属原子の配位数が6である錯イオンは，すべて八面体構造をもつ（§10.1を見よ）．2種類以上の異なる配位子が存在する場合には，八面体錯体においても幾何異性体が存在する．例として，図20.8に示すテトラアンミンジクロリドコバルト(III)イオンがある．2種類の幾何異性体は同じ配位子をもち，結合の数と種類も同じであるが，それらの色や他の性質は異なっている（図20.9）．

幾何異性体に加えて，八面体錯イオンでは，鏡像異性体が生じる場合もある．鏡像異性体については，第11章で議論した．図20.10にジクロリドビス(エチレンジアミン)コバルト(III)イオンのシス，およびトランス異性体と，それらの鏡像を示す．注意深く調べると，トランス異性体はその鏡像と重なり合うが，シス異性体では鏡像とは重なり合わないことがわかる．したがって，シス異性体とその鏡像は，鏡像異性体である．興味深いことに，ほとんどの有機化合物の場合とは異なって，これらの化合物には不斉炭素原子が存在しないことに注意してほしい．

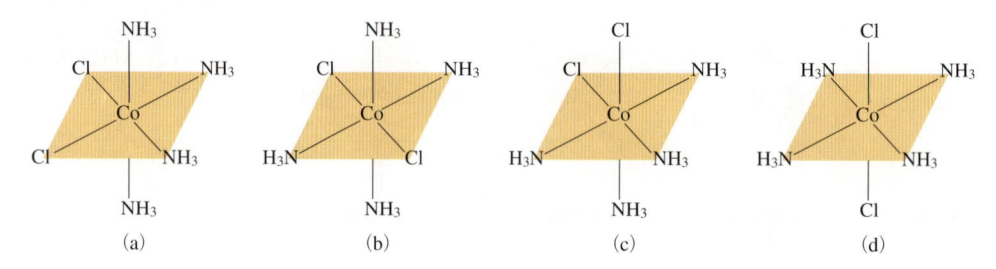

図 20.8 テトラアンミンジクロリドコバルト(III)イオン [$Co(NH_3)_4Cl_2$]$^+$ の幾何異性体．(a) シス異性体，(b) トランス異性体．(a) に示した構造を回転させると (c) となり，(b) に示した構造を回転させると (d) となる．このイオンがとり得る立体構造は，(a) または (c) で表される構造と，(b) または (d) で表される構造の2種類のみである．

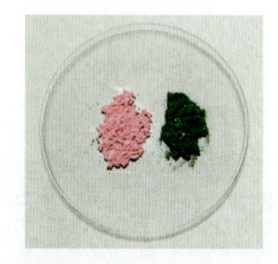

図 20.9 左: *cis*-テトラアンミンジクロリドコバルト(III)塩化物．右: *trans*-テトラアンミンジクロリドコバルト(III)塩化物．

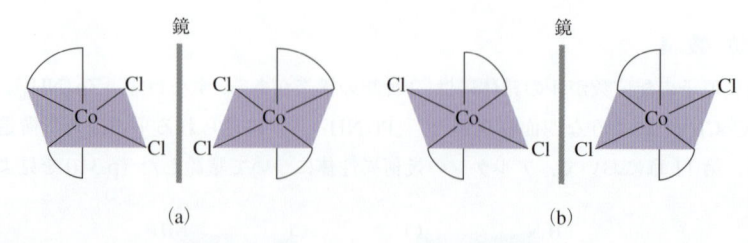

図 20.10 ジクロリドビス(エチレンジアミン)コバルト(III)イオン [$Co(en)_2Cl_2$]$^+$ の簡略化した立体構造とその鏡像；(a) シス異性体，(b) トランス異性体．(b) に示した鏡像を垂直線のまわりに90°時計回りに回転させ，トランス異性体の図と重ね合わせると，それらは一致することがわかる．しかし，シス異性体とその鏡像は，それらをどのように回転させても互いに一致させることはできない．

> **考え方の復習**
>
> 錯イオン $[CoBr_2(en)(NH_3)_2]^+$ に可能な立体異性体の数を求めよ．

20.4 配位化合物の結合：結晶場理論

　配位化合物における結合の理論は，それらの立体構造や結合の強度だけではなく，それらがもつ色や磁性などの性質についても，満足に説明できるものでなければならない．しかし，今のところ，これらをすべて説明できる単一の理論はない．むしろ，遷移元素を含む錯体の結合を理解するために，いくつかの異なる方法が用いられている．本書では，そのうちの一つである結晶場理論についてのみ議論することにしよう．結晶場理論を用いることにより，多数の配位化合物について，それらがもつ特有の色と磁気的性質の両方が説明されている．

　まず，最も直接的な場合，すなわち八面体構造をもつ錯イオンに関する結晶場理論から議論を始めよう．そして，つぎに，四面体構造，あるいは正方平面形の錯体に対して，結晶場理論を適用する方法を述べることにしよう．

八面体錯体における結晶場分裂

　結晶場理論では，錯イオンにおける結合の形成を，純粋に静電的な力によって説明する．錯イオンでは，2種類の静電相互作用がはたらいている．一つは，正電荷をもつ金属イオンと，負電荷をもつ配位子，あるいは極性配位子の負電荷をもつ末端との引力的な相互作用である．この相互作用は，金属と配位子を結びつける力となる．第二の相互作用は，配位子の非共有電子対と，金属のd軌道に存在する電子の間の静電的な反発相互作用である．

　第7章で述べたように，5個のd軌道は異なる配向性をもっているが，外部からの影響がなければ，それらのエネルギーは同じである．さて，八面体錯体においては，中心金属原子は6個の配位子による6個の非共有電子対によって取り囲まれているため，すべての5個のd軌道は静電的な反発相互作用を受ける．この反発相互

"結晶場"という術語は，固体や結晶性物質の性質を説明するために用いられる理論に関するものである．同じ理論が配位化合物の性質を理解するために用いられる．

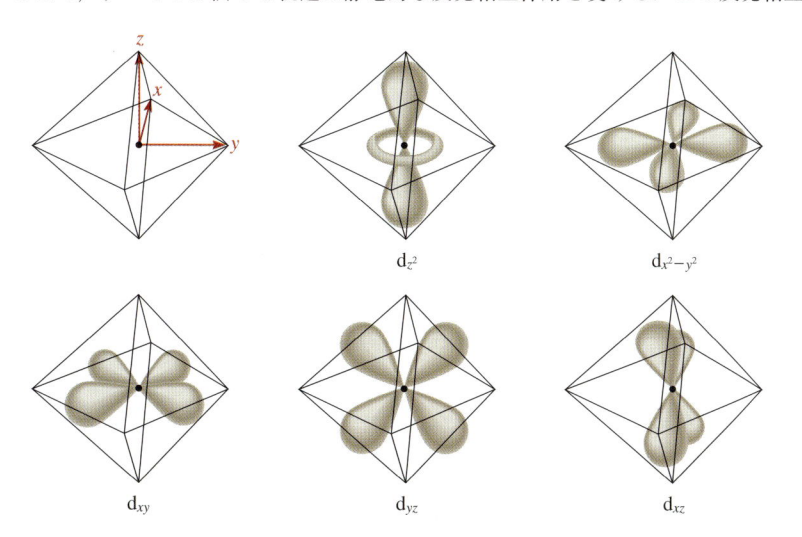

図 20.11 正八面体の環境に置かれた5種類のd軌道．正八面体の中心に金属原子，あるいは金属イオンがあり，6個の頂点のそれぞれには，配位子の供与体原子の非共有電子対が位置している．

d_{z^2}　　$d_{x^2-y^2}$

d_{xy}　　d_{yz}　　d_{xz}

図 20.12 八面体錯体における d 軌道の結晶場分裂

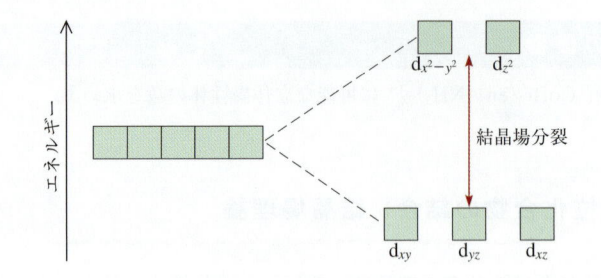

作用の大きさは，それにかかわる d 軌道の配向に依存する．例として，$d_{x^2-y^2}$ 軌道について考えよう．図 20.11 に示すように，この軌道のローブは x 軸と y 軸に沿って正八面体の頂点方向を向いており，そこには配位子の非共有電子対が位置している．このため，この軌道に存在する電子は，たとえば d_{xy} 軌道にある電子と比べて，より大きな反発相互作用を配位子から受ける．この結果，$d_{x^2-y^2}$ 軌道のエネルギーは，d_{xy}, d_{yz}, d_{xz} 軌道と比較して増大することになる．同様に，d_{z^2} 軌道についても，そのローブが z 軸に沿って配位子の方向を向いているので，軌道エネルギーは増大する．

このような金属と配位子との相互作用の結果，八面体錯体の 5 個の d 軌道は 2 組のエネルギー準位に分裂する．すなわち，図 20.12 に示すように，より高いエネルギー準位の組には同一のエネルギーをもつ 2 個の軌道，$d_{x^2-y^2}$ 軌道と d_{z^2} 軌道が含まれ，一方，残りの 3 個の軌道，d_{xy}, d_{yz}, d_{xz} 軌道は，同一のエネルギーをもってより低いエネルギー準位の組を形成する．配位子が存在することによって 2 組に分裂した金属原子の d 軌道間のエネルギー差を**結晶場分裂**といい，Δ を用いて表す．Δ の大きさは，金属，および配位子の性質に依存して変化し，錯イオンの色や磁気的性質に直接的な影響を与える．

結晶場分裂 crystall field splitting

色

第 7 章において，太陽光のような白色光は，すべての色が混じり合ったものであることを学んだ．ある物質がそれに照射されるすべての可視光を吸収すれば，その物質は黒色に見える．一方，全く可視光を吸収しない物質は，白色，あるいは無色となる．光の緑色の成分のみを反射し，他のすべての光を吸収する物体は緑色に見える．また，緑色の補色である赤色を吸収し，それ以外のすべての色を反射する物体も緑色に見える（図 20.13）．

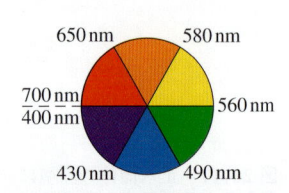

図 20.13 光の色とおおよその波長の関係を示す色の環．赤と緑のような補色の関係にある色は，互いに環の向かい側に位置している．

上述の議論は反射した光に関することであるが，これは溶液などの媒体を透過する光に対しても適用できる．水和された銅(II)イオン $[Cu(H_2O)_6]^{2+}$ を考えてみよう．$[Cu(H_2O)_6]^{2+}$ は可視光領域のうちで橙色の光を吸収する．$CuSO_4$ の水溶液が，橙色の補色である青色に見えるのはこのためである．第 7 章で学んだように，光子（光量子）が原子（あるいは，イオンや分子）と衝突したとき，その光子のエネルギーが原子の基底状態と励起状態のエネルギー差に等しいときには吸収が起こり，原子に含まれる電子はより高いエネルギー準位へと励起される．この知識を用いると，電子遷移に伴うエネルギー変化を計算することができる．光子のエネルギーは式 (7.2) で与えられる．

$$E = h\nu$$

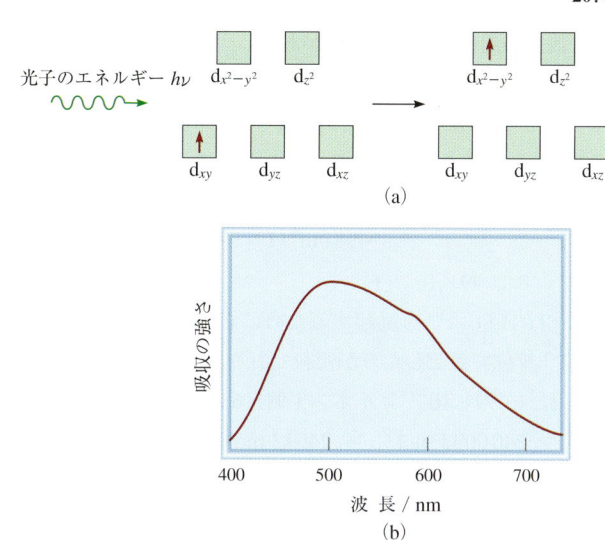

20.4 配位化合物の結合：結晶場理論

図20.14 (a) 光子が吸収される過程，(b) $[Ti(H_2O)_6]^{3+}$ の吸収スペクトル図．吸収した光子のエネルギーは結晶場分裂に等しい．可視光領域の最大吸収波長は 498 nm である．

ここで h はプランク定数（6.63×10^{-34} J s），ν は光の振動数を表す．波長 600 nm の光では $\nu = 5.00 \times 10^{14}$ s^{-1} となる．したがって，錯イオンが波長 600 nm の光を吸収することによって起こる電子遷移に伴うエネルギー変化 Δ は，$E = \Delta$ であるから，次式によって計算される．

$$\begin{aligned}\Delta &= h\nu \\ &= (6.63 \times 10^{-34} \text{ J s})(5.00 \times 10^{14} \text{ s}^{-1}) \\ &= 3.32 \times 10^{-19} \text{ J}\end{aligned}$$

なお，この値はイオン 1 個によって吸収されるエネルギーであることに注意してほしい．錯イオンによって吸収される光子の波長が可視光領域の外にある場合には，透過した光の色は入射した光と同じ，すなわち白色であり，錯イオンは無色に見える．

結晶場分裂を測定するための最も良い方法は，分光法を用いて，錯イオンが吸収する光の波長を決定することである．例として，$[Ti(H_2O)_6]^{3+}$ を考えよう．この錯イオンに含まれる Ti^{3+} はただ 1 個の 3d 電子をもつので，最も単純な例となる（図 20.14）．$[Ti(H_2O)_6]^{3+}$ は可視光領域に吸収をもち（図 20.15），その吸収極大波長は 498 nm である（図 20.14 (b)）．この情報から，つぎのように結晶場分裂 Δ を計算することができる．まず，Δ と吸収される光の振動数 ν の関係は，

$$\Delta = h\nu \tag{20.1}$$

d-d 遷移が起こると，遷移金属錯体は色をもつ．したがって，一般に，d^0，あるいは d^{10} の電子配置をもつ錯イオンは無色である．

図20.15 第一遷移系列（Zn を除く）のイオンを含む水溶液の色．左から右へ：Ti^{3+}，Cr^{3+}，Mn^{2+}，Fe^{3+}，Co^{2+}，Ni^{2+}，Cu^{2+}．Sc^{3+} と V^{5+} の水溶液は無色である．

また，振動数と波長の間には次式の関係がある．

$$\nu = \frac{c}{\lambda}$$

ここで c は光速度，λ は光の波長である．したがって，

式(7.3) は $c = \lambda\nu$ であることを示している．

$$\Delta = \frac{hc}{\lambda} = \frac{(6.63 \times 10^{-34}\,\text{J s})(3.00 \times 10^{8}\,\text{m s}^{-1})}{(498\,\text{nm})(1 \times 10^{-9}\,\text{m}/1\,\text{nm})}$$

$$= 3.99 \times 10^{-19}\,\text{J}$$

この値は 1 個の $[\text{Ti}(\text{H}_2\text{O})_6]^{3+}$ を励起するために必要なエネルギーである．エネルギー差は kJ mol^{-1} 単位で表記した方が便利である．すなわち，

$$\Delta = (3.99 \times 10^{-19}\,\text{J}/\text{イオン 1 個})(6.02 \times 10^{23}\,\text{個 mol}^{-1})$$

$$= 240\,000\,\text{J mol}^{-1} = 240\,\text{kJ mol}^{-1}$$

同じ金属イオンをもち配位子が異なる多数の錯体について分光学的なデータが集められ，それぞれの配位子に対する結晶場分裂が計算された．それらに基づいて，<u>d 軌道のエネルギー準位を分裂させる配位子の能力は，つぎの順序に増大することがわかっている</u>．この序列は**分光化学系列**とよばれる．

分光化学系列 spectrochemical series

どのような金属原子（あるいは，イオン）に対しても，分光化学系列の順序は変わらない．

$$\text{I}^- < \text{Br}^- < \text{Cl}^- < \text{OH}^- < \text{F}^- < \text{H}_2\text{O} < \text{NH}_3 < \text{en} < \text{CN}^- < \text{CO}$$

これらの配位子は，Δ の値が増大する順序に並べられている．CO と CN^- は d 軌道エネルギー準位の大きな分裂をひき起こすので，<u>強結晶場配位子</u>とよばれる．一方，ハロゲン化物イオンや水酸化物イオンにおける d 軌道の分裂の程度は比較的小さいので，これらは<u>弱結晶場配位子</u>とよばれる．

考え方の復習

Cr^{3+} が，2 種類の電荷をもたない配位子 X, Y と八面体形の錯体を形成するとしよう．$[\text{CrX}_6]^{3+}$ は青色であるのに対して，$[\text{CrY}_6]^{3+}$ は黄色である．X と Y のうち，より強い結晶場を与えるのはどちらか．

磁気的性質

結晶場分裂の大きさは，錯イオンが示す磁気的な性質を決定する要因となる．$[\text{Ti}(\text{H}_2\text{O})_6]^{3+}$ はただ 1 個の d 電子をもつので，常に常磁性である．しかし，複数の d 電子をもつイオンにおいては，状況は単純ではない．たとえば，八面体構造をもつ錯イオン $[\text{FeF}_6]^{3-}$ と $[\text{Fe}(\text{CN})_6]^{3-}$ を考えよう（図 20.16）．Fe^{3+} の電子配置は $[\text{Ar}]3\text{d}^5$ であるが，5 個の d 電子を 2 組に分裂した d 軌道に分布させるには，二つの方法が可能である．フントの規則によると（§7.8 を見よ），5 個の電子がそれぞ

図 20.16 Fe^{3+}，および錯イオン $[\text{FeF}_6]^{3-}$ と $[\text{Fe}(\text{CN})_6]^{3-}$ のエネルギー準位図

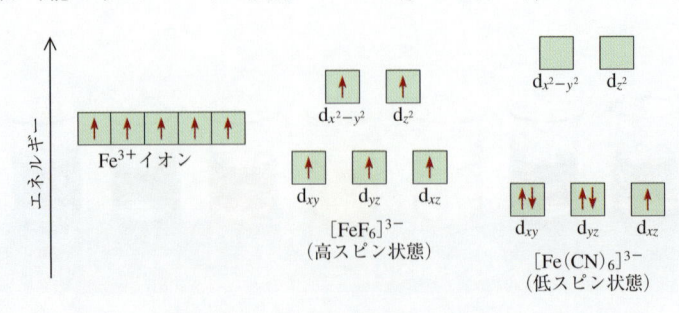

20.4 配位化合物の結合：結晶場理論

れ別々の軌道にスピンを平行にして配置されるときに，最も大きな安定性が得られる．しかし，この配置を達成するためには，5個の電子うち2個をよりエネルギーの高い $d_{x^2-y^2}$ 軌道と d_{z^2} 軌道に昇位させる必要があるため，エネルギーを投入しなければならない．一方，5個の電子がすべて d_{xy}, d_{yz}, および d_{xz} 軌道に入るならば，このようなエネルギーの投入は必要ない．この場合には，パウリの排他原理に従って（p.192），ただ1個の不対電子が存在するだけとなる．

図20.17に2組に分裂したd軌道に，4個から7個の電子を分布させる2種類の方法を示した．不対電子がより少ない配置をもつ錯体を<u>低スピン錯体</u>，より多い配置をもつ錯体を<u>高スピン錯体</u>という．実際の電子配置は，平行スピンの数が最大となることによって得られる安定性と，より高いd軌道へ電子を昇位させるために必要なエネルギーの大きさによって決定される．Fe^{3+} の錯体に戻ると，F^- は弱結晶場配位子であるから，5個のd電子はそれぞれ別々の5個のd軌道にスピンを平行にして入るため，$[FeF_6]^{3-}$ は高スピン錯体となる（図20.16を見よ）．一方，強結晶場配位子である CN^- の場合には，5個の電子がすべてより低い軌道にある方がエネルギー的に有利となるので，$[Fe(CN)_6]^{3-}$ は低スピン錯体となる．一般に，高スピン錯体は，低スピン錯体よりも強い常磁性をもつ．

実際に錯イオンがもつ不対電子，すなわちスピンの数は，磁気測定によって決定することができ，一般に，結晶場分裂に基づく予測と一致した結果が得られる．なお，図20.17からわかるように，低スピン錯体と高スピン錯体における不対電子の数の違いは，金属イオンがもつd電子の数が4個から7個までの場合にのみ現れる．

錯イオンの磁気的性質は，錯イオンがもつ不対電子の数に依存する．

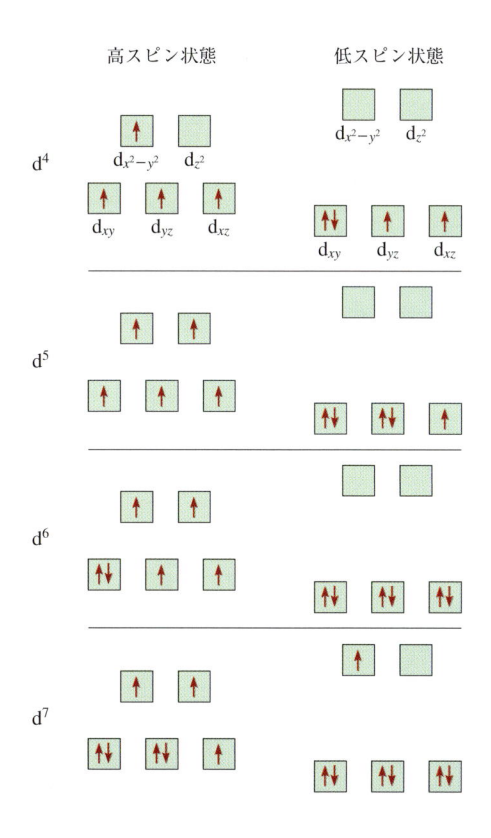

図 20.17 d^4, d^5, d^6, d^7 電子配置をもつ八面体錯体の高スピン状態，および低スピン状態に対する軌道図．d^1, d^2, d^3, d^8, d^9, d^{10} 電子配置をもつ錯体では，このような違いは現れない．

例題 20.4

錯イオン $[Cr(en)_3]^{2+}$ がもつ不対電子の数を予想せよ．

解法 錯イオンの磁気的性質は，配位子が与える結晶場の強さに依存する．強結晶場配位子は，d 軌道エネルギー準位の間に大きな分裂をひき起こすので，低スピン錯体を与えやすい．一方，弱結晶場配位子では，d 軌道エネルギー準位の間の分裂の程度は小さいので，高スピン錯体を与えやすい．

解答 Cr^{2+} の電子配置は $[Ar]3d^4$ である．en は強結晶場配位子なので，$[Cr(en)_3]^{2+}$ は低スピン錯体であると予想される．図 20.17 に示すように，4 個の電子はすべてより低いエネルギーの d 軌道，すなわち d_{xy}, d_{yz}, d_{xz} 軌道に配置され，この結果，錯イオンは全部で 2 個の不対電子をもつと推定される．（類似問題：20.30）

練習問題 $[Mn(H_2O)_6]^{2+}$ には何個の不対電子があるか．ただし，H_2O は弱結晶場配位子である．

四面体錯体と平面四角形錯体

これまでは，八面体錯体に集中して議論してきた．他の 2 種類の錯体，すなわち四面体錯体と平面四角形錯体における d 軌道エネルギー準位の分裂も，結晶場理論によってうまく説明することができる．実際には，四面体錯体における分裂の様式は，八面体錯体のちょうど逆になる．すなわち，四面体錯体の場合には，d_{xy}, d_{yz}, d_{xz} 軌道は配位子に対してより近くに位置しているので，$d_{x^2-y^2}$ 軌道や d_{z^2} 軌道よりもエネルギーが高くなる（図 20.18）．ほとんどの四面体錯体は高スピン錯体である．おそらく，配位子が四面体形に配列すると金属と配位子との相互作用は小さくなり，このため結晶場分裂 Δ の値も小さくなるのであろう．八面体錯体に比べて四面体錯体では配位子の数が少ないので，この推測は理にかなっていると思われる．

図 20.19 に示すように，平面四角形錯体における分裂様式は最も複雑である．明らかに，八面体錯体と同様に，$d_{x^2-y^2}$ 軌道のエネルギーが最も高くなり，ついで d_{xy} 軌道が高いエネルギーをもつ．しかし，d_{z^2} 軌道と，d_{xz}, d_{yz} 軌道の相対的な安定性は簡単に説明することはできず，それを決めるには計算によらねばならない．

図 20.18 四面体錯体における d 軌道の結晶場分裂

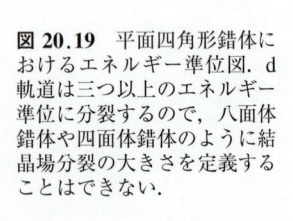

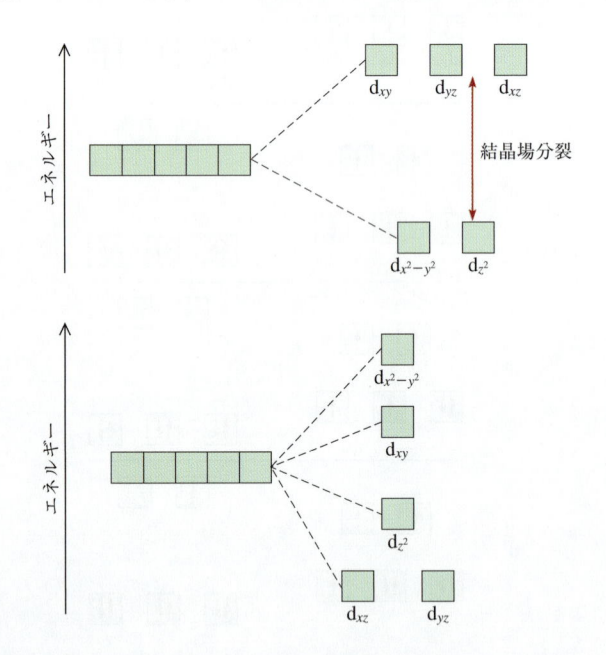

図 20.19 平面四角形錯体におけるエネルギー準位図．d 軌道は三つ以上のエネルギー準位に分裂するので，八面体錯体や四面体錯体のように結晶場分裂の大きさを定義することはできない．

20.5　配位化合物の反応

　溶液中において錯イオンは，配位子交換反応（あるいは，配位子置換反応）をする．この反応の速度は，金属イオンと配位子の性質に依存して著しく異なる．

　配位子交換反応を理解するためには，錯イオンの安定性と，速度論的置換活性とよばれる錯イオンの反応しやすさとを区別することが重要である．ここでいう錯イオンの安定性とは，その化学種の熱力学的な性質であり，生成定数 K_f（p.507 を見よ）によって評価される．たとえば，テトラシアニドニッケル酸(Ⅱ)イオンは大きな生成定数をもつので（$K_f \approx 1 \times 10^{30}$），その錯イオンは安定であるということができる．

$$Ni^{2+} + 4CN^- \rightleftharpoons [Ni(CN)_4]^{2-}$$

ところが，放射性同位体である炭素-14 で標識したシアン化物イオンを用いることにより，$[Ni(CN)_4]^{2-}$ は溶液中できわめてすみやかに配位子交換反応を起こすことが知られている．二つの化学種を混合するとすぐに，次式に示す平衡が成立する．

$$[Ni(CN)_4]^{2-} + 4{}^*CN^- \rightleftharpoons [Ni({}^*CN)_4]^{2-} + 4CN^-$$

ここで星印をつけた炭素原子は ^{14}C を表している．テトラシアニドニッケル酸(Ⅱ)イオンのようなすみやかに配位子交換反応を起こす錯体を，**置換活性錯体**という．このように，熱力学的に安定な錯体，すなわち生成定数の大きな錯体が，必ずしも反応性が低いとは限らない．（§14.4 において，活性化エネルギーが小さいほど，反応速度定数が大きく，したがって反応速度も大きくなることを述べた．）

> 平衡状態では，錯イオン中に $^*CN^-$ が分布する．
>
> **置換活性錯体** labile complex

　$[Co(NH_3)_6]^{3+}$ は，酸性溶液中で熱力学的に不安定な錯体の例である．つぎの反応の平衡定数は約 1×10^{20} である．

$$[Co(NH_3)_6]^{3+} + 6H^+ + 6H_2O \rightleftharpoons [Co(H_2O)_6]^{3+} + 6NH_4^+$$

平衡に到達したときの $[Co(NH_3)_6]^{3+}$ の濃度は非常に低い．しかし，この反応は，$[Co(NH_3)_6]^{3+}$ の反応性が非常に低いために，完結するのに数日を必要とする．$[Co(NH_3)_6]^{3+}$ のように，配位子交換反応が非常に遅い，たとえば時間，あるいは日の単位で起こるような錯イオンを，**置換不活性錯体**という．この錯体の存在は，熱力学的に不安定な錯体が，必ずしも化学的な反応性が高いとは限らないことを示している．反応速度は活性化エネルギーによって決定されるが，このような錯体の配位子交換反応は，高い活性化エネルギーをもっているのである．

> **置換不活性錯体** inert complex

　Co^{3+}，Cr^{3+}，Pt^{2+} を含むほとんどの錯イオンは，速度論的に不活性である．これらの錯イオンの配位子交換反応は非常に遅いので，溶液中で容易に研究することができる．この理由により，配位化合物の結合，構造，および異性化に関する知識のほとんどは，これらの化合物に関する研究に基づいたものとなっている．

20.6　生体系における配位化合物

　動物や植物において，配位化合物は大きな役割を果たしている．配位化合物は，たとえば，酸素の貯蔵と運搬に関与し，生体内反応の触媒や電子運搬体としてはたらき，また光合成においても必須の物質である．本節では，ポルフィリン基を含む配位化合物，および抗がん剤として有用なシスプラチンについて簡単に議論しよう．

ヘモグロビンと関連化合物

ヘモグロビンは代謝過程において，酸素運搬体として機能している．この分子は，サブユニットとよばれる 4 本の折りたたまれた長い鎖から構成される．ヘモグロビンは血液中で肺から組織へと酸素を運搬し，組織において酸素分子をミオグロビンへ渡す．ミオグロビン分子はただ一つのサブユニットからできており，筋肉において代謝過程に用いられる酸素を貯蔵する．

それぞれのサブユニットには，ヘム基とよばれる Fe^{2+} とポルフィリン基から形成される錯イオンが含まれる（図 20.20(a)）．ポルフィリン基に含まれる 4 個の窒素原子が Fe^{2+} に配位し，さらにタンパク質分子の一部である配位子の窒素原子も供与体原子として Fe^{2+} に配位している．水分子が第 6 番目の配位子として，ポルフィリン環平面のもう一方の側から錯イオンに結合し，全体として八面体構造をとっている（図 20.20(b)）．この状態の分子はデオキシヘモグロビンとよばれ，静脈血にうっすらとした青みを与える．配位子の水は容易に酸素分子と置き換わることができ，動脈血に見られる赤色のオキシヘモグロビンが形成される．

鉄−ポルフィリン錯体は，シトクロムとよばれる別の種類のタンパク質にも存在する．シトクロムにおいても鉄は八面体錯体を形成しているが，第 5 と第 6 番目の配位子はいずれも，タンパク質の構造の一部となっている（図 20.20(c)）．配位子は金属イオンに対して強く結合しているので，それらは酸素，あるいは他の配位子によって置き換わることはない．その代わり，シトクロムは代謝過程において必要な電子運搬体としてはたらく．すなわち，シトクロムに含まれる鉄は，次式のようなすみやかな可逆的な酸化還元反応を行う．

$$Fe^{3+} + e^- \rightleftharpoons Fe^{2+}$$

この反応と共役して，炭水化物のような有機分子の酸化反応が進行する．

クロロフィルは植物の光合成に必須の分子であるが，それもまたポルフィリン環をもっている．ただし，クロロフィルに含まれる金属イオンは，Fe^{2+} ではなく Mg^{2+} である．

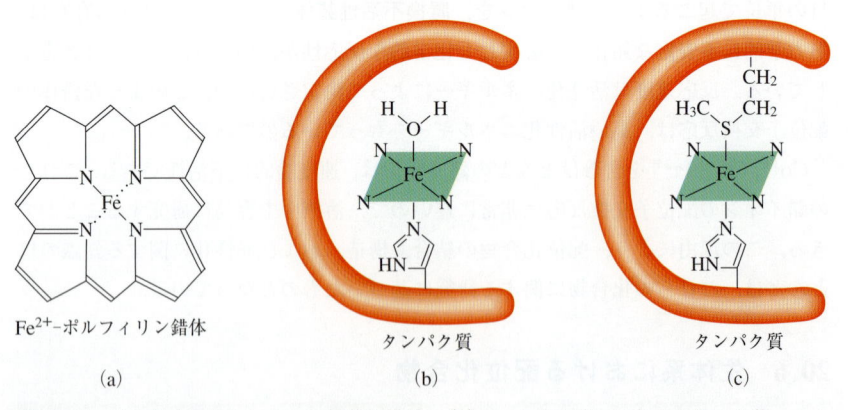

図 20.20 (a) Fe^{2+}-ポルフィリン錯体の構造．(b) ヘモグロビンに含まれるヘム基．ヘム基の 4 個の窒素原子が Fe^{2+} に配位している．ポルフィリンの下方にある配位子は，タンパク質の一部であるヒスチジンに由来する．水分子が第 6 番目の配位子となっており，これは酸素分子と置き換わることができる．(c) シトクロムに含まれるヘム基．ポルフィリンの上方と下方の配位子は，いずれもタンパク質の一部であるメチオニンとヒスチジンに由来する．メチオニン，およびヒスチジンはタンパク質を構成するアミノ酸の名称である（表 22.2 を見よ）．

シスプラチン

1960年代の中ごろ，科学者たちは，シスプラチンとよばれる cis-ジアンミンジクロリド白金(II) cis-[Pt(NH$_3$)$_2$Cl$_2$] が，ある種のがんに対して効果的な薬剤になることを発見した（図20.7を見よ）．シスプラチンが機能する機構は，DNA（デオキシリボ核酸）とのキレート錯体の形成に基づいている．シスプラチンは，2個の塩化物イオンが DNA 分子に含まれる窒素原子と置換し，橋かけ結合を形成することによって DNA と結合する（図20.21）．これによって DNA 複製過程における誤りが誘発され，それが突然変異をひき起こし，最終的にはがん細胞が破壊される．興味深いことに，シスプラチンの幾何異性体である trans-[Pt(NH$_3$)$_2$Cl$_2$] は DNA に結合することができないため，抗がん作用をもたない．

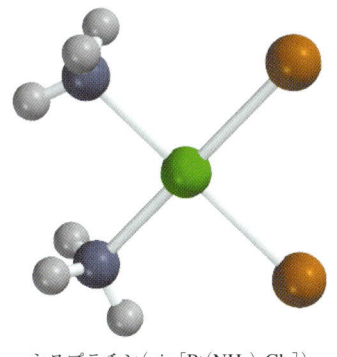

シスプラチン (cis-[Pt(NH$_3$)$_2$Cl$_2$])
(a)

(b)

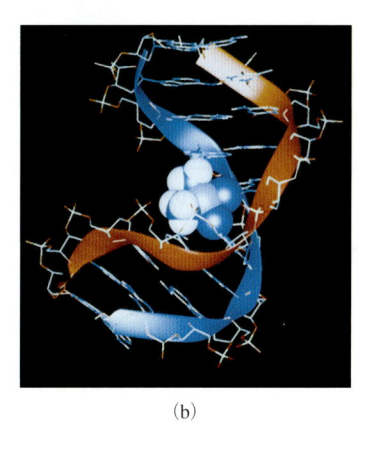

図 20.21 (a) シスプラチン (cis-[Pt(NH$_3$)$_2$Cl$_2$])．(b) シスプラチンは DNA 二重らせんに結合することによって，その複製や転写過程を阻害する．ここに示した DNA 付加体の構造は，マサチューセッツ工科大学のリパード博士のグループによって解明されたものである．

重要な式

$$\Delta = h\nu \quad (20.1) \quad \text{結晶場分裂を計算}$$

事項と考え方のまとめ

1. 一般に，遷移元素は完全には満たされていない d 副殻をもち，著しく錯イオンを形成しやすい性質をもつ．錯イオンを含む化合物は，配位化合物とよばれる．

2. 最も普通に見られる遷移元素は，亜鉛を除く第一遷移系列，すなわちスカンジウムから銅に至る遷移元素である．これらの遷移元素の化学的な性質は，多くの点で，遷移元素全体に特徴的なものである．

3. 錯イオンは，金属イオンとそれを取り囲む配位子から形成される．錯イオンでは，配位子に含まれる供与体原子がそれぞれ，中心金属イオンに対して電子対を供与している．

4. 配位化合物は，幾何異性体，あるいは鏡像異性体として存在することがある．

5. 結晶場理論では，錯体における結合は静電的な相互作用によって説明される．結晶場理論によると，八面体錯体において d 軌道は，高いエネルギーをもつ2個の軌道とエネルギーの低い3個の軌道に分裂する．このように2組に分裂した d 軌道の間のエネルギー差を，結晶場分裂という．

6. 強結晶場配位子は大きな結晶場分裂をひき起こし，弱結晶場配位子が与える結晶場分裂は小さい．弱結晶場配位子をもつ錯体では，電子スピンは平行になりやすい．一方，強結晶場配位子をもつ錯体では，エネルギーの高い d 軌道に電子を昇位させるためには大きなエネルギーが必要となるので，電子はエネルギーの低い d 軌道に入る傾向があり，電子スピンは対を形成しやすい．

7. 錯イオンは溶液中で，配位子交換反応を起こす．

8. 配位化合物は天然に存在し，病気の治療薬としても用いられている．

キーワード

供与体原子　donor atom　p.580
キレート剤　chelating agent　p.581
結晶場分裂　crystal field splitting, Δ　p.588
置換活性錯体　labile complex　p.593
置換不活性錯体　inert complex　p.593

配位化合物　coordination compound　p.579
配位子　ligand　p.579
配位数　coordination number　p.580
分光化学系列　spectrochemical series　p.590
立体異性体　stereoisomer　p.585

練習問題の解答

20.1　K：+1；Au：+3

20.2　tetraaquadichloridochromium(III) chloride
テトラアクアジクロリドクロム(III)塩化物

20.3　$[Co(en)_3]_2(SO_4)_3$

20.4　5個

考え方の復習の解答

■ p.579　(1) Tc　(2) W　(3) Mn^{4+}　(4) Au^{3+}

■ p.581　$CrCl_3 \cdot 6H_2O$：この化合物は水和物である（§2.7を見よ）. 水分子は $CrCl_3$ 単位に伴って存在している. $[Cr(H_2O)_6]Cl_3$：この化合物は配位化合物である. 水分子は配位子として Cr^{3+} に結合している.

■ p.585　pentaammineaquacobalt(II) bromide（ペンタアンミンアクアコバルト(II)臭化物）

■ p.587　以下の3種類の幾何異性体が存在する.

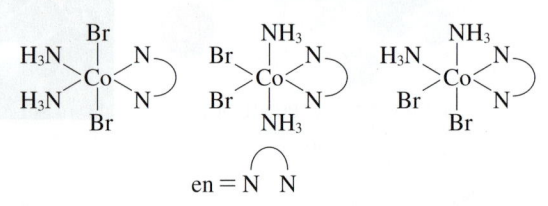

en = N⌒N

■ p.590　本文の図20.13を参照すると，黄色を示す錯体 $[CrY_6]^{3+}$ は青紫色領域の可視光を吸収し，一方，青色の錯体 $[CrX_6]^{3+}$ は橙色領域の可視光を吸収することがわかる. 青紫色の光は橙色の光よりもエネルギーが大きいから，$[CrY_6]^{3+}$ の方が配位子によって大きな結晶場分裂が起きていることがわかる. したがって，より強い結晶場を与える配位子は Y である.

21

核 化 学

米国のローレンス・リバモア国立研究所において，高出力のレーザーを用いて小規模の核融合反応が達成された．

章の概要

21.1 核化学反応の特徴 598
核化学反応式の釣り合いのとり方

21.2 原子核の安定性 600
核結合エネルギー

21.3 天然放射能 605
放射壊変の速度論・放射壊変による年代決定

21.4 原子核反応 609
超ウラン元素

21.5 核分裂 612
原子爆弾・原子炉

21.6 核融合 617
核融合炉・水素爆弾

21.7 同位体の利用 620
構造決定・光合成の研究・医療と同位体

21.8 生物に対する放射線の影響 622

基本の考え方

原子核の安定性 原子核における中性子数と陽子数の比は，原子核の安定性を保つためにある範囲の値をとる．核結合エネルギーは，原子核を，その構成成分である陽子と中性子に解離させるために必要なエネルギーであり，それによって原子核の安定性が定量的に評価される．核結合エネルギーは，陽子と中性子の質量，および原子核の質量から，アインシュタインの関係式，すなわち質量とエネルギーの等価則を用いて計算することができる．

天然放射能と原子核反応 不安定な原子核は，放射線，あるいは粒子の放出を伴って，自発的に壊変を起こす．すべての原子核の放射壊変は一次速度式に従う．いくつかの放射性同位体の半減期は，物体の年代を決定するために用いられている．安定な原子核もまた，素粒子や原子核を衝突させることによって放射性にすることができる．粒子加速器を用いてこのような衝突を起こさせることにより，多くの新しい元素が人工的に合成されている．

核分裂と核融合 原子核に中性子を衝突させると，より小さい原子核への分裂が起こり，さらなる中性子と多量のエネルギーを生成する場合がある．十分な量の原子核が存在して臨界量に到達すると，核連鎖反応，すなわち自給的な連続した核分裂反応が起こる．核分裂は，原子爆弾の製造や原子炉に利用されている．核融合は，軽い元素の原子核が非常に高い温度で融合して，より重い原子核を生成する過程である．核融合は核分裂よりも多量のエネルギーを放出するため，水素爆弾の製造に用いられている．水素爆弾は熱核爆弾ともよばれる．

同位体の利用 同位体，特に放射性同位体は，化学的，および生物学的反応の機構を研究するためのトレーサーとして，また医学的な診療手段として用いられている．

生物に対する放射線の影響 生体に対する放射線の透過性や有害性については十分に研究され，よく理解されている．

21.1 核化学反応の特徴

水素（$^1_1$H）を除いて，すべての原子核は 2 種類の基本的粒子である<u>陽子</u>と<u>中性子</u>をもっている．いくつかの原子核は不安定であり，自発的に粒子，または電磁波を放射して壊変，すなわち他の核種に変化する（§2.2 を見よ）．このような性質に対して，<u>放射能</u>という言葉が用いられる．原子番号が 83 よりも大きな元素は，すべて放射能をもつ．たとえばポロニウムの同位体，ポロニウム-210（$^{210}_{84}$Po）は，自発的に α 粒子を放出することによって $^{206}_{82}$Pb に放射壊変する．

原子核反応 nuclear reaction

核化学に関する別の種類の反応として，<u>原子核と，中性子，陽子，あるいは他の原子核との衝突によって起こる</u>反応がある．このような反応を一般に**原子核反応**といい，特に，生成した核種がもとの核種と異なる元素に属する場合は，核変素反応とよばれる．大気中の $^{14}_7$N が $^{14}_6$C と $^1_1$H へ変化する反応は原子核反応の例であり，この反応は $^{14}_7$N が太陽から放出される中性子を捕獲することによって起こる．原子核反応によって，より重い元素がより軽い元素から合成される場合もある．このような反応は，宇宙では自然に起こっているが，§21.4 で述べるように，人工的に達成させることもできる．

核化学 nuclear chemistry

放射壊変や原子核反応は，**核化学**における反応の例である．核化学反応は通常の化学反応とは著しく異なっている．表 21.1 にその違いを要約した．

核化学反応式の釣り合いのとり方

核化学反応を詳しく議論するためには，核化学反応の反応式の書き方とその釣り合いをとる方法を理解する必要がある．核化学反応式の書き方は，通常の化学反応に対する反応式の書き方とはいくらか異なっている．反応にかかわる元素を元素記号で表記することに加えて，陽子や中性子，および電子も明確に表記しなければならない．実際に，核化学反応式では，<u>すべての化学種について，存在する陽子と中性子の数を示す必要がある</u>．

基本的な粒子に対する記号は，つぎの通りである．

$^1_1$p あるいは $^1_1$H　　$^1_0$n　　$^0_{-1}$e あるいは $^0_{-1}β$　　$^0_{+1}$e あるいは $^0_{+1}β$　　$^4_2$He あるいは $^4_2α$
　陽子　　　　　　中性子　　　　電子　　　　　　　　　陽電子　　　　　　α 粒子

§2.3 で用いた表記法と同様に，それぞれの粒子に付した上付き文字は質量数，すなわち存在する中性子と陽子の総数を示し，下付き文字は原子番号，すなわち陽子の数を表す．陽子については，1 個の陽子が存在しているので"原子番号"は 1 であ

表 21.1　通常の化学反応と核化学反応の比較

化学反応	核化学反応
1. 化学結合の開裂と生成によって，原子が再配列される	1. ある元素が，別の元素，あるいは同じ元素の別の同位体に変換される
2. 原子軌道，あるいは分子軌道に含まれる電子だけが，結合の開裂と生成に関与する	2. 陽子，中性子，電子，および他の素粒子が反応に関与することがある
3. 反応に伴って，比較的少ない量のエネルギーが吸収，あるいは放出される	3. 反応に伴って，巨大な量のエネルギーが吸収，あるいは放出される
4. 反応速度は，温度，圧力，濃度，および触媒によって影響を受ける	4. 一般に，反応速度は温度，圧力，および触媒によって影響されない

り，また，中性子は存在しないので"質量数"も 1 となる．一方，中性子については，"質量数"は 1 であるが，陽子は存在しないので"原子番号"はゼロとなる．また，電子については，陽子も中性子も存在しないから"質量数"はゼロであるが，電子は 1 単位の負電荷を所有しているので"原子番号"は −1 となる．

記号 $_{-1}^{0}\mathrm{e}$ は，原子軌道に含まれる，あるいは原子軌道から放出された電子を表す．一方，記号 $_{-1}^{0}\beta$ は，物理的には他の電子と同一であるが，原子軌道からではなく，中性子が陽子と電子に変換される壊変過程を経て原子核から放出された電子を表す．**陽電子**は，電子と同じ質量をもち，+1 の電荷をもつ粒子である．α 粒子は 2 個の陽子と 2 個の中性子をもっているので，α 粒子の原子番号は 2，質量数は 4 となる．

すべての核化学反応式の釣り合いをとる際には，つぎの規則に従う．

- 生成物と反応物における陽子と中性子の総数は，同じでなければならない（質量数の保存）．
- 生成物と反応物における原子核電荷の総数は，同じでなければならない（原子番号の保存）．

例題 21.1 に示すように，核化学反応式において，一つを除いてすべての化学種の原子番号と質量数がわかれば，これらの規則を適用することによって，その未知の化学種を特定することができる．この例題により，放射壊変を表す核化学反応式の釣り合いのとり方がわかるだろう．

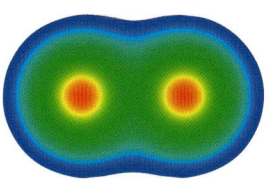

陽電子は電子の反粒子である．2007 年に，ジポジトロニウムが合成された．ジポジトロニウムは電子と陽電子だけからなる物質であり，$\mathrm{Ps_2}$ と表記される．上記の図に示すように，$\mathrm{Ps_2}$ では中心の原子核の位置に陽電子（赤色）があり，その周囲を電子（緑色）が取り囲んでいる．$\mathrm{Ps_2}$ の寿命は 1 ns 以下であり，電子と陽電子が互いに消滅して，γ 線が放出される．

陽電子 positron

例題 21.1

つぎの核化学反応について，釣り合いのとれた反応式を書け．すなわち，生成物 X を特定せよ．

(a) $^{212}_{84}\mathrm{Po} \longrightarrow {}^{208}_{82}\mathrm{Pb} + \mathrm{X}$

(b) $^{137}_{55}\mathrm{Cs} \longrightarrow {}^{137}_{56}\mathrm{Ba} + \mathrm{X}$

解法 核化学反応式の釣り合いをとる際には，原子番号の和，および質量数の和が反応式の両辺で一致しなければならないことに注意しよう．

（核化学反応式では，電荷の釣り合いがとれていない場合があることを覚えておこう．）

解答 (a) 質量数と原子番号は，左辺ではそれぞれ 212 と 84 であり，右辺ではそれぞれ 208 と 82 である．したがって，X の質量数は 4，原子番号は 2 でなければならない．これは，X が α 粒子であることを意味している．釣り合いのとれた反応式は，つぎの通りである．

$$^{212}_{84}\mathrm{Po} \longrightarrow {}^{208}_{82}\mathrm{Pb} + {}^{4}_{2}\alpha$$

(b) この場合は，質量数は反応式の両辺で同じであるが，生成物の原子番号は反応物の原子番号よりも 1 多い．したがって，X の質量数は 0，原子番号は −1 でなければならない．これは，X が β 粒子であることを意味している．このような変化が起こる唯一の過程は，Cs 原子核の中性子が，陽子と電子に変換されることである．この過程を反応式で表すと，つぎのようになる．$^{1}_{0}\mathrm{n} \longrightarrow {}^{1}_{1}\mathrm{p} + {}^{0}_{-1}\beta$（この過程では，質量数が変化しないことに注意せよ）．したがって，釣り合いのとれた反応式は，つぎの通りである．

$$^{137}_{55}\mathrm{Cs} \longrightarrow {}^{137}_{56}\mathrm{Ba} + {}^{0}_{-1}\beta$$

（ここで発生する電子は原子核に由来するので，$_{-1}^{0}\beta$ を用いて表す．）

確認 (a) および (b) の反応式は，原子核を構成する粒子については釣り合いが取れているが，電荷については釣り合いが取れていないことに注意してほしい．電荷の釣り合いを取るには，(a) の右辺に 2 個の電子を加え，また (b) では Ba を陽イオン Ba^{+} と表記する必要があるだろう．（類似問題：21.5, 21.6）

練習問題 つぎの核化学反応式における X を特定せよ．

$$^{78}_{33}\mathrm{As} \longrightarrow {}^{0}_{-1}\beta + \mathrm{X}$$

考え方の復習

陽子から陽電子が生成する反応を表す核化学反応式を書け．

21.2 原子核の安定性

原子核が原子の全体積に占める割合は非常に小さい．しかし，原子核には陽子と中性子の両方が存在するので，原子の質量のほとんどが含まれている．原子核の安定性を議論する際には，原子核の密度についてある程度の知識をもっていると役に立つだろう．なぜなら，密度の値から，原子核には粒子がいかに密に詰まっているかがわかるからである．一つの例として，つぎのような計算をしてみよう．ある原子核の半径が 5×10^{-3} pm，その質量が 1×10^{-22} g であるとする．これらの値は，だいたい 30 個の陽子と 30 個の中性子をもつ原子核に相当する．さて，密度は質量/体積であり，原子核の半径がわかっているので，その体積を計算することができる（球の半径を r とすると，球の体積は $\frac{4}{3}\pi r^3$ である）．まず，pm 単位を cm 単位に変換し，それから密度を g cm^{-3} 単位で計算する．

$$r = 5 \times 10^{-3}\,\text{pm} \times \frac{1 \times 10^{-12}\,\text{m}}{1\,\text{pm}} \times \frac{100\,\text{cm}}{1\,\text{m}} = 5 \times 10^{-13}\,\text{cm}$$

$$\text{密度} = \frac{\text{質量}}{\text{体積}} = \frac{1 \times 10^{-22}\,\text{g}}{\frac{4}{3}\pi r^3} = \frac{1 \times 10^{-22}\,\text{g}}{\frac{4}{3}\pi (5 \times 10^{-13}\,\text{cm})^3}$$

$$= 2 \times 10^{14}\,\text{g cm}^{-3}$$

このほとんど想像できない大きい密度の値をわかりやすくたとえてみると，この値は，世界中の自動車の質量を，1 個の指抜きにすべて詰め込んだとしたときの密度に等しい．

この値から，原子核の密度が途方もなく大きいことがわかる．元素について知られている最も大きい密度の値は，オスミウム Os の 22.6 g cm^{-3} である．すなわち，平均的な原子核は，現在知られている密度の最も大きい元素よりも 9×10^{12}，すなわち 9 兆倍も大きな密度をもっているのである！

原子核がきわめて大きな密度をもっていることがわかると，粒子をこれほどまでにしっかりと結び付けているのは，いったいどのような力であろうかといった疑問が起こる．私たちは，静電的な相互作用では，同一の電荷は互いに反発し，異なる電荷は互いに引き合うことを知っている．したがって，陽子は，特にそれらがきわめて接近して存在しなければならない場合には，互いに強く反発することが予想される．実際，全くそのとおりである．しかし，このような反発力に加えて，陽子と陽子，陽子と中性子，および中性子と中性子の間には，近距離力とよばれる短い距離でのみ作用する引力がはたらいている．あらゆる原子核の安定性は，静電的な反発力とこの近距離力との差によって決定される．すなわち，反発力が引力に勝る場合には，原子核は崩壊し，粒子や放射線を放出する．一方，引力が優勢になると，原子核は安定となる．

原子核の安定性を決定するおもな因子は，原子核に含まれる中性子の数と陽子の数の比，<u>中性子/陽子比</u>（n/p と略記する）である．原子番号の小さい元素の安定原子核では，n/p 値は 1 に近い．原子番号が増加するとともに，安定原子核の n/p 値は 1 よりも大きくなる．大きな原子番号をもつ元素において n/p 値が 1 からずれるのは，陽子間にはたらく強い反発力に対抗して原子核を安定化するには，より多数の中性子が必要になるからである．原子核の安定性を予想する際には，つぎの規則が有用である．

21.2 原子核の安定性

表 21.2 陽子数と中性子数の偶数・奇数で分類した安定同位体の数

陽子数	中性子数	安定同位体の数
奇 数	奇 数	4
奇 数	偶 数	50
偶 数	奇 数	53
偶 数	偶 数	164

1. 2, 8, 20, 50, 82, 126 個の陽子，あるいは中性子をもつ原子核は，一般に，粒子数がこれらの数と異なる原子核よりも安定である．たとえば，原子番号 50 のスズ Sn には 10 個の安定同位体があるが，原子番号 51 のアンチモン Sb の安定同位体は，わずか 2 個だけである．2, 8, 20, 50, 82, 126 は魔法数とよばれる．原子核の安定性に対して重要な意味をもつこれらの数は，非常に安定な物質である貴ガスの電子の数，すなわち 2, 10, 18, 36, 54, 86 と類似している．
2. 陽子と中性子の数がいずれも偶数の原子核は，一般に，これらの粒子数が奇数の原子核よりも安定である（表 21.2）．
3. 83 よりも大きい原子番号をもつ元素の同位体は，すべて放射性である．テクネチウム Tc（$Z=43$）とプロメチウム Pm（$Z=61$）のすべての同位体も放射性である．

図 21.1 に，さまざまな安定同位体における，陽子数に対する中性子数のプロットを示す．安定な原子核は，帯状の領域に位置していることがわかる．この領域は，原子核の安定帯とよばれる．放射性の原子核のほとんどは，安定帯の外側にある．陽子数が同一の元素について見ると，安定帯よりも上方に位置する原子核は，安定帯にある原子核よりも大きな中性子/陽子比をもっている．この比を低下させて，安定帯に向かって下方に移動させるために，これらの原子核はつぎの反応を起こす．

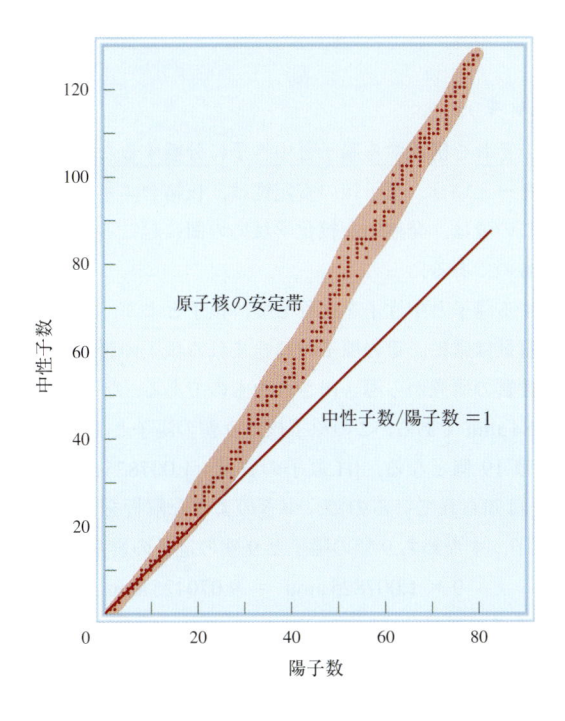

図 21.1 さまざまな安定同位体における陽子数に対する中性子数のプロット．それぞれの安定同位体が点で表示されている．図中の直線は，中性子/陽子比が 1 となる点を示している．また，陰をつけた領域は，原子核の安定帯を表す．

$$^1_0 n \longrightarrow {}^1_1 p + {}^{\,\,\,0}_{-1}\beta$$

この反応は β 粒子放出とよばれる. β 粒子放出によって, 原子核の陽子数が増大し, 同時に中性子数が減少する. 以下にいくつかの例を示す.

$$^{14}_6 C \longrightarrow {}^{14}_7 N + {}^{\,\,\,0}_{-1}\beta$$

$$^{40}_{19} K \longrightarrow {}^{40}_{20} Ca + {}^{\,\,\,0}_{-1}\beta$$

$$^{97}_{40} Zr \longrightarrow {}^{97}_{41} Nb + {}^{\,\,\,0}_{-1}\beta$$

また, 陽子数が同一の元素において, 安定帯よりも下方に位置する原子核は, 安定帯にある原子核よりも中性子/陽子比が小さい. この比を増大させて, 安定帯に向かって上方に移動させるために, これらの原子核は, 陽電子を放出するか, 電子捕獲を行う. 陽電子放出は次式で示される.

$$^1_1 p \longrightarrow {}^1_0 n + {}^{\,\,0}_{+1}\beta$$

陽電子放出の例として, つぎのような反応がある.

$$^{38}_{19} K \longrightarrow {}^{38}_{18} Ar + {}^{\,\,0}_{+1}\beta$$

電子捕獲とは, 原子核が電子 1 個を捕獲することであり, 普通, 原子核に最も近い 1s 電子が捕獲される. 捕獲された電子は, 陽子と結合して中性子を形成するので, 電子捕獲が起こると, 原子番号は一つだけ減少するが質量数は変化しない. この反応の原子核に対する正味の効果は, 陽電子放出と同一である. 以下に, 電子捕獲の例を示す.

$$^{37}_{18} Ar + {}^{\,\,\,0}_{-1}e \longrightarrow {}^{37}_{17} Cl$$

$$^{55}_{26} Fe + {}^{\,\,\,0}_{-1}e \longrightarrow {}^{55}_{25} Mn$$

> ここで捕獲される電子は, 原子核ではなく原子軌道に由来するので, ${}^{\,\,\,0}_{-1}\beta$ ではなく, ${}^{\,\,\,0}_{-1}e$ を用いて表す.

考え方の復習

つぎの (a) と (b) に示した同位体は不安定である. 図 21.1 を用いて, これらの同位体が, β 粒子放出を行うか, それとも陽電子放出を行うかを予想せよ. (a) ^{13}B, (b) ^{188}Au. また, それぞれの反応に対する核化学反応式を書け.

核結合エネルギー

ある原子核を, それを構成する陽子と中性子に分離するために必要なエネルギーを**核結合エネルギー**という. 原子核の安定性は, 核結合エネルギーによって定量的に評価される. この量は, 発熱的な核化学反応の間に起こる, 質量のエネルギーへの変換を表したものである.

原子核を構成する陽子と中性子を総称して, 核子とよぶ. 核結合エネルギーの概念は, 原子核の質量は常に, その原子核に含まれる核子の質量の合計よりも小さいという原子核の性質の研究から導き出されたものである. たとえば, $^{19}_9F$ 同位体の原子質量は, 18.9984 amu である. この原子核は 9 個の陽子と 10 個の中性子をもつので, 核子の総数は 19 個となる. ^1_1H 原子の質量 (1.007825 amu) と中性子の質量 (1.008665 amu) は知られているので, つぎのような解析を行うことができる. まず, 9 個の ^1_1H 原子, すなわち 9 個の陽子と 9 個の電子の質量は,

$$9 \times 1.007825 \text{ amu} = 9.070425 \text{ amu}$$

また, 10 個の中性子の質量は,

$$10 \times 1.008665 = 10.08665 \text{ amu}$$

核結合エネルギー nuclear binding energy

したがって，わかっている電子，陽子，および中性子数から計算された $^{19}_{9}\text{F}$ 原子の原子量は，

$$9.070425\,\text{amu} + 10.08665\,\text{amu} = 19.15708\,\text{amu}$$

この値は，測定された $^{19}_{9}\text{F}$ の原子質量 18.9984 amu よりも 0.1587 amu だけ大きい．

ある原子の質量と，その原子に含まれる陽子，中性子，および電子の質量の総和との差を**質量欠損**という．相対性理論によると，質量の損失は，外界に対して放出されるエネルギー（熱）として現れる．すなわち，$^{19}_{9}\text{F}$ がその構成粒子から生成される反応は，発熱反応となる．アインシュタインは，つぎのような質量とエネルギーの等価則を導いた．

$$E = mc^2 \tag{21.1}$$

電子は核子ではないので，電子の質量には変化はない．

質量欠損 mass defect

ここで E はエネルギー，m は質量，c は光速度である．したがって，質量の損失によって放出されるエネルギーの量は，次式によって計算することができる．

$$\Delta E = (\Delta m)c^2 \tag{21.2}$$

ここで ΔE と Δm はつぎのように定義される．

$$\Delta E = （生成物のエネルギー）-（反応物のエネルギー）$$
$$\Delta m = （生成物の質量）-（反応物の質量）$$

この式は，バートレットの引用句辞典（"Bartlett's Familiar Quotations"）に掲載されている唯一の式である．

$^{19}_{9}\text{F}$ の場合について，質量の変化を求めると，

$$\Delta m = 18.9984\,\text{amu} - 19.15708\,\text{amu} = -0.1587\,\text{amu}$$

$^{19}_{9}\text{F}$ の質量は，原子に含まれる電子と核子の数から計算される質量よりも小さいので，Δm は負の量となる．したがって，ΔE もまた負の量となる．すなわち，フッ素-19 原子核が形成されると，その結果として，エネルギーが外界に放出される．ΔE の値は，つぎのように計算することができる．

$$\Delta E = (-0.1587\,\text{amu})(3.00\times 10^8\,\text{m s}^{-1})^2$$
$$= -1.43\times 10^{16}\,\text{amu m}^2\,\text{s}^{-2}$$

ΔE を J 単位で求めるための変換因子は，

$$1\,\text{kg} = 6.022\times 10^{26}\,\text{amu}$$
$$1\,\text{J} = 1\,\text{kg m}^2\,\text{s}^{-2}$$

したがって，

$$\Delta E = \left(-1.43\times 10^{16}\,\frac{\text{amu m}^2}{\text{s}^2}\right) \times \left(\frac{1.00\,\text{kg}}{6.022\times 10^{26}\,\text{amu}}\right) \times \left(\frac{1\,\text{J}}{1\,\text{kg m}^2\,\text{s}^{-2}}\right)$$
$$= -2.37\times 10^{-11}\,\text{J}$$

$1\,\text{J} = 1\,\text{kg m}^2\,\text{s}^{-2}$ であるから，式 (21.2) を用いるときには，質量欠損 Δm を kg 単位で表すことを覚えておこう．

これは9個の陽子と10個の中性子から，1個のフッ素-19 原子核が形成されるときに放出されるエネルギーの量である．また，この値は，フッ素-19 原子核を陽子と中性子に分解するために必要なエネルギー量であるから，この原子核の核結合エネルギーは $2.37\times 10^{-11}\,\text{J}$ となる．したがって，フッ素-19 原子核 1 mol が生成するときに放出されるエネルギーは，

核結合エネルギーは正の量である．

$$\Delta E = (-2.37\times 10^{-11}\,\text{J})(6.022\times 10^{23}\,\text{mol}^{-1})$$
$$= -1.43\times 10^{13}\,\text{J mol}^{-1} = -1.43\times 10^{10}\,\text{kJ mol}^{-1}$$

すなわち，フッ素-19 原子核 1 mol の核結合エネルギーは，$1.43\times 10^{10}\,\text{kJ mol}^{-1}$ である．普通の化学反応におけるエンタルピー変化がわずか 200 kJ 程度であることを

図 21.2 質量数に対する核子 1 個あたりの核結合エネルギーのプロット

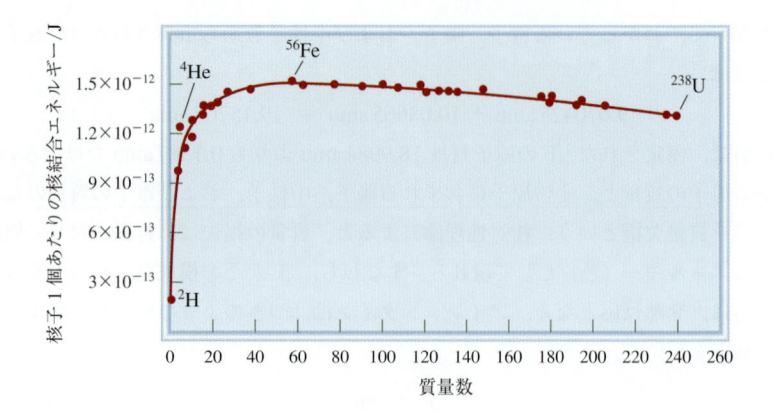

考えると，この値が途方もなく大きな量であることがわかる．ここで示した方法は，あらゆる原子核の核結合エネルギーを計算するために用いることができる．

すでに述べたように，核結合エネルギーは原子核の安定性を示すものである．しかし，任意の 2 種類の原子核について安定性を比較するときには，それぞれの原子核に含まれる核子の数が異なることを考慮しなければならない．このため，原子核の安定性の指標には，つぎの式によって定義される核子 1 個あたりの核結合エネルギーを用いる方がより意味がある．

$$\text{核子 1 個あたりの核結合エネルギー} = \frac{\text{核結合エネルギー}}{\text{核子の数}} \tag{21.3}$$

フッ素-19 原子核の核子 1 個あたりの核結合エネルギーはつぎのように求められる．

$$\text{核子 1 個あたりの核結合エネルギー} = \frac{2.37 \times 10^{-11} \text{J}}{19 \text{核子}}$$
$$= 1.25 \times 10^{-12} \text{J/核子}$$

核子 1 個あたりの核結合エネルギーを用いると，すべての原子核の安定性を，共通の基準に基づいて比較することができる．図 21.2 に，質量数に対してプロットした核子 1 個あたりの核結合エネルギーの変化を示す．図が示すとおり，曲線はかなり急激に立ち上がり，40 から 100 といった中間的な質量数をもつ元素において大きな値となる．核子 1 個あたりの核結合エネルギーが最大となるのは，周期表の 8〜10 族元素の鉄，コバルト，およびニッケルの領域である．これは，これらの元素の原子核において，粒子，すなわち陽子と中性子の間にはたらく正味の引力が最大となることを意味している．

例題 21.2

$^{205}_{81}\text{Tl}$ の原子質量は 204.9744 amu である．この原子核の核結合エネルギーと，核子 1 個あたりの核結合エネルギーを計算せよ．

解法 核結合エネルギーを計算するには，まず原子核の質量と，その原子核に含まれるすべての陽子と中性子の質量との差を決定しなければならない．これによって，質量欠損を知ることができる．つぎに，アインシュタインの質量とエネルギーの等価則 $\Delta E = (\Delta m)c^2$ を適用する．

(つづく)

解 答 タリウム原子核には，81個の陽子と124個の中性子がある．81個の陽子の質量は，
$$81 \times 1.007825 \,\text{amu} = 81.63383 \,\text{amu}$$
また，124個の中性子の質量は，
$$124 \times 1.008665 = 125.07446 \,\text{amu}$$
したがって $^{205}_{81}\text{Tl}$ に対して予想される質量は $81.63383 + 125.07446 = 206.70829\,\text{amu}$ となり，質量欠損は次式によって求められる．
$$\Delta m = 204.9744 \,\text{amu} - 206.70829 \,\text{amu}$$
$$= -1.7339 \,\text{amu}$$
放出されるエネルギーは，
$$\Delta E = (\Delta m) c^2$$
$$= (-1.7339 \,\text{amu})(3.00 \times 10^8 \,\text{m s}^{-1})^2$$
$$= -1.56 \times 10^{17} \,\text{amu m}^2 \,\text{s}^{-2}$$
より一般的なエネルギー単位である J 単位に変換しよう．$1\,\text{J} = 1\,\text{kg m}^2\,\text{s}^{-2}$ であるから，amu を kg に変換しなければならない．すなわち，
$$\Delta E = -1.56 \times 10^{17} \frac{\text{amu m}^2}{\text{s}^2} \times \frac{1.00 \,\text{g}}{6.022 \times 10^{23} \,\text{amu}} \times \frac{1\,\text{kg}}{1000\,\text{g}}$$
$$= -2.59 \times 10^{-10} \frac{\text{kg m}^2}{\text{s}^2} = -2.59 \times 10^{-10} \,\text{J}$$

こうして，核結合エネルギーは $2.59 \times 10^{-10}\,\text{J}$ と求めることができる．核子1個あたりの核結合エネルギーはつぎのように計算される．
$$\frac{2.59 \times 10^{-10}\,\text{J}}{205\,\text{核子}} = 1.26 \times 10^{-12}\,\text{J/核子}$$

練習問題 $^{209}_{83}\text{Bi}$ の核結合エネルギーを J 単位で計算せよ．また，核子1個あたりの核結合エネルギーを求めよ．ただし，$^{209}_{83}\text{Bi}$ の原子質量は 208.9804 amu である．

タリウム-205の中性子/陽子比は 1.5 であり，この同位体は，原子核の安定帯に位置している．

類似問題：21.19, 21.20

考え方の復習

つぎの反応における質量の変化を kg 単位で求めよ．
$$\text{CH}_4(\text{g}) + 2\text{O}_2(\text{g}) \longrightarrow \text{CO}_2(\text{g}) + 2\text{H}_2\text{O}(\text{l}) \qquad \Delta H^\circ = -890.4 \,\text{kJ mol}^{-1}$$

21.3　天　然　放　射　能

一般的な傾向として，安定帯に含まれない原子核や，陽子数が83より多い原子核は不安定である．不安定な原子核が，自発的に粒子や電磁波，あるいはその両方を放射して壊変する性質が，**放射能**である．放射壊変によって放出される粒子や電磁波のおもな種類は，α 粒子（+2 の電荷をもつヘリウム原子核，He^{2+}），β 粒子（電子），および γ 線（0.1 nm から 10^{-4} nm の範囲の非常に波長の短い電磁波）である．その他の放射壊変の種類として，陽電子放出や電子捕獲がある．

ある原子核の放射壊変によって，最終的に安定な同位体を与える一連の核化学反応が開始することがある．このような一連の核化学反応を，**放射壊変系列**という．表 21.3 に，天然に存在するウラン-238 の放射壊変系列を示す．この放射壊変系列

放射壊変系列 radioactive decay series

表 21.3	ウランの放射壊変系列*

$$^{238}_{92}\text{U} \xrightarrow{\alpha} \; 4.51\times10^9 \text{ 年}$$

$$^{234}_{90}\text{Th} \xrightarrow{\beta} \; 24.1 \text{ 日}$$

$$^{234}_{91}\text{Pa} \xrightarrow{\beta} \; 1.17 \text{ 分}$$

$$^{234}_{92}\text{U} \xrightarrow{\alpha} \; 2.47\times10^5 \text{ 年}$$

$$^{230}_{90}\text{Th} \xrightarrow{\alpha} \; 7.5\times10^4 \text{ 年}$$

$$^{226}_{88}\text{Ra} \xrightarrow{\alpha} \; 1.60\times10^3 \text{ 年}$$

$$^{222}_{86}\text{Rn} \xrightarrow{\alpha} \; 3.82 \text{ 日}$$

$^{218}_{84}\text{Po}$: β (0.04%) ← ; α → 3.05 分

$^{218}_{85}\text{At} \xrightarrow{\alpha} 2$ 秒 ; $^{214}_{82}\text{Pb} \xrightarrow{\beta} 26.8$ 分

$^{214}_{83}\text{Bi}$: β (99.96%) ← ; α → 19.7 分

$^{214}_{84}\text{Po} \xrightarrow{\alpha} 1.6\times10^{-4}$ 秒 ; $^{210}_{81}\text{Tl} \xrightarrow{\beta} 1.32$ 分

$$^{210}_{82}\text{Pb} \xrightarrow{\beta} 20.4 \text{ 年}$$

$^{210}_{83}\text{Bi}$: β (~100%) ← ; α → 5.01 日

$^{210}_{84}\text{Po} \xrightarrow{\alpha} 138$ 日 ; $^{206}_{81}\text{Tl} \xrightarrow{\beta} 4.20$ 分

$$^{206}_{82}\text{Pb}$$

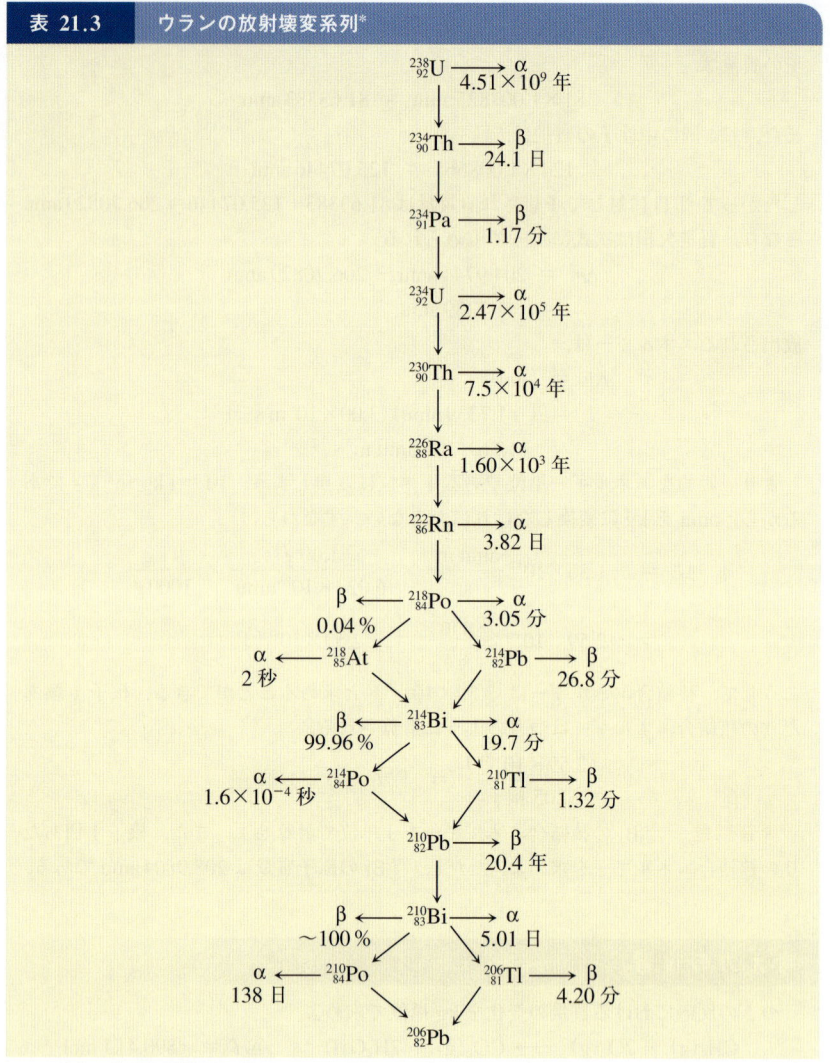

* 図中の時間は半減期を表す．

はウラン系列とよばれ，14 段階からなっている．表には，それぞれの段階の生成物とその半減期も示されている．

放射壊変系列のそれぞれの段階における核化学反応について，その反応に対する釣り合いのとれた反応式を書くことができなければならない．たとえば，ウラン系列の最初の段階は，ウラン-238 のトリウム-234 への放射壊変である．この壊変には，α 粒子の放出が伴う．すなわち，この段階の反応式はつぎのように書くことができる．

$$^{238}_{92}\text{U} \longrightarrow \;^{234}_{90}\text{Th} + \;^{4}_{2}\alpha$$

また，そのつぎの段階は以下の反応式によって示される．

$$^{234}_{90}\text{Th} \longrightarrow \;^{234}_{91}\text{Pa} + \;^{0}_{-1}\beta$$

以下，各段階の反応を同様に表記することができる．放射壊変について議論する際には，反応物となる放射性同位体は親，生成物は娘とよばれる．

放射壊変の速度論

すべての放射壊変は，一次反応の速度論に従う．したがって，ある時間 t における放射壊変の速度は，つぎの式で与えられる．

$$\text{時間 } t \text{ における壊変速度} = \lambda N$$

ここで λ は一次反応の速度定数，N は時間 t において存在する放射性原子核の数である．(核科学者が用いる表記法に従って，速度定数に対して k の代わりに λ を用いた．) 式(14.3) から，時間 0 における放射性原子核の数 N_0 と，時間 t における数 N_t の関係は，つぎの式で与えられる．

$$\ln \frac{N_t}{N_0} = -\lambda t$$

また，この反応の半減期 $t_{\frac{1}{2}}$ は，式(14.5) によって与えられる．

$$t_{\frac{1}{2}} = \frac{0.693}{\lambda}$$

放射性同位体の半減期，すなわち放射壊変の速度定数は，原子核によって著しく異なる．たとえば，表21.3 を見ると，つぎのような二つの極端な場合があることがわかる．

$$^{238}_{92}\text{U} \longrightarrow {}^{234}_{90}\text{Th} + {}^{4}_{2}\alpha \qquad t_{\frac{1}{2}} = 4.51 \times 10^9 \text{ 年}$$
$$^{214}_{84}\text{Po} \longrightarrow {}^{210}_{82}\text{Pb} + {}^{4}_{2}\alpha \qquad t_{\frac{1}{2}} = 1.6 \times 10^{-4} \text{ 秒}$$

同じ時間単位に変換して，これら二つの反応の速度定数の比を求めると，約 1×10^{21} と途方もなく大きな値となる．さらに，原子核反応の速度定数は，温度や圧力といった外的な条件の変化に影響されない．これらは核化学反応に特異な性質であり，普通の化学反応では見られない (表21.1 を見よ)．

> ウラン-238 の半減期を測定するために，4.51×10^9 年も待つ必要はない．半減期は，放射壊変の速度定数から，式(14.5) を用いて計算することができる．

放射壊変による年代決定

放射性同位体の半減期は，ある物体の年齢を測定するための"原子時計"として用いられている．放射壊変の測定による年代決定について，いくつかの例を述べることにしよう．

放射性炭素による年代決定

炭素-14 同位体は，大気中の窒素が宇宙線中性子による衝撃を受けて生成する．

$$^{14}_{7}\text{N} + {}^{1}_{0}\text{n} \longrightarrow {}^{14}_{6}\text{C} + {}^{1}_{1}\text{H}$$

放射性の炭素-14 同位体は，つぎの式に従って放射壊変する．

$$^{14}_{6}\text{C} \longrightarrow {}^{14}_{7}\text{N} + {}^{0}_{-1}\beta \qquad t_{\frac{1}{2}} = 5730 \text{ 年}$$

炭素-14 同位体は CO_2 として生物圏に入り，光合成によって植物に取込まれる．草食動物は，炭素-14 を含む CO_2 を放出する．こうして最終的に，炭素-14 は炭素循環の多くの場面に関与することになる．放射壊変によって失われた ^{14}C は，大気中における新たな ^{14}C の生成によって定常的に補給されるため，^{12}C に対する ^{14}C の比は，生物体では常に一定である．しかし，個々の植物や動物が死ぬと，その中の炭素-14 同位体はもはや補給されないため，^{12}C に対する ^{14}C の比は，^{14}C の放射壊変とともに減少する．石炭や石油，あるいは地中に保存された木材，さらにミイラ化した死体の中に捕捉された炭素原子においても，同様の変化が起こる．年月を経る

> トリノの大聖堂に保管されている"トリノの聖骸布"とよばれる遺物について炭素-14 を用いた年代決定が行われた結果，この布が織られたのは西暦 1260 年から 1390 年の間であることが判明した．したがって，この布はイエス・キリストの遺骸を包んだものではありえない．

とともに，ミイラに含まれる ^{14}C 原子核は，生きている人と比較して一定の割合で減少していくのである．

^{12}C に対する ^{14}C の比が減少することを用いて，標本の年代を推定することができる．式(14.3) を用いると，次式が得られる．

$$\ln \frac{N_0}{N_t} = \lambda t$$

ここで N_0 と N_t はそれぞれ，$t=0$ と $t=t$ において存在する ^{14}C 原子核の数であり，λ は一次反応の速度定数，すなわち 1.21×10^{-4}/年である．放射壊変の速度は，存在する放射性同位体の量に比例するので，つぎのように書くことができる．

$$t = \frac{1}{\lambda} \ln \frac{N_0}{N_t}$$

$$= \frac{1}{1.21 \times 10^{-4}/\text{年}} \ln \frac{\text{新しい試料の放射壊変速度}}{\text{古い試料の放射壊変速度}}$$

こうして，新しい試料と古い試料の放射壊変速度を測定することによって，t, すなわち古い試料の年代を求めることができる．放射性炭素による年代決定は，1000 年から 5 万年前の炭素原子を含む物体の年齢を推定するために，有用な手法となっている．

ウラン-238 同位体を用いる年代決定

表 21.3 に示すように，ウラン壊変系列の中間に現れる生成物のいくつかは非常に長い半減期をもつので，この系列は特に，地上の岩石や地球外の物体の年代を推定するために利用される．最初の段階，すなわち $^{238}_{92}U$ から $^{234}_{90}Th$ の半減期は 4.51×10^9 年である．この値は，ウラン系列の中でつぎに長い半減期である $^{234}_{92}U$ から $^{230}_{90}Th$ の 2.47×10^5 年の約 20000 倍である．したがって，よい近似として，この系列の全体の過程，すなわち $^{238}_{92}U$ から $^{206}_{82}Pb$ に至る過程の半減期は，最初の段階だけに支配されると見なすことができる．

> 放射壊変系列の第一段階が，全体の律速段階と見なすことができる．

$$^{238}_{92}U \longrightarrow {}^{206}_{82}Pb + 8\,{}^{4}_{2}\alpha + 6\,{}^{0}_{-1}\beta \qquad t_{\frac{1}{2}} = 4.51 \times 10^9 \text{ 年}$$

天然に存在するウラン鉱石の中には，放射壊変によって生成する鉛-206 同位体が見られるはずであり，実際，その通りである．その鉱石が生成したときには鉛は存在せず，またその鉱石は鉛-206 が親のウラン-238 から分離されるような化学変化をしていないと仮定すると，$^{238}_{92}U$ に対する $^{206}_{82}Pb$ の質量比からその鉱石の年代を推定することができる．上記の式から，ウラン 1 mol, すなわち 238 g が完全に放射壊変すると，鉛 1 mol, すなわち 206 g が生成することがわかる．2 分の 1 モルのウラン-238 が放射壊変した場合には，質量比 $^{206}_{82}Pb/^{238}_{92}U$ はつぎのようになる．

$$\frac{206 \text{ g}/2}{238 \text{ g}/2} = 0.866$$

そしてこの過程が完了するには，ちょうど半減期 4.51×10^9 年に相当する時間がかかることになる（図 21.3）．したがって，質量比 $^{206}_{82}Pb/^{238}_{92}U$ が 0.866 より小さい岩石は，それが生成してから 4.51×10^9 年経っていないことを意味し，一方，0.886 より大きな値は 4.51×10^9 年より古い岩石であることを示す．興味深いことに，ウラン系列に基づいた年代決定により，また他の放射壊変系列を用いた研究においても，

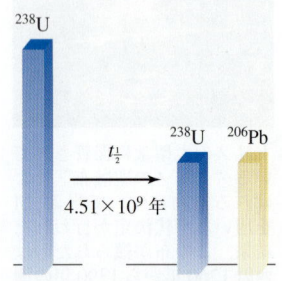

図 21.3 半減期が経過すると，最初にあったウラン-238 の半分が鉛-206 に変換される．

最古の岩石の年代，したがっておそらく地球自身の年齢は 4.5×10^9 年，すなわち 45 億年と推定されている．

カリウム-40 同位体を用いる年代決定

この方法は，地球化学で用いられる最も重要な年代決定法の一つである．放射性カリウム-40 同位体の放射壊変にはいくつかの様式があるが，年代決定に関係のあるものは，次式で示される電子捕獲による放射壊変である．

$$^{40}_{19}\text{K} + ^{0}_{-1}\text{e} \longrightarrow ^{40}_{18}\text{Ar} \qquad t_{\frac{1}{2}} = 1.2 \times 10^9 \text{年}$$

標本の年代決定には，気体のアルゴン-40 の蓄積が用いられる．鉱物中のカリウム-40 が放射壊変すると，生成したアルゴン-40 は鉱物の結晶格子中に捕捉され，鉱物が融解するまで放出されない．したがって，実験室における分析手法は，鉱物試料を溶融することであり，その中に存在するアルゴン-40 の量は，質量分析法を用いてうまく測定することができる（p.59 を見よ）．鉱石中のカリウム-40 に対するアルゴン-40 の比と，放射壊変の半減期から，100 万年から 10 億年の範囲にある岩石の年齢を決定することができる．

> **考え方の復習**
>
> 鉄-59 は，半減期 45.1 日で β 粒子放出によりコバルトに変化する．(a) この過程について，釣り合いのとれた核化学反応式を書け．(b) 下に示した図は，鉄-59 の壊変が開始してから何回半減期が経過したものかを決定せよ．ただし，黄色の球は鉄原子を表し，青色の球はコバルト原子を表している．

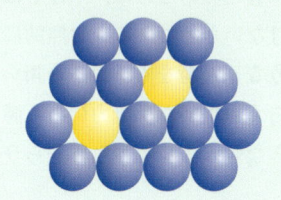

21.4 原子核反応

核化学の領域は，もしその研究が天然の放射性元素に限られていたならば，かなり狭いものであったろう．しかし，1919 年にラザフォードが行った実験は，人工的に放射性元素をつくり出すことが可能であることを示した．彼は，窒素原子核に α 粒子を衝突させることによって，つぎの反応が起こることを確認した．

$$^{14}_{7}\text{N} + ^{4}_{2}\alpha \longrightarrow ^{17}_{8}\text{O} + ^{1}_{1}\text{p}$$

すなわち，陽子の放出とともに酸素-17 が生成する．この反応によって，初めて，ある元素を他の元素に変換できることが示されたのである．原子核に他の粒子などを衝突させたときに起こる反応を原子核反応といい，特に，元素の変換を伴う場合を核変素反応とよんでいる．原子核反応は 2 個の粒子の衝突によって起こる点で，放射壊変とは異なっている．

上記の反応は，$^{14}_{7}\text{N}(\alpha, \text{p})^{17}_{8}\text{O}$ と略記される．括弧内には，最初に衝突する粒子が書かれ，放出される粒子がつぎに表記される．

例題 21.3

原子核反応 $^{56}_{26}\text{Fe}(d, \alpha)^{54}_{25}\text{Mn}$ に対する釣り合いのとれた反応式を書け．ここで d は，重水素原子核，すなわち ^2_1H を表す．

解法 この反応について釣り合いのとれた反応式を書く際には，最初の同位体 $^{56}_{26}\text{Fe}$ が反応物で，第二の同位体 $^{54}_{25}\text{Mn}$ が生成物であることに注意しよう．また，括弧内の最初の記号 d は衝突する粒子であり，括弧内の二番目の記号 α は，原子核反応の結果として放出される粒子を表している．

解答 略記された反応式は，鉄-56 と重水素核が衝突すると，マンガン-54 に加えて α 粒子，すなわち ^4_2He が生成することを示している．したがって，この核化学反応の化学式は次式のようになる．

$$^{56}_{26}\text{Fe} + ^2_1\text{H} \longrightarrow ^4_2\alpha + ^{54}_{25}\text{Mn}$$

確認 質量数の総和，および原子番号の総和が，反応式の両辺で同じであることを確認せよ．

(類似問題：21.33, 21.34)

練習問題 原子核反応 $^{106}_{46}\text{Pd}(\alpha, p)^{109}_{47}\text{Ag}$ に対する釣り合いのとれた反応式を書け．

一般に軽い元素は放射性ではないが，それらの原子核を適切な粒子と衝突させることによって，放射性にすることができる．すでに述べたように，放射性の炭素-14 同位体は，窒素-14 原子核と中性子の衝突によって生成される．三重水素（トリチウムともいう）^3_1H は，つぎのような衝突によって生成する．

$$^6_3\text{Li} + ^1_0\text{n} \longrightarrow ^3_1\text{H} + ^4_2\alpha$$

トリチウムは，β 粒子の放出を伴って放射壊変する．

$$^3_1\text{H} \longrightarrow ^3_2\text{He} + ^{\ 0}_{-1}\beta \qquad t_{\frac{1}{2}} = 12.5 \text{ 年}$$

原子核に衝突させる粒子として中性子を用いることにより，多くの同位体が合成されている．この方法が特に有用であるのは，中性子は電荷をもたないため，標的となる原子核から反発を受けないためである．対照的に，原子核に衝突させる粒子として，陽子や α 粒子のような正電荷をもつ粒子を用いる場合には，それ自身と標的となる原子核の間にはたらく静電的な反発力に打ち勝つために，非常に大きな運動エネルギーを与えねばならない．アルミニウムからリンを合成する反応は，その例である．

$$^{27}_{13}\text{Al} + ^4_2\alpha \longrightarrow ^{30}_{15}\text{P} + ^1_0\text{n}$$

このような反応を起こさせるために，粒子加速器が用いられる．粒子加速器では，電場と磁場を用いて，電荷をもつ粒子（荷電粒子という）の運動エネルギーを増加させる（図 21.4）．特別に構成された電極上の極性（すなわち，＋ と −）を交互に変化させることによって，荷電粒子はらせん軌道に沿って加速される．目的とする原子核反応を誘起するために必要なエネルギーが得られたら，粒子を加速器の外へ誘導し，標的物質と衝突させる．

さまざまに設計された粒子加速器が開発されており，その一つには，約 3 km の直線経路に沿って粒子を加速させるものもある（図 21.5）．現在では，粒子を光速度の 90 % 以上の速度まで加速することが可能となっている．（なお，アインシュタインの相対性理論によると，粒子を光速度で運動させることは不可能である．唯一の例外が光子であり，光子は静止質量がゼロのため，光速度で運動することができる．）加速器でつくられたきわめてエネルギーの高い粒子は，物理学者によって原子核を断片に砕くために利用される．このような分解過程によって得られた破片を研究することにより，原子核の構造や結合力に関する重要な情報が得られるのである．

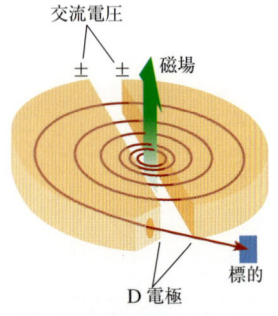

図 21.4 サイクロトロン粒子加速器の概略図．加速したい荷電粒子を中心部で発生させ，電場と磁場を加えることにより，高速度が得られるまでらせん状の軌道に沿って運動させる．磁場は，中空の半円形電極（その形状から D 電極とよばれる）の面に対して垂直にかけられる．

図 21.5 粒子加速器の一部分

超ウラン元素

粒子加速器によって，いわゆる**超ウラン元素**，すなわち原子番号が 92 より大きい元素の合成が可能になった．まず，1940 年にネプツニウム（Z＝93）が合成された．それ以来，24 種類の他の超ウラン元素が合成されている．これらの元素の同位体は，すべて放射性である．表 21.4 に Z＝111 までの超ウラン元素の名称と，それらが合成された反応を示す．

超ウラン元素 transuranium element

表 21.4 超ウラン元素

原子番号	名 称	元素記号	合成法
93	ネプツニウム	Np	$^{238}_{92}U + ^{1}_{0}n \longrightarrow ^{239}_{93}Np + ^{0}_{-1}\beta$
94	プルトニウム	Pu	$^{239}_{93}Np \longrightarrow ^{239}_{94}Pu + ^{0}_{-1}\beta$
95	アメリシウム	Am	$^{239}_{94}Pu + ^{1}_{0}n \longrightarrow ^{240}_{95}Am + ^{0}_{-1}\beta$
96	キュリウム	Cm	$^{239}_{94}Pu + ^{4}_{2}\alpha \longrightarrow ^{242}_{96}Cm + ^{1}_{0}n$
97	バークリウム	Bk	$^{241}_{95}Am + ^{4}_{2}\alpha \longrightarrow ^{243}_{97}Bk + 2^{1}_{0}n$
98	カリホルニウム	Cf	$^{242}_{96}Cm + ^{4}_{2}\alpha \longrightarrow ^{245}_{98}Cf + ^{1}_{0}n$
99	アインスタイニウム	Es	$^{238}_{92}U + 15^{1}_{0}n \longrightarrow ^{253}_{99}Es + 7^{0}_{-1}\beta$
100	フェルミウム	Fm	$^{238}_{92}U + 17^{1}_{0}n \longrightarrow ^{255}_{100}Fm + 8^{0}_{-1}\beta$
101	メンデレビウム	Md	$^{253}_{99}Es + ^{4}_{2}\alpha \longrightarrow ^{256}_{101}Md + ^{1}_{0}n$
102	ノーベリウム	No	$^{246}_{96}Cm + ^{12}_{6}C \longrightarrow ^{254}_{102}No + 4^{1}_{0}n$
103	ローレンシウム	Lr	$^{252}_{98}Cf + ^{10}_{5}B \longrightarrow ^{257}_{103}Lr + 5^{1}_{0}n$
104	ラザホージウム	Rf	$^{249}_{98}Cf + ^{12}_{6}C \longrightarrow ^{257}_{104}Rf + 4^{1}_{0}n$
105	ドブニウム	Db	$^{249}_{98}Cf + ^{15}_{7}N \longrightarrow ^{260}_{105}Db + 4^{1}_{0}n$
106	シーボーギウム	Sg	$^{249}_{98}Cf + ^{18}_{8}O \longrightarrow ^{263}_{106}Sg + 4^{1}_{0}n$
107	ボーリウム	Bh	$^{209}_{83}Bi + ^{54}_{24}Cr \longrightarrow ^{262}_{107}Bh + ^{1}_{0}n$
108	ハッシウム	Hs	$^{208}_{82}Pb + ^{58}_{26}Fe \longrightarrow ^{265}_{108}Hs + ^{1}_{0}n$
109	マイトネリウム	Mt	$^{209}_{83}Bi + ^{58}_{26}Fe \longrightarrow ^{266}_{109}Mt + ^{1}_{0}n$
110	ダームスタチウム	Ds	$^{208}_{82}Pb + ^{62}_{28}Ni \longrightarrow ^{269}_{110}Ds + ^{1}_{0}n$
111	レントゲニウム	Rg	$^{209}_{83}Bi + ^{64}_{28}Ni \longrightarrow ^{272}_{111}Rg + ^{1}_{0}n$

考え方の復習

118 番目の元素は，IUPAC の系統的名称ではウンウンオクチウムとよばれ，元素記号は Uuo が与えられる．2006 年にロシアのドブナにおいて，この元素の合成に関する最初の報告がなされた．この元素の合成に用いた原子核反応は，$^{249}_{98}\text{Cf}(^{48}_{20}\text{Ca, X})^{294}_{118}\text{Uuo}$ によって表される．生成物 X を決定し，この原子核反応に対する釣り合いのとれた反応式を書け．

21.5 核 分 裂

質量数が 200 を超えるような重い原子核が分裂して，中間的な質量をもつ比較的小さい原子核と，1 個，あるいは複数の中性子を生成する過程を**核分裂**という．図 21.2 に示したように，重い原子核はその生成物よりも不安定なので，この過程では多量のエネルギーが放出される．

核分裂 nuclear fission

最初に研究された核分裂反応は，室温における空気分子に匹敵する程度のゆっくりした速さの中性子を，ウラン-235 に衝突させて起こる反応であった．このような条件下では，ウラン-235 は図 21.6 に示したように分裂する．

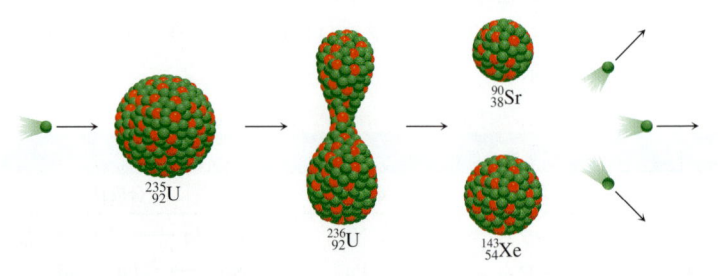

図 21.6 ^{235}U の核分裂．^{235}U 原子核が中性子（緑の点で示してある）を捕獲すると分裂が起こり，より小さい 2 個の原子核が生成する．^{235}U 原子核が分裂するごとに，平均して 2.4 個の中性子が放出される．

実際には，この反応は非常に複雑であり，30 種類以上の異なる元素が分裂生成物として観測されている（図 21.7）．ウラン-235 の核分裂における代表的な反応は，つぎのように表記される．

$$^{235}_{92}\text{U} + ^{1}_{0}\text{n} \longrightarrow ^{90}_{38}\text{Sr} + ^{143}_{54}\text{Xe} + 3\,^{1}_{0}\text{n}$$

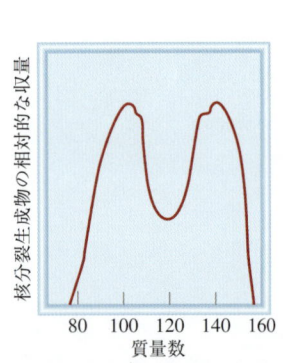

図 21.7 ウラン-235 の核分裂によって得られる生成物の，質量数に対する相対的な収量のプロット．

核分裂を起こさせることができる重い原子核は多数あるが，実用的な重要性をもつものは，天然に存在するウラン-235 と，人工的に合成されたプルトニウム-239 の核分裂である．表 21.5 に，ウラン-235 とその分裂生成物の核結合エネルギーを示す．表からわかるように，ウラン-235 の原子核 1 個あたりの核結合エネルギーは，ストロンチウム-90 とキセノン-143 の核結合エネルギーの和よりも小さい．したがって，ウラン-235 原子核がより小さな 2 個の原子核に分裂するとき，ある量のエネルギーが放出される．このエネルギーの大きさを見積もってみよう．反応物と生成物の核結合エネルギーの差は，ウラン-235 原子核 1 個あたり，$(1.23\times10^{-10}+1.92\times10^{-10})$ J $-(2.82\times10^{-10})$ J，すなわち 3.3×10^{-11} J である．1 mol のウラン-235 では，放出されるエネルギーは $(3.3\times10^{-11})\times(6.02\times10^{23})$，すなわち 2.0×10^{13} J と

表 21.5 ^{235}U，およびその核分裂生成物の核結合エネルギー

	核結合エネルギー
^{235}U	2.82×10^{-10} J
^{90}Sr	1.23×10^{-10} J
^{143}Xe	1.92×10^{-10} J

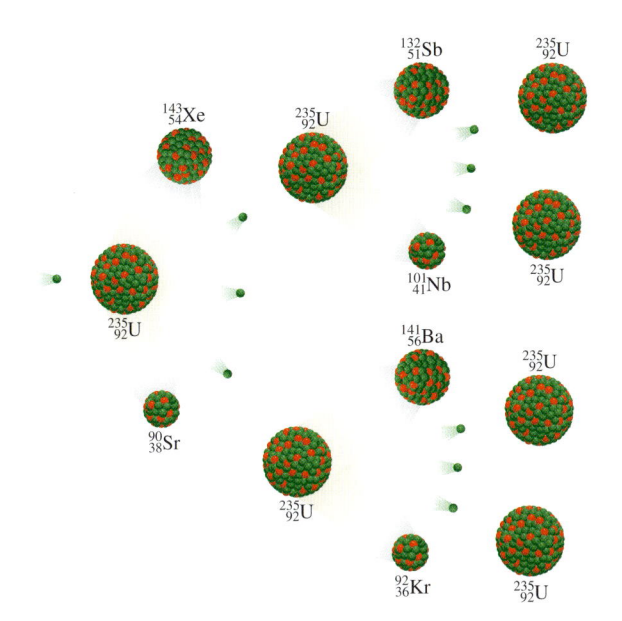

図 21.8 臨界量を超えるウラン-235が存在する場合，核分裂によって放出された中性子の多くは他のウラン-235原子核に捕獲され，核連鎖反応が起こることになる．

なる．1トンの石炭の燃焼熱がわずか 5×10^7 J であることを考慮すると，核分裂反応によって放出される熱量はきわめて大きいことがわかる．

ウラン-235の核分裂において重要な点は，ただ放出されるエネルギーが巨大な量であることだけではなく，その過程において最初に捕獲された数よりも多い中性子が生成するという事実である．この性質によって，この核分裂反応は，自給的に連続して起こることになる．このような核反応を**核連鎖反応**という．最初の核分裂で発生した中性子は，他のウラン-235原子核の分裂をひき起こし，その核分裂によってさらに多くの中性子が生成し，こうしてつぎからつぎへと核分裂がひき起こされる．この結果，1秒よりも短い間に，反応は制御不能となり，外界に対して途方もない量の熱が放出されることになる．

核連鎖反応 nuclear chain reaction

図21.8に核連鎖反応の様子を示す．このような連鎖反応が起こるためには，核分裂反応で発生した中性子を捕獲できるだけの十分な量のウラン-235が試料中に存在しなければならない．そうでなければ，中性子の多くは試料から流出し，連鎖反応は起こらないだろう．この状況では，試料の質量は未臨界であるといわれる．自給的な核連鎖反応を起こすために必要となる核分裂物質の最少の質量を，**臨界量**という．ウラン-235の量が臨界量に等しいか，あるいはそれ以上のときには，発生したほとんどの中性子はウラン-235原子核によって捕獲され，核連鎖反応が起こることになる．

臨界量 critical mass

原子爆弾

核分裂反応が最初に応用されたのは，原子爆弾の開発であった．この爆弾はどのように製造され，どのように爆発するのだろうか．爆弾の設計における決定的な要因は，爆弾に用いる核分裂物質の臨界量を決定することである．小型の原子爆弾でも，爆発によって放出されるエネルギーは，2万トンのトリニトロトルエン爆薬（TNTと略記する）に匹敵する．1トンのTNTは約 4×10^9 J のエネルギーを放出するので，2万トンのTNTが生成するエネルギーは 8×10^{13} J となる．すでに，

1 mol, すなわち 235 g のウラン-235 が核分裂すると, 2.0×10^{13} J のエネルギーを放出することを述べた. したがって, 小型の原子爆弾に存在するウラン-235 の最少の質量は, つぎのように計算される.

$$235 \text{ g} \times \frac{8 \times 10^{13} \text{ J}}{2.0 \times 10^{13} \text{ J}} \approx 1 \text{ kg}$$

原子爆弾が決して, すでに臨界量の核分裂物質が存在する状態で製造されないことは明らかである. そうではなく, 図 21.9 に示すように, TNT のような通常の爆薬を用いて, 未臨界の核分裂物質を合体させることにより臨界量を形成させるのである. 装置の中心にある中性子源から中性子が放出され, 核連鎖反応が誘発される. ウラン-235 は, 1945 年 8 月 6 日に日本の広島に投下された原子爆弾に用いられた核分裂物質であった. その 3 日後に長崎で爆発した原子爆弾には, プルトニウム-239 が使用された. これら二つの場合において起こった核分裂反応は類似しており, 破壊の程度も同じであった.

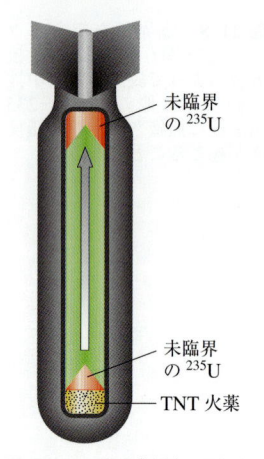

図 21.9 原子爆弾の断面の概略図. まず, TNT 火薬を爆発させる. 分割されていた核分裂物質が爆発によって合体し, 臨界量をはるかに超えた量が形成される.

原 子 炉

原子炉は核分裂反応の平和的な利用といえるが, その是非については議論がある. 原子炉において核連鎖反応を制御して起こさせ, 得られた熱を用いて電気を発生させる発電方式が, 原子力発電である. 現在, 米国では, 電気エネルギーの約 20 % が原子炉から供給されている[†]. この比率は高い値ではないが, 原子炉は, 米国のエネルギー生産に対して決して無視できない寄与をしている. 現在, 作動している原子炉には, いくつかの異なった種類がある. ここでは簡単に, それらのうち 3 種類の原子炉について, おもな特徴を, それらの長所と短所とともに議論することにしよう.

[†] 訳注: 2009 年度において, 日本では, 総エネルギーの 11.1 % が原子力から供給されている.

軽 水 炉

米国において稼動している原子炉のほとんどは, 軽水炉とよばれる原子炉である. 図 21.10 に軽水炉の概略を図示した. また, 図 21.11 は, 炉心とよばれる原子炉の中心部に核燃料を補給している様子を示している.

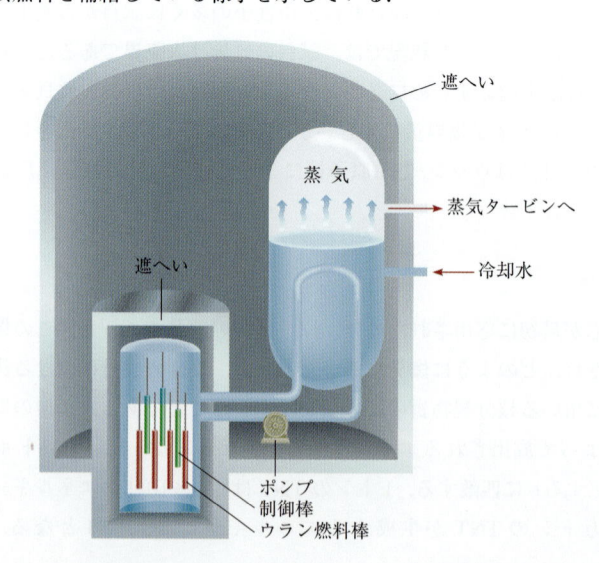

図 21.10 原子炉の概略図. 核分裂反応はカドミウム, あるいはホウ素の制御棒によって制御されている. 反応によって生じる熱は, 熱交換器を通して蒸気を発生させるために用いられ, それによって電気がつくられる.

核分裂反応における重要な点は，中性子の速さである．速い中性子よりも遅い中性子の方が，ウラン-235 原子核を効率よく分裂させることができる．核分裂反応は大きな発熱を伴うので，一般に，発生した中性子の速度は非常に大きい．したがって，核分裂反応の効率を高めるためには，発生した中性子を核分裂の誘起に用いる前に，その速度を低下させる必要がある．この目的のために使用される，中性子の運動エネルギーを減少させる物質を**減速材**という．減速材として適切な物質は，いくつかの要求を満足しなければならない．まず，それは無毒であり，必要とされる量がきわめて多いため安価でなければならない．また，それは中性子の衝撃を受けても，放射性物質へ変換されない必要がある．さらに，減速材は冷却材としても利用できるように，流体であることが望ましい．これらの要求をすべて満たす物質はないが，考えうるさまざまな物質の中では水が最も近い性質をもっている．^1_1H は水素元素のうちで最も軽い同位体なので，H_2O は軽水とよばれる．軽水を減速材として用いる原子炉が軽水炉である．

図 21.11 原子炉の炉心への核燃料の補給

減速材 moderator

軽水炉の核燃料はウランからなり，一般に，酸化物 U_3O_8 が用いられる（図 21.12）．天然に存在するウランは約 0.7％のウラン-235 を含んでいるが，小規模の核連鎖反応を継続させるには，その濃度では低すぎる．軽水炉を効率よく作動させるためには，ウラン-235 の濃度を 3 から 4％にまで濃縮しなければならない．大ざっぱにいって，原子炉における原子爆弾との重要な違いは，原子炉の中で起こる核連鎖反応が，常に制御されていることである．この反応の速度を決定する因子は，存在する中性子の数である．中性子の数は，カドミウム，あるいはホウ素からなる制御棒を核燃料の間に差し込むによって制御することができる．これらの制御棒は，つぎの反応式に従って中性子を捕捉する．

$$^{113}_{48}Cd + ^1_0n \longrightarrow ^{114}_{48}Cd + \gamma$$
$$^{10}_{5}B + ^1_0n \longrightarrow ^7_3Li + ^4_2\alpha$$

ここで γ は γ 線を示している．もし，制御棒がなければ，発生する熱によって炉心は溶融し，放射性物質が外界に放出されることになるだろう．

図 21.12 酸化ウラン U_3O_8

原子炉には，核分裂反応によって放出された熱を吸収し，炉心から外へと移動させるための非常に精密に設計された冷却系が接続している．外へ移動した熱は，発電機を駆動する蒸気をつくるために用いられる．この点では，原子力発電所は，化石燃料を燃やす従来の発電所と類似している．いずれの発電所でも，蒸気を凝縮させて再利用するために，多量の冷却水が必要となる．このため，ほとんどの原子力発電所は川，あるいは湖の近くに建設される．残念なことに，加熱された冷却水によって，熱汚染の問題がひき起こされている（§13.4 を見よ）．

重 水 炉

原子炉のもう一つの型式は，減速材として H_2O の代わりに重水 D_2O を用いるものである．普通の水素に比べて重水素は，中性子を吸収する効率が非常に低い．したがって，減速材として重水を用いると，中性子はほとんど吸収されず，原子炉はより効率よく作動する．このため，重水炉では濃縮したウランを必要としない．一方で，重水が減速材として効率が悪いことは，より多くの中性子が原子炉から外へ漏れるという，原子炉を運転するに際して好ましくない影響もある．しかし，この

点は，重水炉の重大な欠点というわけではない．

重水炉のおもな利点は，高価なウラン濃縮施設を建設する必要がないことにある．しかし，D_2O を，普通の水の分別蒸留，あるいは電気分解から製造する必要があり，原子炉に使用する水の量を考慮すると，それは非常に高価なものとなる．水力発電によって豊富な電力が供給される国では，電気分解による D_2O の製造にかかる費用はかなり安くなる．現在のところ，重水炉の利用に成功している国はカナダだけである．重水炉を用いればウランを濃縮する必要がないことは，国が核兵器とかかわらずに，原子力の恩恵だけを受けることが可能であることを意味している．

増 殖 炉

核燃料としてウランを用いるが，これまでに述べた原子炉とは違って，<u>消費する核燃料よりも多くの核燃料を生成する原子炉</u>を**増殖炉**という．

増殖炉 breeder reactor

すでに述べたように，ウラン-238 と高速の中性子が衝突すると，つぎの反応が起こる．

$$^{238}_{92}U + ^{1}_{0}n \longrightarrow ^{239}_{92}U$$
$$^{239}_{92}U \longrightarrow ^{239}_{93}Np + ^{0}_{-1}\beta \qquad t_{\frac{1}{2}} = 23.4 分$$
$$^{239}_{93}Np \longrightarrow ^{239}_{94}Pu + ^{0}_{-1}\beta \qquad t_{\frac{1}{2}} = 2.35 日$$

この反応によって，核分裂物質ではないウラン-238 が，核分裂物質であるプルトニウム-239 に変換される（図 21.13）．

プルトニウム-239 は酸化プルトニウムを生成し，容易にウランと分離することができる．

典型的な増殖炉では，ウラン-235，あるいはプルトニウム-239 を含む核燃料をウラン-238 と混合し，炉心内で増殖を起こさせる．ウラン-235，あるいはプルトニウム-239 が核分裂を起こすたびに，1 個以上の中性子がウラン-238 に捕獲されて，プルトニウム-239 が生成する．こうして，最初の核燃料が消費されるにつれて，核分裂物質の貯蔵量はどんどん増加することになる．もとの原子炉に核燃料を補給し，さらにそれと匹敵する大きさのもう一つの原子炉に核燃料を供給できるだけの核分裂物質を生成させるには，約 7 から 10 年がかかる．この期間は，<u>倍増時間</u>とよばれる．

図 21.13 赤く輝く放射性の酸化プルトニウム PuO_2

今日までのところ，単独で作動している増殖炉は米国にはなく，フランスやロシアなどでわずか数基が建設されているだけである†．増殖炉の一つの問題点は，経済的なことである．増殖炉は従来の原子炉に比べて，建設にかかる費用が高い．また，増殖炉の建設が，より技術的に難しいという問題もある．これらの理由により，少なくとも米国においては，増殖炉の将来における発展は確かなものとはいえない．

† 訳注：日本では，福井県敦賀市にある高速増殖炉"もんじゅ"によって，実用化に向けた研究開発が行われている．

核エネルギーの危険性

環境問題の専門家をはじめとして，エネルギーを得るための手段として核分裂を用いることは，きわめて不適切であると考える人は多い．ストロンチウム-90 など核分裂による生成物の多くは，長い半減期をもつ危険な放射性同位体である．核燃料として用いられ，また増殖炉で製造されるプルトニウム-239 は，最も有害な物質の一つとして知られている．プルトニウム-239 は 24400 年の半減期をもち，α 粒子を放出して放射壊変する．

プルトニウムは放射性であるのに加えて，化学的に有毒でもある．

偶発的な事故によっても，多くの危険がもたらされる．1979年にペンシルベニア州スリーマイル島で起きた原子炉の事故は，原子力発電所の潜在的な危険性について人々の注意をひきつける最初の事故となった．この事故では，原子炉から漏れた放射線はほとんどなかったが，事故の修復がなされて安全性の問題が解決されるまで，発電所は十年以上も閉鎖されたままであった．わずか数年後の1986年4月26日，ウクライナのチェルノブイリ原子力発電所の原子炉が制御不能となり，化学的な爆発と火災をひき起こした．この事故によって，多量の放射性物質が環境に放出された．発電所の近隣ではたらいていた人々は，強力な放射線にさらされた結果として，数週間内に死亡した．この事故で放出され地上に降下した放射性物質によって，農業や酪農は大きな打撃を受けたが，放射性降下物の長期的な影響については，まだ明確には評価されていない．放射性の汚染に起因すると考えられるがんによる死者の数は，数千から10万以上と推定されている．

事故の危険性に加えて，放射性廃棄物をどのように処理するかという問題がある．この問題は，安全に作動している原子力発電所においてさえも，まだ満足できる解決が得られていない．放射性廃棄物をどこに保管し，あるいはどこに捨てたらよいかについては，地中や海底の下，および深い地層の中など，多くの提案がなされている．しかし，長い目で見れば，これらの場所はいずれも，絶対に安全であるということはできない．たとえば，放射性廃棄物が地下水へ漏れれば，近隣の地域を危険にさらすことになる．理想的な廃棄場所は太陽であろう．そこでは廃棄物によって多少放射線が増大しても，ほとんど影響がない．しかし，放射性廃棄物を太陽に投棄するためには，宇宙開発技術に対する100％の信頼性が必要となることはいうまでもない．

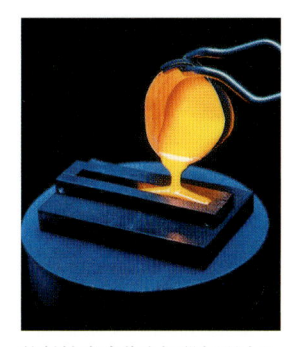

これらの危険性のために，原子炉の将来は決して明るいとはいえない．原子力はかつて，21世紀におけるエネルギー需要に対する究極の解答として熱烈な支持を得た．しかし，これについては，いまや科学者たち，および専門家でない人々の両方から議論が起こり，疑問視されている．しばらくの間，論争は続くように思われる．

放射性廃棄物を埋設処理する前に，廃棄物の上に溶融したガラスを注ぐ．

21.6 核融合

核融合 nuclear fusion

核分裂とは対照的に，小さい原子核が融合してより大きな原子核を形成する過程を，**核融合**という．核融合には，核分裂のような，放射性廃棄物の問題はほとんどない．

図21.2に示すように，最も軽い元素に対して，原子核の安定性は原子番号の増加とともに増大する．この挙動は，もし2個の軽い原子核が融合して，より大きな，より安定な原子核が形成されれば，その過程において，かなりの量のエネルギーが放出されることを示唆している．これに基づいて，エネルギーを得るために核融合反応を利用することを目的とした研究が進められている．

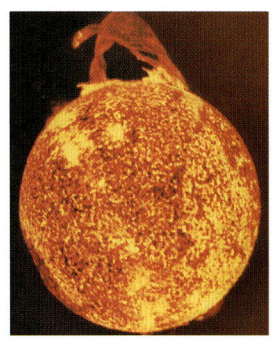

核融合は，太陽において絶えず起こっている．太陽はほとんど，水素とヘリウムからできている．太陽の内部の温度は約1500万℃に達しており，そこではつぎのような核融合反応が起こっていると考えられている．

核融合反応によって，太陽内部の温度は1500万℃に保たれている．

$$^1_1H + ^2_1H \longrightarrow ^3_2He$$
$$^3_2He + ^3_2He \longrightarrow ^4_2He + 2\,^1_1H$$
$$^1_1H + ^1_1H \longrightarrow ^2_1H + ^0_{+1}\beta$$

核融合反応は非常に高い温度でのみ起こるので，しばしば**熱核反応**ともよばれる．

熱核反応 thermonuclear reaction

核融合炉

エネルギーを得るための手段として，適切な核融合反応を選択する際に最も重要なことは，その反応を起こすために必要な温度である．いくつかの見込みのある反応を以下に示す．

反応	放出されるエネルギー
$^2_1H + ^2_1H \longrightarrow ^3_1H + ^1_1H$	6.3×10^{-13} J
$^2_1H + ^3_1H \longrightarrow ^4_2He + ^1_0n$	2.8×10^{-12} J
$^6_3Li + ^2_1H \longrightarrow 2\,^4_2He$	3.6×10^{-12} J

核融合が起こるためには，原子核の間にはたらく反発力に打ち勝つ必要があるので，これらの反応は，1億°C 程度の非常に高い温度でないと起こらない．地球上の重水素は事実上，無尽蔵であるから，上記の反応のうち，最初の反応は特に魅力的である．地球にある水の全体積は約 1.5×10^{21} L である．重水素の天然存在量は 1.5×10^{-2} % なので，存在する重水素の全量はおよそ 4.5×10^{21} g，すなわち 4.5×10^{15} トンである．核融合反応によって得られるエネルギーを考慮すれば，重水素の製造にかかる費用は微小なものに過ぎない．

核分裂反応とは対照的に，核融合反応は，少なくとも紙の上では非常に有望なエネルギー源に思われる．熱汚染は問題になるだろうが，核融合はつぎのような利点をもっている．(1) 燃料が安価であり，ほとんど無尽蔵である．(2) 反応によって，ほとんど放射性廃棄物が生成しない．たとえ核融合装置が止まったとしても，核融合炉の運転は完全に，また即座に停止するので，核分裂を用いた原子炉のように炉心が溶融する危険性は全くない．

核融合がそれほど優れたものであるならば，現在，稼動している核融合炉が一つもないのはなぜだろうか．実は，核融合炉を設計するための科学的な知識は十分なのだが，技術的な困難がまだ解決されていないのである．基本的な問題は，核融合

図 21.14 トカマク型とよばれるプラズマ磁気閉じ込め方式の概略図

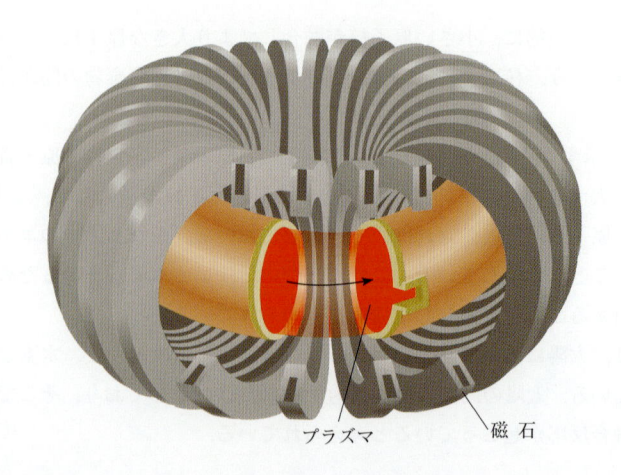

図 21.15 米国のローレンス・リバモア国立研究所において，ノバと称する高出力のレーザーを用いて小規模の核融合反応が達成された．

が起こるために必要な時間，原子核を高温，高密度に保つ方法を見つけることである．約 1 億 °C の温度では分子は存在せず，ほとんど，あるいはすべての原子は，電子をはぎ取られた状態になっている．このような物質の状態，すなわち気体状の陽イオンと電子の混合物となった状態を，**プラズマ**という．このプラズマの扱いが難しいのである．このような高温に耐える固体の容器があるだろうか．プラズマが少量の場合は別だが，そのような容器は存在しない．たとえあっても，プラズマは容器の表面ですぐに冷却され，核融合反応は停止してしまうだろう．この問題を解決する一つの方法は，磁気閉じ込め方式とよばれる方法を用いることである．プラズマは高速で運動する荷電粒子から構成されるので，磁場はプラズマに力を及ぼすことができる．図 21.14 に示すように，プラズマに複雑な磁場をかけてドーナツ型のトンネルに閉じ込め，この中を運動させる．こうすれば，プラズマは，決して容器の壁に接触しなくなる．

プラズマ plasma

　もう一つの有望な方法は，高出力のレーザーを用いて核融合反応を誘発する方法である．試験的な試みでは，多数のレーザービームを用いて小球状の核燃料にエネルギーを移動させると，核燃料は加熱されて内破，すなわちすべての表面から内側へと崩壊が起こり，微小な体積の中に圧縮される（図 21.15）．その結果として，核融合反応が起こる．しかし，磁気閉じ込め方式と同様に，レーザー核融合も，それを大きな規模で実際に利用するためには，克服すべき多くの技術的問題が残されている．

水 素 爆 弾

　核融合炉の設計に付随する技術的な問題は，水素爆弾（熱核爆弾ともよばれる）の製造には影響を及ぼさない．なぜなら，この場合には，放出される全エネルギーが目的であり，制御を必要としないからである．水素爆弾といっても，気体状の水素，あるいは重水素を含んでいるわけではない．水素爆弾には，非常に高密度に詰め込まれた固体状の重水素化リチウム LiD が入っている．水素爆弾の爆発は 2 段階で起こる．すなわち，まず核分裂反応が起こり，ついで核融合反応が起こる．核融

合に必要な温度は，原子爆弾によって与えられる．原子爆弾が爆発した直後，続いて核融合反応が起こり，巨大なエネルギーが放出される（図 21.16）．

$$_3^6\text{Li} + {}_1^2\text{H} \longrightarrow 2\,{}_2^4\alpha$$

$$_1^2\text{H} + {}_1^2\text{H} \longrightarrow {}_1^3\text{H} + {}_1^1\text{H}$$

核融合反応を用いる爆弾には臨界量はなく，またその爆発力は，存在する反応物の量のみで決まる．水素爆弾で生成する放射性同位体は，弱い β 線放出体（$t_{\frac{1}{2}} = 12.5$ 年）であるトリチウムと，起爆に用いた核分裂反応の生成物だけである．このため，水素爆弾は，原子爆弾よりも "きれいな爆弾" であるといわれる．しかし，コバルトのような核分裂を起こさない物質を爆弾の中に取込ませることによって，水素爆弾が環境に与える損害は増大する．すなわち，コバルト-59 が中性子による衝撃を受けるとコバルト-60 へ変換されるが，コバルト-60 は 5.2 年の半減期をもつ非常に強い γ 線放出体である．水素爆弾の爆発によって生じた破片や，降下物に含まれる放射性コバルト同位体は，最初の爆発に耐えて生き残った人々の命を脅かすことになるだろう．

21.7 同位体の利用

放射性同位体，および安定同位体も同様に，科学や医学においてさまざまに応用されている．すでに§21.3 では，人工物の年代決定における同位体の利用について述べた．本節では，さらにいくつかの例について議論することにしよう．

構造決定

チオ硫酸イオンの化学式は $S_2O_3^{2-}$ である．長い間，このイオンに含まれる 2 個の硫黄原子が等価な位置を占めているかどうかについては，明確な答えが得られてはいなかった．チオ硫酸イオンは，亜硫酸イオンと単体の硫黄との反応によって合成される．

$$\text{SO}_3^{2-}(\text{aq}) + \text{S}(\text{s}) \longrightarrow \text{S}_2\text{O}_3^{2-}(\text{aq})$$

チオ硫酸イオンを希薄な酸と処理すると，逆の反応が進行する．すなわち，亜硫酸イオンが再生し，単体の硫黄が沈殿する．

$$\text{S}_2\text{O}_3^{2-}(\text{aq}) \xrightarrow{\text{H}^+} \text{SO}_3^{2-}(\text{aq}) + \text{S}(\text{s}) \qquad (21.4)$$

この一連の反応を，放射性同位体の硫黄-35 を濃縮した単体の硫黄から出発すると，この同位体は S 原子の "標識" としてはたらく．実験によると，標識された S 原子は，すべて式(21.4)で沈殿した硫黄の中に見いだされた．亜硫酸イオンの中には，標識された S 原子は全く存在しない．この結果から，明らかに $S_2O_3^{2-}$ の構造は，たとえば次式のような，2 個の S 原子が等価な構造ではないことがわかる．

$$\left[\ddot{\text{O}}-\text{S}-\ddot{\text{O}}-\text{S}-\ddot{\text{O}}\right]^{2-}$$

もしこのような構造であれば，放射性同位体は，硫黄単体の沈殿と亜硫酸イオンの両方に存在するであろう．現在では，分光学的な研究に基づいて，チオ硫酸イオンは次式のような構造をもつことがわかっている．

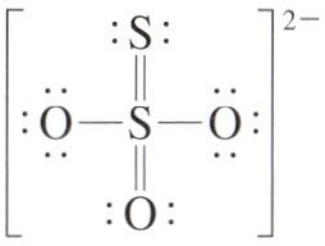

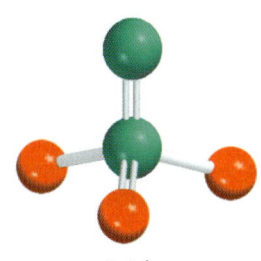

$S_2O_3{}^{2-}$

光合成の研究

植物が営む光合成の研究においても，同位体はさかんに利用されている．光合成における全体の反応式は，つぎのように表される．

$$6CO_2 + 6H_2O \longrightarrow C_6H_{12}O_6 + 6O_2$$

光合成における炭素の経路を決定するために，放射性の ^{14}C 同位体が利用された．$^{14}CO_2$ を出発物質として，光合成の過程に介在する中間物質を単離し，炭素を含む化合物について，それぞれの放射能の量を測定することができた．この方法によって，CO_2 からさまざまな中間物質を経由して炭水化物に至る反応経路が解明された．このように，化学的，あるいは生物学的過程におけるある元素の原子の挙動を追跡するために利用される同位体をトレーサーという．トレーサーには，放射性同位体を用いることが多い．

トレーサー tracer

医療と同位体

トレーサーは医学的な診断にも利用される．たとえば，半減期 14.8 時間で β 壊変するナトリウム-24 を塩溶液として血液に注射すると，その放射性同位体を用いて血液の流れを追跡することができ，循環器系に圧迫や閉塞がないかどうかを調べることができる．また，半減期 8 日で β 壊変するヨウ素-131 は，甲状腺の活性を調べるために利用されている．一定量の $Na^{131}I$ を含む飲み物を患者に与え，甲状腺における放射能を測定すると，ヨウ素が正常な速度で吸収されているかどうかを調べることができ，これによって甲状腺の機能不全を検出することができる．もちろん，人体に用いられる放射性同位体は，常に少量に保たれねばならない．そうでなければ，患者は高いエネルギーをもつ放射線によって，たえず損傷を受けることになるだろう．ヨウ素のもう一つの放射性同位体であるヨウ素-125 は γ 線を放出して壊変するので，甲状腺を画像化するために用いられている（図 21.17）．

人工的に合成された最初の元素であるテクネチウムは，核医学における最も有用な元素の一つである．テクネチウムは遷移元素であるが，そのすべての同位体は放射性である．実験室では，テクネチウムは原子核反応によって合成される．

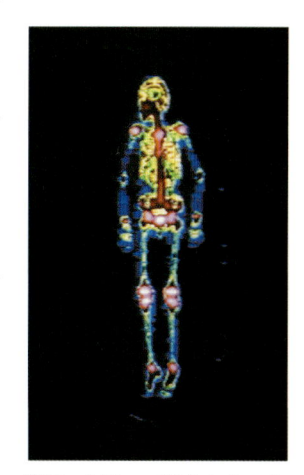

$^{99m}_{43}Tc$ を用いて得られたヒトの骨格の画像

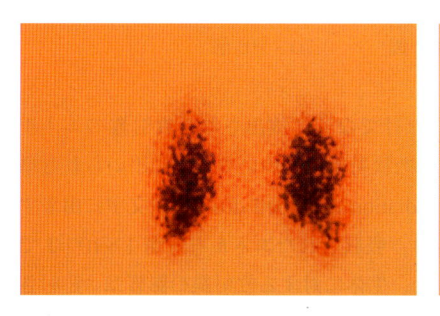

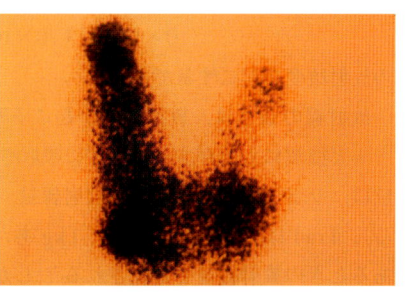

図 21.17 $Na^{125}I$ を投与したのち，患者の甲状腺による放射性ヨウ素の取込みを，スキャナーとよばれる装置を用いて調べる．左の写真は正常な甲状腺を，また右の写真は肥大化した甲状腺を示している．

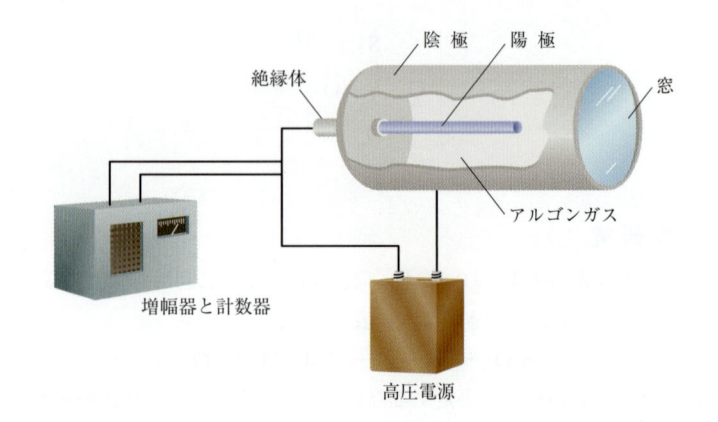

図 21.18 ガイガー計数管の概略図. 窓を通って入射した放射線（α線, β線, あるいはγ線）によってアルゴン分子がイオン化され, それによって電極間に微小な電流が発生する. この電流が増幅され, 閃光を発するか, あるいはカチッという音とともに計数器が作動する.

$$^{98}_{42}\text{Mo} + ^{1}_{0}\text{n} \longrightarrow ^{99}_{42}\text{Mo}$$

$$^{99}_{42}\text{Mo} \longrightarrow ^{99m}_{43}\text{Tc} + ^{0}_{-1}\beta$$

ここで上付き文字 m は, 生成したテクネチウム-99 同位体が, 励起された状態にあることを示す. この同位体は約 6 時間の半減期をもち, γ線を放射しながら基底状態のテクネチウム-99 へと変化する. このため, ^{99m}Tc は診断のための手段として用いられる. すなわち, ^{99m}Tc を含む溶液を患者が飲むか, あるいは注射によって投与し, ^{99m}Tc が放射するγ線を検出することによって, 医師は患者の心臓や肝臓, あるいは肺のような器官の画像を撮影することができる.

　トレーサーとして放射性同位体を用いるおもな利点は, それらが容易に検出されることである. 放射性同位体は, それが非常に少量であっても, 写真を用いた方法や計数管とよばれる装置によって検出することができる. 図 21.18 にガイガー計数管の概略図を示す. ガイガー計数管は, 放射線を検出するための装置として, 科学的な研究や医学の研究室において広く用いられている.

21.8　生物に対する放射線の影響

　本節では, 生体系に対する放射線の影響について簡単に検討する. その前にまず, 放射線を定量的に扱うための単位を定義しよう. 放射能の基本的な単位は, キュリー Ci である. 1 Ci は, 1 秒間に, 正確に 3.70×10^{10} 個の放射壊変を起こす放射性物質の量と定義される. この壊変速度は, ラジウム 1 g が放射壊変する速度に相当する. 1 Ci の 1000 分の 1 であるミリキュリー mCi も用いられる. たとえば, 炭素-14 を含む試料 10 mCi は, 1 秒間に

$$(10 \times 10^{-3})(3.70 \times 10^{10} \text{個}) = 3.70 \times 10^{8} \text{個}$$

の放射壊変を起こす量である.

　放射線の強さは, 放射壊変が起こる数だけでなく, 放出される放射線のエネルギーと種類にも依存する. 物質に吸収された放射線量について一般に用いられる単位は, ラド rad である (吸収放射線量, radiation absorbed dose の頭文字に由来する). 1 rad は, 照射された物質 1 kg あたり, 吸収されたエネルギーが 1×10^{-2} J であるときの放射線量と定義される†. しかし, 生体に対する放射線の影響は, 照射さ

† 訳注: 吸収線量の SI 組立単位は, グレイ Gy である. 1 rad = 10^{-2} Gy の関係がある.

れた生体の部位や放射線の種類によって異なる．このため，rad に RBE（生物学的効果比，relative biological effectiveness の頭文字に由来する）とよばれる因子をかけることが行われる．β 線と γ 線に対する RBE はほぼ 1 であるが，α 線の RBE は約 10 である．一般に，生体に与える放射線の効果は，放射線が照射される速度，照射された放射線の総量，および照射される生体組織に依存するので，生体に吸収された放射線の影響を評価する際には，レム rem（ヒトに対する放射線量，roentgen equivalent for man の頭文字に由来）とよばれる別の単位が用いられる．rem は次式によって定義される†．

$$1\,\text{rem} = (1\,\text{rad})(\text{RBE}) \tag{21.5}$$

† 訳注：生体が受ける放射線量（線量当量）の SI 組立単位は，シーベルト Sv である．$1\,\text{rem} = 10^{-2}\,\text{Sv}$ の関係がある．

原子核の壊変によって放射される 3 種類の放射線のうち，一般に，透過力の最も小さいものは α 粒子である．β 粒子の透過性は α 粒子より大きいが，γ 線ほどではない．γ 線は波長が非常に短い電磁波であり，高いエネルギーをもっている．さらに，γ 線は電荷をもたないので，物質を用いて γ 線を遮へいすることは，α 粒子や β 粒子ほど容易ではない．しかし，α 粒子や β 粒子を放出する放射線物質を体内に摂取すれば，生体器官は近距離から放射される放射線に絶えずさらされるため，その器官の損傷は著しく増大することになる．たとえば，β 粒子を放出するストロンチウム-90 は骨に含まれるカルシウムと置き換わるので，骨にきわめて大きな損傷を与える．

表 21.6 に，米国人が 1 年間に受ける放射線の平均的な量を示した．放射線に短時間さらされたとき，放射線量が 50〜200 rem になると白血球数の減少や他の症状が引き起こされ，また 500 rem，あるいはそれを超える放射線量を受けると数週間以内に死に至る可能性があることを，ここで指摘しておかねばならない．国際放射線防護委員会の勧告による現在の安全基準では，放射線物質を扱う労働者が 1 年間に受ける放射線量は 5 rem を超えてはならないとされている．さらに，一般公衆が 1 年間に受ける人的な放射線源に由来する放射線の最大量は，0.1 rem と明記されている．

放射線によって生体が損傷を受ける化学的な機構は，放射線によるイオン化である．放射された粒子や γ 線は，その経路にある原子や分子から電子を除去し，その結果，イオンやラジカルが生成する．一般に，ラジカルは短寿命であり，高い反応性をもつ．たとえば，水に γ 線を照射するとつぎの反応が起こる．

表 21.6　米国人が 1 年間に受ける平均的な放射線量

起　源	放射線量（mrem/年）*
宇宙線	20〜50
地表および環境	25
人　体†	26
内科や歯科治療のための X 線	20〜75
航空機による旅行	5
核兵器実験からの降下物	5
核廃棄物	2
合　計	133〜188

* $1\,\text{mrem} = 1\,\text{ミリレム} = 1 \times 10^{-3}\,\text{rem}$
† 人体の放射能は，食物と空気に由来している．

$$\text{H}_2\text{O} \xrightarrow{\gamma\text{線照射}} \text{H}_2\text{O}^+ + \text{e}^-$$

$$\text{H}_2\text{O}^+ + \text{H}_2\text{O} \longrightarrow \text{H}_3\text{O}^+ + \cdot\text{OH}$$
ヒドロキシルラジカル

さらに，水和された電子が，水，あるいは水素イオンと反応すると水素原子が生成し，また酸素と反応して，ラジカルとしての性質をもつ超酸化物イオン O_2^- を与える．

$$\text{e}^- + \text{O}_2 \longrightarrow \cdot\text{O}_2^-$$

生体組織において，超酸化物イオンや他のラジカルは，細胞膜，および酵素や DNA 分子のような多くの有機化合物を攻撃する．また，高エネルギーの放射線によって，これらの有機化合物も直接，イオン化され，分解される．

エネルギーの高い放射線は，ヒトや他の動物にがんをひき起こすことが古くから知られている．がんの特徴は，制御を失って細胞が増殖することである．一方で，放射線を用いた適切な処置により，がん細胞を破壊できることも十分に確認されている．したがって，放射線によるがんの治療では，これらの妥協が図られる．すなわち，患者に与える放射線は，がん細胞を破壊するために十分な量でなければならないが，一方で，多くの正常な細胞を殺してはならず，また，他の種類のがんを誘発しないことが望まれる．

放射線による生体系への影響は，一般に，<u>体細胞的な損傷</u>と，<u>遺伝的な損傷</u>に分類することができる．体細胞的な損傷は，その生体自身の寿命の間，生体に影響を与える損傷であり，皮膚の変色，発疹，がん，白内障などがその例である．一方，遺伝的な損傷は，遺伝する変化，すなわち遺伝子の変異を意味する．たとえば，放射線によってある人の染色体が損傷を受けたり，変化したりすると，その人の子孫に奇形が生じることがある．

染色体は細胞の構造体の一つであり，その中に遺伝物質 DNA が含まれている．

重要な式

$$E = mc^2 \quad (21.1) \quad \text{アインシュタインの質量とエネルギーの等価則}$$

$$\Delta E = (\Delta m)c^2 \quad (21.2) \quad \text{質量欠損と放出されるエネルギーとの関係}$$

$$\text{核子 1 個あたりの核結合エネルギー} = \frac{\text{核結合エネルギー}}{\text{核子の数}} \quad (21.3)$$

事項と考え方のまとめ

1. 核化学は，原子核における変化を扱う学問である．このような変化を，核化学反応とよぶ．核化学反応には，放射壊変と原子核反応がある．
2. 原子番号の小さい安定な原子核では，中性子/陽子比は 1 に近い値をとる．より重い安定な原子核では，その比は 1 よりも大きくなる．陽子数が 84 以上の原子核はすべて不安定であり，放射性である．一般に，原子番号が偶数の原子核は，原子番号が奇数の原子核よりも安定である．原子核の安定性は，核結合エネルギーによって定量的に評価することができる．核結合エネルギーは，その原子核の質量欠損の値から計算することができる．
3. 放射性の原子核は，α 粒子，β 粒子，陽電子，あるいは γ 線を放出する．核化学反応の反応式を書く際には，放出される粒子も表記し，質量数と原子番号の両方につ

いて釣り合いをとらねばならない．ウラン-238 は，天然の放射壊変系列の親となる核種である．^{238}U や ^{14}C のような多くの放射性同位体が，物体の年代決定のために用いられている．加速された中性子，陽子，あるいは α 粒子と他の元素との衝突により，天然に存在しない放射性元素が人工的に合成されている．

4. 大きい原子核が，より小さい原子核と中性子に分裂する反応を，核分裂という．生成した中性子が他の原子核によって効率よく捕獲される場合には，制御できない核連鎖反応が起こる．原子炉を用いると核分裂反応を制御して起こさせることができ，生じた熱は電力を製造するために利用される．三つの重要な原子炉の様式は，軽水炉，重水炉，および増殖炉である．

5. 2 個の軽い原子核が結合して一つの重い原子核を形成する反応を，核融合という．核融合は太陽で起こっている反応である．核融合は非常に高い温度においてのみ起こる．このため，制御された大規模な核融合は，まだ実現されていない．

6. 放射性同位体は容易に検出できるので，化学反応の解明や医学的な診断のための優れたトレーサーとして利用される．エネルギーの高い放射線は，イオン化や活性ラジカルの生成をひき起こすことによって，生体系に損傷を与える．

キーワード

核化学　nuclear chemistry　p.598
核結合エネルギー　nuclear binding energy　p.602
核分裂　nuclear fission　p.612
核融合　nuclear fusion　p.617
核連鎖反応　nuclear chain reaction　p.613
原子核反応　nuclear reaction　p.598
減速材　moderator　p.615
質量欠損　mass defect　p.603

増殖炉　breeder reactor　p.616
超ウラン元素　transuranium element　p.611
トレーサー　tracer　p.621
熱核反応　thermonuclear reaction　p.618
プラズマ　plasma　p.619
放射壊変系列　radioactive decay series　p.605
陽電子　positron　p.599
臨界量　critical mass　p.613

練習問題の解答

21.1 $^{78}_{34}$Se

21.2 2.62×10^{-10} J; 1.25×10^{-12} J/核子

21.3 $^{106}_{46}\text{Pd} + ^{4}_{2}\alpha \longrightarrow ^{109}_{47}\text{Ag} + ^{1}_{1}\text{p}$

考え方の復習の解答

■ p.599　$^{1}_{1}\text{p} \longrightarrow ^{0}_{+1}\beta + ^{1}_{0}\text{n}$

■ p.602　(a) ^{13}B は原子核の安定帯よりも上方に位置しているので，β 粒子放出を行うと考えられる．核化学反応式はつぎのように表される．

$$^{13}_{5}\text{B} \longrightarrow ^{13}_{6}\text{C} + ^{0}_{-1}\beta$$

(b) ^{188}Au は原子核の安定帯よりも下方に位置しているので，陽電子放出，あるいは電子捕獲を行うと考えられる．それぞれの核化学反応式はつぎのように表される．

$$^{188}_{79}\text{Au} \longrightarrow ^{188}_{78}\text{Pt} + ^{0}_{+1}\beta$$

$$^{188}_{79}\text{Au} + ^{0}_{-1}\text{e} \longrightarrow ^{188}_{78}\text{Pt}$$

■ p.605　$\Delta m = -9.9 \times 10^{-12}$ kg．この質量変化は小さすぎて，検出することはできない．

■ p.609　(a) $^{59}_{26}\text{Fe} \longrightarrow ^{59}_{27}\text{Co} + ^{0}_{-1}\beta$

(b) あとをたどって考えると，最初には 16 個の ^{59}Fe 原子があったことがわかる．したがって，この図は半減期が 3 回経過した状態である．

■ p.612　3 個の中性子が生成する．

$$^{249}_{98}\text{Cf} + ^{48}_{20}\text{Ca} \longrightarrow ^{294}_{118}\text{Uno} + 3\,^{1}_{0}\text{n}$$

22

有機高分子化合物 ──
合成高分子と天然高分子

レキサンとよばれる高分子化合物の一種は非常に強度が高いため，防弾ガラスに用いられている．

章 の 概 要

22.1 高分子化合物の性質　627

22.2 合成有機高分子　627
　　　　付加反応・縮合反応

22.3 タンパク質　632
　　　　アミノ酸・タンパク質の構造

22.4 核　酸　639

基本の考え方

合成有機高分子　多数の有機高分子が，さまざまな化学反応によって合成されている．それらの性質は，天然に存在する有機高分子の性質と類似しており，またそれよりも優れている場合もある．ナイロンは，最もよく知られた合成有機高分子である．

タンパク質　タンパク質は，アミノ酸からなる天然高分子である．その機能は，触媒作用，生命の維持に必要な物質の輸送と貯蔵，制御された運動，病気からの防御など，多岐にわたっている．タンパク質の複雑な構造は，その一次構造，二次構造，三次構造，および四次構造に基づいて解析することができる．タンパク質分子がもつ特有の三次元構造は，さまざまな分子間力や水素結合によって維持されている．

核　酸　デオキシリボ核酸（DNA）はすべての遺伝情報を含んでおり，またリボ核酸（RNA）はタンパク質の合成を制御する．DNA の二重らせん構造の解明は，20 世紀の科学における最も重要な成果の一つである．

22.1 高分子化合物の性質

高分子（重合体，あるいはポリマーともいう）は，数千から数百万といった大きな分子量をもち，多数の繰返し単位からなる分子である．これらは巨大分子ともよばれ，その物理的性質は分子量の小さい普通の分子とは著しく異なっており，それを研究するためには特別の手法が必要である．

高分子 polymer, macromolecule

天然に存在する高分子には，タンパク質，核酸，セルロースなどの多糖類，一般にゴムとよばれるポリイソプレンなどがある．合成高分子のほとんどは，有機化合物である．合成高分子の身近な例として，ナイロンとよばれるポリヘキサメチレンアジポアミド，ダクロンとよばれるポリエチレンテレフタラート，ルーサイトやプレキシガラスとよばれるポリメタクリル酸メチルなどがある．

高分子化学の発展は，1920年代に，木材やゼラチン，綿，ゴムなどの物質が示す不可解なふるまいに対する研究から始まった．たとえば，ゴムの組成式は C_5H_8 であることは知られていたが，ゴムを有機溶媒に溶かすと，その溶液は，高い粘度，低い浸透圧，無視できる程度の凝固点降下といったいくつかの異常な性質を示した．これらの観測結果は，溶液に含まれる溶質のモル質量がきわめて大きいことを強く示唆していたが，当時の化学者は，そのような巨大な分子が存在するという考えを受け入れることができなかった．そのかわり，彼らは，ゴムのような物質は C_5H_8，あるいは $C_{10}H_{16}$ のような小さい分子が，分子間力によって結びつけられた集合体から形成されていると主張した．何年もの間，この誤った考えが支持されていたが，ドイツの化学者シュタウディンガーは，集合体と考えられていたものは，実はきわめて大きな分子であり，それぞれの分子には共有結合によって結びつけられた何千という原子が含まれることを明確に示した．

シュタウディンガー Hermann Staudinger

このような巨大分子の構造が理解されると，高分子化合物を製造するための方法が開発された．そしていまや，高分子化合物は，私たちの日常生活のほとんどすべての場面に行き渡っている．今日では，生物化学者を含む化学者の約90％が，高分子化合物を研究の対象としている．

22.2 合成有機高分子

高分子は何千という炭素原子と水素原子を含む巨大な分子なので，きわめて多数の構造異性体があり，また炭素-炭素二重結合がある場合には，多くの幾何異性体が存在すると思うかもしれない．しかし，高分子は，一般に，**単量体**（モノマーともいう）とよばれる簡単な繰返し単位から形成されているため，可能な異性体の数はかなり限られている．合成高分子は，付加反応や縮合反応によって，単量体を一つずつつなぎ合わせることによって合成される．

単量体 monomer

付 加 反 応

付加反応は，特に $C=C$ や $C≡C$ のような二重結合，あるいは三重結合をもつ不飽和化合物がかかわる反応である．アルケンやアルキンの水素化反応，およびハロゲン化水素やハロゲンとの反応は，付加反応の例である．

付加反応については p.312 で述べた．

単独重合体 homopolymer

第11章では，ポリエチレンが付加反応によって生成することを述べた．ポリエチレンは，単一の種類の単量体から形成される高分子の例である．このような高分子を**単独重合体**（ホモポリマー）という．他の単独重合体の例として，テフロンとよばれるポリテトラフルオロエチレンや，ポリ塩化ビニル（PVCと略称される）がある．これらはラジカル機構によって合成される．

n は数百から数千の値をとる．

$$\mathrm{-\!\!\!\!+\!CF_2-CF_2\!+\!\!\!\!-}_n \qquad \mathrm{-\!\!\!\!+\!CH_2-CH\!+\!\!\!\!-}_n$$
$$\phantom{-\!\!\!\!+\!CF_2-CF_2\!+\!\!\!\!-_n \qquad \mathrm{-\!\!\!\!+\!CH_2-}}\;\;\;\;|$$
$$\phantom{-\!\!\!\!+\!CF_2-CF_2\!+\!\!\!\!-_n \qquad \mathrm{-\!\!\!\!+\!CH_2-}}\,\mathrm{Cl}$$

テフロン　　　　　　　PVC

出発物質となる単量体の構造が非対称の場合には，重合体の化学はより複雑となる．

プロピレン　　　　　　ポリプロピレン
（プロペン）　　　　　（ポリプロペン）

プロピレンの付加反応によって，異なる構造をもつ複数のポリプロピレンが生じる（図22.1）．付加反応が無秩序に起こった場合に生成するポリプロピレンの構造を，アタクチック構造という．この構造では分子が秩序よく配列することができないため，アタクチックポリプロピレンはゴム状であり，アモルファス構造をもち，その強度は比較的弱い．このほかに2種類の構造が可能である．その一つは，置換基Rが常に非対称の炭素原子の同一側にある構造であり，アイソタクチック構造とよばれる．もう一つは，置換基Rが非対称の炭素原子に対して，左と右の交互に位置する構造であり，シンジオタクチック構造とよばれる．これらのうちで，アイソタクチック異性体が最も高い融点をもち，結晶性が最も高く，優れた機械的強度をもっている．

ゴムはおそらく最もよく知られた有機高分子であり，天然に存在する唯一の炭化水素からなる高分子である．ゴムはイソプレンを単量体とする，ラジカル付加反応によって生成する．実際には，付加反応の反応条件に依存して，ポリ-*cis*-イソプレン，ポリ-*trans*-イソプレン，あるいはそれらの混合物が得られる．

立体異性については§20.3で議論した．

図22.1 高分子化合物の立体異性体．置換基R（緑色の球で示してある）がCH$_3$の場合には，この高分子はポリプロピレンとなる．(a) すべてのRが炭素鎖の同一側にある場合は，この高分子の構造をアイソタクチック構造という．(b) Rが炭素鎖に対して左側と右側の交互に位置する場合は，シンジオタクチック構造という．(c) Rが無秩序に置かれている場合は，アタクチック構造という．

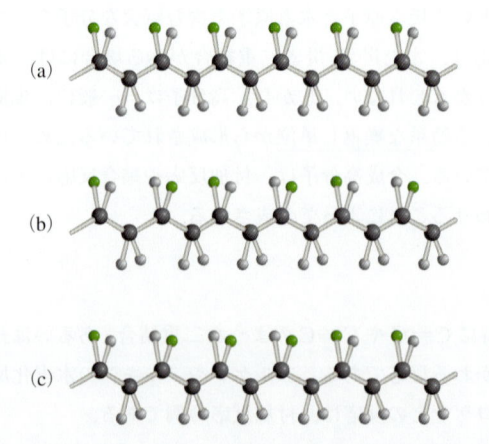

図 22.2 ゴムの粒子が水中に分散した懸濁液をラテックスという．ゴムノキから天然ゴムのラテックスが採取される．

$$n\mathrm{CH_2}=\underset{\mathrm{CH_3}}{\mathrm{C}}-\mathrm{CH}=\mathrm{CH_2} \longrightarrow \left(\begin{array}{c}\mathrm{CH_3} \quad \mathrm{H} \\ \mathrm{C}=\mathrm{C} \\ \mathrm{CH_2} \quad \mathrm{CH_2}\end{array}\right)_n \text{あるいは} \left(\begin{array}{c}\mathrm{CH_2} \quad \mathrm{H} \\ \mathrm{C}=\mathrm{C} \\ \mathrm{CH_3} \quad \mathrm{CH_2}\end{array}\right)_n$$

イソプレン　　　ポリ-*cis*-イソプレン　　　ポリ-*trans*-イソプレン

グッドイヤー Charles Goodyear

シス異性体では 2 個の CH_2 基は C＝C 結合の同一側にあり，一方，トランス異性体では CH_2 基は C＝C 結合に対して互いに反対側に位置していることに注意してほしい．パラゴムノキという樹木から抽出される天然ゴムは，ポリ-*cis*-イソプレン構造をもっている（図 22.2）．

ゴムがもつ特有の，そして非常に有用な性質は，ゴム弾性である．ゴムは引張ればその長さの 10 倍程度まで伸ばすことができ，手を離せばもとの長さに戻る．それとは対照的に，銅線は，もとの長さに戻るには，その長さのわずか数％伸ばすことができるに過ぎない．伸びていないゴムは，アモルファスである．しかし，伸びたゴムにはかなり結晶性の部分があり，秩序のある構造が見られる．

ゴムの弾性は，長い鎖状の分子がもつ構造の柔軟性によるものである．しかし，分子が集まった状態では，ゴムは高分子鎖がもつれ合った状態にあり，外から十分に強い力が加わると，それぞれの高分子鎖は互いにずれるように動くため，ゴムの弾性はほとんど現れない．1839 年に米国の化学者グッドイヤーは，酸化亜鉛を触媒として天然ゴムと硫黄を反応させると，高分子鎖が架橋されて，鎖のずれを抑制できることを発見した（図 22.3）．グッドイヤーが発見した手法は加硫とよばれ，この手法によって，ゴムが，自動車のタイヤや義歯のように，実用的，および商業的にさまざまに利用される道が開かれた．

第二次世界大戦の間，米国における天然ゴムの欠乏により，合成ゴムを製造するための計画が強力に推進された．ゴム弾性をもつ高分子は，エラストマーともよばれる．合成ゴムは，そのほとんどがエチレン，プロペン，およびブタジエンのような石油製品からつくられる．たとえば，クロロプレン分子は容易に重合して，ポリクロロプレンとなる．それは，一般にネオプレンとよばれ，天然ゴムに匹敵する，あるいはより優れた性質をもつ合成ゴムである．

(a)

(b)

(c)

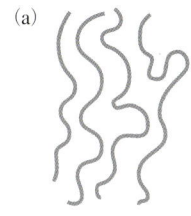

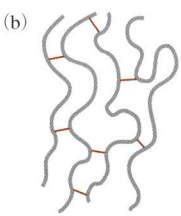

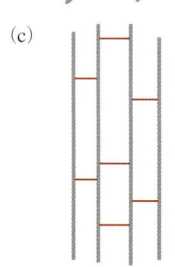

図 22.3 一般に，ゴム分子は，折れ曲がってからみあっている．(a) と (b) はそれぞれ，加硫の操作を行う前後のゴム分子の高分子鎖を模式的に表している．(c) は加硫したゴム分子が，引き伸ばされた状態を示す．加硫しないと，高分子鎖が互いにずれるように動くため，ゴムの弾性はほとんど現れない．

$$H_2C=CCl-CH=CH_2 \quad \left(\begin{array}{c}CH_2 \\ C=C \\ Cl CH_2\end{array}\right)_n$$

クロロプレン　　　　　　　　ポリクロロプレン

風船ガムにはスチレン-ブタジエンゴムが含まれている.

もう一つの重要な合成ゴムは，ブタジエンとスチレンを 3：1 の比で重合させたものであり，スチレン-ブタジエンゴム（SBR と略記される）とよばれる．SBR は，スチレンとブタジエンという互いに異なる単量体から形成されている．SBR のように，2 種類，あるいはそれ以上の異なる単量体からなる高分子を**共重合体**（コポリマー）という．表 22.1 に，付加反応によって合成される，よく知られたいくつかの単独重合体と 1 種類の共重合体を示す.

共重合体 copolymer

表 22.1　いくつかの単量体と一般的な合成高分子

単量体（モノマー）		高分子（ポリマー）	
分子式	名称	名称と分子式	用途
$H_2C=CH_2$	エチレン（エテン）	ポリエチレン（ポリエテン） $+CH_2-CH_2+_n$	パイプ，瓶，電気絶縁材，玩具
$H_2C=\underset{CH_3}{\overset{H}{C}}$	プロピレン（プロペン）	ポリプロピレン（ポリプロペン） $+CH-CH_2-CH-CH_2+_n$ 　CH_3　　　　CH_3	包装用フィルム，カーペット，梱包用箱，実験用器具，玩具
$H_2C=\underset{Cl}{\overset{H}{C}}$	塩化ビニル	ポリ塩化ビニル（PVC） $+CH_2-CH+_n$ 　　　　Cl	パイプ，壁板，排水溝，床タイル，衣類，玩具
$H_2C=\underset{CN}{\overset{H}{C}}$	アクリロニトリル	ポリアクリロニトリル（PAN） $+CH_2-CH+_n$ 　　　　CN	カーペット，ニット製衣類
$F_2C=CF_2$	テトラフルオロエチレン	ポリテトラフルオロエチレン（テフロン） $+CF_2-CF_2+_n$	料理道具の被覆，電気絶縁材，ベアリング
$H_2C=\underset{CH_3}{\overset{COOCH_3}{C}}$	メタクリル酸メチル	ポリメタクリル酸メチル（プレキシガラス） 　　　　$COOCH_3$ $+CH_2-C+_n$ 　　　　CH_3	光学装置，家具
$H_2C=\overset{H}{\underset{C_6H_5}{C}}$	スチレン	ポリスチレン $+CH_2-CH+_n$ 　　　　C_6H_5	運搬用容器，氷容器や水冷却器の断熱材，玩具
$H_2C=\overset{H}{C}-\overset{H}{C}=CH_2$	ブタジエン	ポリブタジエン $+CH_2CH=CHCH_2+_n$	タイヤ接地面，被覆用樹脂
上記の構造を参照	ブタジエンとスチレン	スチレン-ブタジエンゴム（SBR） $+CH-CH_2-CH=CH-CH_2+_n$ 　C_6H_5	合成ゴム

縮 合 反 応

高分子合成のための最もよく知られている縮合反応の一つは，ヘキサメチレンジアミンとアジピン酸との反応である．その反応式を図 22.4 に示した．ヘキサメチレンジアミンとアジピン酸は，それぞれ 6 個の炭素原子をもつことから，最終的に得られる高分子化合物はナイロン 66 とよばれる．ナイロン 66 は，1931 年にデュポン社の研究員であった米国の化学者カロザースによって最初に合成された．ナイロンの用途はきわめて広いので，ナイロンとその関連物質の年間の生産量は，いまや数十億ポンド（1 ポンド＝453.6 g）にのぼる†．図 22.5 に，実験室においてナイロン 66 が合成される様子を示した．

縮合反応はまた，ポリエステルであるダクロンの製造にも用いられる．

縮合反応については p.321 で定義した．

カロザース Wallace Carothers

† 訳注：2009 年度における日本のナイロンの生産量は，約 7 万 5 千トンである．

$$n\text{HO-C(=O)-C}_6\text{H}_4\text{-C(=O)-OH} + n\text{HO-(CH}_2)_2\text{-OH} \longrightarrow \left(\text{-C(=O)-C}_6\text{H}_4\text{-C(=O)-O-(CH}_2)_2\text{-O-}\right)_n + n\text{H}_2\text{O}$$

テレフタル酸　　1,2-エチレングリコール　　ダクロン（ポリエチレンテレフタラート）

ポリエステルは，繊維，フィルム，プラスチックボトルなどに用いられている．

考え方の復習

サランのような食品包装用のフィルムは，最初は，以下に示すような構造をもつポリ塩化ビニリデンを用いて開発された．

$$\left(\begin{array}{cc} H & Cl \\ -C-C- \\ H & Cl \end{array}\right)_n$$

この高分子を合成するための単量体の構造式を書け．また，この高分子を合成する反応は，縮合反応か，あるいは付加反応か．

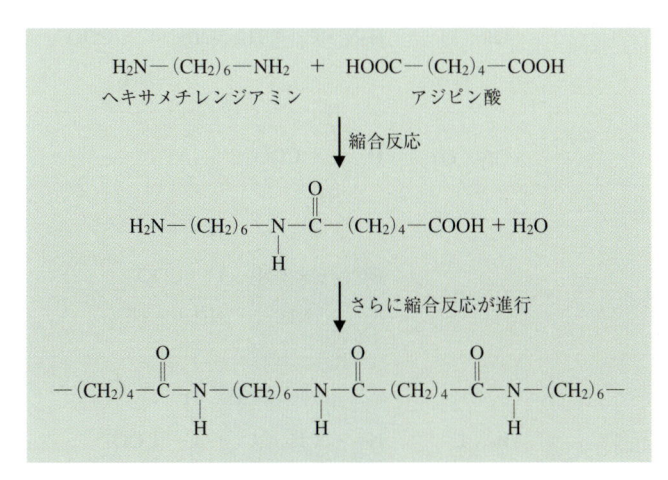

図 22.4　ヘキサメチレンジアミンとアジピン酸との縮合反応によるナイロンの生成

$$\text{H}_2\text{N-(CH}_2)_6\text{-NH}_2 + \text{HOOC-(CH}_2)_4\text{-COOH}$$
ヘキサメチレンジアミン　　　アジピン酸

↓ 縮合反応

$$\text{H}_2\text{N-(CH}_2)_6\text{-N(H)-C(=O)-(CH}_2)_4\text{-COOH} + \text{H}_2\text{O}$$

↓ さらに縮合反応が進行

$$\text{-(CH}_2)_4\text{-C(=O)-N(H)-(CH}_2)_6\text{-N(H)-C(=O)-(CH}_2)_4\text{-C(=O)-N(H)-(CH}_2)_6\text{-}$$

図 22.5　ナイロンロープの手品．アジピン酸の OH 基を Cl 基に置換したアジピン酸誘導体（アジポイルクロリドという）のシクロヘキサン溶液を，ヘキサメチレンジアミンの水溶液に静かに加える．二つの溶液は混じらないので，界面で縮合反応が進行し，ナイロンが生成する．生成したナイロンはロープのように，溶液から巻き上げることができる．

22.3 タンパク質

タンパク質 protein

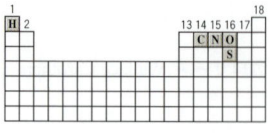

タンパク質に含まれる元素

タンパク質はアミノ酸を構成単位とする高分子化合物であり，ほとんどすべての生物学的過程において重要な役割を果たしている．たとえば，生体内の化学反応の触媒としてはたらく酵素は，そのほとんどがタンパク質である．またタンパク質は，

表 22.2　生物に不可欠な20種類のアミノ酸*

名　称	略　号	構造
アラニン	Ala, A	$H_3C-\underset{NH_3^+}{\overset{H}{C}}-COO^-$
アルギニン	Arg, R	$H_2N-\underset{NH}{\overset{H}{C}}-N-CH_2-CH_2-CH_2-\underset{NH_3^+}{\overset{H}{C}}-COO^-$
アスパラギン	Asn, N	$H_2N-\overset{O}{\overset{\|}{C}}-CH_2-\underset{NH_3^+}{\overset{H}{C}}-COO^-$
アスパラギン酸	Asp, D	$HOOC-CH_2-\underset{NH_3^+}{\overset{H}{C}}-COO^-$
システイン	Cys, C	$HS-CH_2-\underset{NH_3^+}{\overset{H}{C}}-COO^-$
グルタミン酸	Glu, E	$HOOC-CH_2-CH_2-\underset{NH_3^+}{\overset{H}{C}}-COO^-$
グルタミン	Gln, Q	$H_2N-\overset{O}{\overset{\|}{C}}-CH_2-CH_2-\underset{NH_3^+}{\overset{H}{C}}-COO^-$
グリシン	Gly, G	$H-\underset{NH_3^+}{\overset{H}{C}}-COO^-$
ヒスチジン	His, H	イミダゾール環$-CH_2-\underset{NH_3^+}{\overset{H}{C}}-COO^-$
イソロイシン	Ile, I	$H_3C-CH_2-\underset{H}{\overset{CH_3}{C}}-\underset{NH_3^+}{\overset{H}{C}}-COO^-$

*　■はアミノ酸の置換基Rを示す．アミノ酸は両性イオン構造で表記されている．

生命の維持に必要な物質の輸送と貯蔵，生体における制御された運動や力学的な支持，さらに病気からの防御といった，広い範囲の機能をつかさどっている．人体には十万種類もの異なるタンパク質があると推定されており，それぞれが特異的な生理的機能を担っている．本節で述べるように，タンパク質の特異性は，この複雑な天然高分子化合物の化学的な組成と構造に由来している．

表 22.2　生物に不可欠な 20 種類のアミノ酸*（つづき）

名称	略号	構造
ロイシン	Leu, L	$(CH_3)_2CH-CH_2-CH(NH_3^+)-COO^-$
リシン	Lys, K	$H_2N-CH_2-CH_2-CH_2-CH_2-CH(NH_3^+)-COO^-$
メチオニン	Met, M	$H_3C-S-CH_2-CH_2-CH(NH_3^+)-COO^-$
フェニルアラニン	Phe, F	$C_6H_5-CH_2-CH(NH_3^+)-COO^-$
プロリン	Pro, P	環状構造（ピロリジン環を含む）
セリン	Ser, S	$HO-CH_2-CH(NH_3^+)-COO^-$
トレオニン	Thr, T	$H_3C-CH(OH)-CH(NH_3^+)-COO^-$
トリプトファン	Trp, W	インドール環-$CH_2-CH(NH_3^+)-COO^-$
チロシン	Tyr, Y	$HO-C_6H_4-CH_2-CH(NH_3^+)-COO^-$
バリン	Val, V	$(H_3C)_2CH-CH(NH_3^+)-COO^-$

アミノ酸

タンパク質は，約 5000 から 1×10^7 にわたる非常に大きい分子量をもっている．しかし，タンパク質に含まれる元素の質量パーセント組成は，タンパク質によらずほとんど一定であり，炭素 50 から 55％，水素 7％，酸素 23％，窒素 16％，および硫黄 1％程度となっている．

アミノ酸 amino acid

タンパク質の基本的な構造単位は，アミノ酸である．**アミノ酸**は，少なくとも一つのアミノ基-NH_2 と，少なくとも一つのカルボキシ基-COOH をもつ化合物である．

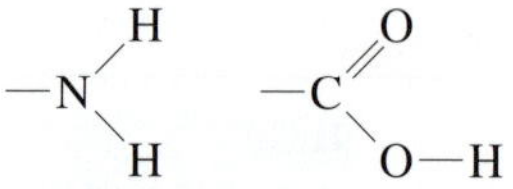

アミノ基　　カルボキシ基

20 種類の異なるアミノ酸が，人体に含まれるすべてのタンパク質の構造単位となっている．表 22.2 に，生命にとって不可欠なこれらの化合物の構造を，三文字，および一文字の略号とともに示す．

アミノ酸は中性 pH の溶液中では，カルボキシ基のプロトンがアミノ基に移動した構造のイオンとして存在している．このようなイオンを，両性イオン，あるいは双性イオンという．最も簡単なアミノ酸であるグリシンを考えよう．以下に，グリシンの非電離形と両性イオン構造を示す．

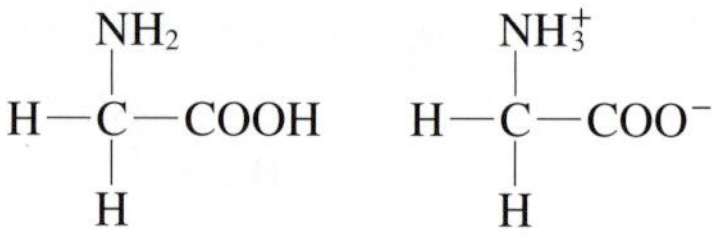

非電離形　　両性イオン

タンパク質分子の合成における最初の段階は，一方のアミノ酸のアミノ基と，もう一方のアミノ酸のカルボキシ基の間の縮合反応である．2 個のアミノ酸から生成する分子をジペプチドといい，アミノ酸をつなぐ結合をペプチド結合という．

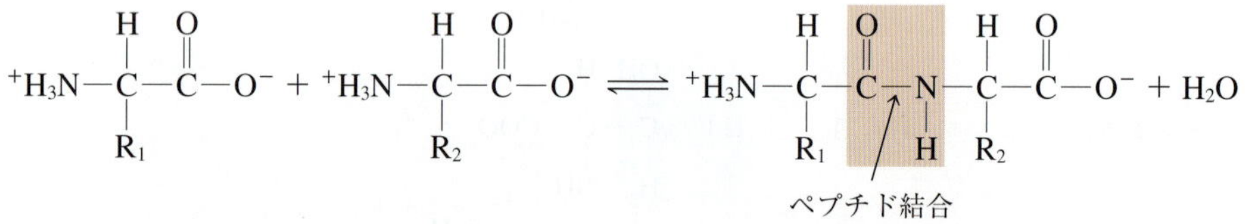

興味深いことに，この反応は図 22.4 で示した反応と同じである．

ペプチド結合

ここで R_1 と R_2 は，H 原子，あるいは他の置換基を示す．—CO—NH— はアミド基とよばれる．上式の平衡は左側に偏っているので，2 個のアミノ酸を結合させる反応は，ATP の加水分解と共役して進行する（p.537 を見よ）．

ジペプチドのどちらの末端も，別のアミノ酸と縮合反応をすることができるので，それにより，トリペプチド，テトラペプチドとつぎつぎとアミノ酸が連結する．すなわち，最終的な生成物であるタンパク質分子はポリペプチドであり，アミノ酸の重合体と見なすことができる．

ポリペプチド鎖を構成するアミノ酸単位は，残基とよばれる．典型的なポリペプチド鎖は 100 個，あるいはそれ以上のアミノ酸残基を含む．習慣により，ポリペプチド鎖を構成するアミノ酸の配列は，アミノ末端のアミノ酸残基からカルボキシ末

図 22.6 2種類の異なるアミノ酸から生成する2種類のジペプチド．アラニルグリシンはアミノ基がメチル基と同じ炭素原子に結合している点で，グリシルアラニンとは異なっている．

端のアミノ酸残基に向かって，左から右へと表記される．例として，グリシンとアラニンから形成されるジペプチドを考えよう．図 22.6 に示すように，アラニルグリシンとグリシルアラニンは異なる分子である．20種類の異なるアミノ酸を対象にすれば，20^2，すなわち 400 種類の異なるジペプチドが生じることになる．わずか 50 個のアミノ酸残基からなるインスリンのような非常に小さなタンパク質でさえも，20種類のアミノ酸から構成される化学的に異なった構造の数は 20^{50}，すなわち 10^{65} の大きさとなる！　私たちの銀河系にある原子の総数が約 10^{68} 個であることを考えると，10^{65} が途方もなく大きな数であることがわかる．タンパク質の合成にはこれほど多くの可能性があるにもかかわらず，細胞が何世代にもわたって，特定の生理的機能をもつ同一のタンパク質を合成していることは注目に値する．

タンパク質の構造

与えられたタンパク質の構造は，そのタンパク質を構成するアミノ酸の種類と数，さらにこれらのアミノ酸が連結する配列順序によって決定される．1930 年代にポーリングと彼の共同研究者は，タンパク質の構造に関する系統的な研究を行った．まず彼らは，タンパク質の基本となる繰返し単位，すなわちアミド基の構造を研究した．アミド基は，つぎのような共鳴構造によって表記することができる．

ポーリング Linus Pauling

単結合と比較して，二重結合を回転させることはより難しい，すなわちより大きなエネルギーを必要とするので，アミド基に含まれる 4 個の原子は同一平面に固定される（図 22.7）．図 22.8 には，ポリペプチド鎖におけるアミド基の繰返し構造を示した．

分子模型と X 線回折データに基づいて，ポーリングはタンパク質分子には 2 種類の普遍的な構造があることを推定し，それぞれを α ヘリックス構造，および β プリーツシート構造とよんだ．それぞれは α 構造，および β 構造ともよばれる．図 22.9 にポリペプチド鎖の α ヘリックス構造を示す．ポリペプチド鎖の NH 基と CO 基の間に形成される分子内水素結合によって，らせん構造が安定化され，全体として棒状の形状となっている．それぞれのアミノ酸の CO 基は，ポリペプチドの配列順序に

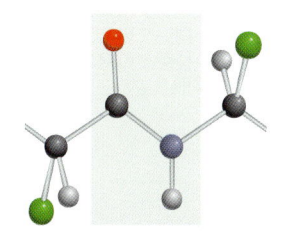

図 22.7 タンパク質におけるアミド基の平面構造．アミド基に含まれるペプチド結合は二重結合性をもつため，その回転は阻害されている．黒色の球は炭素原子を表し，また青色は窒素原子，赤色は酸素原子，緑色は置換基 R，灰色は水素原子を表す．

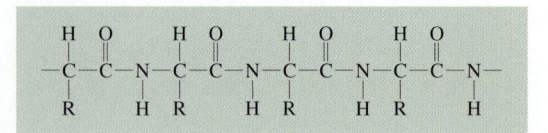

図 22.8 ポリペプチド鎖の構造．アミド基が繰返し単位になっていることに注意してほしい．R はそれぞれのアミノ酸を特徴づける置換基を表している．グリシンでは，R は単に H 原子となる．

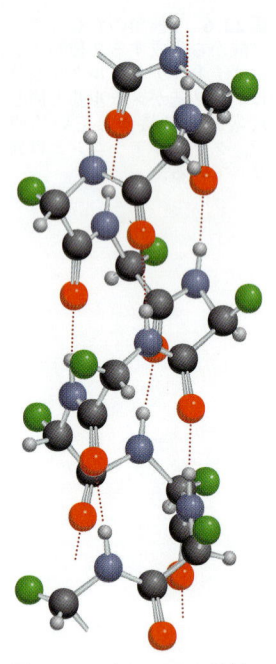

図 22.9 ポリペプチド鎖の α ヘリックス構造．点線で示した分子内水素結合によって，この構造は保持されている．球の色と原子の種類との対応は，図 22.7 を参照せよ．

おいて 4 残基離れたアミノ酸の NH 基と水素結合している．このようにして，ポリペプチド鎖に含まれるすべての CO 基と NH 基が，水素結合に関与している．実際に，X 線を用いた研究によって，ミオグロビンやヘモグロビンを含む多くのタンパク質において，その構造の大部分が α 構造であることが示されている．

β プリーツシート構造は棒状というよりもシート状であるという点で，明らかに α ヘリックス構造とは異なっている．ポリペプチド鎖はほとんど完全に伸びており，それぞれの鎖は，隣接している鎖と多数の<u>分子間水素結合</u>を形成している．図 22.10 に 2 種類の異なる β 構造を示した．それぞれは平行型，および逆平行型とよばれている．絹を構成するタンパク質は，β 構造をもっている．そのポリペプチド鎖はすでに伸びた構造をもつので，絹には弾力性や伸長性はない．しかし，多数の分子間水素結合のために，絹は非常に強い．

タンパク質の構造は，組織化の段階に従って四つに分類されるのが通例である．まず，それぞれのポリペプチド鎖に特有なアミノ酸の配列順序を<u>一次構造</u>という．つぎに，CO 基と NH 基の間に形成される水素結合が，規則的な型をとることによって安定化されたポリペプチド鎖の部分構造を<u>二次構造</u>という．α ヘリックス構造や β プリーツシート構造は二次構造の例である．また，<u>三次構造</u>という言葉は，分散力や水素結合などの分子間力によって安定化された，タンパク質の三次元構造に対して適用される．三次構造は，相互作用に関与するアミノ酸が，ポリペプチド鎖に

図 22.10 β プリーツシート構造における水素結合．(a) 平行型では，ポリペプチド鎖はすべて同じ方向を向いている．(b) 逆平行型では，隣接するポリペプチド鎖は互いに逆方向を向いている．球の色と原子の種類との対応は，図 22.7 を参照せよ．

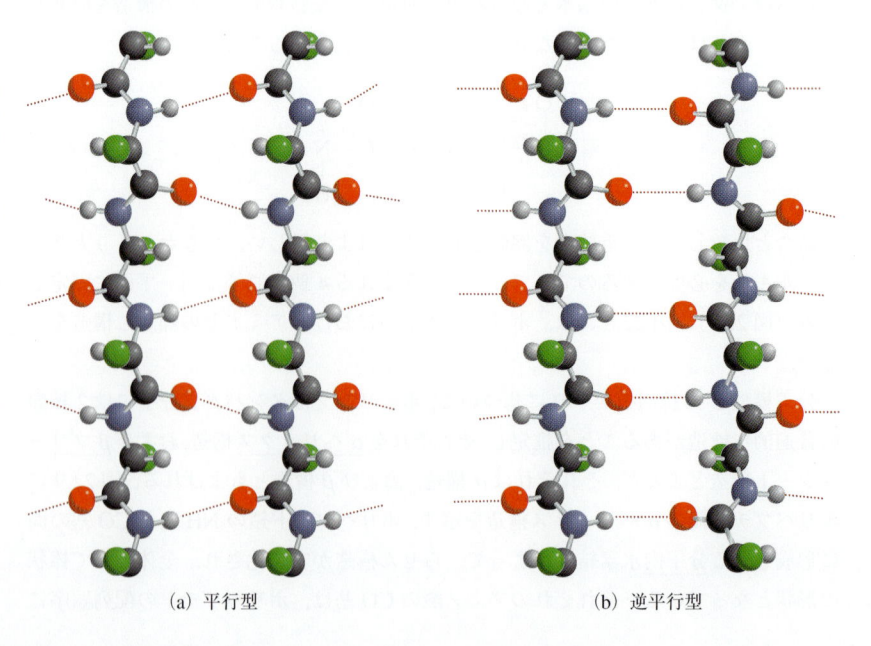

(a) 平行型

(b) 逆平行型

おいて互いに遠く離れた位置にある点で二次構造とは異なっている．さらに，タンパク質分子は，複数のポリペプチド鎖からできている場合もある．このため，二次構造や三次構造の要因となるポリペプチド鎖内のさまざまな相互作用に加えて，ポリペプチド鎖間の相互作用も考慮しなければならない．ポリペプチド鎖の全体としての配列を四次構造という．たとえば，ヘモグロビン分子は，4個の別々のポリペプチド鎖から構成されている．このようなポリペプチド鎖を，サブユニットという．これらのサブユニットは，ファンデルワールス力やイオン的な相互作用によって結びつけられている（図22.11）．

> タンパク質の二次構造，三次構造，および四次構造の形成には，分子間力が重要な役割を果たしている．

　ポーリングの仕事は，タンパク質の化学において大成功を収めた．それによって，初めて，タンパク質を構成する基本単位，すなわちアミノ酸の構造だけに基づいて，タンパク質の構造を予測するための方法が示されたのである．しかし，α構造やβ構造に一致しない構造をもつタンパク質も多い．現在では，これらの生体高分子の三次元構造が，水素結合に加えて，さまざまな種類の分子間力によって保持されていることがわかっている（図22.12）．タンパク質の構造と機能において，さまざまな相互作用の微妙なバランスが重要であることを示す一つの例をあげよう．ヘモグロビンは4個のポリペプチド鎖からなるが，そのうちの2個に含まれているアミノ酸の一つであるグルタミン酸が，別のアミノ酸であるバリンに置き換わっただけで，このタンパク質分子は凝集しやすくなり，不溶性の高分子化合物を生成する．この現象は，鎌状赤血球症とよばれる病気の原因となっている．

　ポリペプチド鎖内，あるいは鎖間にはたらくさまざまな力により，タンパク質は構造的な安定性を獲得しているが，一方で，ほとんどのタンパク質は，ある程度の柔軟性をもっている．たとえば，酵素は，さまざまな大きさや形状をもつ基質に合

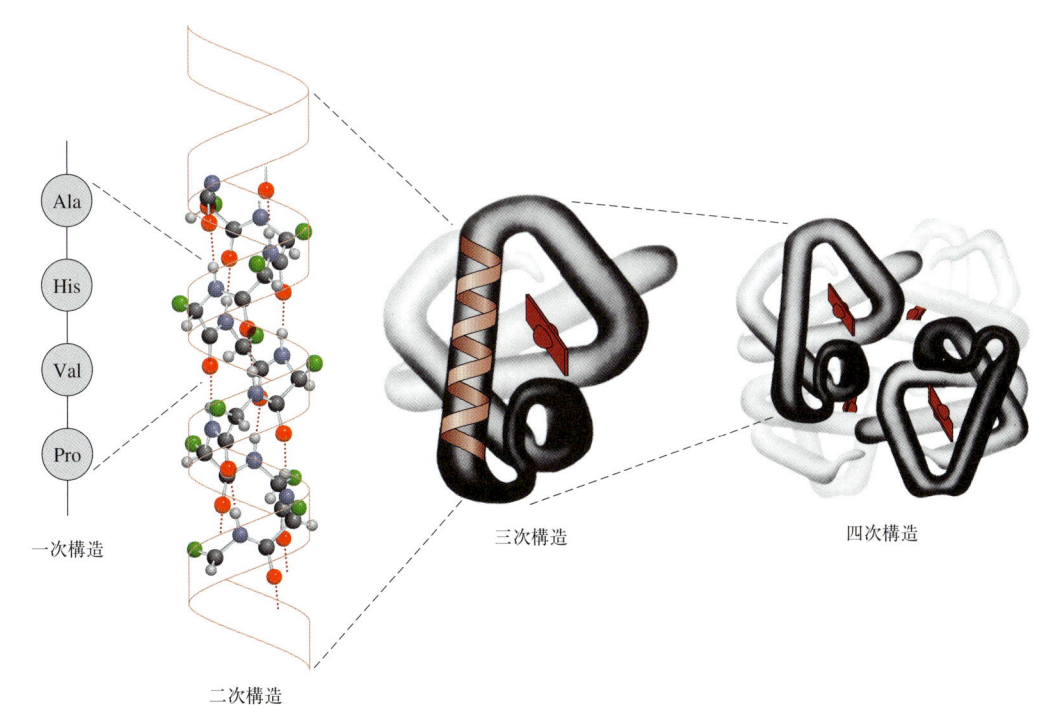

図22.11　ヘモグロビン分子の一次構造，二次構造，三次構造，および四次構造

図 22.12 タンパク質分子における分子間相互作用．(a) イオン的な力，(b) 水素結合，(c) 分散力，(d) 双極子-双極子相互作用

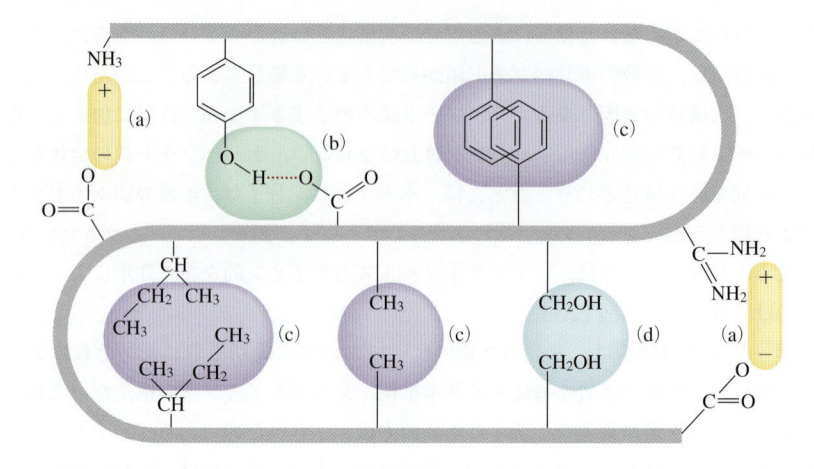

うように，その構造を変化させることができる．タンパク質の柔軟性を示すもう一つの興味深い例は，ヘモグロビンと酸素との結合である．ヘモグロビンの4個のポリペプチド鎖はそれぞれ，酸素分子と結合することができるヘム基をもっている（§20.6 を見よ）．デオキシヘモグロビンでは，それぞれのヘム基の酸素に対する親和性は，ほとんど等しい．しかし，一つのヘム基が酸素と結合するとすぐに，残り3個のヘム基の酸素に対する親和性は，著しく増大する．この現象は協同作用とよばれ，この性質によってヘモグロビンは，肺において酸素を取り込むために特に適した物質となっている．さらに，末端組織において，4個の酸素と結合したヘモグロビンが，ひとたび1個の酸素をミオグロビンへ放出すると，残りの3個の酸素はより放出されやすくなる．この酸素分子に対する結合の協同作用は，酸素分子の存在，あるいは不在に関する情報が，一つのサブユニットから他のサブユニットへとポリペプチド鎖を通して伝達されたためであり，このような過程は，タンパク質の三次元構造の柔軟性によって可能になったものである（図 22.13）．Fe^{2+} はイオン半径が大きすぎて，デオキシヘモグロビンのポルフィリン環にはまり込むことができないと考えられている．しかし，O_2 が Fe^{2+} に結合すると，イオンはわずかに収縮するため，ポルフィリン環内に入ることができる．イオンが環内に滑り込むと，イオンに配位しているヒスチジン残基が環の方へ引き寄せられる．これによって，ポリペプチド鎖の一連の構造変化が始まり，その変化は一つのサブユニットから別のサブユニットへと伝達される．構造変化の詳細は明らかではないが，このようにして，一つのヘム基に対する酸素分子の結合が，他のヘム基に影響を与えるものと考えられている．タンパク質の構造変化によって，残りのヘム基の酸素分子に対する

図 22.13 ヘモグロビンのヘム基における，酸素分子の結合に伴う構造の変化．(a) デオキシヘモグロビン，(b) オキシヘモグロビン．

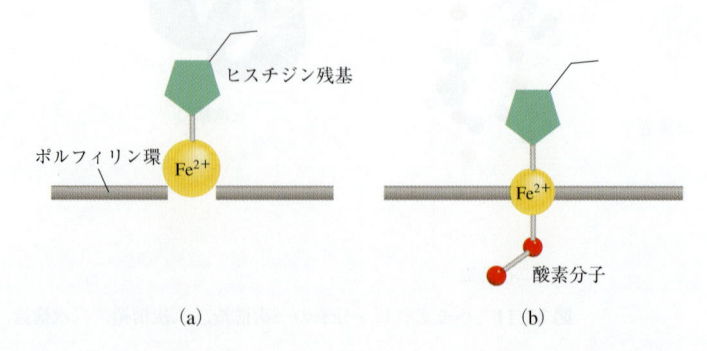

親和性が劇的に変化するのである.

タンパク質が体温以上に加熱されたり，通常とは異なる酸性や塩基性条件下に置かれたり，あるいは変性剤とよばれる特殊な試薬と処理されたときには，そのタンパク質の三次構造や二次構造は，部分的に，あるいは完全に失われる．このような状態では，タンパク質はもはや正常な生物学的活性を示さない．このようなタンパク質を**変性タンパク質**という．図 22.14 に典型的な酵素触媒反応における，反応速度の温度依存性を示した．最初は，予想されるように，反応速度は温度の上昇とともに増大する．しかし，最適な温度を越えると，タンパク質の変性が始まり，反応速度は急速に低下する．タンパク質が穏やかな条件下で変性を受けた場合には，変性剤を取除く，あるいは温度を通常の条件に戻すことによって，タンパク質のもとの構造が再生されることもある．この過程は可逆的変性とよばれる．

> **考え方の復習**
>
> 2 種類のアミノ酸，システインとセリンの反応によって生成するジペプチドの構造式を書け．

卵を固ゆでにすると，卵白に含まれるタンパク質が変性する．

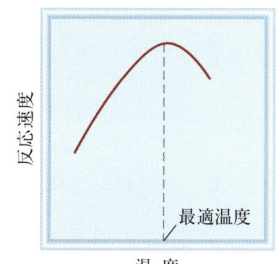

図 22.14 酵素触媒反応における反応速度の温度依存性．酵素には，それが最も有効にはたらく最適温度がある．それ以上の温度では，変性のために酵素の活性は低下する．

変性タンパク質 denatured protein

22.4 核　　酸

核酸は，きわめて大きな分子量をもつ高分子化合物であり，タンパク質の合成に不可欠な役割を果たしている．核酸には，**デオキシリボ核酸（DNA）**と**リボ核酸（RNA）**の 2 種類がある．DNA は知られている分子のうちで，最も大きなものの一つであり，その分子量は百億程度にもなる．一方，RNA 分子の大きさはさまざまであり，分子量は 25000 程度のものが多い．タンパク質は 20 種類の異なるアミノ酸から形成されることを述べたが，それと比較すると，核酸の組成はかなり簡単である．DNA，あるいは RNA 分子に含まれる構造単位は，つぎの 4 種類だけである．すなわち，プリン基，ピリミジン基，フラノース環，およびリン酸基である（図 22.15）．プリン基，およびピリミジン基は塩基とよばれる．

1940 年代に，米国の生物化学者シャルガフは，さまざまな起源から得られた DNA 分子を研究し，ある規則性を発見した．彼によると，DNA 分子はつぎのような特徴をもつ．現在では，これらは**シャルガフの法則**とよばれている．

1. アデニン（プリン塩基）の量 A は，チミン（ピリミジン塩基）の量 T に等しい．すなわち，A＝T，あるいは A/T＝1 である．
2. シトシン（ピリミジン塩基）の量 C は，グアニン（プリン塩基）の量 G に等しい．すなわち，C＝G，あるいは C/G＝1 である．
3. プリン塩基の総数はピリミジン塩基の総数に等しい．すなわち，A＋G＝C＋T である．

化学的な分析と X 線回折測定から得られた情報に基づいて，1953 年に米国の生物学者ワトソンと英国の生物学者クリックは，DNA 分子に対する二重らせん構造を提唱した．ワトソンとクリックによると，DNA 分子は，2 本の鎖がらせん状によ

核酸 nucleic acid

デオキシリボ核酸 deoxyribonucleic acid, DNA

リボ核酸 ribonucleic acid, RNA

一人の人間のすべての細胞にある DNA 分子を引き伸ばし，端と端を結んでつなげると，その長さは太陽までの距離の約百倍になる！

シャルガフ Erwin Chargaff

ワトソン James Watson

クリック Francis Crick

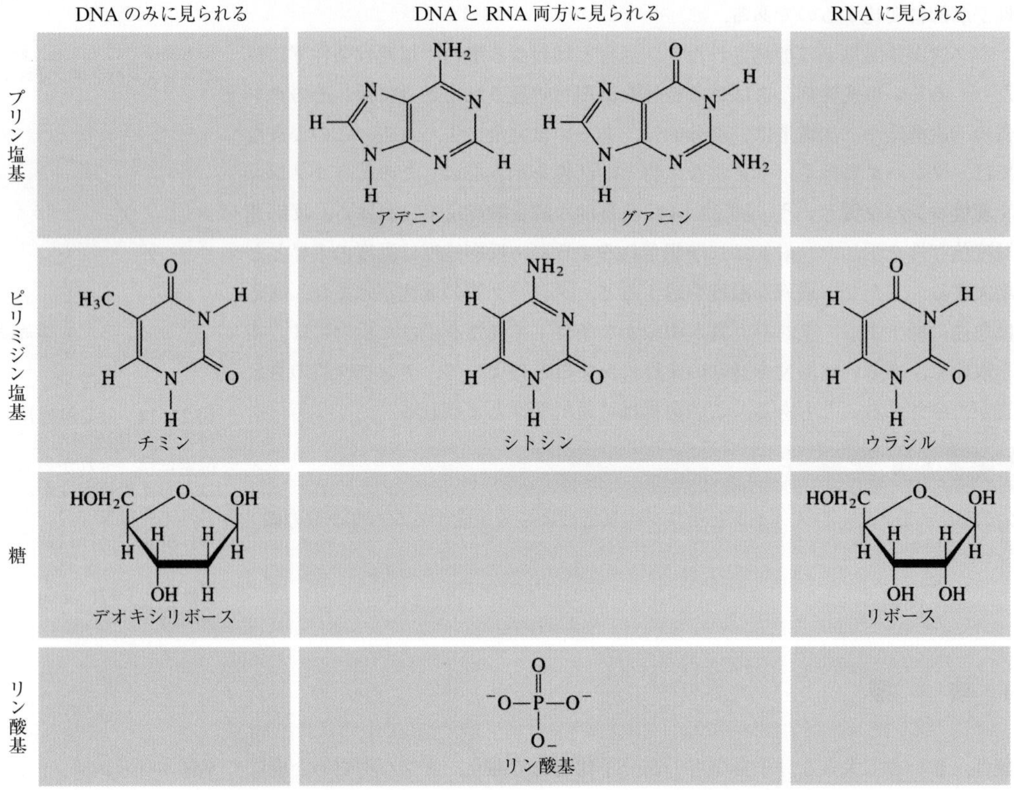

22. 有機高分子化合物 —— 合成高分子と天然高分子

	DNA のみに見られる	DNA と RNA 両方に見られる	RNA に見られる
プリン塩基		アデニン　　グアニン	
ピリミジン塩基	チミン	シトシン	ウラシル
糖	デオキシリボース		リボース
リン酸基		リン酸基	

図 22.15 デオキシリボ核酸（DNA）とリボ核酸（RNA）の組成

ヌクレオチド nucleotide

りあわさった構造をもっている．それぞれの鎖は，塩基とデオキシリボース，およびリン酸基が結合した構造を構成単位としている．その構成単位は**ヌクレオチド**とよばれる（図 22.16）．

DNA が二重らせん構造をとる鍵となっているのは，2 本の鎖にある塩基の間に形成される水素結合である．水素結合を形成した 2 個の塩基を，塩基対とよぶ．どの 2 個の塩基も塩基対を形成することができるが，ワトソンとクリックは，最も有利な結合が，アデニンとチミンの間，およびシトシンとグアニンの間に形成されることを見いだした（図 22.17）．この結果は，シャルガフの法則と矛盾しないことに

図 22.16 ヌクレオチドの構造．DNA の繰返し単位となるヌクレオチドの一つを示す．

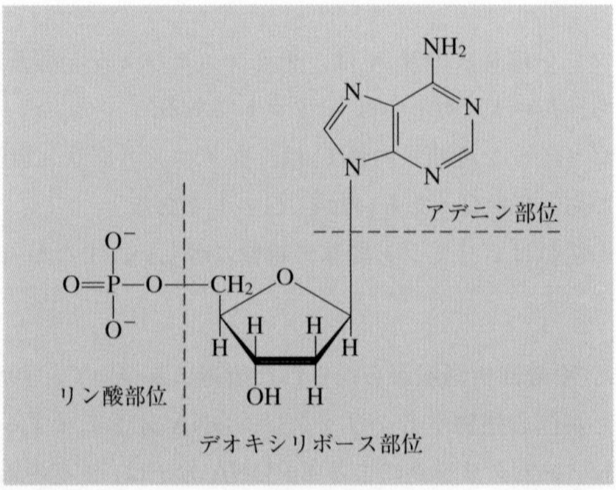

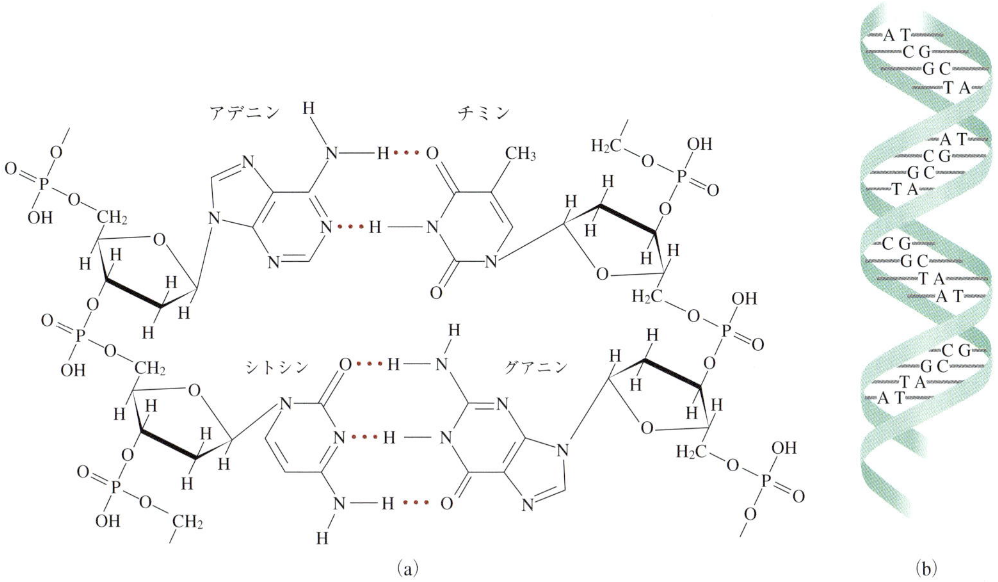

図22.17 (a) アデニンとチミン，およびシトシンとグアニンによる塩基対の形成．(b) DNA分子の二重らせん構造．2本の鎖は塩基対A-T，およびC-Gの水素結合によって結びつけられており，他の分子間相互作用もこの構造の安定化に寄与している．

注意してほしい．なぜなら，すべてのプリン塩基はピリミジン塩基と結合し，すべてのピリミジン塩基はプリン塩基と結合することになるので，A＋G＝C＋Tが成立するからである．塩基対間にはたらく双極子-双極子相互作用やファンデルワールス力などの他の引力的な相互作用も，二重らせん構造の安定化に役立っている．

RNAの構造は，DNAの構造といくつかの点で異なっている．まず，図22.15に示したように，RNA分子に見られる4個の塩基は，アデニン，シトシン，グアニン，およびウラシルである．第二に，DNAは糖成分として2-デオキシリボースを含んでいるが，RNAではリボースである．第三に，化学的な分析によって，RNAの組成はシャルガフの法則に従わないことが示されている．言い換えれば，DNAとは異なり，RNAではプリン塩基とピリミジン塩基の比は1ではない．この事実，および他の証拠から，RNAの構造として二重らせん構造は除外される．実際に，RNA分子は単一鎖のポリヌクレオチドとして存在することが知られている．RNAには，メッセンジャーRNA（mRNA），リボソームRNA（rRNA），および転移RNA（tRNA）とよばれる3種類のRNA分子が存在する．これらのRNAは同じヌクレオチドから構成されているが，分子量や全体的な構造，および生物学的機能の点で互いに異なっている．

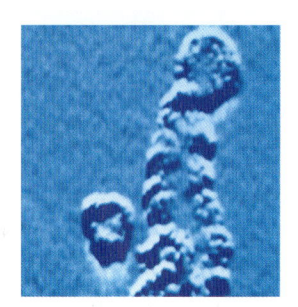

DNA，およびRNAの指令に基づいて，細胞内においてタンパク質が合成される．この話題は本書の範囲を超えるので，その過程の説明は，生物化学や分子生物学の入門的な教科書を参照してほしい．

DNA分子の電子顕微鏡写真．二重らせん構造が明瞭に示されている．

1980年代に，ある種のRNAは触媒作用をもつことが発見された．

考え方の復習

あるDNA試料を分析したところ，アデニンAが27.4％，シトシンCが22.6％であった．この試料に含まれるグアニンGとチミンTの百分率を求めよ．

事項と考え方のまとめ

1. 高分子は，単量体とよばれる小さい繰返し単位からなる巨大分子である．
2. 天然高分子には，タンパク質，核酸，セルロース，およびゴムがある．ナイロン，ダクロン，およびルーサイトは合成高分子の例である．
3. 有機合成高分子は，付加反応，あるいは縮合反応によって合成される．
4. 非対称の単量体からなる高分子化合物では，単位構造のつながり方の違いによって立体異性体が生じ，それらは異なる性質を示す．
5. 合成ゴムには，ポリクロロプレンや，スチレンとブタジエンの共重合体であるスチレン-ブタジエンゴムなどがある．
6. タンパク質では，構造によってその機能と性質が決定される．タンパク質の構造はほとんど，水素結合や他の分子間力によって決まる．
7. タンパク質を構成するアミノ酸の配列順序を，タンパク質の一次構造という．二次構造は，ポリペプチド鎖の CO 基と NH 基の間の水素結合によって形成される規則的な構造である．三次構造，および四次構造は，水素結合や他の分子間力によって安定化されたタンパク質の三次元的な折りたたみ構造をさす．
8. 核酸，すなわち DNA と RNA は，大きな分子量をもつ高分子化合物であり，細胞におけるタンパク質の合成を指令する遺伝情報をもっている．DNA と RNA の構成単位をヌクレオチドという．DNA のヌクレオチドはそれぞれ，プリン塩基，あるいはピリミジン塩基とデオキシリボース，およびリン酸基から形成されている．RNA のヌクレオチドも DNA と類似しているが，異なる塩基が用いられ，またデオキシリボースのかわりにリボースが含まれている．

キーワード

アミノ酸　amino acid　p.634
核酸　nucleic acid　p.639
共重合体　copolymer　p.630
高分子　polymer, macromolecule　p.627
タンパク質　protein　p.632
単独重合体　homopolymer　p.628

単量体　monomer　p.627
デオキシリボ核酸　deoxyribonucleic acid, DNA　p.639
ヌクレオチド　nucleotide　p.640
変性タンパク質　denatured protein　p.639
リボ核酸　ribonucleic acid, RNA　p.639

考え方の復習の解答

■ p.631　単量体は塩化ビニリデン，すなわち 1,1-ジクロロエチレンである．構造式は下記の通り．

$$\underset{H}{H}\!\!>\!\!C\!\!=\!\!C\!\!<\!\!\underset{Cl}{Cl}$$

ポリ塩化ビニリデンは，付加反応によって合成される．

■ p.639

システイニルセリン　　セリニルシステイン

■ p.641　G は 22.6％，T は 27.4％である．

付録 1 気体定数の単位

　この付録では，気体定数 R が $\mathrm{J\,K^{-1}\,mol^{-1}}$ 単位で表される理由を説明する．まず，圧力の単位 atm（気圧）と Pa（パスカル，pascal）の関係を導くことにしよう．圧力はつぎのように書くことができる．

$$\text{圧力} = \frac{\text{力}}{\text{面積}}$$

$$= \frac{\text{質量} \times \text{加速度}}{\text{面積}}$$

$$= \frac{\text{体積} \times \text{密度} \times \text{加速度}}{\text{面積}}$$

$$= \text{距離} \times \text{密度} \times \text{加速度}$$

定義により，標準圧力 1 atm は正確に 76 cm の水銀柱が及ぼす圧力である．なお，水銀の密度は $13.5951\,\mathrm{g\,cm^{-3}}$ であり，重力加速度は $980.665\,\mathrm{cm\,s^{-2}}$ である．しかし，圧力を $\mathrm{N\,m^{-2}}$ の単位で表すためには，つぎのような値を用いる必要がある．

$$\text{水銀の密度} = 1.35951 \times 10^4\,\mathrm{kg\,m^{-3}}$$

$$\text{重力加速度} = 9.80665\,\mathrm{m\,s^{-2}}$$

したがって，標準圧力は以下のように与えられる．

$$1\,\mathrm{atm} = (0.76\,\mathrm{mHg})(1.35951 \times 10^4\,\mathrm{kg\,m^{-3}})(9.80665\,\mathrm{m\,s^{-1}})$$

$$= 101\,325\,\mathrm{kg\,m\,m^{-2}\,s^{-2}}$$

$$= 101\,325\,\mathrm{N\,m^{-2}}$$

$$= 101\,325\,\mathrm{Pa}$$

§5.4 で述べたように，気体定数 R は $0.082057\,\mathrm{L\,atm\,K^{-1}\,mol^{-1}}$ によって与えられる．つぎのような変換因子を用いると，

$$1\,\mathrm{L} = 1 \times 10^{-3}\,\mathrm{m^3}$$

$$1\,\mathrm{atm} = 101\,325\,\mathrm{N\,m^{-2}}$$

気体定数 R は次式のように書くことができる．

$$R = \left(0.082057\,\frac{\mathrm{L\,atm}}{\mathrm{K\,mol}}\right)\left(\frac{1 \times 10^{-3}\,\mathrm{m^3}}{1\,\mathrm{L}}\right)\left(\frac{101\,325\,\mathrm{N\,m^{-2}}}{1\,\mathrm{atm}}\right)$$

$$= 8.314\,\frac{\mathrm{N\,m}}{\mathrm{K\,mol}}$$

$$= 8.314\,\frac{\mathrm{J}}{\mathrm{K\,mol}}$$

また，L atm と J との変換因子はつぎのようになる．

$$1\,\mathrm{L\,atm} = (1 \times 10^{-3}\,\mathrm{m^3})(101\,325\,\mathrm{N\,m^{-2}})$$

$$= 101.3\,\mathrm{N\,m}$$

$$= 101.3\,\mathrm{J}$$

付録 2　代表的物質の熱力学的データ（1 atm, 25 ℃）*

無機物質

物　質	ΔH_f°/kJ mol^{-1}	ΔG_f°/kJ mol^{-1}	S°/J K^{-1} mol^{-1}	物　質	ΔH_f°/kJ mol^{-1}	ΔG_f°/kJ mol^{-1}	S°/J K^{-1} mol^{-1}
Ag$^+$(aq)	105.9	77.1	73.9	Fe(s)	0	0	27.2
AgCl(s)	−127.0	−109.7	96.1	Fe^{2+}(aq)	−87.86	−84.9	−113.39
Al(s)	0	0	28.3	Fe^{3+}(aq)	−47.7	−10.5	−293.3
Al^{3+}(aq)	−524.7	−481.2	−313.28	FeO(s)	−272.0	−255.2	60.8
Al$_2$O$_3$(s)	−1669.8	−1576.4	50.99	Fe$_2$O$_3$(s)	−822.2	−741.0	90.0
Br$_2$(l)	0	0	152.3	Fe(OH)$_2$(s)	−568.19	−483.55	79.5
Br$^-$(aq)	−120.9	−102.8	80.7	Fe(OH)$_3$(s)	−824.25	?	?
HBr(g)	−36.2	−53.2	198.48	H(g)	218.2	203.2	114.6
C(黒鉛)	0	0	5.69	H$_2$(g)	0	0	131.0
C(ダイヤモンド)	1.90	2.87	2.4	H$^+$(aq)	0	0	0
CO(g)	−110.5	−137.3	197.9	OH$^-$(aq)	−229.94	−157.30	−10.5
CO$_2$(g)	−393.5	−394.4	213.6	H$_2$O(g)	−241.8	−228.6	188.7
CO$_2$(aq)	−412.9	−386.2	121.3	H$_2$O(l)	−285.8	−237.2	69.9
CO$_3^{2-}$(aq)	−676.3	−528.1	−53.1	H$_2$O$_2$(l)	−187.6	−118.1	?
HCO$_3^-$(aq)	−691.1	−587.1	94.98	I$_2$(s)	0	0	116.7
H$_2$CO$_3$(aq)	−699.7	−623.2	187.4	I$^-$(aq)	55.9	51.67	109.37
CS$_2$(g)	115.3	65.1	237.8	HI(g)	25.9	1.30	206.3
CS$_2$(l)	87.3	63.6	151.0	K(s)	0	0	63.6
HCN(aq)	105.4	112.1	128.9	K$^+$(aq)	−251.2	−282.28	102.5
CN$^-$(aq)	151.0	165.69	117.99	KOH(s)	−425.85	?	?
(NH$_2$)$_2$CO(s)	−333.19	−197.15	104.6	KCl(s)	−435.87	−408.3	82.68
(NH$_2$)$_2$CO(aq)	−319.2	−203.84	173.85	KClO$_3$(s)	−391.20	−289.9	142.97
Ca(s)	0	0	41.6	KClO$_4$(s)	−433.46	−304.18	151.0
Ca^{2+}(aq)	−542.96	−553.0	−55.2	KBr(s)	−392.17	−379.2	96.4
CaO(s)	−635.6	−604.2	39.8	KI(s)	−327.65	−322.29	104.35
Ca(OH)$_2$(s)	−986.6	−896.8	76.2	KNO$_3$(s)	−492.7	−393.1	132.9
CaF$_2$(s)	−1214.6	−1161.9	68.87	Li(s)	0	0	28.0
CaCl$_2$(s)	−794.96	−750.19	113.8	Li$^+$(aq)	−278.49	−293.8	14.2
CaSO$_4$(s)	−1432.69	−1320.3	106.69	Li$_2$O(s)	−595.8	?	?
CaCO$_3$(s)	−1206.9	−1128.8	92.9	LiOH(s)	−487.2	−443.9	50.2
Cl$_2$(g)	0	0	223.0	Mg(s)	0	0	32.5
Cl$^-$(aq)	−167.2	−131.2	56.5	Mg^{2+}(aq)	−461.96	−456.0	−117.99
HCl(g)	−92.3	−95.27	187.0	MgO(s)	−601.8	−569.6	26.78
Cu(s)	0	0	33.3	Mg(OH)$_2$(s)	−924.66	−833.75	63.1
Cu$^+$(aq)	51.88	50.2	40.6	MgCl$_2$(s)	−641.8	−592.3	89.5
Cu^{2+}(aq)	64.39	64.98	−99.6	MgSO$_4$(s)	−1278.2	−1173.6	91.6
CuO(s)	−155.2	−127.2	43.5	MgCO$_3$(s)	−1112.9	−1029.3	65.69
Cu$_2$O(s)	−166.69	−146.36	100.8	N$_2$(g)	0	0	191.5
CuS(s)	−48.5	−49.0	66.5	NH$_3$(g)	−46.3	−16.6	193.0
CuSO$_4$(s)	−769.86	−661.9	113.39	N$_3^-$(aq)	245.18	?	?
F$_2$(g)	0	0	203.34	NH$_4^+$(aq)	−132.80	−79.5	112.8
F$^-$(aq)	−329.1	−276.48	−9.6	NH$_4$Cl(s)	−315.39	−203.89	94.56
HF(g)	−271.6	−270.7	173.5	NH$_3$(aq)	−80.3	−263.76	111.3

* イオンに対する ΔH_f°, ΔG_f°, S° は，ΔH_f°(H$^+$)＝0，ΔG_f°(H$^+$)＝0，S°(H$^+$)＝0 を基準とする値である．

無機物質（つづき）

物　質	ΔH_f°/kJ mol^{-1}	ΔG_f°/kJ mol^{-1}	S°/J K^{-1} mol^{-1}	物　質	ΔH_f°/kJ mol^{-1}	ΔG_f°/kJ mol^{-1}	S°/J K^{-1} mol^{-1}
N_2H_4(l)	50.4	?	?	P_4O_{10}(s)	-3012.48	?	?
NO(g)	90.4	86.7	210.6	PH_3(g)	9.25	18.2	210.0
NO_2(g)	33.85	51.8	240.46	HPO_4^{2-}(aq)	-1298.7	-1094.1	-35.98
N_2O_4(g)	9.66	98.29	304.3	$H_2PO_4^-$(aq)	-1302.48	-1135.1	89.1
N_2O(g)	81.56	103.6	219.99	S(斜方)	0	0	31.88
HNO_3(aq)	-207.4	-111.3	146.4	S(単斜)	0.30	0.10	32.55
Na(s)	0	0	51.05	SO_2(g)	-296.1	-300.4	248.5
Na$^+$(aq)	-239.66	-261.87	60.25	SO_3(g)	-395.2	-370.4	256.2
Na_2O(s)	-415.89	-376.56	72.8	SO_3^{2-}(aq)	-624.25	-497.06	43.5
NaCl(s)	-411.0	-384.0	72.38	SO_4^{2-}(aq)	-907.5	-741.99	17.15
NaI(s)	-288.0	?	?	H_2S(g)	-20.15	-33.0	205.64
Na_2SO_4(s)	-1384.49	-1266.8	149.49	HSO_3^-(aq)	-627.98	-527.3	132.38
$NaNO_3$(s)	-466.68	-365.89	116.3	HSO_4^-(aq)	-885.75	-752.87	126.86
Na_2CO_3(s)	-1130.9	-1047.67	135.98	H_2SO_4(l)	-811.3	-690.0	156.9
$NaHCO_3$(s)	-947.68	-851.86	102.09	H_2SO_4(aq)	-909.3	-744.5	20.1
O(g)	249.4	230.1	160.95	SF_6(g)	-1096.2	-1105.3	291.8
O_2(g)	0	0	205.0	Zn(s)	0	0	41.6
O_3(aq)	-12.09	16.3	110.88	Zn^{2+}(aq)	-152.4	-147.2	-112.1
O_3(g)	142.2	163.4	237.6	ZnO(s)	-348.0	-318.2	43.9
P(白)	0	0	44.0	$ZnCl_2$(s)	-415.89	-369.26	108.37
P(赤)	-18.4	13.8	29.3	ZnS(s)	-202.9	-198.3	57.7
PO_4^{3-}(aq)	-1284.07	-1025.59	-217.57	$ZnSO_4$(s)	-978.6	-871.6	124.7

有機化合物

物　質	化学式	ΔH_f°/kJ mol^{-1}	ΔG_f°/kJ mol^{-1}	S°/J K^{-1} mol^{-1}
メタン(g)	CH_4	-74.85	-50.8	186.2
エタン(g)	C_2H_6	-84.7	-32.89	229.5
プロパン(g)	C_3H_8	-103.9	-23.5	269.9
ブタン(g)	C_4H_{10}	-124.7	-15.7	310.0
エチレン(g)	C_2H_4	52.3	68.1	219.5
アセチレン(g)	C_2H_2	226.6	209.2	200.8
ベンゼン(l)	C_6H_6	49.04	124.5	172.8
メタノール(l)	CH_3OH	-238.7	-166.3	126.8
エタノール(l)	C_2H_5OH	-276.98	-174.18	161.0
アセトアルデヒド(g)	CH_3CHO	-166.35	-139.08	264.2
アセトン(l)	CH_3COCH_3	-246.8	-153.55	198.7
ギ酸(l)	HCOOH	-409.2	-346.0	129.0
酢酸(l)	CH_3COOH	-484.2	-389.45	159.8
グルコース(s)	$C_6H_{12}O_6$	-1274.5	-910.56	212.1
スクロース(s)	$C_{12}H_{22}O_{11}$	-2221.7	-1544.3	360.2

付録 3 数学的な操作

常用対数

対数の考え方は，第 1 章で述べた指数の考え方を延長したものである．10 を底とする対数を**常用対数**とよぶ．ある数値の常用対数は，その数値を 10 を底とするべき乗 10^n で表したときの指数 n に等しい．以下に，いくつかの例を示す．

対 数	指 数
$\log 1 = 0$	$10^0 = 1$
$\log 10 = 1$	$10^1 = 10$
$\log 10^0 = 2$	$10^2 = 100$
$\log 10^{-1} = -1$	$10^{-1} = 0.1$
$\log 10^{-2} = -2$	$10^{-2} = 0.01$

いずれの場合も，対数の値は容易に得ることができる．

対数の値は指数であるから，指数と同じ性質をもっている．すなわち，以下のような式が成り立つ．

対 数	指 数
$\log A'B' = \log A' + \log B'$	$10^A \times 10^B = 10^{A+B}$
$\log \dfrac{A'}{B'} = \log A' - \log B'$	$\dfrac{10^A}{10^B} = 10^{A-B}$

さらに，$\log A^n = n \log A$ である．

つぎに，たとえば 6.7×10^{-4} の常用対数を求めるとしよう．多くの電卓は，まず数字を入力して log キーを押せば，その数字の常用対数が得られる機能をもっている．この操作によって，つぎの値が得られる．

$$\log(6.7 \times 10^{-4}) = -3.17$$

対数の値では，小数点の<u>あと</u>に，もとの値の有効数字と同じ桁の数字を示すことに注意してほしい．すなわち，この例ではもとの値の有効数字は 2 桁であり，-3.17 の "17" は，対数の値が 2 桁の有効数字をもつことに対応している．3.17 の "3" は，6.7×10^{-4} の小数点の位置を示しているに過ぎない．以下に，他の例を示す．

数	常用対数
62	1.79
0.872	-0.0595
1.0×10^{-7}	-7.00

pH の計算などでは，対数の値からもとの値（真数）を求めなければならない場合がある．このような操作を真数をとるという．これは単に，ある数の対数をとる操作の逆である．たとえば pH $= 1.46$ がわかっていて，この値から $[\mathrm{H}^+]$ を計算することを考えてみよう．pH の定義，すなわち pH $= -\log [\mathrm{H}^+]$ から，つぎのように書くことができる．

$$[\mathrm{H}^+] = 10^{-1.46}$$

多くの電卓には，$\log^{-1}$ または INV と記されたキーがあり，これを用いて真数が求められる．真数を得るキーが，10^x または y^x と記された電卓もある（y^x の x はこの例では -1.46 で，y は底の 10 を意味する）．この操作により，$[\mathrm{H}^+] = 0.035 \; \mathrm{mol \; L^{-1}}$ を得ることができる．

自然対数

10 のかわりに e を底とする対数を自然対数といい，ln あるいは $\log_e$ と表記する．e は 2.718… の値をもつ．常用対数と自然対数は，つぎのような関係がある．

$$\log 10 = 1 \qquad 10^1 = 10$$
$$\ln 10 = 2.303 \qquad \mathrm{e}^{2.303} = 10$$

すなわち，

$$\ln x = 2.303 \log x$$

たとえば，2.27 の自然対数を求めるには，電卓にまず 2.27 を入力し，ln と記されたキーを押せばよい．

$$\ln 2.27 = 0.820$$

ln キーがない場合には，つぎのように常用対数から求めることができる．

$$2.303 \log 2.27 = 2.303 \times 0.356 = 0.820$$

しばしば，自然対数の値が与えられて，もとの値（真数）を求めなければならない場合がある．たとえば，

$$\ln x = 59.7$$

多くの電卓では，x を求めるためには単に 59.7 を入力し，e と記されているキーを押せばよい．

$$\mathrm{e}^{59.7} = 9 \times 10^{25}$$

二次方程式

一般に，二次方程式はつぎのように表記される．

$$ax^2 + bx + c = 0$$

係数 a, b, c がわかっている場合には，次式によって x を求めることができる．

$$x = \frac{-b \pm \sqrt{b^2 - 4ac}}{2a}$$

たとえば，つぎの二次方程式を考えてみよう．

$$2x^2 + 5x - 12 = 0$$

上式から x を求めると，

$$x = \frac{-5 \pm \sqrt{(5)^2 - 4(2)(-12)}}{2(2)} = \frac{-5 \pm \sqrt{25 + 96}}{4}$$

したがって，解は，

$$x = \frac{-5 + 11}{4} = \frac{3}{2} \quad \text{および} \quad x = \frac{-5 - 11}{4} = -4$$

付録 4　元素の名称と元素記号の由来*

名称	英語名	元素記号	原子番号	原子量†	発見年	発見者(国籍)‡	由来‡
アインスタイニウム	einsteinium	Es	99	(252)	1952	A. Ghiorso ギオルソ(米)	人名 Albert Einstein アインシュタイン
亜鉛	zinc	Zn	30	65.38	1746	A. S. Marggraf マルクグラフ(独)	Zinke(独) 尖ったもの
アクチニウム	actinium	Ac	89	(227)	1899	A. Debierne ドビエルヌ(仏)	aktis(ギ) 光線
アスタチン	astatine	At	85	(210)	1940	D. R. Corson コーソン(米), K. R. MacKensie マッケンジー(米), E. Segre, セグレ(米)	astatos(ギ) 不安定な
アメリシウム	americium	Am	95	(243)	1944	A. Ghiorso ギオルソ(米), R. A. James ジェイムズ(米), G. T. Seaborg シーボルグ(米), S. G. Thompson トンプソン(米)	地名 Americas アメリカ大陸
アルゴン	argon	Ar	18	39.95	1894	Lord Rayleigh レイリー(英), Sir William Ramsay ラムゼー(英)	argos(ギ) 不活性な
アルミニウム	aluminium	Al	13	26.98	1827	F. Woehler ヴェーラー(独)	alum ミョウバン(Alが発見された化合物); alumen(ラ) 渋味
アンチモン	antimony	Sb	51	121.8	古代		antimonium(ラ)(anti 逆の; monium, 孤独な; 容易に化合しやすい物質を意味している); 記号 stibium(ラ) 輝安鉱
硫黄	sulfur	S	16	32.07	古代		sulphurium(ラ)(サンスクリット語の sulvere に由来)
イッテルビウム	ytterbium	Yb	70	173.1	1907	G. Urbain ユルバン(仏)	地名 Ytterby スウェーデン イッテルビー
イットリウム	yttrium	Y	39	88.91	1843	C. G. Mosander ムーサンデル(ス)	地名 Ytterby イッテルビー
イリジウム	iridium	Ir	77	192.2	1803	S. Tennant テナント(英)	iris(ラ) 虹
インジウム	indium	In	49	114.8	1863	F. Reich ライヒ(独) T. Richter リヒター(独)	Indigo インジゴ(Inはインジゴのような青色の輝線スペクトルを示す)
ウラン	uranium	U	92	238.0	1789	M. H. Klaproth クラプロート(独)	惑星 Uranus 天王星
					1841	E. M. Peligot ペリゴー(仏)	
エルビウム	erbium	Er	68	167.3	1843	C. G. Mosander ムーサンデル(ス)	地名 Ytterby スウェーデン イッテルビー(この村から多数の希土類元素が発見された)
塩素	chlorine	Cl	17	35.45	1774	K. W. Scheele シェーレ(ス)	chloros(ギ) 淡緑色の
オスミウム	osmium	Os	76	190.2	1803	S. Tennant テナント(英)	osme(ギ) におい
カドミウム	cadmium	Cd	48	112.4	1817	Fr. Stromeyer シュトローマイヤー(独)	kadmia(ギ) 地球; cadmia(ラ) calamine(酸化亜鉛, Cdは亜鉛鉱から発見された)

出典："The Elements and Derivation of Their Names and Symbols," G. P. Dinga, *Chemistry*, **41**(2), 20–22(1968).
* この表が作成された時点では，103種類の元素だけが知られていた．
† 原子量の値は国際純正応用化学連合（IUPAC）で承認された最新の原子量をもとに日本化学会原子量委員会が作成した4桁の原子量表による．放射性元素については，その元素の放射性同位体の質量数の一例を（ ）内に示した．
‡ 国名，言語名の略号は以下の通り．(米) アメリカ，(アラ) アラビア，(伊) イタリア，(英) イギリス，(オ) オーストリア，(蘭) オランダ，(ギ) ギリシャ，(ス) スウェーデン，(西) スペイン，(独) ドイツ，(ハン) ハンガリー，(仏) フランス，(ポ) ポーランド，(ラ) ラテン，(露) ロシア．

付録4 元素の名称と元素記号の由来

名称	英語名	元素記号	原子番号	原子量†	発見年	発見者(国籍)‡	由来‡
ガドリニウム	gadolinium	Gd	64	157.3	1880	J. C. Marignac マリニャック(仏)	人名 Johan Gadolin ガドリン(フィンランドの希土類化学者)
カリウム	potassium	K	19	39.10	1807	Sir Humphry Davy デイビー(独)	kalium(ラ) カリ
ガリウム	gallium	Ga	31	69.72	1875	Lecoq de Boisbaudran ボアボードラン(仏)	Gallia(ラ) フランス
カリホルニウム	californium	Cf	98	(252)	1950	G. T. Seaborg シーボルグ(米), S. G. Thompson トンプソン(米), A. Ghiorso ギオルソ(米), K. Street, Jr. ストリート(米)	地名 California 米国カリフォルニア州
カルシウム	calcium	Ca	20	40.08	1808	Sir Humphry Davy デイヴィー(英)	calx(ラ) 石灰
キセノン	xenon	Xe	54	131.3	1898	Sir William Ramsay ラムゼー(英), M. W. Travers トラヴァーズ(独)	xenos(ギ) 奇妙な
キュリウム	curium	Cm	96	(247)	1944	G. T. Seaborg シーボルグ(米), R. A. James ジェイムズ(米), A. Ghiorso ギオルソ(米)	人名 Pierre and Marie Curie キュリー夫妻
金	gold	Au	79	197.0	古代		記号 aurum(ラ) 夜明けの輝き
銀	silver	Ag	47	107.9	古代		記号 argentums(ラ) 銀
クリプトン	krypton	Kr	36	83.80	1898	Sir William Ramsay ラムゼー(英), M. W. Travers トラヴァーズ(独)	kryptos(ギ) 隠れた
クロム	chromium	Cr	24	52.00	1797	L. N. Vauquelin ヴォークラン(仏)	chroma(ギ) 色(Crは顔料に用いられた)
ケイ素	silicon	Si	14	28.09	1824	J. J. Berzelius ベルセリウス(ス)	silex, silicis(ラ) 火打ち石
ゲルマニウム	germanium	Ge	32	72.64	1886	Clemens Winkler ヴィンクラー(独)	Germania(ラ) ドイツ
コバルト	cobalt	Co	27	58.93	1735	G. Brandt ブラント(独)	Kobold(独) 小鬼(鉱石から期待されたCuではなくCdが単離されたことが, 小鬼の仕業とされた)
サマリウム	samarium	Sm	62	150.4	1879	Lecoq de Boisbaudran ボアボードラン(仏)	samarskite サマルスキー石(ロシアの技術者 Samarski サマルスキーに由来)
酸素	oxygen	O	8	16.00	1774	Joseph Priestley プリーストリ(独), C. W. Scheele シェーレ(ス)	oxygene(仏) 酸をつくるもの(oxys(ギ) 酸, genes(ギ) つくるもの; O はかつてすべての酸の一部と考えられていた)
ジスプロシウム	dysprosium	Dy	66	162.5	1886	Lecoq de Boisbaudran ボアボードラン(仏)	dysprositos(ラ) 得難い
臭素	bromine	Br	35	79.90	1826	A. J. Balard, バラール(仏)	bromos(ギ) 悪臭
ジルコニウム	zirconium	Zr	40	91.22	1789	M. H. Klaproth クラプロート(独)	zircon ジルコン(Zrが発見された鉱物. zargum(アラ, 金色の)に由来)
水銀	mercury	Hg	80	200.6	古代		hydrargyrum(ラ) 液体の銀
水素	hydrogen	H	1	1.008	1766	Sir Henry Cavendish キャベンディッシュ(英)	hydro(ギ) 水; genes つくるもの(水素は酸素と燃やすと水を生成する)
スカンジウム	scandium	Sc	21	44.96	1879	L. F. Nilson ニルソン(ス)	地名 Scandinavia スカンジナビア
スズ	tin	Sn	50	118.7	古代		記号 stannum(ラ) スズ
ストロンチウム	strontium	Sr	38	87.62	1808	Sir Humphry Davy デイヴィー(英)	Strontian スコットランド(鉱物 strontionite(ストロンチア石)に由来)

付録4 元素の名称と元素記号の由来

名称	英語名	元素記号	原子番号	原子量†	発見年	発見者(国籍)‡	由来‡
セシウム	cesium	Cs	55	132.9	1860	R. Bunsen ブンゼン(独), G. R. Kirchhoff キルヒホッフ(独)	*caesium*(ラ) 青い(Csは青色を示す輝線スペクトルから発見された)
セリウム	cerium	Ce	58	140.1	1803	J. J. Berzelius ベルセリウス(ス), William Hisinger ヒジンガー(ス), M. H. Klaproth クラプロート(独)	小惑星 Ceres ケレス
セレン	selenium	Se	34	78.96	1817	J. J. Berzelius ベルセリウス(ス)	*selene*(ギ) 月(Seは地球に由来する Teに似ているため)
タリウム	thallium	Tl	81	204.4	1861	Sir William Crookes クルックス(英)	*thallos*(ギ) 芽生えた小枝(Tlの輝線スペクトルは明るい緑色を示す)
タングステン	tungsten	W	74	183.8	1783	J. J. Elhuyar, F. de Elhuyar エルイヤール兄弟(西)	*tung sten*(ス) 重い石;記号 wolframite 鉄マンガン重石
炭素	carbon	C	6	12.01	古代		*carbo*(ラ) 炭
タンタル	tantalum	Ta	73	180.9	1802	A. G. Ekeberg エーケベリ(ス)	*Thantalus*(ギ) ギリシャ神話に登場するゼウスの息子(Taは単離が困難である.タンタロスは,あごまで届く水の中に立たされ,水を飲もうとするとその水が引いてしまうという罰を受けたことに由来)
チタン	titanium	Ti	22	47.87	1791	W. Gregor グレゴール(英)	*Titans*(ギ) ギリシャ神話に登場する巨人;*titans*(ラ) 巨大な神々
窒素	nitrogen	N	7	14.01	1772	Daniel Rutherford ラザフォード(独)	*nitrogene*(仏),*nitrum*(ラ),*nitron*(ラ) 硝石 *genes*(ギ) つくるもの
ツリウム	thulium	Tm	69	168.9	1879	P. T. Cleve クレーヴェ(ス)	*Thule* スカンジナビアの古い名称
テクネチウム	technetium	Tc	43	(99)	1937	C. Perrier ペリエ(伊)	*technetos*(ギ) 人工的な(Tcは人工的に合成された最初の元素)
鉄	iron	Fe	26	55.85	古代		*ferrum*(ラ) 鉄
テルビウム	terbium	Tb	65	158.9	1843	C. G. Mosander ムーサンデル(ス)	地名 Ytterby スウェーデン イッテルビー
テルル	tellurium	Te	52	127.6	1782	F. J. Müller ミュラー(オ)	*tellus*(ラ) 地球
銅	copper	Cu	29	63.55	古代		*cuprum*(ラ) 銅(*cyprium*(古代の銅の主要産地であったキプロス Cyprus 島)に由来)
トリウム	thorium	Th	90	232.0	1828	J. J. Berzelius ベルセリウス(ス)	鉱物 thorite トール石(Thor(古代スカンジナビアの戦の神)に由来)
ナトリウム	sodium	Na	11	22.99	1807	Sir Humphry Davy デイヴィー(英)	*sodanum*(ラ) 頭痛薬;記号 *natrium*(ラ) ソーダ
鉛	lead	Pb	82	207.2	古代		*plumbum*(ラ) 鉛,重い
ニオブ	niobium	Nb	41	92.91	1801	Charles Hatchett, ハチェット(独)	*Niobe*(ギ) ギリシャ神話の神タンタロスの娘(Nbは1884年までタンタロスに由来するタンタル Taと同じものと考えられていた);Nbは最初はコロンビウムとよばれていた(元素記号はCb)
ニッケル	nickel	Ni	28	58.69	1751	A. F. Cronstedt クロンステッド(ス)	*kopparnickel*(ス) 悪魔の銅;*nickel*(ゲ) 銅鉱石に似ているニッケル鉱石から銅を抽出させない悪魔を意味している

付録4　元素の名称と元素記号の由来

名称	英語名	元素記号	原子番号	原子量†	発見年	発見者(国籍)‡	由来‡
ネオジム	neodynium	Nd	60	144.2	1885	C. A. von Welsbach フォン・ウェルスバッハ(オ)	neos(ギ) 新しい; didymos 双子
ネオン	neon	Ne	10	20.18	1898	Sir William Ramsay ラムゼー(英), M. W. Travers トラヴァーズ(独)	neos(ラ) 新しい
ネプツニウム	neptunium	Np	93	(237)	1940	E. M. McMillan マクミラン(米), P. H. Abelson アーベルソン(米)	惑星 Neptune 海王星
ノーベリウム	nobelium	No	102	(259)	1958	A. Ghiorso ギオルソ(米), T. Sikkeland シッケランド(米), J. R. Walton ウォルトン(米), G. T. Seaborg シーボルグ(米)	人名 Alfred Nobel ノーベル
バークリウム	berkelium	Bk	97	(247)	1950	G. T. Seaborg シーボルグ(米), S. G. Thompson トンプソン(米), A. Ghiorso ギオルソ(米)	地名 Berkeley 米国カリフォルニア州バークレー
白金	platinum	Pt	78	195.1	1735 1741	A. de Ulloa ウロア(西) Charles Woods ウッズ(英)	platina(西) 銀
バナジウム	vanadium	V	23	50.94	1801 1830	A. M. del Rio デル・リオ(西), N. G. Sefstrom セフストレーム(ス)	Vanadis 古代スカンジナビアの愛と美の女神
ハフニウム	hafnium	Hf	72	178.5	1923	D. Coster コスター(蘭), G. von Hevesey ヘヴェシー(ハン)	Hafnia(ラ) コペンハーゲン
パラジウム	palladium	Pd	46	106.4	1803	W. H. Wollaston ウラストン(独)	小惑星 Pallas パラス
バリウム	barium	Ba	56	137.3	1808	Sir Humphry Davy デイヴィー(独)	barite 重晶石; barys(ギ) 重い
ビスマス	bismuth	Bi	83	209.0	1753	Claude Geoffroy ジョフロア(仏)	bismuth(独) Bi が発見された weisse masse(白い塊)の変形
ヒ素	arsenic	As	33	74.92	1250	Albertus Magnus マグヌス(独)	aksenikon(ギ) 黄色顔料; arsenicum(ラ) 雄黄(ギリシャではかつて三硫化ヒ素が顔料として用いられた)
フェルミウム	fermium	Fm	100	(257)	1953	A. Ghiorso ギオルソ(米)	人名 Enrico Fermi フェルミ
フッ素	fluorine	F	9	19.00	1886	H. Moissan モアッサン(仏)	fluorspar ホタル石; fluere(ラ) 流れ(ホタル石は融剤として用いられた)
プラセオジム	praseodymium	Pr	59	140.9	1885	C. A. von Welsbach フォン・ウェルスバッハ(オ)	prasios(ギ) 緑色の; didymos 双子
フランシウム	francium	Fr	87	(223)	1939	Marguerite Perey ペレー(仏)	地名 France フランス
プルトニウム	plutonium	Pu	94	(239)	1940	G. T. Seaborg シーボルグ(米), E. M. McMillan マクミラン(米), J. W. Kennedy ケネディ(米), A. C. Wahl ワール(米)	惑星 Pluto 冥王星
プロトアクチニウム	protactinium	Pa	91	231.0	1917	O. Hahn ハーン(独), L. Meitner マイトナー(オ)	protos(ギ) 最初に; actinium アクチニウム(Pa は分解して Ac を与える)
プロメチウム	promethium	Pm	61	(145)	1945	J. A. Marinsky マリンスキー(米), L. E. Glendenin グレンデニン(米), C. D. Coryell コリエル(米)	Prometheus(ギ) ギリシャ神話に登場する天から火を盗んだ巨人
ヘリウム	helium	He	2	4.003	1868	P. Janssen ジャンサン(仏): スペクトル; Sir William Ramsay ラムゼー(独): 単離	helios(ギ) 太陽(最初に太陽光スペクトルの中に発見された)
ベリリウム	beryllium	Be	4	9.012	1828	F. Woehler ヴェーラー(独), A. A. B. Bussy ビュシー(仏)	beryl(ラ, 仏) 甘い

名称	英語名	元素記号	原子番号	原子量†	発見年	発見者(国籍)‡	由来‡
ホウ素	boron	B	5	10.81	1808	Sir Humphry Davy デイヴィー(英), J. L. Gay-Lussac ゲイ・リュサック(仏), L. J. Thenard テナール(仏)	borax ほう砂; buraq(アラ) 白い
ホルミウム	holmium	Ho	67	164.9	1879	P. T. Cleve クレーヴェ(ス)	Holmia(ラ) ストックホルム
ポロニウム	polonium	Po	84	(210)	1898	Marie Curie キュリー(ポ)	地名 Poland ポーランド
マグネシウム	magnesium	Mg	12	24.31	1808	Sir Humphry Davy デイヴィー(英)	Magnesia ギリシャのテッサリアにある県(magnesia(ラ)に由来)
マンガン	manganese	Mn	25	54.94	1774	J. G. Gahn ガーン(ス)	magnes(ラ) 磁石
メンデレビウム	mendelevium	Md	101	(258)	1955	A. Ghiorso ギオルソ(米), G. R. Choppin ショパン(米), G. T. Seaborg シーボルグ(米), B. G. Harvey ハーヴェイ(米), S. G. Thompson トンプソン(米)	人名 Mendeleev メンデレーエフ(ロシアの化学者. 周期表を提案し, 未発見の元素の性質を予言した)
モリブデン	molybdenum	Mo	42	95.96	1778	G. W. Scheele シェーレ(ス)	molybdos(ラ) 鉛
ユウロピウム	europium	Eu	63	152.0	1896	E. Demarcay ドマルセイ(仏)	地名 Europe ヨーロッパ
ヨウ素	iodine	I	53	126.9	1811	B. Courtois クルトア(仏)	iodes(ギ) 紫色の
ラジウム	radium	Ra	88	(226)	1898	Pierre and Marie Curie キュリー夫妻(仏, ポ)	radius(ラ) 放射線
ラドン	radon	Rn	86	(222)	1900	F. E. Dorn ドルン(独)	radium ラジウム, "on"は不活性気体に共通の接尾語(Rnは, かつてはニトロン(nitron 輝く)とよばれた. 元素記号はNt)
ランタン	lanthanum	La	57	138.9	1839	C. G. Mosander ムーサンデル(ス)	lanthanein(ギ) 隠れた
リチウム	lithium	Li	3	6.941	1817	A. Arfvedson アルフェドソン(ス)	lithos(ギ) 石(石の中から発見された)
リン	phosphorus	P	15	30.97	1669	H. Brandt ブラント(独)	phosphoros(独) 光を生むもの
ルテチウム	lutetium	Lu	71	175.0	1907	G. Urbain ユルバン(仏), C. A. von Welsbach フォン・ウェルスバッハ(オ)	Lutetia パリの古い名称
ルテニウム	ruthenium	Ru	44	101.1	1844	K. K. Klaus クラウス(露)	Ruthenia(ラ) ロシア
ルビジウム	rubidium	Rb	37	85.47	1861	R. W. Bunsen ブンゼン(独), G. Kirchoff キルヒホッフ(独)	rubidius(ラ) 暗赤色の (Ruは赤色の輝線スペクトルから発見された)
レニウム	rhenium	Re	75	186.2	1925	W. Noddack ノダック(独), I. Tacke タッケ(独), Otto Berg ベルグ(独)	Rhenus(ラ) ライン川
ロジウム	rhodium	Rh	45	102.9	1804	W. H. Wollaston ウラストン(英)	rhodon(ラ) バラ(Rhの塩のいくつかはバラ色を示す)
ローレンシウム	lawrencium	Lr	103	(262)	1961	A. Ghiorso ギオルソ(米), T. Sikkeland シッケランド(米), A. E. Larsh ラーシュ(米), R. M. Latimer ラティマー(米)	人名 E. O. Lawrence ローレンス(サイクロトロンを発明した米国の物理学者)

用 語 解 説

括弧内の数字は，その用語が最初に現れた節の番号を示す．

あ 行

アクチノイド［actinoide］　原子番号 89 から 103 の元素．アクチニウムを除き，完全には満たされていない 5f 副殻をもつか，あるいは完全には満たされていない 5f 副殻をもつ陽イオンを容易に与える．(7.9)

圧 力［pressure］　単位面積あたりにはたらく力．(5.2)

圧力計［manometer］　気体の圧力を測定するための機器．(5.2)

アノード　負極，陽極を見よ．

アボガドロ定数(N_A)［Avogadro constant］　$6.022 \times 10^{23}\,\text{mol}^{-1}$；1 mol の物質に含まれる粒子数．(3.2)

アボガドロの法則［Avogadro's law］　一定の圧力と温度では，気体の体積は気体の物質量に比例する．(5.3)

アミノ酸［amino acid］　カルボン酸の一種で，少なくとも一つのアミノ基と，少なくとも一つのカルボキシ基をもつ有機化合物．(22.3)

アミン［amine］　一般式 R_3N（R のうち少なくとも一つはアルキル基，あるいは芳香族炭化水素基）をもつ塩基性の有機化合物．(11.4)

アルカリ金属［alkali metal］　1 族元素（Li, Na, K, Rb, Cs, Fr）のこと．(2.4)

アルカリ土類金属［alkaline earth metal］　2 族元素（Be, Mg, Ca, Sr, Ba, Ra）のこと．(2.4)

アルカン［alkane］　一般式 C_nH_{2n+2}（$n = 1, 2, \cdots$）で表される炭化水素．(11.2)

アルキン［alkyne］　1 個，あるいは複数の炭素-炭素三重結合をもつ炭化水素．一般式 C_nH_{2n-2}（$n = 2, 3, \cdots$）で表される．(11.2)

アルケン［alkene］　1 個，あるいは複数の炭素-炭素二重結合をもつ炭化水素．一般式 C_nH_{2n}（$n = 2, 3, \cdots$）で表される．(11.2)

アルコール［alcohol］　ヒドロキシ基 -OH をもつ有機化合物．(11.4)

アルデヒド［aldehyde］　カルボニル基をもち，一般式 RCHO（R は H 原子，アルキル基，あるいは芳香族炭化水素基）で表される有機化合物．(11.4)

α（アルファ）線［α (alpha) ray］　放射性物質の壊変によって放出される電荷 +2 をもつヘリウムイオン（α 粒子）．(2.2)

α（アルファ）粒子［α (alpha) particle］　α 線を見よ．

アレニウス式［Arrhenius equation］　反応の速度定数の温度依存性を表す式．(14.4)

イオン［ion］　全体で正，あるいは負の電荷をもつ原子，あるいは原子団．(2.5)

イオン化エネルギー［ionization energy］　基底状態の気体原子，あるいはイオンから電子を 1 個除去するために必要となる最少のエネルギー．(8.4)

イオン化合物［ionic compound］　陽イオンと陰イオンから形成される電気的に中性な化合物．(2.5)

イオン化列［ionization series］　水溶液中における金属と他の金属イオンとの置き換わりやすさをまとめた金属の系列．(4.4)

イオン結合［ionic bond］　イオン化合物においてイオンを結びつける静電気力．(9.2)

イオン-双極子相互作用［ion-dipole force］　イオンと双極子の間にはたらく引力．(12.2)

イオン対［ion pair］　静電気力によって結びつけられた少なくとも 1 個の陽イオンと少なくとも 1 個の陰イオンから形成される化学種．(13.6)

イオン半径［ionic radius］　イオン化合物において見積もられた陽イオン，あるいは陰イオンの半径．(8.3)

イオン反応式［ionic equation］　溶液中に溶解したイオン化合物の反応を，イオンの形で表記した反応式．(4.2)

一塩基酸［monobasic acid］　それぞれの構成単位が電離すると 1 個のプロトン H^+ を与える酸．(4.3)

一次反応［first-order reaction］　反応速度が反応物の濃度に比例する反応．(14.3)

陰イオン［anion］　全体で負電荷をもつイオン．(2.5)

陰 極［cathode］　カソードともいう．電気分解において，電子を供給することにより，還元反応が起こる電極．(19.8)

運動エネルギー［kinetic energy］　運動していることによってその物体がもつエネルギー．(5.6)

エステル［ester］　一般式 RCOOR′（R は H，アルキル基，あるいは芳香族炭化水素基であり，R′ はアルキル基，あるいは芳香族炭化水素基）で表される有機化合物．(11.4)

X 線回折［X-ray diffraction］　結晶性固体を構成する規則的に配列した粒子による X 線の散乱．(12.4)

エーテル［ether］　R—O—R′ 結合（R と R′ はアルキル基，あるいは芳香族炭化水素基）を含む有機化合物．(11.4)

エネルギー［energy］　仕事をする，あるいは変化をひき起こす能力．(6.1)

エネルギー保存の法則［law of concervation of energy］　宇宙にあるエネルギーの総量は常に一定である．(6.1)

塩［salt］　H^+ 以外の陽イオンと，OH^-，あるいは O^{2-} 以外の陰イオンからなるイオン化合物．(4.3)

塩 基［base］　水に溶かしたとき，水酸化物イオン OH^- を生じる物質．(2.7)

塩基解離定数（K_b）［base ionization constant］　塩基の電離に対する平衡定数．(16.6)

エンタルピー（H）［enthalpy］　一定圧力で起こる熱量変化を表すために用いられる熱力学的な量．(6.4)

エントロピー（S）［entropy］　ある系のエネルギーが，その系がとりうるさまざまなエネルギー状態の間にどの程度，広がっているか，あるいは分布しているかの尺度．(18.3)

塩の加水分解［salt hydrolysis］　水と，塩の陰イオンや陽イオン，あるいはその両方との反応．(16.9)

オキソアニオン［oxoanion］　オキソ酸から生じる陰イオン．(2.7)

オキソ酸［oxoacid］　水素，酸素，および中心元素とよばれる他の元素から構成される酸．(2.7)

オクテット則［octet rule］　水素以外の原子は，その原子が 8 個の価電子によって取り囲まれるまで結合を形成する傾向がある．(9.4)

か

外 界［surroundings］　対象とする系以外の残りの宇宙全体のこと．(6.2)

開放系［open system］　外界との間で，一般には熱の形でエネルギーをやりとりでき，また物質もやりとりできる系．(6.2)

化 学［chemistry］　物質の性質や，物質がどのように変化するかを研究する科学の分野．(1.3)

化学エネルギー［chemical energy］　化学物質の構造単位に蓄えられたエネルギー．(6.1)

化学式［chemical formula］　化合物を構成する原子の元素記号を用いて，その化合物の化学的組成を表記したもの．(2.6)

化学的性質［chemical property］　物質を他の物質に変化させることによって観測される物質の性質．(1.4)

科学的方法［scientific method］　研究を行うための体系的な手法．(1.2)

化学反応［chemical reaction］　物質が一つ，あるいは複数の新しい物質に変化する過程．(3.7)

化学反応式［chemical equation］　化学反応に関与する物質の化学式を用いて，化学反応によって何か起こったかを表す式．(3.7)

（化学）反応速度論［chemical kinetics］　化学反応が起こる速さを扱う化学の研究分野．(14.1)

化学平衡［chemical equilibrium］　化学反応において，正反応と逆反応の反応速度が等しく，いかなる正味の変化も観測されない状態．(4.1, 15.1)

化学量論［stoichiometry］　化学反応における反応物と生成物の間の量的な関係．(3.8)

化学量論量［stoichiometric amount］　釣り合いのとれた反応式に示された反応物，および生成物の物質量の比．(3.9)

可逆反応［reversible reaction］　正方向と逆方向の両方に進行する反応．(4.1)

核化学［nuclear chemistry］　原子核における変化を扱う化学の分野．核化学反応には，放射壊変と原子核反応がある．(21.1)

核結合エネルギー［nuclear binding energy］　原子核を，それを構成する陽子と中性子に分離させるために必要なエネルギー．(21.2)

拡 散［diffusion］　気体分子の動的な性質によって，ある気体と別の気体が徐々に混合する現象．(5.6)

核 酸［nucleic acid］　タンパク質の合成に不可欠な役割を果たすきわめて大きな分子量をもつ天然高分子．(22.4)

核分裂［nuclear fission］　質量数 200 を超える重い原子核が分裂して，中間的な質量数をもつ比較的小さい原子核と，1 個，あるいは複数の中性子を生成する過程．(21.5)

核融合［nuclear fusion］　小さい原子核が融合して，より大きな原子核を形成する過程．(21.6)

核連鎖反応［nuclear chain reaction］　自給的に連続して起こる核分裂反応．(21.5)

化合物［compound］　一定の比率で化学的に結合した 2 種類以上の元素から構成される純物質．(1.3)

過剰試剤［excess reagent］　存在する制限試剤の量と過不足なく反応する量よりも多く存在する反応物．(3.9)

仮説［hypothesis］　ある一連の観測に対する仮の説明．(1.2)

カソード　正極，陰極を見よ．

活性化エネルギー（E_a）［activation energy］　化学反応を開始するために必要となる最少のエネルギー．(14.4)

活性錯体［activation complex］　反応物の衝突の結果，生成物に至る前に一時的に生じるエネルギーの高い状態．この状態を遷移状態ともいう．(14.4)

過電圧［overvoltage］　電気分解を起こさせるために，電極電位から計算される電圧と，実際に必要となる電圧との差．(19.8)

価電子［valence electron］　原子の外殻にあり，化学結合に関与する電子．(8.2)

過飽和溶液［supersaturated solution］　飽和溶液に存在する量を超えた溶質を含む溶液．(13.1)

ガルバニ電池［galbanic cell］　自発的に進行する酸化還元反応を利用して電気を発生させる装置．(19.2)

カルボン酸［carboxylic acid］　カルボキシ基 -COOH をもつ酸性の有機化合物．(11.4)

還元剤［reducing agent］　他の物質に電子を供与できる物質，あるいは他の物質の酸化数を減少させることのできる物質．(4.4)

還元反応［reduction reaction］　酸化還元反応において，電子を獲得する過程を含む半反応．(4.4)

緩衝液［buffer solution］　弱酸，あるいは弱塩基とその塩を含む溶液．両方の成分が存在しなければならない．緩衝液は少量の酸，あるいは塩基の添加に対して，pH の変化を和らげる作用をもつ．(17.2)

官能基［functional group］　特定の原子あるいは原子団によって特徴づけられる分子の部分構造．官能基はその分子の化学的性質を大きく支配する．(11.1)

γ（ガンマ）線［γ (gamma) ray］　高エネルギーの電磁波．(2.2)

き

気圧計［barometer］　大気圧を測定する機器．(5.2)

気化　蒸発を見よ．

幾何異性体［geometric isomer］　二重結合をもつ化合物において生じる立体異性体．分子を構成する原子と化学結合の種類，および数は同じであるが，それらの空間的配置が異なる異性体をいう．幾何異性体を相互変換させるためには，化学結合の開裂が必要となる．(11.2)

貴ガス［noble gas］　18 族に属する非金属元素（He, Ne, Ar, Kr, Xe, Rn）の総称．(2.4)

貴ガス殻［noble gas core］　周期表において，対象とする元素よりも原子番号が小さく最も近い位置にある貴ガスの電子配置．元素の電子配置を書くときに用いられる．(7.9)

希釈［dilution］　濃厚な溶液から，希薄な溶液を調製するための操作．(4.5)

輝線スペクトル［line spectrum］　物質による電磁波の吸収や放出が，ある特定の波長だけで起こるときに観測されるスペクトル．(7.3)

気体定数（R）［gas constant］　理想気体の式 $pV=nRT$ に現れる定数．$0.08206 \text{ L atm K}^{-1}\text{ mol}^{-1}$，あるいは $8.314 \text{ J K}^{-1}\text{ mol}^{-1}$ と表記される．(5.4)

気体分子運動論［kinetic (molecular) theory of gas］　分子の視点から気体の物理的なふるまいを記述する理論．(5.6)

基底状態［ground state］　最も低いエネルギーをもつ系の状態．(7.3)

起電力（E）［electromotive force］　電極間の電位差．(19.2)

希土類［rare earth］　スカンジウム，イットリウム，ランタノイドのこと．(7.9)

揮発性［volatility］　観測できる程度の蒸気圧をもつ液体の性質．(13.6)

ギブズ（自由）エネルギー（G）［Gibbs (free) energy］　自由エネルギーともいう．仕事をするために利用できるエネルギー．$G=H-TS$ により定義される．(18.5)

吸熱過程［endothermic process］　外界から熱を吸収する過程．(6.2)

強塩基［strong base］　強電解質である塩基．(16.4)

凝華［deposition］　気体状態の物質が直接，固体状態に変化する過程．(12.6)

境界面表示［boundary surface diagram］　原子軌道の全電子密度の約 90% を含む領域を表示した図．(7.7)

強酸［strong acid］　強電解質である酸．(16.4)

共重合体［copolymer］　2 種類，あるいはそれ以上の異なる単量体から形成される高分子．(22.2)

凝集力［cohesive force］　同種の分子間にはたらく引力．(12.3)

凝縮［condensation］　気体として存在する物質が液体に変化する過程．(12.6)

鏡像異性体 [enantiomer] 自分の鏡像と重なり合わない分子と，その鏡像の構造をもつ分子．(11.5)

共鳴 [resonance] ある特定の分子を表記するために，複数のルイス構造を用いること．(9.8)

共鳴構造 [resonance structure] ただ一つのルイス構造では正しく表記できない単一の分子に対する，複数のルイス構造のうちの一つ．(9.8)

共役酸塩基対 [conjugate acid-base pair] 酸とその共役塩基，あるいは塩基とその共役酸の組．(16.1)

共有結合 [covalent bond] 2個の原子が，2個の電子を共有することによって形成される結合．(9.4)

共有結合化合物 [covalent compound] 共有結合のみから形成される化合物．(9.4)

供与体原子 [donor atom] 金属原子と直接結合している配位子の原子．(20.2)

極性共有結合 [polar covalent bond] 共有結合を形成する電子が，一方の原子の近傍に，他方の原子よりも長く存在している結合．(9.5)

極性分子 [polar molecule] 双極子モーメントをもつ分子．(10.2)

巨視的性質 [macroscopic property] 直接的に測定できる物質の性質．(1.5)

キラル [chiral] 自分の鏡像と重なり合わない形のこと．(11.5)

キレート剤 [chelating agent] 二座，あるいは多座配位子として，金属イオンと錯イオンを形成する物質．(20.2)

均一混合物 [homogeneous mixture] 溶液のすべての部分にわたって組成が同じである混合物．(1.3)

均一平衡 [homogeneous equilibrium] 反応にかかわるすべての化学種が同じ相にある平衡状態．(15.2)

金属 [metal] 良好な熱，および電気伝導性をもち，イオン化合物において陽イオンを生成しやすい性質をもつ元素．(2.4)

く，け

クーロンの法則 [Coulomb's law] 2個のイオンの間にはたらくポテンシャルエネルギーは，イオンの電荷の積に比例し，イオン間の距離に反比例する．(9.3)

グラハムの拡散の法則 [Graham's law of diffusion] 一定の温度と圧力における気体の拡散速度は，その気体のモル質量の平方根に反比例する．(5.6)

系 [system] 興味の対象となる宇宙の特定の領域．(6.2)

形式電荷 [formal charge] 孤立した原子がもつ価電子数と，ルイス構造においてその原子に割り当てられた電子数の差による電荷．(9.7)

系の状態 [state of a system] 組成，エネルギー，温度，圧力，および体積のような互いに関連する系の巨視的な性質の値．(6.3)

結合エンタルピー [bond enthalpy] 1 mol の気体分子において，ある特定の結合を切断させるために必要なエンタルピー変化．(9.10)

結合距離 [bond length] 分子において共有結合で結びつけられた2個の原子の原子核間の距離．(9.4)

結合次数 [bond order] 結合性軌道にある電子数と反結合性軌道にある電子数の差の2分の1．(10.6)

結合性軌道 [bonding (molecular) orbital] 分子軌道のうち，その軌道を形成する原子軌道よりもエネルギーが低く，安定性の高い軌道．(10.6)

結合反応 [combination reaction] 2種類以上の物質が結びついて，1種類の物質を与える反応．(4.4)

結晶化 [crystallization] 溶解していた溶質が溶液から現れ，結晶を生成する現象．(13.1)

結晶性固体 [crystalline solid] 長距離にわたる一定の構造の秩序をもつ固体．その原子，分子，あるいはイオンは特定の位置を占めている．(12.4)

結晶場分裂 [crystal-field splitting] 配位子が存在することによって2組に分裂した金属原子のd軌道間のエネルギー差．(20.4)

ケトン [ketone] カルボニル基をもち，一般式 RR′CO (R と R′ はアルキル基，あるいは芳香族炭化水素基) で表される有機化合物．(11.4)

ケルビン温度目盛 [Kelvin temperature scale] 絶対温度目盛を見よ．

けん化 [saponification] エステルの塩基による加水分解反応．せっけんの製造に用いられる．(11.4)

原子 [atom] 化学結合に関与する元素の基本的な構成単位．(2.2)

原子価殻 [valence shell] 電子に占有されている原子の最外殻のこと．一般に，化学結合に関与する電子を含む．(10.1)

原子価殻電子対反発 (VSEPR) モデル [valence-shell electron-pair (VSEPR) model] 中心原子のまわりの非共有電子対や結合電子対は，それらの間にはたらく反発力が最小となるように配列するという考え方．(10.1)

原子核 [nucleus] 原子の中心にある正電荷をもつ物体．(2.2)

原子核反応 [nuclear reaction] 原子核と，中性子，陽子，あるいは他の原子核との衝突によって起こる核化

学反応．(21.1)

原子軌道［atomic orbital］　原子における電子の波動関数．(7.5)

原子質量単位(amu)［atomic mass unit］　質量数 12 の炭素原子 1 個の質量の 12 分の 1 に厳密に等しい質量．(3.1)

原子半径［atomic radius］　同一元素からなる金属では，2 個の隣接する原子の原子核間距離の 2 分の 1．二原子分子として存在する元素では，分子を構成する 2 個の原子の原子核間距離の 2 分の 1．(8.3)

原子番号(Z)［atomic number］　元素の原子核に含まれる陽子の数．(2.3)

原子量［atomic mass］　原子質量単位で表した原子質量の相対値．(3.1)

元素［element］　物質を構成する最も基本的な成分．(1.3)

減速材［moderator］　中性子の運動エネルギーを減少させるために用いられる物質．(21.5)

こ

光子［photon］　光の粒子．光量子ともいう．(7.2)

格子エネルギー［lattice energy］　固体のイオン化合物 1 mol を，気体状態のイオンに完全に解離させるために必要なエネルギー．(9.3)

格子点［lattice point］　単位格子の構造を決める原子，分子，あるいはイオンの位置．(12.4)

構成原理［Aufbau principle］　原子軌道に電子を配置する際の指導原理．原子核に陽子が一つずつ付け加わって元素が構成されるように，電子も原子軌道に一つずつ付け加わる．(7.9)

酵素［enzyme］　生物学的な反応の触媒．(14.6)

構造異性体［structural isomer］　同じ分子式をもつが，原子が結合している順序が異なる分子．(11.2)

構造式［structural formula］　分子において，原子が互いにどのように結合しているかを示す分子の表記法．(2.6)

光電効果［photoelectric effect］　ある種の金属の表面に，ある最小の振動数より大きな振動数をもつ光を照射したとき，金属の表面から電子が放出される現象．(7.2)

高分子［polymer, macromolecule］　ポリマー，あるいは重合体ともいう．数千から数百万といった大きな分子量をもち，多数の繰返し単位からなる分子．(22.1)

国際単位系［International System of Units］　科学的な研究において広く用いられている改訂されたメートル法単位系．SI と略称される．(1.5)

孤立系［isolated system］　外界との間で，エネルギーも物質もやりとりできない系．(6.2)

孤立電子対［lone pair］　非共有電子対を見よ．

混合物［mixture］　2 種類以上の純物質から形成され，それぞれの性質が保持されている物質．(1.3)

混成［hybridization］　ある原子（普通は中心原子）に含まれる原子軌道を混ぜ合わせることによって，新たな一組の原子軌道をつくり出す操作．(10.4)

混成軌道［hybrid orbital］　同一原子の 2 個以上の非等価な原子軌道を混ぜ合わせることによって得られる原子軌道．(10.4)

根平均二乗(rms)**速度**(u_{rms})［root-mean-square (rms) speed］　ある決まった温度における気体分子の平均速度の尺度．(5.6)

コンホメーション［conformation］　立体配座ともいう．単結合のまわりの回転によって生じる分子の異なる空間的配置．(11.2)

混和性［miscibility］　2 種類の液体において，それらがどのような比率でも互いに完全に混じり合う性質．(13.2)

さ

最密充塡［closest packing］　結晶において，原子，分子，あるいはイオンを最も密に並べた配列．(12.4)

錯イオン［complex ion］　1 個，あるいは 2 個以上の分子やイオンが結合している金属陽イオンを中心にもつイオン．(17.7)

酸［acid］　水に溶かしたとき，水素イオン H^+ を生じる物質．(2.7)

三塩基酸［triprotic acid］　それぞれの構成単位が，電離すると 3 個のプロトン H^+ を与える酸．(4.3)

酸解離定数(K_a)［acid dissociation constant］　酸の電離反応に対する平衡定数．(16.5)

酸化還元反応［oxidation-reduction reaction］　電子の移動を含む反応，あるいは反応にかかわる物質の酸化数が変化する反応．(4.4)

酸化剤［oxidizing agent］　他の物質から電子を受容できる物質，あるいは他の物質の酸化数を増大させることのできる物質．(4.4)

酸化状態［oxidation state］　酸化数を見よ．

酸化数［oxidation number］　酸化状態ともいう．分子，あるいはイオンにおいて，結合を形成している電子が電気陰性度の大きい原子の方へ完全に移動したと考えたときに原子がもつ電荷の数．(4.4)

酸化反応［oxidation reaction］　酸化還元反応において，電子を失う過程を含む半反応．(4.4)

三元化合物［ternary compound］　3種類の元素から形成される化合物．(2.7)

三重結合［triple bond］　2個の原子が3組の電子対を共有することによって形成される共有結合．(9.4)

三重点［triple point］　固相，液相，および気相が，すべて互いの間で平衡に存在できる温度と圧力．(12.7)

三分子反応［termolecular reaction］　3個の分子が関与する素反応．(14.5)

し

示強的性質［intensive property］　対象となる物質の量に依存しない性質．(1.4)

式　量［formula weight］　化合物の組成を化学式で表したとき，その中に含まれる原子の原子量の総和．(3.3)

σ(シグマ)結合［σ (sigma) bond］　原子軌道の末端どうしが重なり合うことによって形成される共有結合．σ結合の電子密度は，結合している原子の原子核の間に集中している．(10.5)

σ(シグマ)分子軌道［σ (sigma) molecular orbital］　電子密度が，結合している原子の原子核をつなぐ線のまわりに対称的に集中している分子軌道．(10.6)

シクロアルカン［cycloalkane］　環状構造をもつアルカン．一般式 C_nH_{2n} ($n = 3, 4, \cdots$) で表される．(11.2)

仕　事［work］　ある過程によって生じる方向性をもったエネルギー変化．(6.1)

指示薬［indicator］　滴定の終点を判定するために用いる物質．酸性と塩基性の媒体中で，明確に異なる色を示す．(4.6)

実質収量［actual yield］　反応によって実際に得られる生成物の量．(3.10)

実用電池［battery］　一定の電圧で直流電流を得るための電源として用いられる単独の，あるいは連続したガルバニ電池．(19.6)

質　量［mass］　ある物体に含まれる物質の量の尺度．(1.5)

質量欠損［mass defect］　原子の質量と，その原子に含まれる陽子，中性子，および電子の質量の総和との差．(21.2)

質量数［mass number］　元素の原子核に含まれる中性子と陽子の総数．(2.3)

質量パーセント濃度［mass percent concentration］　溶液の質量に対する溶質の質量の比に 100% をかけた値．(13.3)

質量保存の法則［law of conservation of mass］　物質は創造されることもなければ，消滅することもない．(2.1)

質量モル濃度［molality］　1 kg の溶媒に溶解した溶質の物質量．(13.3)

脂肪族炭化水素［aliphatic hydrocarbon］　ベンゼン環をもたない炭化水素．(11.1)

弱塩基［weak base］　弱電解質の塩基．(16.4)

弱　酸［weak acid］　弱電解質の酸．(16.4)

シャルルとゲイ・リュサックの法則［Charles's and Gay-Lussac's law］　シャルルの法則を見よ．

シャルルの法則［Charles's law］　一定圧力において，一定量の気体の体積は，その気体の絶対温度に比例する．(5.3)

自由エネルギー［free energy］　ギブズ自由エネルギーを見よ．

周　期［period］　周期表における横の行．(2.4)

周期表［periodic table］　性質の類似性と原子番号の増加に基づいて元素を配列させた表．(2.4)

終　点［end point］　滴定において指示薬の色が変化する点．(17.4)

収　率［yield］　理論収量に対する実質収量の比を百分率で表したもの．(3.10)

重　量［weight］　重力が物体に及ぼす力．(1.5)

重量分析［gravimetric analysis］　物質の質量測定に基づく分析法．(4.6)

ジュール［joule］　エネルギーの単位．N(ニュートン)×m(メートル) で与えられる．(5.6)

縮合反応［condensation reaction］　2個の分子が，水のような小さい分子の脱離を伴って結合する反応．(11.4)

主要族元素［main group element］　水素を除く1族と2族，および13族から18族までの元素．(8.2)

純物質［pure substance］　一定の組成(それを構成する基本単位の数と種類)をもち，他と区別できる固有の性質をもつ物質の一種．(1.3)

昇　華［sublimation］　分子が直接，固体から気体に変化する過程．(12.6)

常磁性［paramagnetic］　磁石に引きつけられる性質．常磁性物質は，1個，あるいは複数の不対電子をもつ．(7.8)

状態関数［state function］　状態量を見よ．

状態図［phase diagram］　相図ともいう．物質が固体，液体，あるいは気体として存在する条件が示された図．(12.7)

状態量〔quantity of state〕 状態関数ともいう．その系がどのように生成したかにかかわらず，現在の状態のみで決まる性質．（6.3）

蒸発〔evaporation〕 液体の表面から分子が脱出し，気体になる過程．（12.6）

正味のイオン反応式〔net ionic equation〕 実際に反応に関与するイオン化学種のみを示したイオン反応式．（4.2）

触媒〔catalyst〕 化学反応においてそれ自身は消費されずに，別の反応経路を与えることによって反応速度を増大させる物質．（14.6）

示量的性質〔extensive property〕 対象となる物質の量に依存する性質．（1.4）

浸透〔osmosis〕 純粋な溶媒や希薄な溶液から，より濃厚な溶液へと，半透膜を通して溶媒分子の正味の移動が起こる現象．（13.6）

浸透圧（π）〔osmotic pressure〕 浸透を止めるために必要な圧力．（13.6）

振動数（ν）〔frequency〕 単位時間にある特定の点を通過する波の数．（7.1）

振幅〔amplitude〕 波の中心線から頂点，あるいは谷底までの垂直距離．（7.1）

す〜そ

水素化反応〔hydrogenation〕 水素分子が，炭素-炭素二重結合，あるいは三重結合をもつ化合物に付加する反応．（11.2）

水素結合〔hydrogen bond〕 電気陰性度の大きい元素（F, N, O）の原子に結合した水素原子と，別の電気陰性度の大きい元素の原子との間に形成される特殊な双極子-双極子相互作用．（12.2）

水溶液〔aqueous solution〕 水を溶媒とする溶液．（4.1）

水和〔hydration〕 イオン，あるいは分子が，特定の方向に配向した水分子によって取り囲まれる過程．（4.1）

水和物〔hydrate〕 ある特定の数の水分子を伴って形成される固体化合物．（2.7）

正確さ〔accuracy〕 測定の対象とした量の真の値に対して，測定値がどのくらい近いかということ．（1.6）

正極〔cathode〕 カソードともいう．電池において，還元反応が起こり，電子が外部から引き込まれる電極．（19.2）

制限試剤〔limiting reagent〕 化学反応において，最初に消費されてしまう反応物．（3.9）

生成定数（K_f）〔formation constant〕 錯イオン生成反応に対する平衡定数．（17.7）

生成物〔product〕 化学反応の結果として得られる物質．（3.7）

精密さ〔precision〕 同じ量に対する二つ，あるいはそれ以上の測定値が，互いにどのくらい一致しているかということ．（1.6）

節〔node〕 波の振幅がゼロとなる点．（7.4）

絶対温度目盛〔absolute temperature scale〕 ケルビン温度目盛ともいう．絶対零度（0 K）を最低の温度とする温度目盛．（5.3）

絶対零度〔absolute zero〕 理論的に到達できる最低の温度．（5.3）

接着力〔adhesive force〕 異種の分子間にはたらく引力．（12.3）

遷移元素〔transition element〕 3族から12族の元素．12族元素を除き，完全には満たされていないd副殻（またはf副殻）をもつか，あるいは完全には満たされていないd副殻（またはf副殻）をもつ陽イオンを容易に与える．12族元素は主要族元素に含める場合もある．（7.9）

遷移状態〔transition state〕 活性錯体を見よ．

相〔phase〕 系の他の部分と接しているが，はっきりとした境界によって他の部分から分離している系の均一な部分．（12.6）

双極子-双極子相互作用〔dipole-dipole force〕 極性分子間，すなわち双極子モーメントをもつ分子間にはたらく引力．（12.2）

双極子モーメント〔dipole moment〕 分子における電荷と電荷間の距離の積．（10.2）

増殖炉〔breeder reactor〕 それ自身が消費するよりも多くの核分裂物質を生成する原子炉．（21.5）

相図 状態図を見よ．

相変化〔phase change〕 ある相から別の相へ変化すること．（12.6）

族〔family〕 周期表の縦の列に並ぶ元素．（2.4）

束一的性質〔colligative property〕 溶液に含まれる溶質粒子の数に依存するが，溶質粒子の種類には依存しない溶液の性質．（13.6）

速度定数（k）〔rate constant〕 反応速度と反応物の濃度とを関係づける比例定数．（14.2）

組成式〔compositional formula〕 物質に含まれる元素の種類とその原子数を，最も簡単な整数比で表した化学式．（2.6）

組成百分率 [percent composition]　化合物の全質量に対する，その化合物に含まれるそれぞれの元素の質量を百分率で表したもの．(3.5)

素反応 [elementary step]　1 段階で完結する単純な反応．全体の反応の進行は，一連の素反応として分子の視点から理解することができる．(14.5)

た　行

対角線関係 [diagonal relationship]　周期表の異なる族と周期に属する一組の元素間の類似性．(8.6)

大気圧 [atmospheric pressure]　地球の大気が及ぼす圧力．(5.2)

体積 [volume]　長さの 3 乗．(1.5)

多原子イオン [polyatomic ion]　複数の原子を含むイオン．(2.5)

多原子分子 [polyatomic molecule]　2 個以上の原子から形成される分子．(2.5)

多重結合 [multiple bond]　2 個の原子が，2 対以上の電子対を共有することによって形成される結合．(9.4)

多電子原子 [many-electron atom]　2 個以上の電子をもつ原子のこと．(7.5)

単位格子 [unit cell]　結晶性固体における基本的な繰返し構造単位．(12.4)

炭化水素 [hydrocarbon]　炭素原子と水素原子だけから形成される有機化合物．(11.1)

単結合 [single bond]　1 対の電子対から形成される結合．(9.4)

単原子イオン [monatomic ion]　ただ一つの原子からなるイオン．(2.5)

単体 [simple substance]　化学的な手段によってそれ以上，簡単な純物質に分離できない物質．(1.3)

単独重合体 [homopolymer]　単一の種類の単量体から形成される高分子．(22.2)

タンパク質 [protein]　アミノ酸から形成される天然高分子．(22.2)

単分子反応 [unimolecular reaction]　ただ一つの分子だけが関与する素反応．(14.5)

単量体 [monomer]　高分子における簡単な繰返し単位．(22.2)

置換活性錯体 [labile complex]　すみやかに配位子交換反応を行う錯体．(20.5)

置換反応 [displacement reaction]　化合物に含まれるイオン，あるいは原子が別の元素のイオン，あるいは原子と置き換わる反応．(4.4)

置換不活性錯体 [inert complex]　配位子交換反応が非常に遅い錯イオン．(20.5)

中間体 [intermediate]　反応機構，すなわち素反応の過程に現れるが，全体の反応を表す釣り合いのとれた反応式には現れない化学種．(14.5)

中性子 [neutron]　正味の電荷をもたない原子構成粒子．中性子の質量は陽子の質量よりもやや大きい．(2.2)

中和反応 [neutralization reaction]　酸と塩基との反応．(4.3)

超ウラン元素 [transuranium element]　原子番号が 92 よりも大きな元素の総称．(21.4)

沈殿 [precipitate]　過飽和溶液から分離する不溶性の固体．(4.2)

沈殿反応 [precipitation reaction]　沈殿の生成によって特徴づけられる反応．(4.2)

定性的 [qualitative]　系に対する一般的な観察から構成されること．(1.2)

定性分析 [qualitative analysis]　溶液中に存在するイオンの種類を決定する分析法．(17.8)

定比例の法則 [law of definite proportion]　同じ化合物であれば試料が異なっても，それを構成する成分元素の質量の比は常に一定である．(2.1)

定量的 [quantitative]　系に対するさまざまな測定によって得られる数値から構成されること．(1.2)

デオキシリボ核酸(DNA) [deoxyribonucleic acid]　核酸の一種．(22.4)

滴定 [titration]　濃度が正確にわかっている溶液を，濃度が未知の別の溶液に対して，二つの溶液の反応が完結するまで徐々に加えていく操作．(4.6)

電位差 [potential difference]　ガルバニ電池の正極と負極の間の電気的なポテンシャルの差．(19.2)

電解質 [electrolyte]　水に溶かしたときに，その溶液が電気を通す物質．(4.1)

電解セル [electrolytic cell]　電気分解を行うための容器．(19.8)

電気陰性度 [electronegativity]　化学結合において，原子がそれ自身の方へ電子を引きつける能力．(9.5)

電気化学 [electrochemistry]　電気エネルギーと化学エネルギーの相互変換を扱う化学の分野．(19.1)

電気分解 [electrolysis]　電気エネルギーをを投入することによって，自発的には進行しない化学反応を起こさせる過程．(19.8)

典型元素 [representative element]　貴ガスを除く，各主要族元素の 1，2 番目の元素．p.207 訳注参照．(8.2)

電子[electron] 非常に小さい質量をもち，1個の負電荷をもった原子構成粒子．(2.2)

電子親和力[electron affinity] 気体状態の原子（あるいはイオン）が，電子を1個受容する過程のエネルギー変化に負の符号をつけた値．(8.5)

電磁波[electromagnetic wave] 電場成分とそれに垂直な磁場成分をもつ波動現象．(7.1)

電子配置[electron configuration] 原子，あるいは分子がもつさまざまな軌道への電子の分布．(7.8)

電磁放射[electromagnetic radiation] 電磁波の形でエネルギーが放出，および伝達される現象．(7.1)

電子密度[electron density] 電子が，原子のある特定の領域に見いだされる確率．(7.5)

電離度[degree of electrolytic dissociation] 酸の初期濃度に対する，平衡状態において電離している酸の濃度の比．(16.5)

同位体[isotope] 同一の原子番号をもつが，質量数が互いに異なる原子のこと．(2.3)

等核二原子分子[homonuclear diatomic molecule] 同じ元素の原子からなる二原子分子．(10.6)

同素体[allotrope] 化学的，および物理的性質が異なる2種類，あるいはそれ以上の同一元素の単体．(2.6)

動的平衡[dynamic equilibrium] 正方向の過程の反応速度が，逆方向の過程の反応速度と正確に釣り合っている状態．(12.6)

等電子的[isoelectronic] 同じ数の電子をもち，したがって同じ基底状態の電子配置をもつ2種類のイオン，あるいは原子とイオンのこと．(8.2)

当量点[equivalent point] 酸が塩基と完全に反応して，中和が起こる点．(4.6)

ドルトンの分圧の法則[Dalton's law of partial pressure] 混合気体の全圧は，その気体に含まれる気体成分が，単独で存在している場合に及ぼす圧力の和に等しい．(5.5)

トレーサー[tracer] 化学的，あるいは生物学的過程におけるある元素の原子の挙動を追跡するために用いられる同位体．放射性同位体が用いられることが多い．(21.7)

な 行

波[wave] 振動によってエネルギーが伝達される現象．(7.1)

二塩基酸[diprotic acid] それぞれの構成単位が電離すると，2個のプロトン H^+ を与える酸．(4.3)

二元化合物[binary compound] 2種類の元素から形成される化合物．(2.7)

二原子分子[diatomic molecule] 2個の原子から形成される分子．(2.5)

二次反応[second-order reaction] 反応速度が，一つの反応物の濃度の2乗に比例するか，あるいは2種類の反応物のそれぞれの濃度の積に比例する反応．(14.3)

二重結合[double bond] 2個の原子が2対の電子対を共有することによって形成される共有結合．(9.4)

二分子反応[bimolecular reaction] 2個の分子が関与する素反応．(14.5)

ニュートン(N)[newton] 力のSI単位．(5.2)

ヌクレオチド[nucleotide] 塩基，デオキシリボース，およびリン酸基から構成される核酸の構成単位．(22.4)

熱[heat] 温度の異なった2個の物体の間で起こる熱エネルギーの移動．(6.2)

熱エネルギー[thermal energy] 原子や分子の無秩序な運動に関連するエネルギー．(6.1)

熱汚染[thermal pollution] 水路などの環境が，そこに生息する生物にとって害になる温度まで加熱されること．(13.4)

熱化学[thermochemistry] 化学反応に伴う熱量変化を研究する化学の分野．(6.2)

熱化学方程式[thermochemical equation] 反応にかかわる物質の量的関係とエンタルピー変化の両方を表記した反応式．(6.4)

熱核反応[thermonuclear reaction] 非常に高い温度で起こる核融合反応．(21.6)

熱容量(C)[heat capacity] 与えられた量の物質の温度を，1度（1K）だけ上昇させるのに必要な熱量．(6.5)

熱力学[thermodynamics] 熱と他の形態のエネルギー間の相互変換を研究する科学の分野．(6.3)

熱力学第一法則[first law of thermodynamics] エネルギーはある形態から他の形態へと変換できるが，発生も消滅もしない．(6.3)

熱力学第二法則[second law of thermodynamics] 宇宙のエントロピーは，自発的過程では増大し，平衡過程では変化しない．(18.4)

熱力学第三法則[third law of thermodynamics] 完全に秩序的な結晶を形成する物質のエントロピーは，絶対零度においてゼロである．(18.4)

熱量測定［calorimetry］　熱量変化を測定すること．(6.5)

ネルンストの式［Nernst equation］　ガルバニ電池の起電力と，標準起電力，および酸化還元反応に関与する物質の濃度との関係を表す式．(19.5)

燃焼反応［combustion reaction］　一般に，熱や光が放出されて炎が生じる，物質と酸素との反応．(4.4)

粘　性［viscosity］　流れに対する液体の抵抗の大きさ．(12.3)

燃料電池［fuel cell］　電池の機能を維持するために，反応物の連続的な供給が必要なガルバニ電池．(19.6)

濃　度［concentration］　一定量の溶液に存在する溶質の量．(4.5)

は

配位化合物［coordination compound］　錯イオンと対イオンから形成される電気的に中性な化合物．(20.2)

配位共有結合［coordinate covalent bond］　配位結合，供与結合ともいう．結合に関与する2個の電子が両方とも，結合している2個の原子のうちの一方から供与される結合．(9.9)

配位子［ligand］　錯イオンにおいて金属を取り囲む分子，あるいはイオンのこと．(20.2)

配位数［coordination number］　結晶格子では，一つの原子（あるいはイオン）を取り囲む原子（あるいはイオン）の数．(12.4)
配位化合物では，錯体イオンの中心金属原子を取り囲む供与体原子の数．(20.2)

π（パイ）結合［π (pi) bond］　原子軌道が側面で重なることによって形成される共有結合．π結合の電子密度は，結合している原子の原子核がつくる面の上下に集中している．(10.5)

倍数比例の法則［law of multiple proportion］　2種類の元素が複数の異なった化合物をつくる場合，一方の元素の決まった質量と結合するもう一方の元素の質量を化合物どうしで比較すると，簡単な整数比になる．(2.1)

ハイゼンベルクの不確定性原理［Heisenberg uncertainty principle］　粒子の運動量と位置の両方を，同時に正確に測定することは不可能である．(7.5)

π（パイ）分子軌道［π (pi) molecular orbital］　電子密度が，結合している2個の原子の原子核をつなぐ軸の上下に集中している分子軌道．(10.6)

パウリの排他原理［Pauli exclusion principle］　原子に含まれるいかなる2個の電子も，同一の4個の量子数の組をもつことができない．(7.8)

パスカル（Pa）［pascal］　1平方メートルあたり1ニュートンの力がはたらくときの圧力（$1\,\mathrm{N\,m^{-2}}$）．(5.2)

波長（λ）［wavelength］　連続する波の等価な点の間の距離．(7.1)

発光スペクトル［emission spectrum］　物質が放射する電磁波の連続的な，あるいは不連続のスペクトル．(7.3)

発熱過程［exothermic process］　外界に熱を放出する過程．(6.2)

ハロゲン［halogen］　17族に属する非金属元素（F, Cl, Br, I, At）の総称．(2.4)

半金属［metalloid］　メタロイドともいう．金属と非金属の中間的な性質をもつ元素．(2.4)

反結合性軌道［antibonding (molecular) orbital］　分子軌道のうち，その軌道を形成する原子軌道よりもエネルギーが高く，安定性の低い軌道．(10.6)

半減期［half-life］　反応物の濃度が，初期濃度の半分まで減少するのに必要な時間．(14.3)

反磁性［diamagnetic］　磁石に対してわずかに反発する性質．反磁性物質は対になった電子のみをもつ．(7.8)

半電池反応［half-cell reaction］　電極において進行する酸化反応，あるいは還元反応のこと．(19.2)

半透膜［semipermeable membrane］　溶媒分子は通過させるが，溶質分子は透過させない性質をもつ膜．(13.6)

反応エンタルピー（ΔH）［enthalpy of reaction］　生成物のエンタルピーと反応物のエンタルピーの差．(6.4)

反応機構［reaction mechanism］　反応物から生成物に至るまでの一連の素反応の系列．(14.5)

反応次数［reaction order］　反応速度式に現れるすべての反応物の濃度に付された指数の総和．(14.2)

反応商（Q_c）［reaction quotient］　平衡状態にない反応混合物において，それぞれ化学量論係数を指数に付した生成物濃度と反応物濃度の比に等しい数値．(15.3)

反応速度［reaction rate］　時間の経過に伴う反応物，あるいは生成物の濃度の変化．(14.1)

反応速度式［rate equation］　反応速度と速度定数，および反応物の濃度との関係を表した式．(14.2)

反応速度論　化学反応速度論をみよ．

反応の分子数［molecularity of a reaction］　素反応にかかわる分子の数．(14.5)

反応物［reactant］　化学反応の出発となる物質．(3.7)

半反応［half-reaction］　酸化反応，あるいは還元反応に含まれる電子が明確にされた反応．(4.4)

ひ

pH［pH］ 水溶液中の水素イオン濃度の常用対数に負符号をつけた値．（16.3）

非共有電子対［unshared electron pair］ 孤立電子対ともいう．共有結合の形成に関与しない価電子の対．（9.4）

非局在化分子軌道［delocalized molecular orbital］ 2個の隣接した結合原子に束縛されているのではなく，3個，あるいはそれ以上の原子にわたって広がっている分子軌道．（11.3）

非金属［nonmetal］ 一般に，熱，および電気伝導性の悪い元素．（2.4）

微視的性質［microscopic property］ 顕微鏡や他の特殊な装置を用いて，間接的に測定しなければならない物質の性質．（1.5）

非晶質固体［amorphous solid］ 原子や分子の三次元的配列に規則性がない固体．（12.5）

非電解質［nonelectrolyte］ 水に溶かしたときに，その溶液が電気を通さない物質．（4.1）

ヒドロニウムイオン［hydronium ion］ 水和されたプロトン H_3O^+ のこと．（4.3）

比熱容量(s)［specific heat capacity］ ある物質 1 g の温度を 1 度（1 K）だけ上昇させるために必要な熱量．（6.5）

標準温度圧力(STP)［standard temperature and pressure］ 0 °C，1 atm のこと．（5.4）

標準起電力($E°_{cell}$)［standard electromotive force, standard emf］ 電池において，正極の標準電極電位と負極の標準電極電位との差．（19.3）

標準状態［standard state］ 圧力 1 atm の状態．厳密には，1 bar（$= 10^5$ Pa）の状態．（6.6）

標準生成エンタルピー($\Delta H°_f$)［standard enthalpy of formation］ 標準状態において，1 mol の化合物が，その成分元素の単体から生成するときの熱量変化．（6.6）

標準生成自由エネルギー($\Delta G°_f$)［standard free energy of formation］ ある化合物 1 mol を，標準状態の単体から生成させる際の自由エネルギー変化．（18.5）

標準大気圧［standard atmospheric pressure］ 平均海面において，0 °C で，厳密に 76 cm の高さの水銀柱を支える圧力．1 atm と表記する．（5.2）

標準電極電位［standard electrode potential］ 反応にかかわるすべての溶質が 1 mol L^{-1}，すべての気体が 1 atm であるときに，電極において進行する還元反応の電気的なポテンシャル．（19.3）

標準反応エンタルピー($\Delta H°_{rxn}$)［standard enthalpy of reaction］ 反応が標準状態の条件下で行われたときのエンタルピー変化．（6.6）

標準反応エントロピー($\Delta S°_{rxn}$)［standard entropy of reaction］ 反応が標準状態の条件下で行われたときのエントロピー変化．生成物と反応物の標準エントロピーの差によって与えられる．（18.4）

標準反応自由エネルギー($\Delta G°_{rxn}$)［standard free energy of reaction］ 標準状態の条件下で進行する反応に伴う自由エネルギー変化．（18.5）

標準溶液［standard solution］ 濃度が正確にわかっている溶液．（4.6）

表面張力［surface tension］ 単位面積あたりの液体の表面を引き伸ばす，あるいは増大させるために必要なエネルギー量．（12.3）

頻度因子［frequency factor］ アレニウス式において，衝突が起こる頻度を表す定数．（14.4）

ふ

ファラデー定数(F)［Faraday constant］ 1 mol の電子がもつ電気量．9.65×10^4 C mol^{-1} の値をもつ．（19.4）

ファンデルワールスの式［van der Waals equation］ 非理想的な気体に対する，P, V, n, T の関係を記述した式．（5.7）

ファンデルワールス力［van der Waals forces］ 双極子-双極子相互作用，双極子-誘起双極子相互作用，および分散力の総称．（12.2）

付加反応［addition reaction］ 一つの分子が別の分子に付け加わって，単一の生成物を与える反応．（11.2）

不揮発性［nonvolatility］ 観測できる程度の蒸気圧をもたない液体の性質．（13.6）

負極［anode］ アノードともいう．電池において，酸化反応が起こり，電子が外部に流れ出る電極．（19.2）

不均一混合物［heterogeneous mixture］ 個々の成分が物理的に分離されており，別々の成分として見ることのできる混合物．（1.3）

不均一平衡［heterogeneous equilibrium］ 反応にかかわるすべての化学種が必ずしも同じ相に存在していない平衡状態．（15.2）

複分解［double decomposition］ 2種類の化合物がそれぞれの成分を交換して新しい 2 種類の化合物を与える反応．（4.2）

腐食［corrosion］ 電気化学的な過程によって金属が劣化すること．（19.7）

物 質 ［matter, substance］　空間を占め，質量をもつもの．（1.3）

物質量 ［amount of substance］　粒子の個数に注目して表した物質の量．（3.2）

沸 点 ［boiling point］　液体の蒸気圧が外部の圧力と等しくなる温度．（12.6）

物理的性質 ［physical property］　物質を他の物質に変化させることなく観測することができる物質の性質．（1.4）

物理平衡 ［physical equilibrium］　同じ物質が二つの相の間で平衡にある状態．（15.1）

不飽和炭化水素 ［unsaturated hydrocarbon］　炭素-炭素二重結合，あるいは炭素-炭素三重結合をもつ炭化水素．（11.2）

不飽和溶液 ［unsaturated solution］　含まれている溶質の量が，それを溶かすことができる最大量よりも少ない溶液．（13.1）

プラズマ ［plasma］　気体状の陽イオンと電子の混合物となった物質の状態．（21.6）

ブレンステッド塩基 ［Brønsted base］　反応においてプロトン H^+ を受容できる物質．（4.3）

ブレンステッド酸 ［Brønsted acid］　反応においてプロトン H^+ を供与できる物質．（4.3）

分 圧 ［partial pressure］　混合気体に含まれる個々の気体成分の圧力．（5.5）

分解反応 ［decomposition reaction］　1種類の化合物が，2種類以上の化合物へと開裂する反応．（4.4）

分極率 ［polarizability］　原子，あるいは分子における電子分布の変形しやすさ．（12.2）

分光化学系列 ［spectrochemical series］　d軌道エネルギーを分裂させる強さの順序に並べた配位子の系列．（20.4）

噴 散 ［effusion］　圧力の高い気体が，容器の一部から別の部分へ，小さい孔を通って移動する現象．（5.6）

分散力 ［dispersion force］　原子や分子に誘起された一時的な双極子間の相互作用に由来する引力．（12.2）

分 子 ［molecule］　特定の力によって結びつけられた一定の配列をもつ2個以上の原子の集合体．（2.5）

分子間力 ［intermolecular force］　分子の間にはたらく引力的な相互作用．（12.2）

分子軌道 ［molecular orbital］　結合している原子の原子軌道の相互作用によって形成される分子全体に広がった軌道．（10.6）

分子式 ［molecular formula］　分子に含まれる元素の種類と正確な原子数を表す化学式．（2.6）

分子内力 ［intramolecular force］　一つの分子内で原子を結びつけている力．（12.2）

分子反応式 ［molecular equation］　反応に関与する化合物の化学式を，分子，あるいは全構成単位の形で表記した反応式．（4.2）

分子量 ［molecular weight］　与えられた分子に含まれる原子の原子量の総和．（3.3）

フントの規則 ［Hund's rule］　原子軌道の副殻における最も安定な電子配置は，平行スピンの数が最大となる電子配置である．（7.8）

へ

平衡蒸気圧 ［equilibrium vapor pressure］　凝縮と蒸発の動的平衡において測定される蒸気圧．（12.6）

平衡定数 ［equilibrium constant］　反応式に示された化学量論係数をそれぞれの濃度の指数に付した生成物の平衡濃度と反応物の平衡濃度の比に等しい数値．（15.1）

閉鎖系 ［closed system］　外界との間で，一般には熱の形でエネルギーをやりとりできるが，物質のやりとりはできない系．（6.2）

β（ベータ）線 ［beta ray］　放射性物質の壊変によって放出される電子（β 粒子）の流れ．（2.2）

β（ベータ）粒子 ［beta particle］　β 線を見よ．

ヘスの法則 ［Hess's law］　反応物が生成物に変化するとき，そのエンタルピー変化は，反応が1段階で起こっても複数の段階で起こっても，同じ値となる．（6.6）

偏光計 ［polarimeter］　平面偏光とキラルな分子との相互作用を調べる装置．（11.5）

変性タンパク質 ［denatured protein］　正常な生物学的活性を示さないタンパク質．（22.4）

ヘンリーの法則 ［Henry's law］　液体に対する気体の溶解度は，その液体と接している気体の圧力に比例する．（13.5）

ほ

ボイルの法則 ［Boyle's law］　一定温度において，一定量の気体の圧力は，その気体の体積に反比例する．（5.3）

傍観イオン ［spectator ion］　全体の反応に関与しないイオン．（4.2）

芳香族炭化水素 ［aromatic hydrocarbon］　1個，あるいは複数のベンゼン環をもつ炭化水素．（11.1）

放 射 ［radiation］　粒子，あるいは電磁波の形でエネルギーが放出されたり，空間をエネルギーが伝達される現象．（2.2）

放射エネルギー［radiant energy］　電磁波の形で伝達されるエネルギー．(6.1)

放射壊変系列［radioactive decay series］　最終的に安定な同位体を与える一連の核化学反応の系列．(21.3)

放射能［radioactivity］　粒子，あるいは電磁波の放出を伴って原子核が自発的に分解する性質．(2.2)

法則［law］　同一の条件では常に同一となる現象の間の関係を，簡潔な言葉で，あるいは数学的に記述したもの．(1.2)

飽和炭化水素［saturated hydrocarbon］　単結合だけをもつ炭化水素．分子に含まれる炭素原子に結合できる最大数の水素をもつ．(11.2)

飽和溶液［saturated solution］　ある温度において，溶媒に溶かすことができる最大量の溶質を含む溶液．(13.1)

ポテンシャルエネルギー［potential energy］　物体が置かれた位置によってその物体がもつエネルギー．(6.1)

ボルツマン定数(k)［Boltzmann constant］　系のエントロピーと微視的状態の数の自然対数を関係づける式で現れる定数．1.38×10^{-23} J K^{-1} の値をとる．(18.3)

ボルン-ハーバーサイクル［Born-Haber cycle］　イオン化合物の格子エネルギーを，イオン化エネルギーや電子親和力，および他の原子や分子の性質と関係させることによって求める方法．(9.3)

ま　行

水のイオン積［ion-product of water］　一定温度における水素イオン H$^+$ と水酸化物イオン OH$^-$ のモル濃度の積．(16.2)

密度［density］　物質の質量をその体積で割った値．(1.5)

無極性分子［nonpolar molecule］　双極子モーメントをもたない分子．(10.2)

モル(mol)［mole］　物質量の単位．アボガドロ定数の数値に等しい個数の構成粒子（原子，分子，あるいは他の粒子）を含む物質の量．(3.2)

モル質量［molar mass］　原子，分子，あるいは他の粒子 1 mol を含む物質の質量（g，あるいは kg 単位）．(3.2)

モル昇華熱(ΔH_{sub})［molar heat of sublimation］　1 mol の固体を昇華させるために必要なエネルギー（一般に，kJ 単位）．(12.6)

モル蒸発熱(ΔH_{vap})［molar heat of vaporization］　1 mol の液体を蒸発させるために必要なエネルギー（一般に，kJ 単位）．(12.6)

モル濃度［molar concentration］　1 L の溶液に含まれる溶質の物質量．(4.5)

モル分率［mole fraction］　混合物において，存在する全成分の物質量に対する，ある一つの成分の物質量の比．(5.5)

モル法［mole method］　mol を単位に用いて，化学反応によって生成する生成物の量を決定する方法．(3.8)

モル融解熱(ΔH_{fus})［molar heat of fusion］　1 mol の固体を融解させるために必要なエネルギー（一般に，kJ 単位）．(12.6)

モル溶解度［molar solubility］　1 L の飽和溶液に含まれる溶質の物質量．(17.5)

や　行

有機化学［organic chemistry］　炭素を含む化合物を扱う化学の分野．(11.1)

誘起双極子［induced dipole］　イオンや極性分子の接近によってひき起こされる原子，あるいは分子における正電荷と負電荷の分離．(12.2)

有効核電荷(Z_{eff})［effective nuclear charge］　原子核が実際にもつ電荷 Z と，遮へい効果，すなわち他の電子による反発的な効果の両方を考慮した，電子に対して実効的に及ぼされる原子核の電荷．(8.3)

有効数字［significant figure］　測定，あるいは計算された量において，意味のある数字．(1.6)

融点［melting point］　固相と液相が平衡状態で共存する温度．(12.6)

陽イオン［cation］　全体で正電荷をもつイオン．(2.5)

溶液［solution］　2 種類以上の物質の均一な混合物．(4.1)

溶解度［solubility］　ある温度において，決まった量の溶媒に対して溶かすことのできる溶質の最大量．一般に，1 L の飽和溶液に含まれる溶質の質量と定義される（単位：g L^{-1}）．(4.2, 17.5)

溶解度積(K_{sp})［solubility product］　塩の溶解平衡において，反応式に示されたそれぞれの化学量論係数に等しい指数を付けた成分イオンのモル濃度の積．(17.5)

陽極［anode］　アノードともいう．電気分解において，電子を引き上げることにより，酸化反応が起こる電極．(19.2)

陽子［proton］ 1個の正電荷をもつ原子構成粒子．陽子の質量は電子の質量の約1840倍である．(2.2)

溶質［solute］ 溶液中に存在する量がより少ない物質．(4.1)

陽電子［positron］ 電子と同じ質量をもち，+1の電荷をもつ粒子．(21.1)

溶媒［solvent］ 溶液中に，存在する量がより多い物質．(4.1)

溶媒和［solvation］ イオン，あるいは分子が，秩序的に配列した溶媒分子に取り囲まれる過程．(13.2)

ら　行

ラウールの法則［Raoult's law］ 溶液に接している気相の溶媒の分圧は，純粋な溶媒の蒸気圧と，溶液中の溶媒のモル分率の積に等しい．(13.6)

ラジカル［radical］ 不対電子をもつ化学種．(11.2)

ラセミ混合物［racemic mixture］ 2種類の鏡像異性体の等モル混合物．(11.5)

ランタノイド［lanthanoide］ 原子番号57から71の元素．ランタンを除き，完全には満たされていない4f副殻をもつか，あるいは完全には満たされていない4f副殻をもつ陽イオンを容易に与える．(7.9)

理想気体［ideal gas］ その圧力，体積，温度の関係が，厳密に理想気体の式によって説明できる仮想的な気体．(5.4)

理想気体の式［ideal gas equation］ 気体の圧力，体積，温度，および物質量の間の関係を表す式．$pV=nRT$ (Rは気体定数)．(5.4)

理想溶液［ideal solution］ すべての組成において，ラウールの法則が成立する溶液．(13.6)

律速段階［rate-determining step］ 反応物から生成物に至る一連の素反応のうちで，最も遅い素反応．(14.5)

立体異性体［stereoisomer］ 同じ種類と数の原子から構成され，原子のつながり方も同一であるが，原子の空間的な配置が異なっている化合物．(20.3)

立体配座 コンホメーションを見よ．

リットル［liter］ 1立方デシメートルが占める体積．(1.5)

リボ核酸(RNA)［ribonucleic acid］ 核酸の一種．(22.4)

量子［quantum］ 電磁波の形で放出，あるいは吸収される最小のエネルギーの最小量．(7.1)

量子数［quantum number］ 原子に含まれる電子の分布を記述するために用いられる数字．(7.6)

両性酸化物［amphoteric oxide］ 酸性と塩基性の両方の性質を示す酸化物．(8.6)

理論［theory］ 一連の事実，およびそれらに基づく法則を説明する統一的な原理．(1.2)

理論収量［theoretical yield］ すべての制限試剤が反応した場合に，釣り合いのとれた反応式から予測される生成物の生成量．(3.10)

臨界圧(P_c)［critical pressure］ 臨界温度において，その物質の気体を液体にするために必要な最小の圧力．(12.6)

臨界温度(T_c)［critical temperature］ その物質の気体を液体にすることができる最高の温度．(12.6)

臨界量［critical mass］ 自給的な核連鎖反応を起こすために必要となる核分裂物質の最小の質量．(21.5)

ルイス塩基［Lewis base］ 電子対を供与できる物質．(16.11)

ルイス記号［Lewis (dot) symbol］ その元素の原子がもつ価電子のそれぞれを一つの点で表して元素記号の周囲に記したもの．(9.1)

ルイス構造［Lewis structure］ ルイス記号を用いた共有結合化合物の表記法．共有された電子対は2個の原子をつなぐ線，あるいは1対の点として表示される．また，非共有電子対は，それぞれのの原子上に1対の点として表示される．(9.4)

ルイス酸［Lewis acid］ 電子対を受容できる物質．(16.11)

ルシャトリエの原理［Le Chatelier's principle］ 平衡状態にある系に外部から変化が加わると，その変化を部分的に打ち消すような方向に系の反応が進行し，新しい平衡状態になる．(15.4)

励起状態［excited state, excited level］ 基底状態よりも高いエネルギーをもつ系の状態．(7.3)

レドックス反応［redox reaction］ 酸化還元反応を見よ．

掲載図出典

執筆者について
執筆者写真（上）：© Margaret A. Chang；（下）：© Robin Overby.

目次
p.v（12章）：© The McGraw-Hill Companies, Inc./Ken Karp, Photographer；p.v（13章）：© The McGraw-Hill Companies, Inc./Ken Karp, Photographer；p.v（14章）：© NASA；p.v（15章）：© Kent Knudson/PhotoLink/Getty Images RF；p.vi（16章）：© The McGraw-Hill Companies, Inc./Ken Karp, Photographer；p.vi（17章）：© Frank & Joyce Burek/Getty Images；p.vi（18章）：Courtesy National Lime Association；p.vii（19章）：NASA；p.vii（20章）：© Stephen J. Lippard, Chemistry Department, Massachusetts Institute of Technology；p.vii（21章）：© Lawrence Livermore National Laboratory；p.vii（22章）：© The McGraw-Hill Companies, Inc./Ken Karp, Photographer

12章
章頭図，図12.9：© The McGraw-Hill Companies, Inc./Ken Karp, Photographer；p.339：© Hermann Eisenbeiss/Photo Researchers；図12.11：© The McGraw-Hill Companies, Inc./Ken Karp, Photographer；p.350（上）：© Bryan Quintard/ Jacqueline McBride/Lawrence Livermore National Laboratory；p.350（下）：© L.V. Bergman/The Bergman Collection；p.351：© Grant Heilman/Grant Heilman Photography；図12.30a-d, 12.34, p.358：© The McGraw-Hill Companies, Inc./Ken Karp, Photographer

13章
章頭図, p.373：© The McGraw-Hill Companies, Inc./Ken Karp, Photographer；図13.1（すべて）：© The McGraw-Hill Companies, Inc./Ken Karp, Photographer；p.377：© Hank Morgan/Photo Researchers；p.378：© The McGraw-Hill Companies, Inc./Ken Karp, Photographer；図13.10 d：© David Phillips/Photo Researchers；p.381：© John Mead/Science Photo Library/Photo Researchers

14章
章頭図：© NASA；図14.3, 14.6：© The McGraw-Hill Companies, Inc./Ken Karp, Photographer；p.397：© The McGraw-Hill Companies, Inc./Ken Karp, Photographer；図14.18：© The McGraw-Hill Companies, Inc./Ken Karp, Photographer；図14.22：Courtesy of Johnson Matthey；図14.24：Courtesy of General Motors Corporation

15章
章頭図：© Kent Knudson/PhotoLink/Getty Images RF；p.421, 422：© The McGraw-Hill Companies, Inc./Ken Karp, Photographer；p.428：© Collection Varin-Visage Jacana/Photo Researchers；図15.6, 15.9 a-b, 15.10：© The McGraw-Hill Companies, Inc./Ken Karp, Photographer

16章
章頭図：© The McGraw-Hill Companies, Inc./Ken Karp, Photographer；図16.2：© The McGraw-Hill Companies, Inc./Ken Karp, Photographer；p.453：© The McGraw-Hill Companies, Inc./Photo by Stephen Frisch；図16.9（左右），16.10：© The McGraw-Hill Companies, Inc./Ken Karp, Photographer

17章
章頭図：© Frank & Joyce Burek/Getty Images；図17.1, 17.3, 17.8：© The McGraw-Hill Companies, Inc./Ken Karp, Photographer；p.498（上）：© CNRI/SPL/ Science Source/Photo Researchers；p.498（下）：© Bjorn Bolstad/Peter Arnold；pp. 500, 501（上下）：© The McGraw-Hill Companies, Inc./Ken Karp, Photographer；p.503：© Runk/Schoenberger/Grant Heilman Photography；図17.10, 17.11, 17.12（すべて）：© The McGraw-Hill Companies, Inc./Ken Karp, Photographer；図17.13（すべて）：© The McGraw-Hill Companies, Inc./Photo by Stephen Frisch

18章
章頭図, 図18.7：Courtesy National Lime Association；p.514：© Harry Bliss. Originally published on the cover of the New Yorker Magazine；p.515：© The McGraw-Hill Companies, Inc./Ken Karp, Photographer；p.517：© Matthias K. Gobbert/University of Maryland, Baltimore County/Dept. of Mathematics and Statistics；p.520：© The McGraw-Hill Companies, Inc./Ken Karp, Photographer；p.526：© U.S. Postal Service；pp.531, 532：© The McGraw-Hill Companies, Inc./Ken Karp, Photographer

19章
章頭図, 図19.12：© NASA；図19.2：© The McGraw-Hill Companies, Inc./Ken Karp, Photographer；p.562：Bbqjunkie at en.wikipedia；図19.14：© The McGraw-Hill Companies, Inc./Ken Karp, Photographer；図19.17：© The McGraw-Hill Companies, Inc./Photo by Stephen Frisch

20章
章頭図, 図20.21：© Stephen J. Lippard, Chemistry Department, Massachusetts Institute of Technology；図20.2（Cu）：© L.V. Bergman/The Bergman Collection；図20.2（Cu以外）：© The McGraw-Hill Companies, Inc./Ken Karp, Photographer；図20.9, 20.15：© The McGraw-Hill Companies, Inc./Ken Karp, Photographer

21章
章頭図, 図21.15：© Lawrence Livermore National Laboratory；p.607：© Francois Lochon/Gamma Press；図21.5：© Fermilab Visual Media Services；図21.11：© Pierre Kopp/Corbis；図21.12：© M. Lazarus/Photo Researchers；図21.13：© Los Alamos National Laboratory；p.617（上）：© U.S. Department of Energy/Science Photo Library/Photo Researchers；p.617（下）：© NASA；図21.16：© Department of Defense, Still Media Records Center, US Navy Photo；p.621：© Alexander Tsiaras/Photo Researchers；図21.17（左右）：© SIU/Visuals Unlimited

22章
章頭図：© The McGraw-Hill Companies, Inc./Ken Karp, Photographer；図22.2：© Neil Rabinowitz/Corbis；図22.5：© E.R. Degginger/Color-Pic；p.641：Courtesy of Lawrence Berkeley Laboratory

索 引*

あ，い

ICE法　434, 454
アイソタクチック構造　628
IUPAC規則　306
アインシュタイン（Albert Einstein）
　　　　　　　　　26, 174, 603
　――の光量子論　176
アインスタイニウム　611, 647
亜　鉛　55, 647
亜塩素酸　471
アキシアル　267, 270
アキシアル水素　309
アキラル　326
アクチニウム　647
アクチノイド　200, 207, 652
亜硝酸　456, 459, 470
アスコルビン酸　62, 456
アスタチン　227, 647
アストン（F. W. Aston）　60
アスパラギン　632
アスパラギン酸　632
アセチルサリチル酸　456
アセチレン　167, 288, 314
アセトアミド　253
アセトアルデヒド　322, 406
アセトン　322
アタクチック構造　628
圧　力　114, 652
　――のSI単位　114
圧力計　116, 652
アデニン　640
アデノシン三リン酸　537
アデノシン二リン酸　537
アニオン　35
アニリン　317, 466
アノード　544, 566
アボガドロ（Amedeo Avogadro）
　　　　　　　　　　54, 121
アボガドロ定数　54, 652
アボガドロの法則　121, 652
アミド基　634
アミノ基　307, 325
アミノ酸　322, 634, 652
アミノベンゼン　317

アミン　324, 652
アメリシウム　611, 647
アラニン　632
アリストテレス（Alistotle）　25
亜硫酸　462
亜リン酸　470
RNA　639
アルカリ金属　33, 222, 652
アルカリ土類金属　33, 223, 652
アルカン　48, 301, 652
　――の反応　307
　――の命名法　305
アルギニン　632
アルキル基　306
アルキン　314, 652
　――の命名法　314
アルケン　309, 652
　――の幾何異性体　310
　――の性質と反応　311, 314
　――の命名法　311
アルコキシド　321
アルコール　319, 652
アルゴン　228, 647
アルゴン殻　198
アルデヒド　322, 652
RBE（relative biological effectiveness）
　　　　　　　　　　　　623
α（アルファ）構造　635
α線　28, 652
αヘリックス構造　635
α粒子　28, 652
アルミニウム　224, 647
　――の製造　572
アレニウス（Svante Arrhenius）　89
　――の酸と塩基　89
アレニウス式　405, 652
安息香酸　323, 456
アンチモン　226, 647
安定度定数　507
アントラセン　319
アンモニア　37, 268, 280, 446, 465,
　　　　　　　　　　466, 580
　――の合成反応　524
　――の合成法　414
アンモニア水　91, 136

硫　黄　56, 227, 647
イオン　35, 209, 652

イオン化エネルギー　215, 652
イオン化傾向　100
イオン化合物　35, 235, 652
　――の格子エネルギー　239
　――の命名　40
　――の融点　239
イオン化列　100, 652
イオン結合　235, 652
イオン結晶　349
イオン性百分率　244
イオン積　499
イオン-双極子相互作用　333, 334, 652
イオン対　384, 652
イオン半径　212, 652
イオン反応式　87, 652
イオン-誘起双極子相互作用　334
いす形コンホメーション　309
イソブタン　302
イソプロピルアルコール　320, 356
イソプロピル基　306
イソロイシン　632
1s軌道　188
一塩基酸　90, 652
一次構造（タンパク質の）　636
一次反応　396, 652
1族元素　222
一酸化炭素　157, 580
一酸化二窒素　253
イッテルビウム　647
イットリウム　647
EDTA　580
イブプロフェン　328
イリジウム　647
色　588
-yne（イン）　314
陰イオン　35, 209, 652
　――の名称　583
陰　極　27, 566, 652
陰極線　27
インジウム　224, 647
因子表示法　18

う～お

ウェルナー（Alfred Werner）　579
ウェルナーの配位理論　579

＊　立体の数字は上巻の，斜体の数字は下巻のページ数を表す．

右旋性　328
ウラシル　640
ウラン　647
ウラン-235　612, 615
ウラン-238　606, 608
ウラン系列　606
運動エネルギー　132, 652

エカアルミニウム　205
液体-蒸気平衡　352
液体窒素　21
液体比重計　561
エクアトリアル　267, 270
エクアトリアル水素　309
SI　9
　──基本単位　10
　──組立単位　9
　──単位で用いられる接頭語　10
SHE（standard hydrogen electrode）547
s 軌道　187
scc（simple cubic cell）　344
STP　662
エステル　323, 653
エステル結合　325
SBR　630
sp 混成　280, 288
sp^2 混成　281, 287
sp^3 混成　279
sp^3d^2 混成　286
エタノール　319, 366
エタン　48, 302, 303
　──のコンホメーション　304
　──の分子内回転　305
エチルアミン　466
エチルアルコール　319
エチル基　306
3-エチル-2,2-ジメチルペンタン　307
エチルベンゼン　317
エチレン　287, 311, 313
エチレングリコール　320, 366, 378
エチレンジアミン　580
エチレンジアミン四酢酸イオン
　　　　　　　　　　580, 581
エチン　314
X 線　28, 173
X 線回折　343, 653
hcp（hexagonal close-packed）　346
ATP　537
ADP　537
エーテル　321, 653
エナンチオマー　327
エネルギー　132, 144, 653
エネルギー準位図　190, 291, 295
エネルギー保存の法則　145, 653
エフェドリン　329
f 軌道　189
fcc（face-centered cubic cell）　344
f-ブロック元素　207
MO 法　277, 290
エラストマー　629
エルビウム　647

-ene（エン）　311
塩　92, 653
　──の加水分解　472, 653
　──の酸性・塩基性　475
　塩基性溶液を与える──　472
　酸性溶液を与える──　472
塩化アルミニウム　474
塩化コバルト（II）　506
塩化臭素　276
塩化ナトリウム　39
　──の電気分解　566, 568
塩化物イオン　580
塩化ベリリウム　265, 280
塩化メチル　308
塩化メチレン　276, 309
塩　基　47, 89, 639, 653
　──の命名　47
塩基解離定数　466, 653
塩基性酸化物　230, 477
塩基対　640
塩　橋　544
塩　酸　90
炎色反応　510
塩　素　227, 647
塩素酸　471
エンタルピー　153, 653
エンタルピー変化　153, 156
エントロピー　515, 653
　──と微視的状態　516
エントロピー変化　517

黄銅鉱　63
オキシヘモグロビン　594
オキソアニオン　46, 653
オキソ酸　45, 470, 653
オクタン　48, 303
オクテット則　241, 282, 653
オストワルド（Wilhelm Ostwald）415
オストワルド法　415
オスミウム　647
オゾン　249, 251
オービタル　184
オプシン　310
o-（オルト）　317
オレフィン　309
音階律　205
温度と化学反応　529
温度目盛　11

か

ガイガー（Hans Geiger）　29
外　界　145, 653
　──のエントロピー変化　523
ガイガー計数管　622
回　折　183
壊　変　28
開放系　145, 653
解　離　82

解離定数
　共役酸塩基の──の関係　468
　弱塩基とその共役酸の──　466
　弱酸とその共役塩基の──　456
　二塩基酸と多塩基酸の──　462
過塩素酸　471
化　学　4, 653
化学エネルギー　144, 653
化学式　36, 653
化学的性質　8, 653
科学的方法　3, 653
化学反応　66, 653
化学反応式　66, 653
　──の釣り合いのとり方　68
（化学）反応速度論　388, 653
化学平衡　84, 421, 653
　──と自由エネルギー　532
化学量論　71, 653
化学量論量　74, 653
鍵と鍵穴モデル　416
可逆的変性　639
可逆反応　84, 653
殻　186
核エネルギーの危険性　616
核化学　598, 653
核結合エネルギー　602, 612, 653
　核子 1 個あたりの──　604
拡　散　136, 653
核　酸　639, 653
核　子　602
拡張オクテット　255, 286
核分裂　612, 653
核変素反応　598, 609
核融合　617, 653
核融合炉　618
核連鎖反応　613, 653
掛け算　14
化合物　7, 654
　──の命名　40
重なり（1s 軌道の）　277
重なり形コンホメーション　304
過酸化水素　37, 61
過酸化物イオン　223
可視光　173
華氏目盛　11
過剰試剤　74, 654
加水分解　323, 472
仮　説　3, 654
加速度　114
カソード　544, 566
カソード防食　565
カチオン　35
活性化エネルギー　404, 654
活性錯体　404, 654
活性部位　417
活　量　426, 428, 450
過電圧　568, 654
価電子　207, 654
カドミウム　615, 647
ガドリニウム　648
カーバイド　314

カフェイン　466
過飽和溶液　364, 654
可溶性化合物　85
ガラス電極　558
カリウム　222, 648
カリウム-40　609
ガリウム　224, 648
カリホルニウム　611, 648
加　硫　629
カルシウム　223, 648
ガルバニ(Luigi Galvani)　544
ガルバニ電池　544, 654
カルボキシ基　322, 325
カルボニル基　322, 325
カルボン酸　322, 654
カロザース(Wallace Carothers)　631
カロリー　160
還元剤　94, 654
還元反応　94, 654
緩衝液　484, 654
緩衝能　485
間接法　165
乾電池　559
官能基　48, 301, 319, 325, 654
γ(ガンマ)線　29, 173, 605, 654
含有率　105

き

気圧(atm)　115, 643
気圧計　115, 654
気　化　654
幾何異性体　310, 654
貴ガス　34, 207, 228, 654
　　——殻　197, 654
希ガス　34, 207
ギ　酸　323, 456, 460
基　質　416
希　釈　103, 654
犠牲負極　566
キセノン　228, 648
キセノン殻　198
輝線スペクトル　177, 654
気　体　113
　　——の化学量論　127
　　——の拡散　136
　　——の噴散　137
　　——の密度　125
　　——の溶解度　371
気体定数　122, 654
　　——の単位　643
気体分子運動論　132, 654
基底準位　178
基底状態　178, 191, 654
起電力　546, 654
軌　道　178
希土類　200, 654
揮発性　375, 654
ギブズ(Josiah Willard Gibbs)　526

ギブズ(自由)エネルギー　526, 654
逆位相の相互作用　290
逆反応　421
吸収放射線量　622
吸熱過程　146, 654
球棒模型　36
キュリー(Marie Curie)　28
キュリー(Ci)　622
キュリウム　611, 648
強塩基　453, 654
凝　華　359, 654
境界面表示　188, 654
強結晶場配位子　590
凝　固　358
凝固点降下　377
強　酸　452, 654
強酸-強塩基滴定　490
強酸-弱塩基滴定　494
共重合体　630, 654
凝集力　340, 654
凝　縮　333, 353, 654
凝縮状態　332
鏡像異性体　327, 655
共通イオン効果　504
協同作用　638
共　鳴　252, 655
共鳴構造　252, 655
共役酸塩基対　446, 655
　　——の相対的な強さ　453
共役反応　536
共有結合　240, 655
共有結合化合物　240, 655
共有結合結晶　350
供与結合　255
供与体原子　580, 655
極性共有結合　242, 655
極性分子　274, 655
巨視的性質　9, 655
キラリティー　326
キラル　326, 655
キレート剤　581, 655
金　11, 648
銀　57, 648
均一混合物　5, 655
均一触媒　416
均一平衡　424, 484, 655
近距離力　600
金　属　33, 655
金属イオン
　　——の加水分解　474
金属結合　351
金属結晶　351
金属置換反応　99

く〜こ

グアニン　248, 640
空間充填模型　37
クエン酸　323

グッドイヤー(Charles Goodyear)　629
クラウジウス-クラペイロンの式　354
クラッキング　312
グラハム(Thomas Graham)　136
　　——の拡散の法則　136, 655
グリシン　323, 632
グリセリン　340
クリック(Francis Crick)　639
クリネーション　381
クリプトン　228, 648
クリプトン殻　198
グルコース　73, 103, 369, 374
グルタミン　632
グルタミン酸　632
グレイ(Gy)　622
クロム　577, 648
クロロ　307
クロロベンゼン　317
クロロホルム　38, 309
クーロン(C)　27
クーロンの法則　237, 655

系　145, 655
　　——のエントロピー変化　521
　　——の状態　655
形式電荷　248, 655
軽水炉　614
ケイ素　225, 648
系の状態　147
ゲイ・リュサック(Joseph Gay-Lussac)　119
ケクレ(August Kekulé)　252
結合エンタルピー　257, 258, 655
　　——の熱化学における利用　259
結合距離　241, 242, 655
結合次数　294, 655
結合性軌道　290, 655
結合電子対　264
結合反応　97, 655
結合モーメント　275
結晶化　364, 655
結晶構造　342
結晶性固体　342, 655
結晶場分裂　588, 655
結晶場理論　587
ケトン　322, 655
ケルビン(Lord Kelvin)　120
ケルビン(K)　11
ケルビン温度目盛　120, 655
ゲルマニウム　225, 648
けん化　324, 655
原　子　26, 655
　　——の電子配置　191
原子価殻　264, 655
原子価殻拡張　286
原子価殻電子対反発(VSEPR)モデル　264, 655
原子核　30, 655
　　——の安定性　600
　　——の安定帯　601
原子核反応　598, 609, 655

原子価結合法　277
原子軌道　184, 187, 656
　——のエネルギー　190
　——の重なり　277
　——の混成　278
　——表示　192
　——を混成する方法　283
原子構成粒子　27
原子質量単位　52, 656
原子説　25
原子時計　607
原子爆弾　613
原子半径　211, 656
原子番号　31, 656
原子量　52, 656
原子炉　614
元素　6, 656
　——の発見者　647
　——の名称とその由来　647
元素記号　6, 647
　——の由来　647
減速材　615, 656
元素存在量
　人体の——　7
　地殻の——　7
元素名　6

光学活性　327
光子　175, 656
格子エネルギー　237, 239, 656
格子点　343, 656
高スピン錯体　591
構成原理　197, 656
合成ゴム　629
酵素　8, 416, 656
構造異性体　302, 656
構造式　37, 656
光速度　172
高張液　380
光電効果　174, 656
高分子　627, 656
高分子化合物　313
光量子　175, 656
五塩化リン　266, 427
氷の三次元構造　342
黒鉛　163, 225, 351
国際単位系　9, 656
五酸化二窒素　397
五臭化リン　286
固体
　——の溶解度　371
固体-蒸気平衡　358
骨格構造式　304
コバルト　577, 648
五フッ化リン　256
コポリマー　630
ゴム　628
ゴム弾性　629
コランダム　236
孤立系　146, 656
孤立電子対　240, 656

コレステロール　325
混合物　5, 656
混成　279, 656
　原子軌道の——　278
混成軌道　279, 656
　——の形状　283
根平均二乗速度　135, 656
コンホメーション　305, 656
混和性　366, 656

さ

サイクロトロン粒子加速器　610
最大確率速度　134
最密充填　346, 656
錯イオン　506, 579, 656
　——の磁気的性質　590
　——の生成定数　507
　——平衡　506
酢酸　49, 84, 90, 323, 425, 446, 456
酢酸イソペンチル　323
酢酸エチル　323
酢酸オクチル　323
左旋性　328
さび　564
サブユニット　594, 637
サマリウム　648
サリドマイド　328
酸　45, 89, 656
　——の命名　45
3s軌道　188
三塩化リン　427
三塩基酸　91, 656
酸塩基指示薬　495, 497
酸塩基中和反応　92
酸塩基滴定　107, 489
酸塩基反応　89
酸化アルミニウム　70, 236, 564
酸解離定数　455, 462, 656
酸化ウラン　615
酸化カルシウム　529
酸化還元反応　93, 541, 656
三角錐形　268
酸化剤　94, 656
酸化状態　95, 578, 656
酸化数　95, 579, 656
　——と電気陰性度　244
酸化反応　94, 657
酸化物　229
酸化物イオン　227
酸化プルトニウム　616
酸化マグネシウム　94
残基　634
三元化合物　41, 657
三次構造(タンパク質の)　636
三斜格子　343
三重結合　241, 657
三重水素　32, 610
三重点　359, 657

酸性酸化物　230, 477
酸素　130, 227, 290, 648
酸素分子　295
酸ハロゲン化物　323
三フッ化窒素　246
三フッ化ホウ素　254, 266, 276, 281
三分子反応　409, 657
三方格子　343
三方両錐形　266, 269
三ヨウ化アルミニウム　256

し

di-(ジ)　306
次亜塩素酸　471
シアン化水素酸　456
シアン化物イオン　580
ジアンミンジクロリド白金(Ⅱ)
　　585, 595
ジエチルエーテル　321, 355
四塩化炭素　309
紫外線　173
紫外発散　173
しきい振動数　174
示強的性質　8, 657
式量　59, 657
磁気量子数　186
σ(シグマ)結合　287, 657
σ分子軌道　291, 657
シクロアルカン　309, 657
シクロブタン　309
シクロプロパン　309, 398
シクロヘキサン　309, 318
シクロペンタン　309
ジクロリドビス(エチレンジアミン)
　　コバルト(Ⅱ)イオン　586
ジクロロエチレン　275, 310
次元解析法　18
自己解離　447
仕事　132, 144, 149, 657
仕事関数　175
四酸化二窒素　421
ccp(cubic close-paked)　346
指示薬　107, 657
四捨五入　16
cis(シス)　310
シス異性体　310
指数　646
指数表記法　13
システイン　632
シス-トランス異性化　310
シスプラチン　595
ジスプロシウム　648
自然対数　646
シーソー形　270
実験式　65
実質収量　77, 657
実用電池　559, 657
質量　10, 657

索　　引　671

質量とエネルギーの等価則　603
質量欠損　603, 657
質量作用の法則　422
質量数　32, 657
質量パーセント濃度　367, 657
質量分析計　59
質量保存の法則　26, 657
質量モル濃度　368, 657
シトクロム　594
シトシン　640
自発的過程　520
自発的反応　514
四フッ化硫黄　269
四フッ化キセノン　229, 257
四フッ化二窒素　442
ジペプチド　634
シーベルト(Sv)　623
ジベンゾ[a, h]アントラセン　319
脂　肪　312
脂肪族アルコール　320
脂肪族炭化水素　301, 657
脂肪油　312
シーボーギウム　611
ジポジトロニウム　599
ジメチルエーテル　321
2, 2-ジメチルプロパン　303
四面体錯体　592
弱塩基　453, 657
弱結晶場配位子　590
弱　酸　452, 657
弱酸-強塩基滴定　492
遮へい効果　193
遮へい定数　210
斜方格子　343
ジャーマー(Lester Germer)　183
シャルガフ(Erwin Chargaff)　639
シャルガフの法則　639
シャルル(Jacques Charles)　119
シャルルとゲイ・リュサックの法則
　　　　　　　　　120, 657
シャルルの法則　120, 657
自由エネルギー　526, 657
　　──と化学平衡　532
臭化銀　501
周　期　33, 657
周期表　33, 657
重　合　322
重合体　627
15 族元素　226
シュウ酸　323, 437, 462, 463
シュウ酸イオン　580
シュウ酸カルシウム　503
13 族元素　224
重水素　32
重水炉　615
臭　素　101, 227, 520, 648
ジュウテリウム　32
終　点　657
充　電　560
自由電子　178
17 族元素　227

18 族元素　228
14 族元素　225
収　率　77, 657
収　量　77
重　量　10, 657
重量パーセント濃度　367
重量分析　105, 657
重力加速度　643
16 族元素　227
縮合反応　321, 631, 657
縮重軌道　188
主原子価　579
シュタウディンガー（Hermann
　　　　　　　Staudinger)　627
主要族元素　207, 657
主量子数　178, 185
ジュール　132, 657
シュレーディンガー(Erwin
　　　　　　　Schrödinger)184
シュレーディンガー方程式　184
瞬間的双極子　335
純物質　5, 657
昇　位　279
昇　華　238, 359, 657
蒸　気　113
蒸気圧　352, 353
蒸気圧降下　374
沼気ガス　302
蒸気熱　354
硝　酸　45, 90, 247, 470
　　──の製造　415
常磁性　192, 657
状態関数　147, 657
状態図　359, 657
状態量　147, 658
衝突理論　403
蒸　発　352, 658
正味のイオン反応式　87, 658
常用対数　646
触　媒　312, 412, 441, 658
触媒コンバーター　415
触媒速度定数　413
示量的性質　8, 658
ジルコニウム　648
シンジオタクチック構造　628
真　数　646
浸　透　379, 658
浸透圧　379, 658
振動数　171, 658
シンナムアルデヒド　322
振　幅　171, 658

す〜そ

水　銀　116, 648
水銀柱ミリメートル　115
水銀電池　559
水酸化アルミニウム　508
水酸化銅(II)　501

水酸化ナトリウム　91
水酸化バリウム　91
水酸化物イオン濃度　450
水蒸気圧　131
水　素　37, 222, 648
　　──原子の発光スペクトル　178
　　──置換反応　98
　　──分子　293
水素イオン濃度　449
水素化スズ(IV)　273
水素化反応　312, 658
水素化物イオン　222
水素化ベリリウム　254
水素結合　333, 337, 658
　　分子間──　636
　　分子内──　635
水素爆弾　619
水素類似イオン　183
水溶液　82, 658
水　和　83, 334, 366, 658
水和物　47, 658
数値の取扱い　13
スカンジウム　577, 648
ス　ズ　225, 648
スチルベン　433
スチレン-ブタジエンゴム　630
ステアリン酸ナトリウム　324
ストック方式　42
ストロンチウム　223, 648
スピン量子数　186

正確さ　17, 658
正　極　544, 658
制御棒　615
制限試剤　74, 658
正四面体形　266
生成定数　507, 658
生成物　67, 658
正八面体形　267
正反応　421
生物学的効果比　623
正方格子　343
精密さ　17, 658
石　英　351
赤外線　173
赤リン　226
セシウム　222, 649
節　181, 658
セッケン　324
石　膏　500
摂氏目盛　11
絶対エントロピー　525
絶対温度目盛　11, 120, 658
絶対零度　120, 658
　　──でのエントロピーの値　526
接着力　340, 658
節面　291
セリウム　649
セリン　633
セルシウス度　11
セレン　227, 649

セーレンセン（Søren Sørensen） 449
ゼロ次反応 402
閃亜鉛鉱型構造 349
遷移元素 199, 207, 209, 576, 658
遷移状態 404, 658
前期量子論 184
旋光計 328
セントラルサイエンス 2
全反応次数 393

相 332, 352, 658
双極子-双極子相互作用 333, 658
双極子モーメント 274, 658
双極子-誘起双極子相互作用 333, 334
増殖炉 616, 658
相 図 359, 658
双性イオン 634
相対原子質量 52
相対分子質量 57
相変化 352, 658
素過程 408
族 658
束一的性質 374, 658
側原子価 579
速 度 114
速度定数 392, 658
速度分布曲線 134
速度論的置換活性 593
組成式 37, 64, 658
組成百分率 61, 659
素反応 408, 659

た 行

対イオン 579
第一イオン化エネルギー 215
第一遷移系列 199
対角線関係 221, 225, 659
対角則 550
大気圧 114, 659
第三遷移系列 200
体心立方格子 344
対 数 646
体 積 10, 659
第二遷移系列 199
タイベック 314
ダイヤモンド 163, 225, 351
太陽光エネルギー 144
ダウンズセル 566
多塩基酸 462
多環式芳香族炭化水素 318
ダクロン 631
多原子イオン 35, 659
多原子分子 35, 659
多座配位子 580
足し算 14
多重結合 241, 659
多電子原子 185, 193, 659
ダニエル電池 544

ダームスタチウム 611
タリウム 649
単位格子 343, 659
単位胞 343
炭化カルシウム 314
炭化水素 48, 301, 659
タングステン 649
単結合 241, 659
単原子イオン 35, 659
単原子気体 34
単座配位子 580
炭 酸 45, 462, 470
炭酸イオン 247
炭酸カルシウム 428, 498
炭酸水素ナトリウム 476
炭酸ナトリウム 498
単斜格子 343
単純立方格子 344
炭 素 225, 649
炭素分子 295
単 体 6, 659
タンタル 649
単独重合体 628, 659
タンパク質 632, 659
　——の構造 635
　——分子における分子間相互作用 638
単分子反応 409, 659
単量体 627, 659

チオシアン酸イオン 580
チオシアン酸鉄(Ⅲ) 436
チオ硫酸イオン 620
力 114
置換活性錯体 593, 659
置換基 307
置換反応 98, 318, 659
置換不活性錯体 593, 659
チタン 77, 577, 649
窒化物イオン 226
窒 素 226, 649
チミン 640
チモールブルー 496
チャドウィック（James Chadwick） 30
中間体 409, 659
中心原子 264
中性子 30, 31, 598, 659
中性子/陽子比 600
中和反応 92, 659
超ウラン元素 611, 659
超酸化物イオン 223
直鎖アルカン 302, 303
直接法 164
直線形 265
チロシン 633
沈 殿 84, 659
沈殿反応 84, 659

ツリウム 649

定圧熱量測定 161

DNA 639, 659
d 軌道 189
定常波 181
低スピン錯体 591
定性的 3, 659
定性分析 508, 659
低張液 380
デイビソン（Clinton Davisson） 183
定比例の法則 26, 659
d-ブロック元素 207
定容熱量測定 159
定量的 3, 659
デオキシヘモグロビン 594, 638
デオキシリボ核酸 639, 659
デオキシリボース 640
デカン 48, 303
滴 定 107, 659
　——曲線 490, 491
　——の終点 495
テクネチウム 649
テクネチウム-99 622
鉄 577, 649
tetra-（テトラ） 306
テトラアンミンジクロリドコバルト(Ⅱ)
　イオン 586
テトラペプチド 634
デバイ（Peter Debye） 274
デバイ（D） 274
テフロン 628, 630
デモクリトス（Democritus） 3, 25
デュエット則 246
テルビウム 649
テルミット反応 167
テルル 227, 649
電位差 545, 659
電解質 82, 659
　——溶液の束一的性質 383
電解精錬 572
電解セル 566, 659
電荷密度 221
電気陰性度 242, 659
　——と酸化数 244
電気化学 541, 659
電気化学系列 100
電気分解 560, 566, 659
　——の定量的取扱い 570
　　塩化ナトリウムの—— 566, 568
　　水の—— 567
電 極 544
電極触媒 563
典型元素 207, 659
電 子 27, 31, 660
　——の運動エネルギー 175
　——のスピン運動 192
　——の二元性 181
電子親和力 219, 660
電磁波 172, 660
　——の種類 173
電子配置 578, 660
　　原子の—— 191
電磁放射 172, 660

索　引　673

電子捕獲　602
電子密度　184, 660
電池ダイヤグラム　546
電池のポテンシャル　545
天然ガス　302
天然放射能　605
電　離　84
電離度　461, 660

銅　53, 577, 649
　——の精製　572
同位相
　——の相互作用　290
同位体　32, 660
　——の利用　620
等核二原子分子　295, 660
動径分布関数　187
同素体　36, 660
等張液　380
動的平衡　353, 660
等電子的　209, 660
当量点　107, 660
トカマク型　618
土星型モデル　30
突然変異原物質　329
ドブニウム　611
ド・ブロイ（Louis de Broglie）181
トムソン（J. J. Thomson）27
トムソン（G. P. Thomson）183
ドライアイス　360
trans（トランス）310
トランス異性体　310
tri-（トリ）306
トリウム　649
トリウム-234　606
トリチウム　32, 610
トリチェリ（Evangelista Torricelli）
　　　　　　　　　　　　　115
トリプトファン　633
トリペプチド　634
2,2,4-トリメチルヘキサン　307
トル　115
ドルトン（John Dalton）25
ドルトン（Da）52
ドルトンの分圧の法則　128, 660
トレオニン　633
トレーサー　621, 660

な　行

内　破　619
内部エネルギー　148
内部エネルギー変化　148, 156
ナイロン66　631
長岡半太郎　30
ナトリウム　222, 649
ナトリウム-24　621
ナトリウムメトキシド　321
ナノメートル　172

ナフタセン　319
ナフタレン　160, 319, 382
鉛　225, 649
鉛蓄電池　560
波　171, 660

2s 軌道　188
二塩化硫黄　256
二塩基酸　90, 462, 660
ニオブ　649
二クロム酸カリウム　102
二元化合物　40, 660
二原子分子　35, 660
二座配位子　580
二酸化硫黄　57, 268
二酸化炭素　157, 274
　——の状態図　360
二酸化窒素　421
二次構造（タンパク質の）636
二次反応　400, 660
二次方程式　646
二重結合　241, 660
二重らせん構造　639, 641
2 族元素　223
ニッケル　563, 577, 649
ニトロ基　307
ニトロベンゼン　317
2p 軌道　188
二フッ化窒素　442
二分子反応　409, 660
二面角　305
ニュートン（Isaac Newton）177
ニュートン（N）114, 660
ニューマン投影図　305
ニューランズ（John Newlands）205
尿　素　58, 75, 466

ヌクレオチド　640, 660

ネオジム　650
ネオチル　321
ネオプレン　629
ネオン　228, 650
ネオン殻　198
ねじれ形コンホメーション　304
ねじれ舟形コンホメーション　309
熱　145, 151, 660
熱運動　133
熱エネルギー　144, 660
熱汚染　371, 660
熱化学　145, 660
熱化学方程式　155, 660
熱核爆弾　619
熱核反応　618, 660
熱容量　158, 660
熱力学　147, 660
　生体系における——　536
熱力学第一法則　148, 660
熱力学第三法則　525, 660
熱力学第二法則　520, 660
熱　量　149

熱量測定　158, 661
ネプツニウム　611, 650
ネルンスト（Walter Nernst）555
ネルンストの式　555, 661
燃焼反応　98, 308, 661
粘　性　340, 661
年代決定　607-609
燃料電池　562, 661

濃淡電池　558
濃　度　101, 661
　——の単位　367
ノード　291
ノナン　48, 303
ノーベリウム　611, 650

は

配位化合物　579, 661
　——における金属の酸化数　582
　——の結合　587
　——の構造　585
　——の反応　593
　——の命名法　582
　生体系における——　593
配位共有結合　255, 661
配位結合　255
配位子　579, 580, 661
　——交換反応　593
　——の名称　583
配位数　344, 579, 580, 661
π（パイ）結合　287, 661
配向因子　408
倍数比例の法則　26, 661
ハイゼンベルク（Werner Heisenberg）
　　　　　　　　　　　　　183
ハイゼンベルクの不確定性原理
　　　　　　　　　　　183, 661
倍増時間　616
π（パイ）分子軌道　292, 661
パウリ（Wolfgang Pauli）192
パウリの排他原理　192, 661
バークリウム　611, 650
白リン　165, 226
パスカル（Pa）114, 643, 661
八面体錯体における結晶場分裂　587
波　長　171, 661
発がん性化合物　319
白　金　563, 650
発光スペクトル　177, 661
ハッシウム　611
パッシェン系列　180
発熱過程　146, 661
波動関数　184
波動力学　184
バートレット（Neil Bartlett）228
バナジウム　577, 650
バニリン　326
ハーバー（Fritz Haber）237, 414

索引

ハーバー法　414
ハフニウム　650
p-（パラ）　317
パラジウム　650
バリウム　223, 650
バリン　633
バルマー系列　180
ハロゲン　34, 207, 227, 661
ハロゲン化アルキル　308, 321
ハロゲン化水素　228
ハロゲン化水素酸　469
ハロゲン化反応　308
ハロゲン化物イオン　228
ハロゲン原子　325
ハロゲン置換反応　100
半金属　33, 661
反結合性軌道　290, 661
半減期　399, 661
反磁性　193, 661
はんだ　12
半電池反応　544, 661
半透膜　379, 661
反応
　——の分子数　409, 661
　——の分子度　409
　——の収量　77
反応エンタルピー　153, 661
反応開始剤　313
反応機構　409, 661
反応次数　393, 661
反応商　431, 661
反応速度　388, 661
反応速度式　392, 661
反応速度論　388, 661
反応物　67, 661
半反応　94, 661
半反応法　541

ひ

pH（ピーエイチ）　449, 662
pH計　450
PAN　630
pOH（ピーオーエイチ）　450
引き算　14
p軌道　188
非共有電子対　240, 662
非局在化分子軌道　316, 662
非金属　33, 662
bcc（body-centered cubic cell）　344
微視的状態とエントロピー　516
微視的性質　9, 662
非晶質固体　343, 352, 662
ヒスチジン　632
ビスマス　226, 650
ヒ素　226, 650
ビタミンC　62
非電解質　82, 662
ヒドロキシアパタイト　498

ヒドロキシ基　319, 325
ヒドロニウムイオン　90, 446, 662
ビニル基　307
比熱　158
比熱容量　158, 662
PVC　628, 630
P-V仕事　150, 152
標準圧力　163
標準エントロピー　519, 644
標準温度圧力　123, 662
標準起電力　547, 553, 662
標準凝固点　358
標準酸化還元電位　662
標準自由エネルギー　553
標準状態　163, 662
　——の定義　527
標準水素電極　547
標準生成エンタルピー　163, 644, 662
標準生成自由エネルギー　527, 644, 662
標準大気圧　115, 662
標準電極電位　547, 549, 662
標準反応エンタルピー　164, 662
標準反応エントロピー　521, 662
標準反応自由エネルギー　527, 662
標準沸点　356
標準融点　358
標準溶液　107, 662
氷晶石　572
微溶性　85
表面張力　339, 662
ピリジン　466
頻度因子　405, 662

ふ

ファラデー（Michael Faraday）　552, 570
ファラデー定数　552, 662
ファーレンハイト度　11
ファンデルワールス（J. D. van der Waals）　139, 333
ファンデルワールス定数　139
ファンデルワールスの式　139, 662
ファンデルワールス力　333, 662
ファントホッフ係数　384
VSEPRモデル　264, 655
　——を適用するための指針　270
VB法　277
フェナントレン　319
フェニルアラニン　633
フェニル基　317
フェノール　320, 456
フェノールフタレイン　107, 496
フェルミウム　611, 650
付加反応　312, 627, 662
不揮発性　374, 662
負極　544, 662
不均一混合物　5, 662
不均一触媒　413
不均一平衡　428, 484, 662

副殻　186
複分解　85, 662
腐食　564, 662
不斉炭素原子　327
フタル酸水素カリウム　107
ブタン　48, 303
n-ブタン　302
ブタン酸　323
ブタン酸メチル　323
n-ブチル基　306
t-ブチル基　306
ブチン　314
不対電子　193
フッ化水素　242
フッ化水素酸　456
フッ化リチウム　235
物質　4, 663
　——の分類　7
物質量　54, 663
フッ素　227, 650
沸点　4, 356, 663
沸点上昇　376
物理的性質　8, 663
物理平衡　421, 663
ブテン　311
不動態　565
部分電荷　273
不飽和炭化水素　312, 663
不飽和溶液　364, 663
不溶性化合物　85
ブラケット系列　180
プラズマ　619, 663
プラセオジム　650
プラトン（Plato）　25
プランク（Max Planck）　171
プランク定数　174
プランクの量子論　173
フランシウム　650
ブリキ　565
フルオロ　307
プルースト（Joseph Proust）　25
プルトニウム　611, 650
プルトニウム-239　614, 616
プレキシガラス　630
ブレンステッド（Johannes Brønsted）　89
ブレンステッド塩基　90, 446, 663
ブレンステッド酸　90, 446, 663
プロトアクチニウム　650
プロトン　45
プロパノール　320
プロパン　48, 302, 303
n-プロピル基　306
プロピン　315
プロペン　313, 398
プロメチウム　650
ブロモ　307
ブロモフェノールブルー　485
プロリン　633
分圧　128, 663
分解反応　97, 663
分極率　335, 663

索引　675

分光化学系列　590, 663
噴　散　137, 663
分散力　333, 335, 663
分　子　34, 663
　　──速度の分布　134
　　──の構造　264
　　──の電子配置　293
分枝アルカン　302
分子化合物の命名　43
分子間相互作用　638
分子間力　333, 663
分子軌道　290, 663
分子軌道法　277, 290
分子結晶　350
分子式　36, 65, 663
分子度　409
分子内力　333, 663
分子反応式　86, 663
分子模型　36
分子量　57, 663
フント（Frederick Hund）　194
フントの規則　194, 663
分離法　394

へ

平均原子量　52
平均二乗速度　132
平衡過程　520
平衡蒸気圧　353, 663
平衡定数　422, 553, 663
閉鎖系　146, 663
平面三角形　266, 268
平面四角形錯体　592
ヘキサン　48, 303
ヘキソキナーゼ　417
ベクトル　275
ベクレル（Antoine Becquerel）　28
ヘス（Germain Hess）　165
ヘスの法則　165, 365, 663
β（ベータ）構造　635
β線　28, 663
βプリーツシート構造　635
β粒子　28, 663
　　──放出　602
ヘプタン　48, 303
ペプチド結合　634
ヘ　ム　594
ヘモグロビン　373, 383, 594, 637
ヘリウム　228, 650
　　──分子　293
ヘリウム殻　198
ベリリウム　223, 650
偏　光　327
偏光計　328, 663
変性アルコール　321
変性タンパク質　639, 663
ベンゼン　252, 315, 531
ベンゾ[a]アントラセン　319

ベンゾ[a]ピレン　319
ヘンダーソン-ハッセルバルヒ式　488
ペンタン　48, 303
n-ペンタン　303
ヘンリーの法則　372, 663

ほ

ボーア（Niels Bohr）　178
ボイル（Robert Boyle）　116
ボイルの法則　117, 663
方位量子数　185
崩　壊　28
方解石　428
傍観イオン　87, 663
芳香族化合物
　　──の性質と反応　317
　　──の命名法　317
芳香族炭化水素　301, 315, 663
ホウ酸　479
放　射　27, 663
放射エネルギー　144, 664
放射壊変
　　──による年代決定　607
　　──の速度論　607
放射壊変系列　605, 664
放射性炭素による年代決定　607
放射性廃棄物　617
放射線　27
放射能　28, 598, 664
ホウ素　224, 615, 651
法　則　3, 664
飽和炭化水素　301, 664
飽和溶液　364, 664
補　色　588
蛍石型構造　350
ポテンシャルエネルギー　144, 664
ホモポリマー　628
ポリアクリロニトリル　630
ポリ-cis-イソプレン　629
ポリ-trans-イソプレン　629
ボーリウム　611
ポリエチレン　314, 630
ポリエテン　630
ポリ塩化ビニル　628, 630
ポリスチレン　630
ポリテトラフルオロエチレン　628, 630
ポリブタジエン　630
ポリプロピレン　630
ポリプロペン　630
ポリペプチド　634
ポリマー　313, 627
ポリメタクリル酸メチル　630
ポーリング（Linus Pauling）　242, 635
　　──の電気陰性度　243
ボルタ（Alessandro Volta）　544
ボルタ電池　544
ボルツマン（Ludwig Boltzmann）
　　　　　　　　　　　132, 517
ボルツマン定数　517, 664

ホール電解セル　572
ポルフィリン　594
ホルミウム　651
ホルムアルデヒド　250, 289, 322, 366
ボルン（Max Born）　237
ボルン-ハーバーサイクル　237, 664
ポロニウム　227, 651
ボンベ型定容熱量計　159

ま 行

マイクロ波　173
マイトネリウム　611
マイヤー（Lothar Meyer）　205
マクスウェル（James Clerk Maxwell）
　　　　　　　　　　　132
膜電位　559
マグネシウム　223, 651
マースデン（Ernest Marsden）　29
魔法数　601
マルコフニコフ（Vladimir
　　　　　　　　Markovnikov）　313
マルコフニコフ則　313
マンガン　577, 651
ミオグロビン　594
水　37, 269, 580
　　──のイオン積　448, 664
　　──の構造と性質　341
　　──の酸性・塩基性　447
　　──の状態図　360
　　──の電気分解　567
密　度　11, 664
ミリカン（R. A. Millikan）　27
未臨界　613

無極性分子　274, 664

m-（メタ）　317
メタノール　38, 49, 270, 320, 366,
　　　　　　　　　　369, 427
メタン　37, 48, 58, 266, 279, 302, 303
メチオニン　633
メチルアミン　49, 324, 466
メチルアルコール　320
メチル基　306
2-メチルブタン　303, 304
メチルプロピルエーテル　321
メチルラジカル　308, 400
メチルレッド　496
めっき　565
メニスカス　339
面心立方格子　344
メンデレーエフ（Dmitrii Mendeleev）
　　　　　　　　　　　205
メンデレビウム　611, 651

毛管現象　339
木　精　320

モーズレー（Henry Moseley） 206
モノマー 627
モリブデン 651
モル 54, 664
モル凝固点降下 377
モル質量 54, 125, 664
モル昇華熱 359, 664
モル蒸発熱 354, 664
モル濃度 101, 367, 664
モル沸点上昇 377
モル分率 129, 664
モル法 71, 664
モル融解熱 358, 664
モル溶解度 500, 502, 664

や 行

融解 358
有機化学 301, 664
誘起双極子 334, 664
有効核電荷 210, 664
有効数字 14, 15, 664
融点 4, 358, 664
ユウロピウム 651
油脂 312

陽イオン 35, 209, 664
溶液 82, 364, 664
　——の化学量論 105
　——の濃度 101
溶解度 85, 371, 500, 504, 506, 664
溶解度積 498, 499, 502, 664
溶解熱 365
溶解平衡 498
陽極 27, 566, 664
溶血 380
陽子 30, 31, 598, 665
溶質 82, 665
ヨウ素 227, 532, 651
ヨウ素-123 621
ヨウ素-131 621
陽電子 599, 665
陽電子放出 602
溶媒 82, 665
溶媒和 366, 665
溶融 358
四次構造（タンパク質の） 637
ヨード 307

ら 行

ライマン系列 180
ラウールの法則 374, 665
酪酸 323
ラザフォード（Ernest Rutherford） 29
ラザホージウム 611
ラジウム 223, 651
ラジオ波 173
ラジカル 255, 308, 313, 665
ラセミ混合物 328, 665
ラド（rad） 622
ラドン 651
ラドン殻 198
乱雑さ 365
ランタノイド 199, 207, 665
ランタン 651

リシン 633
理想気体 122, 665
　——の式 122, 665
理想溶液 376, 665
リチウム 74, 222, 651
リチウムイオン電池 561
律速段階 410, 665
立体異性体 585, 665
立体配座 305, 665
リットル 10, 665
立方格子 343
立方最密充塡 346
リボ核酸 639, 665
リボース 640
硫化水素酸 462
硫酸 90, 368, 462, 470
硫酸カルシウム 500
硫酸銅（II） 506
硫酸バリウム 498
粒子加速器 610
リュードベリ（Johannes Rydberg） 178
リュードベリ定数 178
量子 174, 665
量子化 174
量子数 185, 665
量子力学 184
両性 92
両性イオン 634
両性酸化物 230, 477, 665
両性水酸化物 508
理論 3, 665
理論収量 77, 665
リン 226, 651
臨界圧 357, 665
臨界温度 357, 665
臨界量 613, 665
リン酸 45, 61, 91, 370, 462, 470
リン酸基 640

ルイス（Gilbert N. Lewis） 234, 479
ルイス塩基 479, 665
ルイス記号 234, 665
ルイス構造 240, 665
　——と形式電荷 248
　——の書き方 245
ルイス酸 479, 665
ルクランシェ電池 559
ルシャトリエ（Henry Le Chatelier） 436
ルシャトリエの原理 436, 665
ルテチウム 651
ルテニウム 651
ルビジウム 222, 651

励起準位 178
励起状態 178, 665
レチナール 310
レドックス反応 93, 665
レニウム 651
レム（rem） 623
レントゲニウム 611
レントゲン（Wilhelm Röntgen） 28

ロイシン 633
緑青 565
六フッ化硫黄 267, 285, 357
ロジウム 563, 651
六方格子 343
六方最密充塡 346
ロドプシン 310
ローブ 188
ローレンシウム 611, 651
ロンドン（Fritz London） 335
ロンドン力 335

わ

ワトソン（James Watson） 639
割り算 14

村　田　　滋
　1956 年 長野県に生まれる
　1979 年 東京大学理学部 卒
　1981 年 東京大学大学院理学系研究科修士課程（化学専攻）修了
　現 東京大学大学院総合文化研究科 教授
　専門 有機光化学，有機反応化学
　理 学 博 士

第1版 第1刷 2011年 3月25日 発行
第5刷 2020年 6月10日 発行

化　学　基本の考え方を学ぶ（下）
（原著第6版）

Ⓒ 2011

訳　者　村　田　　滋
発行者　住　田　六　連
発　行　株式会社 東京化学同人
　　　　東京都文京区千石 3-36-7（〒112-0011）
　　　　電話 03（3946）5311・FAX 03（3946）5317
　　　　URL：http://www.tkd-pbl.com/

印　刷　中央印刷株式会社
製　本　株式会社 松岳社

ISBN 978-4-8079-0740-3
Printed in Japan
無断転載および複製物（コピー，電子データなど）の無断配布，配信を禁じます。

基礎物理定数の値

アボガドロ定数	$6.02214076 \times 10^{23}\,\text{mol}^{-1}$
電気素量 (e)	$1.602176634 \times 10^{-19}\,\text{C}$
電子の質量	$9.1093826 \times 10^{-28}\,\text{g}$
ファラデー定数 (F)	$96485.3383\,\text{C}\,\text{mol}^{-1}$
気体定数 (R)	$8.314\,\text{J}\,\text{K}^{-1}\,\text{mol}^{-1}\ (0.08206\,\text{L}\,\text{atm}\,\text{K}^{-1}\,\text{mol}^{-1})$
プランク定数 (h)	$6.62607015 \times 10^{-34}\,\text{J}\,\text{s}$
陽子の質量	$1.672621 \times 10^{-24}\,\text{g}$
中性子の質量	$1.67492728 \times 10^{-24}\,\text{g}$
真空中の光速度	$2.99792458 \times 10^{8}\,\text{m}\,\text{s}^{-1}$

有用な変換因子と単位間の関係

$1\,\text{km} = 0.6215\,\text{mi}$
$1\,\text{pm} = 1 \times 10^{-12}\,\text{m} = 1 \times 10^{-10}\,\text{cm}$
$1\,\text{in}\,(インチ) = 2.54\,\text{cm}\,(厳密に)$
$1\,\text{mi}\,(マイル) = 1.609\,\text{km}$
$1\,\text{lb}\,(ポンド) = 453.6\,\text{g}$
$1\,\text{gal}\,(ガロン) = 3.785\,\text{L} = 4\,\text{quarts}\,(クォート)$
$1\,\text{atm} = 760\,\text{mmHg} = 760\,\text{torr} = 101325\,\text{N}\,\text{m}^{-2} = 101325\,\text{Pa}$
$1\,\text{cal} = 4.184\,\text{J}\,(厳密に)$
$1\,\text{L}\,\text{atm} = 101.325\,\text{J}$
$1\,\text{J} = 1\,\text{C} \times 1\,\text{V}$

$?\,°\text{C} = (°\text{F} - 32\,°\text{F}) \times \dfrac{5\,°\text{C}}{9\,°\text{F}}$

$?\,°\text{F} = \dfrac{9\,°\text{F}}{5\,°\text{C}} \times (°\text{C}) + (32\,°\text{F})$

$?\,\text{K} = (°\text{C} + 273.15\,°\text{C}) \times \dfrac{1\,\text{K}}{1\,°\text{C}}$

分子模型における球の色と原子の対応

水素 H　ホウ素 B　炭素 C　窒素 N　酸素 O　フッ素 F

リン P　硫黄 S　塩素 Cl

臭素 Br

ヨウ素 I